I0050543

ANTHROPOGÉNIE

ou

HISTOIRE DE L'ÉVOLUTION HUMAINE

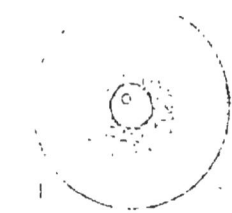
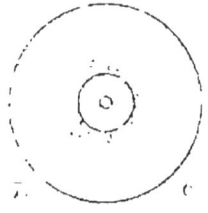
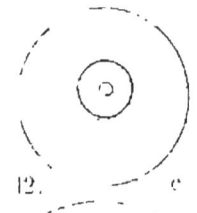

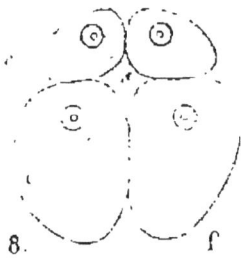
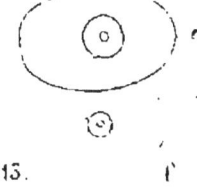

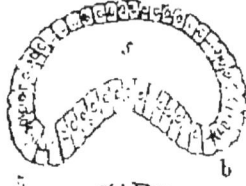
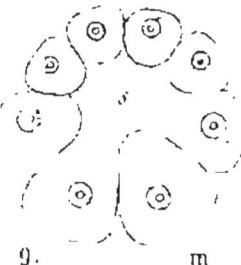
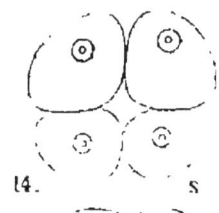

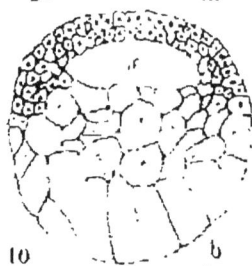
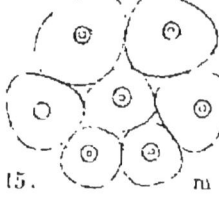

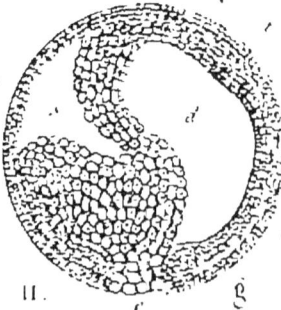
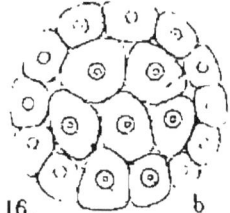

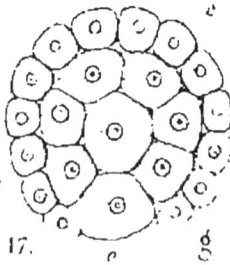

Amphioxus   Grenouille   Homme

ANTHROPOGÉNIE

OU

HISTOIRE DE L'ÉVOLUTION HUMAINE

LEÇONS FAMILIÈRES

SUR LES

PRINCIPES DE L'EMBRYOLOGIE ET DE LA PHYLOGÉNIE HUMAINES

PAR

ERNEST HAECKEL

Professeur à l'Université d'Iéna

TRADUIT DE L'ALLEMAND SUR LA DEUXIÈME ÉDITION
Par le Dr CH. LETOURNEAU.

OUVRAGE CONTENANT

Onze planches, deux cent dix gravures sur bois et trente-six tableaux généalogiques

———⌘———

PARIS

C. REINWALD ET Cie, LIBRAIRES-ÉDITEURS
15, RUE DES SAINTS-PÈRES, 15
1877

Tous droits réservés

LÉGENDE DE LA PLANCHE I

ET PLACEMENT DES PLANCHES.

PLANCHE I (EN FACE DU TITRE).

La planche I indique par des coupes verticales les modifications importantes de la segmentation et de la gastrulation animales. Elle contient les ovules holoblastiques (à segmentation totale). La moitié animale (exoderme) est marquée en teinte bleue, la moitié végétative (entoderme), en teinte rouge. Les lettres ont partout la signification suivante : c, cytula. f, segmentatia. m, morula. b, blastula. g, gastrula. s, cavité segmentaire. d, cavité intestinale primitive. o, bouche primitive. n, jaune de nutrition. i, feuillet intestinal (entoderma). e, feuillet cutané (exoderma).

Fig. 1 à 6. Segmentation ovulaire primordiale du vertébré le plus inférieur (amphioxus). Fig. 1. Cytula. Fig. 2. Segmentation progressive avec quatre cellules segmentaires. Fig. 3. Morula. Fig. 4. Blastula. Fig. 5. La même dans l'état d'invagination. Fig. 6. Archigastrula.

Fig. 7 à 11. Segmentation ovulaire inégale d'un amphibie (grenouille). Fig. 7. Cytula. Fig. 8. Segmentation progressive avec quatre cellules segmentaires. Fig. 9. Morula. Fig. 10. Blastula. Fig. 11. Amphigastrula.

Fig. 12-17. Segmentation ovulaire inégale d'un vertébré (homme). Fig. 12. Cytula. Fig. 13. Segmentation progressive avec deux cellules segmentaires. (e, cellule mère de l'exoderme; i, cellule mère de l'entoderme.) Fig. 14. Segmentation progressive avec quatre cellules segmentaires. Fig. 15. Début de l'invagination chez la blastula. Fig. 16. Invagination plus avancée. Fig. 17. Amphigastrula.

TABLE DES MATIÈRES.

————

PRÉFACE.

En essayant, dans des leçons publiques sur « l'anthropogénie », de vulgariser pour la première fois les faits de l'embryologie humaine et de les expliquer par la phylogénie, je ne me suis pas dissimulé les difficultés et les périls qui m'attendaient sur ce terrain scabreux. De toutes les branches des sciences naturelles, l'embryologie humaine est celle qui a le plus été confisquée par les spécialistes, celle que l'on a le plus cachée sous le voile mystique d'un mystère ésotérique et sacerdotal. Aussi, aujourd'hui encore, la plupart des gens soi-disant éclairés éclatent de rire quand on leur dit que tout homme provient d'un œuf simple, et d'ordinaire leur scepticisme se change en effroi, si on leur met sous les yeux la série des formes embryonnaires sortant de cet œuf. Que ces embryons humains recèlent plus de vérités, plus de notions profondes que la majeure partie des sciences et que toutes les « révélations » prises ensemble, ce sont là des faits dont la plupart des gens soi-disant éclairés ne se doutent même pas.

Comment s'en étonner, alors qu'on voit, aujourd'hui encore, combien les naturalistes de profession eux-mêmes sont peu au courant de tout ce qui touche à

l'histoire du développement humain? En parcourant la
plupart des écrits qui traitent spécialement de l'histoire
naturelle de l'homme, de l'anatomie, de la physiologie,
de l'ethnologie, de la psychologie, on voit aussitôt que
les auteurs de ces écrits ou ne savent rien de l'embryologie humaine, ou n'en ont que des notions superficielles;
quant à la phylogénie, ils ne s'en doutent même pas. Sans
doute, le nom de Charles Darwin est connu du monde
entier; mais combien de personnes se sont réellement
assimilé, pour ainsi dire, la théorie de la descendance
réformée par Darwin? Le nombre de ces personnes est
absolument insignifiant. Bien plus, même les plus célèbres biologistes ne connaissent pas à fond l'histoire
de l'évolution. A l'appui de mon assertion, il me suffira
de citer un fait tout récent, le fameux discours prononcé par le physiologiste Dubois-Reymond en 1872,
à Leipsig, au congrès des naturalistes allemands. Ce
brillant discours « Sur les limites de l'histoire naturelle » a excité la jubilation des adversaires de la théorie
évolutive et la pitié de ceux qui s'intéressent au progrès intellectuel; mais ce n'est au fond qu'une pom-
peuse négation de l'histoire du développement. Sans
doute tout naturaliste intelligent approuvera le physiologiste berlinois, alors que, dans la première moitié
de son discours, il détermine les limites des sciences
naturelles actuellement imposées à l'homme par son organisation de vertébré. Mais tout naturaliste, partisan
du monisme, protestera sûrement contre la seconde
partie du discours, qui, non-seulement assigne au
savoir humain une autre frontière, soi-disant différente et en réalité identique, mais qui va jusqu'à dé-

fendre à l'homme de la franchir jamais : « Cela, nous
ne le saurons jamais! *Ignorabimus!* »

Cet *ignorabimus* a mérité à l'habile observateur de
l'électricité nerveuse et musculaire l'unanime recon-
naissance de l'*Ecclesia militans;* mais c'est pour nous
un devoir de lui opposer une protestation énergique au
nom de l'histoire naturelle progressive et de la science,
qui, elle, est susceptible de développement. Si, durant
l'antique époque laurentienne, on avait eu la prétention de faire comprendre aux amibes, nos aïeux
monocellulaires, qu'un jour, durant la période cambrienne, leur postérité deviendrait un ver polycellulaire.
pourvu d'une peau et d'un intestin, de muscles et de
nerfs, de reins et de vaisseaux sanguins, ils ne l'auraient jamais pu croire; à leur tour, ces vers n'auraient
jamais admis que leurs descendants pussent être des
vertébrés acrâniotes, de même que ces derniers ne se
seraient jamais attendus à ce que leurs lointains épi-
gones devinssent des crâniotes. Nos ancêtres siluriens,
les poissons primitifs, n'auraient jamais cru que leurs
descendants devoniens seraient des amphibies, que
leurs neveux plus lointains de la période triasique seraient des mammifères; quant à ces derniers, il leur eût
paru tout à fait impossible que leurs arrière-neveux de
l'âge tertiaire pussent revêtir la forme humaine et
cueillir les nobles fruits de l'arbre de la science. Tous se
seraient écrié à l'envi : « Nous ne changerons jamais;
jamais nous ne connaîtrons l'histoire de notre développement! *Immutabimur et ignorabimus!* »

C'est le même *ignorabimus* que la biologie berlinoise
veut opposer, comme une infranchissable barrière, au

développement scientifique. Cet *ignorabimus* si humble en apparence, mais au fond si présomptueux, n'est en réalité que l'*ignoratis* du Vatican infaillible et de la « noire internationale » qu'il dirige, de cette phalange contre laquelle la civilisation moderne a enfin engagé la première lutte sérieuse. Dans cette guerre intellectuelle, qui agite tout ce qui pense dans l'humanité et qui prépare pour l'avenir une société vraiment humaine, on voit, d'un côté, sous l'éclatante bannière de la science : l'affranchissement de l'esprit et la vérité, la raison et la civilisation, le développemeut et le progrès; dans l'autre camp, se rangent, sous l'étendard de la hiérarchie : la servitude intellectuelle et l'erreur, l'illogisme et la rudesse des mœurs, la superstition et la décadence.

Dans cette lutte grandiose de l'esprit, la trompette guerrière annonce l'aurore d'un jour nouveau et la fin de la nuit du moyen âge. Car, en dépit de tous ses progrès, la civilisation moderne est encore chargée des liens du moyen âge hiérarchique; aujourd'hui encore c'est la foi religieuse et non point la science et la vérité qui règle la vie sociale et civique. Songez à la puissante influence .qu'exercent encore dans l'organisation des écoles les dogmes les plus contraires à la raison; songez que l'État tolère encore la vie monastique et le célibat ecclésiastique, quoique par là l'Église, « en qui réside toute sainteté », soit mal d'accord avec la morale et l'utilité sociale; songez que le calendrier de l'année civile est encore réglé d'après les fêtes religieuses, etc.

Dans cette grande lutte, dans cette lutte universelle, à laquelle nous sommes fiers d'avoir participé, nous pensons que la vérité en péril ne saurait avoir de meilleure alliée que « l'anthropogénie ». En effet, dans la guerre pour la vérité, la théorie de l'évolution joue le rôle de la grosse artillerie. Sous les coups pressés de cette artillerie monistique, tout l'échafaudage des sophismes dualistiques s'écroule et l'orgueilleux édifice de la hiérarchie, le château-fort du dogme infaillible tombent comme des châteaux de cartes. Toutes les bibliothèques pleines de science ecclésiastique et de philosophie rétrograde s'anéantissent, pour peu que l'on y projette la lumière de la théorie évolutive. Je n'en veux d'autre preuve que l'attitude de « l'Église militante ». Ne la voyons-nous pas opposer un incessant démenti aux simples faits de l'embryologie humaine et les réprouver comme « d'infernales inventions du matérialisme? » Elle prouve ainsi avec éclat que nos conclusions sur la phylogénie humaine et sur ses véritables causes sont, pour elle, inattaquables.

Pour arriver à vulgariser les faits si peu connus de l'embryologie humaine et leur explication étiologique, j'ai usé des mêmes moyens que déjà j'avais employés dans mon « Histoire de la création naturelle », dont « l'Anthropogénie » n'est que le complément. Pendant le semestre d'été de 1873, j'ai laissé MM. Kiessling et Schlawe sténographier.les leçons académiques que je faisais depuis douze ans à Iéna devant un auditoire recruté parmi les étudiants de toutes les facultés. Dans ces leçons, j'exposais les principes de l'évolution de l'homme. En rédigeant le manuscrit sténographique, j'ai tâché de conserver à ces leçons la forme familière qui a contribué au succès de « l'Histoire de la création

naturelle », parvenue à sa cinquième édition. Peut-être
le sujet de l'anthropogénie est-il un peu plus ardu. En
effet, dans « l'Histoire de la création », je pouvais parcourir le vaste domaine de la biologie, en n'appuyant que
sur les points les plus intéressants ; mais dans « l'Anthropogénie », force m'était d'exposer avec suite un groupe
plus restreint de phénomènes, offrant chacun un intérêt spécial, quoique très-dissemblable. En outre, les notions morphologiques, si importantes dans l'embryologie humaine, sont fort difficiles à comprendre et,
même aux yeux des médecins déjà familiers avec l'anatomie, les leçons académiques sur l'embryologie humaine passent à bon droit pour les plus épineuses. Afin de
rendre accessible aux gens du monde le domaine obscur et pour eux absolument inconnu de l'embryologie,
j'ai dû, d'une part, me limiter beaucoup dans le choix
des nombreux matériaux qui étaient à ma disposition ;
d'autre part, il m'a fallu m'étudier à ne rien omettre
d'essentiel.

En dépit de mes efforts pour rendre aussi intelli-
gible que possible le difficile problème de l'anthropogénie, je ne me flatte pourtant pas d'avoir réussi à accomplir cette tâche si difficile. J'aurai pourtant atteint
mon but, si j'ai réussi à donner aux gens du monde
une idée approximative des données fondamentales de
l'embryologie humaine, et si je suis parvenu à leur persuader que la phylogénie seule peut fournir l'explication de ces faits. Peut-être même puis-je espérer que
j'amènerai à cette conviction les spécialistes, qui, tout
en s'occupant chaque jour des faits embryologiques, ne
savent rien et ne veulent rien savoir de leurs causes phy-

logéniques. Comme mon « Anthropogénie » est le premier essai tenté pour exposer l'ontogénie et la phylogénie humaine dans leur connexion étiologique, j'ai
lieu de craindre que mon travail ne laisse beaucoup
à désirer. Mais, quel qu'il soit, il suffira, je l'espère, à
convaincre tout lecteur intelligent que, pour devenir
une vraie science, l'embryologie humaine doit remonter
aux causes des phénomènes. C'est la phylogénie seule
qui peut élucider l'ontogénie, car elle nous en dévoile
les vraies causes.

E. H. HAECKEL.

ANTHROPOGÉNIE

ou

HISTOIRE DU DÉVELOPPEMENT DE L'HOMME.

PREMIÈRE LEÇON.

LOI FONDAMENTALE DE L'ÉVOLUTION ORGANIQUE.

L'histoire du développement des organismes se divise en deux branches très-voisines et étroitement liées l'une à l'autre, savoir l'ontogénie ou histoire du développement des individus, et la phylogénie ou histoire du développement des groupes. L'ontogénie est une récapitulation brève et rapide de la phylogénie, elle résulte des fonctions physiologiques de l'hérédité (reproduction) et de l'adaptation (nutrition). Durant sa courte évolution, l'individu reproduit les plus importantes des métamorphoses que ses ancêtres ont suivies, durant la lente et longue évolution paléontologique, conformément aux lois de l'hérédité et de l'adaptation.

MORPHOLOGIE GÉNÉRALE, 1866.

Importance générale de l'histoire du développement humain. — Ignorance où l'on est à ce sujet dans les classes soi-disant instruites. — Les deux parties de l'histoire du développement : ontogénie ou histoire du germe, et phylogénie ou histoire du groupe. — Connexions étiologiques entre ces deux branches. — L'ontogénie considérée comme la récapitulation de la phylogénie. — Imperfection de cette récapitulation. — Loi biogénétique fondamentale. — L'hérédité et l'adaptation sont les deux fonctions plastiques ou les causes mécaniques du développement. — Ce qu'on entend par causes finales. — Les causes mécaniques seules sont réelles. — Triomphe de la conception monistique ou unitaire sur la conception dualistique. — Importance fondamentale des faits embryologiques pour la philosophie monistique. — Histoire du développement des formes et des fonctions. — Connexion nécessaire de la physiogénie et de la morphogénie. — Jusqu'ici l'histoire du développement a été presque uniquement morphologique et point physiologique. — L'histoire du développement des centres nerveux, du cerveau et de la moelle épinière est indissolublement unie à celle de l'activité de l'esprit ou de l'âme.

Messieurs,

Dans le vaste domaine de l'histoire naturelle, il est une région toute spéciale, où je me propose de vous introduire, en faisant

1

dans ces leçons l'histoire du développement de l'homme. De tous
les sujets qui s'offrent à l'investigation scientifique, il n'en est
aucun qui touche l'homme de plus près, et dont la connaissance
soit pour lui d'une importance plus grande que celle de l'organisme humain. Or, parmi tous les divers sujets qu'embrasse
l'histoire naturelle de l'homme ou l'anthropologie, c'est l'histoire
de l'évolution humaine qui devrait exciter le plus vif intérêt.
En effet, les problèmes les plus importants dont l'esprit humain
s'occupe, par exemple le problème de la nature propre de l'homme
ou, autrement dit, de la place de l'homme dans la nature, avec tout
ce qui s'y rattache subsidiairement, la question du passé, de
l'histoire la plus ancienne de l'homme, de son existence actuelle,
de son avenir; tous ces immenses problèmes tiennent directement
et de la manière la plus intime à ce que nous appelons *Histoire
du Développement de l'Homme.* Pourtant, fait aussi surpre-
nant que tout à fait incontestable, l'histoire du développement
de l'homme ne fait pas encore partie essentielle de l'instruction
générale. En réalité, nos classes soi-disant éclairées ignorent
absolument les notions les plus capitales et les faits les plus
remarquables du sujet que nous allons traiter. Pour prouver
cette étrange ignorance, je me contenterai de dire que la plupart des personnes soi-disant instruites ne savent même pas
que chaque individu a son origine dans un œuf, et que cet œuf
est simplement une cellule, entièrement semblable à l'œuf d'un
animal ou d'une plante. On ne sait guère davantage que le
développement de cet œuf détermine la formation d'un corps,
qui, tout d'abord, non-seulement diffère complétement de l'organisme humain complet et achevé, mais n'offre pas même
trace d'une analogie quelconque avec cet organisme. La plupart
des gens soi-disant éclairés n'ont jamais vu un germe ou
embryon humain dans la première période de son développement, et ils ne se doutent pas que ce germe ne diffère en aucune façon des autres embryons animaux. Ils ne savent pas
qu'à une certaine période de son évolution, cet embryon revêt
à peu près la structure anatomique des poissons, plus tard celle
des amphibies et des mammifères. Ils ne savent rien du développement de ce dernier type mammifère dans l'embryon, du
passage graduel d'une forme tout à fait inférieure et rappelant
l'ornithorynque, d'abord à la forme des marsupiaux, puis à une
autre forme très-voisine de celle du singe, pour aboutir enfin au

type que nous considérons comme exclusivement humain. Ainsi que je l'ai déjà dit, ces faits révélateurs sont jusqu'ici entièrement inconnus au plus grand nombre des personnes instruites; et cela à un degré tel que si, par hasard, on en fait mention, ce n'est que pour les mettre en doute et parfois les traiter de fables.

Tout le monde sait que le papillon sort d'une chrysalide, que cette chrysalide provient d'une chenille qui ne lui ressemble pas et que cette chenille, à son tour, est issue de l'œuf du papillon. Mais, à l'exception des médecins, peu de personnes savent que l'homme, dans le cours de son développement individuel, passe par une série de transformations aussi étonnantes que les métamorphoses si connues du papillon.

Or, puisque l'étude des métamorphoses embryonnaires de l'homme s'impose maintenant si hautement à l'attention générale, nous satisferons dans une large mesure la curiosité publique actuellement éveillée, en rapportant ces faits à leurs causes véritables, et en jetant ainsi une vive lumière sur des questions d'une importance majeure pour l'ensemble du savoir humain.

C'est surtout pour l'histoire de la création naturelle que ces faits sont d'une importance capitale; mais ils intéressent indirectement la philosophie tout entière. En effet, la philosophie contemporaine n'est plus guère qu'un résumé des données les plus générales de tout le savoir humain; par conséquent il n'est point de science qui ne doive s'appuyer plus ou moins sur l'embryologie humaine ou ne puisse être influencée par elle.

Quant à moi, en m'efforçant, dans le cours de ces leçons, de vous familiariser avec les faits principaux de cette dernière science, et de les relier à leur cause, j'entends bien ne pas renfermer la question de l'évolution humaine dans les étroites limites qu'on lui assigne d'ordinaire.

Les leçons académiques sur ce sujet, telles qu'on les fait depuis cinquante ans dans les hautes écoles de l'Allemagne, sont destinées exclusivement aux médecins, et, certes, ces derniers doivent s'intéresser plus que d'autres à l'origine de l'organisme physique de l'homme, puisqu'ils ont tous les jours à s'en occuper dans la pratique de leur profession.

Évidemment, il ne saurait me convenir d'entrer dans de minutieuses descriptions embryologiques, comme on le fait dans des leçons spéciales, puisque la plupart de mes auditeurs ne sont point anatomistes et connaissent peu ou point la structure du corps humain adulte.

Force me sera donc de me borner bien souvent à esquisser les contours généraux, sans insister sur les détails fort intéressants sans doute, mais fort compliqués et d'une exposition difficile, surtout en ce qui touche aux organes spéciaux ; pour me suivre, il faudrait alors avoir une parfaite connaissance de l'anatomie humaine. Je devrai donc exposer ces points particuliers sous une forme aussi familière que possible.

Il est d'ailleurs facile de donner une idée générale et suffisante du développement embryonnaire de l'homme, sans s'appesantir sur les détails anatomiques. Et puisqu'on a tenté dernièrement avec succès d'intéresser les gens du monde à beaucoup d'autres branches de la science. j'espère être aussi heureux, sans me dissimuler toutefois que la région scientifique que j'aborde est plus difficile à parcourir qu'aucune autre.

L'histoire du développement de l'homme, comme on l'a jusqu'ici enseignée dans les facultés de médecine, a toujours embrassé seulement l'embryologie proprement dite ou, plus correctement, l'ontogénie, c'est-à-dire l'histoire du développement individuel de l'organisme humain (¹). Mais ce n'est là que la première partie de notre sujet, la première moitié de l'évolution humaine largement comprise.

La seconde moitié, qui est la première en importance et en intérêt, est l'histoire du développement de l'espèce humaine, — la phylogénie (²), ou autrement dit l'histoire du développement des différentes formes animales, desquelles, peu à peu, dans le cours d'innombrables siècles, est sortie l'espèce humaine. Vous connaissez tous la puissante impulsion donnée à la science, il y a seize ans, par le célèbre ouvrage du grand naturaliste anglais Charles Darwin, sur l'origine des espèces. L'effet immédiat et le plus important de cet ouvrage, qui a fait époque, a été de susciter de nouvelles recherches sur l'origine de l'espèce humaine. Or, ces recherches ont démontré que l'espèce humaine s'était graduellement dégagée de types animaux inférieurs.

Cette science, dont l'objet est d'établir l'origine animale de l'espèce humaine, nous l'appellerons phylogénie humaine. C'est dans l'ontogénie ou l'histoire du développement individuel que la philogénie trouve ses principales preuves. La paléontologie lui fournit aussi un appui précieux, et elle doit bien plus encore à l'anatomie comparée.

Ces deux divisions de notre sujet — d'une part l'histoire de l'individu, de l'autre l'histoire de l'espèce — sont dans une étroite corrélation et ne sauraient être comprises isolément. Cette connexion des deux sciences n'est pas superficielle; elle est profonde, primordiale. Mais c'est là une conquête toute récente de la science moderne; aussi la conséquence de cette découverte, la loi fondamentale de l'évolution organique, est-elle encore fréquemment révoquée en doute et même totalement méconnue par des savants illustres.

Ce principe biogénétique ([3]), sur lequel nous aurons sans cesse à revenir et dont la connaissance est nécessaire pour bien comprendre l'histoire de l'évolution organique, peut être formulé brièvement en ces termes : l'histoire des germes résume l'histoire de l'espèce; ou, en d'autres termes : l'ontogénie n'est que la récapitulation sommaire de la phylogénie. On peut traduire plus explicitement cette brève formule, comme suit : La série des formes par lesquelles passe l'organisme individuel, à partir de la cellule primordiale jusqu'à son plein développement, n'est qu'une répétition en miniature de la longue série de transformations subies par les ancêtres du même organisme, depuis les temps les plus reculés jusqu'à nos jours.

Ce sont des faits d'hérédité et d'adaptation, qui établissent qu'entre l'évolution de l'embryon et celle de la tribu, il y a un lien étiologique. Quand on a une fois bien compris cette proposition, quand on en a bien saisi l'extrême importance au point de vue de la création des formes organisées, on peut faire un pas de plus et dire : la phylogénèse est la cause mécanique de l'ontogénèse. Le développement de l'espèce, conformément aux lois de l'hérédité et de l'adaptation, détermina les phases du développement de l'individu.

Cette série de différentes formes animales, qui, suivant la théorie de la descendance, est celle des ancêtres de tout organisme supérieur, sans en excepter l'homme, forme un tout bien lié, une suite ininterrompue de formes, que nous désignerons par l'alphabet : A, B, C, D, etc., jusqu'à Z.

Pourtant, par une contradiction apparente avec ce qui précède, l'histoire du développement individuel ou l'ontogénie de la plupart des organismes, ne nous présente qu'un fragment de la série; par conséquent, on devrait peut-être représenter celle-ci tantôt par : A, B, F, H, I, K, L, etc. ; et dans d'autres cas par : B, D, H, L, M, N, etc.

C'est qu'en effet quelques chaînons manquent d'ordinaire dans la série évolutive. Mais néanmoins, et cela est d'autant plus significatif, la série n'en existe pas moins et nous pouvons toujours constater sa primitive concaténation Toujours il y a un parallélisme parfait entre les deux branches de l'évolution organique, avec cette différence, que nombre de formes transitoires, ayant eu dans la phylogénie une existence réelle, ont disparu dans l'ontogénie. Si le parallélisme était parfait, et si ce grand principe de la connexion étiologique entre l'ontogénie et la phylogénie se présentait à nous dans toute son évidence, nous n'aurions qu'à montrer, au moyen du microscope et du scalpel, les transformations que subit l'organisme humain, depuis la fécondation de l'œuf jusqu'à l'âge adulte. De cette façon nous pourrions nous représenter exactement la curieuse série des formes, que les ancêtres animaux de l'homme ont revêtues, depuis le commencement de la création organique jusqu'à l'apparition de l'espèce humaine. Mais cette reproduction sommaire de la phylogénie dans l'ontogénie est rarement parfaite ; presque toujours il y a des lacunes dans la série alphabétique. Dans la plupart des cas le résumé est très-défectueux, souvent même il est altéré et faussé par l'action de causes que nous apprendrons plus tard à connaître. Nous sommes donc rarement en état de donner, avec le seul concours de l'ontogénie, une description détaillée de toutes les formes transitoires qui ont concouru à la formation de chaque espèce actuelle. Force nous est le plus souvent, dans la phylogénie de l'homme aussi bien que dans celle des autres espèces, de nous arrêter devant de nombreuses lacunes. Sans doute l'anatomie comparée nous permet souvent de jeter, tant bien que mal, un pont sur ces brèches ; quant à les combler complétement et directement par l'observation embryologique, c'est un bonheur qui nous arrive bien rarement. C'est donc un bien précieux avantage pour nous de connaître quantité de formes animales inférieures, qui sont encore représentées dans l'évolution embryogénique de l'homme.

En vertu de la loi de connexion étiologique, nous pouvons donc, en toute sûreté, déduire des formes, que revêt passagèrement l'embryon individuel, celles qu'eurent jadis les ancêtres animaux, puisque l'évolution embryologique n'en est qu'une récapitulation. Par exemple, du fait que l'œuf humain est une simple cellule, nous pouvons tout de suite déduire l'existence d'un ancêtre monocellulaire du genre humain, d'une sorte d'amibe ancestrale ; de même, le fait que l'embryon humain est constitué tout d'abord par deux simples feuillets germinatifs, nous autorise à conclure, qu'il exista primitivement une forme ancestrale bifoliée, une *gastræa*. De même encore une autre phase embryonnaire de l'homme révèle aussi un antique ancêtre vermiforme très-voisin des ascidies actuelles. Mais quels chaînons, quels êtres de l'animalité inférieure relièrent, dans la généalogie humaine, le type unicellulaire, amibique, à la gastræa et la gastræa à l'ascidie ? L'ontogénie aidée de l'anatomie comparée ne nous permet sur ce point que des conjectures. En vertu de la loi d'hérédité abrégée, plusieurs formes transitoires ont disparu peu à peu de l'évolution embryologique, quoique ces formes aient dû positivement exister dans la série des ancêtres, dans la phylogénie. Mais, bien que ces lacunes soient fréquentes et quelquefois très-sensibles, il n'y a en définitive aucune contradiction entre les deux séries parallèles du développement. Ce sera même un des objets principaux de ces leçons, que de mettre en évidence l'harmonie essentielle et le parallélisme parfait des deux ordres de phénomènes. J'espère vous démontrer, à l'aide de faits nombreux, que l'étude des formes embryonnaires nous fournit sans cesse les données les plus sûres au sujet de la généalogie humaine, et que nous pouvons ainsi nous faire une idée générale de la série des types animaux qu'il faut considérer comme les ancêtres directs de l'homme.

Voilà la loi fondamentale du développement organique, le grand principe biogénétique, sur lequel nous aurons constamment à revenir; le lien qui rattache les uns aux autres tous les phénomènes particuliers de ce merveilleux sujet : c'est le fil du collier ou encore le fil d'Ariane seul capable de guider notre intelligence à travers le labyrinthe des formes vivantes.

Dès le moment où l'on commença à connaître un peu mieux l'évolution embryologique de l'homme et de l'animal (et il y a de cela à peine cinquante ans), on fut frappé d'étonnement par la merveilleuse ressemblance, qui existe entre les états ontogénétiques d'animaux tout à fait différents; et l'on reconnut aussi la curieuse analogie de ces états transitoires et de certaines formes animales. Ces types inférieurs semblent avoir fixé, immobilisé certaines évolutions des groupes hiérarchiquement plus élevés. Alors on ne parvenait pas à bien comprendre, à bien interpréter cette ressemblance surprenante. Si cette voie nouvelle nous a été ouverte, nous en sommes redevables à Darwin. C'est ce grand naturaliste qui, le premier, mit dans leur vrai jour les phénomènes de l'hérédité et ceux de l'adaptation, le rôle capital joué par l'action constante et combinée de ces deux causes dans la formation des êtres organisés.

Le premier, il démontra la grande importance de la lutte pour l'existence, de cette guerre sans trêve que se font tous les êtres organisés; il prouva que, par suite de cette lutte, et uniquement grâce à l'action combinée de l'hérédité et de l'adaptation, de nouvelles espèces organisées sont nées et naissent encore tous les jours. Par là, Darwin a fait comprendre la correlation extrêmement importante, qui existe entre les deux branches de l'évolution organique, entre l'ontogénie et la phylogénie.

En effet, faites abstraction des phénomènes de l'hérédité et de l'adaptation, négligez ces deux fonctions physiologiques, qui modèlent les formes organiques; aussitôt il vous deviendra parfaitement impossible de pénétrer dans son essence l'histoire de l'évolution, et c'est pourquoi, avant Darwin, on n'avait guère d'idée nette au sujet de la vraie nature et des causes de l'évolution embryonnaire. On ne pouvait s'expliquer pourquoi, dans le cours de son évolution embryologique, l'homme parcourt toute une étonnante échelle morphologique. On ne comprenait pas pourquoi cette étrange série de types animaux apparaissait dans l'ontogénèse humaine.

Autrefois, on croyait généralement que l'homme préexistait déjà, dans l'œuf, muni de toutes ses parties constituantes, et que son développement n'était qu'une sorte d'expansion, un simple effet de croissance. Mais les choses ne se passent nullement ainsi. Bien au contraire, l'évolution embryologique tout entière déroule à nos yeux une série ininterrompue de types animaux divers et extrêmement différents par la forme et la structure.

Quant à la raison pour laquelle chaque individu humain doit passer par cette série de formes, durant son évolution embryologique, nous ne l'avons vraiment comprise qu'avec le secours de la théorie généalogique formulée par Lamarck et Darwin.

Pour la première fois, cette théorie a dégagé les causes déter-

minantes, les vraies *causæ efficientes* de l'évolution individuelle. Grâce à cette théorie, nous avons pu comprendre que les
causes mécaniques suffisaient à déterminer le développement de
l'individu, et qu'il devenait tout à fait oiseux d'invoquer des
causes agissant conformément à un but, les causes finales généralement admises autrefois. Sans doute, ces causes finales jouent
encore un grand rôle dans nos principales écoles de philosophie;
mais, en réalité, notre nouvelle philosophie naturelle nous permet de leur substituer les causes efficientes.

En abordant dès à présent ce sujet, j'ai la conviction de vous
signaler un des plus importants progrès que la science ait accomplis depuis une dizaine d'années. L'histoire de la philosophie
nous apprend, que, dans la conception actuelle de l'univers comme
dans celle qui avait cours autrefois, les causes finales sont presque
partout acceptées comme le principe des phénomènes du monde
organique en général et de la vie de l'homme en particulier. La
doctrine encore dominante de la création voulue ou téléologique
prétend encore que, pour expliquer les phénomènes de la vie, il
faut nécessairement invoquer des causes agissant conformément
à un but, et que toute explication mécanique, c'est-à-dire em-
pruntée à l'histoire naturelle, est radicalement insuffisante.

Mais le mot des énigmes, que nous demandions autrefois à
la téléologie seule, nous est justement fourni aujourd'hui par
la théorie de la descendance, et c'est une explication mécanique
qui nous est donnée. Cette transformation de l'histoire de l'évolution humaine a aplani les plus sérieux obstacles. Dans le cours
de cette exposition, nous verrons clairement que les faits les plus
mystérieux de l'organisation humaine et animale, des faits ré-
putés inexplicables jusqu'alors, se comprennent tout naturellement, grâce à la théorie darwinienne de l'évolution, qu'ils se
laissent interpréter mécaniquement et rapporter à des causes
agissant sans but. Partout nous sommes en mesure de substituer
aux causes conscientes, aux causes finales, des causes incons-
cientes et fatales.

Quand ce serait là l'unique résultat des récents progrès de la
doctrine évolutive, tout homme doué de quelque portée intellectuelle y verrait sans doute un énorme pas en avant dans le
champ des connaissances. Il est impossible en effet que ce mouvement n'entraîne point le triomphe de la conception unitaire ou
monistique dans la philosophie tout entière; la conception dua-

listique jusqu'ici dominante n'a plus maintenant de raison d'être. C'est là un levier à l'aide duquel l'histoire de l'évolution humaine ébranle les bases de la philosophie. Pour cette seule raison, il est désirable, il est même indispensable, pour quiconque se pique de philosopher, de se familiariser avec les données principales du sujet de ces leçons.

A ce point de vue, l'importance des faits ontogénétiques est si grande, elle est si frappante, que, tout récemment encore, la philosophie dualistique et téléologique a essayé de se débarrasser de ces faits gênants, en les niant purement et simplement. Ainsi elle a écarté le fait qui nous montre l'homme provenant d'un œuf, cellule simple, identique aux ovules des autres animaux. Quand j'eus cité ce fait dans mon *Histoire de la création naturelle,* en insistant sur son énorme importance, plusieurs revues théologiques déclarèrent que c'était une méchante invention de dire que les embryons de l'homme et du chien ne se peuvent distinguer l'un de l'autre, à un certain moment de leur évolution. Or, c'est là une simple vérité de fait; pourtant on n'a point hésité à la nier.

Si l'on examine l'embryon humain dans la troisième ou quatrième semaine de son développement, l'on n'y trouve aucune ressemblance avec l'homme complétement développé, mais bien une grande analogie avec les formes imparfaites de l'embryon du singe, du chien, du lapin et d'autres mammifères à la même époque.

La structure de l'embryon humain est alors des plus simples. Cet embryon est pourvu d'une queue, d'une double paire d'appendices latéraux très-analogues aux nageoires de poissons, mais point du tout aux membres de l'homme ou des mammifères. A ce moment la partie antérieure du corps presque tout entière est constituée par une tête informe, dépourvue de visage et sur les côtés de laquelle on voit des fentes branchiales et des arcs branchiaux, comme chez les poissons (pl. II et III). On a beau alors examiner avec tout le soin possible, en s'aidant du plus puissant microscope, on ne découvre rien qui distingue cet embryon de ceux de singe, de chien, de cheval, de bœuf, etc., au même degré de développement. Or ce fait vérifiable à volonté par la simple comparaison des embryons d'homme, de chien, etc., a été contesté par les théologiens et les philosophes téléologiques, qui n'ont voulu y voir qu'une invention du matérialisme. Bien plus, des naturalistes, à qui ces faits sont familiers, ont aussi tenté de les *nier* ([4]).

Nulle autre preuve plus éclatante de l'énorme valeur de ces faits embryologiques, de la force de leur témoignage en faveur de la philosophie unitaire, que cette tentative même faite par la philosophie dualistique soit d'écarter la vérité par un simple démenti, soit de faire autour d'elle un silence mortel.

Il est vrai que les faits en question sont pour cette philosophie fort incommodes, et tout à fait inconciliables avec sa conception téléologique de l'Univers ; aussi, pour cette raison même, nous devons faire notre possible pour les mettre à leur vraie place.

Nous partageons complétement l'opinion du célèbre naturaliste anglais Huxley, qui, dans son excellent ouvrage sur la place de l'homme dans la nature, dit si justement : « Quoique ignorés de beaucoup de ceux qui se prétendent les directeurs de l'esprit public, les faits sur lesquels je voudrais d'abord appeler l'attention du lecteur sont d'une démonstration facile et sont universellement reconnus par les savants : leur signification est d'ailleurs si considérable, que celui qui en aura fait l'objet de ses méditations sera peu surpris, je crois, des révélations ultérieures de la biologie. » (Tr. Dally.)

Sans doute notre objet principal est d'étudier avant tout l'évolution morphologique du corps humain et de ses organes, les rapports entre la conformation externe et la structure interne ; je tiens pourtant à vous faire remarquer que l'évolution fonctionnelle marche de pair avec l'évolution corporelle.

Partout, en anthropologie comme en zoologie, c'est-à-dire dans la partie et dans le tout, partout en biologie, ces deux côtés de l'être sont indissolublement unis.

Partout la forme externe et la structure interne de l'organisme et des organes sont étroitement liées à leur mode de vivre, à leur fonctionnement. Cette corrélation intime de la forme et de la fonction se montre dans le développement de l'organisme et de toutes ses parties. L'histoire du développement morphologique, dont nous nous occupons surtout, est également l'histoire du développement physiologique, et ceci est aussi vrai de l'organisme humain que de tout autre.

Il est juste pourtant de remarquer ici, en passant, que nous connaissons bien moins le développement des fonctions que celui des formes. En effet, jusqu'ici, sous le rapport ontogénique aussi bien que sous le rapport phylogénique, l'histoire générale de l'évolution, la biogénie, ne s'est guère occupée que des formes, et la biogénie des fonctions n'existe guère que de nom. La faute en est à la physiologie, qui, jusqu'à présent, ne s'est guère soucié de l'histoire du développement et s'est déchargé de ce soin sur la morphologie.

Depuis bien longtemps déjà les deux branches principales de la biologie, la morphologie et la physiologie, se sont séparées et ont suivi chacune une voie différente. Cela est tout naturel, puisque elles n'ont ni le même but, ni la même méthode. La morphologie ou l'étude des formes vise à la compréhension scientifique des structures organiques dans leurs rapports extérieurs et intérieurs; la physiologie, ou l'étude des fonctions, cherche au contraire à connaître les fonctions organiques ou les phénomènes de la vie. Non-seulement elle ne s'est pas servi de la méthode comparative, qui a permis à la morphologie d'obtenir les plus grands résultats, mais elle a négligé absolument l'histoire du développement. Aussi est-il arrivé que, dans ces dix dernières années, la morphologie a de beaucoup dépassé la physiologie, en dépit du dédain avec lequel elle est d'ordinaire traitée par cette dernière.

Grâce à l'anatomie comparée et à la biogénie, la morphologie a réalisé d'immenses progrès, et presque tout ce que je vous dirai dans ces leçons au sujet de l'évolution humaine est dû, non point aux efforts des physiologistes, mais bien à ceux des morphologistes. La physiologie contemporaine s'est même renfermée dans un champ si restreint, qu'elle ne s'est aucunement préoccupée de l'hérédité et de l'adaptation, abandonnant aux morphologistes ces études pourtant si exclusivement physiologiques. Presque tout ce que nous savons sur l'hérédité et l'adaptation nous le devons aux morphologistes (⁵). Les physiologistes se sont occupés tout aussi peu des fonctions du développement que du développement des fonctions. La première tâche de la physiogénie de l'avenir sera de se dévouer à l'étude du développement des fonctions avec autant d'ardeur, avec autant de suite que la morphogénie en a mis à poursuivre l'étude du développement des formes (⁶). Deux exemples suffiront à bien faire voir le rapport intime qui existe entre ces deux branches du même sujet. Dans le principe, le cœur de l'embryon humain a une structure aussi simple que possible, telle qu'elle existe à l'état permanent seulement chez les ascidies et chez quelques vers très-inférieurs ; à cette structure est lié un mode très-simple de circulation. Au contraire, on voit que le plein et entier développement du cœur chez l'homme coïncide avec une fonction circulatoire toute différente de la première et bien plus compliquée ; par conséquent, en s'occupant seulement du développement cardiaque, c'est-à-dire d'un sujet originairement morphologique, on est entraîné sur le terrain de la physiologie.

Il en va de même pour tous les autres organes. Ainsi l'embryologie du tube digestif, des poumons, des organes sexuels, si on l'étudie avec soin au point de vue purement morphologique, permet de formuler des conclusions très-importantes sur les fonctions de ces mêmes organes. C'est ainsi, par exemple, que les récentes découvertes embryologiques ont éclairé plusieurs points obscurs de la génération, à mesure qu'elles nous faisaient mieux connaître les étonnants phénomènes évolutifs des organes sexuels.

Un autre exemple éclatant de cette importante corrélation nous est fourni par l'embryologie du système nerveux. Ce système remplit dans l'économie humaine les fonctions les plus élevées, celles que l'homme regarde depuis longtemps comme spéciales dans une certaine mesure. Ces fonctions du système nerveux sont la sensibilité, la motilité volontaire, la volonté, et enfin la fonction psychique par excellence, la pensée ; en résumé, le système nerveux est l'organe de toutes les fonctions qui forment l'objet spécial de la psychologie.

L'anatomie et la physiologie modernes nous ont prouvé que ces fonctions de l'âme ou de l'esprit dépendent immédiatement de la délicate structure des centres nerveux, de l'intime union morphologique du cerveau et de la moelle épinière. Dans ces centres nerveux, existe un mécanisme cellulaire extrêmement compliqué, et la fonction de ce mécanisme est ce qu'on appelle l'âme humaine. Il y a dans ces organes une telle intrication de structure, qu'aux yeux de la plupart des hommes, la fonction psychologique n'est pas susceptible d'explication mécanique ; elle est surnaturelle. Mais, de l'embryologie individuelle se dégagent les conclusions les plus étonnantes au sujet de l'origine graduelle, de la lente formation de ces importants organes.

En effet, la première ébauche des centres nerveux chez l'embryon humain revêt la forme rudimentaire, qui persiste, pendant toute la durée de la vie, chez les ascidies et chez d'autres vers inférieurs. Puis il se forme une moelle épinière des plus simples, sans cerveau, semblable à celle qui est l'unique centre nerveux du plus humble des vertébrés, de l'amphioxus. Plus tard un cerveau apparaît à l'extrémité antérieure de la moelle épinière, mais un cerveau rudimentaire, analogue à celui des poissons les plus inférieurs. Peu à peu ce cerveau poursuit son évolution, revêtant successivement des formes qui rappellent d'abord le cerveau des amphibies, puis ceux des monotrèmes, des marsupiaux, des makis, pour arriver ensuite à la conformation cérébrale si complexe qui distingue les singes des autres vertébrés, et s'épanouir enfin en un cerveau humain. Mais à cette évolution progressive des formes cérébrales est lié un développement correspondant des fonctions, de l'activité psychique ; de telle sorte que, grâce à l'embryologie cérébrale, nous sommes, pour la première fois, en mesure de comprendre l'origine naturelle de la vie de conscience et le graduel perfectionnement de l'activité intellectuelle chez l'homme. C'est l'ontogénie seule qui nous fait assister à l'évolution historique de ces nobles, de ces éclatantes fonctions de l'organisme animal. En un mot, l'histoire du développement de la moelle épinière et du cerveau dans l'embryon humain explique directement la philogénie de l'esprit humain, de cette vitalité suprême, qui nous semble aujourd'hui, chez l'homme développé, quelque chose de merveilleux, de surnaturel.

Cette donnée, dont nous sommes redevables à l'histoire de l'évolution, est, à mes yeux, d'une immense portée. On ne pouvait espérer davantage. Par bonheur, nous connaissons si bien l'embryologie du système nerveux central et cette embryologie est si complétement d'accord avec les données générales de l'anatomie et de la physiologie, que nous avons ainsi la claire perception d'un grand problème philosophique, de la phylogénie de l'âme. En outre nous sommes lancés du même coup dans la voie qui doit nous conduire à la solution de ce problème capital.

PREMIER TABLEAU.

Vue d'ensemble des branches principales de la biogénie ou histoire du développement organique, avec l'indication des quatre degrés primordiaux de l'individualité organique (cellule, organe, individu, groupe).

I.

Première branche principale de la biogénie :

Histoire du germe ou ontogénie.

(Histoire du développement des organismes individuels.)

1° Embryologie des formes. (Morphontogénie.)

1° Embryologie des cellules, des cytodes et des tissus qui en sont formés. (Histogénie.)

2° Embryologie des organes ainsi que des systèmes et appareils qui en sont formés. (Organogénie.)

3° Embryologie des individus, de la forme du corps. (Prosopogénie.)

4° Embryologie des groupes, des individualités sociales, composées d'individus : familles, communautés, États, etc. (Cormogénie.)

2° Embryologie des fonctions. (Physiontogénie.)

L'embryologie des fonctions ou histoire individuelle de l'évolution des activités vitales n'a pas encore été l'objet d'une étude scientifique suffisante.

II.

Deuxième branche principale de la biogénie :

Histoire de la tribu ou phylogénie.

(Histoire du développement paléontologique des espèces organiques.)

3° Phylogénie des formes. (Morphophylogénie.)

1° Phylogénie des cellules. Presque absolument négligée jusqu'ici. (Histophylogénie.)

2° Phylogénie des organes. (Un des objets principaux de l'anatomie comparée, qui n'en a pas eu conscience.) (Organophylogénie.)

3° Phylogénie des individus. (Objet capital de la taxinomie naturelle, qui n'en a pas eu conscience.) (Prosopophylogénie.)

4° Phylogénie des groupes ou des individualités sociales composées d'individus : familles, communautés, États, etc. (Cormophylogénie.)

4° Phylogénie des fonctions. (Physiophylogénie.)

La phylogénie des fonctions ou histoire paléontologique du développement des activités vitales n'a pas encore été étudiée dans la plupart des organismes; elle comprend, pour l'homme, une grande partie de la prétendue histoire universelle.

DEUXIÈME LEÇON.

L'EMBRYOLOGIE DANS LE PASSÉ.

Caspar Friedrich Wolff.

Pour expliquer la génération, il faut prendre le corps organisé avec toutes ses parties pour sujet de ses méditations philosophiques, on devra montrer comment ces diverses parties sont nées et comment elles se sont formées avec tous leurs rapports mutuels Mais quiconque connaît une chose non pas immédiatement par l'expérience, mais d'après l'essence et les causes de cette chose, celui-là dira, sans se soucier de l'expérience « Ainsi doit être cette chose et elle ne saurait être autrement, tel doit être son état, il faut qu'elle ait telles propriétés et elle ne peut en avoir d'autres » Celui qui tient ce langage ne se contente pas de voir les choses historiquement, il les contemple en vrai philosophe, il en a une notion philosophique C'est une telle notion philosophique, bien différente de la simple notion historique, que notre théorie de la génération donnera d'un corps organisé

CASPAR FRIEDRICH WOLFF, 1764

Histoire du développement des animaux, d'après Aristote. — Les connaissances relativement à l'embryologie des animaux inférieurs. — Temps d'arrêt dans l'investigation scientifique durant le moyen âge chrétien. — Reveil de l'ontogénie au commencement du seizième siècle. — Fabricius d'Acquapendente. — Harvey. — Marcello Malpighi. — Importance de la couvaison du poulet. — La théorie de la préformation et de l'emboîtement des germes (évolution et prédélineation). — Théorie de l'emboîtement masculin et féminin. — Faut-il voir l'individu préformé dans les animalcules spermatiques ou dans l'œuf? — Animalculistes (Leuwenhoeck, Hartsoeker, Spallanzani). — Ovulistes (Haller, Leibniz, Bonnet). — Victoire de la théorie de l'emboîtement, grâce à l'autorité de Haller et de Leibniz. — Caspar Friedrich Wolff. — Sa destinée. — La *theoria generationis*. — Formation nouvelle ou épigenèse. — Évolution du tube digestif. — Les origines de la théorie des feuillets germinatifs (quatre couches ou feuillets). — Les métamorphoses des plantes. — Les origines de la théorie cellulaire. — Philosophie monistique de Wolff.

Messieurs,

En abordant une science, il est utile sous plusieurs rapports de jeter un coup d'œil sur le cours de son développement. Le dicton familier : « Le devenu ne se peut expliquer que par le devenir, » est aussi applicable à la science. C'est en suivant pas à pas le graduel perfectionnement, le lent accroissement de la science, que nous arriverons à nous faire une juste idée de ses problèmes et de son but. De même nous verrons bientôt, que, pour bien apprécier l'état actuel de nos connaissances au sujet de l'évolution humaine et de tout ce qui s'y rattache, il faut être au courant de la marche suivie par cette branche spéciale du savoir humain.

D'ailleurs l'examen de ce dernier sujet ne nous prendra guère de temps; car la science du développement de l'homme est de date toute récente, et cela est vrai de ses deux branches, aussi bien de l'ontogénie que de la phylogénie.

En effet, si l'on fait abstraction des confuses origines de la science dans l'antiquité classique, l'histoire vraiment scientifique de l'évolution humaine ne commence guère avant 1759. En cette année, un des plus grands naturalistes allemands, Caspar Friedrich Wolff, publia sa *Theoria generationis*. Ce fut le premier fondement d'une vraie embryologie zoologique. Ce fut seulement cinquante ans plus tard, en 1809, que Jean Lamarck publia sa *Philosophie zoologique,* c'est-à-dire le premier essai d'une histoire de l'évolution des espèces ou d'une phylogénie. Enfin, un demi-siècle après, en l'année 1859, parut le livre de Darwin, qu'il faut considérer comme le premier essai de traité vraiment scientifique sur cette matière. Mais, avant d'exposer en détail l'histoire de l'évolution humaine, nous devons dire quelques mots d'Aristote, de cet homme, à la fois grand philosophe et grand naturaliste, qui, dans cette branche de l'histoire naturelle, comme dans toutes les autres, fut le seul maître, pendant deux mille ans.

Aristote s'est occupé des divers départements de la biologie et nous a légué à ce sujet plusieurs traités, dont *l'Histoire des animaux* est le plus important. Parmi ces ouvrages il en est un plus petit, intitulé : « De la genèse des animaux (περὶ ζωον γένεσεως) » ([7]). Ce traité est fort intéressant. En effet, c'est le plus ancien de tous, c'est le seul de ce genre que l'antiquité classique nous ait légué tant soit peu intact; enfin, comme tous les autres ouvrages d'Aristote sur l'histoire naturelle, il a fait loi dans la science pendant deux mille ans.. Notre philosophe était également un observateur pénétrant et un grand penseur; mais si l'on n'a jamais douté de sa valeur comme philosophe, ce n'est que dernièrement qu'on a reconnu son mérite comme naturaliste.

Les naturalistes qui, dans ces derniers temps, ont examiné de nouveau et avec soin ses écrits sur l'histoire naturelle, ont été étonnés des faits intéressants et des observations remarquables qui s'y trouvent amassés.

Quant à l'embryologie, il est à remarquer qu'Aristote l'a étudiée chez les classes zoologiques les plus différentes, et que plusieurs des faits très-curieux qui, dans ces quatorze ou quinze dernières années, nous ont été révélés au sujet de l'embryologie des animaux inférieurs, étaient déjà connus du naturaliste grec. Il est bien constaté, par exemple, qu'il connaissait exactement le singulier mode de reproduction et de développement des céphalopodes, chez qui un sac vitellien sort de la bouche de l'embryon ; il savait encore que les embryons se développent dans les œufs des abeilles, même quand ceux-ci n'ont pas été fécondés. Cette *parthénogenèse* ou reproduction virginale des abeilles a été constatée pour la première fois, de nos jours, par le zoologiste Siebold de Munich, lequel a démontré que les abeilles mâles proviennent d'œufs non fécondés, et les femelles seules des œufs fécondés. Aristote nous enseigne aussi que quelques poissons (de l'espèce *serranus*) sont hermaphrodites, un seul individu possédant à la fois les organes générateurs des deux sexes, et se fécondant lui-même. C'est là encore un fait qui nous est connu seulement depuis peu.

Il savait encore très-bien que l'embryon de beaucoup de requins est uni au corps de la mère par une espèce de placenta, par un organe nutritif, très-vasculaire, analogue au placenta des mammifères supérieurs et de l'homme. Ce placenta du requin a longtemps été regardé comme fabuleux, jusqu'à ce que le zoologiste berlinois, Johannes Müller, en eût constaté l'existence dans l'année 1839. On trouve ainsi dans l'embryologie d'Aristote une multitude d'observations remarquables, qui prouvent combien les connaissances ontogénétiques de ce grand naturaliste étaient vastes, et jusqu'à quel point, sous ce rapport, il a devancé les siècles qui l'ont suivi. Dans la plupart de ses observations il ne se contente pas d'enregistrer simplement les faits, mais il y ajoute des considérations sur leur valeur.

Quelques-unes de ces réflexions spéculatives ont un intérêt particulier, en ce qu'elles révèlent une juste perception de la nature intime des phases embryologiques. Il envisage le développement de l'individu comme une formation nouvelle, dont les diverses parties naissent les unes des autres. Que l'embryon humain ou animal évolue dans le corps de la mère ou à l'extérieur,

dans un œuf, il faut, dit-il, que le cœur se forme tout d'abord ; car
c'est le point initial et le centre du corps. Le cœur une fois modelé,
les autres organes apparaissent ; les organes internes précèdent
les externes, et les supérieurs, sus-diaphragmatiques, devancent
les inférieurs ou sous-diaphragmatiques. Le cerveau apparaît
de fort bonne heure et il engendre ensuite les yeux ; assertion
tout à fait d'accord avec les faits. Si nous cherchons à démêler
dans tout ceci l'idée qu'Aristote s'est formée des phases embryologiques, nous nous apercevons très-bien qu'il avait une idée
confuse de cette théorie du développement, que nous nommons
maintenant *épigénèse*, et que Wolff a démontré être la véritable,
quelques milliers d'années après Aristote.

C'est une circonstance remarquable, qu'Aristote nia, sous tous
les rapports, l'éternité de l'individu. Selon lui, l'espèce ou le
genre, ces groupes d'individus semblables, peuvent être éter-
nels, mais l'individu est périssable ; il commence à l'acte de la
génération et finit par la mort.

Pendant deux mille ans après Aristote, on ne fit aucun progrès réel dans la zoologie en général et dans l'histoire du développement en particulier. On se contenta de commenter et de
copier les écrits zoologiques d'Aristote, de les gâter par des additions et de les traduire en diverses langues. Durant toute cette
longue période, on ne fit presque pas de recherches originales.
Durant le moyen âge chrétien surtout, les idées religieuses do-
minèrent à tel point et opposèrent des obstacles tellement insurmontables aux recherches d'histoire naturelle, qu'on ne songea
guère à entreprendre des travaux zoologiques originaux. Même
au seizième siècle, quand l'anatomie humaine commença à
se réveiller, quand on songea à étudier directement la structure de l'homme adulte, les anatomistes n'osèrent pas pousser
plus loin leurs investigations et s'occuper de l'évolution embryonnaire. La répulsion, qu'on éprouvait généralement alors
pour ces sortes d'études, avait plusieurs causes. Elle paraît
toute naturelle, quand on se rappelle qu'en vertu d'une bulle du
pape Boniface VIII, l'excommunication frappait quiconque osait
disséquer un cadavre humain. Si la simple étude anatomique du
corps humain adulte était un crime exécrable, combien plus cou-
pable et impie devait paraître l'étude du corps de l'enfant caché
dans celui de la mère, et que le créateur lui-même semblait avoir
voulu dérober à l'œil curieux du naturaliste ! La toute puissante

église chrétienne, qui alors envoyait, pour crime d'hérésie, des milliers d'hommes à l'échafaud ou au bûcher, avait, par un sûr instinct, senti le danger dont la menaçait le progrès de son ennemie mortelle, l'histoire naturelle, et elle mettait déjà un soin jaloux à lui interdire des conquêtes trop rapides.

Ce fut seulement quand la réforme eut brisé l'omnipotence de l'Église, hors de laquelle il n'y avait pas de salut, quand un courant intellectuel se répandit dans le monde comme un souffle frais, que la science asservie commença à se dégager des chaînes de fer de la foi. Ce fut alors, pour toutes les branches de l'histoire naturelle, une époque de renaissance, et l'anatomie et l'embryologie humaine commencèrent à se mouvoir plus librement. Mais l'ontogénie resta bien en arrière de l'anatomie, et ce fut seulement au commencement du dix-septième siècle que parurent les premier écrits sur l'ontogénie.

L'anatomiste italien Fabrice d'Aquapendente, professeur à Padoue, commença le premier, en publiant deux écrits : *de Formato fœtu* (1600) et *de Formatione fœtus* (1604). Dans ces traités il reproduisit les descriptions et les dessins les plus anciens relatifs aux embryons de l'homme, des autres mammifères, et du poulet. Des vues analogues et tout aussi imparfaites furent émises ensuite par Spigelius : *de Formato fœtu* (1631), par l'anglais Needham, et par son grand compatriote Harvey (1652), celui qui découvrit la circulation du sang et formula la célèbre proposition : *Omne vivum ex ovo.*

Le naturaliste hollandais Swammerdam publia dans sa « Bible de la nature » les premières observations sur l'embryologie de la grenouille et « le sillon du jaune » chez cet animal. Mais les recherches ontogénétiques les plus importantes du dix-septième siècle furent celles du célèbre Italien Marcello Malpighi de Bologne, qui, en zoologie comme en botanique, fut un vrai pionnier. Ses deux traités *de Formatione pulli* et *de Ovo incubato* (1687) continrent les premières vues cohérentes sur le développement du poulet dans l'œuf.

Je dois ici signaler, en passant, la grande importance de l'embryologie du poulet et en général de celle des oiseaux pour l'objet qui nous occupe. En effet, dans tous ses caractères essentiels, l'évolution embryologique du poulet est identique à celle des vertébrés supérieurs, et même de l'homme. Les trois classes de vertébrés supérieurs : mammifères, oiseaux et reptiles (lézards, serpents, tortues, etc.) offrent, dans les caractères essentiels de leur développement individuel, surtout au début, une telle analogie que, pendant longtemps, il est impossible de les distinguer les uns des autres. Déjà depuis longtemps on s'était convaincu que, pour se rendre compte de l'évolution embryologique des mammifères, y compris l'homme, il suffisait d'observer le développement d'un oiseau, sujet d'observation, qu'il était on ne peut plus facile de se procurer. Ce point capital fut mis hors de doute, vers le milieu et la fin du dix-septième siècle, alors que l'on commença à étudier l'embryon humain et ceux des mammifères. Ce fait est tout aussi important théoriquement que pratiquement. En effet, on tire les conclusions les plus significatives, pour la théorie du développement de cette identité de conformation, entre les embryons d'animaux tout à fait différents. Pour la pratique de l'ontogénie, ce fait est de la plus haute valeur; car l'ontogénie bien connue de l'oiseau éclaire et complète celle de l'homme, où il y a encore tant de lacunes. On peut toujours avoir des œufs de poule autant que l'on veut, et, au moyen des couveuses artificielles, on peut suivre pas à pas le développement de l'embryon.

L'embryologie des mammifères est bien autrement difficile à étudier : ici, en effet, l'embryon n'est plus enclos dans un œuf, dans un corps isolé, séparé de la mère; l'œuf lui-même est enfermé dans le corps maternel et y reste caché jusqu'à maturité. Il est donc fort difficile d'étudier avec quelque suite les diverses phases de l'évolution sur un grand nombre de sujets, sans parler des empêchements d'un autre ordre, des frais considérables, des difficultés techniques et de quantité d'autres obstacles, qui s'opposent à toute grande série d'observations sur des mammifères fécondés. Aussi de tout temps la plupart des recherches exactes ont porté sur l'embryon du poulet. A l'aide de la couveuse perfectionnée, on peut partout et toujours se procurer des embryons de poules dans n'importe quel état de développement et en n'importe quelle quantité, et suivre ainsi pas à pas le cours entier de leur développement. Grâce à Malpighi, on connaissait déjà, à la fin du dix-septième siècle, les principaux phénomènes grossièrement apparents de l'embryologie du poulet, aussi bien que cela était alors possible, vu l'imperfection des microscopes d'alors. Naturellement le perfectionnement du microscope était la condition nécessaire d'une étude plus approfondie de l'embryologie ; car l'organisation des vertébrés, dans les premières phases de leur développement, est si délicate, si fine, que, sans un bon microscope, il est à peu près impossible de l'étudier à fond. Mais ce perfectionnement nécessaire du microscope n'eut lieu qu'au commencement de notre siècle.

Pendant la première moitié du dix-huitième siècle, l'histoire naturelle taxinomique des animaux et des plantes prit un puissant essor, après la publication du célèbre *Systema naturæ* de Linné ; mais l'étude du développement ne fit presque pas de progrès. Ce fut seulement en 1759 qu'apparut l'homme de génie qui devait imprimer à l'embryologie une direction toute nouvelle : cet homme fut Caspar Friedrich Wolff. Jusqu'alors l'embryologie ne faisait guère que s'épuiser en inutiles tentatives pour constituer diverses théories, à l'aide du matériel très-pauvre encore que lui avait fourni l'observation.

La théorie généralement acceptée à cette époque et pendant tout le siècle dernier est généralement appelée la théorie de l'emboîtement, ou mieux la théorie de la préformation ([8]). Cette théorie se résume essentiellement dans la proposition suivante : Dans l'évolution individuelle de chaque organisme végétal, animal, humain, il n'y a nulle formation nouvelle, mais bien un simple accroissement, littéralement un développement des parties qui préexistaient toutes préparées de toute éternité, mais sous un très-petit volume et repliées sur elles-mêmes. Chaque germe organique contient ainsi en lui-même toutes les parties du corps et tous les organes, sous la forme et dans la position et la connexion qu'ils auront plus tard. Ainsi le cours entier de développement de l'individu, le procédé ontogénétique dans son ensemble, n'est qu'une « évolution » dans l'acception la plus stricte du mot, c'est-à-dire un développement de parties préformées et enveloppées. Ainsi dans chaque œuf de poule il n'y a pas une simple cellule, qui se divise et produit ainsi, par une série de générations cellulaires, des feuillets germinatifs, puis, par quantité de métamorphoses, de dissociations, de formations nouvelles, construit enfin le corps de l'oiseau ; au contraire, dans chaque œuf de poule il y a tout d'abord un poussin complet, avec toutes ses parties déjà formées et enveloppées les unes dans les autres. Ainsi, dans le développement de l'embryon par la couvaison, les parties préformées ne font que se séparer les unes des autres et grandir.

La conséquence logique et nécessaire de cette théorie était l'idée de « l'emboîtement » des germes. Suivant cette manière

de voir, un seul individu primordial a été créé pour chaque espèce
d'animal et de plante, et cet individu contenait en lui même les
germes de tous les individus de son espèce, qui ont existé ou qui
existeront. Comme on croyait généralement alors, d'après l'histoire biblique de la création, que l'âge de la terre n'était que de
cinq à six mille ans, on s'imaginait pouvoir calculer à peu près
combien de germes de chaque espèce s'étaient développés pendant
ce laps de temps et combien il en existait emboîtés les uns dans
les autres dans le corps du premier individu « créé ». On appliquait logiquement cette théorie même à l'homme, et on affirma que
notre commune mère, Ève, portait dans ses ovaires tous les germes
de l'humanité future, emboîtés les uns dans les autres.

Ce fut là la forme première de la théorie de l'emboîtement des
germes. Les individus féminins furent toujours considérés comme
représentant, à l'état d'emboîtement mutuel, la somme des individus créés ; à l'origine une seule paire de chaque espèce avait
été créée, mais déjà l'individu féminin portait, emboîtés les uns
dans les autres, dans son ovaire l'ensemble des individus de même
espèce et des deux sexes, destinés à vivre un jour.

Cette théorie de la préformation prit une tout autre forme
lorsque, en 1690, le micrographe hollandais Leeuwenhoek découvrit les zoospermes, et démontra que, dans la matière séminale mâle, il existe une grande quantité de filaments vivants infiniment ténus et très-mobiles. On interpréta sur-le-champ cette
étonnante découverte, en disant que ces corpuscules mobiles de la
liqueur séminale étaient de véritables animaux, précisément les
germes préformés des générations futures.

Quand, par l'acte de la fécondation, les matières génératrices
des deux sexes se réunissent, ces filaments zoospermiques pénètrent dans l'œuf, et là ils se développent comme la semence de
la plante dans un sol fertile. Chaque zoosperme de l'homme est,
dans cette manière de voir, un homme complet ; toutes les différentes parties du corps y sont déjà entièrement préformées, et
elles ne font que se développer, grandir, dès qu'elles arrivent
dans l'œuf féminin, qui est, pour le zoosperme, un sol favorable.
Pour être conséquent, il fallut admettre que dans chaque corpuscule filiforme étaient renfermées, à l'état d'excessive ténuité,
toutes les générations qui en devaient sortir. De sorte que les
glandes séminales d'Adam contenaient déjà tout préparés les
germes de tous les enfants des hommes qui ont habité, habitent

et habiteront notre planète « jusqu'à la fin du monde ». Naturellement cette théorie de l'emboitement des germes masculins lutta d'abord avec acharnement contre celle de l'emboitement des germes féminins. Leur seul point commun était l'idée fausse que dans chaque organisme il existe une infinité de germes emboîtés les uns dans les autres, et que ces germes représentent les générations innombrables de l'avenir ; or, cette idée commune est déjà au fond de la bizarre théorie linnéenne de la prolepsis. Une guerre violente éclata bientôt entre les deux théories rivales, et la philosophie du dix-huitième siècle se divisa en deux grands camps, les animalculistes et les ovulistes, qui se livrèrent des batailles acharnées.

La lutte entre ces deux partis nous semble aujourd'hui très-amusante, car les deux théories sont également bâties en l'air. Comme dit Alfred Kirchoff dans son excellente esquisse biographique de Wolff, « c'était une question qui ne pouvait pas plus se décider que celle de savoir si les anges habitaient dans la partie occidentale ou dans la partie orientale du ciel. »

Les animalculistes persistèrent à tenir les filaments mobiles de la semence pour de vrais germes animaux ; ils en donnaient pour raison, d'une part, leurs mouvements si agiles, d'autre part, leur forme. Chez l'homme, comme chez la plupart des animaux, ces zoospermes ont une tête allongée, ovoïde ou pyriforme ; la région moyenne de leur corps est mince et ils se terminent en une queue filiforme très-allongée et excessivement ténue. En réalité, le corpuscule tout entier est une simple cellule, c'est même une cellule vibratile ; la tête représente le noyau cellulaire, entouré d'une certaine quantité de substance cellulaire, protoplasmique, qui se prolonge aussi dans le corps aminci et le prolongement filiforme mobile. Cette dernière partie est le cil vibratile, en tout semblable aux appendices analogues des autres cellules vibratiles. Mais les animalculistes soutenaient que la tête était une vraie tête et le corps un vrai corps. Leeuwenhoek, Hartsoeker et Spallanzani furent les principaux champions de cette théorie de la prédélinéation.

Le parti opposé des ovulistes, qui ne voulurent pas abandonner l'ancienne théorie de la préformation, affirma au contraire que l'œuf est le vrai germe de l'animal, et que les zoospermes, au moment de la fécondation, donnent seulement l'impulsion au développement de l'œuf où les générations se trouvent emboîtées. Cette théorie fut acceptée par la plupart des biologistes et sans contestation pendant tout le siècle dernier, quoique Wolff, dès 1759, eût démontré qu'elle manquait absolument de fondement. Son succès était dû en grande partie à ce qu'elle eut pour elle les plus célèbres biologistes et philosophes d'alors, entre autres Haller, Bonnet et Leibniz.

Albrecht Haller, professeur à Gœttingue, appelé souvent le père de la physiologie, fut un homme d'une instruction aussi vaste que variée, mais il est loin d'occuper le premier rang parmi ceux qui ont su interpréter avec profondeur les phénomènes naturels. Lui-même s'est bien peint dans le célèbre aphorisme tant de fois cité : « Nul esprit créé ne saura pénétrer dans l'intimité de la nature; trop heureux celui qui en voit la surface. » Haller prend très-nettement parti contre la théorie de l'évolution, quand il dit, dans son chef-d'œuvre, *Elementa physiologica :* « Nulla est epigenesis! » Nulle partie du corps d'un animal n'est faite avant une autre; toutes elles sont créées au même moment (*Nulla in corpore animali pars ante aliam facta est, et omnes simul creatæ existunt*). Il nia de même tout vrai développement, dans le sens propre du mot, et alla jusqu'à affirmer, chez le petit garçon nouveau-né, l'existence préformée de la barbe, et celle du bois chez le faon. Toutes les parties du corps, disait-il, existent dès lors toutes prêtes; elles se dérobent seulement momentanément aux yeux de l'homme.

Haller calcula aussi le nombre d'hommes que Dieu créa simultanément et emboîta dans le corps d'Ève, le sixième jour de la création. Il en trouva 200,000 millions, en fixant un chiffre de six mille ans à l'existence de la terre, trente ans pour la durée moyenne de la vie humaine, et en évaluant à 1,000 millions le nombre d'hommes existant de son temps. Et toutes ces insanités, avec les conséquences qui en dérivent, furent soutenues par le célèbre Haller avec le plus grand succès, même après que le grand Wolff eut découvert la véritable épigénèse et l'eut prouvée par ses observations.

Dans le camp des philosophes, ce fut surtout le célèbre Leibniz qui accepta la théorie de l'évolution, et lui procura de nombreux adhérents, tant par sa grande influence que par ses ingénieux écrits. S'appuyant sur sa doctrine des monades, suivant laquelle l'âme et le corps sont toujours indissolublement unis et forment l'individu (la monade) par leur dualité unifiée, Leibniz appliqua très-logiquement la théorie de l'emboîtement à l'âme, et nia, pour celle-ci comme pour le corps, tout véritable développement. Dans sa Théodicée il dit, par exemple : « Force m'est de croire que l'âme, destinée à être un jour l'âme humaine, existe déjà dans la semence, comme celle des autres espèces, et qu'elle a existé depuis le commencement des choses, sous la forme d'un corps organisé, dans la série des ancêtres jusqu'à Adam. »

Mais ce fut aux observations d'un de ses plus ardents partisans, à Bonnet, que la théorie de l'emboitement dut ses meilleures preuves expérimentales. Celui-ci découvrit la parthénogénèse des pucerons, ce mode de reproduction si curieux, que Siebold et d'autres ont signalé ensuite chez plusieurs autres articulés, entre autres chez différentes espèces de crustacés et d'insectes. Chez ces animaux et chez certaines autres espèces inférieures, les femelles ont la faculté de se reproduire pendant plusieurs générations, sans avoir été fécondées par un mâle. Ces œufs susceptibles d'évoluer sans fécondation ont été appelés faux œufs, *pseudova* ou spores.

Ce fut en 1745 que Bonnet vit pour la première fois une femelle de puceron, soigneusement préservée de tout commerce mâle, mettre au monde, au bout de onze jours et après quatre mues, une femelle vivante bientôt suivie de quatre-vingt-quatorze autres dans vingt autres jours. Puis toute cette nouvelle lignée femelle se reproduisit bientôt à son tour, tout aussi virginalement. Ces faits parurent être la preuve la plus éclatante de la théorie de l'emboitement des germes strictement prise au sens même des ovulistes, et il n'y a pas lieu de s'étonner si cette théorie fut acceptée presque partout.

Les choses en étaient là, quand parut, en 1789, le jeune Caspar Friedrich Wolff, qui, par sa théorie nouvelle de l'épigénèse, porta un coup mortel à la théorie de la préformation. Wolff était né en 1733, à Berlin ; il était fils d'un tailleur, et fit ses premières études d'histoire naturelle et de médecine au collège médico-chirurgial sous le célèbre anatomiste Meckel ; plus tard il étudia à Halle. Ce fut dans cette dernière ville, qu'il prit ses degrés de docteur, à l'âge de vingt-six ans, et le 28 novembre 1759 il défendit dans sa thèse doctorale la nouvelle doctrine du développement, la *Theoria generationis*, basée sur l'épigénèse. Cette dissertation est un ouvrage des plus importants. Elle est remarquable à la fois par l'abondance des faits nouveaux, bien observés, et aussi par quantité d'idées profondes et fécondes. Ces idées dérivent toujours des observations et se rattachent à une théorie du développement aussi lumineuse que naturelle. Néanmoins ce remarquable écrit ne produisit presque aucun effet. Bien que l'étude de l'histoire naturelle fût très-florissante alors, grâce à l'impulsion que lui avait donnée Linné, bien qu'on ne comtât plus les zoologistes et les botanistes par douzaines, mais par centaines, personne presque ne s'occupa de la théorie de la génération de Wolff. Ceux qui la lurent, et ils étaient en petit nombre, la déclarèrent absolument fausse; à leur tête était Haller. Bien que Wolff eût démontré par les observations les plus exactes la vérité de l'épigénèse et le peu de fondement de la théorie de la préformation, Haller, le physiologiste « exact », n'en resta pas moins le chaleureux partisan de cette dernière, et rejeta la doctrine vraie de Wolff, en lui opposant sa sentence dictatoriale *nulla est epigenesis*. Que le monde savant, dans la première moitié du dix-huitième siècle, ait accepté cet arrêt du pape de la physiologie et combattu l'épigénèse comme une nouveauté périlleuse, il n'y a pas lieu de s'en étonner.

Plus d'un demi-siècle devait s'écouler avant que les ouvrages de Wolff trouvassent l'accueil qu'ils méritaient. Ce fut seulement en 1812, après que Meckel eut traduit en allemand un autre écrit très-important de Wolff, « Sur la conformation du canal alimentaire » (publié en 1764), et appelé l'attention générale sur le mérite extraordinaire de ce travail, que l'on commença à s'occuper de son auteur. Mais Wolff était déjà disparu, après avoir été, de tous les naturalistes du siècle dernier, celui qui avait pénétré le plus avant dans le jeu de l'organisme vivant.

Ainsi donc, comme il arrive si souvent dans l'histoire des connaissances humaines, la vérité nouvelle qui surgissait dut courber la tête devant l'erreur tyrannique, contenue qu'elle était par la puissance de l'autorité. La lumière éclatante de la doctrine de l'épigénèse ne pouvait parvenir à dissiper le brouillard épais du dogme de la préformation, et le génie qui découvrit la première était vaincu dans sa lutte pour la vérité, par les « gros bataillons » de l'ennemi. Tout progrès dans l'histoire du développement était donc pour le moment arrêté. Ce fut d'autant plus regrettable que Wolff, par suite de sa triste position matérielle, fut à la fin forcé de quitter sa patrie. Toujours sans moyens d'existence, il n'a pu terminer son ouvrage, devenu classique, qu'en luttant avec les tribulations, et il se trouva ensuite forcé de gagner son pain, en exerçant la profession de médecin. Pendant la guerre de Sept ans, il était médecin militaire en Silésie, et fit à l'hôpital militaire de Breslau des leçons très-remarquables sur l'anatomie; il attira ainsi l'attention du directeur des hôpitaux, Cothenius, homme fort influent. Après la conclusion de la paix, ce puissant protecteur essaya de procurer à Wolff une chaire de professeur à Berlin; mais la tentative échoua devant les préjugés des professeurs du collége médico-chirurgical de Berlin, qui étaient opposés à tout progrès scientifique. La théorie de l'épigénèse fut traitée alors, comme l'est maintenant celle de la descendance; les mandarins scientifiques du collége la poursuivirent comme la plus dangereuse des hérésies. Bien que Cothenius et autres berlinois se fussent posés en protecteurs ardents de Wolff, il ne fut pourtant pas possible de lui procurer même la permission de donner à Berlin des leçons publiques de physiologie. En définitive, Wolff se vit forcé de chercher un refuge honorable, que lui offrit, en 1766, l'impératrice de Russie, Catherine. Il alla donc à Saint-Pétersbourg, où, pendant vingt-sept ans, il put vivre et poursuivre en paix ses profondes recherches. Il y mourut en 1794, après avoir enrichi de ses remarquables écrits les publications de l'Académie pétersbourgeoise.

Le pas en avant que Wolff fit faire à la biologie tout entière était si grand, que les naturalistes d'alors étaient tout à fait incapables de s'en rendre compte. Il y a dans les écrits de Wolff tant d'observations neuves et importantes, tant d'idées grandes et fécondes, que c'est seulement peu à peu, dans le cours du siècle présent, que nous sommes parvenus à en apprécier toute la valeur. Ce grand homme a frayé en tous sens des voies nouvelles dans le domaine de la biologie. Tout d'abord, c'est lui qui, par sa théorie de l'épigénèse, a montré la véritable nature du développement organique. Il prouva que le développement de chaque organisme s'effectue par une série de formations nouvelles, et que ni dans l'œuf, ni dans les spermatozoaires, il n'existe la moindre trace des formes définitives de l'organisme. Œuf et embryon sont des corps rudimentaires, dont la fonction est tout autre. Le germe ou embryon, qui résulte de leur conflit, a, dans les diverses phases de son développement, une texture intime et une configuration externe absolument différentes de celles de l'organisme adulte.

Dans tout cela il ne saurait être question ni de parties préformées, ni d'emboîtement des germes. A peine pouvons-nous encore aujourd'hui traiter l'épigénèse de théorie, puisque nous nous sommes pleinement convaincus de son accord avec les faits et que nous sommes toujours en mesure de démontrer ceux-ci au moyen du microscope. Aussi, depuis dix ans, aucun doute n'a jamais été émis sur la vérité de l'épigénèse. Wolff appliqua d'abord sa théorie au canal alimentaire, qui traverse le corps, et duquel dépendent les poumons, le foie, les glandes salivaires et une quantité d'autres petites glandes. Il montra que, chez l'embryon de poulet, au commencement de la couvaison, il n'y a pas encore trace de ce tube digestif complexe avec toutes ses régions et annexes différenciées ; à sa place, on trouve un corps en forme de feuille et l'embryon lui-même, dans son entier, revêt d'abord la forme d'une feuille ovalaire. Que l'on songe quelle difficulté il y avait à faire des recherches si fines, si délicates, avec les mauvais microscopes du siècle dernier, et l'on s'étonnera que Wolff ait déjà réussi à dégager quelques données expérimentales de cet obscur domaine de l'embryologie et à déterminer quelques notions de premier ordre.

De ces difficiles recherches il conclut très-justement que, chez tous les animaux supérieurs, comme chez les oiseaux, l'embryon tout entier n'est longtemps qu'une mince membrane en forme de feuille ; que cette membrane, d'abord simple, paraît dans la suite se diviser en plusieurs couches. Le plus profond de ces feuillets secondaires est le canal alimentaire, dont Wolff suivit le développement du commencement à la fin. Il fit voir comment ce feuillet se transforme en gouttière, comment les bords de cette gouttière viennent l'un vers l'autre, se soudent et constituent ainsi un tube ouvert, aux deux extrémités duquel se forment la bouche et l'anus. Les autres appareils organiques proviennent aussi de feuillets, qui se transforment en tubes. « A diverses reprises, successivement, à divers moments de l'évolution, des systèmes différents se forment d'après un seul et même type (en commençant par un simple feuillet). Ainsi se développent : 1° le système nerveux ; 2° le système musculaire ; 3° le système vasculaire ; 4° le canal digestif, « qui forme un tout complet, analogue aux trois systèmes précédents. » Par cette découverte capitale Wolff fonda la théorie des feuillets germinatifs, que Baer seul développa et compléta plus tard (1828).

Sans doute, les idées de Wolff ne sont pas entièrement justes ; mais il s'approcha de la vérité autant qu'il était possible de le faire alors, et c'était tout ce que l'on pouvait attendre de lui. Vous verrez plus loin de combien peu les observations de Wolff s'éloignent de la réalité.

Fort heureusement Wolff était à la fois botaniste et zoologiste, et avec la même distinction. Il étudia aussi l'embryologie végétale et ébaucha en botanique la théorie que Goethe développa plus tard dans son ingénieux écrit sur les *Métamorphoses des plantes*. Wolff, le premier, démontra que les diverses parties de la plante dérivent de la feuille, qui est « l'organe fondamental ». Les fleurs et les fruits ne sont que des feuilles métamorphosées. Cette donnée devait d'autant plus surprendre Wolff, qu'il avait aussi vu un feuillet membraneux en forme de feuille à l'origine de l'embryon animal.

Nous trouvons donc déjà bien nettement formulé chez Wolff le principe des théories à l'aide desquelles, mais bien plus tard, un autre naturaliste de génie devait expliquer la morphologie des organismes végétaux et animaux. Mais notre admiration pour le grand Wolff s'accroîtra encore, quand nous verrons en lui le premier précurseur de la célèbre théorie cellulaire. En effet, comme l'a remarqué Huxley, Wolff a eu une idée précise de cette théorie, puisque, selon lui, l'élément spécial d'où proviennent les feuillets germinatifs est une petite vésicule microscopique.

Enfin, il faut aussi mentionner tout spécialement le caractère monistique des profondes réflexions philosophiques que Wolff joint à ses admirables observations. Wolff fut un grand philosophe de la nature et un philosophe monistique, dans la meilleure et la véritable acception du mot. Ses travaux philosophiques ont eu le sort de ses travaux empiriques ; ils ont été ignorés pendant un demi-siècle et ne sont même pas encore aujourd'hui appréciés à leur juste valeur. C'est une raison de plus pour bien faire remarquer que ces travaux étaient marqués au coin de la philosophie unitaire, la seule dont nous fassions cas aujourd'hui ([9]).

TROISIÈME LEÇON.

LA NOUVELLE EMBRYOLOGIE.

Karl Ernst Baer.

L'embryologie est pour l'étude des corps organiques un vrai foyer de lumière.
Son utilité est de tous les instants, et toutes nos idées sur les rapports mutuels
des corps organiques se ressentent du degré de nos connaissances en embryologie
On n'en finirait pas, si l'on entreprenait de fournir la preuve de ce qui précède
pour tous les genres d'investigation scientifique

KARL ERNST BAER, 1828.

Karl Ernst Baer est le plus éminent successeur de Wolff. — L'école d'embryologie de Wurzbourg. — Dollinger, Pander, Baer. — La théorie des feuillets germinatifs de Pander. — Développement de cette théorie par Baer. — Le germe discoïdal se divise d'abord en deux feuillets qui, plus tard, se subdivisent chacun en deux couches. — Du feuillet externe ou animal se forment la peau et la couche musculaire. — Du feuillet intérieur ou végétal naissent le feuillet vasculaire et le feuillet muqueux. — Rôle important des feuillets. — Leur transformation en tubes. — La découverte par Baer de l'œuf humain, de la vésicule blastodermique et de la corde dorsale. — Les quatre types du développement dans les quatre groupes principaux du règne animal. — La loi de Baer sur le type et le degré du développement. — L'explication de cette loi par la théorie de la sélection. — Les successeurs de Baer : Rathke, Johannes Muller, Bischoff, Kölliker. — La théorie cellulaire : Schleiden, Schwann. — Son application à l'ontogénie : Robert Remak. — Recul de la science ontogénique : Reichert et His. — Darwin élargit le champ de l'ontogénie.

Messieurs,

On peut facilement distinguer trois phases principales dans la marche de l'ontogénie humaine, sur laquelle nous venons de jeter un coup d'œil. La première phase est celle dont nous nous sommes précédemment occupés. Elle comprend toute la période préparatoire des recherches embryologiques et s'étend d'Aristote à C. F. Wolff jusqu'à l'an 1759, quand parut la *Theoria generationis,* qui donna des bases à la nouvelle science.

La seconde phase, dont nous nous occuperons aujourd'hui,

dura juste un siècle, c'est-à-dire jusqu'à la publication, en 1859, de l'ouvrage de Darwin sur l'*Origine des espèces,* qui transforma essentiellement la biologie en général, et l'ontogénie en particulier.

La troisième période commence seulement à Darwin. Quand nous assignons à la seconde période une durée d'un siècle, ce n'est pas tout à fait exact; car l'ouvrage de Wolff ne resta complétement ignoré que pendant cinquante-trois ans. Pendant tout ce temps il ne parut pas un seul ouvrage qui appuyât les recherches de Wolff, ou développât sa théorie de l'évolution. Parfois, à l'occasion, on mentionnait les vues de Wolff, en les combattant, quoiqu'elles fussent parfaitement justes et basées sur l'observation des faits. Les adversaires de Wolff, les adhérents de cette fausse théorie de la préformation, qui s'imposait à tous alors, ne daignèrent même pas réfuter les théories qu'ils repoussaient. La cause de cette opposition était, comme je l'ai déjà dit, l'autorité extraordinaire dont jouissait le célèbre antagoniste de Wolff, Albrecht Haller. Mémorable exemple du temps qu'il faut à la claire connaissance des faits pour surmonter les obstacles que lui oppose l'autorité seule.

L'ignorance générale où l'on était des ouvrages de Wolff allait si loin, que, même au commencement de notre siècle, deux philosophes de la nature, Oken (1806) et Kieser (1810), entreprirent, chacun de leur côté, des recherches originales sur le développement du canal alimentaire du poulet, et arrivèrent ainsi sur la piste de la vraie ontogénie, sans rien savoir du grand ouvrage de Wolff sur le même sujet. Ils suivirent ses traces sans s'en douter. Rien de plus facile à établir, puisqu'ils ne sont pas allés aussi loin que leur prédécesseur. Ce fut seulement en 1812, quand Meckel traduisit en allemand le livre de Wolff sur le développement du canal intestinal, que les yeux des anatomistes et des physiologistes s'ouvrirent tout à coup. En même temps Meckel avait signalé l'importance de cet ouvrage. Aussitôt après, on vit quantité de biologistes s'occuper de ces questions, entreprendre de nouvelles recherches embryologiques, vérifier pas à pas la théorie de Wolff.

L'université de Wurzbourg fut le théâtre de cette renaissance de l'ontogénie; en même temps, on donnait une sanction à la seule théorie conforme à la réalité, à l'épigénèse, et on lui imprimait un nouvel essor. Là professait alors un célèbre biologiste, Döllinger, père du fameux théologien de Munich qui, de nos jours, a, par son opposition au dogme de l'infaillibilité, inquiété les jésuites et le pontife romain. Döllinger était, à la fois, un profond philosophe de la nature et un scrupuleux observateur en biologie; il s'intéressait vivement à l'embryologie et s'en occupait beaucoup; mais il ne pouvait exécuter aucun grand travail sur ce sujet, faute de ressources. Sur ces entrefaites (1816), un jeune homme, qui fut, comme nous le verrons, un des principaux continuateurs de Wolff, Karl Ernst Baer, prit à Wurzbourg ses degrés de docteur. Les conversations de Baer et de Döllinger sur l'embryologie les excitèrent à des recherches nouvelles. Le dernier en vint à exprimer le désir qu'un jeune naturaliste entreprît à nouveau, sous sa direction, une série d'observations originales sur le développement du jeune poulet, durant la couvaison de l'œuf. Mais ni lui ni Baer ne disposaient des sommes relativement considérables qu'il fallait pour se procurer tout ce que nécessitaient de telles études, pour acheter une couveuse artificielle, pour payer un artiste habile, capable de dessiner exactement les aspects successifs de l'évolution. L'exécution du projet fut donc confiée à Christian Pander, un opulent ami de jeunesse de Baer, que celui-ci avait déterminé à venir à Wurzbourg. Pour l'exécution des gravures sur cuivre nécessaires, on engagea un artiste exercé, Dalton.

Ainsi se forma, comme le dit Baer, « cette société, dont les annales de la science devront à jamais garder le souvenir; c'était un vétéran blanchi au milieu des recherches physiologiques (Döllinger), un jeune homme tout brûlant d'ardeur scientifique (Pander) et un artiste incomparable (Dalton) : tous trois unissaient leurs efforts pour arriver à donner à l'embryologie de l'organisme animal une base solide. » Sans participer directement à ce travail, Baer y collabora pourtant avec activité, et bientôt l'embryologie du poulet fut tellement élucidée, qu'en 1817, dans sa théorie doctorale ([10]), Pander put déjà formuler, en prenant pour base la théorie de Wolff, les données principales de cette science; en même temps il exposa explicitement la théorie des feuillets germinatifs, que Wolff avait préparée, et put démontrer expérimentalement ce que ce dernier n'avait fait que soupçonner, savoir, que les systèmes organiques complexes proviennent de simples feuillets discoïdes primitifs. Selon Pander, chez le poulet, le disque germinatif primitif se divise dès avant la douzième heure de la couvaison, en deux couches distinctes, un feuillet externe ou *séreux,* un feuillet interne ou *muqueux;* entre ces deux feuillets s'en développe plus tard un troisième, le feuillet vasculaire.

Karl Ernst Baer, qui avait été la cause déterminante des travaux de Pander et n'avait cessé, après son départ de Wurzbourg, d'y prendre le plus vif intérêt, se mit aussi à l'œuvre de son côté, mais en embrassant un champ plus vaste, et, en 1819, au bout de neuf ans, il publia le fruit de ses longues recherches. Ce fut son ouvrage sur « l'Embryologie des animaux », qui, aujourd'hui encore, est à bon droit considéré comme le plus important et le plus précieux travail d'embryologie générale. Cet ouvrage, véritable modèle, où la spéculation philosophique la plus ingénieuse est unie à l'observation empirique la plus soigneuse, fut publié en deux parties : la première parut en 1828, la seconde neuf ans après, en 1837 ([11]).

L'ouvrage de Baer est, jusqu'à ce jour, la base la plus solide de l'embryologie individuelle ; il est tellement au-dessus de tout ce qui l'a précédé, notamment de l'esquisse de Pander, qu'il faut le placer immédiatement à côté des travaux de Wolff et le considérer comme le fondement le plus solide de l'ontogénie nouvelle. Mais comme Baer vit encore tout chargé de jours à Dorpat, comme c'est un des plus grands naturalistes du siècle et qu'il a puissamment contribué aux progrès des autres branches de la biologie, il ne sera pas sans intérêt de dire quelques mots de la vie de cet homme extraordinaire.

Il naquit en 1792, en Esthonie, dans le petit domaine de Piep, que possédait son père. De 1810 à 1814 il fit ses études à Dorpat et alla ensuite à Wurzbourg. Là il trouva Döllinger, qui nonseulement lui enseigna l'anatomie comparée et l'ontogénie, mais qui exerça sur lui une grande influence en lui inculquant les données fécondes de sa philosophie naturelle, si propre à susciter des idées. De Wurzbourg, Baer alla à Berlin, puis, sur une invitation du physiologiste Burdach, à Kœnigsberg, où, jusqu'en 1834, il fit, avec quelques interruptions, des leçons de zoologie et d'embryologie ; ce fut là aussi qu'il exécuta ses plus importants travaux.

En 1834, il alla à Saint-Pétersbourg prendre place parmi les membres de l'Académie. Dans cette ville, il abandonna presque entièrement son domaine scientifique habituel pour s'occuper de sujets tout différents, de géologie, d'ethnographie, d'anthropologie. Mais ses travaux les plus importants de beaucoup sont ceux qui traitent de l'embryologie des animaux. Presque tous ont été préparés à Kœnigsberg, quoique publiés en partie plus tard. Ces travaux ont, comme ceux de Wolff, des mérites très-divers; ils embrassent le domaine tout entier de l'ontogénie et sous les côtés les plus variés.

Baer développa, dans son ensemble et dans ses détails, la théorie fondamentale des feuillets germinatifs avec un tel degré de clarté, que son ouvrage est encore aujourd'hui la base la plus solide de notre science ontogénétique. Il fit voir que, chez les hommes et chez les autres mammifères tout comme chez le poulet, ou plutôt chez les vertébrés en général, il se forme de la même façon tout d'abord deux et ensuite quatre feuillets; puis que c'est par la transformation de ces feuillets en tubes que les premiers organes fondamentaux du corps prennent naissance. Selon Baer, le premier rudiment du vertébré est un disque ovale, qui se divise en deux feuillets ou couches. De la couche supérieure ou *feuillet animal* proviennent tous les organes qui sont le siège des phénomènes de la vie dite animale, tout ce qui sert à la sensibilité, au mouvement, au revêtement externe du corps. De la couche inférieure ou *feuillet végétatif* dérivent tous les organes qui servent aux fonctions végétatives du corps, aux phénomènes de la digestion, de la formation du sang, de la sécrétion, de la reproduction, etc. Chacun de ces deux feuillets primordiaux se divise plus tard à son tour en deux feuillets plus minces et superposés. D'abord le feuillet animal se subdivise en deux couches appelées par Baer *feuillet cutané* et *feuillet musculaire*.

De la plus superficielle de ces deux lamelles du feuillet cutané proviennent la peau, le système nerveux central, le tube de la moelle épinière, le cerveau et les organes des sens. Aux dépens du feuillet musculaire, se forment les muscles et le squelette, c'est-à-dire les organes du mouvement. Le feuillet végétatif se subdivise aussi en deux lamelles, que Baer appelle *feuillet vasculaire* et *feuillet muqueux*. Du plus externe de ces deux feuillets, du feuillet vasculaire, naissent le cœur et les vaisseaux sanguins, la rate et les autres glandes dites sanguines, les reins et les glandes génératrices. Enfin du quatrième feuillet, du feuillet le plus profond, proviennent le tégument interne du canal digestif et toutes les annexes de ce canal, le foie, les poumons, les glandes salivaires, etc. Après avoir, avec tant de bonheur, reconnu l'importance de ces quatre *feuillets germinatifs secondaires* et la manière dont ils se formaient, deux par deux, par la division des deux feuillets primaires, Baer observa avec une sagacité non moins remarquable la métamorphose de ces feuillets en organes fondamentaux en forme de tubes.

Comment de cet organe rudimentaire discoïde, aplati, divisé en quatre couches, peut provenir le corps du vertébré, dont la conformation est si absolument différente? C'était là un difficile problème, que Baer résolut précisément en montrant que ces feuillets devenaient des tubes. Il ne sera pas hors de propos de faire ici une petite digression pour dire par quel procédé, simple et important tout à la fois, des systèmes tubiformes complexes proviennent, chez le vertébré, des feuillets discoïdes rudimentaires. Sans doute il est fort difficile de décrire et de comprendre, en les suivant dans leurs menus détails, les phases compliquées de l'évolution individuelle, mais les phénomènes fondamentaux sont d'une extrême simplicité. Tout d'abord il se forme des couches, des feuillets semblables et homogènes au début, puis des tubes proviennent de ces feuillets.

Or un tuyau ne peut provenir d'un feuillet que de deux manières : ou bien le feuillet s'épaissit et se creuse ensuite en tube ; ou bien le feuillet s'incurve, ses bords se rapprochent l'un de l'autre, croissent simultanément et enfin se soudent suivant une ligne, une sorte de suture. C'est suivant ce dernier procédé, par incurvation du feuillet et soudure des bords, que les « organes fondamentaux », les tubes, proviennent des feuillets germinatifs. Les plus importantes parties de l'organisme animal sont, tout d'abord, représentées par de simples disques ovalaires, qui se transforment ensuite en tubes. Ainsi, par exemple, les organes de la vie psychique chez les vertébrés, la moelle épinière et le cerveau, apparaissent d'abord sous la forme d'un feuillet simple ; puis ce feuillet devient un tube, d'où proviennent par différenciation les diverses parties les plus complexes des centres nerveux. Même mode de formation pour le cœur avec toutes ses dépendances, toutes ses cavités, pour la paroi externe de l'organisme tout entier, pour le tube digestif et ses appendices glandulaires.

Comme il vous en souvient, Wolff était déjà arrivé à la constatation de ces importantes formations tubulaires, et ses successeurs l'ont aussi reconnue. Mais ce fut Baer qui, le premier, donna pour base à cette théorie de la transformation des feuillets germinatifs en tubes, des faits nombreux et bien observés; ce fut lui qui lui donna une inébranlable solidité et démontra qu'elle se vérifie pour tous les systèmes organiques de l'animal vertébré. Cette théorie des feuillets germinatifs est la plus importante des notions que nous a fournies la théorie de l'épigénèse sur les débuts de l'ontogénie animale. Nous n'avons plus guère le droit de considérer l'épigénèse comme une théorie, puisqu'il nous est toujours possible de vérifier expérimentalement que tout organisme animal, quelle que soit sa complication, provient de tubes embryologiques, qui, eux-mêmes, dérivent des feuillets germinatifs. Pourtant ce n'est pas sans difficulté que ces faits d'expérience ont acquis le droit de cité dans la science, et maintes fois ils ont été contestés, notamment par Reichert.

Parmi les grands et nombreux services que Baer a rendus à l'ontogénie, surtout à celle des vertébrés, il faut placer en première ligne la découverte de l'œuf humain. Bien que les premiers naturalistes eussent pensé, pour la plupart, que l'homme, comme tous les animaux, devait avoir son origine dans un œuf, et bien que les évolutionistes crussent que toutes les générations passées, présentes et futures, étaient renfermées dans les œufs de notre mère Ève, on n'avait pourtant jamais constaté expérimentalement l'existence de l'œuf de l'homme et des autres mammifères. C'est qu'à vrai dire, cet œuf est d'une extrême petitesse : c'est une vésicule sphérique, n'ayant pas plus de $1/10$ de ligne de diamètre ; on parvient parfois à la voir à l'œil nu, mais le plus souvent elle est invisible. Cette vésicule ovulaire se forme dans l'ovaire de la femme ; elle est incluse dans une autre vésicule beaucoup plus grande, appelée follicule de Graaf, du nom du savant qui l'a découverte. D'abord on crut généralement que le follicule de Graaf était l'œuf proprement dit. Ce fut seulement en 1827, il n'y a pas encore cinquante ans, que Baer démontra que ces follicules de Graaf n'étaient pas les véritables œufs, mais que ces derniers, de dimension beaucoup plus petite, étaient contenus dans ces follicules.

Ce fut encore Baer qui découvrit ce que l'on appelle le *blastoderme* des mammifères, c'est-à-dire la vésicule sphérique qui se forme d'abord dans l'œuf, après la fécondation, et dont la mince paroi, non subdivisée en couches, est constituée d'ordi-

naire par des cellules régulières et polygonales. (Voir la huitième leçon.) C'est encore Baer qui a signalé le premier l'existence de la *chorda dorsalis*, fait de la plus haute importance
pour la conception du type vertébré et de l'organisation caractéristique de ce groupe zoologique dont l'homme fait partie. La
chorda dorsalis est une tige cartilagineuse, longue, mince,
cylindrique ; elle traverse dans toute sa longueur le corps de
l'embryon vertébré, se forme de très-bonne heure et est le rudiment de l'épine dorsale, de l'axe solide du vertébré. Chez le plus
humble des vertébrés, chez l'animal si curieux qu'on appelle
amphioxus, il n'y a pas, pendant toute la vie, d'autre squelette
que la *chorda dorsalis* ; mais, chez l'homme et les vertébrés
supérieurs, on voit bientôt s'adjoindre à la corde dorsale,
d'abord la colonne vertébrale, qui l'emboîte, puis le crâne.

Quelque valeur qu'eussent par elles-mêmes les découvertes de
Baer, et il en est beaucoup dont nous n'avons pas parlé, leur
importance capitale provint surtout de ce qu'elles résultaient des
premières observations d'embryologie comparée qui eussent
encore été faites. Baer s'attacha d'abord à l'ontogénèse des vertébrés, surtout des oiseaux et des poissons. Mais il ne borna
point là ses recherches, qui embrassèrent aussi les divers types
d'animaux sans vertèbres.

Le résultat le plus général des recherches d'embryologie comparée de Baer fut qu'il admit, pour les quatre grands groupes du
règne animal, quatre modes d'évolution parfaitement distincts.
Ces quatres groupes, que les travaux d'anatomie comparée de
Georges Cuvier ont appris à distinguer les uns des autres, sont :
1º les vertébrés (*vertebrata*); 2º les articulés (*articulata*);
3º les mollusques (*mollusca*), et 4º les animaux inférieurs,
que l'on avait alors le tort de confondre tous ensemble sous la
dénomination de radiés (*radiata*). En 1816, Cuvier montra, pour
la première fois, que ces quatre grandes divisions du règne
animal offrent des différences essentielles, typiques, dans la structure intime, dans la texture et la situation des systèmes organiques. Inversement, il fit voir que tous les animaux d'un même
type, par exemple, tous les vertébrés, en dépit de la grande dissemblance extérieure, se ressemblent essentiellement par leur
structure interne. De son côté, Baer démontra presque en même
temps que, dans ces quatre groupes, l'évolution à partir de
l'œuf est complètement différente, que la série des formes em-

bryonnaires est la même chez tous les animaux du même type, qu'elle est dissemblable chez les divers types.

Jusqu'à cette époque, on s'était toujours efforcé, dans les essais de classification du règne animal, d'ordonner tous les animaux du plus humble au plus élevé, de l'infusoire à l'homme, suivant une chaîne morphologique ininterrompue, et l'on croyait à tort que, de l'animal le plus rudimentaire au plus compliqué, il y avait une échelle morphologique parfaitement graduée. Cuvier et Baer prouvèrent que cette manière de voir était radicalement fausse, et qu'aussi bien au point de vue de la structure anatomique que de l'évolution embryonnaire, il fallait distinguer quatre types zoologiques entièrement différents.

Avec ce point de départ, Baer put formuler une loi très-importante, que nous appellerons en son honneur *loi de Baer* et qu'il exprima en ces termes : « Le développement d'un individu appartenant à une classe zoologique quelconque s'opère conformément à deux données générales : premièrement, il y a perfectionnement continu du corps animal par l'effet d'une différenciation histologique et morphologique toujours croissante ; secondement, la forme générale du type se modifie en une forme plus spéciale. Le degré de perfection du corps animal est déterminé par le plus ou le moins d'hétérogénéité des éléments et des diverses parties d'un appareil complexe, en un mot par le plus ou le moins de différenciation histologique et morphologique. Le type au contraire dépend de la position relative des éléments organiques et des organes. Le type est absolument indépendant du degré de perfection : un même type peut se retrouver à divers degrés de perfection et, inversement, un même degré de perfection peut être atteint dans les divers types. »

De cette façon s'explique le fait que les animaux les plus parfaits de chaque type, par exemple les articulés supérieurs et les mollusques, sont mieux organisés, c'est-à-dire sont plus différenciés que les animaux les plus imparfaits des autres types, par exemple les vertébrés inférieurs et les rayonnés. Cette « loi de Baer » a contribué dans une large mesure à faire mieux comprendre l'organisation animale ; mais il était réservé à Darwin d'en faire bien voir et apprécier toute la portée. Comment se faire, en effet, une idée juste de cette loi sans la théorie de la descendance, qui met en relief le rôle capital que jouent l'hérédité et l'adaptation dans la formation des espèces ? Ainsi que je l'ai fait voir dans mon ouvrage sur « la Morphologie générale » (vol. II, page 10) le *type du développement* est le résultat mécanique de l'hérédité, tandis que le *degré de perfection* est le résultat mécanique de l'adaptation. Hérédité et adaptation, voilà les facteurs mécaniques de la morphologie organique. Darwin, le premier, leur a assigné un rôle dans l'ontogénie, et c'est grâce à eux seulement que nous sommes parvenus à bien interpréter la loi de Baer.

Les travaux de Baer firent époque; ils éveillèrent partout un intérêt des plus vifs pour les recherches embryologiques; aussi vit-on bientôt une armée d'observateurs faire irruption dans le nouveau domaine qui leur était offert, et y faire en peu de temps quantité de découvertes. Ces nouveaux embryologistes étaient, pour la plupart, de zélés spécialistes; ils rendirent de grands services, en amassant des matériaux nouveaux, mais ajoutèrent très-peu aux principes généraux de l'embryologie.

Je puis donc me borner à citer les noms de quelques-uns d'entre eux. Citons en première ligne les travaux de Heinrich Rathke, de Koenigsberg (mort en 1861), qui ont beaucoup contribué aux progrès de l'embryologie des invertébrés (crustacés, insectes, mollusques) et aussi des vertébrés (poissons, chéloniens, ophidiens, crocodiliens). Quant à l'embryologie des mammifères, elle a été grandement élucidée par les soigneuses recherches de Wilhelm Bischoff, de Munich. Ses études sur l'embryologie du lapin (1840), du chien (1842), du marsouin (1852), du chevreuil (1854), sont encore sans rivales.

Il faut citer encore les recherches de Karl Vogt sur l'embryologie des amphibies (crapaud accoucheur) et des poissons (saumon). Parmi les nombreux travaux relatifs à l'embryologie des invertébrés, nous signalerons ceux du célèbre zoologiste berlinois Johannes Muller, sur les échinodermes; puis ceux d'Albert Kolliker, de Wurzbourg, sur les céphalopodes; enfin ceux de Fritz Muller (Desterro), sur les crustacés, etc. Dans ces derniers temps l'embryologie a été fort cultivée, mais sans aucun résultat éclatant.

Il semble que les auteurs des derniers ouvrages sur l'embryologie se soient trop peu adonnés à l'étude de l'anatomie comparée. Le plus important de ces écrits récents est celui de Kowalevsky, dont nous parlerons plus tard en détail ([12]). Mais que sont les résultats de tous ces travaux de détails auprès du grand progrès que

la *théorie cellulaire* a fait faire à la science tout entière?
Cette théorie fut formulée en 1838, et elle ouvrit à l'embryologie un nouveau champ d'investigations. Ce fut Schleiden, le célèbre botaniste d'Iéna, qui, en 1838, démontra à l'aide du microscope que tout organisme végétal est constitué par d'innombrables
éléments figurés, qu'il appela cellules. Dès l'année suivante,
Théodore Schwann, de Berlin, appliquait cette donnée nouvelle
aux organes animaux, et il montrait par l'observation microscopique que le corps des animaux les plus dissemblables se résout toujours en cellules, qui sont les vrais matériaux élémentaires.

Les nerfs, les muscles, les os, l'enveloppe cutanée, etc., en
résumé tous les divers tissus de l'animal et de la plante, se ramè-
nent en dernière analyse à des cellules. Ces cellules, dont nous
aurons à parler plus longuement, sont des êtres indépendants,
ayant leur vie propre ; elles jouent dans l'organisme polycellulaire le rôle des citoyens dans un État. Cette donnée primordiale
devait naturellement être, pour l'embryologie, d'une utilité
immédiate ; elle suscitait en effet quantité de questions nouvelles :
Quel est le rôle des cellules dans les feuillets germinatifs? Ces
feuillets sont-ils déjà composés de cellules? Si oui, quelle relation y a-t-il entre ces cellules et celles des tissus qui se forment
plus tardivement? L'œuf rentre-t-il dans la théorie cellulaire?
Cet œuf est-il monocellulaire, ou polycellulaire? Telles étaient
les importantes questions que la théorie cellulaire posait à l'embryologie.

On s'est efforcé de bien des manières de répondre à ces questions, mais nul n'y a mieux réussi que Robert Remak, de Berlin,
dans ses remarquables « Recherches sur le développement des
vertébrés (1851). » Ce naturaliste distingué sut, au moyen de
certaines corrections, écarter les difficultés que, sous sa forme
primitive, la théorie cellulaire de Schwann opposait à l'embryologie. Notons pourtant qu'un anatomiste, Carl Boguslaus Reichert,
de Berlin, avait déjà essayé d'expliquer l'origine des tissus.
Mais cette première tentative était d'avance condamnée à l'in-
succès. En effet, son auteur était un esprit extraordinairement
obscur et lourd ; et en outre il lui manquait à la fois une saine
notion générale de l'embryologie et de la théorie cellulaire, ainsi
que des données solides sur la structure et le développement
des tissus en particulier.

Tout examen attentif des prétendues découvertes de Reichert
révèle l'inexactitude de ses observations et la fausseté de ses
conclusions. Par exemple, il croyait que tout le feuillet externe
d'où proviennent les parties les plus importantes du corps (le
cerveau, la moelle épinière, l'épiderme, etc.) n'était qu'une membrane d'enveloppe transitoire de l'embryon, et n'avait rien à
faire avec la formation du corps. A l'en croire, les premiers rudiments de chaque organe ne dérivaient pas, d'ordinaire, des
feuillets germinatifs; ils se formaient d'une manière indépendante,
aux dépens du jaune, et ne s'unissaient aux feuillets que plus
tard.

Si les détestables travaux embryologiques de Reichert jouirent
d'une vogue momentanée, cela tient à l'incroyable audace de
leur auteur. Il prétendait démontrer que la théorie des feuillets
germinatifs de Baer était erronée, et, en effet, il l'exposait d'une
manière si obscure, si désordonnée, qu'il était vraiment impossible de s'en faire une juste idée. Mais ce fut là précisément ce
qui excita l'admiration de maint lecteur; derrière ces obscurs
oracles, derrière ces mystères, on s'imaginait qu'il y avait des
trésors d'une science profonde.

Ce fut Remak qui, en expliquant d'une manière très-simple
le développement des tissus, dissipa complétement la confusion
produite par Reichert. Selon lui, l'œuf animal est toujours une
simple cellule; les feuillets germinatifs, qui se développent de l'œuf
ne sont formés que de cellules, et ces cellules prennent naissance par une division continue et répétée qui s'opère dans
l'œuf primordial monocellulaire. L'œuf se divise d'abord en deux
cellules, qui, par bipartition répétée, en produisent d'abord quatre
autres, puis huit, puis seize, puis trente-deux, etc. C'est ainsi
que, dans le cours du développement de tout organisme végétal et animal, des myriades de cellules proviennent de la division
cellulaire continue. Les cellules ainsi formées, tout d'abord
identiques, s'aplatissent ensuite, s'élargissent et forment des
feuillets, dont chacun est, dans le principe, constitué par une
seule espèce de cellules. Dans chaque feuillet, les cellules se
différencient de plus en plus, pour aboutir enfin à la division
définitive du travail d'où proviennent tous les divers tissus du
corps.

Tels sont les principes très-simples de l'histogénie ou science du
développement des tissus, et c'est Remak qui, le premier, en a

donné cette large formule. En précisant la part que les divers feuillets germinatifs prennent à la formation des divers tissus et systèmes organiques, en appliquant la théorie de l'épigénèse aux cellules et aux tissus qui en dérivent, Remak éleva la théorie des feuillets germinatifs, au moins pour l'embranchement des vertébrés, à un point de perfection que nous exposerons plus tard en détail. Des deux feuillets germinatifs, constituant la « tache embryonnaire », le disque germinatif, et qui sont le premier rudiment de l'embryon vertébré, l'inférieur se subdivise bientôt en deux lamelles, d'où par conséquent trois feuillets ayant chacun une destination histogénique spéciale. Du feuillet extérieur ou supérieur proviennent les cellules qui constituent l'épiderme de notre corps avec toutes ses annexes (cheveux, ongles, etc.), et aussi le tégument externe du corps entier. De plus, ce même feuillet donne naissance, par un procédé fort curieux, aux cellules qui forment le système nerveux central, le cerveau et la moelle épinière. Du feuillet interne ou inférieur dérivent seulement les cellules qui constituent l'*epithelium* de l'intestin, c'est-à-dire, le revêtement de la surface intérieure du canal alimentaire et de ses annexes (foie, poumons, glandes salivaires). De ce feuillet proviennent aussi les tissus chargés d'alimenter l'organisme et d'accomplir tout le travail que nécessite cette fonction. Enfin du feuillet intermédiaire naissent tous les autres tissus : la chair musculaire, le sang, les os et le tissu conjonctif, etc., etc. Remak fit voir que ce feuillet intermédiaire, qu'il nomme feuillet germinatif moteur, se subdivise plus tard en deux feuillets, de sorte que nous avons ainsi ces mêmes quatre feuillets, admis déjà par Baer.

La lamelle externe du feuillet intermédiaire, appelée par Baer couche cutanée, forme la paroi externe du corps (le derme, les muscles, les os, etc.). Quant à la lamelle interne du feuillet moyen, appelée par Baer feuillet fibro-intestinal, elle forme l'enveloppe externe du canal intestinal et en outre le cœur, les vaisseaux et tout ce qui s'y rapporte.

Grâce aux bases solides que Remak a données à l'histoire du développement des tissus, à l'histogénie, il nous a été possible, dans ces derniers temps, d'étendre beaucoup nos connaissances de détail. Quelques tentatives pourtant ont été faites pour amoindrir la portée de la doctrine de Remak, ou même pour renverser cette doctrine. Ce sont particulièrement les anatomistes Reichert, de

Berlin, et Wilhelm His, de Leipzig, qui ont essayé de fonder par des travaux étendus une nouvelle conception générale de l'embryologie des vertébrés. Selon cette manière de voir, les principaux rudiments de l'évolution ne seraient plus les deux feuillets germinatifs primitifs. Mais dans ces écrits, qui occupent une place tout à fait inférieure dans la littérature embryologique, on ne trouve nulle trace des indispensables notions de l'anatomie comparée, nulle connaissance profonde de l'ontogénèse, nulle considération phylogénétique; ils ne pouvaient avoir qu'une vogue passagère. Si les étranges incartades scientifiques de Reichert et His ont été longtemps regardées comme de grands progrès par un public nombreux, cela a tenu simplement à un manque absolue de critique, à une profonde ignorance des problèmes spéciaux de l'embryologie.

L'ensemble des bons travaux les plus récents sur l'ontogénèse n'a fait que confirmer et étendre la théorie des feuillets germinatifs telle que l'ont formulée Baer et Remak. Parmi les découvertes complémentaires récentes, la plus importante est celle qui a retrouvé, chez tous les invertébrés, les deux feuillets germinatifs primaires existant chez tous les vertébrés, y compris l'homme. Seul le groupe le plus infime des invertébrés, celui des protozoaires, fait exception. Dès 1849, un éminent naturaliste anglais, Huxley, avait signalé ces deux feuillets chez les zoophytes (méduses). Il prouva que les deux couches de cellules d'où provient le corps de ces zoophytes correspondent morphologiquement et physiologiquement aux deux feuillets germinatifs primitifs des vertébrés.

Il appela *ectoderme* le feuillet externe d'où proviennent la peau et la chair musculaire, et *entoderme* le feuillet interne d'où dérivent les organes de l'alimentation et de la reproduction. Dans le cours des huit dernières années, on a démontré l'existence de ces feuillets germinatifs chez d'autres invertébrés encore. Un infatigable zoologiste russe, Kowalevsky, par exemple, a retrouvé ces feuillets chez des invertébrés fort dissemblables d'ailleurs, chez les vers, les radiés, les articulés, etc.

Moi-même, dans ma Monographie sur les éponges calcaires, publiée en 1872, j'ai démontré que ces deux feuillets primitifs forment le rudiment primaire du corps des éponges, et que partout, depuis les éponges jusqu'à l'homme, il les faut regarder comme équivalents ou homologues.

Cette homologie des deux feuillets primordiaux, qui est d'une importance capitale, ne fait défaut que chez quelques groupes tout à fait inférieurs, chez les protozoaires. Habituellement, ces organismes infimes n'ont point de feuillets germinatifs, aussi n'ont-ils point de vrais tissus. Le corps tout entier des protozoaires est formé soit d'une seule cellule, comme chez les amibes et les infusoires, soit d'un lâche agrégat de tissus peu différenciés; parfois même, comme chez les monères, il ne s'élève pas jusqu'à la forme cellulaire. Chez tous les autres animaux, deux feuillets primitifs procèdent de la cellule ovulaire, le feuillet extérieur ou animal (ectoderme ou exoderme), et le feuillet intérieur végétatif (entoderme). De ces feuillets proviennent tous les divers tissus et organes. C'est là la loi, aussi bien pour les éponges et tous les zoophytes que pour les vers, aussi bien pour les mollusques, les radiés et les arthropodes que pour les vertébrés. Tous les groupes zoologiques que nous venons d'énumérer peuvent être réunis sous une commune dénomination; ce sont les animaux pourvus d'un canal digestif ou métazoaires, très-distincts par conséquent des animaux toujours dépourvus d'appareil digestif, des protozoaires.

Chez les métazoaires les plus inférieurs, le corps reste constitué, pendant toute la durée de la vie, uniquement par les deux feuillets germinatifs primaires; mais, chez les métazoaires supérieurs, chacun des deux feuillets primordiaux se subdivise en deux feuillets: par conséquent le corps de l'animal est alors constitué par quatre feuillets secondaires.

En 1873, j'ai dans ma théorie des gastréades établi l'homologie générale de ces feuillets germinatifs chez tous les animaux pourvus d'un canal digestif, et j'ai fait ressortir l'importance de ce fait pour la taxinomie du règne animal ([13]).

On était donc parvenu, grâce aux progrès de l'ontogénie zoologique, à démêler expérimentalement les principaux faits de l'embryologie humaine et animale; mais les plus importants problèmes restaient encore à résoudre : ainsi l'on ne savait rien encore des causes déterminantes de l'évolution organique et de celles qui modèlent les formes animales.

Ce fut seulement en 1859, quand parut l'ouvrage de Darwin, que les phénomènes de l'hérédité et de l'adaptation furent pour la première fois scientifiquement interprétés et reliés, comme il convenait, à l'ontogénie.

La théorie de la descendance, qui a formulé les lois de l'hérédité et de l'adaptation, est seule capable de nous donner la clef des phénomènes embryologiques, de nous en montrer les causes déterminantes. C'est par ce côté que le Darwinisme est important pour l'embryologie humaine; c'est là le lien qui rattache directement la première partie de notre sujet, l'histoire du développement individuel, l'ontogénie, à l'histoire de l'évolution des groupes, à la phylogénie.

QUATRIEME LEÇON.

LA PHYLOGÉNIE DANS LE PASSÉ.

Jean Lamarck.

On prouverait sans peine que les caracteres organiques, sur lesquels on se base pour faire du genre humain et de ses races une famille a part, resultent simplement de modifications dans la manière d'agir, dans les habitudes, une fois adoptées, ces changements sont devenus particuliers à tous les individus de l'espece. Parce que la race simienne la plus parfaite a été contrainte par les circonstances à adopter la station droite, elle est arrivée à dominer les autres races animales. Par suite de cette domination absolue et des nouveaux besoins qui en dérivent, elle changea de genre de vie et, par degres, elle acquit des modifications organiques, des attributs nouveaux et nombreux, entre autres, et par dessus tout, l'admirable faculte du langage

J. LAMARCK, 1809

Messieurs,

C'est tout récemment que l'embryologie humaine et animale, dont nous avons précédemment retracé les premiers progrès, a pu aborder sérieusement l'étude des principales métamorphoses de l'organisme, à partir de son origine. Il y a quinze ans, on n'avait pas encore osé s'enquérir de l'étiologie de ces phénomènes. Pendant un siècle entier, de l'année 1759, qui vit paraître l'ouvrage capital de Wolff, la *Theoria generationis*, jusqu'à l'année 1859, date de la publication du célèbre traité de Darwin sur *l'Origine des espèces*, les causes de l'ontogénie furent absolument ignorées. Durant ces cent années personne n'a sérieusement songé à démêler les vraies causes des métamorphoses qui se succèdent pendant l'évolution des organismes animaux.

Cette tâche semblait si difficile, qu'on la considérait généralement comme dépassant le pouvoir de l'intelligence humaine. Il était réservé à Ch. Darwin de nous révéler, d'un seul coup, ces causes déterminantes. C'est pourquoi nous avons placé Darwin, qui a opéré dans la biologie en général une transformation complète, parmi les fondateurs d'une nouvelle ère pour l'ontogénie. Sans doute Darwin lui-même ne s'est pas occupé particulièrement de recherches embryologiques, et, dans son célèbre ouvrage même, il n'a fait qu'effleurer les phénomènes du développement individuel; mais, en réformant la théorie de la descendance et en formulant celle de la sélection, il nous a fourni les moyens de déterminer les causes premières du développement des formes embryologiques. Tel est, à mon sens, le côté extrêmement important des services que ce grand naturaliste a rendus à l'histoire de l'évolution aussi bien qu'à la biologie tout entière.

Nous avons maintenant à nous occuper des recherches ayant trait à cette seconde partie de l'ontogénie qui débute encore, c'est-à-dire à aborder la seconde partie de l'histoire du développement organique, la phylogénie ou l'histoire des groupes, des espèces. Déjà, dans la première leçon, j'ai signalé le rapport étiologique si important et si intime qui existe entre ces deux branches de l'histoire du développement, entre le développement de l'individu actuel et celui de ses devanciers. Nous avons exprimé ce rapport dans la loi biogénétique fondamentale : l'ontogénèse, ou le développement de l'individu, n'est qu'un résumé bref et rapide, une récapitulation abrégée de la phylogénie, ou du développement de l'espèce. Cette proposition contient en substance tout ce qui touche aux causes du développement; il s'agit maintenant d'en prouver la vérité, de passer en revue les faits d'expérience sur lesquels elle s'appuie. En tenant compte surtout de la notion de cause à effet renfermée dans cette formule générale de la loi, peut-être serait-il mieux de l'exprimer ainsi : « Les causes déterminantes du développement des espèces orga-

niques sont aussi celles du développement de l'individu », ou
bien, plus brièvement encore : « La phylogénèse est la cause
mécanique de l'ontogénèse. »

Si nous sommes enfin en mesure de scruter dans leur essence
les causes, jadis réputées inaccessibles, de l'évolution individuelle, c'est à Darwin que nous en sommes redevables ; rien de
plus juste, par conséquent, que de donner le nom de ce naturaliste à la nouvelle période qui s'ouvre pour l'histoire du développement organique. Mais, avant d'aborder les grandes données
scientifiques, grâce auxquelles Darwin a pu dévoiler les causes
de l'évolution, il importe de mentionner brièvement les efforts
faits auparavant, dans le même but, par d'autres naturalistes.

Ce résumé historique sera bien plus court que celui des travaux
ontogénétiques. Nous n'avons que peu de noms à citer ; mais le
premier de tous est celui du naturaliste français Jean Lamarck,
qui le premier, en 1809, jeta les bases scientifiques de la théorie
dite de la descendance. Après lui vient notre grand poète Wolfgang Goethe, qui eut, en même temps, des idées analogues un
demi-siècle avant Darwin. Les débuts de cette science nouvelle
datent donc du commencement de ce siècle. Jusque là on n'avait
jamais osé se demander sérieusement quelle pourrait bien être
l'origine des espèces.

Le problème de la phylogénie humaine et animale est étroitement lié à celui de la nature des espèces, de l'origine des types
dits spécifiques dans nos classifications.

La question de l'espèce nous occupera tout d'abord. C'est
Linné qui, comme on le sait, formula la notion de l'espèce,
en 1735, dans son célèbre *Systema naturæ,* où il essaya,
le premier, de classer, de dénommer et de cataloguer métho-
diquement les espèces alors connues. Dans tous les ouvrages
de zoologie et de botanique descriptive, on a jusqu'ici considéré
la valeur essentielle de la notion d'espèce comme une idée
générale de premier ordre, tout en disputant sans cesse sur
sa signification ; mais c'était là un sujet sur lequel Linné ne
pouvait arriver à rien de scientifique. Il accepta même les conceptions mythologiques d'accord avec la religion dominante, avec la
génèse mosaïque, et qui sont encore assez généralement admises.
Souscrivant absolument à la légende de Moïse, il admit, conformément au texte biblique, qu'à l'origine, chaque espèce animale et
végétale avait été créée par paire ; que, comme le dit le texte

mosaïque, « un petit homme et une petite femme » avaient été
formés tout d'abord. Suivant lui, la collection des individus
appartenant à chaque espèce était simplement la postérité de la
paire primitive, créée durant le sixième jour. Quant aux organismes hermaphrodites, la création originelle d'un individu
unique avait dû suffire, puisqu'un tel individu suffisait parfaitement à la reproduction de l'espèce.

En déduisant les conséquences de ces idées mythologiques,
Linné s'asservit encore au texte de Moïse; il subordonna sa
chorologie des organismes, c'est-à-dire la distribution géographique des organismes, à la légende du déluge et au mythe de
l'arche de Noé, qui s'y rattache. Il admit avec Moïse que tout
le monde vivant, plantes, animaux et hommes, avait été entièrement détruit par le déluge, sauf une paire de chaque espèce
conservée à dessein dans l'arche de Noé et déposée avec elle
sur la cime du mont Ararat. Cette montagne lui sembla d'autant mieux choisie pour ce débarquement, qu'elle s'élève à plus
de 16,000 pieds dans un climat chaud, et offre, dans la succession de ses zones, tous les différents climats qui étaient nécessaires à la conservation des diverses espèces.

Les animaux habitués au froid pouvaient grimper jusqu'au
sommet, ceux qui étaient accoutumés au chaud avaient la faculté de descendre jusqu'au pied de la montagne, et ceux auxquels
un climat tempéré convenait mieux n'avaient qu'à s'arrêter à
mi-chemin. De ce point les espèces animales et végétales s'étaient
répandues de nouveau sur la surface du globe.

D'ailleurs, au temps de Linné, l'histoire de la création ne pouvait prendre aucun essor scientifique, puisque l'une des principales bases de cette histoire, la paléontologie, faisait absolument
défaut. Quoi de plus indispensable, en effet, à l'histoire de la
création que la connaissance des restes que nous ont légués
les espèces animales et végétales disparues! Comment comprendre l'origine des espèces actuelles, si l'on ne peut se reporter
aux espèces éteintes? Mais la science des fossiles est de date
récente, et l'on peut regarder comme son véritable fondateur
Georges Cuvier, le célèbre zoologiste, qui, au commencement de ce
siècle, a repris, après Linné, la classification du règne animal,
et opéré une réforme complète dans la taxinomie zoologique. Ce
grand naturaliste travailla, durant les trente premières années
de ce siècle, avec une activité et un succès extraordinaires, dans

presque toutes les branches de.la zoologie scientifique, mais sur·
tout dans la taxinomie, dans l'anatomie comparée et dans la
paléontologie, il fraya des voies nouvelles. Il est donc intéres·
sant de s'enquérir de la manière dont Cuvier entendait la no·
tion de l'espèce. Or, sous ce rapport, il se rangea simplement
du parti de Linné et de la légende mosaïque, et pourtant sa
connaissance des fossiles devait lui rendre un pareil acte de foi
bien difficile.

En effet, Cuvier démontra nettement, pour la première fois,
que des populations organiques absolument différentes ont suc·
cessivement habité notre planète. Il prouva encore qu'il faut
distinguer en géologie plusieurs périodes (au moins 10 ou 15), à
chacune desquelles correspond une population animale ou végé·
tale toute particulière. D'où provenaient ces diverses populations?
Étaient-elles dépendantes ou indépendantes l'une de l'autre? Ce
sont là des questions, que Cuvier dut naturellement se poser
tout d'abord. Mais il affirma que ces créations étaient parfaite·
ment indépendantes. Suivant lui, l'acte créateur surnaturel,
auquel la croyance dominante attribuait l'origine du monde vi·
vant, avait dû se répéter plusieurs fois. Par conséquent une
série de périodes créatrices entièrement distinctes avaient dû se
succéder, en même temps que s'effectuaient d'énormes boulever·
sements de toute la surface terrestre, des révolutions, des cata·
clysmes analogues au déluge mythique. Ces catastrophes, ces
révolutions préoccupèrent beaucoup Cuvier ; car, à cette époque,
l'étude de la géologie était poussée activement, et l'on faisait de
grands progrès dans la connaissance de la structure et de l'ori·
gine du globe terrestre.

En même temps, et grâce surtout au fameux géologue Wer·
ner et à son école, les diverses couches de l'écorce terrestre
étaient soigneusement étudiées, leurs fossiles étaient classés et
ces recherches géologiques tendaient aussi à faire admettre des
créations multiples. On vit qu'à chaque période, les couches
composant l'écorce du globe avaient une constitution aussi dis·
tincte que l'était la population organique correspondante. En
s'efforçant de concilier ces données et celles qui résultaient de
ses recherches paléontologiques et zoologiques, en tâchant de
bien se rendre compte du cours de la création, Cuvier arriva à
formuler l'hypothèse connue sous le nom de *Théorie des cata·
clysmes ou des catastrophes*, la théorie des violentes révolu·

tions géologiques. Selon cette théorie, notre planète a été, à
diverses reprises, le théâtre de révolutions, dont chacune anéan-
tissait subitement tout le monde organisé, et une nouvelle
création succédait à chaque catastrophe. Comme il est difficile
de rapporter de tels événements à des causes naturelles, force
est bien, pour se les expliquer, d'invoquer l'intervention surnaturelle d'un créateur. Cette théorie des révolutions, que Cuvier
exposa dans un ouvrage spécial, qui a été souvent traduit,
domina, un demi-siècle durant, dans la biologie ; elle est même
encore défendue aujourd'hui par quelques naturalistes célèbres.

Pourtant la géologie a, depuis plus de quarante ans, complétement ruiné cette théorie des catastrophes de Cuvier. C'est
surtout le grand naturaliste Ch. Lyell qui s'est acquitté de cette
besogne et qui fait autorité dans la question. Dans son fameux
ouvrage intitulé « Principles of geology », il démontrait déjà
en 1830 la fausseté complète de cette manière de voir, pour tout ce
qui touche à l'écorce terrestre. Il prouva que pour comprendre
la structure et la formation des montagnes, il n'était nullement
besoin d'invoquer des causes surnaturelles. Les mêmes causes
qui, aujourd'hui encore, travaillent incessamment à transformer,
à remanier la surface de notre globe, suffisent très-bien à tout
expliquer. Ces causes sont les influences atmosphériques, l'eau
sous ses différentes formes, comme neige et glace, brouillard et
pluie, les courants et les vagues; enfin les phénomènes volcaniques, qui sont causés par la masse en fusion se trouvant sous
l'écorce de la terre. Lyell a démontré d'une manière incontestable que ces causes suffisent pleinement à expliquer tout ce
qui a trait à la constitution et à la formation de la croûte terrestre. Aussi la théorie des révolutions et des créations nouvelles ne tarda pas à être abandonnée par les géologues. Mais,
en biologie, cette théorie continua à dominer sans conteste durant trente longues années. Pendant ce laps de temps, chaque
fois que les zoologistes et les botanistes s'occupèrent de l'origine
des organismes, ils tinrent pour la doctrine erronée de Cuvier,
pour les créations multiples et les révolutions subites de la surface terrestre. On le voit, deux sciences voisines peuvent suivre
pendant longtemps des directions tout opposées ; et nous en avons
ici un exemple frappant. En effet, pendant que la biologie s'at-
tarde dans la voie dualistique et nie qu'il soit possible de résoudre par les simples notions naturelles « le problème de la création»,

la géologie s'engage dans la voie monistique et explique le fait problématique, en découvrant les vraies causes.

Un fait, que je puise dans mon expérience personnelle, fera comprendre combien, de 1830 à 1859, on se résignait en biologie à ne rien savoir au sujet de l'origine des organismes et de la formation des espèces. C'est que, pendant toute la durée de mes études universitaires, je n'ai pas ouï dire un seul mot sur cette question capitale. Pourtant, durant cette période (1852-1857), j'ai été assez heureux pour entendre les professeurs les plus distingués disserter sur toutes les branches de l'histoire naturelle organique, mais sans même effleurer le problème de l'origine des espèces.

Pas la moindre allusion aux tentatives faites autrefois pour expliquer l'origine des espèces animales et végétales ; pas la moindre mention de la profonde *Philosophie zoologique* de Lamarck, qui, dès 1809, entreprit de résoudre ce problème. On peut donc se figurer sans peine l'énormité des obstacles qui se dressèrent devant Darwin, quand il aborda un tel sujet. A première vue, sa tentative sembla absolument chimérique et sans la moindre racine dans l'histoire de la science. Jusqu'en 1859, le problème de la création, de l'origine des espèces animales et végétales, était considéré en biologie comme surnaturel, transcendental, et, même dans le domaine de la philosophie spéculative, où l'on s'y était heurté de divers côtés, personne n'avait eu l'audace de l'aborder sérieusement. Cette extrême timidité avait pour raison principale la philosophie dualistique d'Emmanuel Kant et l'extraordinaire influence exercée par ce célèbre philosophe, surtout en Allemagne, depuis le commencement du siècle. Tandis que cet homme de génie, aussi remarquable comme naturaliste que comme philosophe, contribuait à faire une histoire naturelle de la création inorganique, il versait pleinement dans le surnaturalisme, en ce qui concernait l'origine des organismes.

D'un côté, en effet, l'on voit Kant dans son « Histoire naturelle générale et sa théorie du ciel » faire une heureuse et puissante tentative pour donner, « d'après les idées newtoniennes, une description mécanique de la constitution et de l'origine de l'univers », c'est-à-dire pour en formuler une théorie mécanique, monistique. Or cette tentative kantienne de rapporter l'origine du monde aux causes naturelles efficientes (*causæ efficientes*)

sert encore aujourd'hui de base à toute notre cosmogonie naturelle. Mais, d'autre part, Kant prétendait que « ce principe du
mécanisme de la nature, sans lequel il n'y avait pas d'histoire
naturelle possible », était absolument insuffisant à rendre raison
des phénomènes de la nature organique et spécialement de l'origine des organismes. Dans sa pensée, il s'agissait ici de corps
construits conformément à un but et, par conséquent, il valait
mieux leur attribuer des causes finales surnaturelles (*causæ
finales*). Il soutenait même que « certainement nous ne pouvons
arriver à connaître la nature des êtres organiques et de leur poten-
tialité intrinsèque, en nous rapportant seulement aux principes
mécaniques de la nature, encore moins pouvons-nous les expliquer ainsi, et même on peut hardiment affirmer qu'il est absurde
à l'homme de se proposer un dessein pareil, ou d'espérer qu'un
jour, un Newton surgira pour expliquer la génération, ne fut-ce
que d'un brin d'herbe, par les aveugles lois naturelles. On doit
absolument détourner les hommes de telles idées ».

Ce qui précède fait nettement comprendre le point de vue
dualistique et téléologique où s'était mis Kant sur le terrain de
l'histoire naturelle organique. Sans doute, Kant s'est parfois
écarté de cette manière de voir, et notamment dans certains
passages fort curieux que j'ai cités dans mon « histoire de la création naturelle » ([11]) (cinquième leçon), il s'est exprimé dans un
sens diamétralement opposé, dans un sens monistique. Même
on pourrait, comme je l'ai fait remarquer, en se basant sur les
passages en question, le ranger parmi les partisans de la théorie
de la descendance. Mais ses assertions monistiques ne sont que
de rares traits de lumière et, d'ordinaire, quand il s'agit de
biologie, Kant ne se départ point de ses obscures idées dualistiques, suivant lesquelles la nature organique serait régie par
des lois spéciales, différentes de celles de la nature inorganique.
Cette conception dualistique de la nature tient toujours le premier
rang dans les écoles, et la plupart des philosophes continuent à
regarder ces deux ordres de phénomènes naturels comme totalement distincts : d'une part, il y a le domaine inorganique, le
monde soi-disant « sans vie », qui obéit à des lois mécaniques
nécessaires, sans but conscient ; de l'autre côté, il y a le monde
vivant, organique, où la nature intime et l'origine absolue de
tous les phénomènes ne sont intelligibles que par l'hypothèse de
desseins prédéterminés, de causes finales (*causæ finales*).

Pourtant, en dépit des préjugés dualistiques, alors dominants, quoique la question de l'origine des espèces organiques
et celle de la création de l'homme, qui lui est connexe, fussent
jusqu'en 1859 habituellement négligées et considérées comme
en dehors de la science, des esprits éminents avaient, dès le
commencement de ce siècle, abordé hardiment ces problèmes,
sans se laisser égarer par les dogmes dominants.

L'on est redevable de cette heureuse rébellion à ce qu'on
appelle « l'école des anciens philosophes de la nature ». Cette
école tant de fois calomniée a pour principaux représentants, en
France, Jean Lamarck, Geoffroy Saint-Hilaire et Ducrotay de
Blainville ; en Allemagne, Wolfgang Goethe, Reinhold Treviranus et Lorenz Oken.

De tous ces philosophes de la nature, le plus ingénieux fut
certainement Jean Lamarck. Il naquit, le 1er août 1744, à Ba-
zantin, en Picardie ; son père était pasteur et le destinait à la
carrière ecclésiastique. J. Lamarck préféra d'abord la gloire
décevante du métier des armes et, à seize ans, il se distingua
par son courage à la bataille de Lippstadt en Westphalie, où les
Français furent défaits ; puis il passa quelques années en gar-
nison dans le midi de la France, s'y familiarisa avec l'intéressante flore méditerranéenne, et bientôt s'adonna tout entier à la
botanique. Puis il résigna sa charge d'officier et publia, dès
l'année 1778, un ouvrage important, sa *Flore française*.
Pendant de longues années il eut à lutter contre une extrême
pauvreté, et ce fut seulement dans sa cinquantième année qu'il
devint professeur de zoologie au Muséum de Paris.

Il eut ainsi l'occasion de se perfectionner en zoologie, et bientôt
il s'occupa de taxinomie zoologique, comme il s'était déjà occupé
de taxinomie végétale, et avec autant de mérite. En 1802, il
publia ses *Considérations sur les corps vivants*, qui renferment déjà le premier germe de sa théorie de la descendance.
En 1809 parut sa *Philosophie zoologique*, son ouvrage capital,
où il expose sa théorie. En 1815, J. Lamarck publia sa grande
Histoire naturelle des animaux sans vertèbres, précédée
d'une introduction, où la théorie de la descendance est encore
développée. Vers cette époque il fut atteint de cécité complète,
et en 1829 il termina, dans un extrême dénûment, sa vie labo-
rieuse ([15]).

La *Philosophie zoologique* de Lamarck était la première

esquisse scientifique d'une véritable histoire du développement, d'une histoire naturelle de la création des plantes, des animaux et de l'homme lui-même. Mais l'effet de ce livre capital fut le même que celui de l'ouvrage classique de Wolff, c'est-à-dire *nul*. Pas un naturaliste ne daigna s'occuper sérieusement de ce livre, pas un ne se soucia de développer le germe du progrès biologique de premier ordre qui y était renfermé. Les botanistes et les zoologistes les plus distingués le rejetèrent complétement et trouvèrent qu'il ne méritait pas même une réfutation.

Cuvier, qui travaillait et professait à Paris en même temps que Lamarck, ne jugea pas qu'il valût la peine de faire la plus légère mention du pas de géant accompli par son collègue, quoique, dans son rapport sur les progrès des sciences naturelles, il eût trouvé de la place pour les plus insignifiantes observations. Bref, la philosophie zoologique de Lamarck a partagé le sort de la théorie du développement de Wolff, et elle est restée tout un demi-siècle entièrement inconnue. Même les naturalistes philosophiques allemands, Goethe et Oken, qui s'occupaient en même temps de spéculations semblables, paraissent ne pas avoir connu l'ouvrage de Lamarck. Pourtant la connaissance de ce livre leur eût été d'un grand secours ; elle leur aurait permis de pousser la théorie de l'évolution bien plus avant qu'ils ne le purent faire. Afin de vous donner une idée de la haute valeur de la *Philosophie zoologique*, je signalerai, en passant, quelques-unes des vues les plus remarquables de Lamarck.

Selon lui, il n'y a aucune différence essentielle entre la nature vivante et la nature morte ; tous les phénomènes de la nature s'enchainent, et les mêmes causes forment et transforment à la fois la nature organique et la nature inorganique. Aussi devons-nous appliquer la même méthode de recherche et d'explication à l'une comme à l'autre. La vie n'est qu'un phénomène physique. Tous les organismes, les plantes, les animaux et à la tête de ceux-ci, l'homme, dans leurs relations extérieures et intérieures, sont explicables comme les minéraux eût tous les corps inorganiques, par l'opération de simples causes mécaniques, sans intervention de causes finales. La même chose est vraie pour l'origine des différentes espèces. Nous ne pouvons admettre pour celles-ci, par la nature même des choses, un acte primitif de création ; aussi peu pouvons-nous accepter des créations nouvelles réitérées (comme dans la doctrine des catastrophes de Cuvier). Une seule et même méthode doit servir à expliquer l'une et l'autre, puisque la vie est un simple phénomène physique. Il faut répudier les causes finales et invoquer de simples causes mécaniques pour comprendre la structure et la conformation des végétaux, des animaux et de l'homme, tout comme on le fait pour les minéraux. Il en va de même en ce qui concerne l'origine des espèces, qui doit se rapporter non pas à un acte créateur originel, ni à des créations successives, comme le voulait la théorie des catastrophes de Cuvier, mais à un simple développement naturel, ininterrompu et nécessaire. Le cours entier du développement de la terre et de ses habitants est continu et coordonné. L'ensemble des espèces organiques actuelles et éteintes proviennent naturellement d'espèces antérieures et différentes; toutes ces formes vivantes descendent d'une seule souche commune ou d'un petit nombre de souches ancestrales. Les formes ancestrales ont nécessairement été les plus simples, les plus humbles des organismes sortis par génération spontanée de la matière organique. Sans cesse les espèces organiques se modifient, surtout par l'exercice et l'habitude, pour s'adapter aux conditions variables du milieu extérieur, et elles transmettent héréditairement à leur postérité les modifications subies.

Tels sont les points fondamentaux de la théorie de Lamarck, que nous appelons aujourd'hui théorie de la descendance ou de l'évolution. Il était réservé à Darwin de la vulgariser et de l'étayer par des preuves nouvelles, cinquante ans plus tard. Le vrai fondateur de la théorie de la transformation est donc Lamarck, et c'est bien injustement que Darwin en est cité, à chaque instant, comme le premier auteur. C'est Lamarck qui, le premier, a formulé scientifiquement la théorie de l'origine naturelle des organismes, y compris l'homme; c'est lui aussi qui en a tiré le premier les deux conséquences les plus extrêmes, savoir : l'apparition des premiers organismes par génération spontanée et la provenance anthropoïde ou simienne de l'homme.

Quant à cette généalogie de l'homme, qui nous intéresse ici tout spécialement, Lamarck s'efforça de l'expliquer par les mêmes causes auxquelles il rapportait l'origine naturelle des espèces animales et végétales. Les causes principales qu'il assignait à ces importantes transformations étaient, d'une part, l'exercice et l'habitude, c'est-à-dire l'adaptation; d'autre part, l'hérédité. Selon lui, c'est de la fonction même, de l'activité des organes, de l'exercice ou de l'inaction, de l'usage ou du non-usage, que résultent les plus remarquables transformations dans les organes animaux et végétaux. Par exemple le pivert et le colibri doivent leur longue langue à l'habitude qu'ils ont de s'en servir pour puiser leur nourriture dans les fentes étroites, dans de minces canaux ; la grenouille doit sa membrane natatoire interdigitale aux mouvements mêmes qu'elle fait en nageant ; le long cou de la girafe résulte des efforts de cet animal pour atteindre les branches les plus élevées des arbres, etc., etc. Certes l'habitude, l'exercice et le repos des muscles sont de la plus grande importance, comme causes primordiales de la conformation des corps organiques ; mais ces causes ne suffisent pas à elles seules pour expliquer la transmutation des espèces. Il faut joindre à ce travail d'adaptation une cause tout aussi puissante, l'hérédité, comme Lamarck d'ailleurs l'avait fait fort justement. Il disait même que les variations organiques produites dans chaque individu par l'exercice ou l'usage sont insignifiantes ; c'est en s'accumulant, en se transmettant capitalisées de génération en génération, qu'elles acquièrent de l'importance. C'était là une vue fondamentale pleine de justesse. Mais le principe, auquel Darwin assigna plus tard le principal rôle dans la théorie de transmutation, le principe de la sélection naturelle dans la lutte pour l'existence échappa complètement à Lamarck.

Cette lacune étiologique si importante et l'imperfection des sciences biologiques au temps de Lamarck ne lui permirent pas de donner une base solide à sa théorie de la commune descendance des animaux et de l'homme.

Quant à l'origine simienne de l'homme, ce fut surtout en invoquant un graduel perfectionnement dans le genre de vie des singes, que Lamarck s'efforça de l'expliquer : l'exercice et le perfectionnement progressif des organes, la transmission héréditaire des avantages organiques acquis, telles avaient dû être les causes de la transformation du singe en homme.

Parmi ces progrès graduels, Lamarck mettait en première ligne la station droite, humaine, la différenciation de la main et du pied, le perfectionnement du langage et le développement cérébral qui s'y relie. Les plus anthropomorphes des singes, ceux qui furent les ancêtres immédiats du genre humain, avaient fait leur premier pas dans la voie de l'humanisation en cessant de vivre sur les arbres, en s'habituant à se tenir et à marcher

debout. Par suite de ces changements dans le genre de vie, le
singe acquit le port et l'aspect d'un homme, sa colonne vertébrale
et son bassin se modifièrent, ses extrémités prirent une autre
forme : les antérieures devinrent des mains consacrées à la préhension et au toucher, les postérieures devinrent des organes de
sustentation, de simples pieds. Mais ces modifications dans la
manière de vivre, et par suite dans la conformation et la fonction
de diverses parties du corps, provoquèrent à leur tour d'autres
changements organiques et fonctionnels. L'alimentation était
tout autre et détermina la transformation des os maxillaires, de
la denture et de la face tout entière. La queue, devenue inutile,
disparut peu à peu. Comme, à partir de ce moment, les singes
vécurent en société, même en vraies familles, ainsi que le font
encore les singes anthropomorphes, ils prirent des habitudes
sociales, ce que l'on appelle des instincts sociaux.   ˙

Le cri inarticulé du singe devint la parole humaine, et les
impressions mentales concrètes se combinèrent en idées abstraites.
Peu à peu l'encéphale se développa comme la boîte crânienne,
l'organe de l'intelligence suivit le progrès de l'organe du langage.
Ces vues si fécondes, exposées dans l'ouvrage de Lamarck sous
une forme attrayante, sont les premiers rudiments d'une véritable
histoire de la généalogie humaine.

Vers la fin du dernier siècle, et au commencement de celui-ci,
un homme de génie s'occupa aussi, et sans rien savoir de Lamarck, du problème de la création. La manière dont il envisagea
la question doit nous intéresser tout particulièrement, car cet
homme est le plus grand de nos poètes : c'est Wolfgang Goethe.
Goethe, on le sait, fut toujours avide de contempler les beautés
de la nature, quelles qu'elles fussent. Il avait une profonde intelligence des phénomènes naturels; aussi s'adonna-t-il de bonne
heure aux études d'histoire naturelle du genre le plus varié, et
toute sa vie ce fut l'occupation favorite de ses heures de loisir.
Il a composé sur la théorie des couleurs un grand travail bien
connu. Mais les plus précieuses des études d'histoire naturelle de
Goethe sont celles qui ont trait aux corps organisés, « à l'être
vivant, cet objet splendide, ce joyau ». Ce fut surtout en morphologie, et en s'aidant de l'anatomie comparée, qu'il entreprit des recherches profondes, d'où il obtint des résultats écla-
tants et dépassant de beaucoup le but qu'il s'était proposé. Ces
études morphologiques amenèrent Goethe à traiter « de la for-

mation et de la transformation de la nature organique ». Il faut
citer parmi ces travaux la théorie des vertèbres crâniennes, la
découverte de l'os intermaxillaire, la théorie de la métamorphose
des plantes, etc. ([16]). Ces derniers écrits de Goethe méritent d'être
rangés parmi les rudiments les plus anciens et les plus féconds
de l'histoire généalogique des êtres organisés.

Ces écrits touchent de si près à la théorie de la descendance,
que nous pouvons ranger Goethe, à côté de Lamarck, parmi les
fondateurs de cette doctrine. Sans doute Goethe n'a jamais publié
une exposition scientifique et méthodique de sa théorie de l'évolution ; mais on ne peut lire ses mélanges aussi ingénieux que
profonds « sur la morphologie » sans y découvrir tout un essaim
d'excellentes idées. A l'appui de mon assertion je me bornerai à
citer deux des plus remarquables propositions de Goethe : « Nous
avons donc le droit d'affirmer hardiment que les êtres organisés
les plus parfaits, par exemple les poissons, les amphibies, les
oiseaux, les mammifères et, à la tête de ces derniers, l'homme,
sont tous conformés d'après un type primitif, dont les parties les
plus essentielles oscillent seulement plus ou moins, en se développant et se transformant incessamment par la reproduction » (1796).

Le « type primitif » des vertébrés, suivant lequel l'homme
lui-même est modelé, répond à notre « souche ancestrale commune de la tribu des vertébrés, » d'où toutes les diverses espèces
vertébrées proviennent « incessamment par développement, transformation et reproduction ». Dans un autre passage de ses œuvres,
Goethe écrit (1807) : « Si l'on considère les plantes et les animaux
dans leur état le plus imparfait, on les peut à peine distinguer
les uns des autres. Mais nous savons que de cet état de parenté
confuse entre les plantes et les animaux proviennent peu à peu
des êtres, qui se perfectionnent dans deux directions opposées,
et qu'en fin de compte la plante s'immobilise sous la forme d'un
arbre durable et rigide, tandis que l'animal arrive dans l'homme
à l'apogée de la mobilité et de la liberté. »

Que, dans ces lignes et dans d'autres encore, Goethe ait évidemment entendu le lien de parenté des formes organiques dans
le sens généalogique, cela ressort plus nettement encore de quelques remarquables passages, dans lesquels il parle de la dissemblance extérieure des espèces et de l'unité de la structure intime.
Il admet que chaque organisme résulte de l'action combinée de

deux forces ou tendances formatrices opposées ; la force interne,
la « force centripète » du type ou « force de spécification », tâche
de maintenir les formes spécifiques toujours immuables à travers
la série de générations : cette force est l'hérédité. Au contraire,
la force formatrice externe, la « force centrifuge », la variation,
la « tendance aux métamorphoses », travaille par le perpétuel
changement des conditions externes de l'existence à transformer
incessamment les espèces : cette force est l'adaptation. Par cette
vue profonde Goethe arriva presque à découvrir les deux grands
agents mécaniques qui sont pour nous les deux principaux facteurs mécaniques de la formation des espèces ; je veux parler de
l'hérédité et de l'adaptation.

Il dit, par exemple, ceci : « Une communauté originelle intime (l'hérédité) est au fond de tous les organes ; au contraire
la dissemblance des formes provient des relations nécessaires
avec le monde extérieur. Il faut donc admettre une diversité
originelle, simultanée, et une transformation incessamment progressive (l'adaptation), si l'on veut comprendre à la fois ce qui
persiste et ce qui change dans les organismes. » De ces propositions et de beaucoup d'autres, que j'ai mises pour épigraphes en
tête des chapitres de ma Morphologie générale, il ressort clairement combien Goethe avait profondément compris le lien généalogique qui rattache entre elles les variétés des formes organiques.

On voit donc que, vers la fin du siècle dernier, Goethe effleura
de si près les principes de l'histoire généalogique des organismes,
qu'il peut être compté parmi les précurseurs de Darwin, quoiqu'il
ne soit pas arrivé, comme Lamarck, à construire un système
scientifique de la descendance.

CINQUIÈME LEÇON.

NOUVELLE HISTOIRE DE LA GÉNÉALOGIE ORGANIQUE

Par Charles Darwin.

Si nous considérons la formation embryologique de l'homme, son homologie
avec les animaux inférieurs, les rudiments qu'il a conservés, les cas de rétrogradation accidentelle auxquels il est sujet, nous pouvons à peu près reconstruire
en imagination notre primitif ancêtre et lui assigner approximativement sa vraie
place dans la série zoologique. Nous apprenons ainsi que l'homme descend d'un
quadrupède velu, muni d'une queue et d'oreilles pointues vraisemblablement ce
quadrupède était arboricole et habitait l'ancien monde. Si un zoologiste tenait
compte de toute la structure de cet être, il le classerait parmi les singes, aussi
bien que s'il s'agissait du commun ancêtre, plus ancien encore, des singes de l'ancien et du nouveau monde.

CH. DARWIN. 1871.

La relation entre la nouvelle et l'ancienne histoire généalogique des organismes.
— L'ouvrage de Charles Darwin sur l'origine des espèces. Les causes de
son succès extraordinaire. — La théorie de la sélection. — L'action mutuelle
de l'hérédité et de l'adaptation dans la lutte pour l'existence. — Biographie
de Darwin et son voyage autour du monde. Son grand-père Erasmus.
Ses études sur les animaux domestiques et sur la culture des plantes. — Comparaison de la sélection artificielle et de la sélection naturelle. — La lutte
pour l'existence. — Application nécessaire de la théorie de la descendance à
l'homme. — La descendance simienne de l'homme. — Thomas Huxley. —
Carl Vogt. — Friedrich Rolle. — L'arbre généalogique dans la morphologie
générale et l'histoire naturelle de la création. — L'alternance généalogique.
— La descendance simienne de l'homme est une loi de déduction dérivant de
la théorie de la descendance. — La descendance est la plus grande loi biologique inductive. — Les bases de cette induction. — La paléontologie. —
— L'anatomie comparée. La théorie des organes rudimentaires. — (Doctrine du manque de dessein ou dysteleologie.) — Arbre généalogique de la
taxinomie naturelle. — Chorologie. — (Écologie. Ontogénie. — Défaite du
dogme de l'espèce. — Preuve analytique de la théorie de la descendance dans
la monographie des éponges calcaires.

Messieurs,

Dans le court espace de seize ans, qui s'est écoulé depuis
l'apparition du livre de Charles Darwin sur « l'Origine des espè-

ces dans les règnes animal et végétal », la science de l'év lution
a fait des progrès tels, qu'aucun autre livre peut-être n'en avait
provoqué de pareils.

La littérature darwinienne s'enrichit chaque jour. Ce n'est pas
seulement en botanique et en zoologie, branches scientifiques,
que la théorie darwinienne vise particulièrement et qu'elle a réfor-
mées, c'est dans le monde scientifique tout entier que cette doctrine
est discutée avec un zèle, un intérêt sans exemple encore pour un
tel sujet. Ce résultat extraordinaire est dû principalement à deux
circonstances. D'abord toutes les sciences naturelles, et surtout
la biologie, ont fait, depuis un demi-siècle, des progrès extrêmement rapides, d'où il est résulté, pour la théorie de l'évolution,
quantité de preuves expérimentales auparavant inconnues. L'échec
éprouvé dans l'opinion publique par les premières tentatives de
Lamarck et des anciens philosophes de la nature, pour expliquer
l'origine des êtres organisés et de l'homme, rehausse encore le
succès de Darwin, qui pouvait s'appuyer sur un tout autre faisceau
de faits authentiques. Grâce aux progrès accomplis, Darwin put
se servir d'un arsenal d'arguments scientifiques, dont Lamarck,
Geoffroy-Saint-Hilaire, Goethe et Treviranus n'avaient jamais
pu disposer.

Pourtant, remarquons-le bien, Darwin a un mérite qui lui
est propre, c'est d'avoir envisagé la question d'un point de vue
tout nouveau, c'est d'avoir donné de la théorie de descendance
une explication originale, qui, seule, mérite d'être appelée théorie
darwinienne ou darwinisme.

Tandis que Lamarck expliquait la transformation des organismes issus d'une même souche ancestrale surtout par l'habitude,
l'exercice des organes, quelque peu aussi par l'action de l'hérédité,
Darwin s'attacha à étudier, d'une manière tout à fait originale,
les vraies causes capables de transformer mécaniquement les
formes organisées avec l'aide de l'adaptation et de l'hérédité.

Darwin arriva à la théorie de la sélection par les considérations
suivantes. Il compara l'origine des nombreuses races végétales
et animales que l'homme sait créer, la sélection pratiquée par
le jardinier et l'éleveur, avec les conditions d'où résultent les espèces sauvages à l'état de nature. Il trouva ainsi que les influences mises en jeu en horticulture et en zootechnie pour transformer les êtres organisés sont exactement celles qui agissent
librement dans la nature.

Il donna à la plus active de ses causes modificatrices le nom de « lutte pour l'existence ». L'essence de la théorie darwinienne se peut résumer très-simplement comme suit : A l'état de nature, la lutte pour l'existence produit inconsciemment de nouvelles espèces, exactement comme la volonté de l'homme crée sciemment de nouvelles races domestiques. De même que l'horticulteur et l'éleveur se servent, sciemment et dans leur intérêt personnel, des phénomènes de l'hérédité et de l'adaptation pour modifier les formes des espèces, ainsi fait la lutte pour l'existence pour transformer les animaux et les plantes.

Sans doute cette lutte pour l'existence, cette rivalité pour conquérir les conditions nécessaires à la vie, agit sans but, mais elle n'en transforme pas moins les organismes tout aussi directement que la volonté de l'homme. Obéissant à l'action profonde et combinée de l'hérédité et de l'adaptation, de nouvelles formes, des formes déviées apparaissent nécessairement; ces modifications sont avantageuses pour les organismes; elles semblent viser à un but et y tendent réellement, quoiqu'aucune intention n'ait présidé à leur production. Cette donnée fondamentale si simple est la base même de la théorie de la sélection ou darwinisme. Darwin en avait eu l'idée depuis bien longtemps, mais, avec une admirable tenacité, il travailla vingt ans à réunir les preuves expérimentales de sa théorie, avant de la publier. Dans mon *Histoire de la création naturelle*, j'ai parlé en détail de la voie suivie par Darwin, de ses écrits principaux, du sort de ces écrits ([17]). Je me bornerai à résumer ici les points les plus intéressants.

Charles Darwin est né en 1809, le 12 février, en Angleterre, à Shrewsbury, où son père Robert Darwin exerçait la profession de médecin. Son grand-père, Érasme Darwin, naturaliste et penseur, travailla selon l'esprit de l'ancienne philosophie naturelle et publia, vers la fin du dernier siècle, plusieurs écrits scientifiques marqués au coin de cette école. Le plus important de ces traités est la « Zoonomie », qui parut en 1794, et dans laquelle il avança des vues semblables à celles de Lamarck et Goethe, mais sans pourtant rien savoir des tentatives de ses émules. Conformément aux lois de l'hérédité latente ou atavisme, Érasme Darwin légua à son petit-fils certaines vibrations de ses cellules glanglionnaires cérébrales, qui ne s'étaient nullement manifestées chez son fils. Ce fait est d'un haut intérêt pour la

théorie de l'atavisme, que Charles Darwin a discutée avec
tant de supériorité. D'ailleurs chez Érasme Darwin l'imagination créatrice l'emportait de beaucoup sur la raison critique,
tandis que ces deux facultés se font parfaitement équilibre chez
le petit-fils. De nos jours, nombre de naturalistes à courte vue
prétendent qu'en biologie, l'imagination est une qualité super-
flue ; à leurs yeux, son absence est un avantage, une garantie
« d'exactitude ». Il ne sera donc pas hors de propos de rappeler
à ce sujet la judicieuse manière de voir d'un grand naturaliste,
qui fut même un des chefs de l'école strictement empirique ou   .
soi-disant exacte. Jean Muller, le Cuvier allemand, dont les
travaux seront toujours des modèles d'exactitude, a déclaré que
l'effort combiné, l'harmonieux équilibre de l'imagination et de
la raison étaient les conditions indispensables des grandes découvertes. J'ai choisi ce passage pour épigraphe de ma dix-huitième leçon.

A vingt-deux ans, à la fin de ses études universitaires, Charles
Darwin fut assez heureux pour prendre part à un voyage de cir-
cumnavigation entrepris dans un but scientifique. Ce voyage
dura cinq ans et il inspira à Darwin quantité de vues fécondes
sur l'histoire naturelle. Au début de l'expédition, quand Darwin
foula pour la première fois le sol de l'Amérique méridionale, il y
remarqua des phénomènes qui l'amenèrent à se poser la question dont il s'occupa toute sa vie, la question de « l'origine des
espèces ».

D'un côté, les faits instructifs tirés de la distribution géographique des espèces ; de l'autre, la comparaison des espèces
vivantes aux espèces éteintes dans le même continent l'amenèrent à penser que les espèces très-voisines pouvaient avoir
une souche commune. De retour de son voyage, il se mit, pendant de longues années, à étudier avec ardeur et méthode les
animaux et les plantes domestiques, et il vit que la formation
et la transformation de ces races et celles des espèces sauvages
offraient d'évidentes analogies. Mais il ne parvint à établir le
point capital de sa théorie, la sélection naturelle par la lutte
pour l'existence, qu'après avoir lu le célèbre livre de l'écono-
miste Malthus « Sur le principe de la population ».

Les lois d'où dépendent, dans les États civilisés, le chiffre de
la population, l'excès de cette population, ses fluctuations lui
parurent applicables aux relations sociales des animaux et des

plantes, à l'état de nature. Durant de longues années, ils rassembla des matériaux, afin d'avoir à sa disposition une énorme quantité de preuves à l'appui de sa théorie; il entreprit même des expériences de sélection aussi nombreuses qu'importantes.

La vie retirée que, depuis son retour, il menait dans sa terre de Down, près de Beckenham et à quelques milles de Londres, lui procurait le loisir nécessaire à une telle recherche. Ce fut seulement en 1858, à l'occasion du travail d'un autre naturaliste, Alfred-Russel Wallace, arrivé de son côté à la théorie de la sélection, que Darwin se décida à publier les principes de sa théorie. En 1859 parut son ouvrage capital « Sur l'origine des espèces ». Dans ce livre, Darwin expose en détail sa théorie, en l'étayant de ses principales preuves. Comme j'ai déjà longuement apprécié cet ouvrage dans ma « Morphologie générale » et mon « Histoire de la création naturelle », je ne m'y arrêterai pas ici et me bornerai à résumer brièvement l'essence de la théorie darwinienne, qu'il faut bien comprendre; car tout en dépend.

Voici le fond, l'idée mère de la théorie : à l'état de nature, la lutte pour vivre métamorphose les organismes et détermine de nouvelles espèces par le même procédé que l'homme met en œuvre pour obtenir de nouvelles races domestiques végétales et animales. Ce procédé n'est autre qu'un choix incessant, une sélection opérée parmi·les individus qui naissent, et, dans ce triage, l'hérédité et l'adaptation combinent leur action et sont les agents actifs de la transformation.

L'effet du livre sur « l'Origine des espèces par sélection naturelle dans le règne végétal et animal » fut extraordinaire, mais point tout d'abord dans le monde savant. Il fallut plusieurs années aux botanistes et aux zoologistes pour revenir de l'étonnement dans lequel les avait jetés la nouvelle conception de la nature exposée dans ce grand ouvrage réformateur. C'est seulement dans ces dernières années, depuis qu'on a commencé à appliquer la théorie de la descendance à l'anatomie, à l'ontogénie, à la taxinomie zoologique et botanique, que l'effet du livre de Darwin a commencé à se faire sentir dans nos sciences spéciales, à nos zoologistes et botanistes.

Il en est déjà résulté un progrès extraordinaire, une révolution dans les vues dominantes. Mais, dans le premier ouvrage de Darwin (1859), le point qui nous intéresse tout particulièrement

ici, c'est-à-dire l'application à l'homme de la théorie de la descendance, n'avait pas été abordé. Pendant des années même, on
a été convaincu que Darwin n'avait pas songé à appliquer sa
théorie à l'homme, et même qu'il se ralliait à la théorie ré-
clamant pour l'homme une place toute spéciale dans la création.

Non-seulement des gens du monde, étrangers aux choses scientifiques (surtout des théologiens), mais même des naturalistes
instruits, affirmaient avec la plus grande naïveté qu'il n'y avait
pas lieu d'être hostile à la théorie de Darwin, que même cette
théorie était très-fondée, qu'elle rendait parfaitement compte de
l'origine des espèces organiques, tout en étant absolument in-
applicable à l'homme.

Pourtant quantité de penseurs, experts ou non en histoire naturelle, soutenaient, au contraire, qu'aux termes de la théorie
darwinienne, l'homme devait logiquement et nécessairement descendre d'organismes animaux inférieurs et en dernier lieu de
mammifères anthropomorphes. La légitimité de cette conclusion
sauta tout de suite aux yeux des adversaires quelque peu avisés
de la théorie, et ce fut même parce que cette conséquence leur
paraissait fatale, qu'ils jugeaient à propos de repousser toute la
théorie.

Ce fut le célèbre naturaliste Thomas Huxley, actuellement le
premier zoologiste de l'Angleterre ([18]), qui fit la première application scientifique du darwinisme à l'homme. Ce naturaliste
aussi spirituel que savant, et qui a enrichi de quantité de bons
travaux la littérature zoologique, publia en 1863 un petit ouvrage
intitulé : « Évidence de la place de l'homme dans la nature. »
Ce livre se compose de trois traités : 1° Sur l'histoire naturelle
des singes anthropomorphes; 2° Des rapports de l'homme avec
les animaux inférieurs les plus voisins ; 3° Sur quelques restes
humains fossiles. Dans ces trois traités extrèmement intéressants,
on démontre jusqu'à l'évidence que de la théorie de la descendance découle nécessairement le fait tant honni de la généalogie
simienne de l'homme. Si la doctrine de la descendance est vraie
dans sa généralité, il faut de toute nécessité regarder les singes
les plus anthropomorphes comme les ancêtres immédiats du genre
humain.

Presque en même temps parut sur le même sujet un travail
plus considérable intitulé : « Leçons sur l'homme, sa place dans
la création et dans l'histoire de la terre », par Carl Vogt. L'au-

teur, un de nos zoologistes les plus sagaces, avait déjà publié
nombre d'excellents travaux sur la taxinomie zoologique, l'anatomie comparée, la physiologie, la paléontologie, etc. ; il s'était
fait de la vie organique une conception clairement monistique, et
était par suite particulièrement préparé à bien comprendre la
théorie de la descendance et à tenter de l'appliquer à l'homme.
Une autre tentative du même genre fut faite, en 1866, par Friedrich Rolle, dans son ouvrage sur « l'Homme, sa généalogie,
sa civilisation à la lumière du darwinisme ».

A la même époque, dans le deuxième volume de ma « Morphologie générale des organismes », j'ai moi-même essayé, le
premier, d'appliquer la théorie de l'évolution à la taxinomie
générale des organismes, y compris l'homme.

Là, je me suis efforcé d'esquisser hypothétiquement l'arbre
généalogique de chacune des classes du règne animal, du règne
des protistes, du règne végétal, non pas seulement comme il résulte en principe de la théorie darwinienne, mais effectivement
et tel qu'on peut le dresser aujourd'hui avec une certaine vraisemblance. En effet, si la doctrine de la descendance est vraie
dans sa généralité, telle que Lamarck l'a nettement formulée,
telle que Darwin l'a fondée solidement ensuite, on doit pouvoir
faire généalogiquement la taxinomie des deux règnes vivants,
et regarder les divisions grandes et petites de la classification
comme des rameaux et des branches de l'arbre généalogique.

Les huit tables généalogiques que j'ai ajoutées au deuxième
volume de ma « Morphologie générale » sont les premiers essais
de ce genre qui aient été faits. Dans le vingt-septième chapitre
du même ouvrage, j'ai aussi noté les anneaux les plus importants
de la chaîne ancestrale de l'homme, autant qu'on peut les suivre
à travers l'embranchement des vertébrés. J'ai surtout tâché de
déterminer la vraie place de l'homme dans la hiérarchie des
mammifères et d'indiquer la valeur généalogique de cette place,
autant qu'il est possible de le faire actuellement. Puis, dans
mon « Histoire de la création naturelle » (quatrième édition, augmentée, 1873) (¹⁹), j'ai perfectionné ce travail; je l'ai poussé plus
avant et je lui ai donné une forme populaire.

Enfin, il y a quatre ans, Charles Darwin lui-même a publié un
très-intéressant ouvrage développant l'application tant discutée
de sa théorie à l'homme et formant ainsi le couronnement de
tout son système. Dans cet ouvrage, intitulé : « La descendance

de l'homme et la sélection sexuelle » ([20]), Darwin aborde enfin la question qu'il avait jusqu'alors réservée à dessein ; il démontre avec la plus grande netteté, la logique la plus rigoureuse, que l'homme aussi descend des animaux inférieurs, et s'attache surtout à montrer de la manière la plus ingénieuse le rôle capital que joue la sélection sexuelle dans l'ennoblissement progressif de l'homme et des autres animaux supérieurs.

Les grands traits de l'arbre généalogique humain, tels que je les ai établis dans ma « Morphologie générale » et dans mon « Histoire naturelle de la création », Darwin les ratifie dans ce qu'ils ont d'essentiel, et il déclare expressément que ses observations l'ont amené aux mêmes conclusions. On ne saurait blâmer Darwin de n'avoir pas, dans son premier ouvrage, appliqué à l'homme la théorie de la descendance, puisque cela n'eût servi qu'à susciter contre la doctrine tout entière les plus grandes préventions. Ce qui importait tout d'abord, c'était d'établir la vérité de la théorie de la descendance pour les espèces animales et végétales. Il va de soi que l'application à l'homme devait se faire d'elle-même tôt ou tard.

La juste appréciation de ce point est de la plus haute importance. Si l'ensemble des organismes descend d'une souche ancestrale commune, l'homme lui-même ne saurait faire exception. Si, au contraire, toutes les espèces ont été créées isolément, alors l'homme aussi a été « créé » et ne s'est point « développé ». Entre ces deux propositions opposées, il faut choisir ; c'est là une alternative des plus tranchées, et l'on ne saurait la faire ressortir trop souvent et trop nettement.

Ou toutes les différentes espèces d'animaux et de plantes ont une origine surnaturelle, elles sont créées et non développées ; alors l'homme est aussi le résultat d'un acte créateur surnaturel, comme le prétendent tous les différents dogmes religieux. Ou bien les diverses espèces et classes d'animaux et de plantes se sont développées de quelques formes ancestrales communes très-simples, et alors l'homme lui-même est le dernier produit évolutif de l'arbre généalogique des animaux. On peut formuler ce rapport brièvement en ces termes : La descendance de l'homme d'animaux inférieurs est une déduction spéciale dérivant nécessairement de l'induction générale, de la théorie entière de la descendance.

Cette proposition formule aussi nettement et aussi simple-

ment que possible le fait que nous voulons mettre en relief. La
théorie de la descendance n'est au fond qu'une grande induction, à laquelle nous sommes amenés par la comparaison des
lois expérimentales les plus importantes de la morphologie et
de la physiologie.

Or force nous est bien de procéder par induction dans tous
les cas où il nous est impossible de donner pour base inébranlable aux vérités naturelles la mensuration directe ou le calcul
mathématique. Mais, dans l'étude de la nature vivante, il est
extrêmement rare que nous puissions arriver directement à une
connaissance parfaite et à un calcul mathématique de la valeur
des phénomènes, ainsi que nous pouvons le faire dans l'étude
beaucoup plus simple des corps inorganiques : en chimie et en
physique, en minéralogie et en astronomie. Dans cette dernière
science spécialement, il est toujours possible de ne point s'écarter de la voie si simple et si absolument sûre du calcul mathématique. Mais, en biologie, cela est impossible pour bien
des raisons, et en premier lieu parce que là les phénomènes
sont trop complexes pour qu'il soit possible de les soumettre
immédiatement à une analyse mathématique. Force nous est
ici de procéder inductivement, c'est-à-dire d'arracher par degrés
à la masse des faits d'observation isolés des conclusions générales
d'une justesse approximative. Sans doute ces conclusions inductives ne sauraient prétendre, comme les propositions mathématiques, à une certitude absolue; mais elles s'approchent de
la vérité d'autant plus que le champ des observations, qui leur
sert de base, est plus étendu.

Naturellement ces lois inductives sont des conquêtes scientifiques provisoires, que des progrès ultérieurs pourront améliorer,
compléter; mais cela n'en infirme nullement la valeur. La morphologie scientifique tout entière, aussi bien la partie morphologique de la zoologie et de l'anthropologie que de la botanique,
repose sur des lois inductives de ce genre.

Or, en considérant la théorie de la descendance, telle que
l'ont conçue Lamarck et Darwin, comme une loi inductive et
même comme la principale loi inductive de la biologie, nous
nous appuyons tout d'abord sur les faits empruntés à la paléontologie, sur des fossiles attestant la variabilité des espèces. Ces
fossiles reposent, au sein des strates géologiques, dans des conditions telles, que nous en pouvons tout d'abord tirer sûrement

une première conclusion, savoir, que la population organique
du globe s'est développée lentement et graduellement comme
l'écorce terrestre, et que des séries diverses de populations vivantes sont apparues successivement, suivant le cours des périodes
géologiques. La géologie nous apprend, de son côté, que l'évolution de la planète s'est effectuée graduellement, sans révolutions
violentes et totales. En comparant les diverses formations animales et végétales qui se sont succédé aux différentes époques
de l'histoire du globe, nous constatons d'abord une augmentation continue et lente dans le nombre des espèces, depuis les
temps les plus reculés jusqu'aux âges les plus récents. En outre
nous remarquons un degré toujours plus grand de perfectionnement dans chaque groupe principal d'animaux et de plantes.
Par exemple, parmi les vertébrés, il n'existait d'abord que des
poissons inférieurs; puis apparurent les poissons supérieurs;
plus tard vinrent les amphibies; encore plus tardivement se montrèrent les trois groupes supérieurs des vertébrés, les reptiles
d'abord, ensuite les oiseaux et les mammifères : ces derniers sont
d'abord représentés par leurs types les plus imparfaits, les plus
humbles ; les mammifères supérieurs, les placentaliens ne se
montrent que fort tard, et ainsi de suite.

On voit ainsi que la perfection des formes organisées et leur
multiplicité n'ont pas cessé de s'accroitre, depuis les âges les plus
reculés jusqu'à nos jours.

C'est là un fait de la plus haute importance, qui s'explique
seulement par la théorie de la descendance, et qui est en harmonie complète avec elle. Si les divers groupes d'animaux et de
plantes descendent réellement les uns des autres, la conséquence
nécessaire d'un tel fait est précisément une graduelle augmentation de nombre et de perfection, comme celle que nous révèle la
série des fossiles.

L'anatomie comparée nous fournit une deuxième série de faits
du plus grand intérêt pour notre loi inductive. L'anatomie comparée est cette partie de la morphologie qui compare entre
elles les formes vivantes développées et cherche à retrouver,
sous la diversité bigarrée de leurs contours, l'unité d'organisation, ce qu'on appelait autrefois le plan commun de structure.
Depuis que Cuvier a fondé cette science, au commencement de
ce siècle, elle a toujours été pour les naturalistes les plus distingués un sujet d'étude favori. Déjà, avant Cuvier, Goethe

avait été séduit par le charme secret inhérent à cette science et
il l'avait abordée dans ses travaux « Sur la morphologie ». Goethe
fut surtout captivé par une des branches les plus intéressantes
de l'anatomie comparée, par l'ostéologie comparée, c'est-à-dire
l'examen et la comparaison philosophique du squelette des vertébrés ; c'est par là qu'il arriva à formuler sa théorie des vertèbres crâniennes, dont j'ai déjà parlé.

L'anatomie comparée nous apprend que, dans chaque classe
zoologique et même dans chaque classe végétale, les traits essentiels de la texture intime se ressemblent extrêmement, quelle
que puisse être la diversité des formes extérieures. Ainsi, par
tous les traits essentiels de son organisation interne, l'homme se
rapproche tellement des autres mammifères, que jamais anatomiste n'a contesté qu'il appartînt à cette classe.

Chez l'homme, la construction interne dans son ensemble, la
disposition des divers systèmes organiques, l'arrangement des
os, des muscles, des vaisseaux sanguins, etc., en un mot la
structure générale et intime de ces organes est si parfaitement
calquée sur celle des autres mammifères, singes, rongeurs, solipèdes, cétacés, marsupiaux, etc., que la dissemblance si frappante des formes extérieures perd toute valeur. L'anatomie
comparée nous apprend en outre que l'analogie fondamentale
de l'organisation est telle, chez les animaux, que les trente ou
quarante classes diverses peuvent se fondre en six ou huit grands
groupes.

Mais, même dans ces quelques grands groupes, souches ou
types du règne animal, il est certains organes, et particulièrement le tube digestif; qui au début sont complétement identiques. Or, comment expliquer cette harmonie anatomique profonde, voilée chez tous ces animaux par une dissemblance
extérieure extrême, si l'on n'invoque pas la théorie de la descendance ? Force est bien d'attribuer l'analogie interne à la
transmission héréditaire à partir d'une forme ancestrale commune, et la dissemblance externe à l'effort pour s'adapter aux
divers milieux ; nul autre moyen de comprendre ces faits sur-
prenants.

Une fois vivifiée par cette conception générale, l'anatomie
comparée acquiert une portée toute nouvelle, et le plus distingué
des représentants actuels de cette science, Gegenbaur [21], a pu
dire, à bon droit, que l'avénement de la théorie de la descendance

ouvrait à l'anatomie comparée une ère de progrès et lui servait
en même temps de pierre de touche. Jusqu'à ce jour, pas un fait
d'anatomie comparée n'a contredit la théorie de la descendance ;
tous s'accordent à la confirmer. D'autre part, en échange de la
méthode qu'elle avait fournie à l'anatomie comparée, la théorie
de la descendance en a reçu précisément ce qu'elle avait donné :
de la clarté et de la certitude.

De tout temps on avait admiré, sans pouvoir l'expliquer,
l'étonnante harmonie de la structure interne dans l'ensemble
des organismes. Aujourd'hui tout s'explique, et l'on peut démontrer que cette merveilleuse analogie résulte simplement et
nécessairement de la transmission héréditaire à partir d'une
forme ancestrale commune, de même que la diversité frappante
des formes extérieures est une suite forcée de l'adaptation aux
milieux extérieurs. Sous ce rapport, il est une branche de l'anatomie comparée qui possède à la fois un haut intérêt et une
vaste portée philosophique. Je veux parler de l'étude des organes rudimentaires, que l'on peut appeler dystéléologie, en raison des conséquences philosophiques qu'elle suggère.

Abstraction faite des êtres organisés les plus imparfaits, les
plus rudimentaires, il n'est guère d'organisme végétal et animal, surtout s'il occupe un rang élevé dans la série, qui ne possède un plus ou moins grand nombre d'organes inutiles pour lui,
nullement adaptés à son genre de vie, sans valeur fonctionnelle.
L'homme lui-même ne fait point exception à cette règle. Tous
nous avons certains muscles dont nous ne nous servons jamais,
par exemple les muscles situés sur le pavillon de l'oreille et
dans son voisinage. Chez la plupart des mammifères, spécialement chez les mammifères à oreilles pointues, ces muscles sont
d'une grande utilité ; car, en changeant la forme et la position
du pavillon de l'oreille, ils lui permettent de mieux recueillir
les ondes sonores.

Chez nous, au contraire, et chez les autres mammifères à
oreilles plus ou moins arrondies, ces muscles n'ont pas disparu,
mais ils ne servent plus à rien. Comme nos ancêtres ont, de longue date, perdu l'habitude de s'en servir, nous ne pouvons plus les
faire contracter. De même encore nous avons, à l'angle interne de
l'œil, un petit repli membraneux semi-lunaire, dernier vestige
d'une troisième paupière, dite membrane clignotante. Chez nos
ancêtres, les requins, et chez beaucoup d'autres vertébrés, cette

membrane clignotante est très-développée et fort utile ; chez
nous, au contraire, elle est atrophiée et sans usage. Notre canal
intestinal est muni d'un appendice non-seulement parfaitement
inutile, mais même fort nuisible : c'est l'appendice vermiculaire
du cœcum. Cet appendice est souvent la cause d'accidents mortels.
Il arrive parfois, pendant le travail de la digestion, qu'un noyau
de cerise ou un corps dur quelconque s'engage malheureusement dans l'étroite cavité de l'appendice, d'où une violente inflammation habituellement mortelle. Cet appendice vermiculaire n'a pas la moindre utilité pour nous ; c'est le dernier et
fâcheux vestige d'un organe qui, chez nos ancêtres herbivores,
était plus volumineux et coopérait activement à la digestion ;
aujourd'hui encore on le rencontre fort développé et chargé d'un
rôle physiologique important chez nombre d'herbivores, par
exemple chez les singes et les rongeurs.

Il existe chez nous, comme chez tous les animaux supérieurs,
d'autres organes rudimentaires de ce genre, dans les régions les
plus diverses de notre corps. Il faut ranger ces faits parmi les plus
intéressants de l'anatomie comparée, d'abord parce qu'ils sont
une preuve frappante de la théorie généalogique, puis parce qu'ils
portent un coup mortel à la philosophie téléologique enseignée
dans les écoles et généralement reçue. Mais la théorie de la descendance explique très-simplement ces faits singuliers. Elle nous
apprend que ce sont là les vestiges d'organes graduellement mis
hors d'usage, hors de service, durant des séries de générations.

A mesure que l'activité de l'organe diminue, la fonction s'abo-
lit de plus en plus et, en fin de compte, l'organe subit une rétrogradation, pour disparaître à la fin. Pas d'autre explication
possible des organes rudimentaires. Cette explication a en outre
une grande portée philosophique. En effet, elle montre clairement que, pour se faire une idée juste des êtres organisés, il
faut se mettre au point de vue mécanique ou monistique, et que
la conception téléologique ou dualistique généralement reçue
est complétement erronée. On porte ainsi le coup de grâce à
l'antique légende, qui admet un plan cosmogonique sublime, qui
veut que « la main du créateur ait tout ordonné avec sagesse et
raison » ; on ôte toute valeur aux phrases creuses sur un plan
organique prémédité. Quelle preuve plus concluante contre la
téléologie dominante que l'existence d'organes rudimentaires
chez les organismes les plus parfaits !

D'autre part, la plus large base inductive de la théorie de la descendance est la taxinomie naturelle des organismes, qui classe tous les êtres organisés, les coordonne en groupes grands et petits, suivant leur degré de parenté morphologique. Il existe entre toutes les catégories taxinomiques, variétés, espèces, genres, familles, ordres, classes, etc., de tels rapports de coordination et de subordination, qu'on est forcé de les expliquer généalogiquement et de se figurer tout le système comme un arbre aux nombreux rameaux.

Cet arbre n'est autre chose que l'arbre généalogique des formes parentes, et la parenté morphologique se confond avec la consanguinité. Nulle autre interprétation de la distribution ramifiée, arborescente du système n'a encore été donnée ; on a donc le droit de considérer cette disposition comme une forte preuve de la vérité de la théorie généalogique.

Parmi les autres faits importants qui plaident en faveur de la théorie généalogique, qui fortifient cette grande loi inductive, il faut citer la distribution géographique des espèces animales et végétales à la surface du globe, aussi bien sur le sommet des montagnes que dans la profondeur de l'océan.

On s'est remis tout récemment, à l'exemple d'Alexandre de Humboldt, à étudier scientifiquement cette distribution géographique, cette chorologie avec un vif intérêt. Pourtant, jusqu'à Darwin, on se bornait malheureusement à s'occuper strictement des faits chorologiques, à déterminer avant tout les limites de l'habitat, pour chaque groupe organique grand ou petit. Mais quant aux causes de cette singulière distribution, à la question de savoir pourquoi tel groupe existait seulement dans telle région et tel autre groupe dans telle autre, ou plus généralement pourquoi une telle répartition des espèces avait eu lieu, on ne savait absolument rien.

C'est encore la théorie généalogique qui nous donne le mot de l'énigme ; elle nous indique la véritable solution du problème, en nous apprenant que les diverses espèces et les collections d'espèces descendent de formes ancestrales communes, dont la postérité, subdivisée en nombreux rameaux, s'est peu à peu disséminée par migration sur tous les points du globe. Mais, pour chaque groupes d'espèces, il a dû exister ce qu'on appelle « un centre de création », une commune patrie d'origine, un lieu où l'espèce-souche s'est développée tout d'abord et d'où ses descendants ont rayonné.

Mais chacune de ces espèces émigrées est devenue, à son tour, la souche de nouveaux groupes d'espèces, qui, elles aussi, se sont éparpillées par migration active ou passive, et ainsi de suite. Or, comme chaque type vivant émigré devait s'adapter aux nouvelles conditions d'existence de sa nouvelle patrie, il se transformait et donnait naissance à d'autres séries de formes nouvelles. C'est au darwinisme que l'on doit cette intéressante théorie des migrations passives et actives ; c'est Darwin qui, le premier, a bien fait ressortir l'importance des relations chorologiques entre la population vivante de chaque grand continent et les ancêtres et parents fossiles.

Après Darwin, c'est Moritz Wagner qui a le plus développé ces considérations dans sa *Théorie des migrations*. Mais, selon moi, ce célèbre voyageur a prisé beaucoup trop haut sa théorie, en voulant en faire la condition nécessaire de la formation d'espèces nouvelles et en rejetant la théorie de la sélection. Ces deux théories ne sont nullement inconciliables. Bien au contraire, la migration, qui isole la forme ancestrale d'une nouvelle espèce, n'est qu'un cas particulier de la sélection. Or, puisque la série si intéressante et même si imposante des faits chorologiques ne se peut expliquer sans la théorie généalogique, nous sommes fondés à la ranger parmi les preuves inductives les plus importantes de cette théorie.

On peut en dire autant des curieux phénomènes de l'économie des organismes. L'ensemble des relations si variées des animaux et des plantes, de leurs rapports avec le monde extérieur, tout ce qui concerne l'œcologie des organismes, par exemple, les faits si intéressants du parasitisme, de la vie en famille, des soins de la couvée, du socialisme, etc., tout cela ne saurait s'expliquer simplement et naturellement que par la théorie de l'adaptation et de l'hérédité. Dans ces phénomènes, où l'on se plaisait précisément autrefois à admirer la toute-puissance et la toute-sagesse d'un créateur, nous trouvons aujourd'hui, au contraire, d'excellents arguments en faveur de la théorie généalogique, qui seule les peut expliquer.

Enfin, c'est à l'embryologie de tous les organismes, à l'ontogénie générale, qu'il faut demander la preuve inductive la plus solide de la théorie généalogique. Mais ce sera là précisément le sujet de nos autres leçons; je n'ai donc pas à y insister en ce moment. Dans ces leçons, je m'efforcerai même de montrer que l'ensemble des phénomènes de l'ontogénie forme une chaîne ininterrompue de preuves en faveur de la théorie généalogique et ne se peut expliquer que par la phylogénie.

En nous servant de ce lien étiologique si étroit entre l'ontogénie et la phylogénèse, en ne cessant de nous appuyer sur notre loi biogénétique fondamentale, nous serons en mesure de démontrer rigoureusement, preuves ontogéniques en main, que l'homme descend d'animaux inférieurs.

Ajoutons enfin que, tout récemment, la grande question théorique de l'espèce, qui est la pierre angulaire de toutes les polémiques sur la théorie de la descendance, a été définitivement résolue. Depuis plus d'un siècle, cette question avait été abordée à tous les points de vue, sans aucun résultat satisfaisant.

Pendant ce laps de temps, des milliers de zoologistes et de botanistes se sont occupés chaque jour à classer et à décrire les espèces, sans parvenir à se faire de l'espèce une idée précise. Des centaines de milliers d'espèces animales et végétales ont été proclamées « bonnes espèces », et ceux qui leur donnaient ce titre étaient tout à fait incapables de le justifier logiquement. Des débats aussi interminables que vides ont eu lieu entre les « taxinomistes purs » pour savoir si telle forme classée comme espèce était « une bonne ou une mauvaise espèce, une espèce ou une variété », une « sous-espèce ou une race », sans que l'on se soit demandé quelle était la valeur de l'idée d'espèce.

Si l'on se fût sérieusement occupé de donner de la précision à cette idée, on se serait vite aperçu qu'elle n'avait pas de valeur absolue, et répondait seulement à des catégories, à des gradations relatives à la classification. Toutefois, en 1857, un naturaliste célèbre et intelligent, mais dogmatiste et sujet à caution, Louis Agassiz, essaya de donner à ces catégories une valeur absolue. Agassiz fit cette tentative dans son « Essay on classification ». Dans cet ouvrage, il bouleverse tous les phénomènes organiques et, au lieu de les expliquer au moyen des causes naturelles, il les considère à travers le prisme trompeur des rêveries théologiques. Pour lui, chaque « bonne espèce ou *bona species* » est l'incarnation d'une pensée divine. Mais, aux yeux de la critique philosophique appliquée à l'histoire naturelle, ces belles phrases n'ont pas plus de valeur que toutes les autres tentatives faites pour effectuer le sauvetage de l'idée d'espèce absolue.

Je crois avoir mis ce point hors de contestation dans ma « Morphologie générale », où, en 1866, j'ai fait la critique détaillée de l'idée morphologique et physiologique de l'espèce et des catégories taxinomiques (vol. II, p. 323-402).

C'en est fait du dogme de la pérennité de l'espèce, et l'idée contraire, qui fait descendre les diverses espèces de formes ancestrales communes, ne se heurte plus à aucun obstacle sérieux. Plus de dissertations prolixes pour déterminer ce qu'est l'espèce en soi ou s'il est possible que les diverses espèces descendent d'une même espèce ancestrale. Nous avons, au lieu de tout cela, une conclusion pleinement satisfaisante : c'est qu'il ne saurait plus être question de frontières tranchées entre l'espèce et la variété d'une part, entre l'espèce et le genre d'autre part.

J'ai donné la preuve analytique de cette proposition en 1872, dans ma Monographie des éponges calcaires ([22]) ; j'ai démontré avec le plus grand soin que, dans ce petit groupe zoologique si intéressant, toutes les espèces sont variables et qu'il est impossible de les classer dogmatiquement. Suivant que l'on donne un sens plus ou moins large ou restreint aux idées de genre, d'espèce ou de variété, on peut trouver dans le petit groupe des éponges calcaires, ou un seul genre et trois espèces, ou trois genres et vingt et une espèces, ou vingt et un genres et cent onze espèces, ou trente-neuf genres et deux cent quatre-vingt-neuf espèces, ou même cent treize genres et cinq cent quatre-vingt-onze espèces.

Mais toutes ces formes diverses sont si étroitement reliées par des formes intermédiaires, que l'on peut démontrer sûrement la commune descendance de tous les calcispongiaires à partir d'une seule forme ancestrale, de l'*olynthus*.

Je crois donc avoir donné la solution analytique du problème de l'origine des espèces et avoir ainsi satisfait à la prétention des adversaires de la théorie généalogique, qui réclament la démonstration « en détail » de la commune descendance des espèces consanguines à partir d'une seule souche ancestrale.

Quiconque ne se déclarera pas satisfait des preuves synthétiques que fournissent l'anatomie comparée et l'ontogénie, la paléontologie et la dystéléologie, la chorologie et la taxinomie, pourra s'attaquer aux preuves analytiques contenues dans ma monographie des éponges calcaires. Cette monographie m'a coûté cinq années de minutieuses observations. Je le répète : il n'y a plus à objecter à la théorie généalogique que jamais encore on n'a démontré en détail et d'une façon concluante la commune descendance des espèces d'un seul groupe ; c'est là une assertion aujourd'hui tout à fait dénuée de fondement.

La monographie des éponges calcaires fournit cette démonstration analytique et, dans ma conviction, elle donne des preuves sans réplique. Tout naturaliste qui se donnera la peine de scruter les matériaux que j'ai mis en œuvre verra que, chez les calcispongiaires, on peut suivre pas à pas, *in statu nascenti*, l'origine des espèces. Mais, s'il en est ainsi, si nous sommes en mesure de démontrer, dans une seule classe ou famille, la descendance des espèces d'une seule souche ancestrale commune, nous avons, du même coup, résolu le problème de la descendance de l'homme, nous pouvons prouver qu'il provient de types animaux inférieurs.

SIXIÈME LEÇON.

LA CELLULE OVULAIRE ET LES AMIBES.

Nous devons regarder comme les ancêtres de tous les animaux supérieurs certains êtres unicellulaires très-simples, qu'on trouve, même de nos jours, dans toutes les eaux, ces êtres sont les amibes Que les aieux les plus reculés du genre humain aient été des êtres simples, unicellulaires, cela résulte clairement du fait irréfutable que chaque individu humain provient d'un œuf, et que cet œuf, comme celui de tous les autres animaux, est une simple cellule Par conséquent, quand on trouve notre théorie de l'origine de l homme « horrible, révoltante et immorale », on doit aussi trouver « horrible, révoltant et immoral » le fait certain, vérifiable à un moment quelconque a l'aide du microscope, que l œuf humain est une cellule simple, et que cette cellule ne diffère en aucune manière de l œuf des autres mammifères

GÉNÉALOGIE DE L ESPÈCE HUMAINE, 1870

L'œuf humain et animal est une cellule simple. — La valeur et la portée de la théorie cellulaire. — Le protoplasme et le nucleus sont les deux parties essentielles de toute véritable cellule. — Comparaison des ovules non différenciés avec les cellules conscientes très-différenciées ou cellules nerveuses du cerveau. — La cellule comme organisme élémentaire ou comme individu de premier ordre. — Physiologie de la cellule. — Structure spéciale de l'œuf. — Jaune. — Vésicule germinative. — Tache germinative. — Membrane cellulaire ou chorion. — Application de la loi biogénétique à la cellule ovulaire. — Organismes unicellulaires. — Les amibes. — Structure et physiologie des amibes. — Mouvements amiboïdes. — Cellules amiboïdes dans des organismes pluricellulaires. — Mouvements de ces cellules et préhension de corps solides. — Cellules sanguines qui mangent. — Comparaison des amibes avec la cellule ovulaire. — Cellules ovulaires amiboïdes des éponges. — L'amibe considérée comme forme ancestrale commune des organismes pluricellulaires.

Messieurs,

Pour arriver à se faire une idée juste de l'ontogénèse, du développement individuel de l'homme, il faut, avant tout, parmi la foule des faits merveilleux et variés qui s'offrent à nous, trier avec soin les faits révélateurs, ceux qui expliqueront ensuite tous les autres phénomènes moins importants, moins significatifs. De ces faits, le principal, celui qui doit nécessairement nous servir de point de départ dans notre étude ontogénétique, c'est que tout individu humain provient d'un œuf et que cet œuf est une cellule simple. Cette cellule ovulaire de l'homme ne diffère pas, dans sa forme générale et sa structure, de l'ovule des autres mammifères, tandis qu'il existe certaines dissemblances entre l'ovule des mammifères et celui des autres animaux.

La découverte de ce fait d'une importance capitale, pour ainsi dire hors ligne, est, comme on le sait, de date encore récente. Ce fut seulement en 1827, vous ne l'ignorez pas, que Charles Ernest

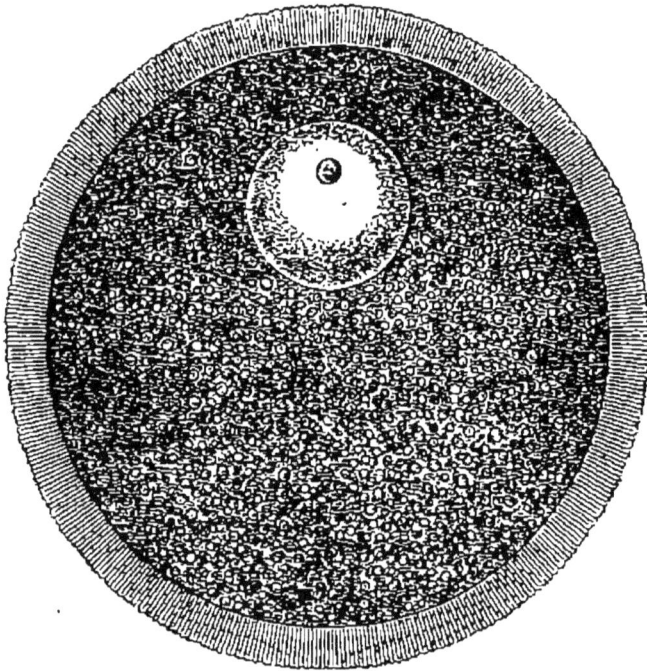

Fig. 1.

Fig. 1. — Œuf humain pris dans un ovaire de femme et très-fortement grossi. L'œuf n'est qu'une simple cellule sphéroïdale. L'ovule est principalement constitué par le jaune ou substance cellulaire (protoplasme). Ce jaune est une substance d'aspect granuleux, formée par un amas de très-fines granulations reliées par une matière amorphe. A la partie supérieure du jaune se trouve la vésicule germinative, sphérique et brillante, qui correspond au noyau de la cellule (nucleus). Cette vésicule renferme un nucléole obscur, la tache germinative (nucleolus). Une épaisse membrane cellulaire, transparente (zona pellucida ou chorion), enveloppe le jaune. Cette membrane est traversée, dans le sens des rayons de la sphère, par de nombreuses lignes très-fines : ce sont les canalicules poreux, à travers lesquels, lors de la fécondation, les spermatozoaires pénètrent dans le jaune.

Baer découvrit expérimentalement l'œuf de l'homme et des mammifères. Jusqu'alors, on avait pris pour des œufs des follicules beaucoup plus gros, dans lesquels etait inclus l'œuf véritable, mais d'un volume bien moins considérable. Quant à l'importante notion de l'équivalence de cet œuf monocellulaire et de l'œuf des autres animaux, on n'y parvint pas, naturellement, avant que la théorie cellulaire eût acquis quelque crédit. Mais ce fut seulement en 1738 que Schleiden proposa la théorie cellulaire pour les plantes et que Schwann l'étendit au règne animal. Vous savez déjà de quel secours est cette théorie cellulaire pour l'intelligence de l'organisme humain et de son développement. Il ne sera donc pas hors de propos de dire quelques mots de l'état actuel de la théorie cellulaire et d'apprécier les vues générales qui s'y rattachent.

Dans cette théorie, qui, depuis trente-cinq ans, sert de base principale à toutes les vues morphologiques et physiologiques, aussi bien en zoologie qu'en botanique, une notion prédomine : c'est celle qui fait de la cellule un organisme isolé, ayant sa vie propre. Quand, prenant le corps adulte d'un animal, d'une plante ou d'un homme, nous le divisons par la dissection anatomique d'abord en organes, puis quand, armés d'un microscope, nous étudions la texture intime de ces organes, nous sommes surpris de voir les diverses parties d'un organisme se résoudre en une multitude d'éléments primitifs du même genre.

Cet élément commun est la cellule. Dans la feuille, la fleur ou le fruit, aussi bien que dans un os, un muscle, une glande, une parcelle de peau, partout enfin, l'examen anatomique et microscopique nous révèle une seule et même forme élémentaire, celle que, depuis Schleiden, on appelle la *cellule*. Sans doute, on est fort divisé d'opinion sur la nature de la cellule ; mais on s'accorde à considérer cette cellule comme une unité vivante, indépendante, et c'est là l'essentiel. Cette petite cellule est, comme le dit Brücke, un « organisme élémentaire » ou, comme le veut Virchow, un « foyer de vie ». Peut-être serait-il plus exact d'y voir une unité morphologique du dernier rang organique, un individu du premier ordre. (*Morphologie générale,* vol. Ier, p. 269.)

Ou bien l'organisme est constitué, pendant toute sa vie, par une seule cellule, comme il arrive pour les animaux et les plantes unicellulaires ; ou bien, ce qui est le cas pour la plupart des animaux et des plantes, c'est seulement au début de l'existence que l'organisme est représenté par une simple cellule, et plus tard il devient un groupe de cellules, ou, pour mieux dire, un état cellulaire organisé. En effet, notre corps n'est pas une parfaite unité vivante, comme l'homme se plaît à le croire dans la naïveté de ses premières conceptions; c'est une communauté sociale fort complexe, une colonie, un état composé de nombreuses unités vivantes indépendantes, de cellules (²³).

Le terme cellule est fort mal choisi; Schleiden, qui s'en servit le premier, appela les petits organismes élémentaires « cellules », parce que, sur la section de la plupart des plantes, ces éléments ressemblent à des cases, aux alvéoles d'une ruche, soudées entre elles par leurs parois solides et remplies d'une substance fluide ou pulpeuse. Une autre idée de Schwann a eu longtemps cours, c'est que la cellule est un petit sac, une vésicule pleine de liquide et limitée par une paroi solide. Mais précisément cette manière de concevoir la cellule n'est pas applicable à la plupart des cellules animales.

Plus on se familiarise avec les cellules animales, plus on voit qu'il faut se faire de la cellule une tout autre idée. Aujourd'hui, on définit d'ordinaire la cellule, comme un corpuscule semi-solide ou semi-fluide, chimiquement constitué par une substance albuminoïde, ayant à l'origine une forme plus ou moins arrondie et renfermant un autre corpuscule sphéroïdal, plus petit, habituellement solide et aussi de nature albuminoïde. Il peut y avoir une membrane d'enveloppe, comme c'est le cas pour la majorité des cellules végétales; cette membrane peut manquer, comme il arrive pour la plupart des cellules animales. Originellement, elle fait toujours défaut.

Un point important de la notion actuelle de la cellule est la distinction de ses deux parties principales. L'une de ces parties est interne : c'est le noyau cellulaire (nucleus ou cytoblastus). Ce noyau est d'ordinaire arrondi, ovoïde ou sphéroïdal, solide, rarement plus mou que la substance cellulaire; il est constitué par une matière albuminoïde. La seconde partie essentielle de toute cellule est la substance cellulaire, le protoplasme, l'*urschleim* des anciens philosophes de la nature. Ce protoplasme, qui entoure le noyau, se range aussi chimiquement dans le groupe des corps albuminoïdes; c'est un composé carboné contenant des atomes d'azote. Le protoplasme est toujours de consistance molle, semi-fluide. La constitution chimique albuminoïde du protoplasme est bien analogue à celle du noyau ; mais pourtant elle en diffère essentiellement et constamment.

Nucleus et protoplasme, noyau cellulaire interne et substance cellulaire externe ; voilà les deux seules parties essentielles de toute vraie cellule. Tout le reste est secondaire, accessoire ; que ce soit la membrane d'enveloppe, très-diversement constituée et souvent fort épaisse, ou diverses particules internes : sphérules graisseuses, cristaux, noyaux de matière colorante, vésicules aqueuses, etc. Tout cela est subordonné, passif ; tout cela est pris au milieu extérieur ou résulte de l'activité vitale de la cellule et ne nous intéresse pas, quant à présent.

Le noyau et la substance cellulaires sont les deux seules parties actives ; seules elles sont constantes, seules elles sont essentielles.

Nous comparerons, par opposition, à la cellule simple une grande cellule nerveuse ou ganglion cellulaire du cerveau. La cellule ovulaire représente virtuellement tout l'animal ; elle a la faculté d'engendrer à elle seule tout l'organisme animal pluri-cellulaire ; elle est la souche maternelle commune de toutes les innombrables générations de cellules qui composeront tous les tissus du corps ; elle possède en elle en quelque sorte toutes les apti-tudes variées de ces cellules, mais virtuellement, à l'état de projet.

Rien de plus opposé à la cellule simple que la cellule nerveuse cérébrale, destinée à une seule fonction (fig. 2). Cette cellule ne saurait, comme l'ovule, engendrer de nombreuses générations cellulaires, qui se transforment, les unes en éléments cutanés, les autres en éléments musculaires, d'autres en éléments os-seux, etc., etc. Mais, en revanche, la cellule nerveuse a acquis la plus élevée des activités fonctionnelles, la faculté de sentir, de vouloir, de penser. C'est une vraie cellule psychique, l'organe élémentaire de l'activité de l'âme. Aussi cette cellule a une struc-ture délicate et fort complexe. Des fibrilles très-fines et extrême-ment nombreuses, comparables aux fils métalliques qui partent d'une station télégraphique centrale, rayonnent, en se croisant confusément à travers le protoplasme finement grenu de la cellule nerveuse, se prolongent dans les filets nerveux émis par la cellule, se ramifient et s'anastomosent avec d'autres filaments nerveux émis par les autres cellules psychiques (*a*, *b*). A peine est-il pos-sible de suivre ces filaments intriqués à travers la substance finement granuleuse du protoplasme.

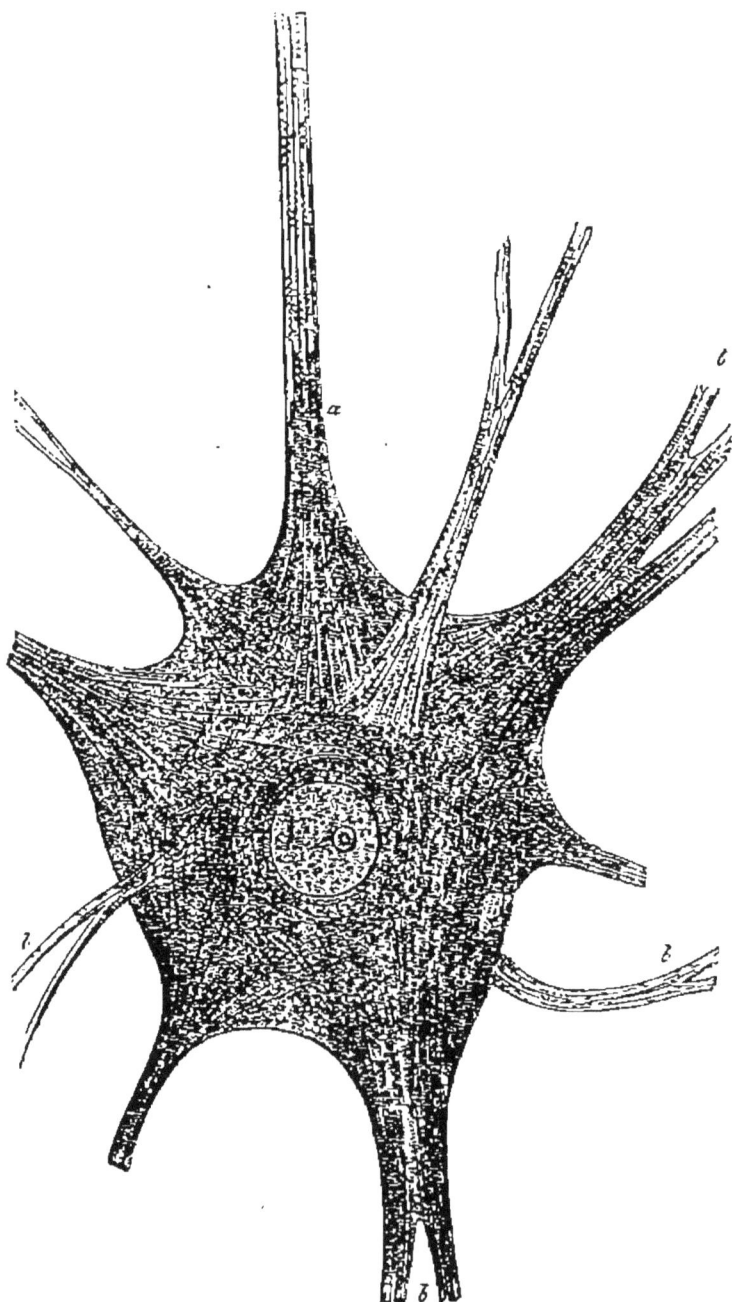

Fig. 2.

Fig. 2.— Grande cellule nerveuse ramifiée ou cellule psychique prise dans le cerveau d'un poisson électrique (Torpedo). Grossissement de 600 diamètres.

Nous sommes là en présence d'un appareil complexe, dont, avec le secours de nos plus puissants microscopes, nous commençons à peine à connaître la structure, mais dont nous ne faisons guère encore que soupçonner l'importance. La complexité de la structure répond ici à celle de la fonction psychique. Pourtant cet organe élémentaire de l'activité de l'âme, reproduit par milliers d'exemplaires dans notre cerveau, n'est, en définitive qu'une cellule simple. Notre vie intellectuelle tout entière est simplement la somme totale des activités partielles de toutes ces cellules nerveuses ou psychiques. Le centre de chaque cellule est occupé par un gros noyau clair, contenant un nucléole plus obscur. Ici, comme partout, le noyau détermine l'individualité de la cellule; il prouve qu'en dépit de l'intrication et de la délicatesse de la structure, tout cet organisme élémentaire n'est qu'une simple cellule.

En comparaison de cette cellule psychique très-développée, très-spécialisée (fig. 2), notre cellule ovulaire (fig. 1) manque absolument de différenciation. Pourtant, pour expliquer les propriétés vitales de cette cellule, il faut accorder à son protoplasme une composition chimique très-complexe, une fine structure moléculaire, qui se dérobent à nos yeux.

Quand on appelle les cellules des organismes élémentaires, des individus de l'ordre le plus humble, il faut pourtant y mettre quelques restrictions. En réalité les cellules n'occupent point le dernier degré de l'individualité organique, comme on l'admet généralement. Il est des organismes élémentaires bien plus simples, que je vais signaler en passant et sur lesquels je reviendrai.

Ces organismes sont les *cytodes*, c'est-à-dire des êtres vivants, indépendants, constitués simplement par une parcelle de plasma, un grumeau homogène de substance albuminoïde, non encore différencié en noyau et nucléole et en réunissant les propriétés à l'état confus. Les curieuses *monères* sont des spécimens de ces cytodes. A parler strictement, il faut distinguer deux degrés

---

Au centre de la cellule est un noyau sphérique clair, relativement gros (nucleus), contenant un nucléole (nucleolus) lequel, à son tour, renferme un corps nucleolaire plus petit (nucleolinus). Le protoplasme cellulaire finement granulé est parcouru par d'innombrables fibrilles extrêmement fines, qui vont se continuer dans les filets nerveux (*b*) émanant de la cellule. En *a*, filet nerveux non ramifié.

(D'après Max Schultze.)

dans l'organisme élémentaire. L'un de ces degrés, le plus inférieur, est représenté par la cytode, la simple parcelle de plasma, de protoplasme homogène ; l'autre degré est représenté par la cellule, déjà différenciée en noyau et protoplasme.

Nous donnerons à ces deux formations élémentaires une commune dénomination, celle de *plastides*, parce qu'elles sont réellement les parties constituantes de l'organisme ([24]). Mais chez les organismes animaux et végétaux d'ordre supérieur, il n'existe pas habituellement de cytodes, mais bien de vraies cellules pourvues de noyaux. Là l'individu élémentaire est toujours composé de deux parties, la substance cellulaire externe et le noyau interne.

Pour se bien persuader que toute cellule est un organisme indépendant, il suffit de suivre le développement et la succession des phénomènes biologiques de ce petit être. On voit alors que cet être élémentaire s'acquitte de toutes les fonctions essentielles de l'organisme entier. Chacun de ces petits êtres croit et se nourrit indépendamment des autres.

Il s'assimile les sucs nutritifs, qu'il puise dans le milieu liquide ambiant. Les cellules nues, sans membrane enveloppante, peuvent même engloutir des particules solides par un point quelconque de leur surface ; elles « mangent » sans bouche ni estomac (fig. 9). En outre

Fig. 3.

chaque cellule isolée a la faculté de se propager, de se multiplier (fig. 3). Le plus souvent, cette multiplication se fait par simple division ; le noyau se segmente d'abord en deux parties par un sillon circulaire, puis le protoplasme se sépare aussi en deux parties. En outre chaque cellule peut se mouvoir, ramper, si l'espace ne lui fait pas défaut et si elle n'en est pas empêchée par une enveloppe solide ; elle émet alors de sa surface des pro-

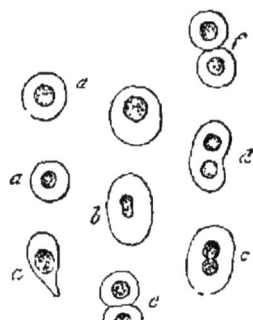

Fig. 3. — Globules sanguins en voie de multiplication par division. Ils ont été pris dans le sang d'un jeune embryon de cerf. Chaque globule ou cellule sanguine est, dans le principe, pourvu d'un noyau et est de forme sphérique (*a*). La multiplication commence par la division du noyau en deux parties (*b, c, d*). Puis le protoplasme lui-même se sillonne circulairement entre les deux noyaux, qui s'écartent l'un de l'autre (*e*). Enfin le sillon devient division et toute la cellule se partage en deux cellules-sœurs (*f*).   (D'après FREY.)

longements digitiformes, qu'elle rétracte et résorbe ensuite en changeant de forme (fig. 4).

Enfin, cette jeune cellule est sensible, irritable dans une certaine mesure ; sous l'influence de quelques agents chimiques, elle exécute des mouvements (actions reflexes). Nous pouvons donc retrouver dans chaque cellule les fonctions essentielles dont l'ensemble est désigné par le mot *vie*, c'est-à-dire la sensibilité, le mouvement, la nutrition, la reproduction. Toutes ces propriétés, qui sont l'apanage de l'animal supérieur, pluricellulaire, existent déjà dans chaque cellule animale, du moins pendant la jeunesse de la cellule.

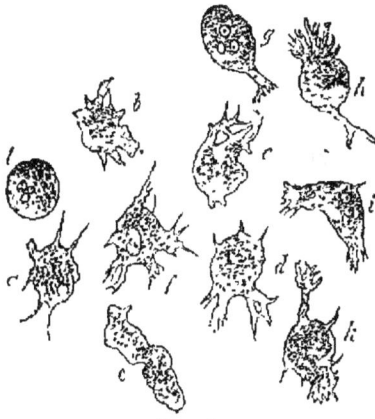

Ce sont là des faits qu'on ne saurait plus contester et qui doivent servir de base à notre idée physiologique de l'organisme élémentaire. Nous ne pouvons insister plus longtemps ici sur ces phénomènes si intéressants de la vie des cellules ; mais nous allons nous efforcer d'appliquer à l'œuf la théorie cellulaire. De l'embryologie comparée ressort un fait capital, c'est que tout œuf est, dans le principe, une cellule simple. Or, toute l'ontogénie se résume dans le problème suivant : « Comment un organisme pluricellulaire peut-il provenir d'un organisme monocellulaire ? » Tout individu organique commence par être une cellule simple, un organisme élémentaire, un être de l'ordre le plus humble. Mais ensuite, cette cellule engendre par bipartition un amas cellulaire, d'où procède l'organisme pluricellulaire, l'individu d'ordre plus élevé.

Mais un examen quelque peu soigneux de l'ovule ne tarde pas à mettre en relief un fait des plus curieux, c'est que, chez

Fig. 4.

Fig. 4.—Cellules mobiles prise dans l'humeur aqueuse d'un œil de grenouille enflammée. Les cellules nues se meuvent vivement, en rampant, en émettant de leur protoplasme nu des fins tentacules, comme font les amibes et les rhizopodes. Ces tentacules changent perpétuellement de nombre, de forme et de grandeur. Le noyau de ces cellules lymphatiques amiboïdes n'est pas visible, à cause des fines granulations protoplasmiques, qui le recouvrent.

(D'après FREY.)

tous les animaux et chez l'homme, l'ovule revêt d'abord une forme identique, à tel point qu'il est impossible d'y remarquer quelque caractère distinctif essentiel. Plus tard, les œufs, sans cesser d'être unicellulaires, diffèrent pourtant beaucoup de grandeur et de forme ; ils ont des membranes d'enveloppe variées, etc. Mais, au moment de leur apparition dans l'ovaire de la femelle, durant le premier stade de leur vie, les œufs sont tous de même forme et chacun n'est, tout d'abord, qu'une cellule simple, arrondie, une cellule nue, dépourvue de membrane enveloppante et constituée uniquement par un noyau cellulaire et de la substance cellulaire.

Dès longtemps, ces deux parties de l'œuf ont reçu des noms différents : ainsi la substance cellulaire s'appelle *jaune* ou *vitellus ;* quant au noyau, c'est la *vésicule germinative*. Habituellement, en effet, le noyau de l'ovule est mou et vésiculeux. Ce noyau renferme à son tour, comme celui de mainte autre cellule, un troisième corpuscule, que l'on appelle *nucléole* dans les cellules ordinaires et tache germinative (*macula germinativa*) dans l'ovule.

Enfin le noyau de la plupart des œufs, mais de la plupart seulement, contient en outre un nucléolin (*nucleolinus*), que l'on peut appeler *point germinatif* (*punctum germinativum*). Il semble, d'ailleurs, que ces deux dernières parties, la *tache germinative* et le *point germinatif*, n'aient qu'une importance secondaire. Seuls, le jaune et la vésicule germinative sont des parties fondamentales.

Chez nombre d'animaux inférieurs (par exemple, chez les éponges, les méduses) l'ovule nu conserve sa structure primitive jusqu'à la fécondation. Mais, chez la plupart des animaux, l'ovule subit, avant la fécondation, certains changements ; le jaune s'adjoint certaines parties supplémentaires, qui servent à la nutrition de l'œuf (jaune de nutrition) ou bien une membrane extérieure qui le protège (membrane ovulaire). Une membrane de ce genre se forme chez tous les mammifères, dans le cours de l'évolution ovulaire.

La sphérule se revêt d'une membrane épaisse, parfaitement transparente, vitreuse, que l'on appelle *zona pellucida* ou *chorion*. Sous le microscope, on parvient à y voir de très-minces stries radiales qui sont de très-fins canalicules. L'œuf humain ne se distingue en rien de celui des autres mammifères, pas plus avant qu'après sa maturité. La forme, la dimension, la structure de l'œuf humain sont invariables. Quand il a acquis son plein et entier développement, il a $^{1}/_{10}$ de ligne ou $0^{mm},2$ de diamètre. Bien isolé sur une plaque de verre et vu par transparence, il est visible même à l'œil nu, mais semble seulement un tout petit point. Les ovules de la plupart des mammifères ont des dimensions identiques. Presque toujours leur diamètre tombe entre $^{1}/_{10}$ et $^{1}/_{20}$ de ligne ($^{1}/_{5}$ à $^{1}/_{10}$ de millimètre); il en est ainsi chez l'éléphant et la baleine, aussi bien que chez la souris et le chat.

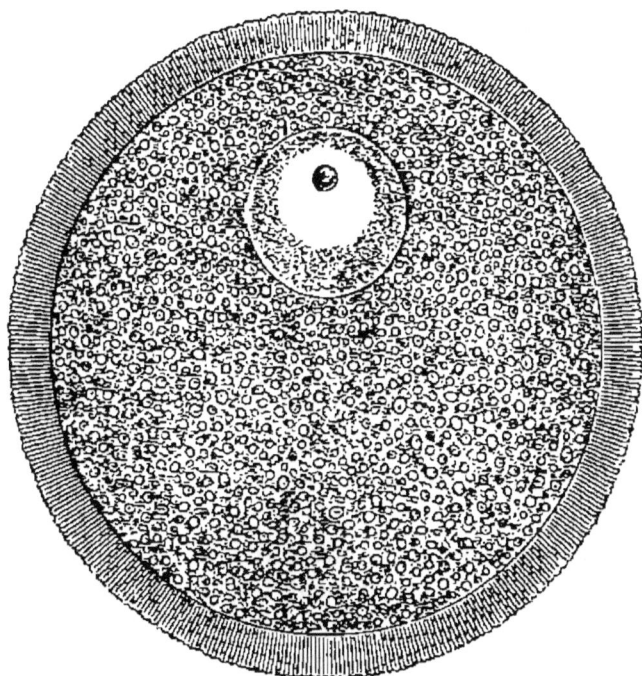

Fig. 5.

Fig. 5. — L'œuf humain pris dans l'ovaire et très-fortement grossi. L'œuf entier est une simple cellule sphéroïdale, formée en grande partie par le jaune ou substance cellulaire; c'est-à-dire par un protoplasme granuleux, dont les grains sont réunis par une substance intermédiaire. A la partie supérieure du jaune on voit la vésicule germinative, claire, qui représente le noyau de la cellule (nucleus). Ce noyau renferme un nucléole obscur, la *tache germinative* (nucleolus). Une épaisse membrane enveloppante, transparente (*zona pellucida* ou *chorion*), enveloppe le jaune. Cette membrane est criblée de fins canalicules dirigés dans le sens des rayons de la sphère; ce sont les canaux poreux, par où pénètrent les spermatozoaires mobiles durant la fécondation.

Toujours ces œufs ont la forme sphérique, la même épaisse membrane caractéristique, la même vésicule germinative claire contenant une tache germinative sombre. Même en s'armant du meilleur microscope et en employant les plus forts grossissements, on ne réussit pas à découvrir quelque différence essentielle entre l'œuf de l'homme et ceux du singe, du chien, etc.; mais, entre les œufs des mammifères et ceux des oiseaux et des autres vertébrés parvenus à la période de la pleine maturité, il existe de frappantes différences.

C'est surtout l'œuf d'oiseau qui, à la période de maturité, se distingue de l'œuf du mammifère, après avoir commencé par lui ressembler identiquement. Lors de son passage dans l'oviducte, cet ovule s'incorpore une masse alimentaire, qu'il emploie à former un jaune volumineux. Dans l'ovaire de la poule, l'œuf jeune est d'abord tout pareil à l'œuf des autres mammifères, des autres animaux au même stade de développement; mais ensuite il prend un énorme accroissement en acquérant une masse énorme de jaune. En même temps le noyau ovulaire, la vésicule germinative, vient affleurer la surface de l'œuf et y est enveloppée dans ce qu'on appelle le jaune blanc. Là la vésicule forme une tache blanche, arrondie, connue sous le nom de *chalaze* ou *cicatricule* (fig. 6, *b*).

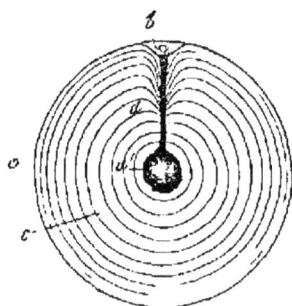

Fig. 6.

De la cicatricule part un mince cordon de jaune blanc, qui pénètre à travers le jaune proprement dit jusqu'au centre de la cellule, où il se renfle en une petite masse sphérique improprement dénommée cavité du jaune ou *latebra* (fig. 6, *d*). La masse du vrai jaune, qui a pris plus de consistance, semble alors divisée en couches concentriques autour de la *latebra* (fig. 6, *c*). Une délicate membrane amorphe revêt le jaune extérieurement (*membrana vitellina*) (*a*). Dans ces derniers temps on a répété bien

Fig. 6. — Œuf à maturité pris dans l'ovaire d'une poule. — Jaune de nutrition (*c*); il est formé de nombreuses couches concentriques (*c*) et d'une mince membrane (*a*) enveloppant le jaune. Le noyau de la cellule ou la vésicule germinative est situé en haut dans la cicatricule (*b*). De ce point, le jaune blanc pénètre jusqu'à la cavité centrale du jaune (*d*). Pourtant les deux espèces de jaune ne sont pas nettement séparées.

des fois que toute la masse du jaune, qui, dans l'œuf des grands
oiseaux, a parfois plusieurs pouces d'épaisseur, devait être regardée comme une simple cellule. Mais il faut, avec Gegenbaur, rejeter cette idée comme erronée. Sans doute l'œuf non fécondé
et non divisé des oiseaux reste à l'état de simple cellule munie
d'un simple noyau, quelle que soit la quantité de son jaune, de
même que tout animal monocellulaire, amibe, grégarine, infusoire, ne cesse pas d'être monocellulaire, quelle que soit la quantité de matières alimentaires qu'il mange. Par conséquent, quelle
que soit la quantité de jaune de nutrition qu'un œuf accumule
dans son protoplasme, il n'en demeure pas moins simple cellule.
C'est là un point que Gegenbaur a parfaitement établi dans son
excellent travail sur les œufs des vertébrés (²⁵).

Mais naturellement il en va tout autrement dès que l'œuf
d'oiseau est fécondé. Alors, en effet, le noyau, la vésicule germinative, se multiplie par des bipartitions réitérées et, en même
temps, le protoplasme de la cicatricule subit des scissions analogues. L'œuf renferme alors autant de cellules qu'il y a de
noyaux dans la cicatricule. Par conséquent, dans l'œuf fécondé
et pondu, que nous mangeons habituellement, le jaune est déjà
un corps pluricellulaire. La cicatricule de cet œuf est aussi composée de nombreuses cellules et on lui donne le nom de disque
blastodermique (*discus blastodermicus*). Nous reviendrons sur
ce point dans la huitième leçon.

Quand l'œuf d'oiseau parvenu à maturité (fig. 6) abandonne
l'ovaire et est fécondé dans l'oviducte, il s'entoure de diverses
enveloppes que sécrète la paroi de ce conduit. Tout d'abord
l'épaisse couche de blanc d'œuf se dépose autour de la sphère du
jaune, puis la coquille calcaire recouvre le tout, en se doublant
elle-même d'une mince pellicule (*tegmen*).

Toutes ces enveloppes, ces parties accessoires successivement
déposées autour de l'œuf, sont de nulle importance pour la formation de l'embryon; tout cela n'a rien de commun avec l'ovule
primitif. D'autres animaux, par exemple le requin, ont aussi des
œufs extrêmement gros, munis d'épaisses enveloppes. Chez cet
animal aussi l'œuf est, dans le principe, une simple cellule nue,
comme celui des mammifères. Mais ici encore, comme dans l'œuf
de l'oiseau, une quantité considérable de jaune de nutrition est
accumulée dans le jaune primitif et il se forme diverses enveloppes externes. L'œuf de beaucoup d'autres animaux s'adjoint

aussi diverses parties accessoires analogues; mais, comme toujours, ces parties sont de peu d'importance pour la formation du germe, puisqu'elles sont destinées, les unes à nourrir l'embryon, les autres à le protéger : nous avons donc le droit de les négliger et de nous en tenir au point important, c'est-à-dire à l'équivalence essentielle de l'œuf primitif chez l'homme et les autres animaux.

Nous pouvons ici nous servir pour la première fois de notre loi biogénétique fondamentale. Or, en appliquant cette loi étiologique de l'embryologie à l'œuf humain, nous arrivons à la conclusion suivante, aussi simple que significative : La constitution unicellulaire de l'œuf humain et animal prouve directement que tous les animaux, y compris l'homme descendent primitivement d'un *organisme unicellulaire*.

Si la loi fondamentale est vraie, si réellement l'ontogénèse est un résumé, une récapitulation abrégée de la philogénèse, et nous n'en pouvons douter, alors, de ce fait que tous les œufs sont monocellulaires, il résulte nécessairement que tous les organismes polycellulaires proviennent d'un organisme monocellulaire. Or, puisque l'ovule de l'homme partage avec ceux des animaux cette simplicité de structure, nous en pouvons conclure que, vraisemblablement, cette forme ancestrale monocellulaire a été commune à tout le *règne animal*, sans excepter l'homme.

Cette conclusion si naturelle est, en même temps, si capitale, qu'on n'y saurait trop insister. Demandons-nous tout d'abord, s'il n'existerait pas encore aujourd'hui des organismes monocellulaires, dont la forme se rapprocherait de celle des aïeux monocellulaires du règne animal. La réponse est facile. Oui, sans doute, il existe encore des organismes monocellulaires, des sortes d'ovules permanents, simples cellules toute leur vie et néanmoins se reproduisant sans dépasser ce premier degré d'organisation. Nous connaissons maintenant bon nombre de ces organismes monocellulaires, par exemple, les grégarines, les acinètes, les infusoires, etc. Mais, de tous ces organismes, il en est un qui nous intéresse spécialement; car il doit se rapprocher beaucoup de la forme ancestrale monocellulaire : cet organisme est l'amibe.

Sous ce nom d'amibes, on comprend depuis longtemps certains organismes monocellulaires très-communs surtout dans l'eau douce, mais se trouvant aussi dans la mer et même, comme on l'a constaté récemment, dans la terre humide. Si l'on examine sous un microscope, dans une goutte d'eau et à un fort grossissement, une de ces amibes vivantes, elle a l'aspect d'un corpuscule arrondi, mais à contours fort irréguliers et perpétuellement changeant (fig. 7).

Dans cette petite masse de protoplasme mou, muqueux, semiliquide, on trouve seulement un corpuscule solide ou vésiculeux, un noyau cellulaire. Ce corps monocellulaire se meut spontanément, dans diverses directions, sur la plaquette de verre. Si ce corpuscule, sans forme définie, se déplace néanmoins, c'est qu'il émet de divers points de sa surface des prolongements digitiformes, qui se modifient lentement, mais sans cesse, et tirent après eux le reste de l'amibe. Au bout d'un certain temps, le spectacle change : tout à coup l'amibe cesse de se mouvoir ; elle rétracte ses appendices et se roule en quelque sorte en boule. Mais bientôt la petite sphère gélatineuse s'étale de nouveau, allonge des appendices dans des directions nouvelles et se remet en marche. Ces appendices ont reçu le nom de *pseudopodies*, parce que, physiologiquement, ils se comportent comme des pieds, mais ce ne sont pourtant pas des organes, au sens morphologique.

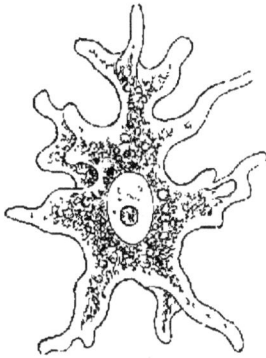

Fig. 7.

En effet, ils s'évanouissent comme ils naissent, subitement ; ce sont de simples prolongements protéiformes de la masse homogène et amorphe. Si l'on touche une amibe en reptation avec la pointe d'une aiguille ou avec une goutte d'eau acidulée, on la voit se pelotonner aussitôt sous l'influence de cette irritation mécanique ou chimique. D'ordinaire le corps de l'amibe reprend alors la forme sphérique. Dans certains cas, par exemple si l'eau se corrompt, on voit, au bout de quelque temps, l'amibe se faire une capsule. Elle se sécrète une capsule homogène, qui ne tarde pas à se durcir. Alors l'amibe au repos a l'apparence d'une cellule sphérique, entourée d'une membrane protectrice. L'amibe se nourrit soit

Fig. 7. — Amibe en reptation (très-grossie). L'organisme tout entier n'est qu'une cellule nue, se mouvant à l'aide de tentacules, que le protoplasme émet et rétracte à tour de rôle. On voit dans le protoplasme le noyau cellulaire sphérique ou nucleus.

en absorbant les substances dissoutes dans l'eau, soit en faisant pénétrer dans son corps les parcelles solides qui arrivent à son contact.

Rien de plus facile que de vérifier ce dernier fait; il suffit pour cela de forcer l'amibe à manger. Si, par exemple, on jette dans l'eau des matières colorantes finement pulvérisées, du carmin, de l'indigo, etc., on voit l'amibe faire pénétrer ces particules solides dans sa molle substance, qui afflue en quelque sorte autour d'elles. L'amibe peut ainsi absorber de la nourriture par un point quelconque de sa surface, quoiqu'elle n'ait aucune organe spécial pour la préhension et la digestion des aliments, ni bouche, ni tube digestif véritable. Mais, de cette manière, et en s'assimilant, après dissolution dans son protoplasme, les corps qu'elle a mangés, l'amibe grandit et, quand elle a acquis un certain volume, elle se reproduit.

Le mode de cette reproduction est des plus simples, c'est la division, la bipartition. C'est le noyau, qui se divise d'abord en deux parties; puis le protoplasme se partage à son tour en deux moitiés, qui se distribuent chacune autour de l'un des deux noyaux, et l'on a ainsi deux cellules sœurs. C'est par ce procédé, d'ailleurs, que se multiplient d'ordinaire la plupart des cellules, par bipartition successive d'abord du noyau, puis de la substance cellulaire (fig. 3).

Bien que l'amibe soit seulement une cellule simple, pourtant elle s'acquitte de toutes les fonctions principales des organismes polycellulaires. Elle se meut en rampant, elle sent, elle se nourrit, elle se reproduit. Certaines espèces d'amibes sont très-facilement visibles à l'œil nu, mais la plupart sont microscopiques.

Énumérons maintenant les raisons qui nous font regarder les amibes comme ayant avec l'ovule des rapports phylogénétiques importants. Chez nombre d'animaux inférieurs, l'ovule reste à l'état primitif de cellule nue jusqu'au moment de la fécondation; on n'y voit pas trace de membrane d'enveloppe, et souvent alors il serait impossible de le distinguer d'une amibe. Comme cette dernière, l'ovule nu peut alors émettre des appendices et se mouvoir. Chez les éponges même, on voit ces œufs mobiles se déplacer librement dans l'organisme maternel, comme des amibes indépendantes (fig. 8). Ils ont été remarqués de bonne heure par les naturalistes; mais on les prit pour des organismes étrangers, pour des amibes parasites, vivant au dé-

pens du corps de l'éponge. Plus tard, enfin, on reconnut que ces
soi-disant parasites monocellulaires étaient les ovules de l'é-
ponge. Les faits curieux que nous venons de mentionner s'observent encore chez d'autres animaux inférieurs, par exemple
chez ces zoophytes campanuliformes que nous appelons *méduses*. Là aussi il y a des œufs nus, cellules sans membrane
d'enveloppe, allongeant des appendices amibiformes. Ces cellules se nourrissent, se meuvent et, après la fécondation, elles
reproduisent, par bipartitions répétées, l'organisme polycellulaire
de la méduse.

Si donc nous regardons l'amibe comme un organisme unicellulaire, le plus capable de nous donner une idée approximative des antiques formes monocellulaires, qui ont été les ancêtres
communs de tous les organismes polycellu-
laires, nous ne faisons pas une hypothèse
hasardée; nous nous bornons à tirer des
faits une conclusion tout à fait légitime.
L'amibe nue a une forme plus indifférente,
plus primitive que toutes les autres cellules;
aussi de récentes recherches ont fait découvrir des formations amibiformes dans le
corps adulte des animaux polycellulaires.
On en trouve, par exemple, dans le sang
de l'homme et des autres vertébrés, à côté
des globules rouges; on les y a appelées
globules blancs. Il en existe aussi chez beaucoup d'invertébrés,
par exemple, dans le sang des limaçons. Or, dès 1859, j'ai
montré que ces cellules sanguines incolores peuvent prendre,
manger en quelque sorte des particules solides (fig. 9). Tout
récemment on a vu expérimentalement qu'une masse de cellules
diverses, pourvu qu'elles disposent d'un suffisant espace, peuvent
se mouvoir et manger absolument comme les amibes.

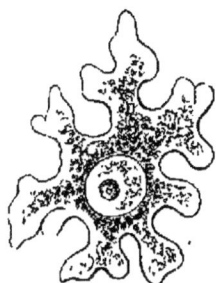

Ces mouvements amibiformes des cellules nues dépendent de
la contractilité automatique du protoplasme. Il semble que ce
soit une propriété vitale commune à toutes les jeunes cellules.
Partout où elles ne sont pas encloses dans une membrane résis-

Fig. 8.

Fig. 8. — Cellule ovulaire d'une éponge calcaire (olynthus). La cellule ovulaire se meut, en rampant, dans le corps de l'éponge, en émettant des appendices protéiformes. On ne la saurait distinguer d'une amibe ordinaire.

tante, enfermées dans une « prison cellulaire », elles peuvent exécuter ces mouvements amiboïdes. Cela est vrai non-seulement pour l'ovule nu, mais encore pour d'autres cellules nues, pour les « cellules nomades » de diverses espèces.

En étudiant ainsi l'ovule et en le comparant à l'amibe, on donne à l'embryogénie et à la phylogénie une base des plus sûres. On peut ainsi se convaincre que l'œuf humain est une cellule simple, nullement différente de l'ovule des autres mammifères, et cela nous permet de remonter à une ancienne forme ancestrale monocellulaire, qui devait ressembler à l'amibe.

On se moque de cette idée que les primitifs ancêtres du genre humain ont été des cellules simples, vivant isolément comme les amibes ; on la traite de rêverie philosophico-naturelle ; bien

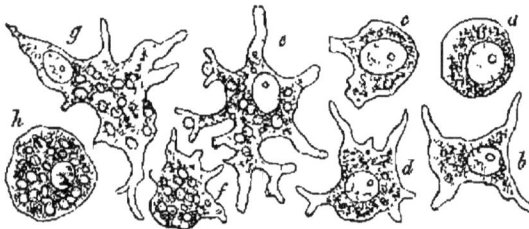

Fig. 9.

plus, dans les écrits théologiques, on la rejette avec indignation comme «horrible, révoltante, immorale ». Mais, ainsi que je l'ai fait remarquer dans mes leçons « Sur l'origine et la généalogie du genre humain », il faut accueillir avec la même pieuse indignation le fait « horrible, révoltant, immoral », qui met à l'origine de chaque individu humain un ovule simple, identique à celui des autres mammifères.

Fig. 9. — Globules blancs, cellules qui mangent, appartenant à un limaçon nu (thetis), fort grossissement. C'est sur les globules blancs de ce limaçon que j'ai observé, le premier, le fait si curieux dont je parle, savoir que les globules blancs des invertebres sont des glomerules protoplasmiques sans membrane et que, grâce à leurs mouvements propres, ils peuvent saisir des particules solides, « manger » comme les amibes. Le 10 mai 1859, à Naples, j'injectai dans le système circulatoire d'un de ces limaçons de l'eau chargée d'indigo finement pulverisé, et, à ma grande surprise, je trouvai, au bout de quelques heures, les cellules du sang remplies de particules d'indigo. A l'aide d'injections reiterees, je pus observer la prehension, la penetration des parcelles colorees dans l'interieur des globules, et je vis les choses se passer absolument comme chez l'amibe. J'ai donne des détails sur ce point dans ma Monographie des radiolaires. (1862, p. 104, 105.)

Or nous pouvons, quand bon nous semble, démontrer ce
dernier fait sous le microscope et il ne sert à rien de détourner
les yeux de ce spectacle immoral. Le fait n'en reste pas moins
irrécusable, tout autant que l'induction capitale que nous en
tirons. Les amibes actuelles et tous les organismes analogues :
les arcelles, les grégarines, etc., appuient fortement cette
induction, en nous fournissant des exemples de cellules vivant
isolément. En effet, l'organisme humain et celui des animaux
supérieurs ne sont monocellulaires que durant le premier stade
de leur développement. Aussitôt après la fécondation, l'ovule
se multiplie par division et forme une communauté, une colonie
de citoyens cellulaires. Puis ces cellules se différencient ; par
division de travail, par appropriation spéciale, elles forment les
divers tissus constituant les organes. L'organisme polycellulaire de l'homme, des animaux supérieurs et des plantes constitue enfin une république, dont les nombreux individus sont
très-dissemblables, tout en étant néanmoins provenus originellement de cellules simples ayant même structure.

SEPTIÈME LEÇON.

LES FONCTIONS DU DÉVELOPPEMENT ET DE LA FÉCONDATION.

Développement de l'organisme polycellulaire à partir d'une cellule simple. — Les cellules solitaires et les républiques de cellules. — Les bases de la formation de ces sociétés. — La localisation du travail, ou différenciation de l'individu comme mesure du degré de perfectionnement. — Parallélisme des procédés du développement individuel et du développement phylétique. — Les fonctions du développement. — La nutrition. — L'adaptation. — La croissance. — La croissance simple et la croissance complexe. — Reproduction. — Reproduction asexuée et sexuée. — Hérédité. — Division du travail ou différenciation. — Atavisme. — Conjugaison. — La physiologie a négligé d'étudier les fonctions du développement, aussi les procédés de cette évolution sont généralement très-mal compris. — Le développement de la conscience et les limites de la connaissance de la nature. — Le développement spontané et le développement graduel. — La fécondation. — La reproduction sexuée. — Œufs et spermatozoaires. — Théorie des animalcules spermatiques. — Cellules ciliées. — Imprégnation des cellules ovulaires par les cellules spermatiques mâles.

> Si, à l'exemple de l'historien et du prédicateur, le naturaliste se complaisait à décrire en termes pompeux et vides, en périodes sonores, les phénomènes prodigieux, uniques, en quelque sorte, dans leur espèce, nous en aurions ici une belle occasion En effet, nous sommes en présence d'un des plus grands mystères de la nature animale, d'un fait, qui détermine la place de l'animal dans le monde des phénomènes Constater que l'homme et la femme proviennent d'un ovule, c'est résoudre ce problème ou plutôt cet ensemble de problèmes L'origine et le développement de l'ovule dans le corps maternel, la transmission à cet ovule par l'intermédiaire de la semence, de toutes les particularités corporelles et spirituelles du père, voilà des faits qui touchent à toutes les questions, que l'esprit peut se poser sur l'essence de l'homme.
>
> RODOLPHE VIRCHOW, 1848.

Messieurs,

Quand nous avons bien et dûment constaté que tout homme commence par être une simple cellule, que la structure de cette cellule ovulaire est identique, chez l'homme et les mammifères, et, bien plus, que, dans l'un et l'autre cas, l'évolution embryologique de cet ovule est la même, nous avons un point de départ solide pour suivre plus loin les procédés de l'évolution. Nous

sommes, en effet, en possession d'un double avantage : d'abord
nous savons que l'organisme polycellulaire adulte, qu'il soit
humain ou animal, quelle que soit la complication de ses organes,
provient d'une cellule simple, et cela nous permet une saine
appréciation de la partie empirique de l'embryologie, des faits
ontogénétiques directement observables sous le microscope ; en
outre, pour la partie spéculative, pour la phylogénèse, qui s'appuie sur ces faits, nous avons le droit de conclure que la première forme ancestrale de l'homme et des animaux était un
organisme monocellulaire.

Voilà donc tout le grand et obscur problème de l'histoire du
développement ramené à cette simple question : « Comment
l'organisme polycellulaire complexe est-il provenu de l'organisme monocellulaire si simple? Cette machine vivante, si compliquée, pourvue d'organes si divers, dont nous admirons, chez
l'être complet, la construction en apparence savante et méditée,
il s'agit de savoir par quels procédés naturels elle a pu sortir
d'une cellule simple. »

Pour répondre à cette question, il faut, comme nous l'avons
déjà fait, regarder l'organisme polycellulaire comme étant construit et composé sur le modèle d'un État civilisé, dont les citoyens s'attribuent des fonctions diverses pour arriver à un but
commun. Cette comparaison est d'un grand secours pour bien
comprendre la composition polycellulaire si variée du corps humain et l'action d'ensemble de ces diverses cellules, qui semblent tendre à un but voulu. En appliquant cette comparaison
à l'embryologie, l'on comprend bien la nature des premiers et
des principaux phénomènes évolutifs. Avec un peu de réflexion,
l'on arrive même à deviner les premiers stades du développement, à les déterminer à priori, sans appeler l'observation à
son aide.

Essayons d'abord de cette voie indirecte et négligeons, pour
l'instant, les faits d'ontogénèse et leur portée phylogénétique.
Comment devrait s'effectuer l'évolution, si notre comparaison
était juste? Si les faits ontogénétiques confirment plus tard nos
prévisions, nous n'en serons que mieux persuadés que notre
conclusion phylogénétique est d'une inébranlable solidité. Ce
sera pour notre manière de voir la plus éclatante confirmation
qu'on puisse rêver.

Si notre loi biogénétique fondamentale est vraie, comment a

dû se comporter au début de la vie organique sur la terre, au moment de la création, comme on dit, le premier organisme monocellulaire, celui qui, en fondant la première nation des cellules, est devenu l'ancêtre commun de tous les organismes polycellulaires supérieurs? La réponse est des plus simples. Il a dû agir comme le ferait un homme, un fondateur d'État ou de colonie, ayant conscience de son but. Figurons-nous le fait aussi simplement que possible, tel qu'il a fort bien pu se passer dans l'océan pacifique pour le peuplement de quelqu'île déserte.

Un insulaire est allé à la pêche, dans une barque, avec sa femme. Une tempête survient, la barque est entraînée au loin et finit par aborder à une ile jusqu'alors inhabitée. Ce premier couple humain, confiné dans l'ile, y joue le rôle d'Adam et d'Ève, engendre une postérité nombreuse et sert de souche à la future population de l'ile. Mais nos patriarches sont dénués de tout; ils n'ont point à leur service les ressources de tout genre, dont peuvent disposer les premiers colons des États policés; leur postérité débutera donc par l'état sauvage. Des siècles durant, ils n'auront d'autre but dans la vie que celui des animaux inférieurs et des plantes : ils songeront uniquement à durer et à se reproduire; les besoins les plus simples, ceux de l'estomac et des organes générateurs, seront leur seul souci; ils n'auront d'autre aiguillon que la faim et l'amour.

Longtemps, bien longtemps, ces sauvages, qui se seront répandus sur la surface entière de l'ile, obéiront seulement à l'instinct de conservation. Peu à peu, pourtant, il se formera des groupes de familles, des associations plus nombreuses, d'où résultent de nombreuses relations entre les individus; alors commence la division du travail.

Certains sauvages continuent à s'adonner à la pêche et à la chasse, certains autres commencent à labourer la terre, d'autres encore s'occupent de la religion et de la médecine, qui commencent à poindre, etc. Bref, la division du travail allant grandissant toujours, il s'est formé alors divers états ou castes, qui, au fur et à mesure du progrès social, se séparent de plus en plus nettement, et concourent à l'utilité commune, tout en s'imposant des tâches diverses. Ainsi la descendance d'un couple sauvage a formé d'abord un groupe rudimentaire, dont tous les membres se ressemblaient, puis, plus tardivement, un État plus ou moins ordonné. Dans une association de ce genre, le degré plus ou moins avancé de la division du travail, ou, en d'autres termes, la différenciation pourra nous donner la mesure du développement de la civilisation.

Cette même succession de faits, dont nous pouvons facilement nous figurer les détails, a dû se produire il y a bien des millions d'années, à l'origine de la vie organique terrestre, alors que se sont formés d'abord les organismes monocellulaires. Au début, les cellules individualisées, sorties des cellules primitives, ont vécu chacune pour leur compte, mais de la même manière, tâchant seulement de se conserver, de se nourrir et de se reproduire. Plus tard les cellules se sont associées. Des groupes de cellules, nées par bipartition d'une même cellule, ont vécu ensemble et peu à peu ont tendu à se partager les devoirs de la vie.

Peu à peu sont apparus les premières traces d'une différenciation, d'une division du travail. Telles cellules assumèrent un emploi, telles autres cellules un autre. Certaines cellules s'adonnèrent spécialement à la préhension des aliments, d'autres à la reproduction, d'autres se modelèrent en organes protecteurs de la petite communauté, etc., etc. En résumé, il se forma, dans ces sociétés élémentaires, des classes, des castes, qui se répartirent les travaux de la vie, mais sans cesser d'agir pour le bien général. Le degré de perfection, de « civilisation » de l'organisme, de la société polycellulaire crut comme le progrès de la division du travail.

En poursuivant cette comparaison, l'on peut affirmer à priori que le contact mutuel, suite nécessaire de la vie côte à côte et de la concurrence vitale dans un même habitat, a dû, au début de la vie organique, faire sortir d'un organisme monocellulaire une société polycellulaire. D'abord cette société dut se composer d'individus identiquement les mêmes; puis il s'est établi une certaine division du travail; puis cette division du travail s'est perfectionnée et il en est résulté un organisme complexe, pourvu d'organes variés travaillant tous au bien commun.

Pour bien faire saisir toute la portée de cette comparaison, il faudrait exposer en détail cette théorie de la division du travail, qui joue en biologie un rôle capital, surtout depuis que la théorie darwinienne de la sélection en a démêlé les vraies causes. Mais une telle exposition nous entraînerait trop loin et je dois me contenter de vous renvoyer, pour plus de détail, à la théorie de Darwin sur la divergence des caractères et à mes leçons sur la division du travail. Nous aurons d'ailleurs occasion de dire encore quelques mots sur ce sujet [26].

Quant à présent, nous avons à examiner si nos hypothèses phylogénétiques, faites à priori, sont d'accord avec les faits positifs de l'ontogénèse, si les phénomènes supposés nécessaires dans notre comparaison se produisent réellement dans l'évolution embryologique d'un individu organique à partir de l'ovule. Or, la concordance est parfaite; les phénomènes embryologiques, que nous voyons se succéder sous le microscope, sont l'image exacte de l'évolution phylogénétique esquissée à priori. A notre grande surprise, non-seulement les premières phases de l'évolution ovulaire, mais même les plus simples de celles qui leur succèdent, sont précisément celles que nous avons notées dans le développement d'une colonie de sauvages, celles aussi que nous avons supposées dans le développement phylogénétique d'un organisme polycellulaire.

Au début de l'évolution individuelle, on voit d'abord naître d'une cellule ovulaire, par bipartition réitérée, un amas de cellules semblables entre elles. Nous pouvons très-bien comparer cette collection de cellules à une troupe de sauvages. Ces cellules se multiplient de plus en plus; le groupe cellulaire grossit. Dans notre comparaison, la colonie sauvage était la descendance d'un seul couple humain; de même les membres de notre collection cellulaire, les cellules « blastodermiques », comme nous les appellerons plus tard, proviennent aussi d'une seule paire de cellules. Elles ont pour premiers ancêtres la cellule spermatique mâle et la cellule ovulaire femelle.

Au début, ces nombreuses cellules, nées par bipartition réitérée de l'ovule fécondé, sont toutes identiques. Mais peu à peu il s'établit entre elles une certaine division du travail; elles assument des tâches diverses. Aux unes l'alimentation, aux autres la reproduction, à d'autres la protection ou la locomotion, etc. En langage histologique, il faut dire, que ces cellules deviennent digestives, musculaires, osseuses, nerveuses, cellules des organes des sens, cellules des organes de la génération, etc. En somme, la marche du développement individuel concorde, dans ses traits essentiels, avec celle du développement phylogénétique, telle que nous l'avons imaginée; et c'est là, pour notre loi biogénétique fondamentale, une éclatante confirmation.

Ce qui précède nous conduit naturellement à passer rapidement en revue les fonctions physiologiques, les activités vitales, qui entrent en jeu dans l'évolution individuelle et dans l'évolution phylogénétique. En apparence il y a là un inextricable réseau de phénomènes, mais tous peuvent en réalité se ramener à quelques fonctions organiques fort simples.

Ces fonctions sont : 1° la nutrition ; 2° l'adaptation ; 3° l'accroissement ; 4° la génération ; 5° l'hérédité ; 6° la division du travail ; 7° la régression ; 8° la conjugaison. De ces huit fonctions évolutives il en est trois qui sont de beaucoup les plus importantes, celles qui modèlent l'individu ; ce sont l'hérédité, l'adaptation et l'accroissement.

La première fonction, la plus indispensable au développement, est sûrement l'accroissement. Dans le développement, comme dans tous les autres phénomènes vitaux, il y a une usure perpétuelle de la substance vivante, une perte matérielle, incessamment réparée par un apport de matériaux nouveaux, c'est-à-dire par la nutrition. Ces continuels échanges, la préhension et l'assimilation de nouveaux aliments, la désassimilation des particules usées, en un mot, l'ensemble des phénomènes que l'on comprend sous le nom de nutrition, sont aussi indispensables au développement qu'à toute autre activité vitale, aussi rigoureusement nécessaires à l'évolution d'une cellule isolée qu'à celle d'un organisme polycellulaire quelconque.

C'est ordinairement en puisant sous une forme fluide ses aliments dans le milieu ambiant, que se nourrit la substance cellulaire molle, semi-fluide de la monocellule ; plus rarement il arrive, comme chez l'amibe, que la cellule fait pénétrer dans sa substance des corpuscules solides, « qu'elle mange » (fig. 9). La désassimilation des substances usées se fait aussi habituellement sous la forme liquide, rarement sous la forme solide.

Immédiatement après la nutrition se range la grande fonction de l'adaptation. C'est elle qui joue le rôle principal dans l'évolution progressive des organismes ; à vrai dire, elle est la condition première de tout progrès, de tout perfectionnement de l'organisme.

C'est à l'adaptation qu'il faut rapporter les métamorphoses des organismes sous l'influence des agents du dehors ; c'est l'adaptation qui est la véritable cause de toute variation morphologique. Dans mon *Histoire de la création naturelle*, j'ai dit comment il faut comprendre les variations organiques ; j'ai parlé explicitement des diverses lois de l'adaptation ; je puis donc passer rapidement sur ce point et me borner à vous faire remarquer que toutes les lois de l'adaptation se peuvent grouper sous deux titres généraux. Ces deux grandes divisions sont l'adaptation indirecte ou potentielle et l'adaptation directe ou actuelle. Le premier, j'ai démontré, dans ma *Morphologie générale,* qu'au point de vue physiologique, tous ces phénomènes si variés et si importants se pouvaient rapporter à la nutrition, fonction toute mécanique, et sûrement aussi aux actes nutritifs élémentaires des cellules (vol. II, p. 193-226).

Le phénomène vital qui joue le plus grand rôle dans l'évolution des individus organiques, celui qui, à vrai dire, doit être considéré comme la fonction fondamentale du développement, c'est l'accroissement. Cette fonction est, en ontogénèse, d'une telle importance, que Baer a résumé le résultat essentiel de ses classiques recherches dans les termes suivants : « L'histoire du développement de l'individu n'est rien de plus que l'histoire complète de l'individualité croissante. » Au fond, l'accroissement, aussi bien que l'adaptation, se rattache à la fonction plus générale encore de la nutrition : « L'accroissement n'est que la nutrition avec formation de nouvelles molécules organiques. » Cependant l'accroissement peut aussi être regardé comme une fonction générale de la matière, puisqu'il s'effectue aussi bien chez les corps anorganiques que chez les corps organiques. Chez les premiers, il est bien souvent l'unique fonction du développement. C'est précisément parce que l'accroissement est la première condition de tout développement, aussi bien pour l'être anorganique, pour le cristal, que pour l'être organisé le plus rudimentaire, que l'étude en est particulièrement intéressante.

En termes très-généraux, l'on peut dire que la croissance est d'abord une addition de particules homogènes. Ainsi le cristal inorganique s'accroît en soustrayant au milieu liquide, dans lequel il plonge, des molécules semblables aux siennes et en les solidifiant. De même l'être organique le plus rudimentaire, la cellule, croit en empruntant à son milieu ambiant, généralement liquide, et en faisant passer à l'état semi-fluide des molécules plus ou moins semblables aux siennes.

La différence entre les deux modes d'accroissement consiste simplement en ce que le cristal accumule les molécules de nouvelle formation sur sa surface extérieure, tandis que la cellule se les assimile à l'intérieur, entre ses molécules constituantes. Cette différence essentielle tient à la différente densité, à la dissemblance du mode d'agrégation moléculaire dans les deux groupes de corps. Les corps anorganiques sont sous l'un des trois états solides, liquides ou gazeux. Mais les corps organiques revêtent un quatrième état, l'état semi-liquide; aussi grandissent-ils par intussusception ([27]).

Mais tout accroissement individuel ou trophique n'est que le mode d'agrandissement simple ou direct, commun à la fois au cristal et à l'individu organique de l'ordre le plus humble.

C'est là la forme la plus simple de l'accroissement. L'accroissement composé ou numérique s'observe dans l'évolution de tous les organismes polycellulaires, de tous les individus d'ordre supérieur. On pourrait supposer que, dans ce second cas, les cellules grossissent simplement, jusqu'à ce que l'individu polycellulaire ait atteint les limites de son volume normal; il n'en est rien pourtant. Quand les cellules ont acquis un certain, un très-faible volume, elles s'y arrêtent; mais chacune d'elles se sépare, par division, en deux cellules. Par la réitération continue de ce procédé, il se forme en fin de compte un corps polycellulaire incomparablement plus volumineux que les plus grosses cellules. L'accroissement d'un tel organisme n'est donc plus une simple addition de molécules homogènes; il s'effectue surtout par génération, par multiplication de l'individu primitivement simple.

Ce procédé d'accroissement, dont l'importance est capitale, nous fait aussi bien comprendre la cause, l'essence de la reproduction par parents, qui mérite d'être considérée comme une quatrième fonction de développement. Pourtant cette quatrième fonction se peut aussi rattacher aux fonctions précédemment énumérées. En effet, la reproduction n'est qu'un « excès de nutrition et d'accroissement, par suite duquel une portion de l'individu est érigée en un tout indépendant » (*Morphologie générale*, vol. II, page 16). Mais entre les deux fonctions d'accroissement et de reproduction il y a une solidarité intime. La reproduction n'est qu'une continuation de l'accroissement individuel. A son tour, l'accroissement, dans sa forme composée, dépend de la génération, de la multiplication de l'individu organique simple. Ainsi, tandis que, d'un côté, la reproduction n'est qu'une exagération de l'accroissement individuel, de l'autre, l'accroissement composé se ramène à la reproduction de l'individu organique le plus humble. En nous faisant bien comprendre la reproduction, cette manière de voir nous explique aussi l'hérédité, qui autrement serait un phénomène obscur et énigmatique.

Pour se bien convaincre de la vérité de cette proposition, il faut commencer par examiner la forme la plus simple de la génération, la *division*, telle qu'on la voit s'effectuer dans presque toutes les cellules. Quand, grâce à une alimentation abondante, la cellule a atteint ou dépassé son volume normal, elle se divise, par bipartition, en deux cellules (fig. 10). Il en est de même chez certains animaux polycellulaires, par exemple chez les coraux, qui, à partir d'un certain degré de croissance, se segmentent nécessairement en deux individus nouveaux.

En prenant pour point de départ cette forme si élémentaire de la génération, on comprend sans peine les modes multiples et compliqués suivant lesquels cette fonction s'accomplit chez les plantes et les animaux inférieurs. Après la division, on trouve échelonnées en série la germination, la reproduction par bourgeons germinatifs, et enfin la reproduction par cellules germinales ou *sporogonie*. On groupe sous la commune dénomination de reproduction asexuée ou *monogonie* toutes ces formes de la génération, dans lesquelles un seul individu suffit pour en engendrer d'autres ([28]).

Au contraire, dans la reproduction sexuée ou *amphigonie*, on voit deux cellules s'unir suivant un mode déterminé, puis se fondre ensemble pour engendrer un nouvel individu.

Nous n'avons pas à nous appesantir en ce moment sur ce sujet, que nous aurons occasion de traiter à propos de la fécondation. Remarquons seulement, en passant, que la reproduction sexuée, quelque spéciale qu'elle paraisse, se rattache pourtant étroitement aux procédés supérieurs de la génération asexuée et spécialement à la génération par cellules germinales. Seulement, dans la sporogonie, une seule cellule se détache de la fédération cellulaire pour devenir la base d'un nouvel individu, tandis que dans la génération sexuée, il faut que deux éléments histologiques, une cellule ovulaire femelle et une cellule spermatique mâle, s'unissent et se fondent en une seule masse.

Seul, l'individu double résultant de cette imprégnation est apte à former par scission un amas cellulaire, qui sera le germe d'un nouvel organisme polycellulaire ([29]).

Une cinquième et très-importante fonction du développement,

l'hérédité, se relie intimement à la reproduction. De même que nous avons rattaché l'adaptation à la nutrition, nous pouvons faire de l'hérédité une dépendance de la génération, et cela est vrai des deux formes de l'hérédité, aussi bien de l'hérédité conservatrice que de l'hérédité progressive. Dans mon *Histoire de la création naturelle*, j'ai longuement parlé de ces grandes lois de l'hérédité, toujours étroitement liées d'ailleurs à celle de l'adaptation ; je n'y insisterai donc pas ici (*Morphologie générale*, vol. II, p. 170-191).

Il est une sixième fonction du développement, dont le rôle capital n'a été que tout récemment apprécié à sa juste valeur. Cette fonction, c'est la division du travail ou différenciation. Déjà nous avons noté que, non-seulement dans la vie politique et économique des sociétés humaines, mais aussi dans la fédération cellulaire, composant tout organisme complexe, le progrès n'avait pas de plus puissant mobile que la division du travail. Il suffit de jeter un coup d'œil sur une société humaine quelconque, pour voir que la répartition des diverses fonctions entre les diverses classes des citoyens et le concours fourni par chaque individu à l'utilité commune sont les premières conditions de toute civilisation supérieure.

C'est exactement ce qui arrive dans tout organisme complexe. Dans les deux règnes organiques, le degré de perfection de chaque espèce et sa place dans la hiérarchie sont d'autant plus élevés, que le travail est plus divisé entre les éléments constituants, entre les citoyens histologiques. Passons en revue les diverses classes organiques, nous y trouverons cette division du travail, cette différenciation tantôt plus, tantôt moins développée. Elle est aussi faible que possible chez les animaux inférieurs, composés seulement de deux espèces de cellules. Ce cas se présente chez les zoophytes les plus inférieurs, chez les éponges, chez les polypes les plus simples et aussi chez leurs formes ancestrales communes, les gastréades. Il n'y a là encore que deux espèces de cellules : les unes sont chargées de la nutrition et de la reproduction, les autres ont pour fonctions la sensibilité et la motilité.

Ce sont ces deux espèces de cellules qui, chez l'embryon humain, résultent aussi tout d'abord du premier phénomène de différenciation, de la formation des feuillets germinatifs. Mais, chez la plupart des animaux supérieurs, cette différenciation ou division de travail cellulaire est poussée bien plus loin. Alors certaines cellules se chargent de la nutrition ; d'autres, de la génération ; l'office d'un troisième groupe est de recouvrir le corps : pour cela elles forment la peau. Un quatrième groupe celui des cellules musculaires, constitue la chair ; un cinquième groupe, le groupe des cellules nerveuses, a pour fonction la sensibilité, la volonté, la pensée, etc. Pourtant, dans l'ontogénèse, toutes ces diverses espèces de cellules proviennent, par division du travail, d'une simple cellule ovulaire et des cellules identiques entre elles sorties de cet ovule.

Dans la phylogénèse, il faut attribuer cette différenciation au progrès de la division du travail, tel qu'il s'effectue dans une société humaine. Mais, dans l'ontogénèse, ce n'est plus qu'un effet de l'hérédité, conformément à la loi biogénétique fondamentale. En général, la division du travail répond à un progrès non-seulement de l'organisme entier, mais encore des unités qui constituent cet organisme; pourtant, dans certain cas, la division du travail occasionne une régression, une rétrogradation. La division du travail peut modifier en mieux ou en pire ([26]).

On peut même regarder la rétrogradation comme une septième fonction du développement, et le rôle de cette fonction est loin d'être dénué d'importance. Durant l'évolution d'un organisme supérieur quelconque, il est bien rare de ne pas voir s'effectuer, à côté du développement progressif de la plupart des organes, un mouvement régressif de certaines parties. Dans les cellules, cette métamorphose rétrograde se manifeste habituellement par la formation de granulations graisseuses au sein de la substance cellulaire. Cette dégénération graisseuse du protoplasme a pour résultat final la destruction de la cellule. Dans le cours de l'évolution phylogénétique ou ontogénétique, des organes peuvent ainsi rétrograder, par suite de l'infiltration graisseuse et de la fonte des cellules qui les constituent. C'est ainsi que, chez l'homme et les mammifères supérieurs, on voit disparaître, durant la phase embryologique, certains cartilages, certains muscles, etc., qui ont un rôle physiologique important chez les poissons, nos antiques ancêtres. Les organes si intéressants, que l'on qualifie de « rudimentaires », sont des parties ainsi dégénérées, des ruines organiques, qui ont inégalement descendu l'échelle régressive.

Il n'est guère d'organisme polycellulaire quelque peu élevé qui ne soit le siège de phénomènes de ce genre. Presque jamais le progrès général ne résulte du développement également progressif de toutes les cellules ; bien au contraire, dans le cours de l'ontogénèse, nombre de cellules disparaissent, pour céder la place à d'autres. C'est aussi ce qui arrive dans la société humaine, où l'on voit, un peu plus tôt, un peu plus tard, nombre d'individus disparaître sans laisser de traces, tandis que le plus grand nombre va se développant plus ou moins. Sous ce rapport encore, il y a similitude entre le rôle des individus dans les sociétés humaines et dans les organismes polycellulaires ; la comparaison est donc parfaitement légitime.

Pour en finir avec les fonctions du développement organique, il nous reste à parler de la *conjugaison*, dont le rôle, secondaire en apparence, est capital dans certains phénomènes de détail. On entend par conjugaison l'union et la fusion définitive de deux ou de plusieurs individus, séparés à l'origine. La génération sexuelle n'est, à vrai dire, que la conjugaison de deux cellules. Bien d'autres phénomènes évolutifs résultent aussi de semblables conjugaisons cellulaires. Ainsi les tissus chargés des fonctions les plus relevées, le tissu musculaire affecté à la locomotion, le tissu nerveux ayant pour propriété de sentir, de vouloir et de penser, résultent pour une large part de conjugaisons, de fusions cellulaires.

Ce ne sont pas seulement les individus de premier ordre, les cellules, mais encore les organes ou individus de deuxième ordre, qui se fondent fréquemment ensemble dans le cours de l'ontogénèse, pour former un appareil unique. Il peut même arriver que des animaux distincts se fusionnent ainsi, comme il arrive fréquemment, par exemple, chez les éponges. Le procédé de la conjugaison ou de la copulation, comme on l'appelle quelquefois, est, en quelque sorte l'inverse de la reproduction. Dans le second de ces procédés, deux ou plusieurs individus nouveaux naissent d'un seul ; dans le premier cas, au contraire, plusieurs individus se fondent pour en produire un seul. D'ordinaire, l'individu né d'une conjugaison est chargé d'une fonction plus relevée que celle des deux individus qui se sont conjugués pour le produire.

Jetez maintenant un coup d'œil rétrospectif sur les diverses activités vitales que nous venons d'envisager comme les vraies fonctions du développement, comme les véritables forces plastiques de l'organisme, et vous n'hésiterez pas à reconnaître qu'elles se prêtent à une étude strictement physiologique. Pourtant il n'y a guère longtemps qu'on les a soumises à une investigation rigoureuse, aussi est-il arrivé bien souvent que l'on a voulu voir dans la marche de l'évolution quelque chose d'énigmatique, de particulier, même de merveilleux et de surnaturel. De nos jours même, on entend encore nombre de naturalistes distingués affirmer que les phénomènes du développement défient l'intelligence humaine et ne se peuvent expliquer que par l'intervention de forces surnaturelles.

Cette étrange prétention, qui ne laisse pas de montrer sous un jour quelque peu risible l'état actuel de nos connaissances, est surtout imputable à la physiologie moderne. Comme je l'ai déjà fait remarquer en passant, la physiologie actuelle ne s'occupe ni des fonctions du développement, ni du développement des fonctions. Très-bornée dans ses prétentions, elle s'est appliquée à étudier minutieusement certains groupes de fonctions, par exemple, la physiologie des organes des sens, du mouvement musculaire, de la circulation, etc., sans nullement se préoccuper des autres. Or, parmi ces autres fonctions, il y a les fonctions chorologique et œcologique, nombre de phénomènes psychologiques, ou de faits ayant trait à l'accroissement; enfin, et par-dessus tout, les plus importantes fonctions du développement, l'hérédité et l'adaptation.

Tout ce que nous savons de ces deux dernières fonctions de premier ordre, nous le devons à la morphologie et point du tout à la physiologie, quoique cette dernière science ait un intérêt tout particulier à s'en occuper. De même encore les importantes fonctions de l'accroissement, de la conjugaison, de la différenciation et de la rétrogradation ont été fort peu et fort mal étudiées par la physiologie.

C'est parce qu'ils ont négligé l'histoire du développement que les physiologistes contemporains accueillent avec si peu d'intérêt et si peu d'intelligence la théorie de la descendance. En vivifiant la théorie de la descendance par le principe de la sélection, en frayant la voie à une explication physiologique de la formation des espèces, Darwin offrait à la physiologie tout un champ d'investigation aussi nouveau qu'intéressant.

Mais les physiologistes ne se sont pas engagés dans ce pays vierge, et nous ne leur devons aucune nouvelle notion soit sur le développement ontogénétique, soit sur le développement phylogénétique. Sauf quelques célèbres exceptions, la plupart des physiologistes ont absolument dédaigné la théorie de la descendance, et aujourd'hui encore il en est, parmi les plus renommés, qui tiennent cette théorie biologique de premier ordre pour une hypothèse sans preuves et sans fondement.

Cette méconnaissance de l'histoire du développement et de son importance peut seule faire comprendre qu'au congrès des naturalistes de Leipsig, en 1872, le fameux physiologiste berlinois Dubois-Reymond ait déclaré, dans son discours bien connu sur « les limites des connaissances naturelles », que le phénomène de la conscience humaine était absolument et sous tous les rapports au-dessus de notre intelligence. Il n'a point songé que, comme toutes les autres activités cérébrales, la conscience se développe. Une autre idée voisine de celle-là ne lui est pas venue davantage, savoir, que la conscience du genre humain a dû se développer peu à peu, s'élever par nombre de degrés phylogénétiques, de même que la conscience individuelle de chaque enfant grandit lentement sous nos yeux en passant par une série de degrés ontogénétiques (^{30}).

C'est aussi par méconnaissance des fonctions et des modes physiologiques du développement qu'aujourd'hui encore des naturalistes aussi estimés que savants discutent le plus sérieusement du monde pour décider si la formation des espèces ou, en d'autres termes, le développement phylétique des formes s'est effectué brusquement ou graduellement.

Autant vaudrait discuter pour savoir si la souris est un animal de grande ou de petite taille. Aux yeux de l'éléphant la souris est naturellement un fort chétif animal, tandis que le *pediculus*, qui habite la peau de la souris, tient cette dernière pour un être gigantesque. Les évaluations de volume sont, comme celles du temps, purement relatives.

Le cours du développement est essentiellement ininterrompu : point de sauts, de lacunes réelles. *Natura non facit saltus!* Cela est vrai pour tous les genres de développement, aussi bien pour le développement de l'individu que pour celui de l'espèce.

Pourtant il semble souvent y avoir des sauts brusques dans l'ontogénèse, par exemple, quand le papillon sort de la chrysalide, quand une méduse provient d'un polype hydroïde tout différemment conformé.

Mais, pour le morphologiste, qui scrute pas à pas la marche

de ce développement par secousses, tous les phénomènes s'enchaînent en série et chaque forme nouvelle dérive rigoureusement de la précédente. Partout il y a une connexion étiologique ininterrompue ; nulle part il n'y a réellement de saut brusque et sans transition : quand il semble y en avoir, cela tient à un ralentissement évolutif suivi d'une accélération ou à un phénomène d'hérédité abrégée.

On peut en dire autant de la phylogénèse des formes organiques. Puisque l'ontogénèse n'est qu'une récapitulation de la phylogénèse, récapitulation déterminée par l'hérédité et modifiée par l'adaptation, il s'ensuit que, dans l'un comme l'autre cas, aucune lacune ne peut exister entre deux phases successives du développement.

Dans l'origine des espèces, comme dans celle des individus, chaque forme nouvelle dérive directement de la précédente. Là aussi les phases de l'évolution physiologique sont strictement liées l'une à l'autre. Même dans les cas extrêmes, où une forme nouvelle semble réellement surgir, derrière ce qu'on appelle « l'adaptation subite ou monstrueuse », il y a une évolution graduelle, qui ressemble à un saut brusque uniquement à cause de sa rapidité ou de son importance.

Examinons un cas fréquent et frappant de « modification brusque ». Un bouc et une chèvre bicornes engendrent un jeune bouc, dont le crâne porte deux paires de cornes au lieu de la paire unique ordinaire dans la famille. Dans ce cas, il s'est donc produit « subitement » une nouvelle variété caprine à quatre cornes et, si les circonstances sont favorables, il est possible qu'il se forme une nouvelle race à quatre cornes et même, avec l'aide de l'adaptation corrélative et de l'hérédité constante, une nouvelle « bonne espèce ».

Mais, si nous examinons les fonctions physiologiques du développement, auxquelles est due la formation subite de cette race ou espèce, nous trouvons, comme cause déterminante, une perturbation nutritive en deux points de l'os frontal et de la peau qui le recouvre. Par suite d'une nutrition locale surabondante, les cellules osseuses se sont multipliées et il s'est formé peu à peu deux cônes osseux. Puis, l'adaptation corrélative intervenant, la peau frontale velue s'est métamorphosée dans les points correspondants en gaînes cornées, dures et glabres, tout à fait semblables aux deux autres cornes depuis longtemps héréditaires. C'est ainsi que se forme une seconde paire de cornes supplémentaires derrière la paire normale. En réalité les fonctions de développement, qui produisent cette nouvelle variété à quatre cornes, en apparence subitement, instantanément, procèdent néanmoins par modification graduelle, ininterrompue des masses cellulaires préexistantes, par des perturbations dans la nutrition des tissus. On le voit, il suffit d'une investigation exacte pour ramener un phénomène en apparence merveilleux à des conditions tout à fait naturelles. Or ce qui est vrai du développement individuel, l'est aussi du développement de l'espèce.

On en peut dire autant d'un phénomène évolutif, que l'on se plaît d'ordinaire à envelopper d'une mystérieuse auréole, je veux parler de la reproduction sexuelle. Chez les animaux et les plantes haut placés dans la hiérarchie, l'acte générateur marque le début évolutif de tout nouvel individu. Remarquons pourtant, en passant, que la génération sexuelle est loin d'être aussi répandue dans les deux règnes organiques, qu'on le croit généralement.

Quantité d'organismes inférieurs se reproduisent asexuellement, par exemple les amibes, les grégarines, etc. Chez ces derniers, il n'y a aucune fécondation; la multiplication des individus et la conservation de l'espèce résultent de la génération asexuée, qui procède par division, germination ou sporogonie. Au contraire, chez les organismes supérieurs des deux règnes vivants, la génération sexuelle est la règle et la génération asexuelle existe peu ou point. Aussi il n'y a jamais de parthénogénèse chez les vertébrés. C'est là un argument péremptoire à opposer au fameux dogme de l'immaculée conception (³¹).

Les phénomènes qui accompagnent la reproduction sexuelle dans les deux règnes sont aussi intéressants que variés. Il en est particulièrement ainsi pour ce qui touche à la fécondation, à l'imprégnation de l'œuf femelle par le sperme mâle.

Ces phénomènes sont d'une haute importance non-seulement pour la reproduction en elle-même, mais encore pour l'origine des formes organiques et spécialement pour la différence des sexes. Il y a là entre les animaux et les plantes une très-curieuse mutualité, dont nous devons la connaissance surtout aux récentes recherches de Charles Darwin et de Hermann Muller « sur la fécondation des fleurs par les insectes ». De cette solidarité entre les deux règnes résulte un appareil sexuel très-complexe. Pourtant, quelque curieux que soient ces phénomènes, nous ne pouvons nous y arrêter, parce qu'au point de vue de la fécondation en général ils n'ont qu'un intérêt secondaire. Mais il est nécessaire de nous faire une idée bien nette de la fécondation en elle-même, de nous rendre bien compte de ce qu'est la génération sexuelle.

Comme nous l'avons déjà noté, la fécondation est l'œuvre de deux cellules, l'une mâle et l'autre femelle. Chez les animaux, la cellule femelle porte généralement le nom d'œuf ou d'ovule et la cellule mâle celui de zoosperme et spermatozoaire. Nous avons déjà décrit la forme et la structure de la cellule femelle; au début cette cellule est simplement une cellule sphérique nue, composée d'un protoplasme et d'un noyau. Si cette cellule n'est point emprisonnée, il lui arrive souvent d'exécuter de lents mouvements amiboïdes, comme le fait l'œuf des éponges (fig. 8). Mais d'habitude la cellule ovulaire est emprisonnée dans une enveloppe spéciale, de structure très-variée et souvent fort complexe. En général l'œuf est une cellule de grande dimension; certaines cellules nerveuses seules lui sont comparables sous ce rapport.

Au contraire les cellules mâles ou spermatiques se rangent parmi les plus petites cellules organiques. D'ordinaire la fécondation résulte du contact entre la cellule femelle et une humeur provenant de l'individu mâle; ce contact a lieu soit dans le corps même de la femelle, soit en dehors d'elle. Le sperme n'est pas un simple liquide; mais, de même que le sang, la salive, etc., il est composé d'un nombre immense de cellules flottant dans une quantité de fluide relativement petite.

La fécondation est l'œuvre non pas de la portion liquide du sperme, mais bien des cellules qui y flottent. Deux particularités distinguent les cellules du sperme; d'abord ces cellules sont d'une extraordinaire petitesse : ce sont les plus petites cellules de l'organisme. En outre, elles sont habituellement douées d'un mouvement rapide et tout particulier. La forme des cellules spermatiques est en rapport avec leur mobilité. Chez la plupart des animaux et aussi chez nombre de plantes inférieures, chaque cellule spermatique est constituée par un corpuscule nu, englobant un noyau allongé et supportant un long filament caudal vibratile. Il a fallu bien du temps pour arriver à reconnaître des cellules dans ces corpuscules spermatiques. Tout d'abord on les prit pour de véritables animaux et on les appela *spermatozoaires*.

Ce sont seulement de minutieuses et récentes observations qui nous ont montré, à l'évidence, de simples cellules là où l'on avait vu des animalcules. Les éléments spermatiques, que l'on appelle maintenant cellules spermatiques, filaments spermatiques, ont, chez l'homme, exactement la même forme que chez la plupart des autres vertébrés et même des invertébrés (fig. 11).

Remarquons pourtant, en passant, que, chez quantité d'animaux inférieurs, les cellules spermatiques ont une forme toute différente. Chez l'écrevisse, par exemple, les cellules spermatiques sont immobiles, sphériques et hérissées de poils. Chez quelques vers, par exemple, chez les vers filaires, ces cellules ont aussi une forme toute spéciale. Elles ressemblent parfois à de très-petits ovules, sont amiboïdes. Mais, chez la plupart des animaux inférieurs, par exemple chez les éponges et les polypes, elles ont la forme d'une épingle, comme il arrive chez l'homme et les autres mammifères.

Quand, en 1677, le naturaliste hollandais Leeuwenhoek eut découvert, dans la semence de l'homme, ces corpuscules mobiles et filiformes, on les prit d'abord pour de véritables animalcules ; aussi les appela-t-on spermatozoaires. Nous avons vu précédemment que cette idée a joué un grand rôle dans l'antique et fausse théorie de la préformation des germes ; on crut alors que l'organisme tout entier avec toutes ses parties préexistait sous un très-petit volume dans chaque animalcule spermatique. Pour que le corps humain ainsi préformé se développât dans son ensemble, il suffisait que les animalcules pénétrassent dans l'ovule femelle, comme dans un sol fertile. Cette fausse conception n'a pas résisté aux recherches modernes. On sait maintenant que les corpuscules spermatiques mobiles sont de vraies cellules, même des *cellules vibratiles*.

Fig. 11.

Fig. 11. — *a d*. Quatre cellules spermatiques de l'homme. En *a* et *b*, la portion nucléaire de la cellule, qui est aplatie et pyriforme (la prétendue tete du spermatozoaire) est vue par son côté le plus large ; en *c* et *d* on a représenté le côté étroit. *e* et *f* sont deux cellules spermatiques d'une eponge calcaire (Olynthus). Le grossissement est tres-fort.

Dans chaque prétendu animalcule spermatique, on distinguait jadis une tête, un corps et une queue. Mais la tête est simplement le noyau cellulaire allongé ou arrondi; le corps n'est qu'un amas de substance cellulaire et la queue un simple prolongement filiforme de cette substance. Nous savons en outre que la forme des spermatozoaires n'est nullement exceptionnelle; dans mainte autre région du corps animal, on trouve des cellules mobiles ou vibratiles analogues. Les cellules de ce genre sont appelées ciliées ou vibratiles, suivant qu'elles sont pourvues de plusieurs appendices ou d'un seul. Les cellules intestinales des éponges, par exemple, sont des cellules vibratiles analogues aux cellules spermatiques.

Le phénomène essentiel de la fécondation consiste dans la rencontre de deux cellules différentes et dans la fusion de ces cellules. On se faisait jadis à ce sujet les plus étranges idées. Toujours on a voulu y trouver quelque chose d'absolument mystérieux et l'on a édifié là-dessus les hypothèses les plus variées. Ce sont seulement les exactes investigations faites dans ces dernières années, qui ont établi la grande simplicité du phénomène de la fécondation et bien montré qu'il n'y avait là rien de particulièrement mystérieux. Ce n'est, en dernière

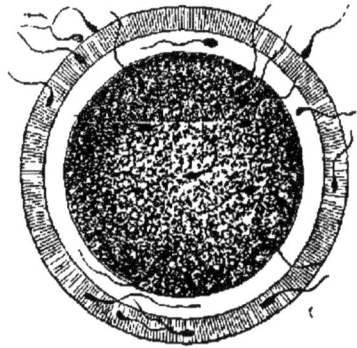

Fig. 12.

analyse, que la fusion de la cellule vibratile mâle avec la cellule amibiforme femelle. Grâce à leurs mouvements de reptation, les cellules spermatiques rejoignent la cellule ovulaire, pénètrent à travers sa membrane enveloppante et se dissolvent dans la substance cellulaire (fig. 12).

Quelle belle occasion pour un poëte de peindre sous les couleurs les plus brillantes le merveilleux phénomène de la fécondation! Il nous décrirait la rivalité des spermatozoaires, qui,

Fig. 12. — Fécondation de la cellule ovulaire par les cellules spermatiques. Les cellules spermatiques filiformes et douées de vifs mouvements pénètrent à travers les fins canaux poreux de la membrance cellulaire dans la masse nucleaire du jaune et s'y dissolvent. A la suite de cette fecondation le noyau de l'ovule disparait.

enivrés de désir, tournoient en cadence autour des cellules ovulaires comblées d'hommages, s'engagent, à l'envi, dans les fins
canalicules poreux du chorion, puis pénètrent « avec la conscience de leur acte » dans le protoplasme du jaune, où, se
sacrifiant eux-mêmes, ils se dissolvent dans un moi meilleur.
Les partisans de la téléologie pourraient aussi s'extasier devant
la sagesse du créateur, qui a pratiqué dans la membrane cellulaire de nombreux canalicules poreux, afin de livrer passage aux
animalcules spermatiques. Mais le naturaliste critique voit les
choses beaucoup plus froidement et, pour lui, ce phénomène
poétique, « cette couronne de la vie » est simplement la conjugaison de deux cellules. Cette conjugaison a pour effet, d'abord
de donner à la cellule ovulaire une nouvelle impulsion évolutive,
puis de transmettre à l'enfant les propriétés héréditaires des
deux parents. Le nouvel individu reçoit de la cellule spermatique les qualités paternelles et de la cellule ovulaire les qualités
maternelles. Sous ce rapport, la génération sexuelle constitue
un très-notable progrès sur l'antique génération asexuelle. Ce
phénomène si important de l'hérédité double, sur lequel nous
reviendrons souvent, s'explique très-simplement par le mélange
intime, la conjugaison des deux cellules spermatique et ovulaire (³²).

HUITIÈME LEÇON.

LA SEGMENTATION DE L'ŒUF ET LA FORMATION DES FEUILLETS DU GERME.

La différenciation des couches ou feuillets dans la membrane enveloppante du germe est un fait capital pour l'embryologie, elle a servi de jalon a toute une série d'investigations Tout d'abord, l'embryon qui a la forme d'un disque se subdivise en un feuillet animal et un feuillet plastique Quand le travail de différenciation continue, chaque feuillet primitif se subdivise a son tour en deux couches Le feuillet inférieur, plastique ou végétatif comprend alors deux couches ayant chacune une organisation spéciale, l'une de ces couches est muqueuse et l'autre vasculaire Dans le feuillet germinatif supérieur feuillet animal ou séreux, on distingue aussi deux couches, une couche musculaire et une couche cutanée

KARL ERNST BAER (1828).

Premiers résultats des phénomènes consécutifs à la fécondation de l'œuf. — Disparition de la vésicule germinative. — Monérules. Nouveau noyau. — La segmentation. — Division de l'œuf en 2, 4, 8, 16, 32 cellules, et ainsi de suite. — Importance du phénomène de la segmentation. — Agglomération mûriforme ou morule. — Formation de la membrane enveloppante ou blastoderme. — Le blastoderme. — La formation du disque embryonnaire. — Les deux couches du disque ou deux feuillets primaires : exoderme et entoderme. — Segmentation partielle de l'œuf de l'oiseau. — La formation du blastoderme dans l'œuf de l'oiseau. — Les deux feuillets du disque germinatif. — La larve intestinale à deux couches ou *gastrula*. — Permanence du type gastrula chez les animaux inférieurs. — Ancienne forme ancestrale à deux feuillets : Gastræa. — L'homologie des deux feuillets germinatifs primordiaux chez tous les animaux à type intestinal ou metazoaires. — Absence de ces feuillets chez les protozoaires. — Importance des deux feuillets germinatifs primaires. — Origine et importance des quatre feuillets secondaires nés de la division des feuillets primaires. — Du feuillet externe ou exoderme prennent naissance la couche cutanée sensitive et la couche cutanée vasculaire. — Du feuillet intestinal ou entoderme proviennent la couche intestino-vasculaire et la couche intestino-glandulaire.

Messieurs,

Les principaux phénomènes, qui succèdent à la fécondation de l'ovule et par où débute l'évolution individuelle du nouvel organisme, sont essentiellement les mêmes dans le règne animal tout entier. L'œuf humain se comporte sous ce rapport comme

l'œuf des autres animaux en général et comme celui des autres
mammifères en particulier. Sans doute il y a des différences entre
le mode du développement de l'embryon des mammifères (y
compris l'homme) et celui de l'embryon des autres animaux;
mais ces différences n'ont qu'une importance secondaire.

Il importe de bien préciser ces différences en apparence considérables, de les placer en regard de l'identité essentielle du
mode d'évolution primitive de l'ovule chez tous les animaux.

Le premier phénomène, qui suit immédiatement la fécondation de l'ovule animal, est des plus curieux; c'est en apparence
une rétrogradation. En effet, l'œuf perd son noyau. Chez tous
les mammifères, de même que chez la presque totalité (peut-
être même chez la totalité) des animaux, le noyau de l'ovule,

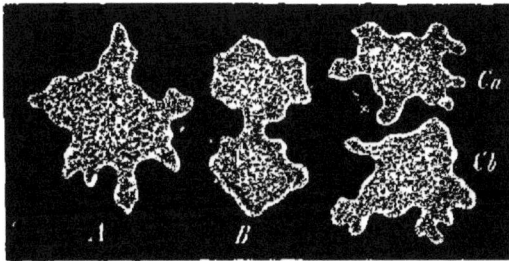

Fig. 13.

« la vésicule germinative », disparaît ou se dissout, ainsi que la
tache germinative, dès que les spermatozoaires ont pénétré à
travers la membrane d'enveloppe de l'ovule et se sont mélangés
avec le protoplasme, avec le jaune. Aujourd'hui ce phénomène
tant discuté, tant contesté d'abord, est accepté comme étant
le premier effet de la fécondation. C'est là un fait du plus haut
intérêt; grâce à lui, en effet, le point de départ de l'organisme
mammifère individuel se trouve ramené à la plus simple forme
possible que nous connaissions dans le monde vivant.

Les plus simples des organismes, que nous connaissions et
même que nous puissions concevoir, sont les monères. Ces mo-

Fig. 13. — Une monère (protamœba) en train de se reproduire. *A*. Monere
entière se mouvant, à la manière de l'amibe (fig. 7), en émettant et réabsorbant
des appendices. *B*. La même monère se divise par un sillon circulaire en deux
moitiés. *C*. Les deux moitiés se sont séparées et chacune d'elles constitue maintenant un individu distinct.

nères sont des corpuscules informes, de petite dimension, habituellement microscopiques. Elles sont constituées par une substance homogène, molle, albumineuse ou muqueuse, sans structure, sans organes, mais elles n'en sont pas moins douées des principales propriétés vitales. Les monères se meuvent, se nourrissent, se reproduisent par segmentation.

Les monères sont extrèmement intéressantes, car elles marquent sûrement le début de la vie à la surface de notre globe.

Nous aurons plus tard à revenir sur le rôle que jouent ces petits êtres dans le monde vivant. Contentons-nous de noter, pour le moment, qu'en embryogénie aussi bien qu'en phylogénie, l'organisme animal débute par être simplement un glomérule muqueux et amorphe.

Les animaux supérieurs et l'homme lui-même revêtent cette forme, d'une si extrême simplicité, au début de leur existence individuelle. Les rigoureuses observations de la science contemporaine ne permettent plus de douter qu'à ce stade de son existence, notre corps ne soit constitué uniquement par une petite masse homogène et sans structure, une sphérule protoplasmique sans noyau. A cette période, le fruit humain, à qui est réservé un si haut développement, est tout simplement un glomérule muqueux. La membrane d'enveloppe persiste, mais elle semble purement passive et ne prend nulle part réelle aux modifications évolutives de l'œuf. Il nous est donc loisible de ne pas nous occuper maintenant de cette membrane cellulaire; plus tard nous reviendrons sur les modifications qu'elle subit et qui d'ailleurs sont sans intérêt pour la marche de l'évolution proprement dite. Quant à présent, nous nous occuperons seulement du contenu de la sphérule ovulaire du jaune homogène, qui, privé de son noyau, rappelle le type monère et que, pour ce motif, nous appellerons « monérule ». Au sein de cette masse protoplasmique, amorphe, se forme bientôt un nouveau noyau cellulaire. Une tache claire apparaît au milieu de la substance opaque; cette tache prend une forme sphérique et ressemble bientôt au premier noyau disparu, à un tel point que, pendant longtemps, on a cru que la disparition de la vésicule germinative n'était qu'apparente. L'œuf redevient ainsi une cellule simple, après avoir été, pendant quelque temps, à l'état de cytode (fig. 15).

A partir de ce moment commence le phénomène de la multiplication de l'ovule, qui se divise, par segmentation réitérée, en un grand nombre de cellules. La cellule solitaire engendre donc ainsi tout un groupe cellulaire social. L'individu organique s'élève ainsi du premier ordre au second. Au début, les cellules résultant de la division réitérée de l'ovule sont toutes parfaitement semblables. Jadis on croyait voir quelque chose de tout à fait spécial dans cette bipartition réitérée de l'ovule et l'on avait donné à ce phénomène le nom de *sillonnement du jaune*. On a fini par reconnaître que ce sillonnement n'avait de spécial que l'apparence et n'était rien autre chose que la division, la segmentation réitérée de la cellule, phénomène fréquent et connu.

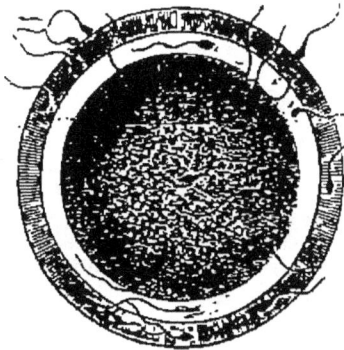
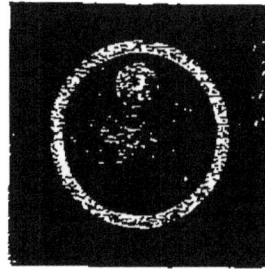

Fig. 14.   Fig. 15.

Cette scission commence par la bipartition du nouveau noyau cellulaire en deux noyaux. Un sillon circulaire de plus en plus profond finit par former entre les deux moitiés du noyau une vraie surface de séparation. A son tour, le protoplasme se divise en deux parties et la substance cellulaire se distribue autour de

Fig. 14. — Ovule fécondé de mammifère après la résorption de la vésicule germinative (monerula). A la périphérie de l'ovule sont disséminées de nombreuses cellules spermatiques, dont certaines ont pénétré, à travers les canaux poreux de la membrane d'enveloppe, dans l'intérieur de la cellule et se sont dissoutes dans le jaune. Le noyau ou vésicule germinative a disparu après cet acte fécondateur. Le jaune sans noyau, devenu une cytode, s'est condensé, rétracté, d'où est résulté entre lui et la membrane d'enveloppe un intervalle rempli d'une humeur limpide.

Fig. 15. — Œuf de mammifère avec son noyau de nouvelle formation (*b*) et un corpuscule nucléaire (*a*). La masse du jaune (*c*), incluse dans la membrane cellulaire ou chorion (*d*), renferme aussi maintenant la substance dissoute des cellules spermatiques.

chaque nouveau noyau, qui agit à la manière d'un centre d'attraction sur les molécules du protoplasme semi-liquide. Par suite de ces phénomènes, l'ovule primitif se trouve divisé en deux cellules-sœurs, parfaitement semblables et juxtaposées dans l'intérieur de la membrane d'enveloppe demeurée intacte (fig. 16, A).

Le même phénomène de bipartition se reproduit dans chacune des cellules-sœurs ; chaque noyau se divise en deux noyaux de formation nouvelle, qui s'écartent l'un de l'autre et autour de chacun desquels le protoplasme se répartit de manière à former aux dépens de chacune des deux cellules deux autres cellules complètes. On a alors sous les yeux quatre cellules, qui sont les

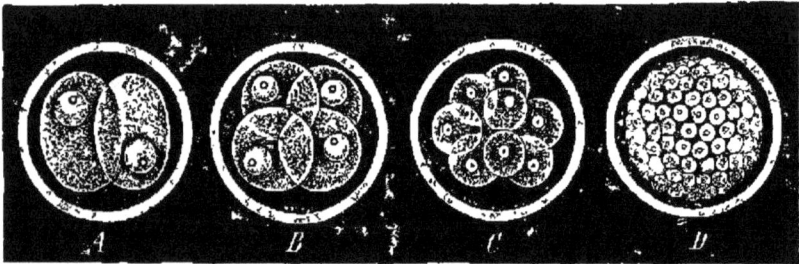

Fig. 16.

petites-filles de la cellule primitive (fig. 16, B). Le phénomène de bipartition se répète de la même manière un grand nombre de fois ; de quatre cellules, il en provient 8, 16, 32, 64, 128 (fig. 16, D). Encore une fois, le phénomène tout entier ne diffère en rien de la segmentation cellulaire ordinaire. Il n'y a là rien de spécial, comme tendrait à le faire croire l'ancienne dénomination de sillonnement, de fractionnement. Nous verrons plus tard, en parlant de l'œuf de l'oiseau, où la segmentation revêt quelques caractères particuliers, pourquoi on a adopté la dénomination de sillonnement.

Fig. 16. — Phénomène initial de l'évolution d'un mammifère ou « sillonnement de l'œuf » (multiplication de la cellule ovulaire par segmentation reiteree). *A*. Ovule divise en deux parties, les deux premières « spheres du sillonnement ». *B*. Les deux sphères precitees divisees par bipartition en quatre cellules. *C*. Les quatre cellules se sont dedoublees par bipartition en huit cellules. *D*. La bipartition reiteree des « spheres de fractionnement » a produit une amas spherique, mûriforme de nombreuses cellules toutes semblables entre elles, c'est la *morula*.

Chez la plupart des animaux inférieurs, le mode de segmentation est identique à celui de l'homme et des autres mammifères.

On peut citer comme exemple de cette identité le sillonnement ovulaire d'un petit ver ascaride, qui se rencontre fréquemment dans les poumons de notre grenouille verte et chez qui le phénomène se peut observer avec une grande netteté.

Chez cet animal inférieur, le résultat final est, comme d'ordinaire, la formation d'une centaine de petites cellules, semblables entre elles, serrées les unes contre les autres; ce sont les cellules ou les sphères de sillonnement (cellules sphériques). Chacune de ces cellules est simplement une sphérule de protoplasme ou de substance cellulaire entourant un noyau. Point d'enveloppe cellulaire, bien qu'on l'ait cru d'abord; les sphères de sillonnement sont de simples cellules nues, comme l'a été d'abord la cellule ovulaire. Toutes ces cellules sont pressées les unes contre les autres et, quand la segmentation

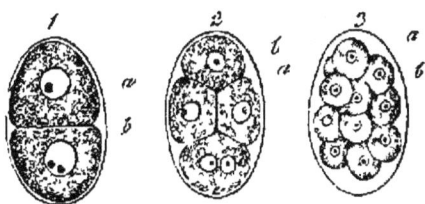

Fig. 17.

est terminée, il en résulte une masse sphéroïdale, qui a l'aspect d'une mûre.

C'est pourquoi ce stade de l'évolution embryologique a été appelé « jaune mûriforme » ou « morula » (cellules vitellines) (fig. 1, D). Chez les mammifères et aussi chez nombre d'animaux inférieurs, cette masse mûriforme solide reste incluse dans la membrane d'enveloppe demeurée intacte, mais elle en est séparée par une faible quantité d'humeur aqueuse. Au contraire, chez beaucoup d'autres animaux inférieurs, par exemple chez beaucoup de méduses, d'éponges, dont l'ovule n'a pas de membrane d'enveloppe, la morula est nue comme l'ovule.

Mais au fond, dans les classes zoologiques les plus diverses,

Fig. 17. — Sillonnement ovulaire de l'*ascaris nigrovenosa*. La figure (1) représente l'ovule divisé en deux cellules. Le même ovule est divisé en quatre cellules dans la figure (2) et en 16 dans la figure (3). Là, encore, la membrane d'enveloppe reste immuable. Chaque cellule ou sphère de fractionnement contient un noyau. Dans la figure (1) le noyau inférieur a deux nucléoles et dans la figure (2) la cellule inférieure a deux noyaux. (D'après Kolliker.)

il n'y a nulle différence essentielle dans la conformation de cette morula.

L'évolution ontogénique poursuivant son cours, il se forme ensuite, au centre de la morula, une collection liquide et limpide. La quantité de ce liquide, d'abord faible, augmente bientôt et les cellules sont refoulées à la surface de la morula, qui devient ainsi une vésicule sphérique, dont la paroi est formée d'une couche de cellules juxtaposées.

Le phénomène dont nous parlons s'effectue aussi identiquement chez les animaux les plus dissemblables. Partout et toujours les cellules vitellines sont ainsi refoulées de dedans en dehors et vont s'appliquer à la face interne de la membrane

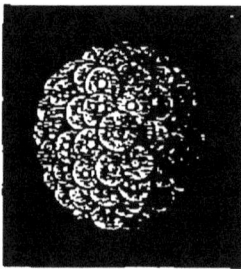

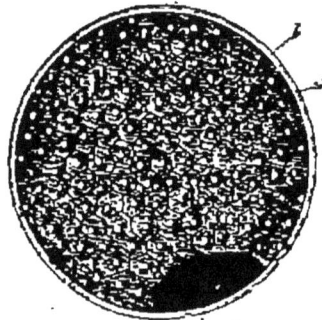

Fig. 18.   Fig. 19.

cellulaire de l'ovule. La poche ainsi formée reçoit le nom de *vésicule blastodermique*. Il importe de ne pas confondre cette vésicule blastodermique avec la *vésicule germinative*, qui est le noyau primitif de l'ovule. Par une section transversale, on voit que la mince paroi de la vésicule blastodermique est constituée par une seule couche de cellules ; cette couche a été appelée *blastoderme*. Ces cellules, en se comprimant mutuelle-

Fig. 18. — Morule ou jaune mûriforme d'une éponge calcaire (Olynthus). Amas de cellules sans enveloppe, comme l'est aussi l'ovule de l'éponge (fig. 8).

Fig. 19. — Vésicule blastodermique prise dans l'utérus d'une lapine. Les sphères de sillonnement (*b*) forment une simple couche de cellules à la surface interne de la membrane cellulaire ou chorion (*a*). Les noyaux cellulaires tranchent comme des points brillants sur la surface des cellules qui, par pression réciproque, ont pris une forme hexagonale. En (*c*) existe encore un amas de sphères de sillonnement non altérées ; c'est le premier rudiment du disque embryonnaire. (D'après Bischoff.)

ment, ont pris une forme polygonale, hexagonale d'ordinaire, et donnent à la surface blastodermique l'aspect d'un élégant réseau.

Les noyaux sphériques et brillants se détachent nettement sur le fond obscur du protoplasme granuleux. Chez la plupart des mammifères, la vésicule blastodermique a, en moyenne, un millimètre de diamètre ($^1/_2$ $'''$), tandis que le diamètre de l'ovule primitif n'est que de $^1/_5$ ^{mm} ($^1/_{10}$ $'''$). Cette augmentation de volume est due à l'absorption, à la pénétration dans la vésicule blastodermique du liquide des mucosités utérines, chez les mammifères.

C'est à Baer que l'on doit la découverte du blastoderme; mais ce fut Bischoff qui, le premier, le décrivit et le figura exactement. Si maintenant nous examinons attentivement au microscope et sous tous ses aspects cette vésicule blastodermique, nous remarquerons, en un point de sa surface, une tache obscure, de forme circulaire (fig. 19, c). C'est que, contrairement à l'opinion de beaucoup d'auteurs, la totalité des cellules provenant de la segmentation n'est pas employée à la formation de la paroi blastodermique. Une partie de ces cellules n'est pas utilisée et s'applique en un point de la surface intérieure de la membrane blastodermique. De là provient la petite tache arrondie, nettement visible, à la surface du blastoderme (fig. 20, c), et qui paraît obscure ou d'un blanc sale, suivant qu'on l'examine à la lumière réfractée ou à la lumière réfléchie. Si l'on place la vésicule blastodermique de telle sorte que la tache soit sur le bord et vue de profil (fig. 19, c), alors l'amas cellulaire fait dans la cavité cellulaire une saillie presque hémisphérique. Plus tard, cet amas s'aplatit et prend la forme d'un disque. Cette tache, appelée *aire germinative* (area germinativa), est d'une haute importance. Seule, elle représente le rudiment primitif du corps du mammifère. Quant au reste de la vésicule blastodermique, il est destiné à ne former qu'un appendice accessoire et temporaire (vésicule ombilicale). Le matériel cellulaire, d'où proviendra le corps de l'embryon, est représenté uniquement par les éléments rassemblés dans l'aire germinative. Ces éléments embryonnaires comprennent la portion des cellules vitellines demeurées intactes d'une part, les cellules blastodermiques externes qui leur sont immédiatement superposées, d'autre part. Quant au reste des cellules blastodermiques, elles ne prennent point part à la formation du corps ([34]).

Au début, la vésicule blastodermique était constituée par une seule et mince couche de cellules vitellines, sauf au niveau de l'aire germinative; mais bientôt cette couche se double. Par suite d'une énergique multiplication cellulaire, la couche interne de l'*area germinativa* (fig. 20, 21) croît sur le bord du disque. Cette couche s'étale de plus en plus à la face interne de

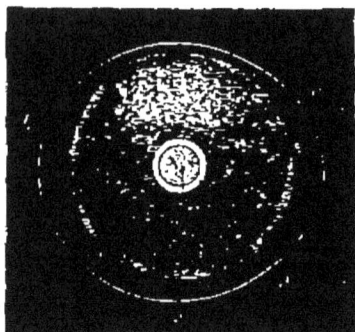
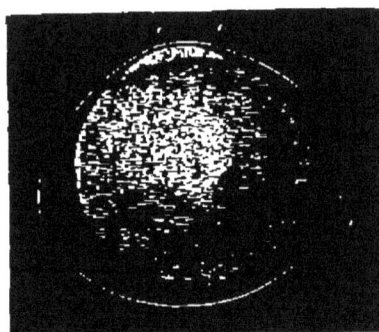

Fig. 20.   Fig. 21.

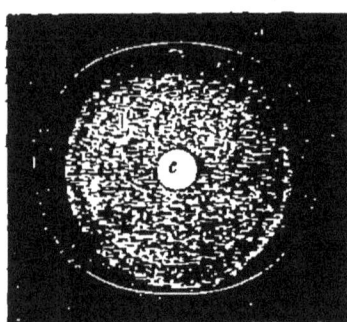
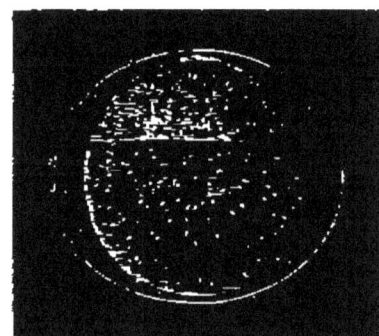

Fig. 22.   Fig. 23.

la vésicule blastodermique (fig. 22, 23) et finit par la tapisser intérieurement d'une seconde couche cellulaire (fig. 24).

Fig. 20. — Œuf de 4 millimètres pris dans l'utérus d'une lapine. Le blastoderme (*b*) s'est éloigné quelque peu, en se rétractant, de la membrane cellulaire externe ou chorion (*a*). Au milieu du blastoderme, on aperçoit l'aire germinative circulaire (*c*), sur le bord de laquelle (en *d*) la couche blastodermique interne commence déjà à s'étaler. (Fig. 20, 24, d'après Bischoff.)

Fig. 21. — Le même œuf vu de profil. Les lettres ont la même signification.

Fig. 22. — Œuf de lapin de 6 millimètres de diamètre. Le blastoderme est déjà, dans une grande partie de son étendue, doublé d'une seconde couche (*b*). La membrane ovulaire externe ou chorion est devenue villeuse (*a*).

Fig. 23. — Le même œuf vu de profil. Lettres comme dans la figure 22.

En même temps, les cellules de l'*area germinativa* se multiplient énergiquement dans le sens de l'épaisseur. Vraisemblablement les deux couches primitives participent à cet accroissement, d'où résulte la formation d'un certain nombre de couches nouvelles.

Par ce procédé, le blastoderme primitivement formé d'une seule couche, le *blastoderme à feuillet unique,* devient le *blastoderme à double feuillet.* En même temps le blastoderme s'écarte quelque peu de la membrane cellulaire enveloppante et une certaine quantité de liquide s'interpose entre les deux. A ce moment, la membrane cellulaire ou *chorion*

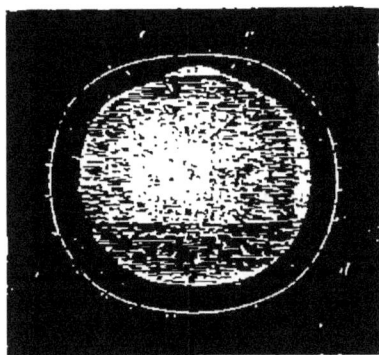

Fig. 24.

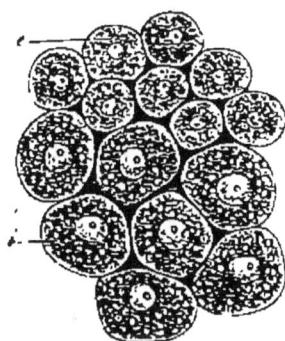

Fig. 25.

(zona pellucida) est devenue mince et délicate. Lisse d'abord (20, 21), elle se revêt maintenant, à l'extérieur, de petites papilles amorphes. Chaque feuillet blastodermique est constitué par une couche cellulaire simple, excepté au niveau du disque obscur de l'*area germinativa.* Là, chaque feuillet est composé de couches multiples, superposées. Dès l'origine, les cellules de chaque feuillet sont toutes semblables entre elles ; mais elles diffèrent essentiellement de celles de l'autre feuillet. Les cellules de la couche interne, de l'entoderme, sont plus volumineuses,

Fig. 24. — Œuf de lapin de 8 millimètres. Le blastoderme est partout en deux couches (*b*), sauf en *d.*

Fig. 25. — Cellules des deux feuillets germinatifs primaires d'un mammifère. Ces cellules appartiennent aux deux couches blastodermiques. (*i*) Cellules plus grosses et plus opaques de la couche interne, feuillet végétatif ou entoderme. (*e*) Cellules plus petites et plus claires de la couche externe, feuillet animal ou exoderme.

plus obscures, plus molles ; leur substance cellulaire se colore, par le carmin, en rouge-brun, et elle contient quantité de corpuscules graisseux ; ces cellules diffèrent peu des cellules vitellines (fig. 25, *i*). Au contraire, les cellules de la couche extérieure ou exoderme sont plus petites, plus claires, plus dures ; leur substance cellulaire prend seulement une faible teinte rouge claire par le carmin ; elles contiennent peu de granulations grasses et diffèrent bien davantage des cellules vitellines (fig. 25, *e*).

Cette différenciation des deux feuillets blastodermiques cellulaires, mécaniquement séparables l'un de l'autre, marque un très-grand progrès dans la constitution fondamentale du mammifère. En effet, ces deux couches cellulaires ne sont rien moins que les deux feuillets germinatifs primordiaux, le rudiment primitif du corps de toutes les espèces animales, les seuls protozoaires exceptés ; de ces feuillets proviendront toutes les cellules qui, plus tard, entreront dans l'organisme complet.

La couche interne, plus molle et plus simple, est « le feuillet intestinal », « le feuillet végétatif » (*entoderma* ou *gastrophyllum*, aussi appelé *lamina gastralis* ou *mucosa*). La couche externe plus solide et plus claire est « le feuillet cutané», « le feuillet animal » (*exoderma* ou *dermophyllum*, appelé encore *lamina dermalis* ou *serosa*).

Nous allons maintenant abandonner pour le moment cette phase de l'évolution embryologique du mammifère et nous occuper de l'œuf de l'oiseau. C'est là un sujet des plus intéressants pour nous ; car, vous vous en souvenez, c'est à l'observation de l'œuf de l'oiseau que nous devons de connaître quantité de phénomènes embryologiques. L'œuf du mammifère s'obtient et s'étudie bien plus difficilement et, à cause de cette raison secondaire, mais pratique, on s'en est bien moins occupé. Nous pouvons, au contraire, quand bon nous semble, trouver un œuf de poule et, grâce à la couvaison artificielle, il nous est facile de scruter, de suivre pas à pas chaque stade évolutif de l'embryon contenu dans cet œuf. Comme nous l'avons déjà dit, l'œuf de l'oiseau diffère surtout de l'œuf du mammifère par son volume, et ce volume tient à l'infiltration du jaune primitif ou protoplasme ovulaire par une quantité considérable de jaune de nutrition riche en matières grasses.

Pour se faire de l'œuf de l'oiseau une juste idée (et l'on est

loin d'y être toujours arrivé), il faut l'étudier dans l'ovaire, tout
à fait au début de son évolution. On voit alors que cet œuf n'est
tout d'abord qu'une très-petite cellule nue, pourvue d'un noyau
et ne différant ni par son volume ni par sa forme de l'ovule des
mammifères et des autres animaux. Comme tous les autres œufs
des vertébrés, l'ovule primitif (*protovum*) est entouré d'une
couche adhérente de petites cellules, qui le recouvre à la manière
d'une peau, d'un épithélium et isole la membrane ankyste enveloppant le jaune. Cette couche épithéliale a été appelée « follicule de Graaf ».

De très-bonne heure, le petit œuf primitif de l'oiseau commence à absorber à travers sa mem-
brane d'enveloppe une grande quantité
de substance nutritive et à former
ainsi ce qu'on appelle vulgairement le
jaune d'œuf. Par là l'œuf primitif passe
à l'état d'œuf secondaire (*metovum*),
qui, en dépit de son volume, n'est
qu'une cellule simple énormément grossie ([35]). Par suite de l'accumulation
dans la sphérule protoplasmique de
cette grande quantité de jaune secondaire, le noyau ovulaire « la vésicule

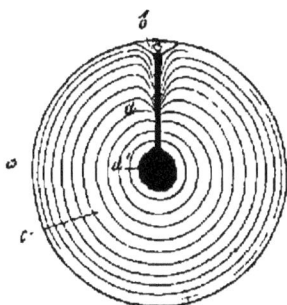

Fig. 26.

germinative » est refoulée tout à fait à la surface. En ce point,
le noyau est entouré d'une petite quantité de substance cellulaire
molle et claire, c'est-à-dire dépourvue des granulations jaunes
infiltrées dans tout le reste du vitellus. Cette petite masse claire
forme en un point de la surface du jaune une petite tache circulaire appelée « chalaze » ou cicatricule (fig. 26, *b*).

De cette cicatricule part un cordon filiforme de substance
claire, qui plonge jusqu'au centre du jaune et y forme une petite masse sphérique (fig. 26, *d*). Mais la totalité de cette substance blanche n'est pas séparée par une démarcation bien
tranchée du jaune, qui, une fois durci, offre des traces de

Fig. 26. — Section d'un ovule à maturité pris dans l'ovaire d'une poule. Le
jaune de nutrition est formé de couches concentriques (*c*) et inclus dans une
mince membrane d'enveloppe (*a*). Le noyau de la cellule ou vésicule germinative est situé dans la cicatricule (*b*). De ce point la substance claire se prolonge
jusque dans la cavité centrale du jaune (*d*). Cependant il n'est point de distinction bien nette entre les deux espèces de jaune.

stratification confuse et concentrique (fig. 26, c). Sur l'œuf
pondu, de même que sur l'œuf pris dans l'ovaire, on trouve
aussi à la surface du jaune un petit disque blanc correspondant
à la cicatricule, mais sans rien avoir de commun avec elle. La
masse du jaune secondaire ne joue aucun rôle important dans
la formation du poussin; ce n'est qu'une matière alimentaire,
une provision de réserve que l'embryon utilisera plus tard.
Quant à la volumineuse masse d'albumine transparente, dans
laquelle est plongé le jaune, elle ne se forme, ainsi que la coquille calcaire extérieure, que durant le passage de l'œuf fécondé
dans l'oviducte.

L'œuf de l'oiseau une fois fécondé dans le corps de la mère,
il se produit là aussi, comme chez les mammifères, une bipartition réitérée de l'ovule. La seule différence est qu'ici la multiplication cellulaire s'effectue non plus par scission simple, mais
par bourgeonnement ([36]). Le phénomène se passe tout entier
dans la cicatricule; tout d'abord la vésicule germinative incluse
dans la substance claire se divise en deux noyaux. Puis, par
division réitérée, il naît successivement 4, 8, 16, 32, 64 noyaux,
dont chacun s'entoure d'une petite quantité de substance claire.
Le résultat final est, là aussi, la formation d'un petit disque
formé de cellules transparentes et correspondant à l'*area germinativa* de l'œuf des mammifères. Pendant tout ce travail, le
jaune secondaire, qui forme la masse principale de l'œuf de
l'oiseau, reste parfaitement intact. C'est justement à cause de
cette dernière circonstance que le phénomène de multiplication
de la cellule ovulaire a été appelé « sillonnement ». En effet, en
un point superficiel de la volumineuse cellule ovulaire, là où se
trouve la vésicule germinative, il se forme d'abord de fins sillons
superficiels. Ces sillons, qui d'abord, si l'on n'y regarde pas de
très-près, ont une forme cruciale, puis une forme radiée, puis
finissent par décrire des cercles concentriques, ont fait donner
au phénomène dont nous parlons une fausse dénomination;
mais ils sont formés simplement par les lignes de séparation
des éléments cellulaires nouveau-nés, des cellules vitellines.
Dans les œufs des reptiles si voisins des oiseaux, aussi bien que
dans tous les œufs pourvus d'un jaune de nutrition très-volumineux, par exemple dans les œufs de céphalopodes, le sillon se
produit dans un seul point de l'œuf, là où se trouve la vésicule
germinative, et le jaune de nutrition reste intact. Précisément

pour cette raison, nous devons considérer comme un bourgeonnement ce fendillement ovulaire que l'on a appelé *sillonnement partiel;* seul le sillonnement total de l'œuf des mammifères est une vraie segmentation réitérée.

Le résultat final du sillonnement est d'ailleurs identique, quelle qu'ait été l'espèce de sillonnement. Ce résultat est toujours la formation d'un groupe de cellules, qui s'ordonnent en deux feuillets germinatifs primaires. En somme, la différence entre

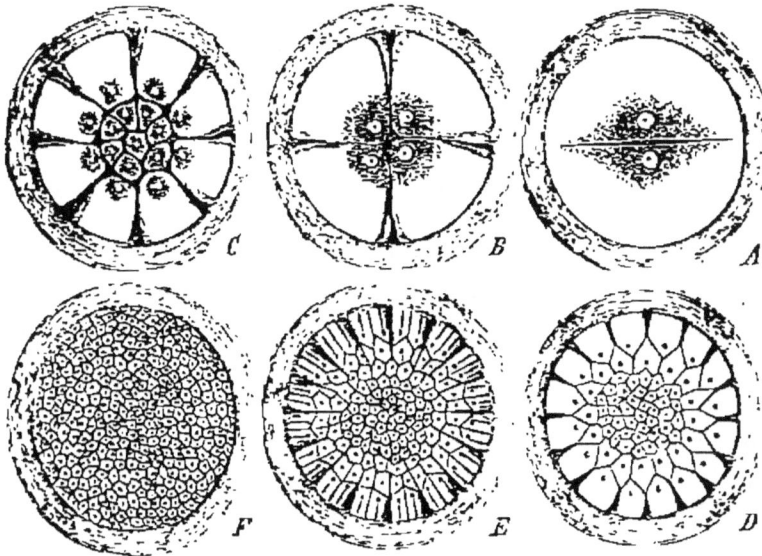

Fig. 27.

le sillonnement partiel et le sillonnement total, sur laquelle on insistait tant jadis, est tout à fait accessoire et dépend unique-

Fig. 27. — Sillonnement partiel de l'œuf d'oiseau, comme type d'un œuf *méroplastique* (schéma grossi à dix diamètres environ). — On n'a représenté dans ces six figures que le seul jaune de formation, cicatricule, parce qu'il est seul le siège du sillonnement. *A.* Cicatricule divisée en deux cellules par la première fente. *B.* Les deux premières moitiés sont divisées par une seconde fente perpendiculaire à la première en quatre cellules. *C.* Les 4 cellules ont quadruplé de nombre; il y en a maintenant 16; car, entre les deux sillons en croix, deux autres fentes radiales se sont produites et, près du point d'intersection, une fente circulaire centrale s'est dessinée. *D.* Dans ce stade il y a 16 fentes radiales périphériques et généralement 4 sillons concentriques. *E.* Stade avec 64 sillons radiés et environ 6 cercles concentriques. *F.* La multiplication des fentes radiées et circulaires a fini par transformer la cicatricule en un amas de petites cellules, qui se sont disposées en deux couches superposées. La cicatricule est devenue maintenant une *area germinativa* avec ses deux feuillets primaires. La formation des sillons, la division des noyaux continuent toujours.

ment des conditions nutritives auxquelles est soumis l'embryon formé aux dépens de l'ovule. Le mode primitif de sillonnement dans l'œuf animal est le sillonnement de totalité. On le rencontre chez tous les animaux les plus inférieurs, chez la plupart des cœlentérés, par exemple, chez les éponges, les coraux, nombre de vers (fig. 17), aussi chez les radiés, les arthropodes inférieurs, nombre de vertébrés (amphioxus, amphibies, mammifères, homme). Tous ces œufs à sillonnement total sont appelés *ovules oloplastiques* (ovula holoblasta) et n'ont pas de jaune de nutrition. Au contraire, il existe un jaune de nutrition chez des animaux supérieurs, appartenant à diverses classes, par exemple, chez les insectes, les arachnides supérieurs, les crustacés, les céphalopodes et la plupart des vertébrés (poissons, reptiles, oiseaux). Tous ces œufs, au sein desquels l'embryon se nourrit aux dépens d'un jaune de nutrition, ne se sillonnent que partiellement et s'appellent *ovules méroplastiques* (ovula meroblasta). Souvent il arrive que, de deux espèces animales très-voisines, parfois même appartenant à un même genre (au genre *gammarus*, par exemple), l'une se développe par sillonnement partiel, l'autre par sillonnement total ([37]).

Le sillonnement partiel de l'œuf fécondé s'effectue durant le trajet de l'ovule dans l'oviducte et, sur l'œuf pondu, que nous plaçons dans nos couveuses artificielles, la cicatricule est déjà devenue une *area germinativa* polycellulaire. Pourtant on trouve encore sur cet œuf fécondé, à la partie supérieure du jaune secondaire, une petite tache blanche circulaire, que l'on appelle chalaze ou cicatricule. Mais ici cette cicatricule, cette aire germinative, se compose déjà de deux couches cellulaires, tandis que, dans l'œuf de poule non fécondé, elle n'est qu'une petite partie d'une cellule colossale. Si l'on ouvre un œuf pondu, on trouve toujours ce disque blanchâtre, qui est le vrai blastoderme, à la partie supérieure du jaune, ce qui tient à ce que sa substance a un poids spécifique inférieur à celui du jaune. De ce disque, comme il arrive aussi dans l'œuf non fécondé, part un cordon de substance blanche, qui plonge jusqu'au centre du jaune et se relie à une petite masse sphérique de même substance. Toute cette masse de substance jaune et blanche constitue le jaune de nutrition, c'est-à-dire une réserve alimentaire consommée plus tard par l'embryon. Le disque germinatif, ou *blastodisque*, homologue à l'*area germinativa* de l'œuf des

mammifères, représente le jaune de formation, qui servira à la
construction du corps de l'oiseau.

En examinant attentivement sous le microscope le blastodisque de l'œuf d'oiseau pondu, l'on voit qu'il se compose de
deux feuillets cellulaires, de forme circulaire et superposés. Il
est facile de séparer mécaniquement ces deux feuillets. Ce sont
les *feuillets primaires*, que nous avons déjà signalés dans le
blastoderme de l'œuf des mammifères. Les cellules du feuillet
interne ou végétatif de l'entoderme sont plus sombres, plus
molles, plus granuleuses et presque deux fois aussi volumineuses
que les cellules relativement claires, dures et transparentes du
feuillet extérieur ou animal, de l'exoderme (fig. 25).

Au début, le disque germinatif de l'œuf de l'oiseau, qui correspond à l'aire germinative des mammifères, ne dépasse
point les bords de la cicatricule. Mais plus tard il s'étale circulairement; car les cellules des deux feuillets pullulent énergiquement. Le feuillet intestinal circulaire grandit de plus en
plus et finit par recouvrir toute la sphère du jaune. A ce moment, l'œuf d'oiseau est, tout à fait comme celui des mammifères, renfermé dans une vésicule germinative close, dont une
petite partie seulement, l'*area germinativa* primitive, sert à
la formation du corps de l'embryon. Par conséquent, l'aire germinative exceptée, toute la vésicule germinative de l'œuf du
mammifère, avec son contenu limpide, correspond à tout vitellus de nutrition, jaune et blanc, ainsi qu'à la vésicule formée
par le feuillet intestinal du jaune de l'oiseau. Dans les deux
cas, toutes ces portions de l'œuf ne fournissent à l'embryon
que des matériaux nutritifs; mais cet embryon se forme seulement aux dépens des cellules de l'aire germinative à double
feuillet.

Nous allons maintenant abandonner, pour un moment, à cet
état de disque bifolié, l'embryon de l'oiseau et du mammifère,
qui sont des organismes supérieurs, pour jeter un coup d'œil
comparatif sur l'ontogénèse des animaux inférieurs. Chez ces
derniers, comme chez les mammifères, le sillonnement est le plus
souvent total et il se termine par la formation d'une sphère polycellulaire mûriforme, d'une *morula* (fig. 18).

Puis, chez les éponges, les polypes, les vers et d'autres animaux inférieurs appartenant aux classes les plus diverses, cette
morula se transforme directement en un organisme très-simple,

mais complet. L'animal rudimentaire ainsi formé n'est qu'une simple poche à double paroi et munie d'un orifice.

Ce stade évolutif est, selon moi, le plus intéressant de tous ceux que nous offre le règne animal ; je l'appelle *larve intestinale* ou *gastrula*, me réservant d'en faire ressortir plus tard l'extrême importance.

La gastrula a tantôt la forme d'une sphère, tantôt celle d'un ellipsoïde aplati ; parfois elle est ovoïde. Son diamètre est ordinairement de 1 à 5 millimètres, de sorte qu'elle est visible à

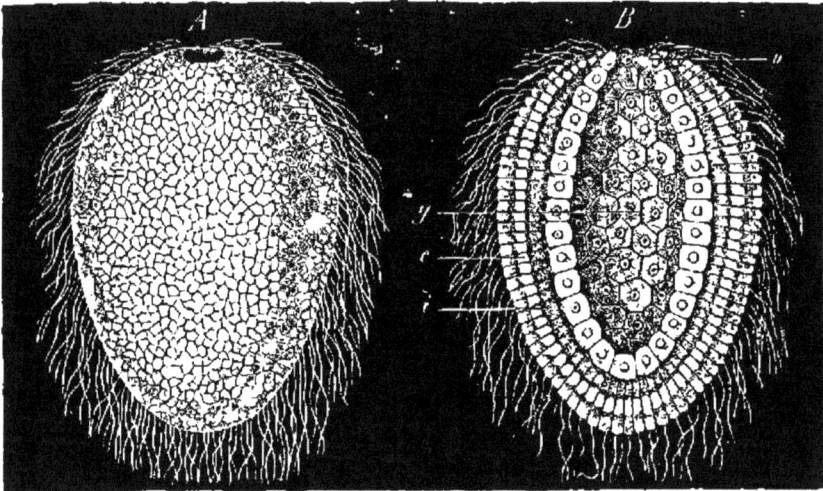

Fig. 28.

l'œil nu. Sa cavité représente, à l'état rudimentaire, la cavité digestive ou intestinale : c'est l'intestin primitif. Son orifice est la bouche primitive. La paroi du corps de la gastrula est constituée par deux feuillets cellulaires, l'un interne, l'autre externe. Le premier correspond au feuillet germinatif végétatif, à l'entoderme des animaux supérieurs ; le second est l'analogue du feuillet germinatif animal, de l'exoderme.

C'est seulement aux espèces si variées du groupe des proto-

Fig. 28. — *Gastrula d'une éponge calcaire* (Olynthus). *A*. Gastrula vue du dehors. *B*. La même sectionnée dans le sens de l'axe. *g*, intestin primitif (cavité intestinale primitive). *o*, couche primitive. *i*, couche cellulaire interne de la paroi du corps (feuillet germinatif interne, entoderme ou feuillet intestinal). *c*, couche cellulaire externe (feuillet germinatif externe, exoderme ou feuillet cutané).

zoaires (animaux primitifs), que font défaut ces deux feuillets germinatifs primaires. Ces animaux n'arrivent pas d'ordinaire à former des feuillets germinatifs et un véritable intestin. Chez tous les autres animaux, que nous dénommons pour cela *animaux intestinaux* ou *métazoaires*, les deux feuillets germinatifs primaires forment le rudiment du corps tout entier. Les animaux intestinaux les plus inférieurs, les derniers des zoophytes, par exemple, les éponges, les polypes les plus simples, etc., ne dépassent jamais ce premier stade ; leur corps est composé uniquement de deux feuillets cellulaires.

Ce fait est extrêmement significatif. En effet, nous voyons l'homme, et plus généralement le vertébré, revêtir provisoirement, et pour un temps très-court, une forme évolutive, que le zoophyte le plus inférieur garde toute sa vie. En appliquant ici notre grande loi biogénétique, nous arriverons à la conclusion suivante, qui est capitale : « L'homme et tous les autres animaux, qui, au début de leur évolution individuelle, revêtent un moment la forme gastrulaire à double feuillet, doivent descendre d'une antique forme ancestrale qui ne dépassait jamais ce type rudimentaire, ainsi que le font encore aujourd'hui les derniers des zoophytes. » Plus tard je parlerai plus explicitement de cette antique forme ancestrale que, pour le moment, je me contenterai d'appeler gastræa, c'est-à-dire animal à intestin primitif ([13]).

Naturellement, pour établir la justesse de cette *théorie gastréenne*, il faut démontrer que, chez tous les animaux intestinaux, les deux feuillets germinatifs primaires sont les mêmes, qu'ils sont équivalents ou homologues. Or, la preuve de cette homologie résulte du fait que partout, dans le règne animal tout entier, de l'éponge à l'homme, les mêmes organes fondamentaux se développent aux dépens de ces feuillets. En effet, les cellules de l'exoderme ou feuillet externe forment : 1° la membrane tégumentaire, la peau avec ses dépendances (cheveux, ongles, etc.); 2° le système nerveux central et la portion principale des organes des sens spéciaux ; 3° vraisemblablement la majeure partie des muscles, ceux du tronc et des membres; 4° chez les vertébrés, le squelette osseux. En résumé, le feuillet externe engendre les organes du mouvement et de la sensibilité. Ces organes sont le siége des phénomènes dits « de la vie animale », aussi Baer appelait déjà le feuillet externe « feuillet de la vie animale », tandis que, de son côté, Remak l'a dénommé « feuillet sensoriel », parce qu'il forme la peau, le système nerveux et les plus importants des organes des sens.

Au contraire, chez tous les animaux, de l'éponge à l'homme, les cellules de l'entoderme ou feuillet interne engendrent : 1º tout l'épithélium intestinal, c'est-à-dire le revêtement cellulaire du canal intestinal et de toutes ses glandes, le foie, les glandes salivaires, les poumons, etc. ; 2º vraisemblablement aussi les muscles intestinaux, les éléments musculaires situés dans la paroi même de l'intestin et chargés de la faire mouvoir ; 3º le cœur et tout le système circulatoire : 4º peut-être encore, mais ceci est moins sûr, les cellules des organes sexuels. Tous ces organes s'acquittent des fonctions que l'on a l'habitude d'appeler végétatives, des fonctions de nutrition et de reproduction ; c'est pourquoi Baer et Remak ont appelé les feuillets internes, le premier « feuillet végétatif », le second « feuillet trophique ».

Chez les zoophytes, qui restent toujours à l'état de poche organique à double paroi, particulièrement chez les éponges, les deux groupes de fonctions animales et végétatives sont très-nettement répartis entre les deux feuillets primaires. Pendant toute la vie de ces organismes inférieurs, le feuillet animal joue le rôle de tégument externe et accomplit les phénomènes moteurs et sensibles. Au contraire, le feuillet végétatif ou interne se compose de cellules de nutrition ; c'est une simple couche d'épithélium intestinal ; en outre, il paraît produire des cellules chargées de la fonction génératrice.

Nous verrons plus tard que ces deux feuillets primaires se retrouvent avec la même forme et le même rôle dans les groupes zoologiques les plus divers. On les rencontre, identiquement les mêmes, chez les zoophytes les plus dissemblables, éponges, coraux, méduses, chez les vers de toutes les classes, chez les radiés, chez les arthropodes (insectes, crustacés, etc.), chez les mollusques et chez les vertébrés.

Partout le sillonnement de l'œuf fécondé donne naissance d'abord à des cellules semblables entre elles, qui bientôt se divisent en deux catégories ; les plus petites, les plus brillantes, les plus dures constituent le feuillet animal. Partout aussi ce phénomène primitif et primordial de différenciation s'effectue de

la même manière. Cette identité des premiers rudiments embryonnaires est précisément une des plus fortes preuves en faveur de notre théorie, qui donne un même arbre généalogique
à tous les animaux à intestin. Si notre loi biogénétique fondamentale est fondée, si l'ontogénie n'est qu'une brève récapitulation de la phylogénie, il s'ensuit nécessairement qu'il a dû
exister, dans un passé très-lointain, une forme ancestrale commune uniquement constituée par ces deux feuillets germinatifs
primaires réduits à la plus extrême simplicité. Nous sommes
donc amenés à nous représenter ce type originel sous la forme de
la gastræa, dont nous aurons à reparler plus explicitement.

Revenons à présent à l'aire germinative bifoliée de l'homme,
dont l'évolution ultérieure est identique chez les mammifères,
les oiseaux et les poissons, plus généralement chez tous les vertébrés.

Chez tous les animaux supérieurs, la seconde phase évolutive
de l'aire à double feuillet est la même. Chez tous les animaux,
à l'exception des zoophytes les plus humbles, des éponges et de
beaucoup de polypes, qui ne dépassent jamais cette première
étape, le rudiment embryonnaire à double feuillet se divise d'a-
bord en trois, puis en quatre feuillets. Le stade embryonnaire
des quatre feuillets sera pour nous un solide point de repère, qui
nous permettra d'apprécier et de suivre tous les phénomènes
ultérieurs, en dépit de leur complexité. Grâce aux persévérantes
investigations, auxquelles quantité d'observateurs ont soumis
l'ontogénèse des animaux supérieurs les plus divers, nous savons
maintenant, et c'est là un fait capital, qu'à un certain moment
de l'évolution, l'embryon est constitué par quatre feuillets germinatifs secondaires. Notons qu'entre le stade bifolié et le stade
quadrifolié, s'intercale souvent un stade trifolié.

Qu'il y ait d'abord deux, puis quatre feuillets, c'est là un fait
indiscutable; ce qui est incertain encore, c'est la manière dont
ces quatre feuillets secondaires proviennent des deux feuillets
primaires. Sur ce point, les assertions des divers observateurs
sont si opposées, qu'il est impossible d'en dégager la vérité.
Mais que ces quatre feuillets proviennent des deux feuillets
primitifs, cela est incontestable et l'on ne saurait prétendre,
comme l'ont fait Reichert, His, et d'autres observateurs infi-
dèles, qu'ils sont dans une certaine mesure venus du dehors.
Pourtant on ne saurait dire encore si les deux feuillets moyens

proviennent de l'un quelconque des deux feuillets primaires ou des deux seulement.

Pour bien faire comprendre quelle est la valeur de ces feuillets intermédiaires au point de vue de l'histoire générale du développement, il est nécessaire de dire brièvement quel est leur rôle. Nous les désignerons, en allant de dehors en dedans, sous les noms de deuxième et troisième feuillet.

Du deuxième feuillet ou feuillet intermédiaire externe, feuillet musculo-cutané, feuillet fibro-cutané proviennent le derme, les muscles du tronc, ceux qui meuvent le corps et les extrémités, enfin le squelette osseux. Le troisième feuillet germinatif ou feuillet intermédiaire interne, feuillet musculo-intestinal, feuillet fibro-intestinal, forme les muscles et la membrane fibreuse revêtant immédiatement le tube cellulaire intestinal et ses glandes. C'est cet appareil qui imprime au pharynx, à l'œsophage, aux diverses fractions de l'intestin, les mouvements nécessaires au travail de la digestion Ce feuillet donne en outre naissance au cœur et

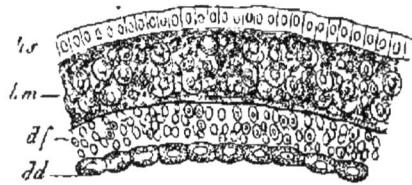

Fig. 29.

aux principaux vaisseaux sanguins. Les deux feuillets secondaires peuvent donc être appelés feuillets musculaires. L'externe sera dénommé feuillet musculo-cutané, parce qu'il double le premier feuillet secondaire, ou feuillet cutané sensitif. Le feuillet intermédiaire sera le feuillet intestino-musculaire, parce qu'il se superpose au quatrième feuillet secondaire ou feuillet intestino-glandulaire.

Baer a vu et distingué, le premier, les quatre feuillets germinatifs des animaux supérieurs. Mais il ne se rendit pas parfaitement compte de leur origine et de leur rôle ultérieur. Pourtant, en général, il ne se méprit point sur leur importance, et ses vues sur les feuillets intermédiaires sont celles que je soutiens aujourd'hui encore contre la plupart des autres auteurs. Ainsi il fait provenir, par dédoublement, le feuillet in-

Fig. 29. — Section perpendiculaire à travers la portion périphérique de l'*area germinativa* d'un vertébré supérieur. Les quatre feuillets germinatifs supérieurs sont superposés . *h s,* premier feuillet ou feuillet cutané sensitif. *h m,* deuxième feuillet ou feuillet fibro-cutané. *d f,* troisième feuillet ou feuillet fibro-intestinal. *d d,* quatrième feuillet ou feuillet intestino-glandulaire.

termédiaire externe du feuillet primaire externe et le feuillet
intermédiaire interne du feuillet primaire interne. Selon lui, le
feuillet germinatif externe ou animal se divise en deux couches,
l'une cutanée, l'autre musculaire, tandis que le feuillet germinatif interne ou végétatif se dédouble de la même manière en
feuillet vasculaire et en feuillet muqueux ([38]).

On peut renfermer dans un tableau schématique cette vue de
Baer juste, selon moi, au point de vue phylogénétique, en rapprochant ses dénominations de celles en usage aujourd'hui.

A. — *Les deux feuillets ger-minatifs primaires.*	B. — *Les quatre feuillets germinatifs secondaires.*	
I. Feuillet germinatif externe ou animal (feuillet cutané ou exo-derme).	1° Feuillet cutané sensitif (feuillet cutané de Baer).	
	2° Feuillet fibro-cutané (feuillet musculaire de Baer).	
II. Feuillet germinatif interne ou végétatif (feuillet intestinal ou ento-derme).	3° Feuillet fibro-intestinal (feuillet vasculaire de Baer).	
	4° Feuillet intestino-glandulaire (feuillet mu-queux de Baer).	

La plupart des observateurs modernes ne partagent point
cette manière de voir; ils pensent que les deux feuillets intermédiaires dérivent par dédoublement d'un unique feuillet germinatif moyen. Tous affirment sans la moindre hésitation, les uns
que ce troisième feuillet provient du feuillet primaire externe,
les autres qu'il dérive du feuillet primaire interne. Cette dis-
cussion suspecte et nombre d'autres raisons tirées surtout de
l'anatomie comparée font supposer, comme bien plus vraisemblable, que les feuillets intermédiaires dérivent, l'externe du
feuillet animal, l'interne du feuillet végétatif.

Sans doute, comme nous le verrons bientôt, il n'apparaît le
plus souvent, chez les vertébrés, qu'un seul feuillet intermédiaire, le feuillet germinatif moteur de Remak, et c'est par le
dédoublement de ce feuillet que se produisent les deux feuillets
intermédiaires. Mais dans mon travail sur la théorie gastréenne ([13]), j'ai tâché de montrer, et j'insisterai plus tard sur
ce point, que c'est là vraisemblablement un fait de déviation
héréditaire. Selon toute vraisemblance, le feuillet intermédiaire
unique des vertébrés s'est formé par soudure des deux feuillets
d'abord distincts, et son dédoublement ultérieur ne s'est produit
qu'en troisième lieu.

Le tableau suivant fera mieux comprendre ces phases successives :

Les trois feuillets germinatifs de Remak.		Les quatre feuillets secondaires.	Les deux feuillets primaires
Feuillet externe ou supérieur.	I. Feuillet germinatif externe (ou supérieur) (feuillet sensoriel).	1° Feuillet cutané-sensitif.	Feuillet animal, *exoderme*, feuillet cutané.
Feuillet interne ou inférieur.	II. Feuillet germinatif moyen (feuillet germinatif-moteur).	2° Feuillet fibro-cutané. 3° Feuillet intestino-fibreux.	Feuillet végétatif, *entoderme*, feuillet intestinal.
	III. Feuillet germinatif interne (ou inférieur) (feuillet trophique).	4° Feuillet intestino-glandulaire.	
Stade d'ontogénie déviée.		Stade de phylogénie primitive.	

Quoi qu'il en soit, nous avons maintenant un solide point de
repère pour nous guider dans l'histoire du développement. Au
moment où nous sommes parvenus, le corps du vertébré n'est
encore qu'un simple disque composé de quatre feuillets superposés. Il n'y a point ici de métaphore ; le disque germinatif est
bien réellement divisé en feuillets, en minces plaques solidement superposées. La forme de ces feuillets est toujours fort
simple : ce sont des lames ténues, tantôt circulaires, tantôt elliptiques, parfois ovulaires ou lancéolées. Les quatre feuillets
adhèrent les uns aux autres assez solidement pour qu'on puisse
enlever le disque germinatif tout entier, le séparer du jaune et
de la vésicule blastodermique. Mais il est pourtant très-aisé de
les séparer mécaniquement l'un de l'autre ; car, quelque identiques que soient entre elles les cellules de chaque feuillet, pourtant elles sont déjà quelque peu différentes d'un feuillet à l'autre.

Le premier feuillet ou feuillet cutané-sensitif n'est point
composé des mêmes cellules que le deuxième feuillet ou feuillet
fibro-cutané. De leur côté, les cellules de ce dernier diffèrent de
celles du troisième ou feuillet fibro-intestinal et, à leur tour,
celles-ci n'ont pas la même constitution que celles du quatrième
feuillet ou feuillet intestino-glandulaire. En examinant attentivement au microscope chacun des feuillets secondaires, on peut
les distinguer les uns des autres ; car la conformation du noyau et
du protoplasme cellulaire offre déjà de légères différences. Ces
quatre feuillets germinatifs ne se rencontrent pas seulement

chez l'homme et les autres vertébrés ; ils existent aussi chez les mollusques, les arthropodes, les radiés, ainsi que chez les plus élevés des vers et des zoophytes. C'est là un fait d'ontogénie comparée, qui a la plus grande importance phylogénétique. Par-

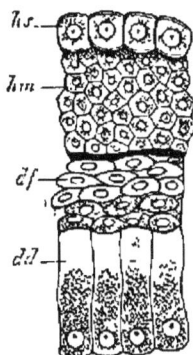

tout aussi ces quatre feuillets secondaires proviennent des deux feuillets primaires, qui ne conservent leur simplicité première nulle part ailleurs que chez les derniers des zoophytes, par exemple, chez les éponges.

Notre grand Caspar Friedrich Wolff a donné une preuve bien éclatante de son génie prophétique, en admettant déjà les quatre feuillets secondaires, « comme quatre systèmes formés d'après les mêmes types ». Pourtant c'est seulement un demi-siècle après que Carl Ernst Baer a démontré clairement leur existence réelle.

Fig. 30.

Fig. 30. — Fragment sectionné de l'embryon d'un lombric (Lumbricus), ou l'on voit les quatre feuillets secondaires superposés. *h s*, feuillet cutane-sensitif. *h m*, feuillet fibro-cutane. *d f*, feuillet fibro-intestinal. *d d*, feuillet intestino-glandulaire.

DEUXIÈME TABLEAU.

Groupement méthodique des principales différences offertes par le sillonnement ovulaire dans le règne animal. (Consulter la note 37.)

(N. B. — Les six groupes des animaux à intestin sont designés par les lettres *a—f* : *a*, zoophytes; *b*, vers; *c*, mollusques; *d*, radiés; *e*, arthropodes; *f*, vertébrés.)

I. *Sillonnement total.* Tout l'ovule se segmente par scission réiteree en un grand nombre de cellules.	**I A.** *Sillonnement pertotal.* Les cellules vitellines sont d'abord toutes semblables et naissent de l'ovule par bipartition reguliere et reiteree.	**1° *Sillonnement primordial.*** Toutes les cellules primordiales concourent directement à la formation du germe. Point de sac vitellien.	*a.* La plupart des zoophytes. *b.* La plupart des vers. *c.* Quelques mollusques inférieurs. *d.* La plupart des radiés. *e.* Beaucoup de crustaces. *f.* Les vertebrés acrâniens (Amphioxus).
		2° *Sillonnement pseudo-total.* Une partie des cellules vitellines est employée à la formation d'un sac vitellin.	*a.* Beaucoup de siphonophores (Crystallodes, Athoribia, etc.). *f.* L'homme et les autres mammifères.
	I B. *Sillonnement subtotal.* Les cellules vitellines sont, dès le debut, dissemblables; elles naissent par bourgeonnement à un des pôles de l'ovule.	**3° *Sillonnement sérié.*** Bourgeonnement en progression arithmetique (1, 2, 3, 4, etc., ou irregulière).	*b.* Nombre de vers. (Une partie des annelides et des rotatoires, etc.)
		4° *Sillonnement inégal.* Bourgeonnement en progression geometrique (2, 4, 8, 16, 32, etc.).	*a.* Cténophores. *b.* Nombre de vers. *c.* Beaucoup de mollusques, escargots, etc. *d.* Quelques radiés. *e.* Nombre de crustacés inferieurs et d'araignees. *f.* Cyclostomes et amphibies.
II. *Sillonnement partiel.* Une portion de l'ovule se segmente seule, par scission, en un grand nombre de cellules; l'autre portion ne se segmente pas et sert de jaune de nutrition.	**II A.** *Sillonnement discoïdal.* Les cellules vitellines naissent par germination à un pôle de l'ovule et forment une aire germinative.	5° S. D. avec sac vitellin abdominal.	*f.* Poissons, reptiles et oiseaux.
		6° S. D. avec sac vitellin buccal.	*c.* Céphalopodes.
	II B. *Sillonnement superficiel.* Les cellules vitellines naissent sur toute la surface de l'ovule et forment autour du jaune de nutrition une membrane enveloppante.	7° S. S. Sans formation plasmodique.	*e.* Beaucoup de crustaces et d'arachnides.
		8° S. S. Avec formation plasmodique.	*e.* Beaucoup d'insectes.

NEUVIÈME LEÇON.

L'HOMME CONSIDÉRÉ COMME UN VERTÉBRÉ.

> Connais-toi toi-même ! Là est la source de toute sagesse, disaient les grands
> penseurs de l'antiquité, et l'on gravait en léttres d'or cette maxime dans les
> temples des dieux. Se connaître soi-même était, selon Linné, le trait le plus
> essentiel, le plus incontestable de l'homme comparé au reste des êtres. En effet,
> je ne connais nulle recherche plus digne d'un homme libre et pensant que l'étude
> de soi-même. Car si nous nous demandons quel est le but de notre existence, nous
> verrons qu'il ne peut être hors de nous. C'est pour nous-mêmes que nous sommes.
>
> CARL ERNST BAER (1821)

Liaison de l'anatomie comparée et de la taxinomie. — Parenté généalogique des
types du règne animal. — Signification diverse et valeur inégale des sept types
animaux. La théorie gastréenne et la classification phylogénétique du règne
animal. — Les gastrées descendent des protozoaires. Les zoophytes et les
vers descendent des gastrées. — Les quatre groupes zoologiques supérieurs
descendent des vers. — L'homme considéré comme vertébré. — Parties essentielles et parties non-essentielles de l'organisme vertébré. — L'amphioxus et
le type idéal du vertébré en section longitudinale et en section transversale.
— Corde dorsale. Moitié dorsale et moitié ventrale. — Canal de la moelle
épinière. — Canal musculaire. — Derme. — Épiderme. — *Cœlon* ou cavité du
corps. — Canal intestinal. — Fentes branchiales. — Système des vaisseaux
lymphatiques. — Système circulatoire sanguin. — Reins primitifs et organes
sexuels. — Les produits des quatre feuillets germinatifs secondaires.

Messieurs,

Nous avons maintenant en face de nous une tâche difficile,
celle de dire comment l'organisme humain si compliqué, avec
ses différentes parties, ses organes, ses membres, etc., peut provenir d'un simple disque circulaire uniquement constitué par
quelques feuillets ou couches cellulaires. Nous savons qu'un tel
disque apparaît, en effet, dans l'œuf fécondé et que ce disque
germinatif ou aire germinative, composé d'abord de deux couches cellulaires, se divise ensuite en trois ou quatre feuillets.
Mais comment peut-il se faire que le corps humain ou animal
si complexe puisse sortir de ce simple disque quadrifolié? Cela
est si difficile à concevoir, que nous invoquerons le secours d'une

science alliée de l'embryologie, et cette alliée nous aidera à surmonter bien des obstacles.

Cette alliée si puissante est l'anatomie comparée. Son rôle consiste à comparer, dans les divers groupes zoologiques, classes, ordres, familles, etc., les formes animales développées, à découvrir ainsi les lois générales organiques qui ont présidé à leur formation, puis à déterminer la parenté hiérarchique des classes, des grands groupes, en pesant la valeur de leurs dissemblances.

Jadis, on envisageait le problème d'une manière tout à fait téléologique : on cherchait à rapporter l'organisation animale à un plan préconçu par le créateur ; mais aujourd'hui, appuyée sur la théorie de la descendance, l'anatomie comparée aborde le problème bien plus au fond et elle entreprend d'expliquer philosophiquement la différence des formes organiques par l'adaptation, leur analogie par l'hérédité. En outre, l'anatomie comparée s'efforce encore de retrouver les degrés de la consanguinité dans ceux de la parenté morphologique et de dresser l'arbre généalogique du règne animal. L'anatomie comparée est donc, sous ce rapport, étroitement liée à la taxinomie organique, qui poursuit le même but par d'autres moyens.

Demandons-nous maintenant quelle place les récents progrès de l'anatomie comparée et de la taxinomie assignent à l'homme parmi les autres êtres. La réponse à notre question sera aussi simple qu'importante, et elle nous aidera puissamment à comprendre l'évolution embryologique et sa signification phylogénétique. Depuis Cuvier et Baer, et grâce à la forte impulsion qu'ils ont donnée à la zoologie, au commencement de ce siècle, l'idée générale, suivant laquelle le règne animal se doit distribuer en un petit nombre de grandes divisions ou « types », s'est solidement implantée dans la science. Le mot « type » a été adopté, parce que chacune de ces divisions répond toujours à une structure typique du corps.

De nos jours, en appliquant à la célèbre doctrine des types la théorie de la descendance, nous sommes arrivés à reconnaître que tous les animaux d'un même type sont unis par des liens de parenté directe et même qu'ils proviennent d'une forme ancestrale commune. Cuvier et Baer admettaient seulement quatre types ; mais les recherches modernes en ont révélé sept. Ces sept types ou *phyles* du règne animal sont : 1º les protozoaires ;

2° les zoophytes; 3° les vers; 4° les mollusques; 5° les échino-
dernes; 6° les arthropodes et 7° les vertébrés ([41]).

Mais, avant d'aller plus loin, il importe de vous montrer la
relation généalogique de ces sept types, telle que, selon moi,
elle existe phylogénétiquement. Dans ce but, je vous résumerai
brièvement ma « théorie de la gastræa.» ([13]), qui sert de base
à la généalogie monophylétique du règne animal. Dans mon
opinion, cette théorie est celle qu'il faut substituer à la théorie
des types encore dominante.

Aux termes de cette théorie que j'ai exposée, en 1872, dans
ma Monographie des éponges calcaires (vol. I, pages 465, 467),
les sept types zoologiques ont une signification entièrement différente et une valeur tout à fait inégale. Les quatre groupes
supérieurs seuls (vertébrés, annelés, mollusques, radiés) méritent vraiment le nom de types, dans le sens adopté par Cuvier et
Baer, encore faut-il restreindre la valeur de l'expression. Au
contraire, le type le plus inférieur, celui des protozoaires, n'est
pas, à vrai dire, un type; c'est l'ensemble de toutes les formes
inférieures, d'où s'est développée la forme ancestrale commune
des six groupes supérieurs. Les deux autres types, les zoophytes
et les vers, tiennent le milieu entre les protozoaires, d'une part,
et les quatre types supérieurs, de l'autre.

Dans les six groupes zoologiques supérieurs, les deux feuillets
germinatifs primaires sont le commun rudiment de la formation
organique. C'est là un fait que nous avons démontré et qui est
la base de notre théorie de la gastræa. Nous avons aussi constaté, chez tous ces animaux, l'existence d'un organe primitif,
équivalent ou homologue : c'est l'intestin primitif (progaster),
c'est-à-dire la cavité digestive sous sa forme la plus élémentaire.

Chez la gastræa, le corps entier, de forme sphérique ou ellipsoïdale, se compose uniquement des deux feuillets germinatifs
primaires (entoderme et exoderme) circonscrivant une cavité
ouverte à l'un des pôles; c'est l'intestin primitif avec la bouche
primitive. Au contraire, chez les protozoaires, il n'y a point,
d'ordinaire, d'intestin primitif. Là, le corps est ou une simple
cytode, un glomérule amorphe de protoplasme, comme chez les
monères, ou bien une cellule simple, comme chez les amibes, ou
enfin une colonie de simples cytodes ou cellules, comme chez la
plupart des protozoaires. Mais, dans ce dernier cas, les cellules
de la fédération cellulaire sont ou absolument identiques ou

très-légèrement différenciées ; jamais elles ne forment de vrais feuillets germinatifs distincts. Il n'y a donc jamais, chez les protozoaires, de véritable intestin.

Les plus parfaits des protozoaires, au point de vue physiologique, c'est-à-dire les infusoires, ont pourtant bien évidemment un tube digestif avec bouche et anus. Mais, en dépit de la différenciation de ses parties, le corps des infusoires n'est morphologiquement qu'une simple cellule. Nous ne pouvons donc comparer ce canal digestif *physiologique* avec le véritable intestin des autres animaux. En effet, ce dernier est caractérisé, morphologiquement, par les feuillets germinatifs qui le circonscrivent ([42]).

Il nous faut donc diviser tout d'abord le règne animal en deux grands groupes. D'une part, nous placerons les *protozoaires*, sans intestin primitif, sans feuillets germinatifs, sans sillonnement ovulaire, sans tissus cellulaires différenciés; d'autre part, nous mettrons les *métazoaires*, pourvus d'un intestin primitif, de deux feuillets germinatifs primaires, du sillonnement ovulaire, ayant des tissus polycellulaires différenciés.

Les métazoaires, parmi lesquels nous comprenons les six groupes zoologiques supérieurs, descendent de la gastræa, qui a jadis existé, ainsi que l'atteste encore aujourd'hui la gastrula. Cette gastrula, que nous voyons reparaître avec la plus étonnante identité dans l'embryologie des animaux les plus dissemblables, est de la plus haute importance.

Le dernier des vertébrés provient de cette gastrula tout aussi bien que les formes les plus infimes des vers, des mollusques, des échinodermes, des zoophytes, etc. (voir pl. VII et fig. 28). La gastrula actuelle nous fournit encore une image fidèle de la gastræa ancestrale, qui a dû provenir des protozoaires durant l'époque laurentienne.

L'anatomie comparée et l'ontogénie nous enseignent, en outre, que de cette souche ancestrale, que j'appelle gastræa, sont sortis d'abord deux rameaux divers du règne animal. L'un de ces rameaux est représenté par la tribu inférieure des zoophytes, comprenant les éponges, les coraux, les méduses et quantité d'autres animaux marins. Certains animaux d'eau douce appartiennent aussi à ce groupe : ce sont, par exemple, l'hydre, ce polype d'eau douce si connu, la spongilla; l'éponge d'eau douce. L'autre rameau zoologique issu de la gastræa est le groupe si important des vers, en prenant cette dénomination dans le sens restreint qu'y attache aujourd'hui la taxinomie zoologique. Jadis, dans le célèbre système de Linné, par exemple, tous les animaux inférieurs, infusoires, vers, mollusques, zoophytes, échinodermes, etc., étaient compris sous ce nom de vers. Aujourd'hui on ne désigne ainsi que les vers proprement dits, par exemple, les lombrics terrestres, les sangsues, les ascidies, ou encore les vers parasites, les vers solitaires, les ascarides, les trichines, etc. Quelque dissemblables que soient tous ces vers à l'état adulte, tous pourtant descendent de la gastræa.

Dans le groupe si varié et si ramifié des vers, nous avons maintenant à chercher les formes ancestrales primitives des quatre tribus zoologiques supérieures. En effet, l'anatomie comparée et l'ontogénie de ces tribus nous apprennent qu'elles sont sorties, comme quatre branches, du type des vers, qui est leur souche ancestrale commune. Les quatre branches zoologiques dont nous parlons sont : 1° les radiaires ou échinodermes (étoile de mer, oursins, actinies, holothuries); 2° l'importante division des arthropodes (crustacés, arachnides, millepieds, insectes); 3° les mollusques; 4° enfin le groupe très-développé des vertébrés, auquel appartient l'homme.

Tels sont, d'après la théorie gastréenne, les principaux rameaux de l'arbre généalogique unitaire ou monophylétique du règne animal; du moins on peut se les figurer ainsi provisoirement dans l'état actuel de notre taxinomie zoologique et de nos connaissances embryologiques. Si, comme je le pense, il y a réellement, chez tous les métazoaires, équivalence originelle ou homologie de l'intestin primitif et des feuillets germinatifs primaires qui le circonscrivent, alors il faut substituer la classification phylogénétique du règne animal à la classification actuelle qui a pour base la théorie des types. En effet, on voit facilement que les sept types de la taxinomie actuelle ont chacun une valeur toute différente. De ces sept types ou phyles, le premier, celui des protozoaires, reste au degré le plus inférieur. De ce premier type provient la gastræa, qui se divise en deux branches, celle des zoophytes et celle des vers. Puis, des vers sortent les quatre tribus zoologiques supérieures. Ces quatre derniers groupes sont quatre rameaux divergents, reliés par une commune descendance de la gastræa, mais nullement comparables d'ailleurs.

Demandons-nous maintenant, spécialement, quelle place est dévolue à l'homme dans la classification zoologique. Sur ce point, pas le plus léger doute possible. Par toute sa structure, l'homme est un vertébré. La disposition de ses organes et toutes les particularités de son corps sont celles qui sont propres au groupe des vertébrés et manquent chez les autres. Nulle trace de parenté directe entre les vertébrés et les trois autres groupes zoologiques supérieurs ; il n'y a entre eux d'autre lien qu'une commune descendance du type des vers, car il y a en effet une parenté très-réelle entre les vertébrés et quelques formes du groupe des vers. Dans son ensemble, le groupe des vertébrés est issu de celui des vers. C'est là une proposition que je me contente de formuler en ce moment, mais dont je fournirai ultérieurement la preuve. Au contraire, on ne saurait songer à faire descendre les vertébrés des arthropodes, ou des mollusques, ou des échinodermes. Par conséquent, pour le sujet qui nous occupe, pour l'ontogénie et la phylogénie, la plus grande partie du règne animal est entièrement négligeable. Nous n'avons pas à nous en occuper.

Les trois seuls groupes qui nous intéressent sont ceux des protozoaires, des vers et des vertébrés.

Ceux qui veulent voir quelque chose de dégradant pour l'homme dans son origine animale, et qui en rougissent, peuvent donc maintenant se rassurer, puisque la majeure partie du règne animal ne leur est nullement parente. Entre le groupe des vertébrés et celui des arthropodes, par exemple, il n'y a absolument rien de commun. Mais les arthropodes comprennent non-seulement les crustacés, mais encore les arachnides et les insectes. Or, la seule classe des insectes compte autant et peut-être plus d'espèces que toutes les autres classes du règne animal prises ensemble. Par malheur, il nous faut, du même coup, renoncer à toute consanguinité avec les termites, les fourmis, les abeilles et d'autres insectes fort remarquables. On trouve, en effet, chez ces insectes de nombreux exemples de ces vertus que les fabulistes de l'antiquité classique ne cessaient de proposer pour modèle à l'humanité. Il y a, par exemple, dans l'organisation politique et sociale des fourmis, des institutions perfectionnées, que nous pourrions aujourd'hui encore nous proposer d'imiter. Mais malheureusement il n'y a aucun degré de parenté entre nous et ces animaux parvenus à un si haut degré de civilisation.

Après les considérations précédentes, la tâche qui s'impose le plus immédiatement à nous est d'établir que l'homme est essentiellement un vertébré et de déterminer quelle est, dans ce groupe, sa place hiérarchique. Force nous sera bien aussi de décrire préalablement ce qu'il y a d'essentiel dans la structure du vertébré ; autrement nous risquerions de nous égarer dans le labyrinthe de l'ontogénèse. La manière dont s'effectue le développement du vertébré même le plus simple, à partir du stade de l'aire germinative, est toujours si compliquée, d'une observation si difficile, que, pour la bien comprendre, il faut déjà être familier avec les faits principaux de l'organisation vertébrée.

Mais, en résumant les caractères anatomiques de l'organisme vertébré, nous devrons nécessairement ne nous occuper que des faits essentiels. C'est la règle que je vais m'imposer, en esquissant la morphologie générale du vertébré.

Notons tout d'abord que nombre d'organes très-importants à vos yeux sont secondaires ou même entièrement négligeables au point de vue de l'embryologie et de l'anatomie comparée. Tels sont, par exemple, sous ce rapport, les membres, ainsi que la tête avec le crâne et le cerveau. Sans doute ces parties du corps ont, physiologiquement, une importance de premier ordre ; mais, morphologiquement, elles n'en ont aucune, parce qu'elles font défaut aux vertébrés les plus inférieurs.

L'embryon humain passe aussi par un stade durant lequel il est réduit au tronc seul sans tête, sans crâne, sans cerveau. On n'y distingue alors ni extrémité céphalique, ni cou, ni poitrine, ni abdomen ; il n'y a nulle trace de bras ni de jambes. A ce moment de son évolution, l'homme ou tout autre vertébré supérieur ressemble essentiellement au plus humble des vertébrés actuels, unique d'ailleurs dans son espèce. Ce dernier des vertébrés, qui, lui, ne dépasse jamais cette forme rudimentaire, mérite toute notre attention ; car, au point de vue qui nous occupe, il est, après l'homme, le plus intéressant des vertébrés. C'est l'*amphioxus* (pl. VII et VIII). C'est un petit vertébré, long de deux pouces, que l'on prenait tout récemment encore pour un poisson, et qui vit dans le sable, sur le rivage de diverses mers. Nous reparlerons avec plus de détails de ce vertébré minuscule, qui, à l'âge adulte, a la forme aplatie et allongée d'une lancette, d'où lui est venu son nom d'*amphioxus lanceolatus*. Le petit corps de l'amphioxus est comprimé latéralement, allongé en pointe en avant et en arrière. Il est absolument dépourvu d'appendices externes. On n'y distingue ni tête, ni cou, ni poitrine, ni abdomen. Sa forme est d'une telle simplicité, que le premier qui l'étudia le prit pour un simple limaçon nu. Plus tard, il y a environ quinze ans, ce curieux petit être fut examiné avec plus de soin et il fut reconnu pour un véritable vertébré. De nouvelles investigations ont établi que l'amphioxus est du plus haut inté-

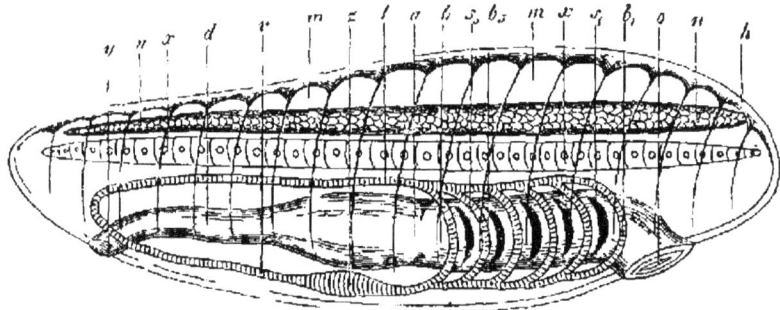

Fig. 31.

rêt pour l'anatomie comparée, l'embryologie et la phylogénie de l'homme. Grâce à lui, on a résolu un problème généalogique de premier ordre : on a découvert que les vertébrés descendent des vers ; que, par leur structure et leur évolution, ils se rattachent immédiatement à certains vers inférieurs, aux ascidies.

Faisons passer par le corps de l'amphioxus deux sections verticales, l'une antéro-pos-

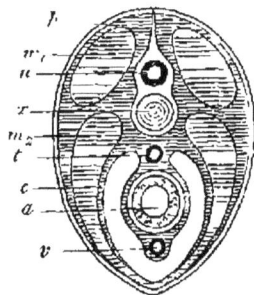

Fig. 32.

Fig. 31. — *Section longitudinale à travers le prototype idéal du vertébré.* La section est faite sur l'axe du corps. La bouche est à droite, l'extrémité caudale à gauche. Au-dessus de la tige axiale (x) est le canal de la moelle épinière (n) ; au-dessous est le tube digestif (d). Ce dernier s'ouvre en avant par la bouche (o), en arrière par l'anus (y). Sur chaque face latérale de la portion intestinale antérieure s'ouvrent cinq fentes branchiales ($s_1 - s_5$), séparées par cinq arcs branchiaux ($b_1 - b_5$). (t) artère principale ou vaisseau dorsal. (v) veine principale (vaisseau ventral). (z) cœur. (a) estomac. (m) muscles latéraux du tronc. (h) épiderme.

Fig. 32. — *Section transversale du prototype vertébré.* La section passe par l'axe transversal. (n) canal de la moelle épinière. (x) tige axiale. (t) vaisseau dorsal. (v) vaisseau ventral. (a) intestin. (c) cavité du corps. (m_1) muscles dorsaux. (m_2) muscles ventraux. (h) épiderme.

térieure et médiane, l'autre transversale ; nous obtiendrons ainsi
deux images anatomiques des plus instructives (pl. VII et VIII).
En effet, ces images répondent presque exactement à l'idée ab-
straite du type vertébré primitif, tel que nous nous l'étions
figuré d'après l'anatomie comparée et l'ontogénie. Avec d'insignifiantes modifications, nous réaliserons dans ces sections l'image
anatomique, le schéma du prototype vertébré.

L'amphioxus s'écarte si peu de ce type, que nous pouvons
l'appeler un « vertébré primitif » (pl. VII et VIII). Sur la figure
représentant la section longitudinale on voit, à la partie moyenne
du corps, une tige mince et solide, un cordon cylindrique très-
simple, se terminant en pointe à ses extrémités (fig. 31). Cette
tige se prolonge le long de l'axe médian du corps et représente
le rudiment de la colonne vertébrale : c'est la tige axiale, ou corde
dorsale, notocorde, *chorda dorsalis, chorda vertebralis*. Cette
tige, à la fois flexible, solide et élastique, est constituée par des
cellules cartilagineuses ; elle est l'axe central du squelette, est
spéciale aux vertébrés et fait absolument défaut aux autres
animaux. C'est réellement le premier rudiment de l'épine dorsale, qui existe chez tous les vertébrés, de l'amphioxus à l'homme.
Mais, chez l'amphioxus, la tige axiale conserve sa forme la plus
élémentaire (pl. VIII). Au contraire, chez l'homme et chez tous
les vertébrés supérieurs, cette forme rudimentaire de l'axe du
squelette ne se rencontre qu'au début de la période embryonnaire
et, plus tard, elle se transforme en une colonne vertébrale articulée.

La *chorda dorsalis* est, effectivement, l'axe solide du corps
vertébré ; elle correspond bien à l'axe longitudinal idéal du
corps, et c'est autour d'elle, comme autour d'une ligne d'orien-
tation, que se groupent les principaux organes. Figurons-nous
maintenant le corps vertébré dans sa position primitive et naturelle, c'est-à-dire horizontalement placé, la région dorsale
en haut, la région abdominale en bas ; puis faisons passer un
plan de section par l'axe longitudinal : le corps alors se trouvera divisé en deux moitiés symétriquement semblables, une
moitié droite et une gauche. *Primitivement,* les deux moitiés
du corps sont composées des mêmes organes, ayant les mêmes
connexions et des rapports anatomiques semblables, mais dans
un ordre inverse ; la moitié gauche est en quelque sorte la reproduction photographique de la droite. Ces deux moitiés du

corps sont les pendants ou les *antimères* l'une de l'autre. Si l'on mène, par le plan de section, une ligne perpendiculaire, allant du dos au ventre, ou aura l'*axe sagittal* ou *dorsoventral* du corps. Au contraire, un plan horizontal passant par la *chorda dorsalis* divise le corps en deux moitiés, l'une dorsale et l'autre ventrale. La ligne transversale, allant du côté droit au côté gauche, est l'*axe transverse* ou *latéral* (voir pl. II et III) ([1]).

Les deux moitiés du corps, que sépare le plan horizontal, sont de nature différente. La moitié dorsale est, à proprement parler, la partie animale du corps ; elle contient la plupart des organes dits de la vie animale, le système nerveux, le système musculaire, le système osseux, etc. Au contraire, la moitié abdominale est essentiellement végétative ; elle renferme la plupart des organes végétatifs, le système digestif, les organes de la génération, etc. Par conséquent, des quatre feuillets végétatifs secondaires, les deux externes ont concouru surtout à la formation de la moitié dorsale et les deux internes à celle de la moitié abdominale. Chacune de ces deux moitiés se développe en prenant d'abord la forme d'un tube, qui en contient un autre. Dans la moitié dorsale existe, au-dessus de la corde dorsale, l'étroite cavité nerveuse ou cavité vertébrale renfermant le système nerveux central et tubulaire, la moelle épinière. Dans la moitié ventrale se trouve, au-dessus de la *chorda dorsalis,* une cavité beaucoup plus spacieuse, c'est la cavité intestinale contenant le tube digestif avec toutes ses annexes (fig. 32).

Chez l'homme et chez tous les vertébrés supérieurs, le système nerveux central, l'organe de l'âme, dans sa forme rudimentaire et primitive, comprend deux portions très-diverses, l'expansion cérébrale, remplissant le crâne, et le prolongement de la moelle épinière. Mais, chez notre prototype vertébré, cette disposition n'existe pas encore (fig. 31 et 32). Là, cet organe de l'âme, qui est d'un si haut intérêt, qui est le siége de la sensibilité, de la volonté et de la pensée, revêt encore une forme des plus simples. C'est un long tube cylindrique, s'étendant le long et immédiatement au-dessus de la corde dorsale, un canal central, étroit, plein de liquide, et se terminant en pointe à ses deux extrémités (fig. 31, *n*). Cette forme si rudimentaire du tube de la moelle épinière est celle qui existait chez les vertébrés les plus anciens et les plus inférieurs, et nous la retrouvons encore chez l'amphioxus adulte (pl. VIII).

Cet étui médullaire nerveux est renfermé dans une gaîne, qui part du pourtour de la *chorda dorsalis*, de ce qu'on a appelé la paroi de la corde dorsale, et forme plus tard, chez les vertébrés supérieurs, ce qu'on appelle les « arcs vertébraux ».

De chaque côté de la moelle épinière et de la corde dorsale, qui est au-dessous, on rencontre, chez tous les vertébrés, de puissantes masses musculaires, dont la fonction est de mouvoir le tronc. Chez les vertébrés supérieurs, ces masses musculaires sont très-complexes, très-différenciées, comme le squelette qui les supporte ; mais, dans notre prototype idéal du vertébré, nous pouvons considérer tout cet ensemble musculaire comme se résumant en deux paires de muscles situées parallelement à la corde dorsale dans toute la longueur du corps. Ces quatre muscles formeront les muscles latéraux du tronc. Deux sont supérieurs ou dorsaux ; deux sont inférieurs ou abdominaux. Les premiers (fig. 32, m_1) forment l'épaisse masse musculaire du dos ; les seconds, ou muscles abdominaux primitifs, constituent la paroi charnue abdominale (fig. 32, m_2). Tous ensemble ils forment l'étui musculaire du corps.

A l'extérieur de cet étui charnu, se trouve l'enveloppe solide du corps, le derme, *corium* ou *cutis*. Le tégument épais et solide est constitué, dans ses couches profondes, surtout par de la graisse et du tissu cellulaire lâche ; dans ses couches superficielles, il est formé surtout de muscles et de tissu cellulaire solide. Ce tégument, immédiatement recouvert par l'épiderme (h), forme une enveloppe commune, s'étendant sur toute la masse musculaire du corps et renfermant, dans son épaisseur, les vaisseaux sanguins nourriciers de la peau et les nerfs sensibles.

Enfin, tout à fait à la superficie, le derme épais dont nous avons parlé est tapissé par un mince épiderme (fig. 31, h, 32, h). Chez tous les vertébrés, cet épiderme ou *étui corné, feuillet corné*, recouvre tout le corps ; c'est de lui que proviennent les cheveux, les ongles, les plumes, les griffes, les écailles, etc. En dernière analyse, cet épiderme avec tous ses appendices est composé de cellules simples ; il ne possède ni vaisseaux sanguins ni nerfs, quoique ses cellules soient en rapport avec les terminaisons des nerfs sensibles et que le système nerveux lui-même en provienne.

Le feuillet épidermique commence par être simple ; c'est un revêtement superficiel constitué par des cellules toutes semblables entre elles. Mais plus tard l'épiderme se divise en une couche extérieure, dure, cornée, et une couche interne, molle et muqueuse. Enfin, de nombreux appendices sortent des strates épidermiques. Ce sont, en dehors, les cheveux, les ongles, etc.; en dedans, les glandes sudoripares et les glandes sébacées.

Il nous reste maintenant à passer en revue les organes internes du vertébré, ceux qui sont situés au-dessous de la corde dorsale, dans la grande cavité du corps, la cavité viscérale, que nous appellerons maintenant *coelom*[1], pour éviter toute confusion. Il faut entendre par coelom la cavité « pleuropéritonéale » des anatomistes (fig. 32, *c*).

Chez l'homme et les autres mammifères, mais chez eux seulement, ce *coelom* est subdivisé, à l'âge adulte, en deux cavités distinctes par une cloison musculeuse, le diaphragme. De ces deux cavités secondaires, l'antérieure ou cavité pectorale, cavité pleurale, renferme l'œsophage, le cœur, les poumons ; la cavité postérieure, cavité abdominale ou péritonéale, contient l'estomac, l'intestin grêle, le gros intestin, le foie, la rate, les reins, etc. Mais chez l'embryon des mammifères, avant la formation du diaphragme, ces deux cavités n'en forment qu'une, un simple coelom, et cet état persiste pendant toute la vie chez les vertébrés inférieurs. La cavité dont nous parlons est tapissée par une mince couche de cellules, que l'on peut appeler épithélium coelomateux.

De tous les viscères situés dans le coelom, le plus important est le canal digestif, l'organe qui, chez la gastrula, constitue, à lui seul, tout le corps.

Cet appareil forme un long tube, plus ou moins différencié, muni de deux orifices : l'antérieur, pour l'introduction des aliments (fig. 30, *o*), le postérieur, pour l'expulsion des résidus alimentaires ou excréments (fig. 31, *y*). Au canal digestif se rattachent de nombreuses annexes formées à ses dépens et qui jouent un rôle important dans l'organisme vertébré : ce sont les glandes salivaires, les poumons, le foie et de nombreuses petites glandes. La paroi du canal digestif et de ses annexes est formée de deux couches distinctes. L'interne est un revêtement cellulaire, qui représente le feuillet intestino-glandulaire ou quatrième feuillet germinatif ; la couche externe est une enveloppe fibreuse,

---

[1] κοῖλος, creux.

correspondant au troisième feuillet germinatif ou feuillet fibro-
intestinal. Cette dernière couche est formée presque en totalité,
d'une part, de fibres musculaires, qui impriment à la paroi digestive les mouvements nécessaires ; d'autre part, de fibres con-
jonctives, qui forment une membrane solide. De cette dernière
se détache un feuillet mince, rubané, le mésentère, qui fixe le
tube digestif à la face abdominale de la corde dorsale. Par sa
surface extérieure, le feuillet fibro-intestinal fournit les parties
principales du système sanguin, spécialement le cœur et les
gros troncs vasculaires, qui, à l'origine, sont logés entièrement
dans le feuillet externe de la paroi digestive.

Chez les vertébrés, le canal digestif est très-diversement conformé, aussi bien dans l'ensemble que dans les détails, quoique,
dans le principe, sa conformation soit toujours identique et toujours fort simple. D'ordinaire, le tube digestif est plus long,
parfois plusieurs fois plus long que le corps ; aussi se con-
tourne-t-il, dans la cavité viscérale, en de nombreux replis,
surtout dans sa partie postérieure. En outre, l'appareil digestif
se subdivise, chez les vertébrés supérieurs, en diverses régions
séparées parfois par des valvules, par exemple, en cavité buccale, cavité pharyngienne, œsophage, estomac, intestin grêle,
gros intestin, rectum.

Toutes ces diverses parties du tube digestif proviennent d'une
forme rudimentaire des plus simples, qui persiste encore chez
l'amphioxus : c'est un canal cylindrique, se dirigeant d'avant
en arrière, au-dessous de la corde dorsale. Chez tous les vertébrés, le tube digestif s'ouvre en avant par une bouche, en arrière par un anus ; mais chez nombre d'invertébrés, il n'a
qu'un seul orifice postérieur ou pygostome, comme chez la
gastræa.

Sous le rapport morphologique, le canal digestif peut être
considéré comme le principal organe du corps ; il est donc fort
intéressant de bien saisir les traits principaux de sa conformation, abstraction faite de tout ce qui est accessoire. Notons tout
d'abord la division très-caractéristique du canal digestif des vertébrés en deux parties : l'une antérieure (fig. 33, *b*), surtout
destinée à la respiration ; l'autre postérieure, spécialement con-
sacrée à la digestion (fig. 33, *d*). Chez tous les vertébrés il se
forme de très-bonne heure, à droite et à gauche, dans la subdivision antérieure du tube digestif, des fentes spéciales, les *fentes*

branchiales (fig. 33, *s*) en rapport étroit avec la fonction respiratoire.

Tous les vertébrés inférieurs, l'amphioxus, la lamproie, les poissons, avalent incessamment de l'eau par la bouche et l'expulsent par les fentes latérales du cou. Or, cette eau sert à la respiration ; car l'oxygène aérien qu'elle tient en dissolution est absorbé par les vaisseaux sanguins, dont les ramifications

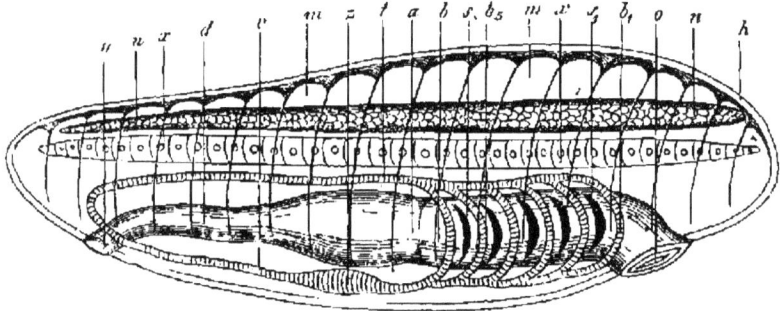

Fig. 33.

s'étalent sur les « arcs branchiaux » séparant les fentes branchiales (fig. 33, *b*, — *b₅*). Au début de la période embryonnaire, chez l'homme et tous les vertébrés supérieurs, ces fentes branchiales et ces arcs branchiaux si caractéristiques existent tout aussi bien que chez les poissons et les vertébrés inférieurs adultes.

Mais, chez les mammifères, les oiseaux et les reptiles, les arcs branchiaux ne fonc-

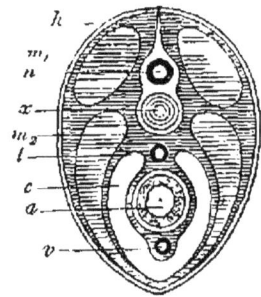

Fig. 34.

Fig. 33. — *Section longitudinale et perpendiculaire à travers le prototype idéal du vertébré.* L'extrémité buccale est à droite, l'extrémité anale ou caudale est à gauche. Au-dessus de la corde dorsale (*x*) est situé le canal de la moelle épinière (*n*), au-dessous est le tube digestif (*d*). Ce dernier s'ouvre en avant par la bouche (*o*), en arrière par l'anus (*y*). Dans la partie antérieure du tube digestif se trouvent de chaque côte cinq fentes branchiales (*s₁ — s₅*), séparées par cinq arcs branchiaux vasculaires (*b₁ — b₅*). Artère principale (vaisseau dorsal) (*t*). Veine principale (vaisseau ventral) (*v*). Cœur (*z*). Limite du tube digestif branchial et du tube digestif stomacal (*a*). Muscles latéraux du tronc (*m*). Epiderme (*h*).

Fig. 34. — *Section transversale du prototype vertébré idéal.* (*n*) tube de la moelle épinière. (*x*) corde dorsale. (*t*) vaisseau dorsal. (*v*) vaisseau ventral. (*a*) tube digestif. (*c*) cavité viscérale. (*m₁*) muscles dorsaux. (*m₂*) muscles abdominaux. (*h*) epiderme.

tionnent jamais comme de véritables organes respiratoires, et, peu à peu, on les voit se transformer en d'autres organes.

Mais puisque, dans ces trois classes supérieures des vertébrés, les organes respiratoires revêtent d'abord la forme qu'ils conservent chez les poissons, c'est là une preuve que les vertébrés inférieurs sont les ancêtres des autres.

Il n'est ni moins intéressant ni moins significatif de voir que les organes respiratoires permanents des mammifères, des oiseaux et des reptiles proviennent de la portion antérieure ou respiratoire du canal digestif. En effet, on voit de bonne heure se former chez l'embryon, de chaque côté de la gorge, un renflement ampullaire, qui ne tarde pas à se diviser en deux sacs spacieux que l'air finit par remplir. Ces sacs sont les organes de la respiration pulmonaire ou aérienne, qui succèdent aux organes de la respiration aquatique, aux branchies. Mais ces ampoules, d'où proviennent les poumons, sont simplement l'analogue de la vessie natatoire des poissons, du sac aérien hydrostatique, qui aide les poissons à surnager, en allégeant leur poids spécifique. Le poumon humain n'est qu'une vessie natatoire transformée.

Le système sanguin des vertébrés, dont les parties principales proviennent du feuillet fibro-intestinal, est avec le canal digestif dans un rapport morphologique et physiologique des plus étroits. Cet appareil se compose de deux parties en communication directe, savoir : le système sanguin et le système lymphatique. Les canaux du premier contiennent le sang rouge et ceux du second la lymphe incolore. Au système lymphatique se rattache la cavité viscérale, le *coelom* ou cavité pleuro-péritonéale. En outre, un très-riche réseau lymphatique est répandu dans tous les organes ; sa fonction est de pomper les sucs désassimilés par les éléments des tissus et de les charrier jusqu'aux vaisseaux veineux. Mentionnons enfin, comme une dépendance du système lymphatique, les vaisseaux chylifères, qui conduisent aussi dans le sang le suc nutritif laiteux, le chyle préparé par l'intestin.

Le système sanguin des vertébrés est fort complexe ; mais il semble avoir été, chez les vertébrés primitifs, aussi simple qu'il l'est encore aujourd'hui chez les annelés (chez les lombrics terrestres, par exemple) et chez l'amphioxus.

En effet, dans le principe, les parties fondamentales du système sanguin sont deux gros canaux impairs, logés dans la couche fibreuse de l'intestin, dans le plan médian du corps, le long et autour du tube digestif. Nous appellerons *artère primitive* et *veine primitive* ces deux canaux principaux. L'artère primitive ou aorte primordiale (fig. 33, *t*, 34, *t*) répond au vaisseau dorsal et la veine primitive au vaisseau ventral des annelés. L'artère primitive, située directement au-dessus de l'intestin, se contracte d'avant en arrière et chasse le sang oxygéné ou artériel des branchies dans le corps. La veine primitive (fig. 33, *v*, 34, *v*), située au-dessous de l'intestin, ramène aux branchies le sang chargé d'acide carbonique, le sang veineux. Au niveau de la région branchiale du canal intestinal, les deux gros vaisseaux communiquent par plusieurs embranchements arqués, régulièrement disposés entre les fentes branchiales. Ces vaisseaux anastomotiques sont les « arcs artériels », qui courent le long des arcs branchiaux et se distribuent directement aux organes respiratoires (fig. 33, $b_1 - b_5$).

Immédiatement en arrière de ces arcs vasculaires, la veine primitive se dilate en fuseau (fig. 33 *z*). Cette dilatation est le premier rudiment du cœur, qui, plus tard, se divise chez l'homme en une pompe contractile à quatre loges.

Tout à fait au fond de la cavité viscérale, sur la face inférieure de la paroi dorsale, on rencontre deux importants organes glandulaires, confondus chez les vertébrés, habituellement distincts chez les invertébrés. Ce sont les glandes excrétoires de l'urine, les reins et les glandes sexuelles. Ces dernières sont représentées par les ovaires chez la femme, par les testicules chez l'homme. On a appris, et non sans étonnement, par les recherches les plus récentes sur l'évolution de ces parties, que, chez l'homme et chez tous les vertébrés, les glandes génératrices étaient d'abord hermaphrodites.

Les glandes génératrices de l'embryon vertébré contiennent, à l'état rudimentaire, les organes de l'un et de l'autre sexe, l'ovaire et les testicules, qui plus tard se répartissent entre deux individus distincts. De ce fait, corroboré d'ailleurs par d'autres observations, l'on peut induire que les vertébrés ont commencé par être hermaphrodites, comme tous les animaux inférieurs. Dans le principe, tout individu était capable de se reproduire sans concours étranger et la séparation des sexes ne s'effectua que secondairement.

Les organes sexuels des vertébrés ont d'étroites connexions

anatomiques avec les reins primitifs. Ces derniers organes sont
des canaux situés de chaque côté de la *chorda dorsalis*, et ils
persistent sous cette forme chez les poissons et les amphibies. Ces
organes, chargés d'excréter l'urine chez l'embryon, sont remplacés plus tard chez les vertébrés supérieurs par les vrais reins.
Ceux-ci semblent avoir une toute autre origine que les reins
primitifs ; ils se forment aux dépens du canal digestif.

Les organes que nous venons d'énumérer, et dont nous avons
indiqué la position caractéristique dans notre description sommaire du vertébré primitif, se retrouvent sans aucune exception
chez tous les vertébrés, et leurs rapports sont invariablement
les mêmes, quelques modifications qu'ils aient subies. Jusqu'ici
nous avons principalement envisagé la section transversale du
vertébré (fig. 34), car c'est celle qui montre le mieux les rapports anatomiques des organes ; mais, pour compléter la description de notre prototype, il nous faut maintenant nous occuper
de la segmentation longitudinale, trop négligée jusqu'ici. Nous
parlerons donc de la formation des *métamères*, visibles surtout
sur la section longitudinale (fig. 33, *m*). En effet, le corps de
l'homme, comme celui de tous les vertébrés supérieurs, est composé d'une série de segments semblables juxtaposés dans le sens
de l'axe longitudinal. Chez l'homme, on compte 30 à 40 de ces
métamères ; mais il y en a plusieurs centaines chez nombre de
vertébrés, par exemple chez les serpents, les anguilles.

Comme cette segmentation profonde est visible surtout sur la
colonne vertébrale et les muscles adjacents, on a aussi donné le
nom de vertèbres primitives à ces segments ou métamères. Or,
l'assemblage de ces vertèbres primitives ou métamères internes
est regardé d'ordinaire avec beaucoup de raison comme un caractère primordial de l'animal vertébré, et leur différenciation
variée est d'une importance capitale chez les divers groupes
de vertébrés. Mais comme nous avons surtout à montrer comment le vertébré primitif se forme aux dépens des quatre feuillets de l'aire germinative, la segmentation en métamères est
pour nous secondaire.

En mentionnant les métamères, nous croyons avoir achevé
notre brève mais suffisante description des parties fondamentales qui entrent dans la structure fondamentale du vertébré. Ces
parties primordiales, nous les retrouvons encore presque toutes
chez l'amphioxus adulte et chez l'embryon de tous les vertébrés.

Sûrement vous aurez remarqué, dans mon énumération d'organes, l'omission de parties très-importantes et en apparence essentielles. C'est que, comme j'en ai déjà fait la remarque, la tête du vertébré avec le crâne, le cerveau, les organes des sens, sont des parties accessoires. Quelque importantes que soient ces parties du corps, surtout le cerveau et les organes spéciaux, au point de vue physiologique, chez l'homme et les vertébrés supérieurs, elles n'ont pas de valeur morphologique, parce que ce sont des formations secondaires, tardives. Les antiques vertébrés de la période silurienne n'avaient ni organes des sens spéciaux, ni cerveau, ni crâne ; ils n'avaient même ni membres, ni extrémités, ce qui n'est pas moins remarquable.

Chez ces antiques vertébrés acrâniens, il n'y avait pas la moindre trace de membres ou de nageoires, et il en est de même encore chez l'amphioxus et aussi chez la lamproie, autre vertébré inférieur, poisson rudimentaire.

En négligeant provisoirement ces parties accessoires, parce qu'elles sont apparues secondairement, nous n'avons plus à considérer que les organes primaires et notre tâche se simplifie beaucoup. Le problème, qu'il nous faut résoudre tout d'abord, consiste à trouver comment le vertébré idéal, typique, précédemment décrit, dérive du disque germinatif à quatre feuillets. D'ordinaire, on considère le vertébré le plus rudimentaire comme étant composé de deux tubes symétriques, savoir : d'un tube inférieur entourant l'intestin, et d'un tube supérieur renfermant la moelle épinière aussi tubulée. Le premier est la paroi même du corps ; le second la colonne vertébrale.

Entre la moelle épinière et l'intestin, s'interpose la partie la plus essentielle du squelette axial interne, la corde dorsale, qui est la caractéristique du vertébré. De l'amphioxus à l'homme, vous constaterez invariablement la même conformation primitive; la section du corps sera toujours la même (fig. 34) et les organes les plus importants y seront toujours dans les mêmes rapports caractéristiques (voir la planche II et sa légende). Voyons maintenant comment cet organisme bitubulaire et les autres tubes qu'il renferme dérivent du disque germinatif à quatre feuillets.

Pour mener à bonne fin cette tâche difficile, il sera opportun de vous communiquer préalablement les principaux résultats dus à l'observation embryologique. Le but où nous tendons est lointain, mais nous l'atteindrons plus facilement si nous le voyons bien clairement en face de nous. Je vais donc énumérer brièvement les organes qui proviennent des quatre feuillets germinatifs du vertébré. Pour cela, il me faut passer en revue les quatre feuillets germinatifs secondaires et leurs annexes, en commençant par le feuillet externe ou cutané-sensitif et finissant par le dernier des feuillets internes ou feuillet intestino-glandulaire.

Le premier feuillet ou feuillet sensitivo-cutané fournit tout d'abord l'enveloppe générale du corps : l'épiderme, les cheveux, les ongles, les glandes sudoripares, les glandes sébacées, etc., en résumé, tout ce qui provient secondairement de l'épiderme primitivement simple. En second lieu, le feuillet germinatif, dont nous parlons, forme le système nerveux central, la moelle épinière. Il est curieux de voir comment les organes psychiques proviennent de la surface extérieure du disque germinatif : tout d'abord la moelle epinière est située à la superficie cutanée; puis, au fur et à mesure du développement individuel, elle s'enfonce et finit par être recouverte entièrement par les muscles, les os, etc. C'est aussi très-vraisemblablement aux dépens du feuillet germinatif externe que se forme un organe intéressant, dont l'origine est encore obscure; nous voulons parler du rein primitif des vertébrés. Ces reins primitifs ont sans doute été dans le principe des glandes cutanées excrétoires, analogues aux glandes sudoripares : ils se sont formés aux dépens de l'épiderme; puis plus tard ils sont devenus organes profonds et se sont accolés sur le côté ventral de la colonne vertébrale.

Chez les vertébrés inférieurs (poissons, amphibies), le rein primitif persiste toute la vie, tandis que, chez les vertébrés supérieurs, il est remplacé par les deux reins définitifs. Non loin des reins primitifs se trouvent les organes sexuels rudimentaires, dont l'origine n'est pas non plus élucidée : certains embryologistes les font venir du feuillet germinatif externe; certains autres les rattachent au feuillet interne ; mais, selon toute apparence, les deux feuillets concourent à leur formation. Les glandes sexuelles sont dans le voisinage des reins primitifs, habituellement situés à côté d'elles sur la paroi postérieure de la cavité abdominale, des deux côtés du mésentère. Je n'insisterai pas davantage sur ce point, puisque nous traiterons plus tard de l'origine des divers organes. Quant à présent, il nous suffira de noter en passant les rapports mutuels des organes et de les rapporter aux divers feuillets germinatifs d'où ils proviennent.

Du feuillet germinatif secondaire ou feuillet fibro-cutané provient la plus grosse partie du corps vertébré, tous les organes volumineux situés entre l'épiderme et la cavité viscérale, la paroi viscérale proprement dite. Il faut assigner cette origine au tégument résistant et vasculaire situé immédiatement au-dessous de l'épiderme, c'est-à-dire au derme contenant dans son épaisseur les nerfs et les vaisseaux cutanés. On en doit dire autant des puissantes couches musculaires de la région dorsale, de la masse charnue entourant la colonne vertébrale et qui se compose de deux grands groupes de muscles, les muscles dorsaux ou supérieurs et les muscles abdominaux ou inférieurs. Il faut encore ranger dans la même catégorie le squelette interne, qui est la caractéristique du vertébré et qui a pour rudiment central la corde dorsale destinée à devenir la colonne vertébrale. Il faut naturellement y comprendre les os, les cartilages, ligaments composant ce squelette interne, chez les vertébrés supérieurs, ainsi que les muscles et tendons chargés de maintenir la juxtaposition des diverses pièces. Enfin, de la couche cellulaire la plus profonde du feuillet vasculo-cutané, nait encore l'*exocoelar*, c'est-à-dire l'épithélium coelomatique, la couche de cellules tapissant à l'intérieur la paroi viscérale.

Le troisième feuillet germinatif secondaire est le feuillet fibro-intestinal. De ce feuillet provient d'abord l'*endocoelar*, l'épithélium coelomatique viscéral, revêtant la surface externe de la paroi intestinale. Ce feuillet donne aussi naissance au cœur, aux gros vaisseaux, au sang lui-même ; il mérite donc le nom de feuillet vasculaire dans le sens propre de l'expression. Les gros vaisseaux afférents et efférents, les artères et les veines, qui se jettent dans le cœur, ainsi que les gros vaisseaux lymphatiques débouchant dans les veines, proviennent aussi du même feuillet, tout comme le cœur, la lymphe et le sang. Enfin, il faut encore rattacher au même feuillet le canal intestinal proprement dit, c'est-à-dire les parties musculaires et charnues formant la paroi intestinale externe, ainsi que le mésentère, cette mince membrane fibreuse, qui fixe le tube intestinal à la face abdominale de la colonne vertébrale.

La destination du quatrième feuillet germinatif secondaire ou feuillet intestino-glandulaire est très-simple et très-claire. De ce feuillet proviennent seulement le revêtement cellulaire interne ou épithélium du tube intestinal avec toutes ses dépendances, les grandes et petites glandes intestinales, les poumons, le foie, les glandes salivaires, les glandes stomacales, etc.

Chez l'homme et chez tous les vertébrés, les quatre feuillets germinatifs secondaires ont la même valeur embryologique ; ils donnent naissance aux mêmes organes, quelque dissemblables que puissent devenir plus tard ces organes.

Nous avons maintenant à voir tout d'abord comment les organes tubulaires proviennent des feuillets germinatifs ; plus tard seulement nous examinerons en détail comment naissent les organes complexes.

DIXIÈME LEÇON.

LA FORMATION DU CORPS A PARTIR DES FEUILLETS GERMINATIFS.

Le développement du vertèbre consiste dans la formation dans le plan median, de quatre feuillets, dont deux sont au-dessus de l'axe et deux au-dessous. Il en résulte deux tubes principaux superposés. Pendant cette évolution, le germe se subdivise en couches, ce qui a pour effet la division des tubes primordiaux en tubes secondaires. Ces derniers, inclus dans les autres, sont des organes fondamentaux ayant la faculté de former tous les autres organes.

CARL ERNST BAER (1828)

Formation de la membrane ovulaire externe ou chorion. — Origine du feuillet germinatif moyen (mesoderme ou feuillet musculaire). — Subdivision de ce feuillet en deux feuillets fibreux. — L'aire germinative à trois feuillets du mammifère se divise en un germe interne, brillant (*area pellucida*) et en un germe externe, obscur (*area opaca*). — Au milieu de l'aire germinative brillante apparaît le premier rudiment embryonnaire. — Une strie primitive divise ce rudiment en une moitié droite et une moitié gauche. En arrière, le sillon dorsal divise le feuillet germinatif moyen et forme la corde dorsale et les deux feuillets lateraux. Les feuillets lateraux se divisent horizontalement en deux autres feuillets, le feuillet fibro-cutane et le feuillet fibro-intestinal. Le cordon vertebral primitif se separe des feuillets lateraux. — Le feuillet cutane-sensitif se subdivise en trois parties : la lamelle cornee, le tube de la moelle epiniere et les reins primitifs. Formation de la cavite viscerale et des premieres arteres. — Le tube intestinal naît de la gouttiere intestinale. — L'embryon se separe de la vesicule germinative. — Au-dessus de l'embryon s'elevent en se recourbant les replis amniotiques, qui se soudent en un sac ferme au-dessus de la face dorsale de l'embryon : Amnios. Liquide amniotique. — Sac du jaune ou vesicule ombilicale. — L'occlusion des parois intestinale et abdominale determine la formation de l'ombilic. — Origine de la paroi dorsale et de la paroi abdominale.

Messieurs,

Au stade où nous avons laissé l'œuf du mammifère, il représente, comme vous vous en souvenez, une vésicule sphérique, pleine d'un liquide clair. C'est la vésicule blastodermique (*blas-*

tophœra ou *vesicula blastodermica*). La mince paroi de cette vésicule, le blastoderme proprement dit, se compose de deux couches cellulaires distinctes formant les deux feuillets germinatifs primaires. En un point du blastoderme apparaît un épaississement discoïde, que nous avons dénommé disque germinatif (*blastodiscus*) ou aire germinative (*area germinativa*). C'est par cette partie de l'ovule que commence le développement embryonnaire (fig. 35, *c*).

A ce stade, l'ovule, après avoir passé de l'ovaire de la femme dans l'oviducte et y avoir rencontré le sperme fécondant, se trouve maintenant dans la matrice ou utérus et il y séjournera

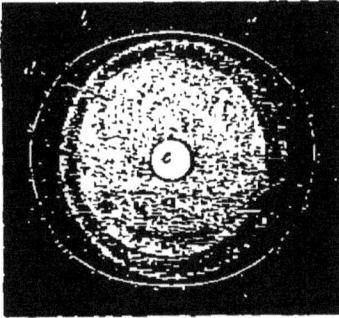

jusqu'à son entier développement. La membrane d'enveloppe lisse, épaisse et transparente de l'ovule, la *zona pellucida*, est devenue une mince membrane, hérissée extérieurement de fines villosités (fig. 35, *a*). Ces villosités s'introduisent dans des enfoncements correspondants de la muqueuse utérine et donnent ainsi à l'ovule une assiette solide.

Fig. 35.

Ces villosités sont des produits sécrétés par la membrane muqueuse, et l'œuf proprement dit ne prend nulle part à leur formation. La membrane ovulaire villeuse ne s'appelle plus maintenant *zona pellucida*, mais *chorion,* et ses nombreux appendices sont les *villosités choriales* (fig. 35, *a*) ([11]).

La paroi de la vésicule blastodermique se compose partout des deux feuillets germinatifs primaires, le feuillet externe, animal ou séreux, l'*exoderme*; et le feuillet interne, inférieur, végétatif ou *entoderme*. C'est seulement au niveau de l'aire germinative, se détachant nettement sous la forme d'un disque arrondi, épais et obscur (fig. 35, *c*), qu'un troisième feuillet s'interpose entre les deux feuillets primaires. Ce dernier feuillet a été appelé par Remak feuillet « germinatif moteur » ; nous le dénommerons plus brièvement *mésoderme* ou feuillet

Fig. 35. — Œuf de lapin pris dans la matrice. Diamètre de six millimètres. La vésicule blastodermique (*b*) s'est déjà, en grande partie, dédoublée en deux couches (*d*). L'aire germinative (*c*) se détache nettement. La membrane ovulaire externe (chorion) est villeuse (*a*). (D'après Bischoff.)

moyen. Ce feuillet, limité d'abord à l'étendue de l'aire germinative, grandit ensuite et s'étale sur toute la superficie de l'ovule.

Le mésoderme est souvent appelé *feuillet musculaire,* parce que la masse charnue des muscles constitue le plus remarquable de ses produits. On pourrait encore l'appeler *feuillet fibreux,* car le tissu fibreux en dérive principalement. C'est de lui que proviennent aussi bien les muscles du tronc que ceux de l'intestin. Déjà le feuillet moyen, chez les mammifères, contient toutes les cellules, dont la postérité formera tout ce qui dérive du feuillet fibro-cutané et du feuillet fibro-intestinal. En effet, ces deux feuillets fibreux, que nous avons déjà mentionnés comme deux feuillets germinatifs secondaires, naissent visiblement, chez les vertébrés, d'un rudiment commun, le feuillet moyen primitif, qui se dédouble alors en ces deux feuillets musculaires. C'est là une différence frappante entre les vertébrés et les invertébrés supérieurs. Chez ces derniers, en effet, le feuillet fibro-cutané externe et le feuillet fibro-intestinal interne dérivent visiblement, le premier de l'*exoderme*, le second de l'*entoderme*. Cela est facile à vérifier, par exemple chez l'embryon du lombric (fig. 36). Mais ce n'est là qu'une contradiction apparente, comme nous le verrons dans la suite. Cette particularité de l'évolution chez l'invertébré reproduit simplement une phase primitive, d'où est dérivée secondairement l'évolution du vertébré. Cela résulte de l'homologie des quatre feuillets germinatifs secondaires, qui, chez le vertébré aussi bien que chez l'invertébré, forment les mêmes organes fondamentaux (fig. 36-39).

La raison de cette dissemblance apparente est que, de très-bonne heure, chez le vertébré, vraisemblablement dès la période silurienne ou même plus tôt, il se produisit une sorte de fusion des deux feuillets moyens ou fibreux, au niveau de l'axe du disque germinatif, grâce à la formation du squelette axial. Là, au centre du corps, autour de l'axe solide, qui sert de point d'appui à toutes les autres parties, les feuillets fibro-cutané et fibro-intestinal s'unirent de bonne heure si intimement que cette adaptation ne tarda pas à devenir héréditaire; enfin, en vertu de l'hérédité abrégée, ils semblèrent se confondre à l'origine en un feuillet moyen simple.

Il nous faut donc admettre que, chez les vertébrés aussi bien que chez les invertébrés, les feuillets fibro-cutané et fibro-intestinal naissaient séparément, dans le principe, l'un du feuillet germinatif animal, l'autre du feuillet végétatif. Si ces deux feuillets semblent naître du mésoderme, c'est là un phénomène secondaire. Quant au dédoublement consécutif du mésoderme en ces deux feuillets fibro-cutané et fibro-intestinal, c'est un phénomène tertiaire. Cependant, en restant dans l'ontogénèse actuelle, il faut dire que les deux feuillets fibreux se forment par le dédoublement du feuillet moyen ou feuillet germinatif moteur de Remak. Au point de vue phylogénétique, au con-

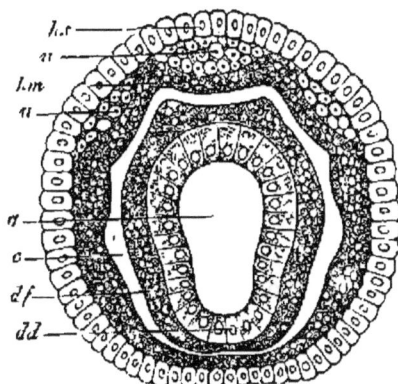

Fig. 36.

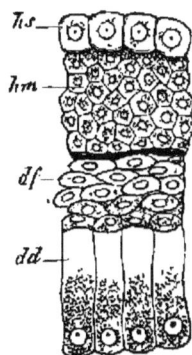

Fig. 37.

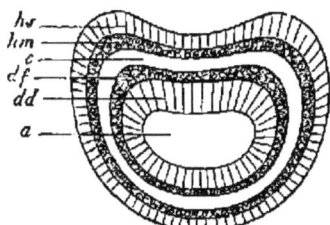

Fig. 38.

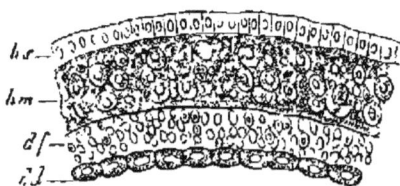

Fig. 39.

traire, le feuillet moyen résulte d'une fusion précoce des deux feuillets secondaires.

Fig. 36. — *Section transversale d'un embryon de lombric.* h s, feuillet cutané-sensitif. h m, feuillet fibro-cutané. d f, feuillet fibro-intestinal. d d, feuillet intestino-glandulaire. a, cavité intestinale. c, cavité viscérale ou cœlom. n, cerveau primitif. u, reins primitifs.

Fig. 37. — *Les quatre feuillets germinatifs secondaires du lombric* plus fortement grossis. (Les lettres comme dans la figure 36.)

Fig. 38. — *Section transversale de la larve de l'amphioxus.* (D'après Kowalevsky.) (Les lettres comme dans la figure 36.)

Fig. 39. — *Les quatre feuillets germinatifs secondaires du disque germinatif chez un vertébré supérieur.* (Les lettres comme dans la figure 36.)

Cette manière de voir, que j'ai formulée pour la première fois
en exposant ma théorie gastréenne ([13]), et qui me parait très-
utile pour se faire une idée biogénétique du corps animal, est
étayée surtout par deux faits principaux, savoir : par le développement distinct des deux feuillets fibreux chez l'amphioxus,
puis par la fusion hâtive des deux feuillets germinatifs primaires chez le vertébré supérieur. Chez le plus humble des vertébrés, chez l'amphioxus, qui nous a fourni des renseignements
nombreux et inappréciables au sujet des vertébrés supérieurs,
les deux feuillets fibreux ou musculaires naissent tout à fait
indépendants l'un de l'autre, ainsi que l'ont établi les très-importantes observations de Kowalevsky (fig. 38). Le feuillet
fibro-cutané (*h m*) provient du feuillet germinatif primaire externe et se sépare du feuillet cutané-sensitif (*h s*). Quant au
feuillet fibro-intestinal (*d f*), il naît du feuillet germinatif primaire interne et se sépare du feuillet glandulo-intestinal (*dd*).
Entre ces deux feuillets s'interpose une cavité, la cavité viscérale (*c*). Or, puisque la conformation primitive de l'embryon
s'observe chez l'humble amphioxus, puisque les quatre feuillets
germinatifs secondaires de cet antique vertébré acrânien sont
indubitablement homologues aux quatre mêmes feuillets chez
l'homme et tous les autres vertébrés, il faut bien que ces
feuillets soient primitifs, phylogénétiques dans l'un et l'autre
cas.

Un fait non moins capital dans cette importante question, c'est
la fusion des deux feuillets germinatifs primaires au niveau de
l'axe du disque germinatif, fusion si hâtive chez tous les vertébrés supérieurs (fig. 43, 44, 45). De cette fusion résulte la formation du « cordon axial », composé de cellules appartenant
aux deux feuillets germinatifs primaires et d'où dérive le troisième feuillet ou feuillet moyen. Nous aurons à revenir sur ce
dernier point, quand nous nous occuperons des détails de la section transversale ; pour le moment, nous nous bornerons à noter
combien ce fait est favorable à notre manière de voir ; il en résulte évidemment, que des cellules appartenant aux deux feuillets germinatifs primaires entrent tout d'abord dans la composition du feuillet moyen. Plus tard, lors du dédoublement de ce
feuillet moyen en deux feuillets fibreux, l'un de ces feuillets, le
fibro-cutané (fig. 39, *h m*), provient des cellules primitives du
feuillet primaire externe (*h s*), tandis que le second feuillet, le

fibro-intestinal (df), est formé par les cellules du feuillet primaire interne (dd) ([45]).

Quant à présent, nous ne voulons pas insister sur ces faits si intéressants, et nous allons tout d'abord parler des différenciations qui se produisent à la périphérie du disque germinatif. Au point où nous l'avons laissé, ce disque est circulaire et semble formé de trois feuillets aussi bien chez l'embryon du mammifère que chez celui de l'oiseau et du reptile. Comme il se produit sur la partie marginale de ce disque une génération de cellules nou-

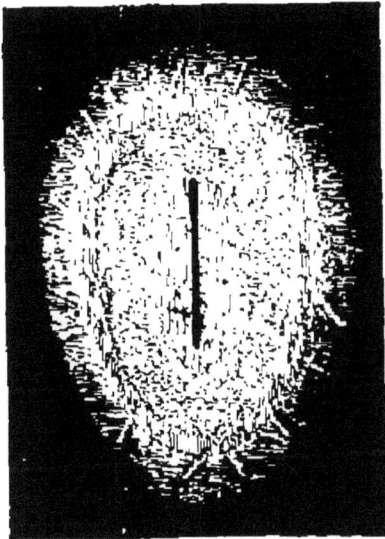

velles, on peut bientôt distinguer une région médiane claire et une région marginale obscure. La portion centrale claire a été appelée *area pellucida* et l'anneau opaque qui l'entoure porte le nom d'*area opaca*. Bientôt le contour de l'aire germinative, d'abord circulaire, devient elliptique, puis ovalaire.

Ensuite apparaît, au centre de la portion claire, une tache ovale plus opaque, d'abord à peine visible, puis se délimitant nettement et ayant la forme d'un écusson circulaire ou ovale, entouré de deux anneaux (fig. 40). Le plus interne de ces anneaux, le plus clair, est le reste de l'aire germinative claire ; l'anneau externe, obscur, est la portion obscure de l'aire germinative ; quant à la tache centrale, clypéiforme, ce n'est rien moins que le premier rudiment du futur mammifère, le germe, l'embryon (double écusson de Remak, *protozoma* des autres auteurs). Ce rudiment résulte de la multiplication cellulaire plus active des

Fig. 40. — *Aire germinative de la vésicule blastodermique du lapin.* Grossissement d'environ dix diamètres. Comme le disque germinatif repose sur une surface noire et que sa substance est demi-transparente, la portion claire paraît opaque, et inversement. De même le rudiment embryonnaire ovale situé au milieu du disque paraît aussi blanchâtre. Au centre de cette région, on voit le sillon médullaire opaque. (D'après Bischoff.)

feuillets externe et moyen au centre de l'aire germinative claire; là les cellules se superposent en couches multiples. Le feuillet interne reste encore simple. Déjà la forme ovale du germe accuse une différence entre les extrémités antérieure et postérieure; la partie arrondie répond à l'extrémité céphalique; la partie amincie est l'extrémité caudale.

Tout à coup apparaît au milieu du germe ovalaire une petite strie délicate, la *ligne primitive*, qui divise l'embryon rudimentaire en une moitié droite et une gauche. Un examen plus minutieux montre que la ligne primitive est une gouttière, une fente, que nous appellerons sillon primitif, sillon médullaire ou sillon dorsal. Ce sillon est un peu élargi à l'extrémité postérieure. Des deux côtés du sillon, la surface du disque germinatif s'exhausse quelque peu; car, à ce niveau, le feuillet germinatif externe s'épaissit en bandelettes. Ces deux bandelettes sont les bourrelets dorsaux ou bourrelets médullaires.

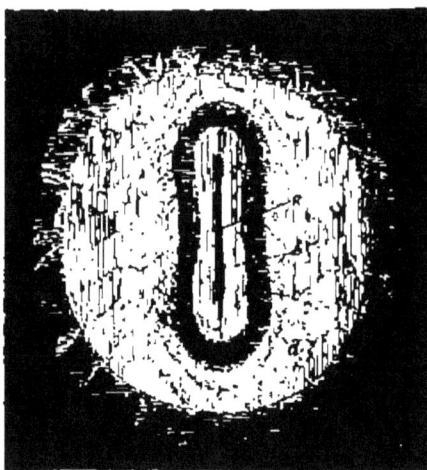

Fig. 41.

Pendant que ces modifications se produisent dans le germe, l'aire germinative ovalaire reprend sa forme circulaire primitive. Au contraire, le germe passe de la forme ovalaire à celle d'une lyre. Ce germe, qui d'abord ressemblait à une feuille ovalaire, s'étrangle vers son milieu, tandis que les deux extrémités s'épaississent et s'élargissent quelque peu (fig. 41). Cette forme caractéristique, comparable à celle d'une semelle, d'un biscuit, d'un violon ou d'une lyre, persiste un long espace de temps chez l'embryon du mammifère et aussi chez celui des oiseaux et

Fig. 41. — *Aire germinative du lapin* avec le germe lyriforme. Grossissement d'environ dix diamètres. L'espace circulaire clair (*d*) est l'aire germinative obscure. L'aire germinative claire (*c*) est lyriforme, comme le germe lui-même (*b*). Dans l'axe de ce germe, on voit le sillon dorsal ou sillon médullaire (*a*). (D'après Bischoff.)

des reptiles. Le germe de l'homme revêt cette forme dès la la deuxième semaine de son évolution (fig. 42). A la fin de cette semaine, sa longueur est d'environ une ligne.

Nous allons maintenant, laissant de côté l'aire germinative, dont les métamorphoses ne nous intéresseront que plus tard, concentrer toute notre attention sur le germe lyriforme, sur le rudiment embryonnaire, d'où provient le corps définitif des

Fig. 42.

mammifères, des oiseaux et des reptiles. Pour comprendre les modifications ultérieures du germe, il nous faudra employer une méthode, dont Remak seul a tiré tout le parti possible, je veux parler de l'étude des sections transversales, pratiquées perpendiculairement de droite à gauche à travers l'aire germinative. C'est uniquement en examinant minutieusement ces sections transversales, pas à pas et dans chaque stade, que l'on arrive à bien comprendre comment, du simple rudiment embryonnaire en forme de feuille, peut provenir le corps si complexe du vertébré.

Faisons maintenant une section transversale à travers notre germe lyriforme (fig. 41, b, 42), et tout d'abord nous remarquerons la différence des trois feuillets germinatifs superposés (fig. 43). Le plus inférieur de ces feuillets, le feuillet intestino-glandulaire, est le plus mince et se compose uniquement d'une simple couche cellulaire (fig. 43, d). La couche moyenne ou mésoderme est considérablement plus épaisse et semble plus ou moins distinctement composée de deux couches étroitement unies. Ces deux couches

Fig. 42. — *Germe, en forme de semelle,* à la deuxième semaine de l'évolution et grossi environ dix fois. Au milieu, on voit le sillon dorsal.

paraissent dépendre, l'inférieure (*f*) du feuillet fibro-intestinal
rudimentaire, la supérieure (*m*) du feuillet fibro-cutané rudimentaire aussi.

La couche la plus superficielle (fig. 43, *h*) est le feuillet cutané-sensitif composé de petites cellules claires. Au milieu de la
section, qui correspond à l'axe des couches, les trois feuillets

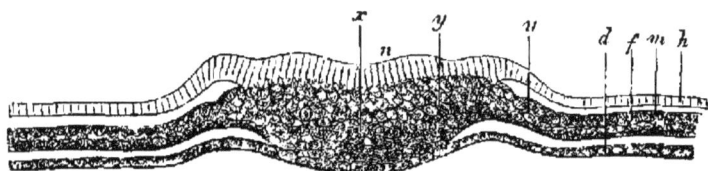

Fig. 43.

sont largement soudés ensemble et forment l'épais *cordon axial*
(fig. 43, *xy*). A la partie médiane de la surface supérieure, on
remarque une très-faible dépression en gouttière, premier indice
de la gouttière primitive (*n*).

Un peu plus tard (fig. 44), la gouttière primitive devient
plus profonde (*n*), et de chaque côté de cette gouttière on voit
saillir légèrement les bourrelets dorsaux. Au-dessous de la gout-

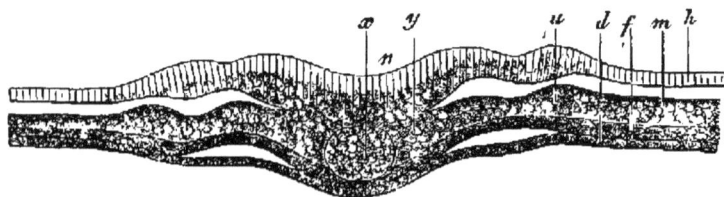

Fig. 44.

tière primitive, au milieu de la masse cellulaire de l'épais cordon
axial, se différencie la section d'un cordon cylindrique (*x*); c'est

Fig. 43.   *Section transversale du germe d'un poulet*, quelques heures
après le commencement de la couvaison. *h*, feuillet cutané-sensitif. *m*, feuillet
fibro-cutané, soudé au feuillet moyen ou mesoderme. *d*, feuillet intestino-
glandulaire. A la partie médiane, les quatre feuillets secondaires se confondent
avec l'épais cordon axial (*xy*). *n*, première trace de la gouttière primitive.
u, région qu'occupera le rein primitif. (D'après Waldeyer.)

Fig. 44. — *Section transversale à travers le germe d'un poulet* un peu
plus âgé que dans la figure 43. Lettres comme dans la figure 43. Au milieu
du cordon axial (*y*) se différencie déjà la *chorda dorsalis* ou tige axiale (*x*).
(D'après Waldeyer.)

le rudiment de la corde dorsale. Le feuillet fibro-intestinal (f)
semble nettement produit par le feuillet intestino-glandulaire (d)
et bien distinct du feuillet fibro-cutané (m), qui dérive du feuillet
cutané sensitif (h).

La gouttière primitive (fig. 45, Pv) se creuse de plus en plus
au fond du sillon dorsal (Rf), tandis que, de chaque côté de ce
sillon, les deux bourrelets dorsaux parallèles s'élèvent de plus
en plus (m).

En même temps, le cordon axial ou la corde dorsale (fig. 45, ch)
se différencie nettement des deux portions latérales du feuillet
germinatif moyen. Nous appellerons dorénavant *feuillets latéraux* (sp) ces deux portions que sépare la corde dorsale. Souvent on leur donne le nom de « lamelles latérales ». Au milieu

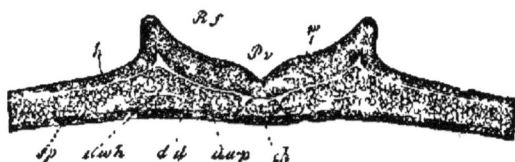

Fig. 45.

de chacun de ces feuillets latéraux, apparaît une fente marquant
la séparation du feuillet fibro-intestinal supérieur et extérieur
du feuillet fibro-cutané, inférieur ou interne. Cette fissure
(fig. 45, uwh) est très-importante ; c'est le premier rudiment
de la future cavité viscérale ou cœlom ([46]).

Il y a lieu de faire quelques observations au sujet de ces
mots « feuillets » et « lamelles », généralement usités en ontogénie depuis Baer et que nous venons nous-même d'employer.

Fig. 45. — *Section transversale du germe d'un poulet,* vers la fin du premier jour de la couvaison. Environ à dix diamètres. Le feuillet germinatif
externe ou cutané-sensitif se divise en deux couches, savoir : la mince couche
cornée périphérique (h), d'où provient l'épiderme avec toutes ses annexes, et
l'épaisse couche médullaire axiale (m), d'où dérive le tube médullaire, qui se
forme au fond de la gouttière primitive (Pc). Les bourrelets dorsaux tres-
saillants marquent la limite entre la couche médullaire (n) et la couche cornée
(h). Le feuillet germinatif moyen, feuillet fibreux ou « germinatif moteur »,
s'est déjà divisé pour former la corde dorsale (ch) et les deux feuillets latéraux (sp). La portion la plus interne de ces derniers se différencie déjà en
cordon vertébral primitif (uwp). La mince fente visible dans les feuillets latéraux marque le premier vestige de la cavité viscérale (uwh). Le feuillet
germinatif interne ou feuillet glandulo-intestinal (dd) ne s'est pas encore modifié. (D'après Kœlliker.)

Les feuillets (*laminœ*) et les lamelles (*lamellœ*) sont des corps, soit en forme de feuilles, soit simplement aplatis. Les uns et les autres sont d'abord constitués, soit par une couche de cellules homogènes, soit par plusieurs couches superposées, et ce sont les premiers rudiments des systèmes organiques. Pourtant les exigences du langage ontogénétique ont fait établir d'importantes différences entre les feuillets et les lamelles. Par « feuillets » il faut entendre les premières et les plus anciennes couches de cellules ; ces couches existent dans tous les points du germe et d'elles proviennent tous les systèmes d'organes. Par « lamelles » on désigne seulement quelques parties de ces feuillets servant seulement à la formation d'organes isolés, de volumes divers.

Mais cette distinction n'a rien d'immuable; ainsi l'on appelle

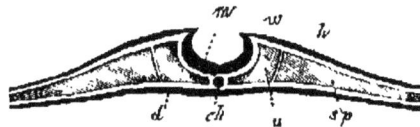

Fig. 46.

habituellement « lamelle fibro-cutanée, lamelle fibro-intestinale » les deux feuillets germinatifs secondaires et moyens. Au contraire, on désigne d'ordinaire par l'expression « feuillet corné » une partie du feuillet cutané-sensitif, « la lamelle cornée ». Quant à nous, nous respecterons autant que possible l'importante distinction dont nous venons de parler, et nous appellerons feuillets seulement les deux feuillets germinatifs primaires et les quatre secondaires. Par conséquent nous devrons dénommer « feuillets latéraux » les « lamelles latérales », puisqu'en dernière analyse elles proviennent d'une fusion de deux feuillets germinatifs secondaires. Au contraire, le soi-disant feuillet corné et tous les rudiments d'organes diffé-

Fig. 46. — *Section transversale du germe d'un poulet* à la fin du premier jour de la couvaison. Grossissement d'environ vingt diamètres. Les bords de la lamelle médullaire (*m*), qui, se confondant avec ceux des bourrelets dorsaux, séparent ces derniers de la lamelle cornée (*h*), s'incurvent l'un vers l'autre. De chaque côté de la corde dorsale (*c h*), la portion interne des feuillets latéraux (*u*) s'est différenciée de la portion externe (*s p*) en cordon vertebral primitif. Le feuillet intestino-glandulaire (*d*) ne s'est point encore modifie. (D'après Remak.)

renciés et aplatis en feuillet provenant des quatre feuillets, seront pour nous des « lamelles » (lamelle musculaire, lamelle du squelette, etc.).

Quand la *chorda dorsalis* s'est une fois nettement distinguée des deux feuillets latéraux, une portion du bord interne de chacun de ces feuillets s'en sépare sous la forme d'un gros cordon allongé (fig. 45, *uwp*, fig. 46, *u*). Nous appellerons ce cordon « lamelle vertébrale primitive » ou mieux « cordon vertébral primitif » ; car c'est de ce cordon que proviennent la colonne vertébrale primitive et les premiers rudiments des pièces de cette colonne, les pièces vertébrales primitives. Cette colonne vertébrale primitive est bientôt dans un rapport étroit avec la corde dorsale qu'elle entoure, et toute cette masse axiale devient plus tard la colonne vertébrale différenciée. Une fois séparée du cordon vertébral primitif, la portion périphérique des deux feuillets latéraux prend de chaque côté le nom de « lamelle latérale » ; de cette portion proviennent les deux feuillets fibreux, dont nous avons déjà fait mention.

Durant toute cette phase, le feuillet glandulo-intestinal ou feuillet germinatif interne ne subit d'abord aucune modification (fig. 45, *dd*, fig. 46, *d*). Mais les métamorphoses du feuillet cutané-sensitif ou germinatif externe n'en sont que plus actives. De la persistante surélévation, de la croissance ininterrompue des deux bourrelets dorsaux, résulte l'incurvation en dedans de ces bourrelets, le rapprochement graduel de leurs bords libres, qui finissent par se souder (fig. 46, *w*). Par là la fente dorsale se rétrécit de plus en plus, pour devenir finalement un tube cylindrique fermé (fig. 47, *mr*). Ce tube est fort important : c'est le premier rudiment du système nerveux central, du cerveau et de la moelle épinière ; aussi l'appellerons-nous « tube médullaire » (*tubus medullaris*).

Longtemps on a admiré ces faits comme d'étonnantes énigmes ; nous verrons plus tard qu'à la lumière de la théorie de la descendance tous ces phénomènes deviennent fort naturels. Il est tout à fait naturel que le système nerveux central provienne de l'épiderme, puisque ce système nerveux est l'organe indispensable à tout commerce avec le monde extérieur, à toute activité de l'âme, à toute perception sensitive. Plus tard, le tube médullaire se sépare entièrement du feuillet germinatif externe et est refoulé en dedans. Ce qui reste de ce feuillet externe après la séparation d'avec le tube médullaire s'appelle maintenant « lamelle cornée » ou « feuillet corné », parce que c'est de là que proviendra tout l'épiderme avec ses annexes (ongles, cheveux, etc.). (Consulter les planches II et III.)

De très-bonne heure, un organe bien différent du système nerveux central semble aussi naître de l'enveloppe externe ; je veux parler du rein primitif, organe excréteur, chargé d'excréter l'urine de l'embryon. Dans le principe, ce rein primitif est un simple tube, situé de chaque côté en dehors du cordon vertébral primitif et dirigé d'avant en arrière (fig. 47, *u n g*). Ce rein primitif naît ou semble naître de la lamelle cornée, à côté du tube médullaire, dans l'espace existant entre le cordon vertébral primitif et la lamelle latérale. Dès le moment où s'effectue la séparation du tube médullaire d'avec la lamelle cornée, le rein

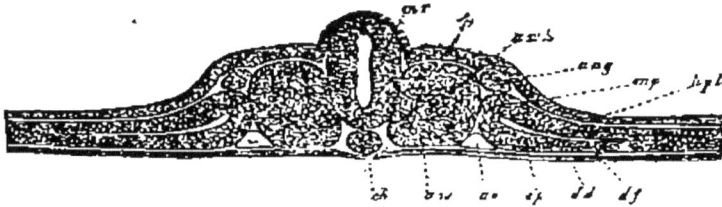

Fig. 47.

primitif est visible à cet endroit. Selon d'autres observations, le rein primitif ne naîtrait pas de la lamelle cornée, mais du cordon vertébral primitif ou de la lamelle latérale.

Si nous récapitulons les trois pièces organiques qui sortent d'abord du feuillet germinatif supérieur, nous trouvons : 1° la lamelle cornée ou enveloppe externe du corps formant l'épi-

Fig. 47. — *Section transversale d'un germe de poulet* au deuxième jour de la couvaison. Grossissement d'environ cent diamètres. Dans le feuillet germinatif externe, la fente dorsale axiale s'est complétement fermée en tube médullaire (*m r*) et est tout à fait séparée de la lamelle cornée (*h*). Au milieu du feuillet germinatif moyen, la corde axiale (*c h*) est entièrement séparée des deux cordons vertébraux primitifs (*u w*), au sein desquels se formera ultérieurement une cavité (*u w h*). Les feuillets latéraux se sont divisés en feuillet fibro-cutané externe (*h p l*) et en feuillet fibro-intestinal interne (*d f*), unis encore, en dedans, par la lamelle moyenne (*m p*). La fissure qui sépare ces deux derniers feuillets est le rudiment de la cavité viscérale. Dans la lacune existant entre les cordons vertébraux primitifs et les feuillets latéraux se trouvent, en dehors et de chaque côté, le rein primitif (*u n g*) et, en dedans, l'artère primitive. (D'après Kölliker.)

derme avec les cheveux, les ongles, les glandes sudoripares, etc.
(fig. 47, *h*); 2° le tube médullaire d'où proviennent la moelle
épinière, et ensuite, à l'extrémité antérieure de cette moelle, le
cerveau (fig. 47, *mr*); 3° les reins primitifs, organes excrétoires de l'urine, et peut-être aussi les rudiments premiers des
glandes génératrices, partie principale des organes sexuels
(fig. 47, *u n g*).

Tandis que le feuillet cutané-sensitif se subdivise ainsi, le
feuillet germinatif moyen ou feuillet de fusion se divise aussi
en trois parties : 1° en tige axiale de l'embryon ou *chorda dorsalis* (fig. 47, *ch*); 2° en deux cordons vertébraux primitifs
séparés par cette corde dorsale (fig. 47, *uw*); 3° en feuillets latéraux situés plus en dehors. Sur ces derniers on voit encore la
division primitive du feuillet germinatif moyen en feuillet musculo-cutané externe (ou feuillet fibro-cutané, fig. 47, *hpl*) et en
feuillet externe intestino-musculaire (ou feuillet fibro-intestinal,
fig. 47, *df*). Le point de fusion des deux feuillets fibreux s'appelle *lamelle moyenne* (*mp*). L'étroite fissure (*sp*) existant
entre les deux feuillets fibreux est aussi très-importante; c'est
le rudiment de la cavité véscérale ou *coelom*, destinée plus
tard à loger le cœur, les poumons, le canal intestinal, etc. Dans
la suite, chez les mammifères, cette cavité sera divisée par le
diaphragme en cavité thoracique et en cavité abdominale. Mais
au début cette cavité est simple; elle existe à droite et à gauche,
entre le feuillet musculo-intestinal et le feuillet musculo-cutané,
et provient de l'écartement des deux feuillets moyens. Ces deux
derniers feuillets ne se soudent qu'au niveau de leur bord interne;
là, sur le côté externe des cordons vertébraux primitifs, le feuillet
fibro-cutané s'incurve pour se continuer directement avec le feuillet fibro-intestinal. Cette portion recourbée est appelée lamelle
moyenne ou mieux lamelle mésentérique (fig. 40, *mp*).

Enfin un autre organe, dont la formation se lie probablement
avec celle de la cavité viscérale, se voit aussi, de bonne heure,
dans l'angle inférieur formé par le feuillet fibro-intestinal et le
cordon vertébral primitif (fig. 47, *ao*). J'entends parler du
premier rudiment des principaux vaisseaux sanguins, des artères
primitives ou *aortes*. Ce sont deux canaux allongés, courant
entre le feuillet musculo-intestinal, le feuillet intestino-glandulaire, et le cordon vertébral primitif. Plus tard, ces artères
primitives sont situées dans la cavité viscérale même, et, en

dehors de ces vaisseaux, dans leur voisinage immédiat, se trouvent les reins primitifs.

Quant au feuillet germinatif interne ou feuillet intestino-glandulaire (fig. 47, *d d*), il ne change pas, pendant tout ce temps; c'est seulement un peu plus tard qu'on voit s'y former une légère dépression en gouttière, sur la ligne médiane du germe, immédiatement au-dessous de la *chorda dorsalis*. Cette dépression, appelée *gouttière intestinale, sillon intestinal*, nous indique déjà le rôle futur de ce feuillet germinatif. Peu à peu cette gouttière intestinale se creuse, ses bords inférieurs s'inclinent l'un vers l'autre, et il en résulte un tube fermé. Déjà

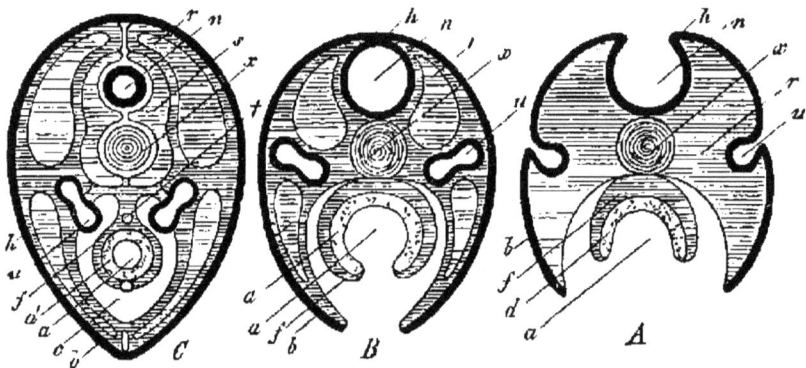

Fig. 48.

auparavant la gouttière primitive avait formé d'une manière analogue le tube médullaire (fig. 48). Que l'on se figure une feuille de papier se recourbant en gouttière, s'enroulant assez

Fig. 48. — *Trois sections transversales schématiques à travers le germe d'un vertébré supérieur*. Elles sont destinées à montrer comment les organes tubiformes rudimentaires naissent des feuillets germinatifs incurves. Dans la figure *A*, le tube medullaire (*n*), le tube intestinal (*a*) sont encore des gouttières ouvertes; les reins primitifs (*u*) sont encore de simples glandes cutanées. Dans la figure *B*, le tube médullaire (*n*) et la paroi dorsale sont déjà fermés, tandis que le tube intestinal (*a*) et la paroi ventrale sont encore ouverts; les reins primitifs sont nettement séparés de la peau. Dans la figure *C*, le tube intestinal et la paroi ventrale sont clos comme le tube medullaire et la paroi dorsale. Toutes les gouttières ouvertes sont devenues des tubes; les reins primitifs ont émigré à l'intérieur du germe. — Les lettres ont la même valeur dans les trois figures : *h*, feuillet cutané-sensitif. *n*, tube medullaire. *u*, reins primitifs. *x*, cordon axial. *s*, rudiment vertebral. *r*, paroi dorsale. *b*, paroi ventrale. *c*, cavité viscérale ou cœlom. *f*, feuillet fibro-cutané. *t*, artère primitive (aorte). *v*, veine primitive (veine intestinale). *d*, feuillet intestino-glandulaire. *a*, tube intestinal. (Voir les planches II et III.)

pour que ses bords enduits de colle se touchent et adhèrent, on aura une image du procédé dont nous parlons. C'est ainsi, comme nous l'avons dit, que se forment le tube médullaire (48, *n*) et le tube intestinal (48, *a*). Le feuillet musculo-intestinal (*f*), contigu au feuillet intestino-glandulaire (*d*), s'incurve naturellement avec lui. Il en résulte que, dès l'origine, la paroi intestinale se compose de deux couches, d'une couche interne formée par le feuillet intestino-glandulaire, d'une couche externe constituée par le feuillet intestino-musculaire.

Pourtant, en dépit de l'analogie, il y a une différence entre la formation du tube intestinal et celle du tube médullaire. Celui-ci se ferme dans toute sa longueur en un vrai cylindre, tandis que le tube intestinal reste longtemps ouvert à sa partie moyenne, où il communique avec la cavité de la vésicule blastodermique, et cet orifice de communication se ferme très-tard, pour former le nombril. La fermeture du tube médullaire se fait bilatéralement, par le rapprochement des bords droit et gauche de la gouttière primitive. Mais l'occlusion du tube intestinal se fait de tous les côtés à la fois; de toutes parts les bords de la gouttière convergent vers le nombril.

Ce procédé évolutif est tout d'abord assez difficile à suivre; on finit pourtant par s'en faire une idée à peu près exacte. Tous les phénomènes évolutifs dont nous parlons se comprennent d'ailleurs assez difficilement à première vue, quoiqu'ils soient d'une extrême simplicité; mais nous ne sommes point accoutumés à nous figurer nettement des faits de ce genre. En outre, quoique l'évolution primitive soit essentiellement simple, chez les vertébrés, elle se complique pourtant de bonne heure et devient ainsi assez difficile à démêler. Par exemple, les rapports de l'embryon avec la vésicule blastodermique et les membranes qui en dérivent sont d'abord fort malaisés à déterminer (voir pl. III, fig. 14 et 15).

Pour dissiper toute obscurité sur ce point, il faut se représenter bien exactement les rapports du germe avec l'aire germinative et la vésicule blastodermique. Le meilleur moyen pour y parvenir est de comparer les cinq stades dessinés dans la figure 49, en section longitudinale. De très-bonne heure le rudiment embryonnaire (*e*) tend à saillir au-dessus du plan de l'aire germinative et à se séparer de la vésicule blastodermique. La face dorsale du corps offre encore un aspect fort simple. Le contour a toujours la forme d'une lyre (fig. 42). Nulle trace encore de la division

en tête, cou, tronc, membres, etc. Mais le germe a beaucoup
gagné en épaisseur; aussi forme-t-il un bourrelet épais, elliptique,
fortement recourbé à la surface de l'aire germinative. Que l'on
se figure maintenant que l'embryon tend à se détacher de la
vésicule blastodermique, à laquelle il adhère par la face abdominale. A mesure que la séparation s'effectue, la face dorsale de
l'embryon s'incurve de plus en plus, l'embryon lui-même croît
et, inversement, la vésicule blastodermique décroît, pour ne plus
être, en fin de compte, qu'une petite poche appendue à l'abdomen
de l'embryon (fig. 47, 5, *d s*).

Tout d'abord, les phénomènes de croissance, qui déterminent
cet isolement de l'embryon, s'accusent par une dépression circulaire de la vésicule blastodermique autour du germe; en dehors
de ce sillon, les parties contiguës du blastoderme se relèvent,
en formant une sorte de mur circulaire (fig. 49, 2, *h s*).

A ce moment, on peut comparer l'embryon à un fort ceint
d'un fossé et d'un mur. Ce fossé est formé par la portion externe
de l'aire germinative, et il cesse là où cette aire se continue avec
la vésicule blastodermique. La fente, qui, à la partie médiane
du feuillet germinatif moyen, forme la cavité viscérale, se continue, autour de l'embryon, sur toute l'aire germinative. D'abord
ce feuillet germinatif moyen occupe seulement l'aire germinative ;
le reste de la vésicule blastodermique se compose seulement des
deux feuillets germinatifs primitifs, l'externe et l'interne. De
son côté, le feuillet moyen, au niveau de l'aire germinative, se
dédouble en deux lamelles, dont nous avons déjà parlé, et qui
sont le feuillet cutané-musculaire externe et le feuillet intestino-
musculaire interne. Ces deux lamelles s'écartent l'une de l'autre
et en même temps un liquide clair remplit leur intervalle. La
lamelle interne ou feuillet fibro-intestinal reste appliquée sur le
feuillet germinatif interne ou intestino-glandulaire. Au contraire,
la lamelle externe ou feuillet fibro-cutané s'unit étroitement au
feuillet externe de la vésicule blastodermique et suit ce dernier
feuillet, quand il se détache de cette vésicule pour s'élever au-
dessus. De ces deux lamelles externes, savoir, de la membrane
externe ou plaque cornée et du feuillet fibro-cutané, se forme
maintenant une membrane unique. C'est la cloison annulaire, qui
entoure l'embryon et qui, en s'élevant de plus en plus, finit par se
souder au-dessus de lui (fig. 49, 2, 3, 4, 5, *a m*). En continuant
notre métaphore, nous pouvons nous figurer que le mur d'en-

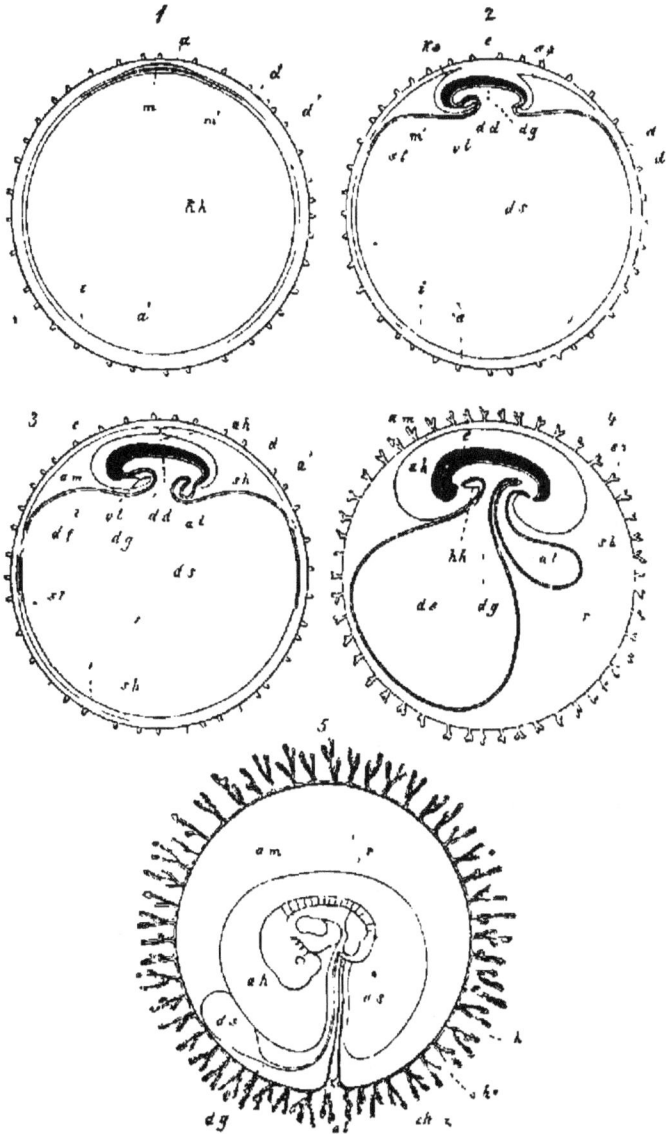

Fig. 49.

ceinte s'élève extraordinairement haut au-dessus du fort et le
cache. Les bords de ce mur s'incurvent en dedans, comme la

Fig. 49. — *Cinq sections schématiques longitudinales à travers le germe
du mammifère et les membranes ovulaires.* — Dans les figures 1-4 la section
suit le plan median du corps, qu'elle divise en une moitie droite et une gauche ;

crête d'une paroi de roches sourcilleuses, tendant à enfermer complétement l'édifice; ce qui arrive en effet quand ils se rejoignent, après avoir formé une cavité profonde (voir fig. 50-53 et pl. III, fig. 14).

Ainsi les deux couches externes de l'aire germinative, le feuillet cutané sensitif et le feuillet fibro-cutané, se replient circulairement autour de l'embryon et le recouvrent en formant, à la fin, une poche spacieuse. Cette poche, c'est l'amnios (fig. 49, *a m*). Quant à l'embryon, il flotte dans une humeur aqueuse, remplissant l'espace entre l'embryon et l'amnios; c'est le liquide amniotique (fig. 49, 4, 5, *a h*). Plus tard, nous reviendrons sur ces phénomènes intéressants. Pour le moment, ils nous importent peu, car ils ne se relient pas directement à la formation du corps. Il nous suffira donc de les mentionner en passant, pour faire comprendre comment l'embryon du mammifère forme son enveloppe propre et ses annexes.

Parmi ces annexes, dont nous reparlerons, nous voulons encore signaler brièvement l'allantoïde et le sac du jaune ou vésicule ombilicale. L'allantoïde ou sac urinaire (fig. 49, 3, 4, *a l*) est une vésicule pyriforme, provenant de la portion la plus postérieure du canal intestinal; plus tard, la partie la plus interne de l'allantoïde devient la vessie; la partie la plus externe avec ses vaisseaux

dans la figure 5, le germe est vu du côté gauche. Dans la figure 1, le chorion muni de villosités (*d'*) revêt la vésicule blastodermique constituée par les deux feuillets germinatifs primaires. Au niveau de l'aire germinative, le feuillet moyen (*m*) est apparu entre le feuillet germinatif interne (*i*) et l'externe (*a*). Dans la figure 2, l'embryon (*e*) commence à se séparer de la vésicule blastodermique (*ds*) et, autour de lui, s'élève un repli amniotique, formant, en avant, l'étui céphalique (*ks*), en arrière, l'étui caudal (*ss*). Dans la figure 3, les bords du repli amniotique (*am*) se rejoignent au-dessus de la face dorsale de l'embryon et forment ainsi la cavité amniotique (*a h*); pendant que la séparation de l'embryon devient de plus en plus profonde, le canal digestif se forme (*dd*) et, à son extrémité postérieure, on voit saillir l'allantoïde (*al*). Dans la figure 4, l'allantoïde (*al*) a grandi et le sac vitellin (*ds*) a diminué. Dans la figure 5, on voit déjà les fentes branchiales et les rudiments des membres; le chorion est muni de villosités ramifiées. Dans les cinq figures, les lettres ont la valeur suivante : *e*, embryon. *a*, feuillet germinatif externe. *m*, feuillet germinatif moyen. *i*, feuillet germinatif interne. *am*, amnios. (*ks*, étui céphalique. *ss*, étui caudal.) *ah*, cavité amniotique. *as*, étui amniotique du cordon ombilical. *λh=ds*, sac du jaune ou vésicule ombilicale. *dg*, orifice ombilical ou canal du jaune. *df*, feuillet fibro-intestinal. *dd*, feuillet fibro-glandulaire. *al*, allantoïde. *vl=hh*, région cardiaque. *ch—d*, chorion ou membrane ovulaire externe (membrane du jaune). *chz=d'*, villosités du chorion. *sh*, membrane séreuse. *sz*, villosités de cette membrane. *r*, cavité pleine de liquide située entre l'amnios et le chorion. (D'après Kolliker.) (Voir pl. III, fig. 14 et 15.)

sert de rudiment au placenta. En avant de l'allantoïde, on trouve aussi suspendue à l'orifice abdominal de l'embryon la *vésicule ombilicale* (fig. 49, 3, 4, *d s*), qui est simplement le reste de la vésicule blastodermique (fig. 49, 1, *k h*). Chez l'embryon plus développé, quand l'occlusion définitive de la paroi intestinale et de la paroi ventrale est proche, la vésicule ombilicale n'est plus qu'une petite poche pédonculée (fig. 49, 4, 5, *d s*). La paroi de cette vésicule se compose de deux couches : une couche interne, le feuillet intestino-glandulaire, et une couche externe, le feuillet fibro-intestinal. La vésicule ombilicale décroît au fur et à mesure de la croissance embryonnaire; elle se continue directement avec la paroi intestinale. D'abord, l'embryon semble n'être qu'un appendice d'une énorme vésicule blastodermique; plus tard, la proportion devient inverse. En fin de compte, la vésicule perd toute importance; ce n'est plus qu'une substance nutritive, que l'embryon utilise en se développant. En même temps, le large orifice, par lequel la cavité intestinale communique d'abord avec la vésicule ombilicale, s'amoindrit graduellement et finit par s'obturer tout à fait. Chez le mammifère complétement développé, l'ancienne communication de la vésicule ombilicale avec le nombril n'a laissé d'autre trace que la dépression cupuliforme que l'on appelle le nombril (voir fig. 14 et 15, pl. III).

La formation du nombril coïncide avec l'occlusion complète de la paroi abdominale externe. Quant au mode de formation de cette dernière, il est tout à fait analogue à celui de la paroi dorsale. L'une et l'autre se forment essentiellement aux dépens du feuillet fibro-cutané et sont revêtues extérieurement par la lamelle cornée, c'est-à-dire par la portion périphérique du feuillet cutané-sensitif. Par suite des métamorphoses de ces deux parois dorsale et abdominale, le feuillet germinatif animal se transforme en un double tube, en un canal vertébral dorsal et en un tube viscéral abdominal contenant le canal digestif (fig. 48).

Nous allons examiner la formation de ces deux parois, en commençant par la paroi dorsale (fig. 50-53). Nous avons vu que, sur la ligne médiane du dos de l'embryon, se trouve le tube médullaire (*m r*) immédiatement au-dessous de la lamelle cornée (*h*), dont il se sépare à la partie moyenne. Plus tard, les lamelles vertébrales primitives (*u w*) s'introduisent de droite et de gauche entre la plaque cornée et le tube primitivement unis (fig. 51, 52). Les bords supérieurs et internes des deux lamelles vertébrales primitives se glissent entre la lamelle cornée et le tube médullaire, les écartent l'une de l'autre et finissent par s'unir dans l'intervalle, en formant une suture, qui répond à la ligne médiane du dos. Il en résulte une occlusion analogue à celle du tube médullaire; ce dernier est maintenant complétement enclos dans le tube vertébral. C'est ainsi que se forme la paroi dorsale et que le tube médullaire devient entièrement interne (fig. 53).

C'est d'une manière tout à fait analogue que se forme plus tard la masse vertébrale primitive qui entoure la chorda dorsalis et forme la colonne vertébrale. Pour cela, le bord inférieur et interne de la lamelle vertébrale primitive se divise de chaque côté en deux lamelles, qui s'introduisent, la supérieure entre la chorda et le tube médullaire, l'inférieure entre la chorda et le tube intestinal. Par leur rencontre au-dessus et au-dessous de la chorda, ces deux lamelles forment à cette dernière un étui complet, l'*étui de la chorda dorsalis,* couche osseuse, d'où proviendra la colonne vertébrale (fig. 52, 53). (Voir fig. 3-6, sur la planche II.)

Le mode de formation de la paroi ventrale est très-analogue à celui de la paroi dorsale (fig. 53, *h h*). Les lamelles latérales grandissent et s'enroulent autour de l'intestin, comme celui-ci s'était enroulé lui-même. La portion externe des lamelles latérales forme la paroi abdominale ou paroi viscérale inférieure, tandis que, sur le côté interne du repli amniotique précédemment cité, les deux lamelles latérales s'incurvent plus fortement l'une vers l'autre et finissent par se souder. Pendant que s'effectue l'occlusion du tube intestinal, celle de la paroi viscérale s'opère aussi de tous les côtés. La paroi qui limite inférieurement la cavité abdominale provient aussi des deux lamelles latérales incurvées l'une vers l'autre. Comme ces lamelles convergent de tous côtés l'une vers l'autre, pour se réunir enfin au niveau de l'ombilic, il en résulte l'occlusion de la paroi abdominale. C'est tout à fait ainsi que s'était effectuée l'occlusion de l'intestin. Il y a donc, à vrai dire, deux ombilics, un interne et un externe. L'ombilic interne ou intestinal est le point d'occlusion de la paroi intestinale, interrompant toute communication entre la cavité intestinale et celle de la vésicule ombilicale. Quant au nombril externe ou cutané, c'est le point d'occlusion de la paroi abdominale, qui, chez l'homme adulte, est enfoncé en cupule. Il faut noter que, dans cette double soudure, les feuillets germinatifs secondaires ont chacun leur part distincte. Ce sont les feuillets intestino-glandulaire et fibro-intestinal, qui entrent dans la com-

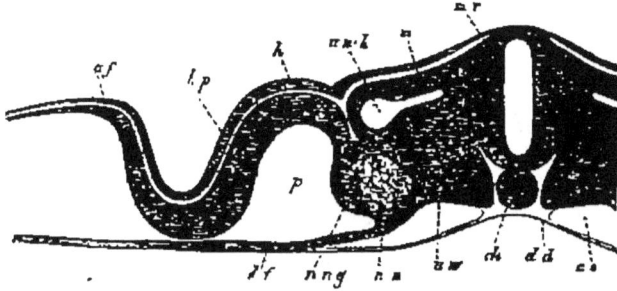

Fig. 50.

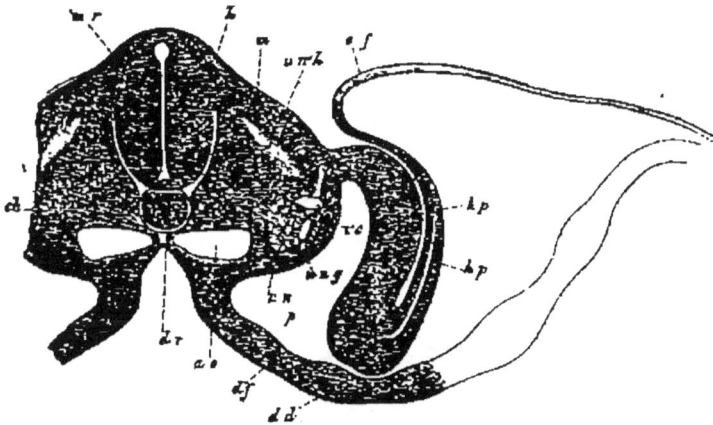

Fig. 51.

Fig. 50-53. — *Section transversale d'un embryon de poulet.* La figure 50 répond au deuxième jour de la couvaison; la figure 51, au troisième; la figure 52, au quatrième; la fig. 53, au cinquième. Les figures 50-52 sont faites d'après Kölliker et au grossissement de cent diamètres environ; la figure 53 est d'après Remak et à un grossissement d'à peu près vingt diamètres. *h*, lamelle cornée; *mr*, tube médullaire; *urg*, tube du rein primitif; *un*, vésicule du rein primitif; *hp*, feuillet fibro-cutané; $m = mn = mp$, lamelle musculaire; *un*, lamelle vertébrale primitive (*wh*, rudiment membraneux du corps vertébral; *wb*, id. de l'arc vertébral; *wq*, id. des côtes ou des apophyses transverses). *wwh*, cavité vertébrale primitive; *ch*, cordon axial ou chorda; *sh*, gaîne de la chorda; *bh*, paroi abdominale; *g*, racines nerveuses postérieures de la moelle; *v*, racines antérieures; $a = af = am$, plis de l'amnios; *p*, cavité viscérale; *df*, feuillet fibro-intestinal; *ao*, aortes primitives; *sa*, aorte secondaire; *vc*, veines cardinales; $d = dd$, feuillet intestino-glandulaire; *dr*, gouttière intestinale. On a supprimé dans la figure 50 la plus grande partie de la moitié droite de la section; dans la figure 51, la suppression a porté sur la moitié gauche. Quant à la vésicule ombilicale ou reste de la vésicule blastodermique, on s'est borné à indiquer, en bas, une très-petite portion de sa paroi.

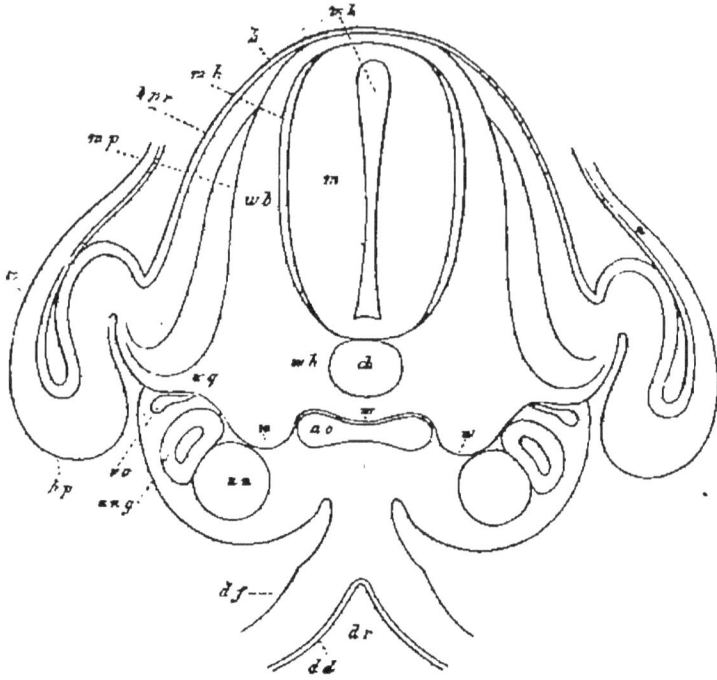

Fig. 52.

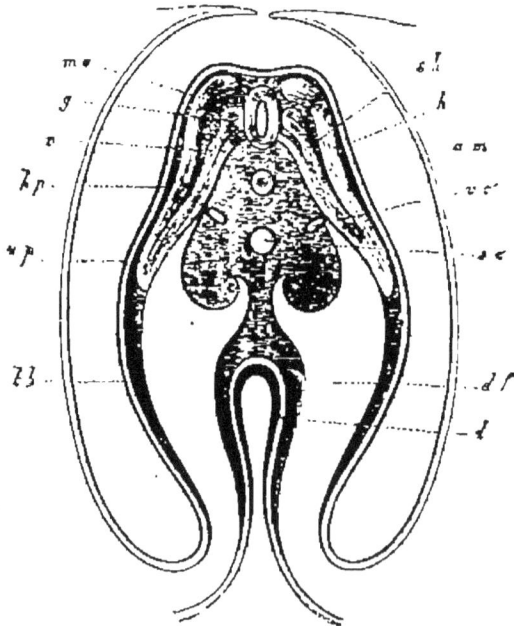

Fig. 53.

position de la paroi intestinale, tandis que la paroi abdominale
est formée par le feuillet fibro-cutané et le feuillet cutané-
sensitif. En définitive, la paroi intestinale provient de l'entoderme et la paroi abdominale ou, plus généralement, toute la
paroi viscérale provient de l'exoderme.

Comme on le voit, le mode de formation des deux parois
abdominale et dorsale est tout à fait analogue. A la face dorsale,
le tube médullaire naît tout d'abord du feuillet germinatif externe et, au-dessus de ce tube, se soude la paroi dorsale, provenant des vertèbres primitives; l'occlusion s'effectue au niveau
de la ligne médiane. A la face ventrale, le tube intestinal naît,
d'une manière analogue, du feuillet germinatif interne; puis la
paroi abdominale recouvre ce tube par la convergence des lamelles
latérales vers le centre de l'abdomen, vers l'ombilic. Dans les
deux cas, il se forme ainsi deux tubes emboîtés l'un dans l'autre :
en haut, c'est le tube médullaire, inclus dans le canal vertébral
formé par la paroi dorsale ; en bas, c'est le tube intestinal, inclus
dans la cavité viscérale formée par la paroi abdominale.

On le voit, c'est par des procédés très-simples que le rudiment
doublement tubulé du corps vertébré provient de l'aire germinative à quatre feuillets. Mais, en dépit de leur simplicité, ces phénomènes sont tout d'abord difficiles à comprendre. Je ne doute
pas que bien des points ne soient encore très-obscurs pour mes
auditeurs, peu versés, pour la plupart, dans les sciences anatomiques. Mais, si l'on veut rapprocher les stades évolutifs futurs
de ceux dont nous avons parlé, on verra qu'ils s'expliquent les
uns les autres. Que l'on compare surtout soigneusement les sections du germe et celles du vertébré complet, telles qu'elles sont représentées dans les figures 34, 43-48, 50-53 et dans la planche II,
et l'on arrivera, je le crois, à comprendre clairement les principes
de l'ontogénèse du mammifère. La comparaison minutieuse et
réfléchie de ces sections est ici de la plus haute importance.
Jusqu'ici nous ne nous sommes nullement occupés des divers
segments du corps considéré dans sa longueur, de la tête, du
cou, de la poitrine, de l'abdomen, de la queue, etc. Pour ces
segments, l'étude des sections transversales est insuffisante; il
nous faut donc considérer le corps du mammifère dans le sens
de son axe longitudinal.

TROISIÈME TABLEAU.

Vue générale du développement des systèmes organiques de l'homme à partir des feuillets germinatifs. (Voir pl. II et III.)

A. Feuillet germinatif primaire et externe. **Feuillet cutané.** (Feuillet germinatif animal. BAER.) **Exoderma.** *Lamina dermalis.*	*a.* Premier feuillet germinatif secondaire. **Feuillet cutané-sensitif.** (Couche cutanee. BAER.) *Lamina neuro-dermalis.*	I. Lamelle cornee. *Lamella ceratina.*	1° Épiderme. 2° Annexes de l'epiderme (cheveux, ongles). 3° Glandes epidermiques (glandes sudoripares, glandes sebacees, glandes mammaires).
		II. Lamelle medullaire. *Lamella nervea.*	4° Moelle epinière {tube médullaire. 5° Cerveau 6° Organes des sens (portion essentielle).
		III. Lamelle germinative renale. *Lamella urogenitalis.*	7° Reins primitifs (?) (viennent peut-être du feuillet fibro-cutane). 8° Glandes sexuelles (viennent peut-être du feuillet fibro-intestinal).
	b. Deuxieme feuillet germinatif secondaire. **Feuillet fibro-cutané.** (Couche charnue. BAER.) *Lamina inodermalis.*	IV. Lamelle dermique. *Lamella coriaria.*	9° Derme (Corium) (couche cutanee-musculaire ?)
		V. Lamelle charnue. *Lamella carnosa.*	10° Couche musculaire du tronc (couche laterale des muscles du tronc, etc.). 11° Squelette interne (chorda, colonne vertebrale, etc.). 12° Exocœlar ? (Epithelium cœlomatique parietal) ?
B. Feuillet germinatif primaire et interne. **Feuillet intestinal.** (Feuillet germinatif vegetatif. BAER.) **Entoderma.** *Lamina gastralis.*	*c.* Troisieme feuillet germinatif secondaire. **Feuillet fibro-intestinal.** (Feuillet vasculaire. BAER.) *Lamina inogastralis.*	VI. Lamelle vasculaire. *Lamella vasculosa.*	13° Sang primitif (hœmolymphe). Premiere humeur sanguine. 14° Endocœlar? (Epithelium cœlomatique visceral) ? 15° Principaux vaisseaux sanguins (cœur, arteres et veines primitives). 16° Glandes sanguines (glandes lymphatiques rate).
		VII. Lamelle mesenterique. *Lamella mesenterica.*	17° Mesentere (mesenterium) 18° Etui musculo-intestinal (et couche fibreuse-intestinale).
	d. Quatrieme feuillet germinatif secondaire. **Feuillet glandulo-intestinal.** (Couche muqueuse. BAER.) *Lamina myco-gastralis.*	VIII. Lamelle muqueuse. *Lamella mucosa.*	19° Epithelium intestinal (revêtement cellulaire interne du tube intestinal). 20° Epithelium glandulo-intestinal (revêtement cellulaire interne des glandes intestinales).

LÉGENDES DES PLANCHES II et III.

Les deux planches II et III sont destinées à montrer comment le corps humain provient des feuillets germinatifs ontogénétiquement et phylogénétiquement. La planche II contient seulement des sections transversales schématiques (selon l'axe transverse et l'axe sagittal). Partout on a indiqué par les mêmes couleurs les quatre feuillets germinatifs secondaires et leurs annexes, comme suit : 1° le feuillet cutané sensitif est orange; 2° le feuillet fibro-cutané est bleu; 3° le feuillet fibro-intestinal est rouge; 4° le feuillet intestino-glandulaire est vert. Les lettres indicatives ont partout la même signification. Dans les figures 1 et 9, les feuillets germinatifs primaires sont seuls représentés; le feuillet externe ou cutané est orange; le feuillet interne ou intestinal est vert. Partout la surface dorsale du corps est en haut, la surface abdominale est en bas. Tous les organes provenant du feuillet cutané sont indiqués par des lettres bleues; tous les organes provenant du feuillet intestinal sont indiqués par des lettres rouges.

PLANCHE II.

Fig. 1. — *Section transversale de la gastrula* (voir fig. 9 et fig. 28). Le corps tout entier n'est qu'un tube intestinal (*d*); la paroi de la gastrula est constituée uniquement par les deux feuillets germinatifs primaires.

Fig. 2. — *Section transversale de la larve de l'amphioxus,* au début de l'évolution, quand le corps est encore constitué seulement par les quatre feuillets germinatifs secondaires (voir fig. 38). Le tube intestinal (*d*) provenant du feuillet intestinal est séparé de la paroi viscérale par la cavité viscérale (*c*) issue du feuillet cutané.

Fig. 3. — *Section transversale à travers le disque germinatif du vertébré supérieur,* avec les rudiments des organes primaires [voir la section du germe de poulet, au deuxième jour de la couvaison (fig. 47)]. Le tube médullaire (*m*) et les reins primitifs (*u*) se sont séparés de la plaque cornée (*h*). Des deux côtés de la chorda dorsalis (*ch*), la colonne vertébrale primitive (*u w*) et les feuillets latéraux se sont différenciés. Entre le feuillet fibro-cutané et le feuillet fibro-intestinal, on voit la première ébauche de la cavité viscérale ou cœlom (*c*); en dessous sont les deux aortes primitives (*t*).

Fig. 4. — *Section transversale à travers le disque germinatif du vertébré supérieur,* quelque peu plus développé que dans la figure 3

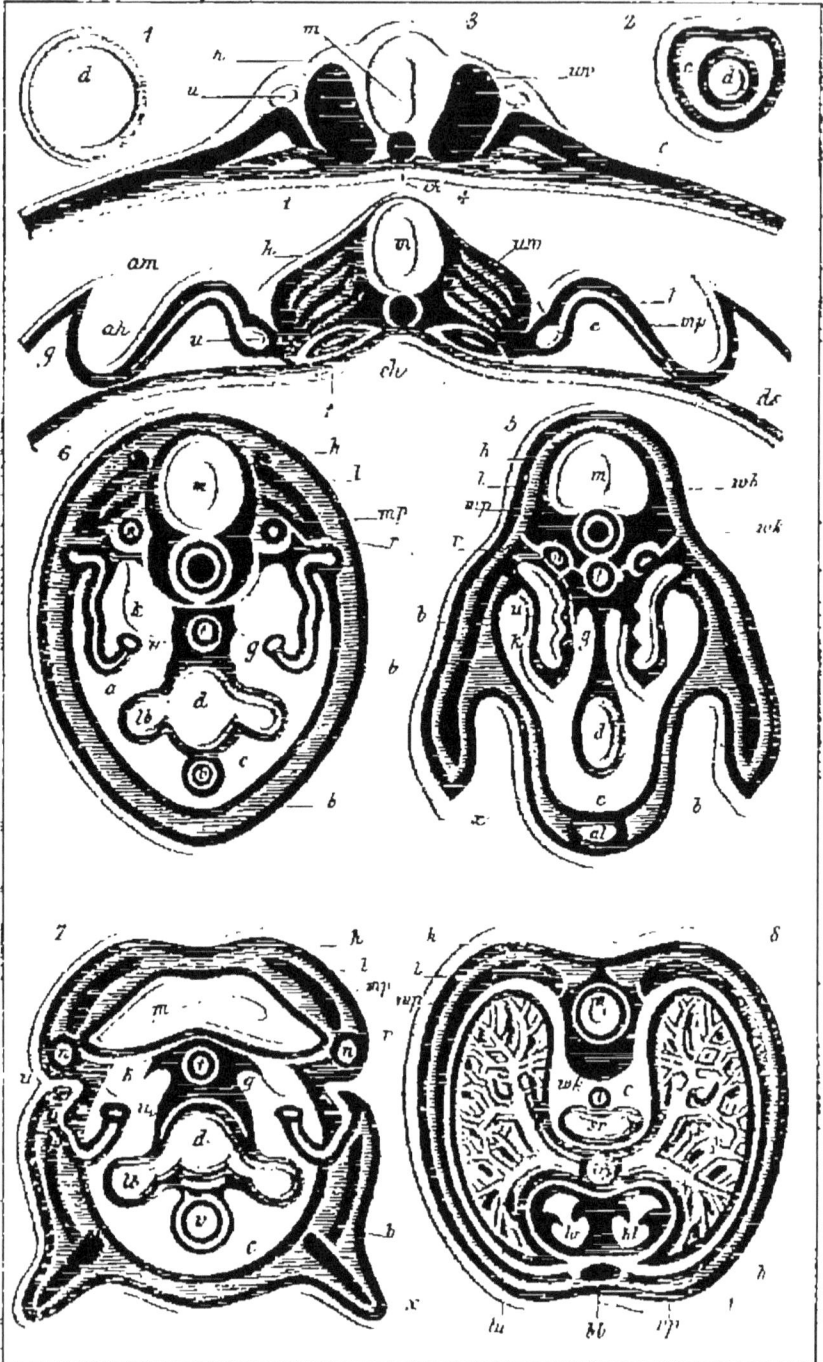

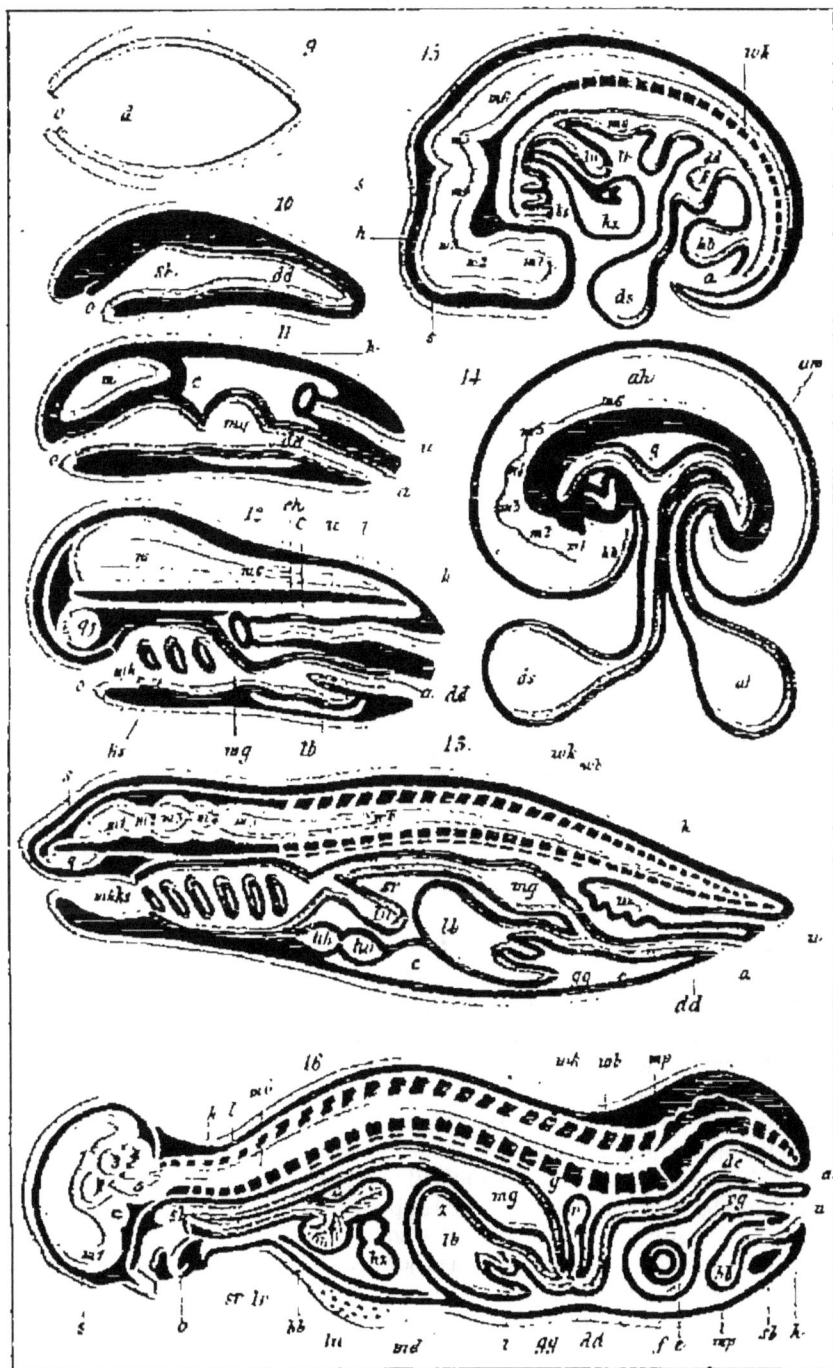

(voir la section transversale du germe de poulet, au troisième jour de la couvaison, fig. 50 et 51). Le tube médullaire (m) et la chorda dorsalis (c h) commencent déjà à être entourés par les vertèbres primitives (u w). Les lamelles musculaires, les lamelles osseuses et les racines nerveuses se différencient. Les reins primitifs (u) sont déjà entièrement séparés de la lamelle cornée par la lamelle dermique (l); c, cavité viscérale, t, aortes. Le feuillet cutané s'élève par le repli amniotique (a m) au-dessus de l'embryon; de là résulte la formation d'une cavité (y) entre le pli amniotique et la vésicule ombilicale (d s).

Fig. 5. — *Section transversale à travers la région du bassin et les membres postérieurs de l'embryon du vertébré supérieur* (voir la section transverse d'un germe de poulet au cinquième jour de la couvaison, fig. 72). Le tube médullaire (m) est déjà entouré par les deux moitiés des arcs vertébraux (w b); de même la *chorda dorsalis* et sa gaîne sont entourées par les deux moitiés des corps vertébraux (w k). La lamelle dermique (l) s'est entièrement séparée de la plaque musculaire (m p). A l'extrémité des membres postérieurs, la lamelle cornée (h) est fort épaissie. Les reins primitifs (u) font déjà saillie dans la cavité viscérale (c) et sont situés tout proche de l'épithélium du germe ou du rudiment des glandes génératrices (k). Le tube intestinal (d) est fixé par un mésentère (g) à la paroi dorsale de la cavité viscérale, au-dessous de l'aorte principale et des deux veines cardinales (n). Au-dessous et au milieu de la paroi abdominale, on voit le pédoncule de l'allantoïde (a l).

Fig. 6. — *Section transverse d'un poisson primitif adulte* (ou d'un autre vertébré inférieur). En général les diverses parties ressemblent à ce que l'on voit dans la section précédente, fig. 5, et elles sont désignées de la même manière. Seulement les glandes sexuelles (k) sont devenues des ovaires et les reins primitifs se sont changés en oviductes, qui débouchent dans la cavité viscérale. Les deux prolongements latéraux (l b) du tube intestinal (d) représentent les glandes intestinales (par exemple le foie). Au-dessous du tube intestinal, dans l'épaisseur de la paroi, on voit la veine intestinale (v); au-dessus, l'aorte (l); plus au-dessus encore, les deux veines cardinales (n).

Fig. 7. — *Section transversale à travers un ver supérieur* (à travers la tête d'un lombric), destinée à montrer que, dans la composition générale du corps, à partir des quatre feuillets germinatifs secondaires, il y a concordance essentielle. Il faut surtout comparer cette section avec la section schématique du vertébré inférieur (fig. 6). Le « cerveau » ou « ganglion œsophagien supérieur » (m) du ver répond par son développement et sa situation au tube médullaire du vertébré. La lamelle dermique (l) et la lamelle musculaire située au-dessous se sont aussi différenciées du feuillet fibro-cutané. La lamelle musculaire s'est divisée en une couche circulaire externe et une couche longitudinale interne; en outre la couche musculaire longitudinale s'est partagée en muscles dorsaux (r) et en muscles abdominaux (b). Les deux couches sont séparées par les reins primitifs (u), qui s'étendent de la lamelle cornée (h) jusque dans la cavité viscérale (c). Les reins primitifs s'ouvrent en entonnoir, dans cette cavité, où ils amènent les ovules sortis de l'ovaire (k). Le tube intestinal (d) est

muni de glandes (foie tubulé, *l b*). Au-dessous du canal intestinal est situé le vaisseau abdominal, « la veine intestinale » (*v*); au-dessus, se trouve
le vaisseau dorsal, « l'aorte » (*t*). La situation et la provenance de tous ces
organes primitifs sont absolument identiques chez l'homme ou tout autre vertébré supérieur et chez le ver. La seule différence essentielle consiste en ceci que, chez le vertébré, la chorda dorsalis se développe entre
le tube médullaire et le tube intestinal, tandis qu'elle fait entièrement défaut chez tous les vers, l'ascidie exceptée.

Fig. 8. — *Section transversale à travers la cage thoracique de l'homme.*
Le tube médullaire (*m*) est complétement engaîné dans la colonne vertébrale (*w*). Des vertèbres partent à droite et à gauche des côtes arquées
soutenant la paroi thoracique (*r p*). En bas, sur la face ventrale, le sternum (*b b*) est situé entre les côtes, à droite et à gauche. Extérieurement,
par dessus les côtes et les muscles intercostaux, est la peau, formée par
le feuillet dermique (*l*) et la lamelle cornée (*h*). La cavité thoracique ou
partie antérieure du coelom (*c*) est en majeure partie remplie par les deux
poumons (*l u*), au sein desquels les conduits aérifères se ramifient comme
des arbres. Ces canaux aboutissent tous à un canal impair s'ouvrant dans
le tube digestif (*s r*) à la région cervicale. Entre le tube digestif et la colonne vertébrale est l'aorte (*t*). Entre le tube aérien et le sternum est situé
le cœur, divisé par une cloison en deux moitiés : le cœur gauche (*h l*),
contenant seulement du sang artériel, et le cœur droit (*h l*), contenant du
sang veineux. Chaque moitié cardiaque est à son tour divisée par une valvule en deux cavités, dont l'une est le vestibule de l'autre. Le cœur est
ici représenté schématiquement; il est symétrique, comme il l'est primitivement en phylogénèse, et placé au milieu de la paroi ventrale. Chez
l'homme adulte, le cœur est très-asymétrique et dirigé obliquement, la
pointe à gauche.

PLANCHE III.

SECTIONS LONGITUDINALES SCHÉMATIQUES.

Fig. 9. — *Section longitudinale à travers la gastrula* (voir fig. 1 et
fig. 28). La cavité intestinale (*d*) s'ouvre antérieurement par un orifice
buccal (*o*). La paroi intestinale, qui est aussi celle du corps, est simplement constituée par les deux feuillets germinatifs primaires.

Fig. 10. — *Section longitudinale à travers un ver primitif* (Prothelmis), dont le corps est uniquement formé par les quatre feuillets germinatifs secondaires. Le tube intestinal (*d*) est encore aussi simple que chez
la gastrula (fig. 9). L'orifice buccal (*o*) est en même temps un orifice anal.

Fig. 11. — *Section longitudinale à travers un ver coelomatique inférieur.* Le cerveau primitif (*m*) ou « ganglion sus-œsophagien » s'est séparé de la lamelle cornée (*h*). Le tube intestinal (*d*) est pourvu d'un orifice
buccal et d'un orifice anal (*a*). Une glande cutanée s'est transformée en
rein primitif (*u*) et s'ouvre dans la cavité viscérale (*c*), qui s'est formée
entre le feuillet fibro-cutané et le feuillet fibro-intestinal.

Fig. 12. — *Section longitudinale d'un ver à chorda* (Chordozoon), appartenant à la forme ancestrale commune des vertébrés et des ascidies. Le cerveau primitif (*m*) se prolonge en une moelle allongée. Entre le tube médullaire et le tube intestinal (*d*) la *chorda dorsalis* (*c h*) s'est développée. Le tube intestinal s'est divisé en deux portions, une portion antérieure (*e*), intestino-branchiale, munie de trois fentes branchiales (*k s*), servant à la respiration, et une partie postérieure intestino-stomacale, servant à la digestion. Cette partie a un appendice hépatique (*l b*). Antérieurement est apparu un organe des sens (*q*). Le rein primitif s'ouvre dans la cavité viscérale (*e*).

Fig. 13. — *Section longitudinale à travers un poisson primitif* (Proselachius), très-voisin du requin actuel et ancêtre direct de l'homme. (Les nageoires ne sont pas représentées.) Le tube médullaire s'est différencié en cinq vésicules cérébrales primitives (*m* 1—*m* 5) et en une moelle dorsale (*m* 6 (voir fig. 15 et 16). Le cerveau est emboîté dans le crâne et la moelle épinière dans le canal vertébral (on voit au-dessus de la moelle épinière les arcs vertébraux (*w b*), et au-dessous, les corps des vertèbres (*w k*) : au-dessous de ces derniers on a indiqué les côtes). De la lamelle cornée se sont formés en avant, un organe des sens (*q*) (le nez et les yeux), en arrière, le rein primitif (*u*). Le tube intestinal (*d*) s'est différencié d'arrière en avant comme suit : orifice buccal (*m h*), cavité œsophagienne avec six paires de branchies (*k s*), vessie natatoire (poumons, *l g*), tube digestif proprement dit (*s r*), estomac (*m g*), foie (*l b*) avec la vésicule du fiel (*i*), intestin grêle (*d d*) et rectum avec anus (*a*). Au-dessous de la cavité œsophagienne, est situé le cœur muni d'une oreillette (*h v*) ou cavité vestibulaire et d'un ventricule ou cavité cardiaque (*h k*).

Fig. 14. — *Section longitudinale à travers un embryon humain de trois semaines,* pour montrer les rapports du tube intestinal et de ses annexes. Au milieu fait saillie la vésicule ombilicale (*d s*) longuement pédiculée et communiquant avec l'intestin ; l'allantoïde, aussi pédiculée, fait de même en arrière (*a l*). Au-dessous de l'intestin antérieur, on voit le cœur (*h s*) ; l'embryon est libre dans la cavité amniotique (*a h*). Autour des pédicules de l'allantoïde et de la vésicule ombilicale, l'amnios commence à former la gaine du cordon ombilical.

Fig. 15. — *Section longitudinale à travers un embryon humain de cinq semaines* (voir la fig. 83). On a fait abstraction du tégument cutané et de l'amnios. Le tube médullaire s'est différencié en cinq vésicules cérébrales primitives (*m* 1—*m* 5) et en moelle épinière (*m* 6) (voir fig. 13 et 16). On voit, autour du cerveau, le crâne; autour de la moelle la série des corps vertébraux (*w k*). Le tube intestinal s'est différencié dans la série des parties suivantes : cavité œsophagienne avec trois paires de fentes branchiales (*k s*), (*l g*), tube digestif alimentaire (*s r*), estomac (*m g*), foie (*l b*), anses de l'intestin grêle (*d d*), où débouche la vésicule ombilicale (*d s*), allantoïde (*a l*) et rectum. Derrière l'œsophage, on voit la large incurvation cardiaque (*h s*).

Fig. 16. — *Section longitudinale à travers un corps de femme adulte.* — Toutes les parties sont complétement développées; pourtant, grâce à

une simplification schématique, on peut voir clairement les rapports de
ces parties avec les quatre feuillets germinatifs secondaires. Dans le cerveau, les cinq vésicules primitives se sont différenciées et transformées,
comme il arrive seulement chez le mammifère supérieur : (m 1), cerveau
antérieur ou grand cerveau, recouvrant les quatre autres vésicules cérébrales; (m 2), cerveau intermédiaire ou couches optiques; (m 3), cerveau
moyen ou tubercules quadrijumeaux; (m 4), cerveau postérieur ou cervelet; (m 5), cerveau postérieur ou moelle allongée, se continuant avec la
moelle épinière (m 6). Le cerveau et la moelle sont entourés, l'un par
le crâne, l'autre par la colonne vertébrale; au-dessus de la moelle épinière, on voit les arcs vertébraux et les apophyses épineuses (w b); au-
dessous les corps vertébraux (w b). La colonne vertébrale se compose
de 7 petites vertèbres cervicales, de 12 vertèbres dorsales (sur lesquelles
on a indiqué l'origine des côtes), de 5 grandes vertèbres lombaires, de
5 vertèbres sacrées, soudées ensemble, et de 4 ou 5 petites vertèbres
caudales ou coccygiennes (voir fig. 82). Le tube intestinal s'est différencié
d'avant en arrière, comme suit : cavité buccale, cavité œsophagienne, où
se trouvent primitivement les fentes branchiales, tube aérifère ou trachée
(l r) avec les poumons (l g), tube digestif proprement dit (s r), estomac(m g),
foie (l b) avec sa vésicule biliaire (i), glande salivaire abdominale ou pancréas (p), intestin grêle (d d) et gros intestin (d c), rectum et anus (a).
La cavité viscérale ou cœlom, est divisée par le diaphragme en deux cavités parfaitement distinctes, l'une thoracique contenant les poumons et
le cœur, l'autre abdominale contenant la presque totalité du tube digestif.
En avant du rectum est situé le vagin (v g) aboutissant à l'utérus (f);
dans ce dernier organe, se développe l'embryon, indiqué ici par une
petite vésicule blastodermique (e). Entre l'utérus et l'os pubien (s b)
est située la vessie urinaire (h b), le reste du pédoncule allantoïde. La
lamelle cornée (h) recouvre d'une couche épidermique tout le corps et
aussi les cavités buccale, rectale, vaginale et utérine. La glande mammaire ou mamelle (m d) provient aussi primitivement de la lamelle
cornée.

INDICE DE LA SIGNIFICATION DES LETTRES

POUR LES PLANCHES II ET III.

a, anus.

ah, cavité amniotique.

al, allantoïde.

am, amnios.

b, muscles abdominaux.

bb, sternum.

c, coelom.

c,, cavité pleurale.

c,,, cavité péritonéale.

ch, chorda.

d, tube intestinal.

dc, colon.

dd, ileum.

ds, vésicule ombilicale.

e, embryon ou germe.

f, utérus.

g, mésentère.

h, lamelle cornée *(ceratina)*.

hb, vessie urinaire.

hk, ventricule cardiaque.

hl, cœur gauche (artériel).

hr, cœur droit (veineux).

hv, oreillette cardiaque.

hz, cœur.

v, vésicule biliaire.

k, glandes sexuelles.

ks, fentes branchiales.

l, corium.

lb, foie.

lr, trachée.

lu, poumon.

m, tube médullaire.

m 1—*m* 5, les cinq ampoules cérébrales.

m 1, cerveau antérieur (hémisphères cérébraux).

m 2, cerveau intermédiaire (couches optiques).

m 3, cerveau moyen (tubercules quadrijumeaux).

m 4, cerveau postérieur (cervelet).

m 5, arrière-cerveau (moelle allongée).

m 6, moelle épinière.

md, mamelle.

mg, estomac.

mh, cavité buccale.

mp, lamelle musculaire.

n, veines cardinales.

o, orifice buccal.

p, pancréas.

q, organe des sens.

r, muscles dorsaux.

rp, côtes.

s, crâne.

sb, os pubis.

sh, pharynx.

sr, œsophage.

t, aorte.

u, rein primitif *(pronéphron)*.

uw, vertèbre primitive *(metameron)*.

v, veine intestinale (veine primitive).

vg, vagin.

w, vertèbre *(vertebra)*.

wb, arcs vertébraux.

wk, corps vertébraux.

x, membres.

y, cavité entre l'amnios et la vésicule ombilicale.

z, diaphragme.

ONZIÈME LEÇON.

FORMATION GÉNÉRALE ET DIFFÉRENCIATION DE L'INDIVIDU.

Quand il s'agit de l'organisation générale du vertébré, il faut d'abord considérer l'apparition d'un squelette interne, ayant des rapports déterminés avec les autres systèmes organiques, puis la segmentation du corps en portions équivalentes. Cette formation des métamères s'effectue plus ou moins nettement sur la plupart des organes, et c'est elle qui subdivise peu à peu l'axe du squelette en unités distinctes, les vertebres. Mais ces vertèbres représentent seulement un cas particulier d'une segmentation générale du corps, d'autant plus importante que son apparition est plus précoce, comme il arrive, par exemple, pour l'axe du squelette d'abord indivis. Il faut donc regarder les pièces de la colonne vertébrale comme des formations primitives, que les progrès de différenciation dans l'axe du squelette transforment en vertèbres

CARL GEGENBAUR (1870)

Récapitulation des données embryologiques précédentes.   Le corps humain, comme celui de tous les animaux supérieurs, provient de deux feuillets germinatifs primaires et de quatre feuillets germinatifs secondaires. — Dans l'axe de l'aire germinative à quatre feuillets, s'effectuent, chez l'homme, comme chez tous les autres vertèbres, les mêmes phénomènes de soudure et la formation de la chorda entre le tube médullaire et le tube intestinal. — Le feuillet cutané-sensitif forme la plaque cornée, le tube médullaire et les reins primitifs. — Le feuillet moyen se divise en cordon axial central, en deux cordons vertébraux primitifs et en deux feuillets latéraux.   Ces derniers se divisent en feuillet fibro-cutané et en feuillet fibro-intestinal.   Le feuillet intestino-glandulaire forme l'épithélium du canal intestinal et toutes ses annexes. — Division ontogénétique et phylogénétique des feuillets germinatifs. — Formation du canal intestinal. — La vésicule blastodermique bifoliée et l'intestin primitif. — Cavité intestinale céphalique et cavité intestinale iliaque. — Dépression buccale et dépression anale. — Formation secondaire de la bouche et de l'anus. — Ombilic intestinal et ombilic cutané. — Segmentation du corps ou formation de métamères. — Vertèbres primitives ou métamères du dos. — Origine de la colonne vertébrale. — Formation du crâne aux dépens des lamelles céphaliques. — Fentes branchiales. — Organes des sens. — Membres.

Messieurs,

En dépit de leur simplicité fondamentale, les phénomènes de l'ontogénèse offrent pourtant, au premier abord, de nombreuses difficultés. Aussi, comme la connaissance de ces phénomènes est d'une haute importance, si l'on veut bien comprendre l'his-

toire du développement en général et la phylogénie du corps
humain en particulier, je crois fort utile, avant de passer outre,
de résumer encore une fois brièvement les résultats précédemment exposés. Naturellement j'insisterai seulement sur l'essentiel.

Or, le premier fait essentiel de l'embryologie humaine est la
formation du disque germinatif par l'ovule. De la cellule ovulaire simple se forme d'abord, par bipartition réitérée, une
sphère polycellulaire mûriforme (morula). Cette sphère s'évide
intérieurement pour produire la vésicule blastodermique bifoliée. Puis en un point de la paroi de cette vésicule, se forme, par
épaississement de la paroi, le disque germinatif ou l'aire germinative. Cette aire est constituée d'abord par deux couches
cellulaires : l'entoderme et l'exoderme. Entre ces deux feuillets
germinatifs primaires, il s'en développe un troisième : le mésoderme, qui finit par se dédoubler en deux autres feuillets. A ce
moment, le disque germinatif est composé de quatre feuillets
superposés, desquels, chez l'homme comme chez tous les vertébrés, proviennent toutes les parties du corps.

La formation de ces feuillets, première ébauche du corps, est
d'une grande importance pour la phylogénie de l'homme; car
on la voit se répéter identiquement dans tous les groupes zoologiques supérieurs. Elle fait défaut seulement au dernier degré
du règne animal, chez les protozoaires. Là seulement il ne se
produit d'ordinaire aucun feuillet germinatif. Dans tout le reste
du règne animal, chez tous les animaux à intestin ou métazoaires, la première ébauche du corps est toujours représentée
par les deux feuillets germinatifs primaires : l'entoderme et
l'exoderme. Chez les éponges et les autres zoophytes les plus
simples, le corps est constitué pendant toute la durée de la vie
par ces deux feuillets germinatifs primaires. Chez certains autres
zoophytes (hydroïdes, méduses), un troisième feuillet, le mésoderme, est apparu entre les deux premiers. Enfin, parmi les
zoophytes supérieurs et les vers, nous trouvons des animaux,
dont le corps est composé de quatre feuillets germinatifs secondaires, identiques à ceux d'où provient le corps entier chez
l'homme et chez tous les vertébrés. Mais ces quatre feuillets
germinatifs n'existent pas seulement chez les vers et les vertébrés; on les rencontre aussi chez les radiés, les mollusques et les
articulés; en résumé, chez tous les animaux supérieurs. L'animal

le plus complexe a cette origine : c'est là un fait capital. Nous pouvons donc faire ici une application immédiate de la loi biogénétique fondamentale et déduire de ce qui précède, que tous les animaux supérieurs descendent d'une forme ancestrale commune, dont le corps était composé uniquement des quatre feuillets germinatifs (pl. III, fig. 10).

Une différence caractéristique entre vertébrés et invertébrés semble consister en ce que, chez les premiers, les quatre feuillets germinatifs se soudent ensemble de très-bonne heure dans la région moyenne axiale. Ce sont là des phénomènes très-importants, quoique très-obscurs encore. La cause paraît en être la formation de la strie primitive, qui divise le germe elliptique ou lyriforme en deux moitiés. Au niveau de la ligne où se différencient, chez beaucoup de vertébrés, dans le feuillet germinatif externe, le tube médullaire ; dans le feuillet moyen, le cordon axial, on voit de bonne heure les deux feuillets primaires se souder et mêler leurs éléments cellulaires. Régulièrement le feuillet germinatif moyen devrait provenir, par dédoublement, du feuillet interne, puis se souder sur la ligne médiane avec le feuillet externe. D'autres observateurs prétendent encore que les trois feuillets germinatifs primaires des vertébrés se soudent de bonne heure sur la ligne médiane. Sûrement ils finissent par adhérer très-intimement ensemble et le feuillet moyen (feuillet moteur germinatif de Remak) semble constitué par des cellules appartenant aux deux feuillets primaires, interne et externe. Cette soudure des feuillets germinatifs, que nous appellerons brièvement « soudure axiale », est fort importante et typique dans le développement du vertébré. Elle coïncide avec quantité de phénomènes de différenciation qui s'effectuent au niveau de l'axe du corps ; son résultat phylogénétique est d'abord la formation du squelette axial interne, point d'appui du reste du corps (voir fig. 43, 44).

La première expression de cette soudure axiale du germe lyriforme semble être l'apparition de la strie primitive, séparant l'une de l'autre les deux moitiés symétriques ou antimères du corps. Cette strie longitudinale est aussi l'expression de la *gouttière primitive*, de cette ligne droite et fine, qui se dessine à la face dorsale du rudiment embryonnaire, immédiatement au-dessus de la ligne de soudure des feuillets germinatifs. La gouttière primitive est la partie la plus profonde du large sillon dorsal ou sillon de la moelle, se dessinant sur la face dorsale, externe et voûtée du germe. De chaque côté de la gouttière primitive, les feuillets moyen et externe s'épaississent beaucoup et il en résulte d'importants amas cellulaires en forme de bourrelets. Ces deux bourrelets parallèles grandissent toujours, s'incurvent l'un vers l'autre et finalement se soudent sur la ligne médiane en formant un tube. Ce tube est le tube médullaire, qui d'abord se confond avec la portion périphérique de la plaque cornée, puis s'en sépare entièrement. En effet, les bords supérieurs des deux cordons vertébraux primitifs, c'est-à-dire la portion la plus superficielle du feuillet moyen, pénètrent, à droite et à gauche, entre l'épiderme et le tube médullaire, en refoulant ce dernier de plus en plus profondément. Il en résulte que l'organe de l'âme s'écarte peu à peu de son lieu d'origine, de l'épiderme, pour se loger dans l'intérieur du corps. Quelque étonnant et paradoxal que puisse paraître ce fait au premier abord, on le doit regarder comme nécessaire au point de vue de la théorie généalogique.

Presque en même temps que le tube médullaire, les reins primitifs se différencient aussi, et vraisemblablement de même aux dépens du feuillet germinatif animal ou externe; ces organes de l'excrétion urinaire sont d'abord de simples canaux cylindriques, situés de chaque côté du tube médullaire et dirigés parallèlement d'avant en arrière. Lors de leur formation, ces reins primitifs sont appliqués immédiatement sur la surface interne de l'épiderme, dans l'espace existant entre le cordon vertébral primitif et les lamelles latérales ; plus tard ils sont refoulés tout à fait intérieurement et sont alors situés des deux côtés de la *chorda dorsalis*, sur la face interne de la paroi viscérale postérieure. Ce qui reste du feuillet germinatif externe, après la différenciation de la moelle épinière et des reins primitifs, est la *lamelle cornée*, d'où proviennent l'épiderme proprement dit, les cheveux, les ongles, etc.

Tandis que ces phénomènes de différenciation s'effectuent dans le feuillet germinatif externe, il s'en produit d'analogues au niveau de l'axe du feuillet moyen et à la périphérie de ses portions latérales. La partie de ce feuillet située immédiatement au-dessous du tube médullaire devient un cordon axial, la *chorda dorsalis*. Quant aux portions du feuillet contiguës à la *chorda* et appelées *lamelles latérales* ou mieux *feuillets latéraux*, une scissure se produit aussi de très-bonne heure à leur surface, et c'est là un fait important. Cette scissure est le rudiment de la cavité viscérale, ou *cœlom*, qui divise le feuillet moyen en deux feuillets fibreux. Bientôt une différenciation plus profonde s'effectue et, de chaque côté de la *chorda*, deux forts bourrelets se séparent littéralement des lamelles latérales; ce sont les *cordons vertébraux primitifs*. La colonne vertébrale primitive et la *chorda dorsalis* formeront plus tard l'axe interne solide du corps vertébré, la colonne vertébrale, soutien général du tronc, dont les extrémités, les membres, ne seront plus tard que des appendices secondaires. Cet axe solide est tout à fait caractéristique pour le corps du vertébré et il en règle, pour une large part, le développement ultérieur. C'est seulement la partie interne ou médiane du cordon vertébral primitif qui sert à la formation de la colonne vertébrale; quant à la partie externe ou latérale, c'est d'elle que proviennent les masses musculaires dorsales, les racines des nerfs émanant de la moelle épinière, etc. En dehors des cordons vertébraux primitifs, sont les lamelles latérales, qui finissent par se souder de nouveau avec les cordons, après en avoir été momentanément séparées. Ces lamelles latérales se divisent en feuillet fibro-cutané externe et en feuillet fibro-intestinal interne. Le feuillet fibro-cutané, lamelle externe du feuillet germinatif moyen, est contigu à l'épiderme et se subdivise en plusieurs couches. La plus externe de ces couches forme le derme ou chorion. La couche située au-dessous du derme se soude à la portion externe des cordons vertébraux primitifs et concourt avec lui à former la chair musculaire du ventre, du dos, en général toute la musculature du tronc. Enfin les membres proviennent ultérieurement du feuillet fibro-cutané.

Le feuillet fibro-intestinal s'applique sur le feuillet germinatif interne ou feuillet intestino-glandulaire; de lui provient la couche musculaire du canal intestinal et aussi le mésentère, qui fixe l'intestin à la tige axiale. En outre, le cœur, le sang et en général les rudiments du système circulatoire tout entier dérivent aussi du feuillet intestino-glandulaire. Cette ébauche du système circulatoire est représentée par les aortes primitives, c'est-à-dire par deux longs canaux situés dans l'intervalle qui sépare les cordons vertébraux primitifs, les lamelles latérales et le feuillet intestino-glandulaire. En dehors des artères primitives, apparaissent ensuite les veines cardinales. Il faut aussi rapporter au système circulatoire la cavité viscérale ou *cœlom;* l'intervalle existant entre le feuillet fibro-intestinal et le feuillet fibro-cutané acquiert plus tard de grandes dimensions et loge la plus grande partie des viscères.

Du feuillet germinatif le plus interne ou quatrième feuillet, feuillet intestino-glandulaire, proviennent, comme vous le savez déjà, l'épithélium intestinal, le revêtement cellulaire de l'intestin et ses annexes, le foie, les poumons, les glandes intestinales, etc.

Je viens d'énumérer les parties les plus primitives du corps vertébré. Chez l'homme, comme chez tous les autres vertébrés, le reste du corps se produit consécutivement; mais nous n'avons pas encore à nous en occuper. Examinez encore une fois la section transversale représentée figure 54 et où tous ces organes primitifs sont figurés dans leur situation respective; rappelez-vous maintenant les rapports importants, que nous avons signalés, entre la phylogénèse des quatre feuillets germinatifs secondaires et leur ontogénèse, d'abord mal comprise par Remak; de tout cela résultera le tableau suivant :

Division phylogénétique des feuillets germinatifs.		Organes primitifs (fig. 54)	Division ontogénétique des feuillets germinatifs.
A. Feuillet germinatif primaire externe : *Feuillet cutané.* (Feuillet dermique ou exoderme.)	I. Feuillet germinatif secondaire : *Feuillet cutané-sensitif.*	1° Lamelle cornée (*h*). 2° Lamelle médullaire (*m r*) 3° Reins primitifs (*u n g*)	*A.* Feuillet supérieur ou *sensoriel.* (Remak.)
	II. Feuillet germinatif secondaire : *Feuillet fibro-cutané.*	4° Chorda (*ch*) 5° Lamelle vertébrale primitive (*uw*). 6° Lamelle musculo-cutanée (*h pl*).	*B.* Feuillet moyen ou *moteur-germinatif.* (Remak.)
B. Feuillet germinatif primaire interne. *Feuillet intestinal.* (Feuillet gastrique ou entoderme.)	III. Feuillet germinatif secondaire : *Feuillet fibro-intestinal.*	7° Fissure du cœlom (*sp*). 8° Lamelle musculo-intestinale (*df*). 9° Aorte primitive (*ao*)	
	IV. Feuillet germinatif secondaire : *Feuillet intestino-glandulaire.*	10° Epithelium glandulo-intestinal (*dd*)	*C.* Feuillet inférieur ou *trophique.* (Remak.)

La distinction bien nette de ces dix principaux organes primitifs et la détermination de leur origine aux dépens des quatre feuillets germinatifs secondaires est capitale. Il importe surtout de ne pas oublier que le soi-disant feuillet moyen ou feuillet moteur germinatif de Remak est composé, grâce à la *soudure axiale*, de deux feuillets primitifs; en dehors, du feuillet fibro-

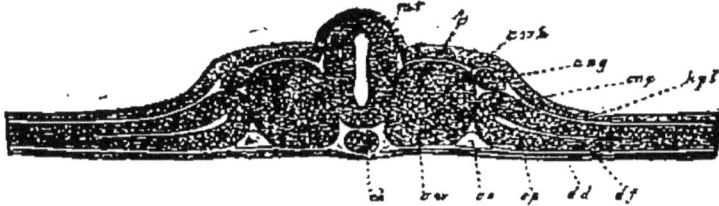

Fig. 54.

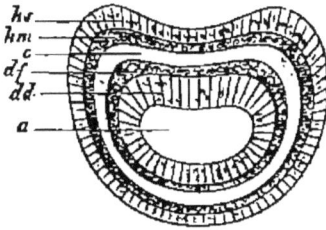

Fig. 55.

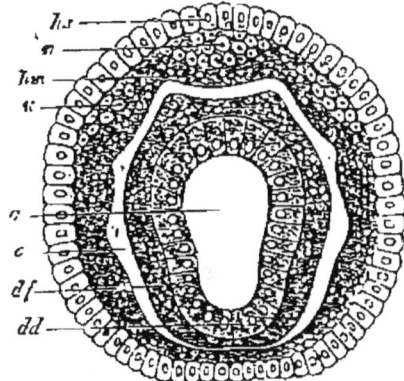

Fig. 56.

Fig. 54. — *Section transversale de l'aire germinative d'un poulet au deuxième jour de la couvaison.* Grossissement d'environ cent diamètres. Dans le feuillet germinatif externe, le tube médullaire (*mr*) s'est séparé des lamelles cornées (*h*). Dans le feuillet moyen, la *chorda dorsalis* (*ch*) s'est entièrement séparée des deux cordons vertébraux primitifs (*uw*). Les feuillets latéraux se sont divisés en feuillet fibro-cutané externe (*hpl*) et en feuillet interne fibro-intestinal (*df*) réunis encore en dedans par les lamelles moyennes (*mp*). (*sp*), rudiments de la cavité viscérale. Dans la lacune existant entre les cordons vertébraux primitifs et les feuillets latéraux, se trouve, en dehors, de chaque côté, le rein primitif (*ung*), en dedans l'artère primitive (*ao*) (d'après Kölliker).

Fig. 55. — *Section transversale de la larve d'un amphioxus* (d'après Kowalevsky). *hs*, feuillet cutané sensitif. *hm*, feuillet fibro-cutané. *c*, fissure colomatique (rudiment de la cavité viscérale). *df*, feuillet fibro-intestinal. *dd*, feuillet glandulo-intestinal. *g*, intestin primitif (cavité intestinale primitive).

Fig. 56. — *Section transversale de l'embryon d'un lombric.* Les lettres ont la même signification que dans la figure 55. *n*, ganglion nerveux. *u*, reins primitifs.

cutané et, en dedans, du feuillet fibro-intestinal, issu lui-même
du feuillet germinatif primaire interne. C'est ce que démontre
irréfutablement la section transversale de la larve de l'amphioxus (fig. 55), en nous apprenant, de plus, que chez les vertébrés, de même que chez les invertébrés supérieurs (par ex.,
les lombrics, fig. 56), les quatre feuillets secondaires proviennent du dédoublement des deux feuillets primaires.

Mais, pour bien comprendre l'évolution ultérieure du vertébré,
il faut avant tout se faire une idée claire et juste de la formation du canal intestinal. En effet, selon notre théorie gas-
tréennne ([13]), l'intestin primitif est le plus ancien et le plus
important organe du corps. Mais, pour bien comprendre la formation du canal intestinal et de ses annexes, il faut d'abord se
bien représenter ce qu'est la transformation du feuillet germinatif le plus interne, du feuillet glandulo-intestinal. Ce feuillet
n'est d'abord, comme vous vous le rappelez, qu'une simple
couche cellulaire, un épithélium revêtant la surface interne de
la vésicule blastodermique. C'est une sphère, dont la paroi est
formée d'une seule couche de cellules transparentes et homogènes. La première modification que subit cette sphère est une
dépression en gouttière, qui s'effectue au niveau de l'aire germinative, immédiatement au-dessous de la *chorda dorsalis*, de
l'axe du corps en voie d'évolution. Cette dépression est la *gouttière intestinale primitive*. Peu à peu cette gouttière se
creuse de plus en plus et devient un canal, qui se sépare entièrement de la vésicule blastodermique dont elle faisait d'abord
partie. Dans le principe, c'est en quelque sorte la vésicule blastodermique tout entière, qui représente la cavité intestinale. En
effet, *la vésicule blastodermique bifoliée est la répétition
ontogénétique de la forme évolutive phylogénétique, que
nous appelons gastræa et chez laquelle le corps tout entier est un intestin.* Nous pouvons donc donner aussi à la vésicule blastodermique le nom d'*intestin primaire.* Si plus tard
l'intestin définitif se sépare de cet intestin primaire, c'est par la
transformation de la gouttière intestinale en tube intestinal.

En résumé, le tube intestinal provient de la gouttière intestinale, comme le tube médullaire provient du sillon dorsal. La
gouttière se creuse; ses bords s'incurvent inférieurement l'un
vers l'autre, puis se soudent. Il y a pourtant une différence dans
le procédé d'évolution : c'est que le tube médullaire se soude en

même temps dans toute sa longueur, tandis que la soudure du
tube intestinal se fait plus concentriquement, d'avant en arrière
aussi bien que latéralement.

Cette occlusion du tube intestinal coïncide avec la formation
de deux cavités, que nous appellerons *cavité intestinale céphalique* et *cavité intestinale iliaque*. A mesure que l'embryon, confondu d'abord avec la paroi de la vésicule blastodermique, se sépare de cette dernière, ses extrémités antérieure
et postérieure deviennent indépendantes, tandis que la partie
moyenne de la surface abdominale reste unie avec la vésicule

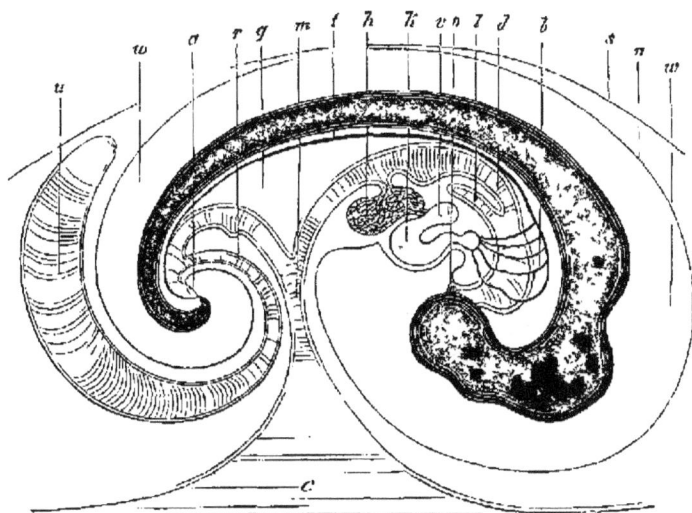

Fig. 57.

blastodermique. Dans cette région moyenne, la surface dorsale
du corps embryonnaire se voûte et fait une forte saillie; en
même temps, l'extrémité céphalique et l'extrémité caudale s'incurvent inférieurement, la première vers la poitrine, la seconde
vers le ventre. L'embryon tend à se replier sur lui-même, comme
un hérisson se roule en boule pour se garantir des attaques d'un

Fig. 57. — *Section longitudinale de l'embryon d'un poulet au cinquième
jour de la couvaison.* L'embryon a la surface dorsale recourbée (et colorée
en noir). *d*, intestin. *o*, bouche. *a*, anus. *l*, poumons. *h*, foie. *g*, mésentère.
v, oreillette du cœur. *k*, ventricule cardiaque. *b*, arcs artériels. *t*, aorte. *c*, vésicule ombilicale. *m*, pédicule de la vésicule ombilicale. *u*, allantoïde. *r*, pédicule de l'allantoïde. *n*, amnios. *w*, cavité amniotique. *s*, membrane séreuse.
(D'après Baer.)

assaillant. C'est la rapide croissance de la surface dorsale qui détermine cette incurvation, coïncidant avec la séparation de l'embryon de la vésicule blastodermique (fig. 57).

En général, les feuillets fibro-cutané et fibro-intestinal ne se séparent point dans la région céphalique, comme il arrive au niveau du tronc; ils restent même soudés ensemble sous le nom de « lamelles céphaliques ». Or ces lamelles céphaliques se détachent de bonne heure de la surface de l'aire germinative, pour s'incliner d'abord inférieurement vers la surface de la vésicule blastodermique, puis, en arrière, vers le point où elles se continuent avec la gouttière intestinale, et il se forme ainsi dans la région céphalique une petite cavité représentant l'extrémité

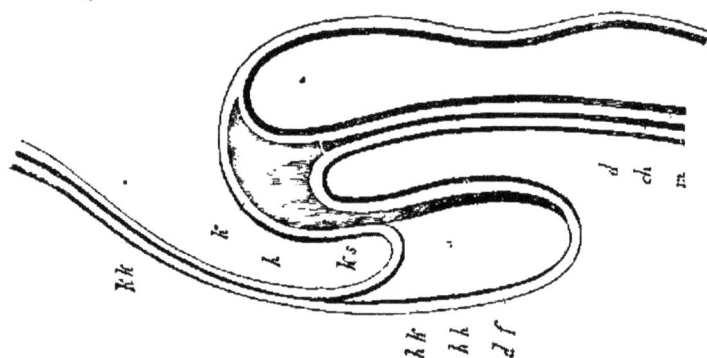

Fig. 58.

antérieure, sans orifice, de l'intestin. C'est la *petite cavité intestinale céphalique* (fig. 58, *d*), dont l'orifice dans l'intestin moyen s'appelle « porte intestinale antérieure » (fig. 58, *d*). De même en arrière l'extrémité caudale s'incurve en avant vers la paroi abdominale et la paroi intestinale, en circonscrivant aussi dans cette région une petite cavité analogue à la précédente et dont la partie la plus postérieure est aussi fermée en cœcum : c'est la *cavité intestinale iliaque*, dont l'orifice dans l'intestin moyen s'appelle « porte intestinale postérieure ».

Fig. 58. — *Section transversale d'un embryon de poulet à la fin du premier jour de la couvaison* (vue du côte gauche). *k*, lamelles céphaliques. *ch*, chorda. Au-dessus se voit l'extrémité antérieure close du tube medullaire *m*; au-dessous est la cavité intestinale céphalique, l'extrémité en cœcum du tube intestinal. *d*, feuillet glandulo-intestinal. *df*, feuillet fibro-intestinal. *h*, lamelle cornée. *hh*, cavité cardiaque. *hk*, capuchon cardiaque. *hs*, étui céphalique. *kk*, capuchon céphalique. (D'après Reinak.)

Par suite des phénomènes que nous venons de décrire, l'embryon prend une forme que l'on a comparée à un sabot ou mieux à une barque renversée. Représentez-vous une barque arrondie à l'avant et à l'arrière et munie seulement à chacune de ses extrémités d'un petit pont incomplet; puis renversez cette barque, de sorte que la quille incurvée soit tournée en haut, vous obtiendrez ainsi une image assez exacte de cette « forme en nacelle » de l'embryon vertébré (fig. 57, *e*). La quille convexe correspondra à la ligne moyenne du dos; la petite cabine située sous le tillac antérieur sera la cavité intestinale antérieure, et celle que recouvre le tillac postérieur sera la cavité intestinale postérieure.

Par ses deux extrémités libres, l'embryon s'enfonce en quelque sorte dans la surface externe de la vésicule blastodermique, au-dessus de laquelle il s'élève au contraire par sa partie moyenne. De là résulte que la vésicule blastodermique finit par n'être plus qu'un appendice sacciforme, appendu à la partie moyenne du corps de l'embryon. Cet appendice, qui va toujours s'amoindrissant, s'appelle *vésicule ombilicale* (voir fig. 49, 4, 5, *ds* et pl. III, fig. 14). La cavité de cette vésicule ou de la vésicule blastodermique communique avec la cavité intestinale en voie de formation par un étroit orifice, qui s'allongeant ensuite devient le canal ombilical. La cavité de la vésicule ombilicale se continue donc largement par le canal ombilical (fig. 57, *m*) avec la cavité intestinale moyenne, et par suite avec la cavité intestinale céphalique en avant, avec la cavité intestinale caudale ou iliaque en arrière (fig. 49, 3). En effet, le tube intestinal, rudimentaire encore, se compose maintenant de trois parties : 1° la cavité intestinale céphalique, s'ouvrant en arrière, par la porte intestinale moyenne, dans l'intestin moyen ; 2° la cavité intestinale moyenne, s'ouvrant inférieurement, par le canal ombilical, dans la vésicule ombilicale; 3° la cavité intestinale iliaque, s'ouvrant en avant, par la porte intestinale postérieure, dans l'intestin moyen.

Vous vous demanderez peut-être où sont la bouche et l'anus; ils n'existent pas encore. La cavité intestinale primitive est complétement close et se continue à la partie moyenne par le canal ombilical avec la cavité blastodermique également close (fig. 49, 3). Les deux orifices du canal digestif, la bouche et l'anus, ne se forment que secondairement, de dehors en dedans, et sans doute aux dépens du tégument externe. Au point où sera plus tard la bouche, il se forme dans la lamelle cornée une fossette, qui, se creusant toujours, finit par devenir contiguë à la partie cœcale de la cavité intestinale antérieure : c'est la *fossette buccale*. De même, en arrière, au point où plus tard sera l'anus, il se forme une fossette analogue, qui finit par devenir aussi contiguë à l'extrémité cœcale de la cavité intestinale iliaque : c'est l'anus. Ces deux orifices finissent par n'être plus séparés que par une mince membrane cutanée des extrémités cœcales de l'intestin. Puis, en dernier lieu, ces minces cloisons s'ouvrent et le tube intestinal est alors muni en avant d'une ouverture buccale, en arrière d'une ouverture anale (fig. 49, ₄).

Le reste de la vésicule blastodermique, que nous avons appelé vésicule ombilicale, s'amoindrit à mesure que se perfectionne l'intestin, et finit par n'être plus qu'une petite poche appendue par un mince pédicule, qui est le canal ombilical, au point médian de l'intestin (fig. 49, ₅, *d s*). Le canal ombilical est sans grande importance ; aussi s'amoindrit-il de plus en plus, pour être enfin résorbé entièrement, de même que la vésicule ombilicale. Le contenu du sac et du pédicule passe dans l'intestin, qui finit par se fermer complétement au niveau de l'ombilic. (Voir la douzième leçon et la planche III, fig. 14.)

Nous venons de voir comment le feuillet germinatif ou blastodermique végétatif se métamorphose en tube intestinal ; c'est par un procédé identique que provient, du feuillet animal, la paroi abdominale externe, circonscrivant toute la cavité viscérale et l'intestin. Elle se forme aux dépens de la portion externe des lamelles latérales. Comme nous l'avons déjà remarqué, les lamelles latérales se soudent de nouveau avec les cordons vertébraux primitifs après en avoir été longtemps séparées. Or, pendant que la portion interne des lamelles latérales, appartenant au feuillet fibro-intestinal, forme, d'après le procédé décrit, la paroi intestinale externe, leur portion externe ou superficielle, appartenant au feuillet fibro-cutané, croît, recouvre l'intestin et détermine ainsi l'occlusion de la cavité viscérale ou du cœlom (fig. 59, *c*). Les bords des *lamelles abdominales* (*b*), comme on appelle cette partie des lamelles latérales, s'accroissent en même temps de tous les côtés, convergent les uns vers les autres, en rétrécissant toujours de plus en plus la fente abdominale, à laquelle est appendue la vésicule ombilicale. Finalement, chez les mammifères, la vésicule abdominale est complétement séparée de l'intestin par les lamelles ventrales, tandis que, chez les oiseaux, elle est absorbée par lui. Le point de l'abdomen qui se forme le dernier est l'ombilic abdominal, l'ombilic cutané visible à l'extérieur et vulgairement appelé *nombril*. Il faut bien distinguer l'ombilic cutané de l'ombilic intestinal, interne, par lequel s'effectue l'occlusion de l'intestin et qui disparaît sans laisser de trace.

L'occlusion du tube intestinal et de la paroi abdominale achève de donner au corps vertébré la forme d'un double tube (fig. 59). Nous avons donc achevé la tâche que nous nous étions imposée, et qui consistait à montrer comment un tube double pouvait

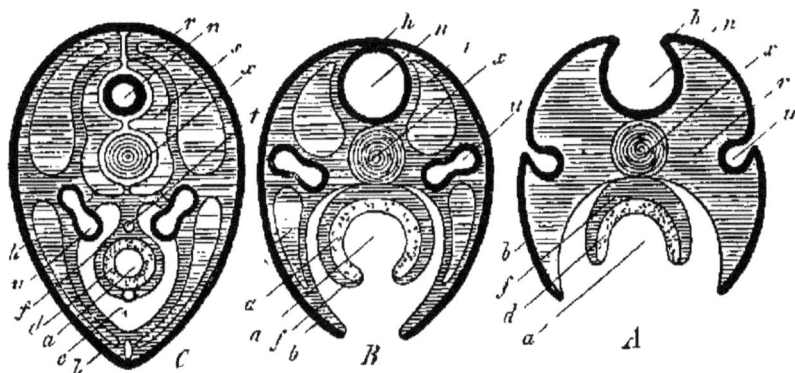

Fig. 59.

provenir de l'aire germinative à quatre feuillets (voir encore la section représentée pl. II).

Il nous faut maintenant dire quelques mots sur les modifica-

Fig. 59. — *Trois coupes transversales schématiques à travers le germe d'un vertébré supérieur*, destinées à montrer comment les organes tubulés proviennent des feuillets germinatifs ou blastodermiques incurvés. Dans la figure *A*, le tube médullaire (*n*) et le tube intestinal (*a*) sont encore des gouttières ouvertes; les reins primitifs (*u*) sont encore de simples glandes cutanées. Dans la figure *B*, le tube médullaire (*n*) et la paroi dorsale sont déjà fermes, tandis que le tube intestinal (*a*) et la paroi ventrale sont encore ouverts; les reins primitifs sont différenciés. Dans la figure *C*, le tube médullaire et la paroi dorsale, le tube intestinal et la paroi abdominale, sont également clos. Des tubes sont provenus de toutes les gouttières ouvertes; les reins primitifs ont émigré en dedans. Les lettres ont la même signification dans les trois figures : *h*, feuillet cutané-sensitif. *n*, tube médullaire. *u*, reins primitifs. *x*, cordon axial. *s*, rudiments des vertèbres. *r*, paroi dorsale. *b*, paroi ventrale. *c*, cavité viscérale ou cœlom. *f*, feuillet fibro-intestinal. *t*, artère primitive (aorte). *v*, veine primitive (veine intestinale). *d*, feuillet intestino-glandulaire. *a*, tube intestinal (voir pl. II et III).

tions, que subissent pendant ce temps les reins primitifs et les vaisseaux sanguins. Les reins primitifs, d'abord situés tout à fait superficiellement sous l'épiderme (fig. 54, *u n g*), cheminent bientôt en dedans, par suite d'un mode particulier de croissance (fig. 50, 51, *u n g*), et finissent par se placer très-profondément en dessous de la corde dorsale (fig. 52, *u n*). De même les deux aortes primitives émigrent aussi en dedans, sous la *chorda dorsalis*, et se confondent pour former une aorte secondaire, située au-dessous de la colonne vertébrale rudimentaire (voir fig. 50 à 53, *a o*). De leur côté, les veines cardinales, premiers rudiments des vaisseaux veineux, émigrent en dedans et viennent se placer au-dessus des reins primitifs (fig. 52, *v c*). Dans la même région, et sur le côté interne des reins primitifs, on aperçoit bientôt la première ébauche des organes sexuels. Les pièces les plus importantes de cet appareil, abstraction faite des annexes, sont, chez la femme, l'ovaire; chez l'homme, le testicule. Au début, ovaire et testicule semblent former une petite glande hermaphrodite, provenant de l'épithélium qui tapisse la cavité viscérale. Secondairement, cette glande bisexuée semble contracter des rapports étroits avec les canaux des reins primitifs situés dans son voisinage immédiat (voir pl. II, fig. 5 à 7).

J'ai achevé l'énumération des phénomènes qui s'observent pendant que le corps humain se forme aux dépens de l'aire germinative à quatre feuillets. J'ai noté tout ce qui est capital et doit figurer dans une brève exposition. En comparant attentivement les sections transversales (fig. 43 à 53), vous arriverez, je l'espère, à bien comprendre ces métamorphoses, c'est-à-dire ce qu'il y a à la fois de plus capital et de plus difficile dans l'ontogénèse. Au point où nous sommes parvenus, l'embryon offre une base évolutive suffisante pour le corps entier et ses organes essentiels. Les modifications ultérieures sont plus faciles à suivre, ce sont des changements secondaires, qu'il faut considérer comme des adaptations phylogénétiques et non point comme des legs organiques transmis héréditairement par la souche vertébrée primitive à sa descendance.

Nous allons maintenant cesser de nous occuper des coupes transversales, dont la comparaison nous a été si extrêmement utile et grâce auxquelles nous avons pu résoudre le plus difficile problème de l'embryologie, c'est-à-dire déterminer la part que prend chaque feuillet germinatif à la formation du corps. Il noüs reste à examiner longitudinalement l'embryon du mammifère, aussi bien à la surface qu'à l'intérieur, au moyen de coupes variées.

Tout d'abord, considérons la face dorsale du rudiment embryonnaire, que nous avons appelé *germe lyriforme* (fig. 60, 62). Sur la ligne médiane de cette surface, on voit d'abord la

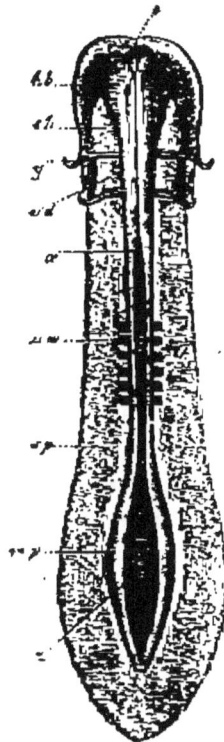

Fig. 60.   Fig. 61.

Fig. 60. — *Germe humain, en forme de semelle*, à la deuxième semaine de son développement. Grossissement d'environ 40 diamètres. Au milieu, on aperçoit le sillon dorsal.

Fig. 61. — *Germe de poulet*, à la fin du premier jour de la couvaison; il est vu de dos et grossi environ quinze fois. (D'après Remak.) A la partie médiane du germe lyriforme, on voit six vertèbres primitives (six moitiés de chaque côté) (*u to*). La moelle est maintenant fermée dans son tiers antérieur (de *o* en *x*); antérieurement, elle se renfle pour former le renflement cérébral vésiculiforme (*h b*), qui est ouvert en *o*; dans les deux tiers postérieurs (à partir de *x*), la moelle épinière est encore ouverte; en *x* elle s'ouvre largement. Des deux côtés de la fente dorsale s'élèvent les bourrelets dorsaux des lamelles médullaires (*m p*). En *y* est la limite entre la cavité œsophagienne (*s h*) et l'intestin céphalique (*v d*).

gouttière primitive et la moelle épinière naissant des bourrelets dorsaux. Suivant plus loin l'évolution, de très-bonne heure, nous remarquerons une différence dans la conformation des extrémités embryonnaires. En effet, chez l'homme et chez tous les vertébrés supérieurs, le cerveau commence de très-bonne heure à se différencier de la moelle épinière. Ce cerveau n'est encore qu'un renflement arrondi de la moelle épinière (fig. 61, *h b*; fig. 63, *a*).

Mais l'ampoule cérébrale ne tarde pas à se diviser par deux étranglements annulaires transverses en trois vésicules échelonnées ; ce sont les ampoules cérébrales primitives (fig. 61, *bde*). Deux autres étranglements analogues se produisent encore et il en résulte la formation de cinq ampoules placées les unes derrière les autres, en série. Telle est l'évolution cérébrale chez tous les vertébrés, du poisson primitif à l'homme. Chez tous, le cerveau rudimentaire est une vésicule simple, qui, par des étranglements transverses, se divise en cinq ampoules. Quelle que soit la future complication de l'organe psychique ou intellectuel, du cerveau, chez les divers vertébrés, le premier rudiment offre partout la même simplicité. C'est là un fait d'une haute valeur.

Immédiatement au-dessous du tube médullaire, se trouve, dans le germe lyriforme, la *chorda dorsalis*. A droite et à gauche de cet axe, les deux cordons vertébraux primitifs se sont séparés des lamelles latérales. En même temps que les cinq ampoules cérébrales se différenciaient, à l'extrémité antérieure du tube médullaire, les deux cordons vertébraux primitifs se sectionnaient aussi, vers le milieu du germe, en un certain nombre de pièces échelonnées d'avant en arrière, comme des dés, de chaque côté du tube médullaire. D'ordinaire, deux paires de ces pièces apparaissent simultanément. Puis il s'en forme trois, quatre, cinq paires, un plus grand nombre encore. On les appelle paires vertébrales primitives ou « métamères ». On voit sept de ces paires dans la figure 63, huit dans la figure 64 et dix dans la figure 65. Ce nombre s'accroît dans la suite considérablement et il s'élève jusqu'à plus de trente chez l'homme. Nous verrons plus tard que chaque paire de ces segments vertébraux primitifs correspond à une section du dos, à une métamère. En effet, chaque paire de vertèbres primitives n'est pas, comme on pourrait le supposer, seulement le rudiment d'une vertèbre, c'est aussi le centre de formation de la portion musculaire contiguë, d'une paire de racines nerveuses, etc. C'est seulement de la partie la

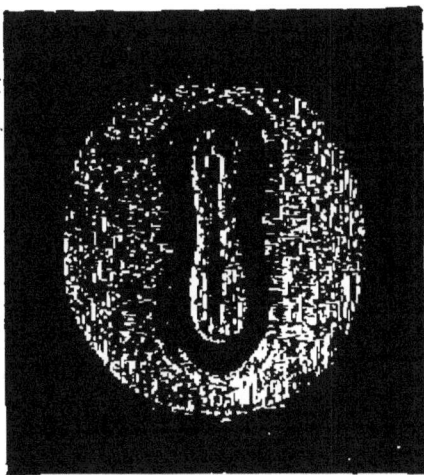

Fig. 62.

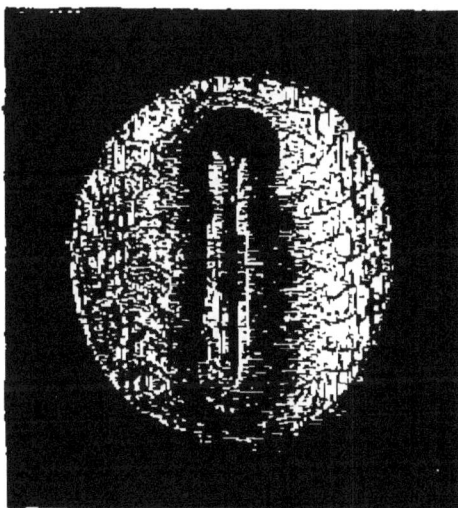

Fig. 63.

plus interne de la ver-
tèbre primitive, tou-
chant à la corde dor-
sale, que proviennent
les rudiments des ver-
tèbres qui, de la tête à
la queue, sont simple-
ment des anneaux os-
seux. Quant à la partie
externe, elle produit les
muscles, les racines ner-
veuses, etc. (⁴⁷).

La division des cor-
dons vertébraux primi-
tifs en une double série
de segments vertébraux
primitifs ou plus briève-
ment « la formation des
métamères » est un fait
intéressant. Par là, en
effet, le corps du ver-
tébré passe de l'état primitif, indivis, à l'état
permanent, articulé; car
le vertébré complet est,
tout aussi bien que les articulés proprement dits,
composé d'une série de
parties analogues et
échelonnées. Chez les
articulés, crustacés, ara-

Fig. 62 à 65. — *Aire germinative du lapin* (aire arrondie et germe lyriforme); on le voit de dos, dans quatre stades successifs de son développement.
Grossissement d'environ dix diamètres. (D'après Bischoff.) Dans la figure 62,
l'embryon (*b*) est encore sans vertèbres primitives, à sillon dorsal ouvert (*a*),
entouré d'une aire germinative petite et claire (*c*), située au milieu de l'aire
obscure (*d*). Dans la figure 63, l'embryon a déjà sept vertèbres primitives (*c*).
Le sillon dorsal est fermé; une ampoule cérébrale commence à se former (*a*)
et il y en a une deuxième derrière (*b*); on voit encore en avant l'aire claire se
détacher comme un croissant obscur (car elle repose sur un fond noir). Dans
la figure 64, l'embryon a déjà huit vertèbres primitives et trois vésicules cérébrales; la première de ces vésicules (*b*) porte deux sinuosités, qui sont les rudi-

chnides, insectes, la segmentation s'accuse dis-
tinctement au dehors,
parce que le tégument
la marque nettement
entre chaque paire de
pièces. C'est de cette
disposition anatomique
qu'est venue la dénomi-
nation d'insectes. Pour
ne pas être visible à l'extérieur, chez les verté-
brés, la segmentation
n'en est pas moins nette
intérieurement. Tout
vertébré complet est
aussi un orga-
nisme articulé,
composé d'une
série de seg-
ments dorsaux
ou métamères.
Les vertébrés,
aussi bien que
les articulés et
les vers seg-
mentés exté-
rieurement,
après avoir été
d'abord indi-
vis, se sont en-
suite segmen-
tés, les pre-
miers inté-
rieurement, les

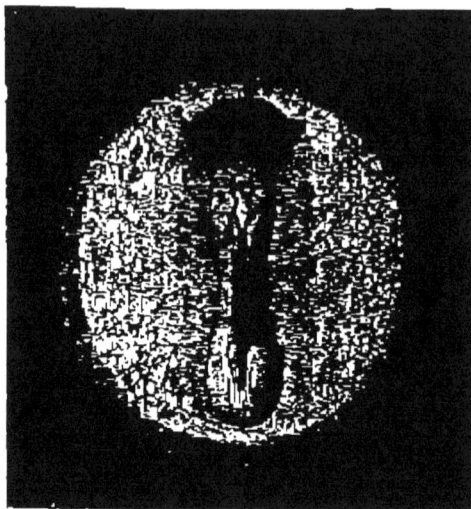

Fig. 64.

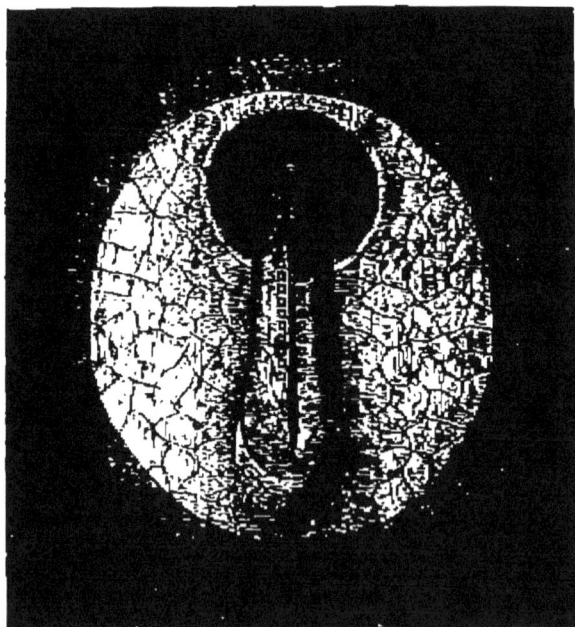

Fig. 65.

ments des ampoules optiques (c); la deuxième (d) et la troisième (e) ampoule
cérébrale sont beaucoup plus petites; a est le bord céphalique de l'amnios.
Dans la figure 65, l'embryon a dix vertèbres primitives; sur l'aire germinative,
on voit le rudiment du réseau sanguin, dont la veine terminale (a) forme la
limite; b étui caudal et bb étui céphalique de l'amnios; les plis de cette dernière enveloppe désignent la membrane séreuse.

seconds extérieurement. Nous aurons bientôt à examiner en détail un curieux exemple de cette indivision première chez les ascidies (voir la treizième et la quatorzième leçon ; pl. VII et VIII).

Encore une fois, cette segmentation, cette formation des métamères est de la plus grande utilité pour se faire une juste idée de tout organisme animal supérieur, et cela tant au point de vue physiologique qu'au point de vue morphologique. C'est là une importante condition de perfectionnement, une des causes principales de la complexité des fonctions chez l'animal supérieur. Un animal non articulé ne peut jamais arriver à un aussi haut degré de perfection morphologique et fonctionnelle qu'un animal articulé. Rien de plus simple. En effet, ces métamères sont dans une certaine mesure des individus indépendants. C'est par suite de la division du travail, que des animaux primitivement indivis se différencient en organismes composés de pièces dissemblables, comme les cellules embryonnaires se transforment pour la même raison en tissus variés. Le corps d'un animal articulé est comparable à un train et les métamères aux wagons de ce train. La tête de l'animal articulé peut être considérée comme la locomotive du train, après laquelle viennent des wagons affectés à divers emplois : des wagons vides, le wagon postal, celui des bagages, les wagons des voyageurs, ceux des bestiaux, etc. Chaque wagon isolé est un individu morphologique et pourtant toute la série des wagons est un individu physiologique, un train. Or, de même que dans le train, les diverses fonctions sont réparties à diverses espèces de wagon, qui ne sauraient se suppléer, de même la division du travail dans les métamères dorsales d'un animal articulé doit être considérée comme un progrès essentiel ([48]).

Les vers articulés, et spécialement les vers rubanés et les vers annelés, nous font bien comprendre la valeur de cette formation de métamères. En effet, chez ces animaux, les segments ou métamères sont tous homologues et équivalents. Seul, le premier segment ou segment céphalique a une conformation spéciale et plus ou moins différenciée. Chez nombre de vers rubanés, les segments isolés ont un tel degré d'indépendance que, pour nombre de zoologistes, chacun d'eux est un individu et toute la cohorte des segments n'est qu'une colonie. Et cela est juste dans un certain sens; car chaque métamère est un individu inférieur, tandis que la série entière constitue un individu

complexe et supérieur. Mais plus les segments isolés perdent
de leur indépendance, plus ils se différencient par suite de la
division du travail, plus ils deviennent dépendants les uns des
autres et aussi de l'ensemble organique, plus enfin la centralisation augmente, plus s'accroit en même temps la perfection de
l'organisme total. Chez la plupart des articulés et chez tous les
vertébrés, la centralisation est poussée si loin, que les métamères
isolées ont perdu toute valeur individuelle ; ce ne sont plus que
des parties nécessaires de l'ensemble.

Cherchons maintenant comment se forme, chez les vers, la
chaine entière des métamères, et nous verrons qu'elle résulte
d'une génération asexuée, sans doute de ce qu'on appelle le
bourgeonnement terminal, et qu'en définitive elle provient
d'un vers indivis, n'ayant que la valeur d'une seule métamère.
Ainsi l'embryon du ver rubané se compose d'abord seulement
d'une tête, d'une métamère isolée ; puis, de cette tête, nait successivement, en s'échelonnant, toute une série de métamères
enchaînées les unes aux autres. C'est ainsi que, chez les vers
annelés, le corps primitivement indivis pousse, à son extrémité
postérieure, de nombreux bourgeons, qui forment enfin une
longue chaîne organique. Dans l'ontogénèse des articulés et des
vertébrés, c'est le même procédé qui fonctionne, seulement il est
très-abrégé, très-rapide et secondairement modifié. Mais, en
principe, tout vertébré n'est qu'une chaîne de métamères nées,
par bourgeonnement terminal, d'un germe indivis ([49]).

Du mode de formation de métamères, que nous venons de
décrire, vous pouvez déjà inférer que les vertèbres primitives
apparaissant les premières doivent être les plus antérieures, et
c'est en effet ce qui arrive. Les vertèbres primitives qui se
montrent tout d'abord dans la portion moyenne du germe sont
les première et seconde vertèbres cervicales ; puis on voit successivement se former la troisième, la quatrième vertèbre cervicale, etc. Chaque segment vertébral primitif produit bientôt, par
bourgeonnement de son extrémité postérieure, une métamère
nouvelle, etc. ; de sorte que le corps entier polyarticulé s'accroit
ainsi d'avant en arrière. C'est par ce procédé que se forme enfin
la colonne vertébrale de l'homme (fig. 66, 67), identique à celle
de tous les vertébrés supérieurs. Chez l'homme parvenu au
terme de son développement, cette colonne vertébrale se compose
du crâne, et d'une série de trente-trois à trente-quatre vertèbres,

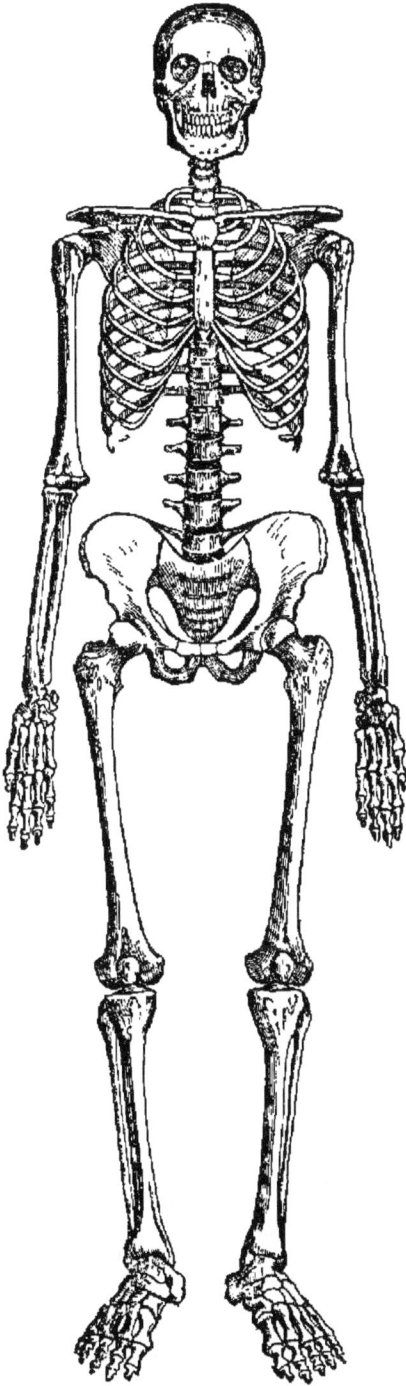

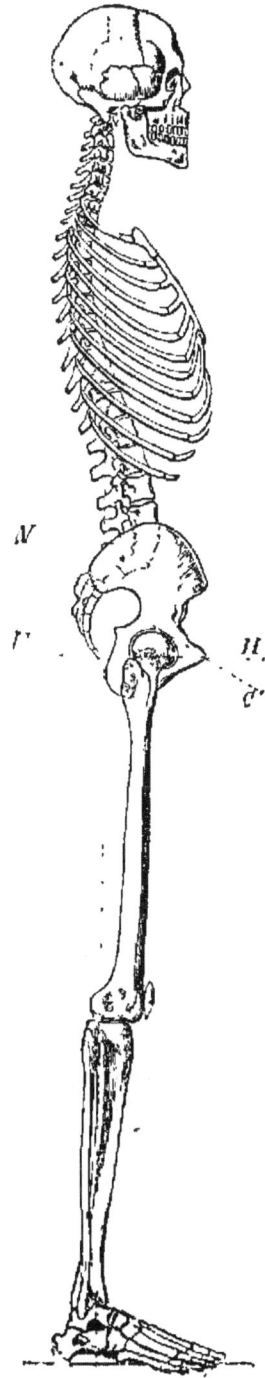

Fig. 66.

Fig. 67.

savoir : sept vertèbres cervicales, douze vertèbres dorsales supportant les côtes, cinq vertèbres lombaires, cinq vertèbres sacrées, faisant partie du bassin, et quatre à cinq vertèbres caudales. A chaque vertèbre correspond un segment du système nerveux, du système musculaire, du système vasculaire, etc.

Du mode d'origine des vertèbres primitives ou métamères il suit que presque toute la moitié antérieure du germe lyriforme

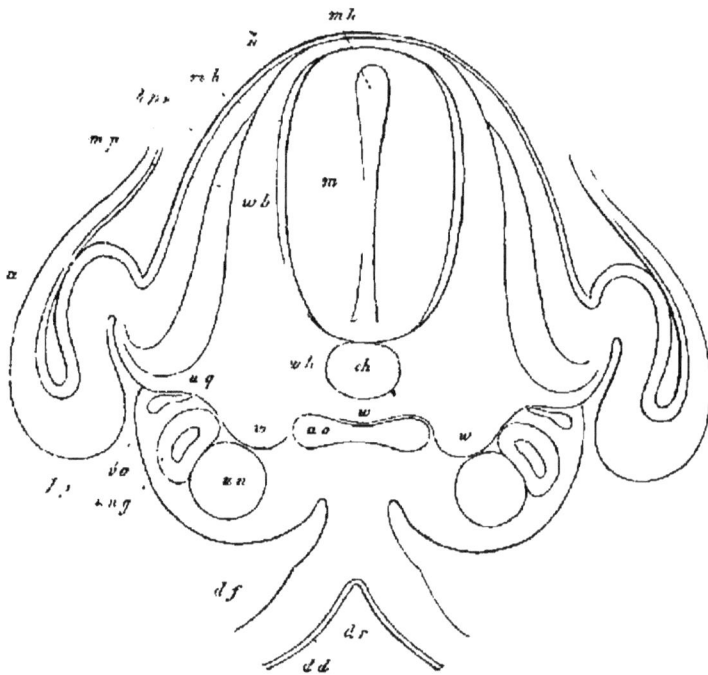

Fig. 68.

Fig. 66. — *Squelette humain,* vu de face.

Fig. 67. — *Squelette humain,* vu du côté droit. (Les membres supérieurs sont enlevés.) (Fig. 66 et 67, d'après H. Meyer.)

Fig. 68. — *Coupe transversale de l'embryon d'un poulet, au quatrième jour de la couvaison.* Grossissement d'environ cent diamètres. Les vertèbres primitives se sont divisées en lamelle musculaire externe (*mp*) et en lamelle osseuse interne. Cette dernière commence inférieurement à entourer la chorda (*ch*) pour former le corps vertébral (*wh*); en haut elle entoure en arc vertébral (*wb*) le tube médullaire (*m*), dont la cavité (*mh*) est encore très-étroite. En *wq* la vertèbre primitive se continue avec la lamelle musculo-cutanée de la paroi abdominale, *hpr,* lamelle dermique de la paroi dorsale. *h,* lamelle cornée. *a,* amnios. *ung,* canal du rein primitif. *un,* vésicule du rein primitif. *ao,* artère primitive. *vc,* veine cardinale. *df,* feuillet fibro-intestinal. *dd,* feuillet intestino-glandulaire. *dr,* gouttière intestinale.

(fig. 61, 64) doit correspondre à la tête future. Les sept vertèbres primitives, représentant les trois quarts de la longueur du germe embryonnaire, forment le cou, et tout le reste du corps provient seulement du quatrième et dernier quart. Ce fait vous semblera d'abord étrange ; mais il s'explique tout simplement, au point de vue phylogénétique, par le bourgeonnement terminal dont nous avons parlé. Phylogénétiquement, la tête du vertébré doit être considérée comme la portion la plus ancienne du corps, comme un groupe de quatre à six métamères fondues ensemble, qui ont produit le reste du corps par bourgeonnement réitéré de leur extrémité postérieure ; au contraire, la queue est la plus jeune partie du corps.

Comme nous l'avons déjà remarqué, la segmentation intéresse tout le corps du vertébré, quoiqu'elle soit tout à fait dissimulée extérieurement par la peau. Les pièces vertébrales primitives ne sont donc pas seulement les rudiments des futures vertèbres osseuses ; ce sont de vraies métamères, des segments dorsaux. D'abord, chaque vertèbre primitive semble un cube solide, à six angles arrondis, composé de cellules claires, provenant du feuillet fibro-cutané. De très-bonne heure, il apparaît à l'intérieur de chaque vertèbre primitive une petite cavité, qui ne tarde pas à disparaître. Cette cavité vertébrale primitive (fig. 50, 51, uwh) n'a d'autre importance que de déterminer la séparation de la vertèbre primitive en deux pièces tout à fait distinctes, savoir : une portion interne, osseuse, la *lamelle osseuse* (fig. 50, 51, uw ; fig. 68, wb), et une portion externe ou musculaire, la *lamelle musculaire* (fig. 50, 51, m ; fig. 68, mp).

La lamelle osseuse est formée par la moitié interne de la vertèbre primitive immédiatement contiguë au tube médullaire (fig. 68, wh, wb).

La partie interne, c'est-à-dire le bord inféro-interne de la vertèbre primitive cubiforme (fig. 50, uw), se divise en deux lamelles, qui entourent la *chorda* et forment ainsi le rudiment du corps vertébral (fig. 68, wh). De ces deux lamelles, la supérieure s'introduit entre la chorda et le tube médullaire, l'inférieure se glisse entre la chorda et le tube intestinal (fig. 59, Cs). De la rencontre des lamelles opposées provenant des vertèbres primitives situées à droite et à gauche résulte un étui annulaire autour de la portion correspondante de la *chorda dorsalis* (fig. 68, wh). De là provient plus tard un corps vertébral, c'est-à-dire la partie massive, inférieure ou abdominale de l'anneau osseux, appelé « vertèbre », qui loge le tube médullaire. La moitié supérieure ou dorsale de cet anneau osseux, « l'arc vertébral » (fig. 68, *w b*), naît de la même manière de la portion supérieure de la lamelle osseuse, c'est-à-dire du bord supéro-interne du cube vertébral primitif. De la soudure de ces bords supérieurs, provenant de droite et de gauche, au-dessus du tube médullaire, résulte l'occlusion de l'arc vertébral. Plus tard, quand les arcs vertébraux deviennent cartilagineux, on voit se former, entre chaque paire d'arcs vertébraux, les racines des nerfs émanant de la moelle épinière, et ces racines proviennent aussi vraisemblablement de la même portion de la lame osseuse (fig. 52, *g v*).

La vertèbre secondaire ainsi formée par la soudure des lamelles osseuses, émanant de deux vertèbres primitives et emboîtant un morceau de la *chorda dorsalis,* est formée d'abord par une masse cellulaire assez molle, qui devient d'abord cartilagineuse, puis définitivement osseuse. D'ailleurs ces trois stades s'observent d'ordinaire, chez les vertébrés supérieurs, sur presque toutes les pièces du squelette, qui sont d'abord de consistance molle, puis deviennent cartilagineuses et enfin osseuses.

Toutes les vertèbres osseuses, formant plus tard la colonne vertébrale, viennent, avons-nous dit, de la portion interne de la vertèbre primitive, de la « lamelle osseuse ». Quant à leur portion externe, que nous avons appelée « lamelle musculaire » (fig. 68, *m p*), elle forme la plus grande partie des muscles dorsaux du tronc et de plus le derme cutané dorsal. Cette lamelle musculaire se continue avec la portion des lamelles latérales formant le tégument et les muscles de l'abdomen.

A la partie antérieure ou céphalique de l'embryon, la division du feuillet germinatif ou blastodermique moyen en vertèbre primitive ou lamelles latérales ne se produit pas d'ordinaire ; là le feuillet germinatif moyen reste indivis et forme ce que l'on appelle « les lamelles céphaliques » (fig. 58, *k*), d'où proviennent le crâne, les muscles et le derme cutané de la tête. Ces lamelles céphaliques sont donc simplement l'extrémité antérieure, indivise du feuillet germinatif moyen ou moteur. Dans cette région, le crâne se forme exactement comme le fait plus en arrière la colonne vertébrale membraneuse. Les lamelles céphaliques droite et gauche se recourbent en voûte au-dessus de la vésicule cérébrale, tandis qu'inférieurement elles entourent l'extrémité antérieure de la chorda, et elles finissent par former autour du cerveau une simple capsule molle et membraneuse. Cette capsule se transforme en un crâne cartilagineux, persistant toute la vie chez beaucoup de poissons, et c'est seulement beaucoup plus tard que provient de ce crâne cartilagineux primitif le crâne osseux primitif avec ses diverses parties.

De très-bonne heure, chez l'embryon de l'homme et des autres vertébrés, apparaissent de chaque côté de la tête des organes très-remarquables, que nous appellerons « arcs bran-

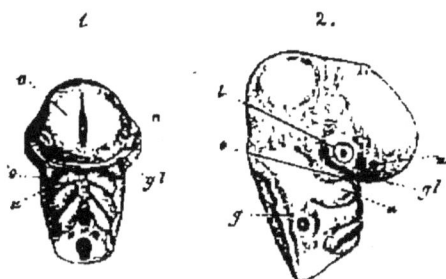
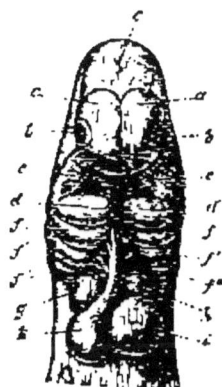

Fig. 69.   Fig. 70.

chiaux » ou « fentes branchiales » (fig. 70, ƒ). Ces organes ne font jamais défaut; ils sont caractéristiques chez le vertébré, aussi les avons-nous notés, en parlant de notre type pri-

Fig. 69. — *Tête d'un embryon de poulet au troisième jour de la couvaison.* 1° vue en avant; 2° vue par derrière. *n*, rudiment du nez (fossettes nasales). *l*, rudiment des yeux (fossettes oculaires, cavité cristalline). *g*, rudiment de l'oreille (fossettes auditives). *v*, cerveau antérieur. *gl*, fente oculaire. Des trois paires de branchies, la première s'est métamorphosée en un appendice maxillaire supérieur (*o*) et en un appendice ou apophyse maxillaire inférieur (*u*).
(D'après Kœlliker.)

Fig. 70. — *Tête d'un embryon de chien,* vue antérieurement. *a*, les deux moitiés latérales de l'ampoule cérébrale antérieure. *b*, rudiments des yeux. *c*, ampoule cérébrale moyenne. *de*, la première paire d'arcs branchiaux (*d*, apophyse maxillaire inférieure; *e*, apophyse maxillaire supérieure). *f*, *f'*, *f''*, deuxième, troisième et quatrième paire d'arcs branchiaux. *g h i k*, cœur. *g*, oreillette droite. *h*, oreillette gauche. *i*, ventricule gauche. *k*, ventricule droit. *l*, origine de l'aorte avec trois paires d'arcs artériels courant le long des arcs branchiaux. (D'après Bischoff.)

mitif du vertébré (fig. 31, b_1—b_5, s_1—s_5). A droite et à
gauche, sur la paroi latérale de la cavité intestinale céphalique, vraisemblablement vers l'extrémité antérieure de cette
paroi, il se forme une paire, puis plusieurs paires de dépressions sacciformes, occupant toute l'épaisseur de la paroi. Puis
ces dépressions deviennent des fentes pénétrant dans la cavité
œsophagienne ; ce sont les « fentes branchiales » ou fentes
œsophagiennes. Entre chaque paire de ces fentes branchiales, la
paroi œsophagienne s'épaissit et devient une sorte de bourrelet
arqué. Ces arcs sont appelés « arcs branchiaux » ou arcs œsophagiens ; à leur face interne, on voit plus tard saillir un arc
vasculaire (fig. 57). Chez les vertébrés supérieurs, le nombre
des arcs branchiaux et des fentes branchiales s'élève à quatre
ou cinq (fig. 70, e, d, f, f', f'') ; mais les vertébrés inférieurs
en ont davantage.

Dans le principe, ces intéressants organes ont une fonction
respiratoire : ce sont des branchies. Actuellement encore, l'eau
servant à la respiration, et qui est entrée par la bouche, sort par
les fentes branchiales ou œsophagiennes. Chez les vertébrés
supérieurs, ces fentes branchiales se ferment ultérieurement.
Alors les arcs branchiaux se transforment partie en os maxillaires, partie en os hyoïde et en osselets de l'ouïe.

A peu près au moment où se forment les arcs branchiaux, on
voit apparaître immédiatement derrière eux le cœur, avec ses
quatre cavités (fig. 70, $ghib$), et, sur les côtés de la tête, les
organes des sens spéciaux : le nez, les yeux, l'oreille. Ces importants organes se forment de la façon la plus simple. L'organe de l'odorat, le nez, est d'abord représenté par une paire de
petites fossettes situées au-dessus de la bouche, à la partie la
plus antérieure de la tête (fig. 69, n). Les yeux apparaissent
en arrière, sur les côtés de la tête, aussi sous la forme d'une
paire de fossettes (fig. 69, n ; 70, b), et forment des dépressions
notables de chaque côté de l'extrémité antérieure de l'ampoule
cérébrale la plus antérieure (fig. 64, c). Plus en arrière, et de
chaque côté de la tête, se montre une troisième fossette, premier
rudiment de l'organe de l'ouïe (fig. 69, g). Nulle trace encore
de la remarquable structure future de ces organes, pas plus
que de la forme caractéristique du visage.

A ce degré de son développement, l'embryon humain ne se
peut absolument pas distinguer de celui de tous les vertébrés

supérieurs (voir pl. IV et V). Tous les organes essentiels sont ébauchés à ce moment : à la tête existent le crâne primitif, les rudiments des trois principaux organes des sens et les cinq ampoules cérébrales ainsi, que les arcs branchiaux ou fentes branchiales; au tronc, on a la moelle épinière, le rudiment de la colonne vertébrale, la série des métamères, le cœur et les grands troncs vasculaires sanguins, enfin les reins primitifs. A ce stade embryologique, l'homme est déjà un vertébré supérieur, et pourtant il ne se différencie nullement de l'embryon des mammifères, des oiseaux, des reptiles, etc. (pl. IV et V, série

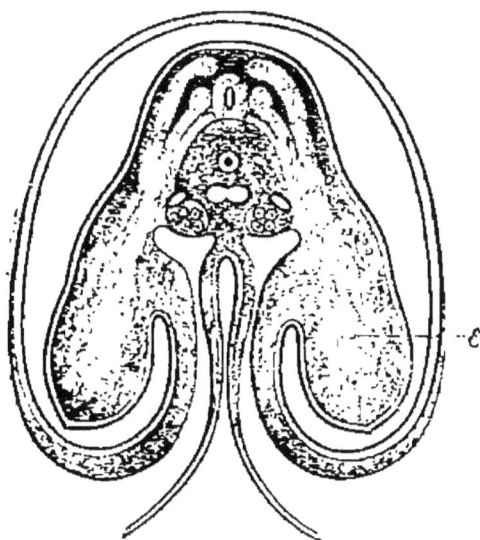

Fig. 71.

représentée au haut des planches). C'est là un fait gros de conséquences.

Nulle trace encore des membres ; sans doute la tête et le

Fig. 71. — *Coupe transversale d'un embryon de poulet* au quatrième jour de la couvaison. La coupe passe au niveau de l'épaule et des membres antérieurs. Grossissement d'environ vingt diamètres. A côté du tube médullaire, on voit, de chaque côté, trois cordons clairs se détacher sur le fond sombre de la paroi dorsale et se prolonger dans les membres antérieurs ou ailes rudimentaires (ɛ). De ces trois cordons clairs, le plus supérieur est la lamelle musculaire, le médian est la racine antérieure d'un nerf émanant de la moelle épinière. Au-dessous de la chorda, à la partie médiane, est l'aorte impaire, flanquée, à droite et à gauche, d'une veine cardinale, au-dessous de laquelle on voit le rein primitif. L'intestin est entièrement clos. La paroi abdominale se continue avec l'amnios, qui forme à l'embryon une enveloppe fermée. (D'après Remak.)

tronc diffèrent déjà par leur structure interne; mais il n'est
point encore question de membres ou d'extrémités. Ces appendices ne se montrent que plus tard, et cela aussi est un fait
extrêmement intéressant; en effet, nous pouvons en inférer que
les premiers vertébrés étaient dépourvus de pieds, comme le
sont encore aujourd'hui les vertébrés les plus humbles, l'amphioxus et les cyclostomes. Ce fut par une tardive évolution
que la postérité de ces vertébrés apodes acquit des extrémités
vraisemblablement au nombre de quatre, savoir : une paire

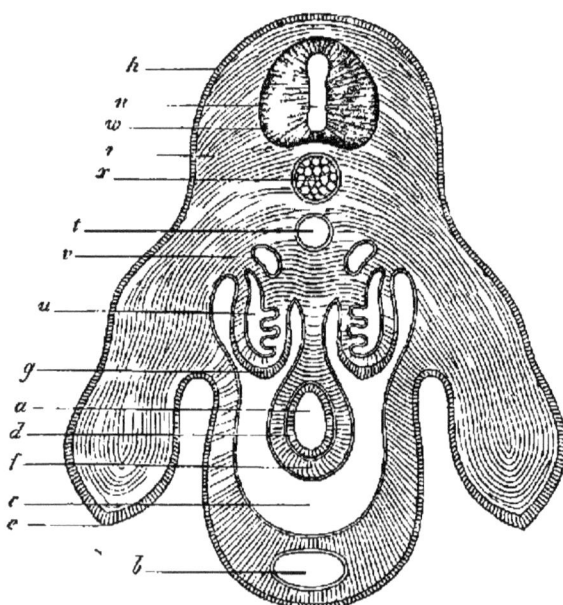

Fig. 72.

antérieure et une paire postérieure. Quelque dissemblables que
deviennent plus tard ces extrémités, elles commencent par être
partout identiques. Mais ultérieurement elles se transforment :

Fig. 72. — *Coupe transversale d'un embryon de poulet*, au quatrième jour
de la couvaison. La coupe passe à travers le bassin et les membres postérieurs.
Grossissement d'environ quarante diamètres. *h*, lame cornée. *w*, tube médullaire. *n*, canal du tube médullaire. *u*, reins primitifs. *x*, chorda. *e*, membres
postérieurs. *b*, canal allantoïdien dans la paroi abdominale. *t*, aorte. *v*, veines
cardinales. *a*, intestin. *d*, feuillet intestino-glandulaire. *f*, feuillet fibro-intestinal. *g*, épithelium embryonnaire. *r*, muscles dorsaux. *c*, cavité viscérale ou
cœlom. (D'après Waldeyer.)

chez les poissons, en nageoires thoraciques et nageoires abdominales ; chez les oiseaux, en ailes et en pattes ; chez les reptiles,
en membres antérieurs et membres postérieurs ; chez les singes
et l'homme, en bras et en jambes (fig. 71, 72).

Toutes ces parties proviennent des mêmes saillies rudimentaires, extrèmement simples, qui bourgeonnent sur les lamelles
latérales. Partout en effet les membres ne sont, au début, que
deux paires de petits bourgeons arrondis ou de petites spatules.
Plus tard, et graduellement, chacune de ces spatules se transforme en une sorte d'éperon plus volumineux, formé d'une portion interne plus mince et d'une portion externe plus élargie.
La dernière est l'ébauche du pied et de la main ; l'autre représente la jambe ou le bras. Les planches IV et V montrent l'analogie primitive des membres chez les vertébrés les plus dissemblables. L'examen soigneux et la comparaison réfléchie des
embryons de l'homme et des autres vertébrés, à ce stade de leur
évolution, sont fort instructifs. Tout esprit de quelque portée y
découvrira des mystères plus profonds, des vérités d'un plus
grand poids que toutes les prétendues « révélations » religieuses du globe. Comparez attentivement, par exemple, les
embryons de poisson (F), de salamandre (A), de tortue (T) et
de poulet (H) représentés, dans la planche IV, à trois stades de
leur évolution. Comparez aussi, planche V, les embryons correspondants du porc (S), du bœuf (R), du lapin (K) et de
l'homme (M). Au premier stade, figuré dans la série supérieure
des coupes (I), on voit bien la tête avec les cinq ampoules cérébrales et les arcs branchiaux ; mais les membres font encore
entièrement défaut et tous ces embryons vertébrés, du poisson
à l'homme, n'offrent, en certains points, que des différences
insignifiantes, tandis qu'en d'autres points ils sont parfaitement
identiques. Au deuxième stade (série médiane des coupes, II),
les membres commencent à se montrer, et déjà on distingue des
différences entre les embryons des vertébrés inférieurs et des
vertébrés supérieurs ; mais, même alors, l'embryon humain ne
saurait se distinguer de celui des mammifères supérieurs. Enfin,
au troisième stade (série inférieure, III), où déjà les arcs branchiaux sont soudés entre eux, les différences sont devenues
beaucoup plus nettes et dorénavant elles seront ineffaçables.
Ce sont là des faits d'une inappréciable valeur ([50]).

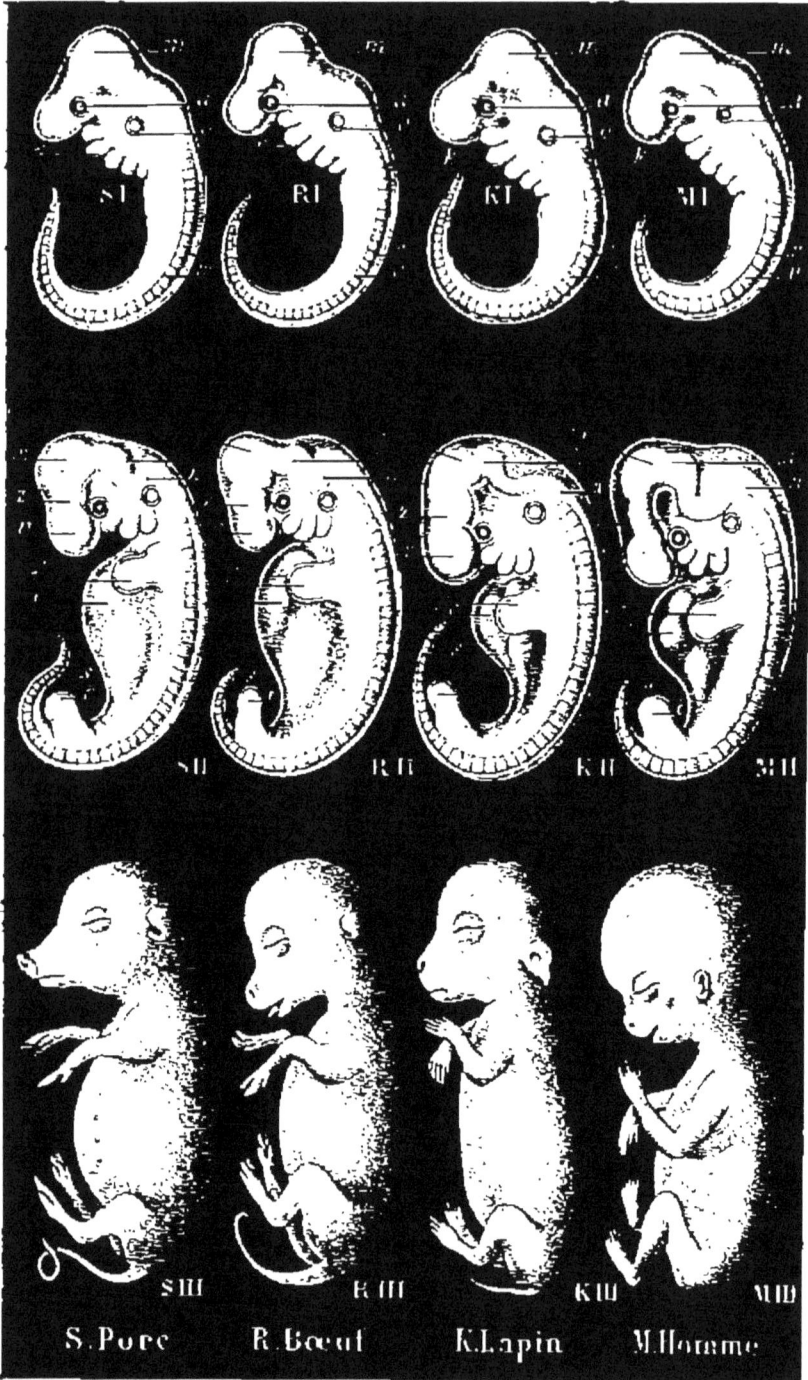

S.Porc   R.Bœuf   K.Lapin   M.Homme

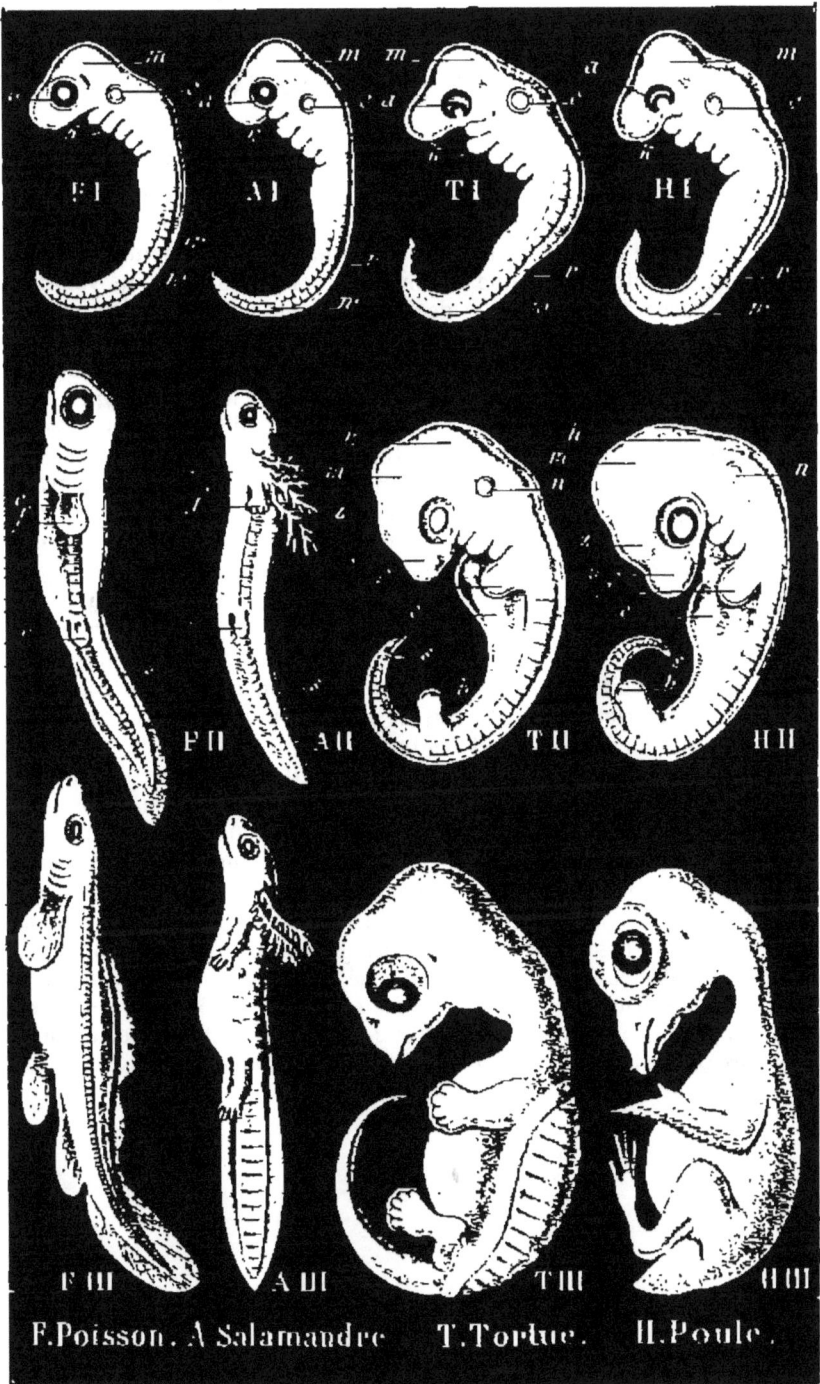

F.Poisson. A.Salamandre   T.Tortue.   H.Poule.

IMP. BECQUET PARIS

EXPLICATION DES PLANCHES IV et V.

Les planches IV et V sont destinées à bien montrer l'analogie des formes existant, dans les premières périodes du développement, entre l'embryon humain et celui des autres vertébrés. Cette analogie est d'autant plus parfaite que l'évolution de l'un et de l'autre est moins avancée; elle persiste d'autant plus que les animaux comparés sont plus voisins, ce qui est d'accord avec « la loi de connexion ontogénétique des formes taxinomiquement voisines » (voir la douzième leçon).

La planche IV montre les embryons de deux vertébrés supérieurs et de deux vertébrés inférieurs, à trois divers stades de leur développement. Les embryons sont ceux d'un poisson osseux (F), d'un amphibie (salamandre terrestre) (A), d'un reptile (tortue) (T) et d'un oiseau (poulet) (H).

La planche IV représente les embryons de quatre mammifères à trois stades correspondants. Ce sont les embryons d'un porc (S), d'un bœuf (R), d'un lapin (K), d'un homme (M). Les trois stades évolutifs figurés dans les trois séries (I, II, III) sont identiques autant que possible.

La série supérieure (I) représente un stade très-primitif; il y a des arcs branchiaux et point d'os. La deuxième série ou série moyenne (II) figure un stade quelque peu plus avancé; les fentes branchiales persistent, mais on voit les premiers rudiments des membres. La troisième série, la plus inférieure (III), représente un stade plus avancé encore; les membres sont plus développés et les branchies ont disparu. On n'a point figuré les enveloppes et annexes de l'embryon (amnios, vésicule ombilicale, allantoïde). Les vingt-quatre figures sont toutes faiblement grossies; les supérieures plus fortement; les inférieures plus faiblement. Pour faciliter la comparaison, on a tâché de donner aux embryons de chaque série des dimensions analogues. Tous les embryons sont vus du côté gauche; l'extrémité céphalique est en haut, l'extrémité caudale en bas, le dos voûté est à droite. Les lettres ont la même signification dans les 24 figures : v, cerveau antérieur; z, cerveau intermédiaire; m, cerveau moyen; h, cerveau postérieur; n, arrière-cerveau; r, moelle épinière; e, nez; a, yeux: o, oreille; k, arcs branchiaux; z, cœur; w, colonne vertébrale; f, membres antérieurs; b, membres postérieurs; s, queue ([54]).

DOUZIÈME LEÇON.

LES ENVELOPPES EMBRYONNAIRES ET LA PREMIÈRE CIRCULATION SANGUINE.

Trouverons-nous ici un règne nouveau? L'homme naît-il selon des procédés totalement différents de ce que l'on observe chez le chien, l'oiseau, la grenouille et le poisson, donnant ainsi raison à ceux qui affirment qu'il n'y a pas de place pour lui dans la nature et qu'il n'a aucune connexion avec le monde inférieur de la vie animale? Ou, tout au contraire, provient-il d'un germe semblable, traverse-t-il les mêmes modifications lentes et progressives, dépend-il des mêmes nécessités pour sa protection et son alimentation, entre-t-il dans le monde enfin soumis aux règles d'un même mécanisme? La réponse n'est pas un moment douteuse et n'a jamais été mise en question depuis ces trente dernières années. Sans nul doute, le procédé d'origine et les premières périodes du développement de l'homme sont identiques avec ceux des animaux, qui le précèdent immédiatement dans l'échelle des êtres, sans nul doute, à ce point de vue, l'homme est beaucoup plus près des singes, que les singes ne le sont du chien.

THOMAS HUXLEY (De la place de l'homme dans la nature TR. E. DALLY).

L'organisation humaine est conforme au type mammifère. — L'homme a la même structure que les autres mammifères et son embryon se développe de la même manière. — Dans les premiers stades, l'embryon humain ne saurait se distinguer de ceux des mammifères supérieurs, ni même de ceux de tous les vertèbres supérieurs. — Loi de connexion ontogénétique entre les formes organisées voisines dans la taxinomie. — Application de cette loi à l'homme. — Forme et grandeur de l'embryon humain durant les quatre premières semaines. — Dans le premier mois de son évolution, l'embryon humain est identique à celui des autres mammifères. — Les différences commencent seulement à poindre dans le deuxième mois. — L'embryon humain ressemble d'abord à celui de tous les mammifères, puis seulement à l'embryon des mammifères supérieurs. — Annexes et enveloppes de l'embryon humain. — Vésicule ombilicale, allantoïde et placenta, amnios. — Le cœur, l'appareil circulatoire primitif, le sang primitif proviennent du feuillet fibro-intestinal. — Le cœur se différencie de la paroi de l'intestin antérieur. — Appareil circulatoire primitif dans l'embryon : artères vitellines et veines vitellines. — Deuxième circulation embryonnaire dans l'allantoïde : artères et veines ombilicales. — Divisions de l'embryologie.

Messieurs,

Un fait capital ressort, dès à présent, de l'ontogénèse humaine : c'est que l'évolution du corps humain est d'abord identique à celle des autres mammifères et que l'on retrouve, chez l'homme, toutes les particularités distinctives des mammifères. Déjà, depuis longtemps, l'examen anatomique de l'homme adulte lui avait assigné, en taxinomie, une place toute naturelle dans la classe des mammifères. L'ontogénèse ne fait que confirmer ce résultat. Nous avons vu que, par l'évolution embryonnaire aussi bien que par la structure anatomique, l'homme se comporte absolument comme les mammifères supérieurs. Si maintenant nous demandons à la loi biogénétique fondamentale quelle est la signification de cette coïncidence ontogénétique, nous verrons qu'elle équivaut simplement et nécessairement à la parenté généalogique de l'homme et des autres types mammifères. Nous ne pouvons donc plus révoquer en doute la commune descendance de l'homme et des mammifères supérieurs, à partir d'une même souche ancestrale.

La parfaite identité de forme et de structure interne entre l'embryon humain et celui des autres mammifères existe encore à l'époque, relativement avancée, où le type mammifère est déjà évident (voir pl. IV et V). Mais à un moment antérieur de l'évolution, quand pourtant les membres, les arcs branchiaux, les organes des sens, etc., existent déjà, il est encore impossible de distinguer l'embryon mammifère de ceux des oiseaux et des reptiles (pl. IV, 2e série des coupes transversales). Que si nous remontons à des stades évolutifs plus précoces, il nous devient impossible de trouver une différence quelconque entre l'embryon de ces vertébrés supérieurs et ceux des plus humbles, des amphibies et des poissons (pl. IV, 1re série des sections transversales). Remontons plus loin encore, jusqu'au moment où l'embryon est représenté par une aire germinative à quatre feuillets, et nous verrons avec étonnement que, non-seulement chez les vertébrés, mais encore chez tous les invertébrés supérieurs, ces feuillets existent et concourent partout, de la même manière, à la formation des organes primaires (voir fig. 55 et 56). Si nous cherchons maintenant quelle est l'origine de ces quatre feuillets germinatifs ou blastodermiques, nous voyons que, chez tous les animaux, à l'exception de la classe la plus inférieure, des protozoaires, ces feuillets sont les mêmes (voir fig. 28). Enfin, nous voyons encore que les cellules constituant les deux feuillets primaires proviennent partout, par bipartition réitérée, d'une seule cellule simple, de la cellule ovulaire (fig. 15, 16).

Cette remarquable concordance entre l'ontogénèse humaine et l'ontogénèse animale est d'une inappréciable valeur ; nous nous en servirons plus tard pour étayer notre hypothèse d'une descendance monophylétique, c'est-à-dire pour établir la commune généalogie de l'homme et des types zoologiques supérieurs. Cette communauté d'origine s'accuse, dès le début de l'évolution individuelle : par le sillonnement de l'ovule, par la formation des feuillets germinatifs, par leur subdivision, par l'apparition des organes fondamentaux aux dépens des feuillets germinatifs, etc. Les premiers rudiments des principales parties du corps et avant tout de l'organe primordial, du tube digestif, sont partout identiques ; partout ils revêtent d'abord une même forme des plus simples. En outre, toutes les particularités distinctives, caractérisant les groupes zoologiques grands et petits n'apparaissent que graduellement, secondairement, dans le cours de l'ontogénèse, et d'autant plus tardivement que les animaux sont moins éloignés   .
l'un de l'autre dans la taxinomie animale. Ce dernier fait peut se formuler en une loi, qui n'est guère qu'une addition à notre loi biogénétique fondamentale. C'est la loi de la concordance ontogénique chez les animaux, taxinomiquement parents. Voici cette loi : plus deux animaux adultes se ressemblent par leur structure générale, plus, par suite, ils sont voisins dans la taxinomie zoologique, plus aussi leur forme embryonnaire reste longtemps identique, plus longtemps leurs embryons se confondent ou ne se distinguent que par des caractères secondaires (³¹).

Cette loi de la concordance ontogénétique des animaux parents, selon la taxinomie et la phylogénèse, appliquons-la à l'homme et, guidés par elle, passons rapidement en revue les premiers stades de l'évolution humaine. Tout d'abord, au début de l'évotion, nous constatons la parfaite identité de l'œuf humain et de celui des autres mammifères (fig. 1). Ce sont partout les mêmes particularités distinctives, notamment la conformation caractéristique de la membrane d'enveloppe, de la zona pellucida. Une fois l'évolution commencée, on voit se succéder dans l'œuf humain, comme dans celui des autres mammifères, le sillonnement, la formation des feuillets germinatifs et de l'aire germinative, la différenciation première des feuillets et, particulièrement, l'apparition des premiers rudiments des organes centraux dans l'aire germinative. Chez l'homme et les autres mammifères, les rapports de l'aire germinative avec la vésicule blastodermique

sont aussi tout à fait identiques, tandis que, chez les oiseaux et
en général chez les vertébrés inférieurs, on y remarque certaines
différences ([52]).

Après deux semaines, l'embryon humain, comme celui des
autres mammifères, a la forme d'un simple disque lyriforme,
se continuant, sur le côté abdominal, avec la paroi de la vésicule
blastodermique. Sur la face dorsale, on voit, au niveau de l'axe
médian, un sillon rectiligne en forme de gouttière, limité de
chaque côté par deux bourrelets parallèles. Ce sillon primitif
et les deux bourrelets dorsaux ne diffèrent en rien des parties
analogues chez les autres mammifères. A ce moment, l'embryon
humain est long d'une ligne ou de deux millimètres (voir fig. 60
et 62).

Une semaine plus tard, à vingt et un jours, l'embryon humain
a déjà atteint une longueur double : il est long de deux lignes,
d'environ cinq millimètres, et, en le regardant de côté (pl. V,
fig. M I), on y voit l'incurvation caractéristique du dos, le renflement de l'extrémité céphalique, l'ébauche première des trois
organes des sens supérieurs, le rudiment des branchies, qui divisent les régions latérales du cou. En arrière l'allantoïde s'est
formé aux dépens de l'intestin. L'embryon est déjà parfaitement
enclos dans l'amnios ; car il ne communique plus avec la vésicule
blastodermique que par le conduit ombilical ; la vésicule blastodermique est devenue la vésicule ombilicale (fig. 82). A ce
moment de l'évolution, les membres font encore complétement
défaut ; nulle trace des bras et des jambes. Déjà, pourtant, l'extrémité céphalique se différencie notablement de l'extrémité caudale ; antérieurement, on voit poindre les ampoules cérébrales,
et inférieurement, au niveau de l'intestin antérieur, le cœur est
plus ou moins visible. Rien encore qui ressemble à un visage.
En résumé, à ce stade, on chercherait vainement un caractère
distinctif quelconque entre l'embryon humain et celui des autres
mammifères (voir fig. M I, K I, R I et S I sur la planche V).

Après une autre semaine, du vingt-huitième au trentième
jour, l'embryon humain a atteint une longueur de quatre à cinq
lignes, d'environ un centimètre ; il a maintenant la forme représentée dans la figure M II, pl. V. Nous pouvons à ce moment
distinguer nettement la tête et ses diverses parties. Dans la tête
même, on voit les cinq ampoules cérébrales primitives (le cerveau
antérieur, le cerveau moyen, le cerveau intermédiaire, le cerveau

postérieur et l'arrière-cerveau); au-dessous de la tête, sont les arcs branchiaux séparant les fentes branchiales; sur les côtés de la tête, sont les rudiments des yeux, c'est-à-dire deux fossettes tégumentaires externes, d'où se développeront deux ampoules sur les parois latérales du cerveau antérieur (fig. 64, *c c*); bien en arrière des yeux, sur le dernier arc branchial, se trouve le rudiment vésiculiforme de l'organe auditif. La tête, relativement très-grosse, se continue avec le tronc, mais en formant une courbure presque équivalente à un angle droit. Au milieu de la paroi abdominale, le tronc se confond encore avec la vésicule blasto-dermique; pourtant l'embryon s'est déjà nettement séparé de cette dernière, qui y est alors appendue en vésicule ombilicale. La partie postérieure de l'embryon est aussi fortement incurvée, de sorte que l'extrémité caudale terminée en pointe se dirige vers la tête. La région faciale de la tête s'incline vers la poitrine encore ouverte. L'incurvation devient bientôt si forte, que la queue touche presque le front (fig. 81). Sur la région dorsale voûtée, on peut aussi distinguer trois ou quatre courbures se-condaires, savoir : une *courbure pariétale* ou courbure cé-phalique antérieure, au niveau de la deuxième ampoule cérébrale (fig. 81, *c*); une *courbure de la nuque* ou courbure céphalique postérieure, au point initial de la moelle dorsale, et une *cour-bure caudale*, à l'extrémité postérieure. Cette forte incurva-tion est spéciale à l'homme et aux trois classes supérieures des vertébrés, aux animaux amniotiques, mais on la trouve peu ou point chez les animaux inférieurs. A ce moment, à la fin de la quatrième semaine de son évolution embryologique, l'homme est pourvu d'une queue fort convenable, deux fois aussi longue que ses membres postérieurs. Les rudiments des membres sont déjà bien accusés : ce sont quatre bourgeons fort simples, ayant la forme d'une spatule arrondie; ils sont disposés, par paire, en avant et en arrière; les antérieurs sont un peu plus gros que les autres.

Si nous ouvrons cet embryon humain d'un mois (fig. 73), nous verrons que le canal digestif commence déjà à se former dans la cavité viscérale et qu'il est, en grande partie, isolé de la vésicule blastodermique. L'orifice buccal et l'orifice anal exis-tent déjà. Mais la bouche se confond encore avec la cavité nasale et le visage n'existe pas encore. Au contraire, le cœur est déjà pourvu de ses quatre divisions; il est très-gros et remplit presque entièrement toute la cavité thoracique (fig. 73, *o v*). De très-petits poumons rudimentaires sont cachés derrière le cœur. Les reins primitifs, très-volumineux (fig. 73, *m*), remplissent la plus grande partie de la cavité abdominale et s'étendent du foie (*f*) jusqu'à l'intestin iliaque. Vous le voyez, à la fin du premier mois, toutes les parties essentielles du corps sont déjà ébauchées ; pourtant il est impossible de découvrir une différence essentielle quelconque entre l'embryon humain et celui du chien ou du lapin, du bœuf ou du cheval ou, plus généralement, de tous les mammifères supérieurs. Tous ces embryons ont encore une forme identique et ils diffèrent de celui de l'homme tout au plus par les dimensions générales ou par d'insignifiantes dissemblances dans le volume des diverses parties. Chez l'homme, par exemple, la tête est, relativement au tronc, un peu plus grosse que chez le mouton. Chez le chien, la queue est un peu plus longue que chez l'homme. Mais il ne s'agit là que de différences négligeables. Pour la structure interne et externe, la forme et la situation des organes, il y a similitude parfaite chez l'embryon humain de quatre semaines et chez celui des autres mammifères de même âge. Partout les rapports anatomiques sont les mêmes. Pour vous en convaincre, il vous suffira de comparer l'anatomie intérieure de l'embryon du chien (fig. 75) avec celle de l'embryon humain (fig. 73 et 74).

Il en est déjà tout autrement au commencement du deuxième mois de l'évolution embryonnaire. Alors commencent à s'accuser de fines différences, qui distinguent l'embryon humain de celui du chien et des mammifères inférieurs. Vers la sixième et surtout la huitième semaine, on aperçoit déjà d'importantes dissemblances, surtout dans la conformation de la tête (pl. V, fig. *M*, III, etc.). Chez l'homme, le volume des divisions cérébrales est alors beaucoup plus considérable. La queue, au contraire, semble plus courte. On trouve encore, entre l'homme et les mammifères inférieurs, d'autres dissemblances dans le volume relatif des parties internes. Mais, même alors, on ne saurait distinguer l'embryon humain de celui des mammifères supérieurs les plus voisins, du singe, par exemple. C'est beaucoup plus tard qu'apparaissent les caractères différentiels des embryons humains et simiens. Bien plus tard encore, à trois mois, quand un coup d'œil suffit pour distinguer l'embryon humain de celui des solipèdes, nous le confondons encore avec celui des

singes supérieurs. La ressemblance cesse enfin dans les quatrième et cinquième mois, et, durant les quatre derniers mois
de la vie embryonnaire, du sixième au neuvième mois, l'em-

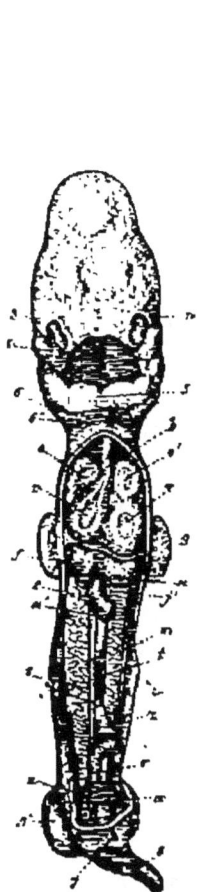 

Fig. 73.   Fig. 74.

Fig. 73. — *Embryon humain de quatre semaines*, ouvert et vu par le côté
abdominal. Les parois thoraciques et abdominales ont été enlevées pour mettre
à découvert le contenu des cavités thoracique et abdominale. On a aussi enlevé
toutes les annexes (amnios, allantoïde, vésicule ombilicale), ainsi que la portion
moyenne de l'intestin. *u*, yeux. 3, nez. 4, maxillaire supérieur. 5, maxillaire
inférieur. 6, deuxième arc branchial. 6*, troisième arc branchial. *o v*, cœur
(*o*, oreillette droite; *o'*, oreillette gauche; *v*, ventricule droit; *v'* ventricule
gauche). *b*, origine de l'aorte. *f*, foie (*u*, veine ombilicale). *c*, intestin avec
l'artère vitelline sectionnée en *a'*. *j'*, veine vitelline. *m*, reins primitifs. *t*, rudiments des glandes sexuelles. *r*, extrémité intestinale (mésentère (*z*) enlevé).
n, artères ombilicales. *u*, veines ombilicales. 7, anus. 8, queue. 9, membre
antérieur. 9', membre postérieur. (D'après Coste.)

bryon humain se peut sûrement distinguer de celui des autres
mammifères. Mais ces différences sont d'abord peu accusées et,
vers le moment de la naissance seulement, la forme humaine

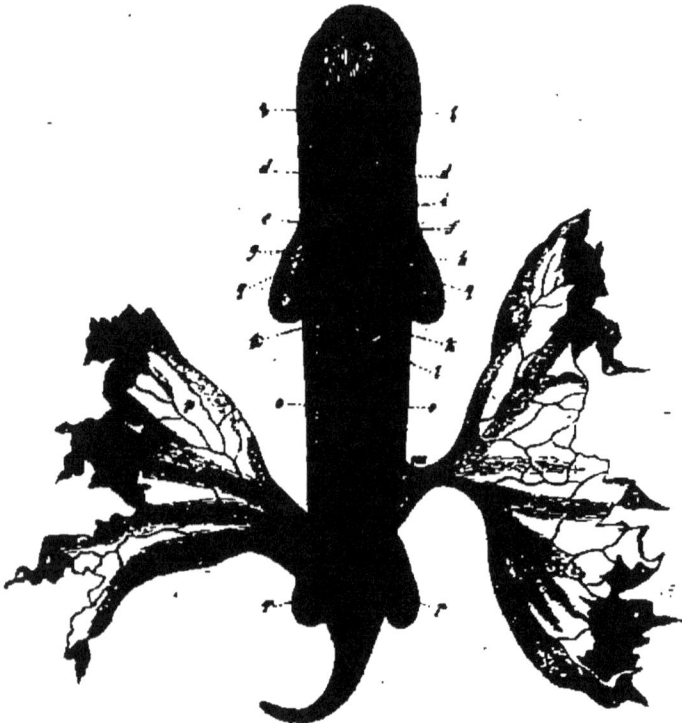

Fig. 75.

Fig. 74. — *Embryon humain de cinq semaines*, dont le côté abdominal est
ouvert comme fig. 73. La paroi thoracique, la paroi abdominale et le foie sont
enlevés. 3, prolongement nasal externe. 4, mâchoire supérieure. 5, mâchoire
inférieure. *x*, langue. *v*, ventricule droit. *v'*, ventricule gauche. *o'*, oreillette
gauche. *b*, origine de l'aorte. *b' b" b"'*, premier, deuxième et troisième arcs
branchiaux. *c c' c"*, cavités veineuses. *a e*, poumons. (*y*, artères pulmonaires).
e, estomac. *m*, reins primitifs (*j*, veine vitelline gauche. *s*, veine porte. *a*, artère vitelline droite. *n*, artère ombilicale. *u*, veine ombilicale). *x*, canal ombilical. *i*, extrémité intestinale. 8, queue. 9, membre antérieur. 9', membre postérieur. Le foie est enlevé. (D'après Coste.)

Fig. 75. — *Embryon de chien âgé de 25 jours*, ouvert du côté abdominal
(comme dans les fig. 74 et 75). Les parois thoraciques et abdominales sont enlevées. *a*, fosses nasales. *b*, yeux. *c*, maxillaire inférieur (premier arc branchial).
d, deuxième arc branchial. *e f g h*, cœur (*e*, oreillette droite; *f*, oreillette
gauche; *g*, ventricule droit; *h*, ventricule gauche). *i*, aorte (origine). *k k*, foie
(au milieu, entre les deux lobes, section de la veine vitelline). *l*, estomac.
m, intestin. *n*, vésicule ombilicale. *o*, reins primitifs. *p*, allantoïde. *q*, membre
antérieur. *h*, membre postérieur. L'embryon naturellement recourbé a été re-
dressé. (D'après Bischoff.)

devient évidente, surtout dans la conformation caractéristique
de la face. Sous ce rapport, il y a, chez les singes, une grande
variété, et tandis que quelques espèces diffèrent déjà de l'homme
par la conformation de la face, dès le milieu de la vie embryonnaire, d'autres conservent beaucoup plus longtemps l'analogie
avec l'homme. Chez certains singes, la partie la plus caractéristique du visage humain, le nez, se développe exactement
comme chez l'homme. Ce dernier cas s'observe surtout chez le
semnopithèque nasique de Bornéo (fig. 76), dont le nez d'aigle
très-recourbé pourrait être un objet d'envie pour beaucoup
d'hommes mal doués sous ce rapport. Si l'on veut bien comparer le visage de ce singe nasique avec celui de l'homme le plus
anthropoïde (par exemple de la célèbre miss Julia Pastrana,

Fig. 76.   Fig. 77.

fig. 77), le premier semblera, en comparaison de l'autre, appartenir à un type bien plus développé. Or, on n'ignore pas que,
pour beaucoup d'hommes, c'est justement dans le trait du visage dont nous parlons que « l'image de Dieu » se décèle avec
un éclat impossible à méconnaître. Si le singe nasique parta-
geait cette singulière opinion, il serait fondé à revendiquer la
parenté divine bien plus que l'homme au nez camard.

Cette différenciation progressive, cette divergence croissante
entre le type humain et le type animal basée sur la loi de connexion ontogénétique des formes taxinomiquement parentes,
s'accuse aussi bien dans la conformation des organes internes

Fig. 76. — *Tête de singe nasique (Semnopithecus nasicus)* de Bornéo. (D'a-
près Brehm.)

Fig. 77. — *Tête de miss Julia Pastrana.* (D'après une photographie de
Hintze.)

que dans celle des organes externes. On la retrouve aussi, chez l'embryon, dans la conformation des enveloppes et des annexes extérieures, dont nous allons maintenant dire quelques mots. Deux de ces annexes, l'amnios et l'allantoïde, n'existent que chez les trois classes supérieures des vertébrés, tandis que la troisième, la vésicule ombilicale, se rencontre chez tous les vertébrés, à l'exception du plus inférieur, de l'amphioxus. C'est là un fait important, qui, comme nous le verrons, nous servira de base essentielle pour construire l'arbre généalogique de l'homme.

La vésicule ombilicale est un sac arrondi, en forme de bourse, de volume très-variable chez les divers vertébrés et suspendu à l'abdomen par un long pédicule. C'est, comme vous le savez, le reste de la vésicule blastodermique (fig. 78, ₁, *kh*). Chez l'embryon de l'homme et des autres mammifères, ce sac devient ensuite très-petit (fig. 78, ₅, *ds*) et est séparé du corps par l'occlusion du nombril. La paroi de cette vésicule ombilicale est constituée, comme vous vous le rappelez, par une lamelle interne, prolongement du feuillet intestino-glandulaire, et par une lamelle externe, prolongement du feuillet fibro-intestinal. Cette paroi est constituée comme la paroi intestinale et, en réalité, elle se continue immédiatement avec elle. Le contenu de la vésicule ombilicale est une substance nutritive, qui pénètre, par le canal ombilical, dans la cavité intestinale en voie de formation et y est employée comme substance alimentaire. Autrefois l'embryologie intervertissait les rapports de l'intestin et de la vésicule ombilicale, en disant que l'intestin se développait de la vésicule ombilicale. Pourtant cette manière de voir est juste, dans un certain sens, puisque, selon notre théorie de la gastræa, toute la vésicule blastodermique à double feuillet est homologue à la gastrula et peut être regardée comme « un intestin primitif ».

En arrière de la vésicule ombilicale, se forme de très-bonne heure, chez l'embryon mammifère, un deuxième appendice bien plus important : c'est l'allantoïde ou « vésicule urinaire primitive », qui, d'abord très-petite, atteint peu à peu un volume considérable et n'existe que dans les trois classes supérieures des vertébrés. Cette poche se forme, à l'extrémité postérieure du canal intestinal, aux dépens de l'intestin iliaque (fig. 78, ₃, ₄, *al*). Ce n'est d'abord qu'une petite ampoule située sur le bord de la cavité intestinale iliaque, et, comme la vésicule ombilicale, elle

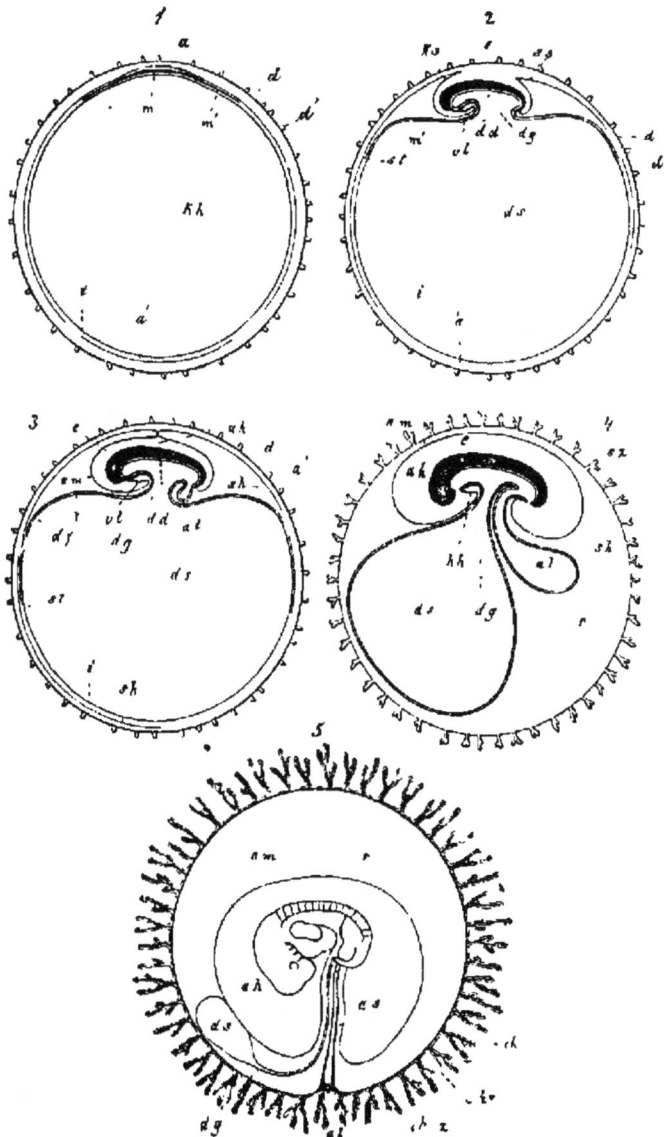

Fig. 78.

Fig. 78. — *Cinq sections longitudinales schématiques à travers le germe d'un mammifère et ses membranes d'enveloppe.* Dans les figures 1 à 4 la section passe par le plan sagittal ou moyen du corps, qu'elle divise en deux moitiés droite et gauche; dans la figure 5, le germe est vu du côté gauche. Dans la figure 1, le chorion (*d*) couvert de villosités (*d'*) enveloppe la vésicule blastodermique, dont la paroi est constituée par les deux feuillets primaires. Entre les feuillets germinatifs ou blastodermiques interne (*i*) et externe (*a*), le feuillet

possède une paroi à deux feuillets. La cavité interne de cette ampoule est tapissée par le feuillet intestino-glandulaire, et la lamelle externe de la paroi est constituée par le feuillet fibro-intestinal. Cette vésicule, d'abord si petite, grossit de plus en

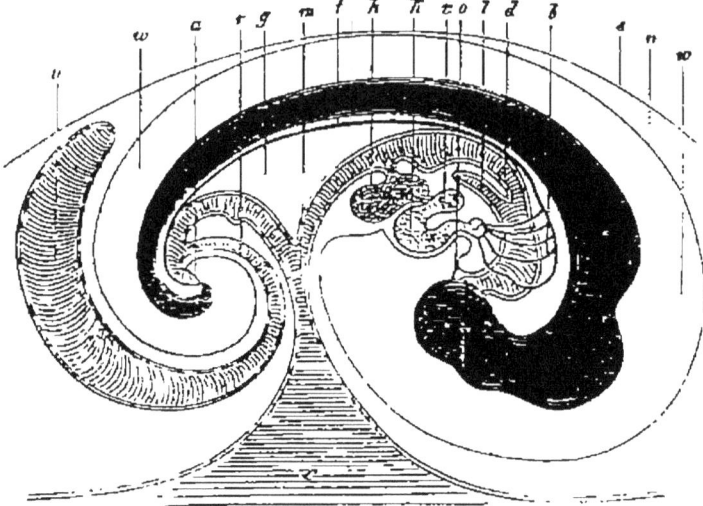

Fig. 79.

moyen (*m*) s'est formé au niveau de l'aire germinative. Dans la figure 2, l'embryon (*c*) commence à se séparer de la vésicule blastodermique (*d s*), à mesure que s'élèvent les replis amniotiques pour former en avant, l'étui céphalique (*k s*); en arrière, l'étui caudal (*s s*). Dans la figure 3, les bords des plis amniotiques (*a m*) se rencontrent au-dessus du dos de l'embryon et forment ainsi la cavité amniotique (*a h*); à mesure que l'embryon (*c*) se sépare de la vésicule blastodermique (*d s*), le canal intestinal (*d d*) naît et l'allantoïde (*a l*) se forme à l'extrémité postérieure de ce canal. Dans la figure 4, l'allantoïde (*a l*) devient plus grosse et la vésicule ombilicale plus petite (*d s*). Dans la figure 5, l'embryon a déjà des fentes branchiales et les rudiments des membres; le chorion est muni de villosités ramifiées. Dans les cinq figures, les lettres ont la signification suivante : *c*, embryon. *a*, feuillet germinatif externe. *m*, feuillet germinatif moyen. *i*, feuillet germinatif interne. *am*, amnios. *ks*, étui céphalique. *ss*, étui caudal. *ah*, cavité amniotique. *as*, étui amniotique du cordon ombilical. *kh=ds*, vésicule ombilicale. *dg*, pédicule ombilical. *df*, feuillet fibro-intestinal. *dd*, feuillet intestino-glandulaire. *al*, allantoïde. *vl=hh*, région cardiaque. *ch=d*, chorion ou membrane ovulaire externe. *chz=d'*, villosités du chorion. *sh*, membrane séreuse. *sz*, villosités de cette membrane. *r*, cavité pleine de liquide entre l'amnios et le chorion. (D'après Kœlliker.) Voir pl. III, fig. 14 et 15.

Fig. 79. — *Section longitudinale à travers l'embryon d'un poulet*, au cinquième jour de la couvaison. L'embryon à surface dorsale incurvée est teinté en noir. *d*, intestin. *o*, bouche. *a*, anus. *l*, poumons. *h*, foie. *g*, mésentère. *v*, oreillette cardiaque. *k*, ventricule cardiaque. *b*, arcs artériels. *t*, aorte. *c*, vésicule ombilicale. *m*, conduit ombilical. *u*, allantoïde. *r*, pédicule allantoïdien. *n*, amnios. *o*, cavité amniotique. *s*, enveloppe séreuse. (D'après Baer.)

plus et finit par devenir un sac volumineux, plein de liquide et dans la paroi duquel se forment bientôt d'importants vaisseaux sanguins (fig. 79, *u;* fig. 80, *b;* fig. 81, *t*).

Bientôt elle atteint la périphérie de la cavité ovulaire et s'étale alors sur la paroi interne du chorion. Chez beaucoup de mammifères, l'allantoïde devient si grosse, qu'elle finit par recouvrir tout l'embryon et les autres annexes; c'est alors une deuxième membrane d'enveloppe, qui s'étend sur toute la surface interne du chorion. Si l'on sectionne un des œufs dont nous parlons, on arrive d'abord dans une grande cavité pleine de liquide:

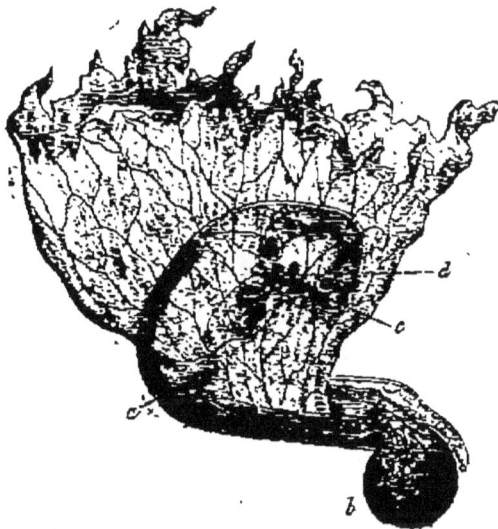

Fig. 80.

c'est la cavité de l'allantoïde, et c'est seulement après avoir enlevé cette dernière membrane que l'on parvient à l'embryon inclus dans l'amnios.

Chez l'homme, l'allantoïde n'atteint pas cette énorme dimension (fig. 82); mais, une fois arrivée à la face interne du chorion (fig. 78, ₅, *a l*), elle se transforme bientôt en un organe fort important servant à nourrir l'embryon aux dépens du sang de

Fig. 80. — *Embryon de chien,* vu du côté droit et un peu du côté abdominal. L'allantoïde (*b*) et la vésicule ombilicale sont refoulées à droite. La vésicule ombilicale passe entre les deux reins primitifs et est sectionnée en haut et en avant. *a,* membre antérieur. *c,* premier et (*d*) deuxième arc branchial. *e,* ampoule auditive. Au-dessous, troisième et quatrième arc branchial. (D'après Bischoff.)

la mère. Cet organe est le délivre ou placenta (fig. 83, 84, *pl*). Les vaisseaux sanguins du feuillet fibro-intestinal, qui s'étalent sur l'allantoïde, se développent beaucoup, et surtout au point où cette vésicule touche le chorion. Le pédicule de l'allantoïde, qui relie l'embryon au placenta et conduit de gros vaisseaux sanguins de l'un à l'autre, devient le *cordon ombilical* (fig. 84, *a s*).

Le riche réseau sanguin de l'allantoïde embryonnaire pénètre

Fig. 81.

en quelque sorte dans la muqueuse utérine de la mère; la paroi qui sépare le système circulatoire de l'enfant et celui de la mère s'épaissit beaucoup, et de tout cela résulte la formation du curieux appareil servant à la nutrition de l'enfant, du placenta, sur lequel nous aurons à revenir (voir la XIXe leçon). Pour le

Fig. 81. — *Embryon de chien*, vu du côté droit (il est plus vieux que dans la fig. 80). *a*, première, *b*, deuxième, *c*, troisième, *d*, quatrième ampoule cérébrale. *e*, yeux. *f*, ampoule auditive. *g h*, premier arc branchial. *g*, mâchoire inférieure. *h*, mâchoire supérieure. *i*, deuxième arc branchial. *k l m*, cœur. (*k*, oreillette droite du cœur. *l*, ventricule droit. *m*, ventricule gauche.) *n*, aorte primitive. *o*, enveloppe du cœur. *p*, foie. *q*, intestin. *r*, canal ombilical. *s*, vésicule ombilicale (enlevée). *t*, allantoïde (enlevée). *u*, amnios. *v*, membre antérieur. *x*, membre postérieur. (D'après Bischoff.)

moment, je me bornerai à dire de cet organe qu'il est l'apanage exclusif des mammifères supérieurs et manque chez les autres. Des trois sous-classes des mammifères, les deux inférieures, celles des marsupiaux et des monotrèmes, n'ont pas de placenta ; chez les animaux de ces groupes, l'allantoïde reste ce qu'elle est, chez les oiseaux et les reptiles, une simple poche pleine de liquide. C'est seulement dans la sous-classe la plus élevée, chez les placentaliens, comprenant les solipèdes, les cétacés, les carnassiers, les rongeurs, les chéiroptères, les singes et l'homme, qu'un vrai

Fig. 82.

placenta se forme aux dépens de l'allantoïde. Ce fait démontre directement que l'homme provient de ce groupe mammifère.

L'allantoïde est aussi doublement intéressante, au point de vue de l'arbre généalogique humain : d'abord, parce qu'elle ne se rencontre que chez les trois classes supérieures de vertébrés, chez les reptiles, les oiseaux et les mammifères ; puis, parce que c'est seulement chez les mammifères supérieurs et chez l'homme que le placenta se forme aux dépens de l'allantoïde, aussi les appelle-t-on « placentaliens ».

La formation de la troisième annexe de l'embryon, de l'amnios,

Fig. 82. — *Embryon humain muni de ses enveloppes*, âgé de trois semaines : la vésicule ombilicale est déjà volumineuse ; point d'extrémités encore.

est aussi spéciale aux trois classes supérieures des vertébrés. Déjà, en parlant de la manière dont l'embryon se sépare de la vésicule blastodermique, nous avons dit quelques mots de l'amnios. Nous avons vu que la paroi de la vésicule blastodermique se plisse et se relève circulairement autour de l'embryon. Ce pli prend différents noms, suivant la région; il s'appelle, en avant, « capuchon ou étui céphalique » (fig. 78, ₂, *h s;* fig. 58 *k k*); en arrière,

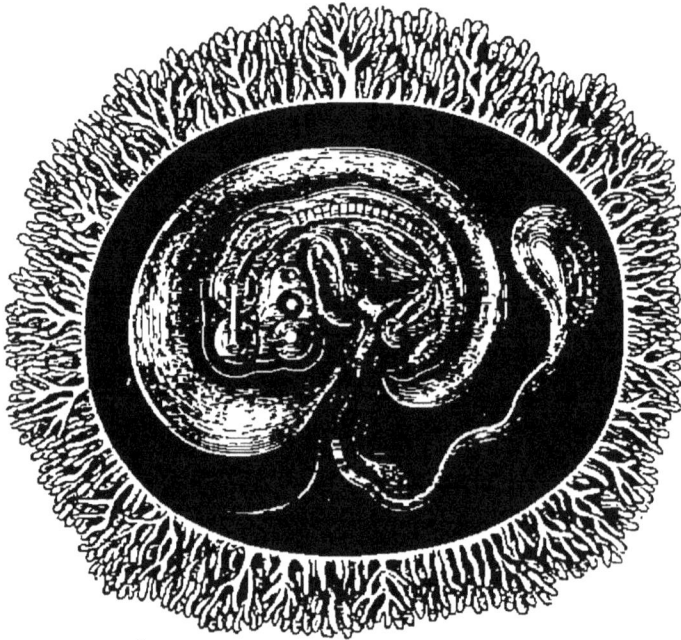

Fig. 83.

« capuchon ou étui caudal » (fig. 78, ₂, *s s*); latéralement, le pli d'abord fort peu élevé prend le nom de « capuchon latéral ou

Fig. 83. — *Embryon humain muni de ses enveloppes*, âgé de six semaines. L'enveloppe externe de l'œuf forme le chorion recouvert en dehors de villosités ramifiées, tapissé intérieurement par l'enveloppe séreuse. L'embryon n'est plus dépourvu de membres, comme dans la figure 82; il est revêtu du sac amniotique à mince paroi. La vésicule ombilicale sphérique qui, dans la figure 82, comprend encore la plus grosse moitié de la cavité ovulaire, est, dans la figure 83, réduite à une petite vésicule ombilicale pyriforme; son long pédicule, l'étroit canal ombilical, est compris dans le cordon ombilical. Dans ce dernier cordon se trouve, derrière le canal ombilical, le pédicule beaucoup plus court de l'allantoïde, dont la lamelle interne (feuillet intestino-glandulaire) forme encore une vésicule considérable dans la figure 82, tandis que la lamelle externe s'applique sur la paroi interne du chorion externe et y forme le placenta.

étui latéral » (fig. 85; fig. 50, 51, *a f*). Tous ces capuchons ou étuis se continuent les uns avec les autres, pour former le repli circulaire. Ce repli grandit toujours et finit par former une sorte de mur circulaire, dont le bord supérieur se soude, en grotte, au-dessus de l'embryon (fig. 86). Après cette soudure (fig. 78, ₃ *a m*; fig. 87) l'embryon se trouve enfermé dans un sac à mince paroi plein de « liquide amniotique » (fig. 78, ₄, ₅ *a h*). Quand l'occlusion du sac est complète, sa paroi proprement dite, la lamelle interne du repli se sépare complétement de l'externe, qui va s'appliquer sur la face interne du chorion, qu'elle tapisse,

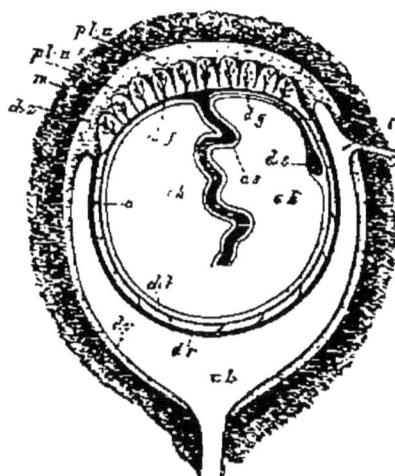

Fig. 84.

tandis que la lamelle interne forme le sac amniotique logeant l'embryon. La lamelle externe est simplement la lamelle cornée et dès lors prend le nom d' « enveloppe séreuse » (fig. 78, ₄, ₅ *s h*). Quant à la lamelle interne ou paroi amniotique, elle se compose de deux couches : premièrement, une couche interne, la lamelle cornée, et deuxièmement, une couche externe, le feuillet fibro-

Fig. 84. — *Membranes ovulaires de l'œuf humain* (figure schématique). *m*, épaisse paroi charnue de la matrice. (*p l u*), placenta dont la couche interne (*p l u'*) entrelace des prolongements avec les villosités choriales (*c h z*). (*c h f*), chorion villeux. *c h l*, chorion glabre. *a*, amnios. *a h*, cavité amniotique. *a s*, étui amniotique du cordon ombilical (ce cordon va passer dans l'ombilic de l'embryon, qui n'est pas représenté ici). *d g*, canal ombilical. *d s*, vésicule ombilicale. *d v*, *d r*, decidua (*d v*, vraie decidua; *d r*, fausse decidua). La cavité utérine (*u h*) s'ouvre en bas dans le col; en haut, elle se continue avec un oviducte (*t*). (D'après Kœlliker.)

cutané (fig. 86, 87). En ce point, ce dernier feuillet est très-
mince, très-délicat; mais on voit pourtant distinctement qu'il
est un prolongement direct du derme et même de la lamelle la
plus extérieure du feuillet germinatif moyen. Le feuillet fibro-
cutané, par sa portion périphérique la plus externe, revêt aussi la
lame interne du pli amniotique (étui céphalique, étui caudal, etc.)
et s'étend même jusqu'au bord de ce pli. Quant à la lamelle extérieure, elle est simplement formée par la lamelle cornée. Cette
lamelle s'applique, en dedans, sur le chorion primitif et, après la
disparition de ce dernier, elle forme le chorion secondaire, dont
les villosités creuses et ramifiées s'introduisent dans les dépressions correspondantes de la muqueuse utérine.

Pour la phylogénie humaine, l'amnios est tout particulièrement
intéressant; car il est l'apanage des trois classes supérieures des
vertébrés. Seuls, les mammifères, les oiseaux et les reptiles ont

Fig. 85.

un amnios, aussi nous les comprendrons tous sous le titre
d'*Amniotes*. Tous les amniotes, y compris l'homme, descendent
d'une souche ancestrale commune.

A aucun moment de sa durée, l'amnios n'a de vaisseaux sanguins; tandis que les deux autres appendices sacciformes, la
vésicule ombilicale et l'allantoïde, sont pourvus de gros vaisseaux sanguins servant à la nutrition de l'embryon. C'est le
moment de dire quelques mots de la circulation embryonnaire
primitive et de son organe central, le cœur. Les premiers vaisseaux sanguins, le cœur et même le sang primitif proviennent
du feuillet fibro-intestinal, qui, pour cette raison, était appelé
autrefois « feuillet vasculaire », détermination très-juste en un

Fig. 85. — *Section transversale à travers l'embryon d'un poulet* (quelque
peu en arrière de la porte intestinale antérieure), à la fin du premier jour de
la couvaison. En haut, la gouttière médullaire; en bas, la gouttière intestinale
sont encore largement ouvertes. De chaque côte on voit les rudiments de la
cavité viscérale entre le feuillet fibro-cutané et le feuillet fibro-intestinal. A
droite et à gauche, commencent à saillir en dehors les capuchons latéraux de
l'amnios. (D'après Remak.)

certain sens. Mais il ne faut pas oublier que tous les vaisseaux
sanguins ne viennent pas de ce feuillet et que tout le feuillet
vasculaire n'est pas employé à la formation des vaisseaux sanguins. Ainsi le feuillet fibro-intestinal forme la paroi fibreuse et
musculeuse de l'intestin, ainsi que le mésentère. Plus tard, nous
verrons aussi que des vaisseaux sanguins se forment encore dans
d'autres parties, particulièrement dans diverses formations organiques du feuillet fibro-cutané.

Le cœur, les vaisseaux sanguins et en général tout le système

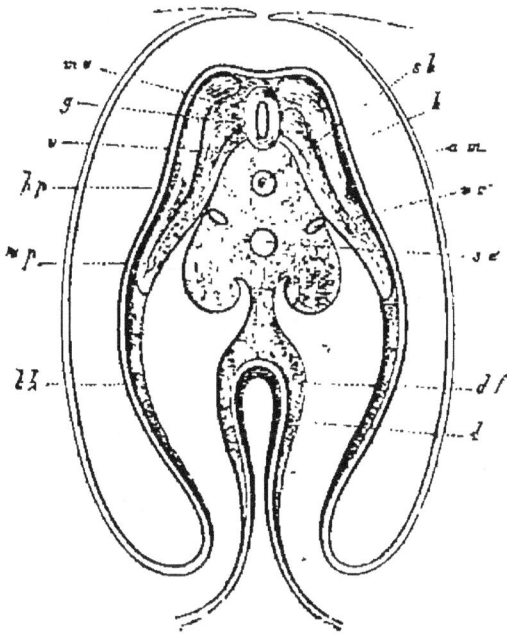

Fig. 86.

circulatoire ne sont point du tout les parties les premières formées
de l'organisme animal. Selon Aristote, le cœur était le premier
organe paraissant chez l'embryon de poulet, et quantité d'auteurs
ont partagé cette opinion, qui est tout à fait erronée. Les or-

Fig. 86. — *Coupe transversale d'un embryon de poulet*, de cinq jours, au
niveau de la région ombilicale. Les replis amniotiques (*a m*) se touchent presque
au-dessus de l'embryon. Inférieurement, l'intestin *d* encore ouvert se continue
avec la vésicule ombilicale. *d f*, feuillet fibro-intestinal. *s h*, chorda. *s a*, aorte.
v c, veines cardinales. *b h*, paroi abdominale encore ouverte. *v*, racines nerveuses médullaires antérieures. *g*, racines postérieures. *m u*, lamelle musculaire. *h p*, lamelle dermique. *h*, lamelle cornée. (D'après Remak.)

ganes les plus importants, les quatre feuillets germinatifs secondaires, le tube médullaire et la *chorda dorsalis* ou notocorde sont déjà ébauchés, avant qu'il y ait trace de système sanguin. Ce fait est, comme nous le verrons, en parfait accord avec la phylogénie du règne animal. Nos antiques ancêtres animaux ne possédaient ni sang, ni cœur, ni vaisseaux sanguins.

Les coupes de l'embryon des mammifères, que nous avons passées en revue, vous ont déjà permis de voir les vaisseaux sanguins primitifs. Ce sont d'abord les deux artères primitives ou « aortes primitives » logées dans la fente étroite et longitu-

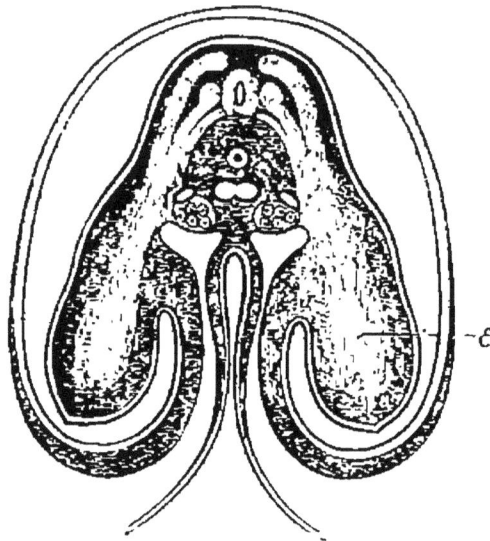

Fig. 87.

dinale qui sépare les deux cordons vertébraux primitifs, les lamelles latérales et le feuillet intestino-glandulaire (fig. 47, *a o ;* fig. 50, 51, *a o*). En second lieu, viennent les deux veines primitives ou « veines cardinales », qui apparaissent un peu plus tard, en dehors des artères, au-dessus du conduit des reins primitifs (fig. 51, *v c ;* fig. 86, *v c*). Les artères primitives se forment par division de la partie la plus interne du feuillet

Fig. 87. — *Coupe d'un embryon de poulet,* dans la région de l'épaule (au cinquième jour). La section passe par les rudiments des membres antérieurs, des ailes (*E*). En haut, au-dessus de l'embryon, les replis amniotiques sont complétement soudés. (D'après Remak.) Voir fig. 86.

fibro-intestinal, et les veines par division de la partie la plus
externe.

Le cœur naît aussi du feuillet fibro-intestinal, en connexion
avec les premiers vaisseaux; il est situé dans la paroi inférieure
de l'intestin antérieur, dans la région du pharynx, là où il
reste toujours chez les poissons. Peut-être trouverez-vous très-peu
poétique que le cœur naisse justement de la paroi intestinale;

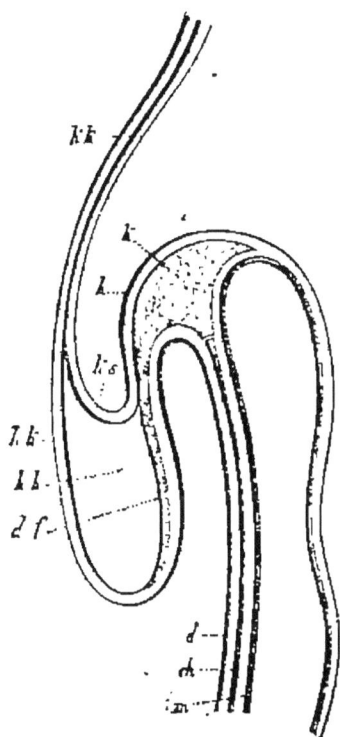
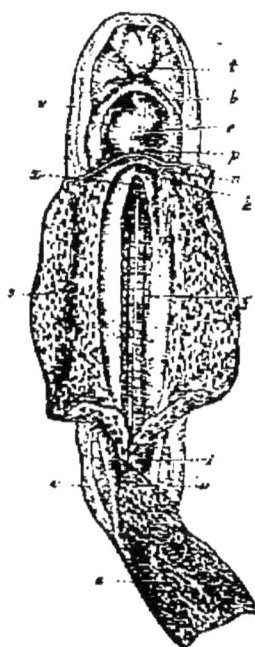

Fig. 88.   Fig. 89.

Fig. 88. — *Coupe longitudinale à travers la tête d'un embryon de poule*,
à la fin du premier jour de la couvaison. *m*, tube médullaire. *ch*, chorda.
d, tube intestinal (fermé antérieurement en cœcum). *k*, lamelles céphaliques.
df, premier rudiment du cœur situé dans le feuillet fibro-intestinal de la paroi
abdominale de l'intestin céphalique. *h h*, cavité cardiaque. *h k*, capuchon cardiaque. *k k*, capuchon céphalique de l'amnios. *k s*, étui céphalique. *h*, lamelle
cornée. (D'après Remak.)

Fig. 89. — *Embryon humain de 14 à 18 jours*, ouvert du côté de l'abdomen.
Au-dessous de la saillie frontale de la tête (*t*), on voit dans la cavité cardiaque
(*p*), le cœur (*c*) avec la base de l'aorte (*b*). La vésicule ombilicale (*o*) est en
grande partie enlevée. En *x*, orifice de l'intestin antérieur. *g*, aortes primitives
au-dessous des vertèbres primitives. *i*, terminaison de l'intestin. *a*, allantoïde.
u, pédicule allantoïdien. *v*, amnios. (D'après Coste.)

mais il en est ainsi, et c'est un fait très-instructif au point de vue phylogénétique. Consolons-nous en pensant que, sous ce rapport, les vertébrés sont esthétiquement mieux partagés que les mol-

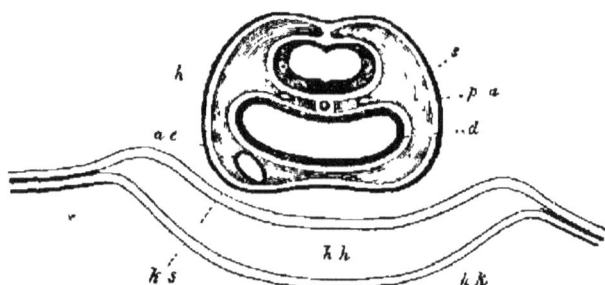

Fig. 90.

lusques. Chez ceux-ci, en effet, le cœur repose toute la vie sur la paroi rectale, près de l'anus.

Sur la ligne médiane, entre les arcs branchiaux et quelque peu en arrière, au niveau du pharynx, il se forme sur la paroi inférieure de la cavité intestinale céphalique une sorte d'épaississement calleux du feuillet fibro-intestinal (fig. 88, *d f*). C'est le premier rudiment du cœur. Cet épaississement est fusiforme,

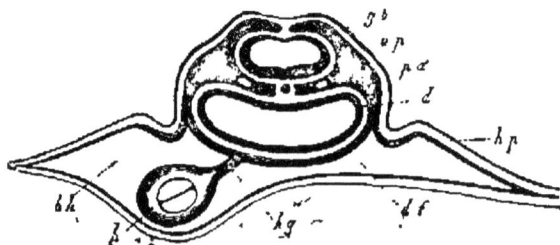

Fig. 91.

Fig. 90. — *Coupe transversale de la tête d'un embryon de chien de 36 heures.* Au-dessous du tube médullaire, on voit, dans les lamelles céphaliques (*s*), les deux aortes primitives (*pa*), des deux côtes de la notocorde. Au-dessous du pharynx (*d*), on voit l'extrémité aortique du cœur (*ae*). *hh*, cavité cardiaque. *hk*, capuchon céphalique. *ks*, étui céphalique, amniotique. *h*, lamelle cornée. (D'après Remak.)

Fig. 91. — *Coupe transversale au niveau de la région cardiaque d'un embryon de poulet* (en arrière de la précédente). Dans la cavité cardiaque (*hh*) se trouve le cœur (*h*), encore uni par un mésentère cardiaque (*hg*) au feuillet fibrointestinal (*df*) de l'intestin antérieur. *d*, feuillet intestino-glandulaire. *up*, lamelles vertébrales primitives. *gb*, rudiment de l'ampoule primitive dans la lamelle cornée. *hp*, première saillie du repli amniotique. (D'après Remak.)

d'abord solide et constitué simplement par les cellules du feuillet fibro-intestinal; puis il s'incurve (fig. 89, c), et il se forme dans son intérieur une petite cavité due à l'accumulation à son centre d'un peu de liquide intercellulaire. Alors quelques-unes des cellules de la paroi se détachent et flottent dans le liquide; ce liquide est le premier sérum et les cellules sont les premiers globules sanguins. Le sang naît de la même manière dans les vaisseaux rudimentaires en connexion avec le cœur; ce sont d'abord des cordons cylindriques, solides, qui s'évident comme le cœur par une accumulation de sérosité à leur centre, etc. Le même procédé organique s'observe dans les vaisseaux afférents ou artères et dans les vaisseaux efférents ou veines.

Au début, le cœur et les troncs vasculaires primitifs en connexion avec lui sont situés dans l'épaisseur même de la paroi intestinale, d'où ils proviennent. Le cœur lui-même n'est qu'une dilatation d'un tronc vasculaire primitif.

Mais le cœur ne tarde pas à se séparer de la paroi où il s'est formé; il est alors libre dans une cavité, qui s'appelle la cavité cardiaque (fig. 90, h h, 91, h h). Cette cavité cardiaque n'est rien autre chose que la partie la plus antérieure de la cavité viscérale ou du *cœlom;* elle a la forme d'un fer à cheval et relie les divisions cœlomatiques droite et gauche. La paroi de la cavité cardiaque provient, comme celle de la cavité viscérale, en partie du feuillet fibro-intestinal (fig. 91, d f), en partie du feuillet fibro-cutané (fig. 91, h p).

Au moment de sa séparation d'avec l'intestin antérieur, le cœur est encore relié avec lui, pendant quelque temps, par une mince lamelle, une sorte de mésentère cardiaque (fig. 91, h g). Plus tard, le cœur est complétement libre dans la cavité cardiaque et n'est plus en rapport avec la paroi intestinale que par les gros troncs vasculaires.

L'extrémité antérieure de l'utricule cardiaque fusiforme, qui bientôt se recourbe en S, se divise en une branche droite et une gauche. Ces deux tubes se recourbent en arc supérieurement et représentent les deux premiers arcs aortiques. Ces arcs montent dans la paroi de l'intestin antérieur, qu'ils enlacent en quelque sorte, puis, sur la paroi de la cavité intestinale céphalique, ils se réunissent en un gros tronc artériel impair, qui se dirige en arrière en passant immédiatement au-dessous de la chorda : c'est l'aorte principale, *aorta principalis* (fig. 92, a).

La première paire d'arcs aortiques monte sur la paroi interne
de la première paire d'arcs branchiaux et est située entre cette
première paire branchiale en dehors (fig. 92, b) et l'intestin
antérieur (fig. 92 d) en dedans, exactement dans la situation
où se trouvent ces mêmes arcs vasculaires, chez le poisson
adulte. Quant à l'aorte impaire résultant de l'union des deux arcs
vasculaires, elle se bifurque bientôt en deux branches parallèles,
qui se dirigent en arrière des deux côtés de la chorda. Ce sont
les « aortes primitives », dont nous avons déjà parlé et que l'on
appelle aussi « artères vertébrales postérieures », *arteriæ ver-*

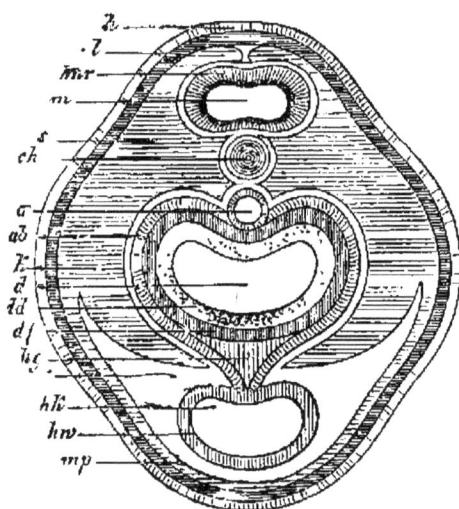

Fig. 92.

tebrales posteriores (fig. 89, *g*). En arrière, ces deux troncs
artériels émettent, de chaque côté, à angle droit, 4 à 5 branches,
qui passent du corps de l'embryon dans l'aire germinative et
prennent le nom d'artères omphalo-mésentériques (*arteriæ
omphalo-mesentericæ*) ou d'artères vitellines (*arteriæ vitel-*

Fig. 92. — *Coupe schématique à travers la tête d'un embryon de mammifère. h,* lamelle cornée. *m,* tube médullaire (ampoule cérébrale). *mr,* sa paroi.
l, lamelle dermique. *s,* rudiment du crâne. *ch,* chorda. *k,* arc branchial. *mp,*
lamelle musculaire. *c,* cavité cardiaque, portion la plus antérieure de la cavité
viscérale (cœlom). *d,* tube intestinal. *dd,* feuillet intestino-glandulaire. *df,*
feuillet musculo-intestinal. *hg,* mésentère cardiaque. *hw,* paroi cardiaque.
hk, cavité cardiaque. *ab,* arcs aortiques. *a,* coupe transversale du tronc aortique.

linœ). C'est la première ébauche d'une circulation de l'aire germinative.

Cette première formation vasculaire envahit aussi le corps de
l'embryon et s'étend jusqu'au bord de l'aire germinative. Il naît
de nombreux vaisseaux dans le feuillet fibro-intestinal de l'aire
germinative. D'abord ces vaisseaux sont limités à la partie
opaque de l'aire germinative (*area opaca* ou *area vasculosa*):
mais ils finissent par s'étaler sur toute la surface de la vésicule
blastodermique. La vésicule ombilicale semble à la fin couverte

Fig. 93.

d'un réseau vasculaire. La fonction de ces vaisseaux est d'em-
prunter des matériaux nutritifs au contenu de la vésicule ombilicale et de les charrier dans le corps de l'embryon. Cela se fait
au moyen de veines, venant d'abord de l'aire germinative seu-

Fig. 93. — *Embryon et aire germinative d'un lapin*, montrant la première
ébauche du système circulatoire, vus du côté abdominal. Grossissement d'environ dix diamètres. L'extrémité postérieure du cœur simple (*a*) se divise en
deux fortes veines vitellines, qui se ramifient en réseau sur la surface opaque
de l'aire germinative (paraissant claire sur le fond noir). A l'extrémité céphalique, on voit le cerveau antérieur avec les deux ampoules oculaires (*b,b*). La
partie médiane obscure est la cavité intestinale largement ouverte. De chaque
côté de la chorda, on voit dix vertèbres primitives. (D'après Bischoff.)

lement, plus tard de la vésicule ombilicale et aboutissant à l'extrémité postérieure du cœur. Ces veines s'appellent veines vitellines, *venæ vitellinæ,* et souvent aussi veines omphalo-mésentériques (*venæ omphalo-mesentericæ*).

Le système circulatoire primitif de l'embryon, tel qu'il est

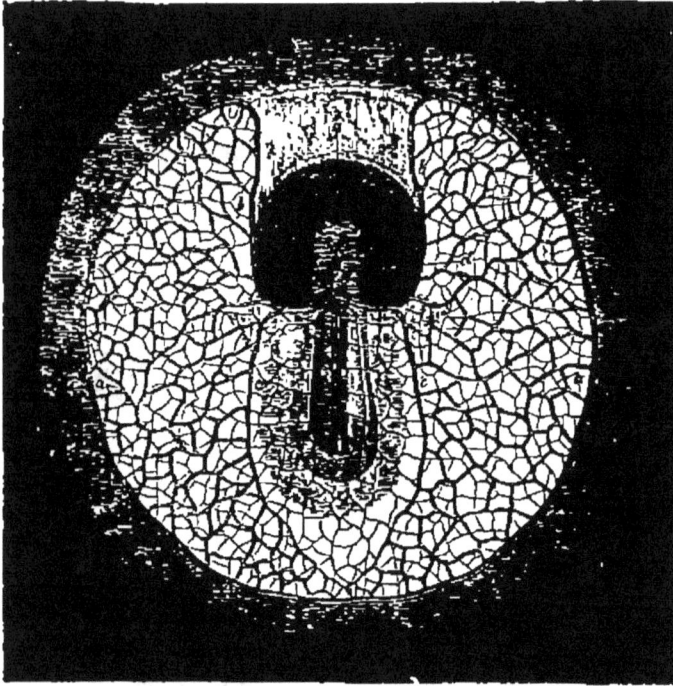

Fig. 94.

figuré dans les fig. 93 et 94, offre, dans les classes supérieures des vertébrés, la très-simple disposition suivante :

En avant et en arrière, l'utricule cardiaque (fig. 93, *a ;*

Fig. 94. — *Embryon et aire germinative d'un lapin,* montrant la circulation primitive. L'embryon est vu du côté abdominal et avec un grossissement de cinq diamètres environ. L'extrémité postérieure du cœur recourbé en S (*d*) se bifurque en deux grosses veines vitellines, émettant chacune une branche antérieure (*b*) et une postérieure (*c*). Les terminaisons de ces veines se réunissent circulairement, pour former une veine marginale (*a*). Dans l'aire germinative, on voit un réseau veineux plus volumineux et plus profond, ainsi qu'un réseau plus délicat et plus superficiel. Les artères vitellines (*f*) s'ouvrent dans les deux aortes primitives (*e*). La teinte obscure, environnant la tête comme une auréole, correspond à la dépression du capuchon céphalique. (D'après Bischoff.)

fig. 94, *d*) se bifurque. Les deux vaisseaux postérieurs sont les veines vitellines. Elles charrient dans le corps de l'embryon la substance nutritive prise à la vésicule blastodermique ou à la vésicule ombilicale. Les deux vaisseaux antérieurs sont les arcs artériels branchiaux, les arcs aortiques, enlaçant l'extrémité antérieure de l'intestin et se réunissant pour former l'*aorta principalis*. Les deux branches qui naissent de la division de cette artère principale, les « aortes primitives », émettent à droite et à gauche les artères vitellines, allant de l'embryon à l'aire germinative. Là et à la périphérie de la vésicule ombilicale, on distingue deux couches vasculaires, l'une artérielle superficielle, l'autre veineuse et profonde (fig. 94). Ces deux réseaux communiquent ensemble. Dans le principe, ce système circulatoire occupe seulement la surface de l'aire germinative jusqu'à son bord. Là, sur le bord de l'aire vasculaire opaque, tous les rameaux vasculaires se réunissent pour former une grande veine marginale, *vena terminalis* (fig. 94, *a*). Plus tard, ces veines disparaissent, aussitôt qu'avec le progrès de l'évolution la formation vasculaire devient plus active; alors les vaisseaux vitellins ou omphalo-mésentériques envahissent toute la vésicule ombilicale. A mesure que s'amoindrit la vésicule ombilicale, ces vaisseaux s'amoindrissent aussi et ils n'ont d'importance que dans les premiers temps de la vie embryonnaire.

A la circulation de la vésicule ombilicale succède ensuite celle de l'allantoïde. De gros vaisseaux sanguins, provenant aussi du feuillet fibro-intestinal, se développent sur la paroi de la vessie primitive ou allantoïde. Ces vaisseaux grossissent de plus en plus et communiquent largement avec les vaisseaux embryonnaires proprement dits. Peu à peu, cette circulation allantoïdienne secondaire remplace la circulation primitive de la vésicule ombilicale. Quand l'allantoïde s'est étalée sur la paroi interne du chorion et s'est transformée en placenta, ces vaisseaux sanguins servent seulement à la nutrition de l'embryon. Ils prennent alors le nom de vaisseaux ombilicaux et sont d'abord au nombre de quatre, une paire de veines ombilicales (*venæ umbilicales*) et une paire d'artères ombilicales (*arteriæ umbilicales*) (fig. 73, *n ;* fig. 74, *n*). Les deux veines ombilicales, qui amènent au cœur le sang du placenta, communiquent d'abord avec les veines vitellines réunies. Mais ces dernières finissent par disparaître; la

veine ombilicale droite en fait autant, de sorte qu'il ne reste
plus qu'un tronc veineux puissant, la veine ombilicale gauche,
qui seule ramène au cœur de l'embryon tout le sang du placenta.
Quant aux deux artères de l'allantoïde ou artères ombilicales,
arteriæ umbilicales (fig. 73, *n ;* fig. 74, *n*), ce sont simplement les extrémités des deux aortes primitives puissamment
développées. C'est seulement à la fin du neuvième mois de la vie
embryonnaire, quand, par l'acte de la naissance, l'embryon humain devient un individu physiologiquement indépendant, que
cesse cette circulation ombilicale.

Le cordon ombilical (fig. 81 *a s*), par lequel ces vaisseaux
importants vont de l'embryon au placenta, est éliminé avec cet
organe ; à ce moment, la respiration pulmonaire entre en jeu et,
avec elle, s'établit un nouveau mode circulatoire limité seulement au corps de l'enfant ([54]).

Cherchons maintenant à embrasser d'un coup d'œil d'ensemble
toute l'embryologie humaine ; aussitôt il nous paraîtra utile d'y
distinguer plusieurs divisions principales, subdivisées en stades
ou degrés. En prenant pour caractéristique l'importance phylogénétique, sur laquelle nous nous étendrons bientôt davantage,
nous sommes fondés, je crois, à admettre quatre divisions principales et dix sous-divisions, correspondant aux plus importants
degrés d'évolution phylogénétique de nos ancêtres animaux
(voir la fin de la XIXᵉ leçon). Cette vue d'ensemble vous convaincra de nouveau que, conformément à la loi d'hérédité abrégée, l'évolution embryologique de l'homme marche d'abord avec
une extrême rapidité, pour se ralentir de plus en plus, à mesure
que les stades se succèdent ([57]).

Tous les curieux phénomènes offerts par les métamorphoses
de l'embryon humain ne se peuvent comprendre qu'à l'aide de
la phylogénie humaine ; pour les éclaircir, il les faut rapprocher des métamorphoses historiques de notre tribu zoologique.

QUATRIÈME TABLEAU.

Série des divisions de l'embryologie humaine.

PREMIÈRE PHASE EMBRYOLOGIQUE.
L'homme considéré comme simple plastide.

L'embryon humain n'est qu'un individu du *premier* ordre, *une plastide simple.*

Premier degré : *Stade de la monerula* (fig. 14).

Le germe humain n'est qu'une simple *cytode* (ovule fécondé après la disparition du noyau).

Deuxième degré : *Stade ovulaire* (fig. 15).

Le germe humain est une *simple cellule* (œuf humain fécondé avec un noyau de nouvelle formation).

DEUXIÈME PHASE EMBRYOLOGIQUE.
L'homme considéré comme animal polycellulaire.

L'embryon humain est constitué par un grand nombre de cellules, non encore différenciées en feuillets germinatifs ou blastodermiques : c'est donc un individu de *deuxième* ordre, un *idorgane.*

Troisième degré : *Stade de la morula* (fig. 16).

Le germe humain est ce qu'on appelle un *vitellus mûriforme,* un amas globuleux de cellules homologues.

Quatrième degré : *Stade de la blastosphère* (fig. 19).

Le germe humain est une vésicule sphérique, la vésicule blastodermique *(vesicula blastodermica),* dont la paroi est formée d'une couche cellulaire simple.

TROISIÈME PHASE EMBRYOLOGIQUE.
L'homme considéré comme un invertébré pourvu d'un intestin.

L'embryon humain est un individu de *troisième* ordre, non articulé (formé d'une seule métamère). La cavité intestinale primitive (cavité de la vésicule blastodermique) est enclose dans les deux feuillets germinatifs primaires, qui, bientôt, se dédoublent en quatre feuillets secondaires.

Cinquième degré : *Stade de la gastrula* (fig. 20, 491).

Le germe humain a l'aspect d'un épaississement discoïdal en un point de la vésicule blastodermique et est constitué par les deux feuillets primaires, le feuillet cutané et le feuillet intestinal.

Sixième degré : *Stade du chordonium* (fig. 45, 46).

L'embryon humain a, essentiellement, l'organisation d'un ver, analogue aux larves des ascidies actuelles. Les feuillets germinatifs primaires, d'abord au nombre de deux, sont maintenant au nombre de quatre, soudés sur la ligne médiane.

QUATRIÈME PHASE EMBRYOLOGIQUE.
L'homme considéré comme un véritable vertébré.

L'embryon humain est un individu articulé, une série de métamères. La segmentation porte principalement sur le système osseux (vertèbres primitives) et le système musculaire, puis sur le système nerveux et le système circulatoire. Le feuillet cutané-sensitif est divisé en lamelle cornée, tube médullaire et reins primitifs. Le feuillet fibro-cutané est partagé en lamelle dermique, vertèbres primitives (lamelle musculaire et lamelle osseuse) et en notochorde. Du feuillet fibro-intestinal proviennent le cœur avec les principaux vaisseaux sanguins et la paroi musculaire de l'intestin. L'épithélium du tube intestinal est formé aux dépens du feuillet intestino-glandulaire.

Septième degré : *Stade acrânien* (fig. 61, 63).

L'embryon humain a essentiellement l'organisation d'un vertébré acrânien, analogue à l'amphioxus complétement développé. Le corps forme déjà une série de métamères, quoique peu de vertèbres primitives se soient encore différenciées. La tête n'est pas encore nettement distincte du tronc. Le tube médullaire n'est pas encore divisé en ampoules cérébrales. Le crâne manque encore, ainsi que le cœur, les mâchoires et les membres.

Huitième degré : *Stade monorhinien* (fig. 82; pl. V, fig. M I).

L'embryon humain a essentiellement l'organisation d'un crâniote sans mâchoires (analogue aux myxinoïdes et aux petromyzontes). Le nombre des métamères s'est accru. La tête est nettement distincte du tronc. L'extrémité antérieure du tube médullaire se renfle pour former le cerveau rudimentaire, qui se divise bientôt en cinq ampoules cérébrales échelonnées les unes derrière les autres. De chaque côté apparaissent les ébauches des trois sens principaux: la vésicule olfactive, la vésicule oculaire et la vésicule auditive. Le cœur et l'appareil circulatoire primitif commencent à fonctionner. Il n'y a encore ni mâchoires ni membres.

Neuvième degré : *Stade ichthyodique* (fig. 83; pl. V, fig. M II).

L'embryon humain a essentiellement l'organisation d'un poisson (d'un crâniote pisciforme). Les deux paires de membres ont une forme des plus simples; ce sont des bourgeons aplatis en forme de nageoires : il y en a une paire antérieure (nageoires pectorales) et une paire postérieure (nageoires abdominales). Les fentes branchiales sont ouvertes et séparées par les arcs branchiaux; la première paire d'arcs branchiaux se différencie en mâchoire supérieure et mâchoire inférieure rudimentaire. Du canal intestinal proviennent les poumons (vessie natatoire), le foie et le pancréas.

Dixième degré : *Stade amniotique* (pl. V, fig. M III; pl. VI).

L'embryon humain a essentiellement l'organisation d'un *amniote* (d'un vertébré supérieur, sans branchies). Les fentes branchiales se soudent. Des arcs branchiaux proviennent les maxillaires, l'os hyoïde et les osselets de l'ouïe. L'allantoïde atteint son plein développement et, dans sa partie périphérique, se transforme en placenta. Tous les organes prennent peu à peu la conformation spéciale aux mammifères et enfin la forme spécialement humaine. (Voir à ce sujet les considérations phylogéniques qui suivent.)

LÉGENDE DE LA PLANCHE VI.

Les deux figures sont copiées d'après Erdl (Évolution de l'homme).

Fig. 1. — *Embryon humain de neuf semaines,* extrait de ses enveloppes et grossi à trois diamètres. (ERDL, pl. XII, fig. 1 à 5). Le crâne est encore transparent, de sorte que les divisions du cerveau se voient au travers ; le volumineux cerveau moyen (tubercules quadrijumeaux) est séparé du cerveau antérieur (grand cerveau) par un léger sillon et du petit cerveau postérieur (cervelet) par un sillon profond. Le front est très-fortement voûté en avant ; le nez est encore très-peu développé ; les yeux, encore démesurément gros, sont très-ouverts ; les paupières supérieures et inférieures restent encore fort éloignées les unes des autres. Sur la joue, un sillon profond descend de l'angle interne de l'œil vers l'angle buccal et marque la soudure du maxillaire supérieur avec l'apophyse frontale. La lèvre supérieure est encore très-courte et renflée en épais bourrelets ; la lèvre inférieure est très-mince ; le menton est bas et fuyant. D'une manière générale, le visage est très-petit proportionnellement au crâne cérébral. La conque de l'oreille est encore très-petite et l'orifice du canal auditif très-grand. Le cou est encore très-court ; le tronc n'est que d'un tiers plus long que la tête ; il est partout également épais et se termine, dans la région caudale, en une pointe émoussée. Les deux paires de membres sont déjà tout à fait différenciées. Les membres antérieurs sont quelque peu plus courts que les postérieurs. L'avant-bras et le bras sont très-courts relativement à la main, et il en est de même pour la cuisse et la jambe relativement au pied. Les doigts et les orteils sont encore reliés, les premiers incomplétement, les seconds complétement, par une membrane natatoire.

Fig. 2. — *Embryon humain de douze semaines,* inclus dans les membranes ovulaires et de grandeur naturelle (ERDL, pl. XI, fig. 2) L'embryon baigne complétement dans le liquide amniotique. Le cordon ombilical, qui va du nombril de l'embryon au chorion, est revêtu d'un étui, prolongement de l'amnios et formant des plis à son point d'attache. En haut, les villosités choriales touffues et ramifiées forment le placenta. La portion inférieure du chorion, ouverte et plissée, est glabre et sans villosités. Au-dessous encore tombe, en gros plis, la membrane « decidua » de l'utérus ou membrane caduque, coupée aussi et étalée. La tête et les membres de l'embryon sont déjà beaucoup plus développés que dans la figure 1.

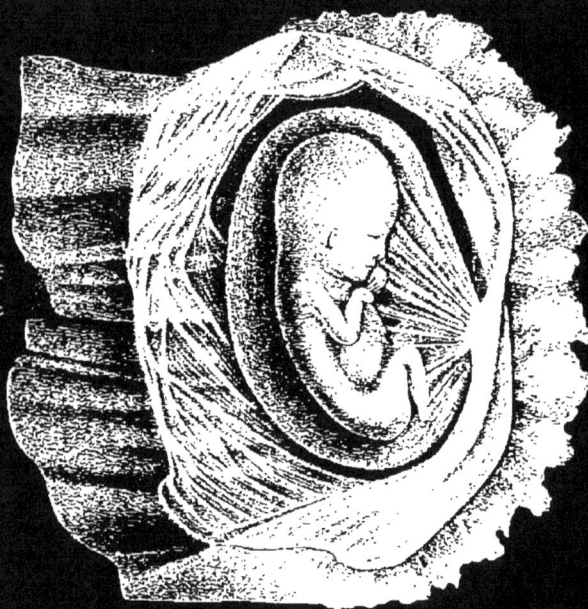

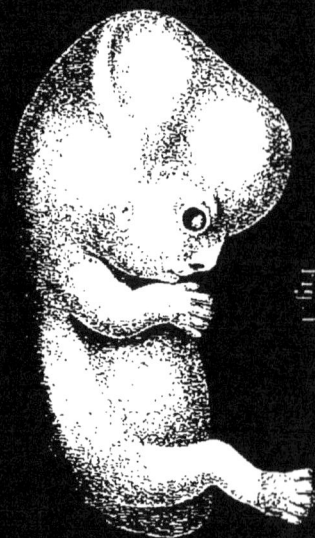

IMP. BECQUET PARIS

Fig. 2

Fig. 1

TREIZIÈME LEÇON.

STRUCTURE DE L'AMPHIOXUS ET DE L'ASCIDIE.

L'histoire primitive du développement de l'espèce est d'autant plus parfaite que la série des stades provisoires régulièrement parcourus est plus longue, elle est d'autant plus fidèle que le genre de vie des jeunes diffère moins de celui des vieux, d'autant plus encore que les particularités des stades primitifs s'écartent moins de ce qu'on observe à une époque plus avancée du développement, et ne peuvent être considérées comme isolement acquises

FRITZ MÜLLER (1864).

Importance étiologique de la loi biogénetique fondamentale. — Sa limitation par la loi d'hérédité abrégée et altérée. — Méthode de la phylogénie calquée sur celle de la géologie. — Restauration idéale obtenue en rapprochant les fragments existants. — Sûreté et légitimité des hypothèses géologiques et phylogenetiques. — Signification de l'amphioxus et de l'ascidie. — Histoire naturelle et anatomie de l'amphioxus. — Forme extérieure du corps. — Tegument cutané. — Chorda. — Moelle épinière. — Organes des sens. — Intestin respiratoire en avant (intestin branchial) et digestif en arrière (intestin stomacal). — Vaisseaux sanguins. — Organes sexuels. — Reins primitifs. — Comparaison de l'amphioxus avec les jeunes des lamproies et des petromyzontes. — Comparaison de l'amphioxus et de l'ascidie. — Anatomie de l'ascidie. — Manteau de cellulose. — Poche branchiale. — Intestin. — Ganglions nerveux. — Cœur. — Organes sexuels.

Messieurs,

Nous avons précédemment décrit, à grands traits, l'ontogénie ou l'embryologie du corps humain ; nous avons maintenant à nous occuper de la seconde partie de notre tâche, de la phylogénie, c'est-à-dire de l'embryologie de l'espèce, de la tribu humaine, de l'évolution paléontologique de nos ancêtres animaux.

Avant d'entrer en matière, il est nécessaire de bien mettre en relief toute la valeur de la loi biogénétique fondamentale ; c'est là une condition indispensable pour bien comprendre les phénomènes du développement organique. La loi biogénétique se peut résumer ainsi : « L'ontogénèse est un court sommaire

17

de · la phylogénèse ». La série des formes parcourues par tout
organisme depuis l'ovule jusqu'à l'âge adulte, est une répétition
brève et rapide de celle qu'ont aussi parcourue les ancêtres,
depuis l'origine de la vie organique jusqu'à nos jours. Cette
récapitulation est déterminée par les lois de l'hérédité et modifiée par celles de l'adaptation. C'est le lien étiologique mécanique, qui rattache l'une à l'autre les deux branches de l'évolution organique. En effet : « le développement de l'espèce ou
tribu est la cause première de celui de l'embryon ; la phylogénèse est la cause efficiente de l'ontogénèse. » Si la phylogénèse
n'existait point, comme le prétendent tous les adversaires de la
théorie de la descendance, s'il n'y avait point eu d'évolution de
l'espèce, il n'y aurait pas ·d'évolution embryologique, pas d'ontogénèse. En s'en tenant même aux idées de création généralement reçues, chaque organisme devrait être créé complet, tout
prêt à vivre. Chaque homme devrait être créé, comme l'a été
Adam, selon la mythologie juive admise encore par tant d'esprits « cultivés ». Pour quiconque croit à ce mythe de la création, il n'y a pas de raison pour que l'individu humain reste
neuf mois enfermé dans le corps maternel, et pour qu'il par-
coure dans les enveloppes ovulaires toute une série d'étonnantes
métamorphoses. C'est là une idée fort simple, mais à laquelle la
plupart des naturalistes ne se sont jamais arrêtés. On s'est
généralement contenté d'admirer les phénomènes de l'ontogénèse comme une création miraculeuse, sans se demander quelle
en était la raison. La phylogénèse seule nous explique l'existence de l'ontogénèse : l'histoire de l'espèce nous dévoile les
vraies causes de l'embryologie.

Mais si notre loi biogénétique fondamentale avait une valeur
rigoureuse, il serait bien facile de retracer toute la phylogénie,
en se basant sur l'ontogénie. Pour savoir de quels ancêtres
descend tout organisme supérieur, sans excepter l'homme, et
comment a évolué l'espèce de cet organisme, il suffirait de
suivre le cours de l'ontogénèse, la série des formes que revêt
successivement l'embryon à partir de l'œuf ; chacune de ces
formes serait celle d'un antique ancêtre. Mais cette identifica-
tion des faits de l'ontogénèse avec les idées phylogénétiques
n'est possible que pour un petit nombre d'animaux. Pourtant,
aujourd'hui encore, chez un grand nombre d'invertébrés inférieurs, chacune des formes qui se déroulent dans l'ontogénèse

peut être à bon droit considérée comme la répétition historique, comme la silhouette, pour ainsi dire, d'une forme ancestrale éteinte. Il en est tout autrement chez la plupart des animaux et chez l'homme, parce que là deux faits de premier ordre viennent limiter la valeur absolue de la loi biogénétique fondamentale.

Durant l'incommensurable durée du monde organique terrestre et les myriades de millions d'années qu'a nécessitées son évolution, il s'est produit, dans l'ontogénèse de la plupart des animaux, des modifications secondaires, que Fritz Muller-Desterro a vues clairement le premier et qu'il a formulées ainsi dans son ingénieux écrit « fur Darwin ». « Les documents historiques contenus dans l'embryologie s'effacent peu à peu, parce que l'évolution de l'œuf, à l'âge adulte, s'effectue toujours de plus en plus directement ; en outre, ces documents sont fréquemment altérés par la lutte pour vivre, qu'ont à soutenir les larves vivant d'une vie indépendante. » L'effacement du résumé ontogénétique est dû à la loi d'hérédité simplifiée ou abrégée ; l'altération résulte de la loi d'hérédité modifiée. En vertu de cette dernière loi, les jeunes des animaux et non pas seulement les larves libres, mais aussi les embryons enclos dans le corps maternel, peuvent être transformés par l'action du milieu extérieur, de même que les animaux adultes le sont par l'adaptation aux conditions de l'existence ; même durant l'ontogénèse, les espèces sont ainsi modifiées. En outre, d'après la loi de l'hérédité abrégée, il existe chez tous les organismes, et cela d'autant plus qu'ils sont plus élevés dans la série, un penchant à abréger l'évolution primitive, à simplifier et, par là, à effacer le souvenir des ancêtres. Plus un organisme est élevé dans la série zoologique, plus il reproduit imparfaitement, durant son ontogénèse, la série des ancêtres. Les raisons de ce fait sont les unes connues, les autres encore ignorées. Le fait résulte simplement de la comparaison entre l'évolution embryologique des animaux supérieurs et celle des animaux inférieurs dans chaque groupe ([56]).

Les deux importantes lois de l'hérédité altérée et de l'hérédité abrégée rendent naturellement assez difficile et peu sûre la déduction de la phylogénèse d'après les faits ontogénétiques. Force nous sera donc de procéder par voie de comparaison, si nous voulons faire la phylogénie avec une approximation assez rigoureuse. Le mieux sera de recourir à la méthode dont les géologues se servent depuis longtemps pour établir la série des roches sédimentaires de notre écorce terrestre. Vous savez que l'écorce solide du globe, la croûte mince, qui revêt la masse centrale en fusion, se compose de deux grandes classes de roches, savoir : des roches volcaniques ou plutoniques formées à la surface terrestre par solidification directe, puis des roches neptuniennes ou sédimentaires, formées aux dépens des premières par l'action de l'eau et qui se sont déposées successivement en couches superposées au fond des mers ou des lacs. Chacune de ces dernières couches neptuniennes fut d'abord une molle couche de limon ; mais, peu à peu, après des milliers d'années de lente condensation, cette couche s'est durcie et a formé des grès, des marnes, des roches calcaires, etc. Or, ces roches ont conservé dans leur sein les corps solides, qui y avaient pénétré par hasard, alors qu'elles étaient molles encore. Au premier rang des corps ainsi « pétrifiés » ou ayant du moins laissé leur empreinte caractéristique dans le limon, il faut placer les portions solides des animaux et des plantes qui vivaient au moment où se déposait la couche sédimenteuse.

Chaque couche rocheuse neptunienne renferme ainsi les fossiles caractéristiques, débris des règnes animaux et végétaux contemporains de chaque période géologique. La comparaison de ces couches permet d'embrasser d'un coup d'œil d'ensemble toute la série des périodes géologiques. Tous les géologues s'accordent à penser qu'il est possible de déterminer avec certitude cette série historique des roches et que les couches les plus inférieures sont les plus anciennes, les couches superficielles les plus récentes. Mais, en aucun point du globe, on ne trouve la série entière ou même à peu près complète. Cependant tout le monde admet que la série totale des couches et des périodes géologiques correspondantes est une construction idéale, résultat du rapprochement d'observations isolées faites çà et là sur les divers terrains sédimentaires du globe.

C'est exactement de cette manière qu'il nous faut procéder dans la phylogénie humaine. En rapprochant divers fragments phylogénétiques, constatables encore dans des groupes zoologiques très-différents, nous nous formerons une image approximative de la série ancestrale de l'homme. Par le rapprochement raisonné et la comparaison de l'ontogénèse chez des animaux très-divers, il nous sera réellement possible de nous faire une image très-approximative de l'évolution paléontologique des ancêtres de l'homme et des mammifères. Or, il nous eût été impossible d'arriver à un tel résultat d'après la seule ontogénèse des mammifères. Grâce à l'action des lois d'hérédité altérée et abrégée, il y a, dans l'embryologie de l'homme et des mammifères, des séries entières de degrés évolutifs inférieurs et de date très-ancienne, qui font défaut ou sont modifiées. Mais chez les vertébrés inférieurs et chez leurs ancêtres invertébrés, on rencontre ces degrés morphologiques inférieurs dans toute leur pureté. Le plus humble des vertébrés, par exemple, l'amphioxus, a conservé fidèlement les plus anciennes formes ancestrales dans son ontogénèse. On trouve aussi des points de repère précieux chez les poissons, qui tiennent le milieu entre les vertébrés supérieurs et les inférieurs et nous expliquent quelques périodes de la phylogénèse. Enfin viennent les vertébrés supérieurs, chez lesquels les stades ancestraux moyens et inférieurs sont ou altérés ou abrégés, mais dans l'ontogénèse desquels, en revanche, les stades phylogénétiques récents sont bien conservés. En faisant l'embryologie comparée des divers groupes vertébrés, nous parvenons à nous figurer très-approximativement l'évolution paléontologique des ancêtres de l'homme dans l'embranchement vertébré. Puis, si nous descendons au-dessous des vertébrés les plus humbles, si nous comparons leur embryologie avec celle de leurs ancêtres invertébrés, alors nous pourrons suivre notre généalogie bien plus bas encore, jusqu'aux zoophytes et aux protozoaires.

Une fois engagés dans ce labyrinthe phylogénétique, invariablement guidés, comme par un fil d'Ariane, par la loi biogénétique fondamentale et éclairés par l'anatomie comparée, nous adopterons la méthode dont nous avons parlé, et de l'embryologie d'animaux très-divers nous tirerons des fragments qui, rapprochés et coordonnés, nous retraceront la phylogénie humaine. Que cette méthode soit ici aussi sûre et aussi légitime qu'en géologie, c'est ce qu'il serait facile d'établir. Nul géologue n'a vu se déposer sous l'eau nos formations houillères et salines, le Jura, la craie, etc. Pourtant personne ne doute que ce dépôt n'ait eu lieu. Aucun géologue n'a vu de ses yeux les diverses roches neptuniennes superposées en une série déterminée, et pourtant tout le monde est convaincu que cette série existe. C'est que l'hypothèse de l'origine neptunienne de ces roches et de leur

superposition sériée explique leur nature et leur mode de formation; aussi ces hypothèses géologiques sont-elles regardées
comme de solides « théories géologiques ».

Nous sommes également fondés à attribuer la même valeur à
nos hypothèses phylogénétiques. En les formulant, nous nous
servons, comme les géologues, de la même méthode inductive et
déductive, et nous nous en servons avec la même sûreté approximative. Comme ces hypothèses phylogénétiques nous sont nécessaires pour comprendre l'origine de l'homme et des autres
organismes, comme elles seules peuvent apaiser notre besoin de
causalité, nous revendiquons, pour elles, la valeur de « théories
biologiques ». Et comme on accepte généralement aujourd'hui
les hypothèses géologiques dont on se moquait, au commencement de ce siècle, comme de châteaux en Espagne, ainsi nos
hypothèses phylogénétiques acquerront, avant la fin du siècle,
l'autorité que leur refusent aujourd'hui la plupart des naturalistes bornés, en les traitant de « rêveries de philosophie naturelle ». Sûrement nous verrons bientôt que notre thèse n'est
pas aussi simple que celle des géologues. Elle surpasse cette dernière en difficulté et en complexité autant que l'organisation
humaine surpasse la structure des masses rocheuses ([37]).

En abordant le problème de plus près, nous serons puissamment aidés par l'ontogénie comparée et minutieuse de deux types
zoologiques inférieurs. L'un de ces types est l'ascidie; l'autre
l'amphioxus (pl. VII et VIII). L'étude de ces animaux est
très-instructive. Tous deux prennent place sur la frontière du
règne animal, que l'on divise, depuis Lamarck (1801), en vertébrés
et invertébrés. Les *vertébrés*, dont l'ontogénèse vous est déjà
connue, comprennent toutes les classes zoologiques, de l'amphioxus à l'homme (acrâniens, lamproies, poissons, amphibies,
reptiles, oiseaux et mammifères). Conformément aux idées de
Lamarck, ou comprend tous les autres animaux sous la dénomination d'*invertébrés*. Mais, comme nous avons déjà eu occasion de le remarquer, les invertébrés se composent de groupes
zoologiques fort divers. Parmi ces groupes, les radiés, les mollusques, les articulés ne nous intéressent nullement en ce moment; ce sont de grands rameaux indépendants de l'arbre généalogique animal, qui n'ont rien à faire avec les vertébrés.
La division des vers est au contraire d'un haut intérêt. En
effet, on trouve dans ce groupe une classe zoologique fort inté-

ressante et qui n'a été étudiée exactement que depuis peu ; elle
est en outre fort importante pour l'arbre généalogique des vertébrés. C'est la classe des *tuniciers*. Un animal de cette
classe, l'ascidie, se rattache étroitement, par sa structure interne et son ontogénèse, au plus humble des vertébrés, à l'amphioxus. Il y a quelques années encore, on ne soupçonnait pas
l'étroite relation qui existe entre ces deux types zoologiques en
apparence fort dissemblables, et c'est par un heureux hasard
que l'embryologie de ces espèces voisines a été étudiée juste au
moment, où l'on se demandait avec intérêt si les vertébrés
n'étaient point issus des invertébrés. Pour apprécier l'extrême
importance de l'ontogénie de l'amphioxus et de l'ascidie, il faut
d'abord examiner à l'état adulte ces intéressants animaux et en
faire l'anatomie comparée.

Nous commencerons par l'amphioxus, le plus intéressant des
vertébrés après l'homme (voir fig. 95 et pl. VIII, fig. 15). Ce
fut en 1778 qu'un naturaliste allemand, Pallas, décrivit l'amphioxus, qui lui avait été envoyé de la mer du Nord. Il crut y
reconnaître un animal très-voisin de notre limace (limax) et
l'appela, pour cette raison, *limax lanceolata*. Durant un demi-
siècle, nul ne s'inquiéta plus de cette nouvelle limace. Ce fut
seulement en 1834 que ce petit animal, qui n'attire nullement
le regard, fut observé, près de Naples, dans les sables du Pausi-
lippe, par le zoologiste Costa. Cet observateur montra que le
nouvel animal n'était nullement une limace, mais bien un poisson, et l'appela *branchiostoma lubricum*. Presque en même
temps, un naturaliste anglais, Yarrell, trouva chez cet animal
un axe solide interne et donna à l'animal le nom d'*amphioxus
lanceolatus*. En 1839, l'amphioxus fut de nouveau étudié par
le célèbre zoologiste berlinois Jean Muller, qui nous a laissé sur
son anatomie un travail sérieux et détaillé. L'amphioxus vit sur
les plages marines sablonneuses, en partie enfoui dans le sable,
et il est très-répandu dans les diverses mers. On le trouve dans
la mer du Nord, sur les côtes de la Grande-Bretagne et de la
Scandinavie, aussi sur celles d'Héligoland ; on le rencontre encore
sur divers points des rivages méditerranéens, à Nice, Naples,
Messine, etc. Il vit aussi sur les côtes du Brésil et sur des
plages lointaines de l'océan Pacifique, sur les côtes du Pérou,
de Bornéo, de la Chine, etc. Partout ce curieux petit animal a
la même forme [58].

Jean Müller plaça l'amphioxus dans la classe des poissons, tout en faisant remarquer qu'entre ce dernier des vertébrés et les poissons les plus inférieurs (Cyclostomi), les différences sont beaucoup plus importantes qu'entre les poissons en général et les amphibies. Mais, durant bien longtemps, on ne se rendit pas compte de la valeur de ce petit animal. En effet, nous sommes en droit d'affirmer, comme vous vous en convaincrez, que *l'amphioxus diffère beaucoup plus de tous les autres poissons que ceux-ci ne diffèrent de l'homme*. En réalité, il diffère tellement de tous les autres vertébrés par toute son organisation, qu'en vertu des lois de la logique taxinomique, nous pouvons diviser l'embranchement des vertébrés en deux grandes divisions : 1° les *acrâniens* (acrania), comprenant l'amphioxus et ses parents éteints, et 2° les *crâniotes* (craniota), comprenant l'homme et tous les autres vertébrés ([30]).

La première division comprend les vertébrés sans tête, sans cerveau, sans crâne. Le seul représentant actuel de cette division est l'amphioxus; mais, dans les anciens âges géologiques, il en existait des spécimens nombreux et variés. Il nous faut ici formuler une loi générale, que doit admettre tout adhérent à la théorie évolutive. La voici : les types spéciaux, isolés, comme l'amphioxus, uniques en apparence dans le règne animal, sont les derniers des Mohicans, les derniers débris de groupes zoologiques éteints, représentés jadis par des formes nombreuses et variées. Le corps de l'amphioxus est mou, sans aucune partie solide, sans aucun organe pétrifiable; force est donc d'admettre, que ses nombreux parents éteints lui ressemblaient et, par conséquent, n'ont pu nous léguer ni empreintes ni fossiles. Mais, de l'ontogénie de l'amphioxus, il ressort évidemment qu'il le faut considérer comme le dernier représentant d'un groupe jadis nombreux.

En regard de ces acrâniens, il faut placer la seconde grande division comprenant tous les autres vertébrés, des poissons à l'homme. Tous les vertébrés de cette division ont une tête nettement distincte du tronc, un crâne contenant un cerveau; tous ont un cœur centralisé, de vrais reins, etc. Nous les appellerons les *crâniotes;* mais tous ces crâniotes commencent aussi par être *acrâniens*. L'ontogénèse de l'homme vous a déjà montré qu'au début de leur évolution embryologique, tous les mammifères sont d'abord sans tête, sans crâne, sans cerveau; le corps est

seulement alors un disque lyriforme, dépourvu de membres
(fig. 41, 42). En comparant cette forme embryonnaire, dont nous
avons fait un examen rapide, avec l'amphioxus complétement
développé, nous serons fondés à dire que l'on peut considérer
l'amphioxus comme un embryon persistant, une phase embryonnaire permanente du vertébré crâniote; c'est l'immobilisation
d'une forme primitive, que nous connaissons depuis longtemps.

Au terme de son développement, l'amphioxus (pl. VIII,
fig. 15) est long de deux pouces, presque incolore, blanchâtre
ou légèrement teinté de rose; il a la forme d'une lancette étroite,
pointue aux deux extrémités et latéralement aplatie. Le corps
de l'amphioxus est revêtu d'un tégument transparent, mince et
délicat, composé, comme chez les animaux supérieurs, de deux
couches, d'un épiderme externe (pl. VII, fig. 13, h) et d'un derme
fibreux, sous-jacent (fig. 13, l). Nulle trace de membres. Sur la
ligne dorsale médiane, on voit une étroite nageoire en ourlet,
qui en arrière s'élargit pour former une nageoire caudale, ovale,
se continuant inférieurement avec une courte nageoire anale. La
nageoire dorsale est soutenue par de nombreux rayons quadrangulaires (pl. VIII, fig. 15, f). De chaque côté de la ligne médiane, on voit sous la peau des lignes parallèles très-fines, formant des angles aigus dirigés en avant; ces lignes sont dues à la
présence de muscles latéraux, très-nombreux (fig. 15, r et b).

Au milieu du corps on rencontre un mince cordon cartilagineux : c'est un cylindre rectiligne formant l'axe de l'amphioxus
et terminé en pointe à ses deux extrémités (fig. 95, i). Comme
vous l'avez déjà deviné, ce cordon est la *chorda dorsalis*,
qui joue ici le rôle de la colonne vertébrale. Chez l'amphioxus,
en effet, la notochorde garde toujours son état primitif. La notochorde est incluse dans un étui longitudinal, tubulaire, solide;
c'est l'*étui de la chorda*. On voit très-bien cet étui et tout ce
qui en dépend sur une section transversale de l'amphioxus (pl. VII,
fig. 13, cs). L'examen de cette section est d'ailleurs fort intéressant et fort instructif. Nous avons là, pour tout ce qui est essentiel, la réalisation de notre type vertébré idéal (fig. 32). L'étui
de la notochorde forme, chez l'amphioxus, un tube cylindrique,
logeant le système nerveux central, le tube médullaire (pl. VII,
fig. 13 m; pl. VIII, fig. 15, m). Ici l'organe psychique garde
toujours cette forme rudimentaire; c'est un tube cylindrique,
dont les deux extrémités diffèrent fort peu l'une de l'autre et

dont l'épaisse paroi circonscrit un étroit canal. Cependant l'extrémité antérieure est un peu plus arrondie, on y remarque un petit renflement ou ampoule (fig. 15, m^1). On peut regarder cette ampoule comme l'indice d'une ampoule cérébrale, comme le rudiment du cerveau correspondant au ganglion sus-œsophagien des vers. Tout à fait en avant, à l'extrémité du tube nerveux, se trouve une petite tache pigmentaire; ce serait le rudiment d'un œil. On n'y trouve cependant ni corps réfringent, ni rien qui ressemble à l'œil du vertébré développé. Non loin de cette tache oculaire, sur le côté gauche, on rencontre une petite fossette ciliée, qui serait l'organe olfactif. Nul organe de l'ouïe; nulle trace de crâne.

Au-dessous de la chorda dorsalis, se trouve un canal digestif fort simple, s'ouvrant sur la face abdominale par deux orifices : en avant, par une bouche; en arrière, par un anus. L'orifice buccal est ovale, circonscrit par un anneau cartilagineux supportant trente filaments cartilagineux (organes du tact) (fig. 95, a). Vers la partie moyenne, une dépression circulaire divise le tube digestif en deux portions tout à fait différentes, en une portion antérieure, élargie, treillissée par de nombreuses fentes branchiales et servant à la respiration (fig. 95, d; pl. VIII, fig. 15, h). Les arcs branchiaux très-fins, séparant les fentes, sont soutenus par de solides baguettes parallèles, reliées transversalement deux à deux. L'eau que l'amphioxus avale arrive par les fentes de la cage branchiale dans la cavité branchiale environnante, et en sort par un orifice spécial (porus branchialis). Au-dessous de la cage branchiale, sur la ligne moyenne, se trouve une gouttière ciliée, la *gouttière hypobranchiale,* qui se rencontre aussi chez les ascidies et chez les larves des cyclostomes; cette gouttière est intéressante, car c'est d'elle que provient, chez les vertébrés supérieurs, la glande thyroïde (pl. VIII, fig. 15, y). En arrière de la portion respiratoire du canal digestif se trouve la portion digestive libre dans la cavité viscérale ou cœlom (fig. 13, c). Les corpuscules que l'amphioxus ingurgite avec l'eau respiratoire, les infusoires, les diatomées, les particules végétales et animales passent de la cage branchiale dans la portion digestive du canal digestif et y sont utilisés comme aliments.

Un peu en arrière de la cage branchiale, dans une région qui correspond à l'estomac (fig. 95, e), un cœcum en forme de bourse allongée (fig. 95, f) se dirige en avant et va finir sur le

côté droit de la cage branchiale. C'est le foie de l'amphioxus, la
forme la plus simple que revête cet organe chez les vertébrés.
Chez l'homme aussi, comme nous le verrons, le
foie a d'abord la forme d'un cœcum sacciforme,
naissant du canal digestif, en arrière de l'estomac.

La disposition du système circulatoire n'est
pas moins curieuse que celle de l'intestin chez
l'amphioxus. Chez tous les autres vertébrés,
un cœur compacte, à parois épaisses, en forme
de bourse, provient, au niveau du pharynx,
de la paroi inférieure de l'intestin antérieur et
des vaisseaux partant de ce cœur; mais, chez
l'amphioxus, il n'y a point de cœur centralisé,
dont les pulsations mettent le sang en mouvement. Chez lui, en effet, comme chez les annelés, le sang incolore est mis en mouvement par
de minces vaisseaux tubulaires qui se contractent dans toute leur longueur. Ce mode circulatoire est si simple et par cela même si curieux, que nous nous y arrêterons un moment.
Nous commencerons notre examen par la portion du système située en avant, sur la face
inférieure de la cage branchiale. En ce point,
on rencontre sur la ligne médiane un gros tronc
vasculaire, répondant, dans une certaine mesure, au cœur des autres vertébrés. De ce vaisseau naît une sorte d'*artère branchiale* qui
chasse le sang dans les branchies (fig. 95, *l*).
De nombreux petits arcs vasculaires partent
de chaque côté de cette artère branchiale; à
leur origine, ils se renflent légèrement en ampoules cardiaques (fig. 95, *m*), puis ils montent
le long des arcs branchiaux entre les fentes

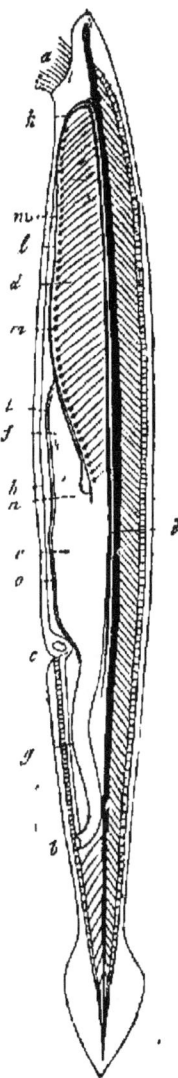

Fig. 95.

Fig. 95. — L'*amphioxus lanceolatus,* vu du côté gauche et grossi deux fois.
(L'axe longitudinal est placé perpendiculairement; l'extrémité buccale est en
haut; l'extrémité caudale est en bas, comme dans la pl. VIII, fig. 15.) *a*, orifice buccal, entouré d'appendices filiformes. *b*, anus. *c*, orifice abdominal (pore
abdominal). *d*, cage branchiale. *e*, estomac. *f*, foie-cœcum. *g*, extrémité intestinale. *h*, cavité viscérale (cœlom). *i*, chorda, au-dessous d'elle l'aorte. *k*, arcs
branchiaux. *l*, tronc des artères branchiales. *m*, renflements situés sur les
rameaux de ce tronc. *n*, veine cave. *o*, veine intestinale.

branchiales, en enlaçant l'intestin antérieur. Enfin, au-dessus de la cage branchiale, ils se réunissent pour former une sorte de veine branchiale, gros tronc vasculaire situé au-dessous de la chorda dorsalis. Ce tronc est l'aorte primitive (pl. VII, fig. 13, *t ;* pl. VIII, fig. 15, *t*). Cette aorte passe entre l'intestin et la chorda exactement comme il arrive chez tous les vertébrés supérieurs. Les ramuscules, que cette aorte envoie à toutes les parties du corps, finissent par se réunir en un gros tronc veineux, situé sur la face inférieure de l'intestin et que l'on peut considérer comme une veine intestinale (fig. 95, *o ;* pl. VIII, fig. 15, *v ;* pl. VII, fig. 13, *v*). Cette veine gagne ensuite l'ampoule hépatique, y forme une sorte de veine porte, enlace d'un fin réseau le cul-de-sac glandulaire, puis va, comme une sorte de veine hépatique, se jeter dans un tronc dirigé d'arrière en avant et que nous appellerons *veine cave* (fig. 95, *n*). Ce dernier vaisseau revient directement sur la face abdominale de la cage branchiale et se jette directement dans l'artère branchiale, d'où nous sommes partis pour commencer notre description.

Le système circulatoire de l'amphioxus est donc un système tubulaire fermé, impair, parcourant tout le corps le long du tube digestif et ayant des pulsations dans toute sa longueur, supérieurement et inférieurement. Par ce moyen, le sang incolore de l'animal est charrié par tout son corps à peu près dans l'espace d'une minute. Quand le tube vasculaire supérieur se contracte, l'inférieur se remplit de sang, et inversement. Dans la portion vasculaire supérieure, le sang circule d'avant en arrière ; dans la portion inférieure, il circule au contraire d'arrière en avant. Le long vaisseau situé inférieurement le long du tube intestinal et contenant du sang veineux est évidemment l'homologue de ce qu'on appelle, chez les vers, le *vaisseau abdominal* (pl. II, fig. 7, *v*). Quant au long vaisseau rectiligne qui suit la face dorsale de l'intestin, entre ce dernier et la notochorde, et qui renferme du sang artériel, il répond manifestement, d'une part, à l'aorte des autres vertébrés ; d'autre part, au *vaisseau dorsal* des vers (pl. II, fig. 7, *t*).

Déjà Jean Muller avait noté cette homologie évidente entre le système circulatoire de l'amphioxus et celui des vers. Il remarqua particulièrement l'analogie des deux systèmes, leur ressemblance physiologique, tenant à ce que, dans les deux cas, le sang chemine par suite de contractions s'effectuant dans toute la longueur des vaisseaux et n'est point mû par un cœur centralisé, comme chez les autres vertébrés. Mais, pour nous, cette conformité a plus qu'une simple valeur analogique : c'est là une véritable *homologie,* due à l'identité morphologique des organes comparés. L'amphioxus nous apprend donc que l'aorte impaire, l'*artère principale* des vertébrés située entre l'intestin et la chorda, répond au *vaisseau dorsal* des vers. Inversement, le vaisseau abdominal de ces derniers est représenté par la *veine intestinale* de l'amphioxus, située au-dessous du tube digestif et émettant la veine porte, la veine hépatique, la veine cave, l'artère branchiale. Chez tous les autres vertébrés, cette veine intestinale, qui, dans le principe, est le tronc veineux principal, cède le pas, à l'âge adulte, à d'autres veines.

Il faut encore noter parmi les autres organes de l'amphioxus les organes sexuels, dont la conformation est aussi d'une grande simplicité. A la partie moyenne de la cavité viscérale, de chaque côté de l'intestin, se trouvent de vingt à trente petites poches elliptiques ou quadrangulaires à angles arrondis; on les peut voir à l'œil nu, à travers la paroi viscérale transparente. Chez la femelle, ces petites bourses sont les ovaires et contiennent un grand nombre d'ovules sphériques (pl. VII, fig. 13, *e*). Chez le mâle, les ovules sont remplacés par quantité de petites cellules se transformant bientôt en cellules vibratiles ou spermatozoaires. Les petites poches dont nous parlons reposent sur la paroi interne de la cavité viscérale et n'ont point de canal excréteur. Une fois parvenus à maturité, les ovules et les spermatozoaires tombent, comme chez les vers, dans la cavité cardiaque, et sont expulsés soit par un orifice abdominal situé en avant de l'anus, soit par la bouche, comme il semble résulter de récentes recherches. Par cette conformation extrèmement simple des organes sexuels aussi bien que par celle du système circulatoire, l'amphioxus se rapproche plus des annélides que des autres vertébrés.

Il faut enfin signaler comme une des particularités anatomiques les plus frappantes de l'amphioxus l'absence complète des reins. Si l'on songe au rôle important de ces glandes excrétoires dans la physiologie du règne animal, si l'on se rappelle qu'elles existent même chez des animaux très-inférieurs, par exemple, chez les vers rubanés et autres vers inférieurs, on s'étonnera de leur absence chez l'amphioxus. Aussi l'anatomie comparée nous permet d'affirmer que les ancêtres de l'amphioxus ont eu des reins, et il nous est permis de supposer que, peut-être, on trouvera encore chez l'amphioxus des reins rudimen-taires, dernier reste de l'organe excrétoire disparu. Ce pourrait être un organe que j'ai indiqué dans ma théorie de la gastréa ([13]), savoir : un long et large canal existant, de chaque côté du ventre de l'amphioxus, dans un repli cutané longitudinal, immé-diatement au-dessous des organes sexuels (pl. VIII, fig. 13, *u*, coupe transversale). La situation de cet organe correspond très-bien à celle des reins primitifs, d'abord superficiels aussi, chez l'embryon de l'homme et des vertébrés supérieurs. En outre, ces reins primitifs commencent aussi par être un long canal sous-cutané (fig. 47) courant longitudinalement sous la peau de chaque côté du corps et très-analogue à ce qu'on appelle « ca-naux d'excrétion » chez les vers inférieurs. Le voisinage immé-diat des glandes sexuelles ne me semble pas moins important. Chez les annélides, ces canaux rénaux, appelés à cause de leur forme noueuse « canaux noueux ou segmentés », servent aussi en même temps à l'excrétion urinaire et à l'expulsion des pro-duits des organes sexuels. Mais, chez tous les vertébrés supé-rieurs, les canaux d'expulsion des organes sexuels proviennent aussi des reins primitifs. On peut donc provisoirement admettre que les deux longs « canaux latéraux » de l'amphioxus sont les rudiments des reins primitifs. Une fois parvenus à maturité, les produits des organes sexuels doivent, après rupture de la mince paroi qui les sépare des canaux latéraux, passer dans ces der-niers et être expulsés. A en croire deux observateurs sérieux, Jean Muller et Rathke, chaque canal latéral doit s'ouvrir en avant dans la cavité buccale. Ce fait expliquerait l'assertion de Kowalevsky, suivant lequel les œufs et les spermatozoaires de l'amphioxus seraient expulsés par l'orifice buccal ([60]).

Si maintenant nous réunissons dans une vue synthétique les résultats de notre analyse anatomique et si nous comparons l'organisation de l'amphioxus à celle de l'homme, la distance entre l'un et l'autre nous semblera énorme. L'épanouissement de l'organisme vertébré chez l'homme dépasse tellement l'humble degré où s'est arrêté l'amphioxus, qu'à première vue il semble impossible de réunir ces deux êtres dans une même division du règne animal, et pourtant on a incontestablement le droit de le faire. En effet, l'homme est simplement un degré évolutif supérieur du type vertébré, dont les traits principaux ne se peuvent méconnaître chez l'amphioxus. Pour nous convaincre de notre proche parenté avec l'amphioxus, il suffira de nous rappeler notre type idéal du vertébré primitif et de le comparer avec les premiers degrés évolutifs de l'embryon humain.

Sans doute, l'amphioxus est bien inférieur à tous les autres vertébrés actuels; il n'a ni la tête, ni le cerveau, ni le crâne qui caractérisent les autres vertébrés. Il lui manque encore l'organe de l'ouïe, le cœur centralisé, les vrais reins. Chez lui, chaque organe revêt une forme plus simple et plus imparfaite que chez tous les autres. Mais ceux-ci parcourent, durant leur vie embryonnaire, des étapes pendant lesquelles ils ne sont point supérieurs à l'amphioxus, pendant lesquelles ils lui sont même essentiellement identiques (voir la planche V).

Pour se convaincre de ce fait intéressant, il est surtout utile de comparer l'amphioxus avec les formes que revêtent d'abord les vertébrés les plus voisins en taxinomie. Ces voisins sont les cyclostomes. Ce groupe zoologique, jadis très-répandu, ne compte plus maintenant qu'un petit nombre d'espèces qui se divisent en deux groupes : l'un de ces groupes est celui des myxinoïdes, bien connu depuis la publication du classique ouvrage de Jean Muller, « l'*Anatomie comparée des myxinoïdes;* » l'autre groupe est celui des pétromyzontes, de ces fameuses lamproies, qui, une fois marinées, forment un mets recherché. D'ordinaire les cyclostomes sont rangés parmi les poissons; mais ils sont bien inférieurs aux vrais poissons et forment une transition très-intéressante entre ces derniers et l'amphioxus. On se convaincra de cette proche parenté en comparant une jeune lamproie (pétromyzon, pl. VIII, fig. 16) à l'amphioxus (fig. 15). Chez l'une et l'autre, la chorda (*ch*) est également simple; il en est de même du tube médullaire (*m*) situé au-dessus de la chorda, et du tube intestinal (*d*) situé au-dessous. Pourtant, chez la lamproie, la moelle épinière ne tarde pas à se renfler antérieurement en une ampoule cérébrale pyriforme (*m₁*), de chaque côté de laquelle apparaît un œil très-simple (*a u*) et un organe de l'ouïe aussi rudimentaire (*g*). Le nez (*n*) n'est encore qu'une fossette impaire, comme chez l'amphioxus. Les deux sections du tube digestif, la portion branchiale antérieure (*k*) et la postérieure ou stomacale (*d*), sont aussi très-simples et analogues à celles de l'amphioxus. Pour le cœur, un progrès organique essentiel s'est effectué : c'est une poche musculeuse située au-dessous des branchies et divisée en une oreillette ($h\,v$) et un ventricule ($h\,h$). Plus tard, la lamproie se perfectionne beaucoup; elle acquiert un crâne, cinq ampoules cérébrales, une série de poches branchiales, etc. Mais ce qui est surtout intéressant, c'est l'identité frappante de sa larve avec l'amphioxus adulte ([61]).

Tandis que, par les cyclostomes, l'amphioxus se rattache immédiatement aux poissons et par suite à la série des vertébrés supérieurs, il est, d'autre part, très-proche parent d'un invertébré marin inférieur, dont, à première vue, il paraît très-éloigné. Ce singulier animal est l'ascidie, classé jusqu'à ces derniers temps dans l'embranchement des mollusques. Mais quand j'eus fait connaître, en 1866, la curieuse embryologie de cet animal, on ne put plus douter qu'il n'eût rien de commun avec les mollusques. L'embryologie des ascidies établit au contraire, à la stupéfaction des zoologistes, leur étroite parenté avec les vertébrés. A l'état adulte, les ascidies sont des pelotes informes qu'on ne prendrait pas, à première vue, pour des animaux. Le corps de l'ascidie est ovalaire, souvent bosselé ou en forme de tubercule irrégulier; à la surface, on n'y distingue aucune partie différenciée; par un point de sa superficie il est solidement fixé sur des plantes marines, des pierres ou sur le fond même de la mer. Aux yeux des pêcheurs, qui les connaissent fort bien, les ascidies ne sont pas des animaux, mais bien des végétaux marins. Pourtant, sur les marchés au poisson de beaucoup de villes italiennes, on les vend, en compagnie d'autres animaux marins inférieurs, sous le nom de « fruits de la mer » (*frutti di mare*). A l'extérieur, absolument rien chez eux ne décèle l'animalité. Quand on les tire de l'eau avec une drague, il se produit chez eux tout au plus une légère contraction, ayant pour effet de faire jaillir de l'eau en deux points de la superficie. Les ascidies sont ordinairement de petite taille, leur longueur varie de deux lignes à un pouce; quelques espèces atteignent pourtant une longueur d'un pied et même un peu plus. Il y a de nombreuses espèces d'ascidies et on en trouve dans toutes les mers. Nous ne connaissons aucune ascidie fossile, car aucune partie du corps de l'ascidie n'est pétrifiable. Néanmoins ce sont des animaux très-anciens; il en existait sûrement durant l'âge primaire.

Le groupe zoologique auquel appartiennent les ascidies porte le nom de *tuniciers,* parce que les animaux qui le composent sont revêtus d'une épaisse et solide membrane. Le manteau des tuniciers est tantôt gélatineux, tantôt coriace, tantôt cartilagineux; il offre des particularités remarquables. La plus curieuse de ces particularités est qu'il est formé de cellulose, d'une substance végétale, qui constitue la paroi solide des cellules végétales, la substance du bois. Cette particularité s'observe seulement dans le groupe des tuniciers. Parfois le manteau de cellulose est bigarré, parfois incolore. Souvent ce manteau est hérissé de piquants, comme un cactus. Souvent le manteau est parsemé d'une foule de corps étrangers, de petits cailloux, de sable, de fragments de coquillages, etc. L'ascidie mérite ainsi le nom de « microcosme » ([62]).

Pour se faire une juste idée de l'organisation de l'ascidie et pour la pouvoir comparer à celle de l'amphioxus, il nous faut mettre l'ascidie dans la position que nous avons adoptée pour l'amphioxus (pl. VIII, fig. 14, ascidie vue du côté gauche; orifice buccal en haut; le dos à droite; le ventre à gauche). L'extrémité postérieure, correspondant à la queue de l'amphioxus, est d'ordinaire solidement fixée, souvent par des prolongements radiciformes. Intérieurement, le côté dorsal et le côté abdominal sont très-dissemblables; mais extérieurement ils n'offrent pas de différence appréciable. En ouvrant le manteau pour se rendre compte de l'organisation interne, on trouve d'abord un organe important; c'est un sac volumineux, dont la paroi forme un fin treillis (fig. 96, *br*). C'est le sac branchial (fig. 14, *h*). Par sa situation et sa structure cet organe est si analogue à la cage branchiale de l'amphioxus, qu'il y a bien des années, quand on ne soupçonnait pas encore la parenté réelle de l'ascidie et de l'amphioxus, un naturaliste anglais, Goodsir, avait déjà remarqué cette frappante analogie. Chez l'ascidie, l'orifice buccal conduit aussi dans le sac branchial. L'eau respiratoire passe par les fentes du sac branchial dans la cavité du manteau ou dans le cloaque (fig. 96, *cl;* pl. VIII, fig. 14, *cl*), d'où elle est expulsée par un orifice spécial (fig. 96, *a'*). Le long de la paroi abdominale du sac branchial se trouve une gouttière ciliée : c'est la gouttière hypobranchiale, que nous avons aussi rencontrée à la même place chez l'ascidie (pl. VIII, fig. 14, *y;* fig. 15, *y*).

Au-dessous de cette gouttière ciliée, on voit une sorte de tige « l'endostyle » dont le rôle est inconnu. L'ascidie se nourrit aussi de petits organismes : infusoires, diatomées, particules provenant des végétaux et des animaux marins, etc. Ces corpuscules pénètrent avec l'eau de la respiration dans la cage branchiale, puis passent dans la portion digestive du canal intestinal, d'abord dans une dilatation correspondant à l'estomac (pl. VIII, fig. 14, *mg*). L'intestin grêle qui suit forme d'ordinaire une circonvolution, se recourbe en avant et s'ouvre par un anus non pas directement au dehors, mais dans le cloaque, d'où les excréments et l'eau de la respiration sont expulsés par un même orifice (fig. 14, *q*). Chez beaucoup d'ascidies, une masse glandulaire représentant le foie (pl. VIII, fig. 14, *lb*) s'ouvre dans l'intestin. Chez quelques-unes, on trouve avec le foie une autre glande que l'on croit être un rein (pl. VIII, fig. 14, *u*). Chez l'ascidie adulte, il n'y a pas la moindre trace d'une chorda dorsalis, d'un arc solide. Il est donc bien intéressant de noter que, chez le jeune animal sortant de l'œuf, il existe une notochorde (pl. VII, fig. 5, *ch*), sur laquelle repose un tube médullaire rudimentaire (fig. 5, *m*). Chez l'ascidie adulte, ce tube médullaire s'est recroquevillé ; ce n'est plus qu'un petit ganglion nerveux situé tout à fait en avant sur la cage branchiale (pl. VIII, fig. 14, *m*).

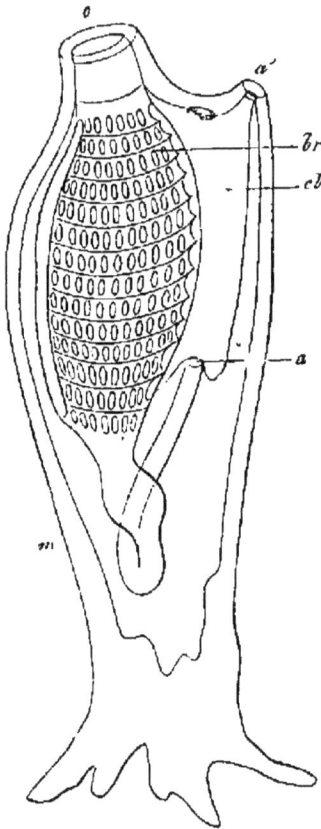

Fig. 96.

Fig. 96. — *Organisation d'une ascidie* (l'animal est vu du côté gauche, comme dans la pl. VIII, fig. 14) ; le côté dorsal est à droite, le côté abdominal à gauche, l'orifice buccal (*o*) en haut ; en bas est l'extrémité caudale par laquelle se fixe l'ascidie. L'intestin branchial (*br*) à claire-voie conduit dans l'intestin stomacal. L'extrémité intestinale s'ouvre par l'anus (*a*) dans le cloaque (*cl*) ; les excréments et l'eau de la respiration sont expulsés par l'orifice du cloaque (*a'*). *m*, manteau. (D'après Gegenbaur.)

Ce ganglion correspond au ganglion sus-œsophagien des autres vers. Les organes des sens manquent ou sont extrêmement simples : ce sont de simples taches oculaires, des papilles du tact entourant la bouche (fig. 14, *a u,* yeux). Le système musculaire est très-faiblement et très-irrégulièrement développé. Immédiatement au-dessous du derme mince, et en intime connexion avec lui, on trouve une mince couche de fibres musculaires cutanées comme chez les vers inférieurs. Mais l'ascidie possède un cœur centralisé et sous ce rapport elle est mieux organisée que l'amphioxus. Sur la face abdominale de l'intestin, assez loin en arrière de la cage branchiale, on rencontre un cœur fusiforme (fig. 97, *c ;* pl. VIII, fig. 14, *h z*). Ce cœur reste toujours à l'état de simple dilatation, qui est la forme transitoire du cœur chez les vertébrés (voir le cœur de l'embryon humain, fig. 89). Le cœur simple de l'ascidie offre une particularité curieuse. En effet, il se contracte alternativement dans des directions opposées. Chez tous les animaux, le cœur se contracte toujours de la même manière et le plus souvent d'arrière en avant ; il n'en est point ainsi chez l'ascidie. Le cœur de l'ascidie se contracte d'abord d'arrière en avant, puis il s'arrête une minute et recommence à battre en sens opposé, en chassant alors le sang d'avant en arrière. Les deux gros vaisseaux partant des extrémités cardiaques fonctionnent aussi alternativement comme artères et comme veines. C'est là une particularité qui se rencontre seulement chez les tuniciers.

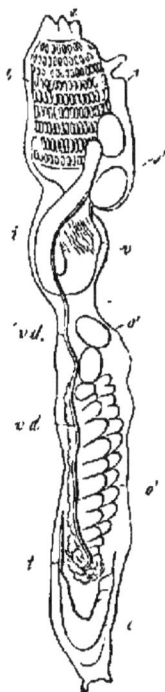

Fig. 97.

Parmi les autres organes importants, il faut encore mentionner les organes sexuels situés dans la cavité viscérale, tout à fait en arrière. Les ascidies sont hermaphrodites ; chacune d'elles possède à la fois une glande mâle et une glande femelle, aussi l'animal peut-il se féconder lui-même. Une fois parvenus à ma-

Fig. 97. — *Organisation d'une ascidie* (côté gauche comme dans la fig. 96 et fig. 14, pl. VIII). *sb,* sac branchial. *v,* estomac. *i,* extrémité de l'intestin. *c,* cœur. *t,* testicules. *vd,* canal deferent. *o,* ovaire. *o',* œufs mûrs dans la cavité viscérale. Les deux petites flèches indiquent l'entrée et la sortie de l'eau par les deux orifices du manteau. (D'après Milne Edwards.)

turité, les œufs (fig. 97, *o'*) tombent directement de l'ovaire (*o*)
dans la cavité cloacale. De son côté, le sperme est amené des
testicules (*t*) par un canal déférent (*v d*) dans la même cavité,
où s'effectue la fécondation et où l'on trouve, chez beaucoup d'ascidies, des embryons déjà développés (pl. VIII, fig. 14, *z*). Ces
embryons sont expulsés par l'ouverture du cloaque (*q*) avec l'eau
de la respiration et par conséquent naissent « vivants ».

Nombre d'ascidies, surtout parmi les petites espèces, se reproduisent non-seulement par génération sexuée, mais encore par
bourgeonnement. Les individus nés ainsi, par bourgeonnement,
restent étroitement unis pendant toute la durée de leur vie et
forment alors des sortes de longues tiges, analogues aux arbres
coralliféres. De ces ascidies sociales les genres les plus intéressants sont ceux qui se composent de groupes disposés en étoiles,
formés d'individus plus ou moins nombreux. Chaque individu a
une organisation indépendante et un orifice buccal spécial ; mais
il n'y a qu'un unique orifice cloacal s'ouvrant au centre du
groupe étoilé. Ces synascidies étoilées (*botryllus, polycli-
num*, etc.) expliquent fort bien la phylogénie d'un groupe zoologique fort curieux, du groupe des radiés ou échinodermes.
Les formes ancestrales de ces échinodermes sont les astérides,
groupes étoilés de vers avec un orifice intestinal central et commun ([63]).

Si nous jetons maintenant un regard rétrospectif sur l'organisation générale de l'ascidie simple (notamment des *phallusia,
cynthia,* etc.), en la comparant à celle de l'amphioxus, les
points de contact nous sembleront peu nombreux. Pourtant,
chez l'ascidie adulte, il y a, dans la structure interne et surtout
dans la conformation particulière de la cage branchiale et de
l'intestin, des analogies avec l'anatomie de l'amphioxus. Mais
dans le reste de l'organisation et dans l'apparence extérieure,
il y a tant de dissemblances, que l'ontogénèse seule peut démontrer la proche parenté de ces deux types zoologiques. Nous
allons donc comparer l'embryologie des deux animaux et nous
serons fort étonnés de voir qu'une même forme embryonnaire
sort de l'œuf de l'amphioxus et de celui de l'ascidie.

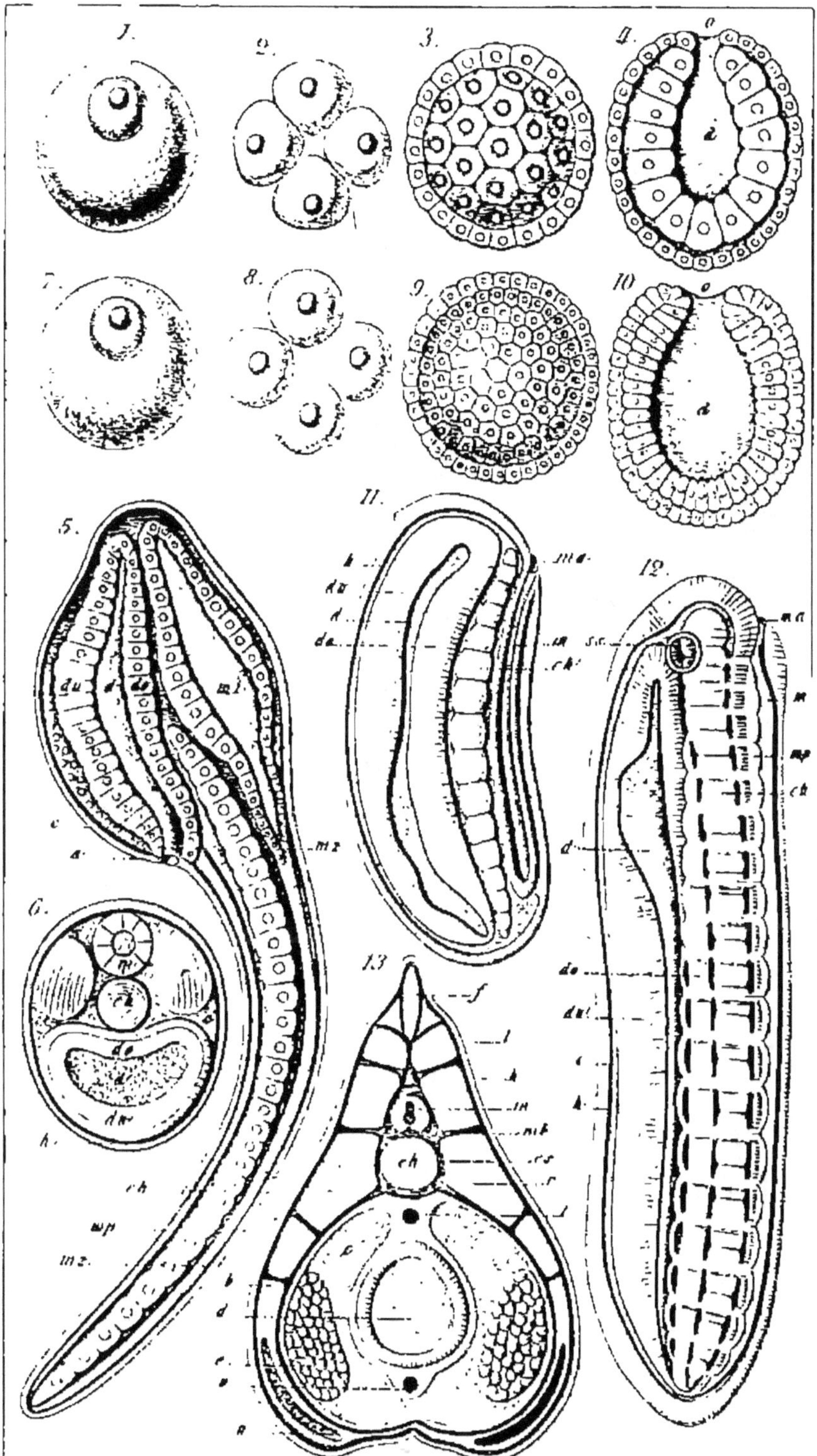
1.
2.
3.
4.
7.
8.
9.
10
5.
11.
12.
6.
13

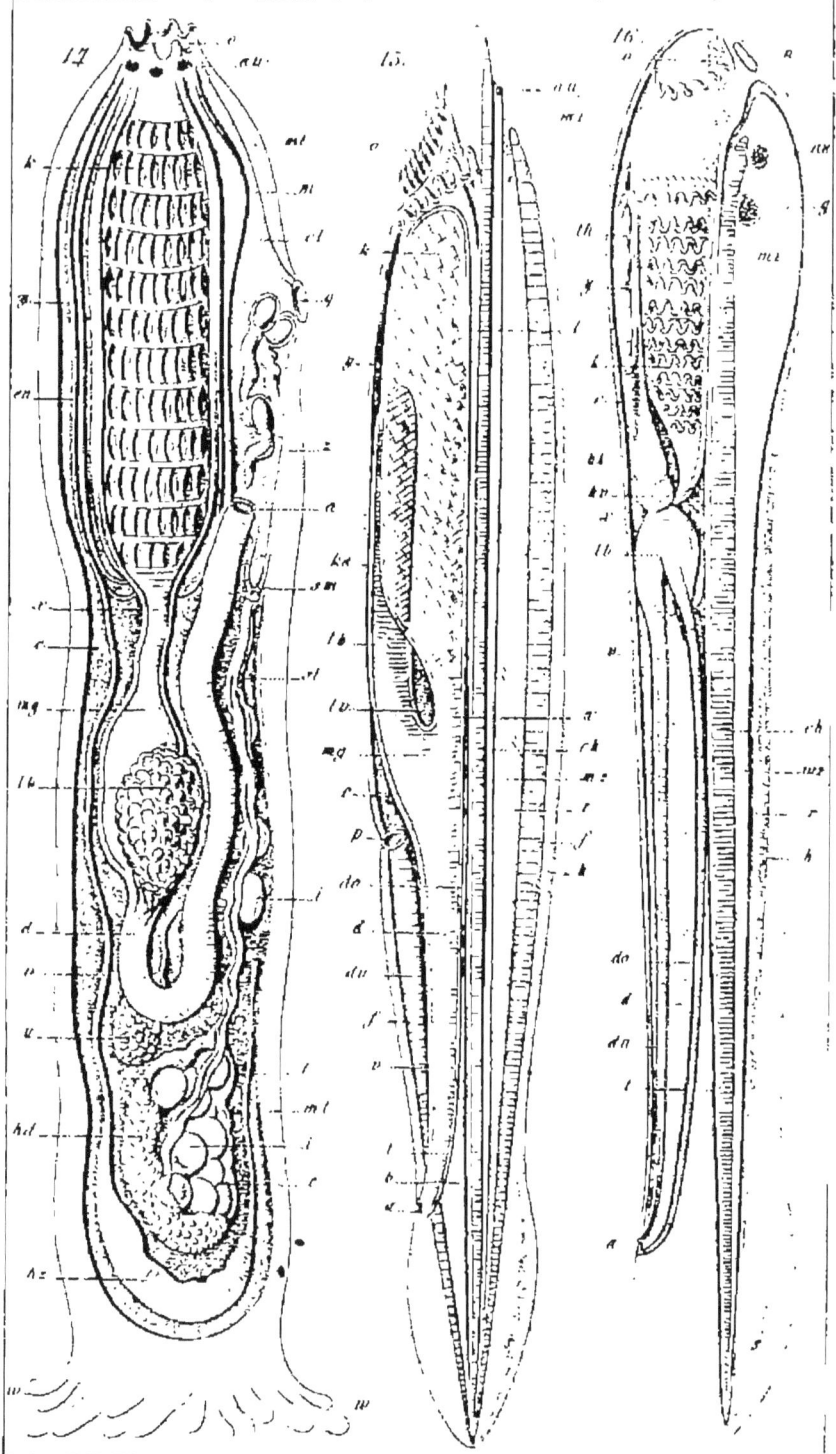

LÉGENDES DES PLANCHES VII et VIII.

PLANCHE VII.

EMBRYOLOGIE DE L'ASCIDIE ET DE L'AMPHIOXUS.

(En grande partie d'après Kowalevsky.)

Fig. 1-6. *Embryologie de l'ascidie.*

Fig. 1. *Œuf mûr d'une ascidie.* La membrane ovulaire a été enlevée. Dans l'ovule sphérique est situé excentriquement un noyau clair contenant un nucléole obscur ou tache germinative.

Fig. 2 *Œuf d'ascidie en voie de sillonnement.* L'ovule s'est partagé par une double bipartition en quatre cellules semblables.

Fig. 3. *Vésicule blastodermique de l'ascidie* (blastosphæra ou vesicula blastodermica). Les cellules nées par bipartitions réitérées forment une vésicule sphérique, pleine de liquide, dont la paroi est formée par une seule couche de cellules (voir fig. 19).

Fig. 4. *Gastrula de l'ascidie* formée par inflexion de la vésicule blastodermique (fig. 3). La paroi de l'intestin primitif (*d*), qui s'ouvre en *o* par une bouche primitive, est formée de deux couches de cellules, savoir du feuillet intestinal interne et du feuillet cutané externe, le premier constitué par des grandes et le second par des petites cellules.

Fig. 5. *Larve libre de l'ascidie.* La notochorde (*ch*) sépare le tube médullaire (*m*) et le tube intestinal (*d*); elle se prolonge en une longue nageoire caudale.

Fig. 6. *Coupe transversale d'une larve d'ascidie* (fig. 5), pratiquée à la partie postérieure du dos, en avant de la naissance de la queue. C'est la même coupe que chez la larve de l'amphioxus (fig. 11, 12). Entre le tube médullaire (*m*) et le tube intestinal (*d*) est située la chorda; de chaque côté sont les masses musculaires du dos (*r*).

Fig. 7-13. *Embryologie de l'amphioxus.*

Fig. 7. *Un œuf mûr d'amphioxus* (voir fig. 1).

Fig. 8. *Un œuf d'amphioxus en voie de sillonnement* (voir fig. 2).

Fig. 9. *Vésicule blastodermique de l'amphioxus* (voir fig. 3).

Fig. 10. *Gastrula de l'amphioxus* (voir fig. 4).

Fig. 11. *Jeune larve d'amphioxus. Chorda dorsalis* (*ch*), située entre le tube médullaire (*m*) et le tube intestinal (*d*). Le tube médullaire est muni d'un orifice à l'extrémité antérieure (*m a*).

Fig. 12. *Larve plus âgée d'amphioxus.* De chaque côté du tube médullaire (*m*) et de la chorda (*ch*), on voit une série longitudinale de lamelles musculaires (*m p*); c'est l'indice des vertèbres primitives ou métamères. Antérieurement un organe des sens est apparu (*s s*). La paroi du tube intestinal (*d*) est beaucoup plus épaisse en dessous, du côté abdominal (*d u*), qu'en haut, sur le côté dorsal (*d o*). La section antérieure du canal digestif s'élargit en avant en cage branchiale.

Fig. 13. *Coupe transversale à travers un amphioxus adulte* (fig. 15), quelque peu en arrière du milieu du corps. Au-dessus du tube intestinal (*d*) est le vaisseau dorsal ou artériel (*t*), au-dessous le vaisseau abdominal ou veineux (*v*). Sur la paroi interne de la cavité viscérale (*c*) est situé l'ovaire (*e*); en dehors de ce point se trouvent les canaux latéraux, rudiments des reins primitifs (*u*). Les muscles dorsaux (*r*) sont divisés en rubans musculaires (*m b*). *f*, nageoire dorsale.

PLANCHE VIII.

STRUCTURE DE L'ASCIDIE, DE L'AMPHIOXUS ET DE LA LARVE DE PETROMYZON.

Pour faciliter la comparaison, on a placé les trois animaux dans la même situation et on leur a donné la même grandeur; les animaux sont vus du côté gauche. L'extrémité céphalique est en haut, l'extrémité caudale en bas; le côté dorsal est à droite et le côté abdominal à gauche. Du côté gauche du corps, le tégument est enlevé, pour laisser voir les organes internes dans leur situation naturelle.

Fig. 14. *Une ascidie simple;* grossissement de 6 diamètres.

Fig. 15. *Amphioxus adulte;* grossissement de quatre diamètres. Pour plus de clarté, on a donné à l'amphioxus dans la figure 15 une largeur double de celle qu'il devrait avoir relativement à la longueur adoptée.

Fig. 16. *Une jeune larve de lamproie (Petromyzon Planeri),* onze jours après la sortie de l'œuf. Grossissement de 45 diamètres. (D'après Max Schultze.) La larve du petromyzon, qui se métamorphose ensuite, a d'abord été prise pour un genre spécial sous le nom d'*Amnocetus*.

Les lettres ont même signification dans toutes les figures des planches VII et VIII (voir la page suivante).

Signification des lettres indicatives employées dans les planches VII et VIII. Les lettres sont rangées dans l'ordre alphabétique.

INDICE DE LA SIGNIFICATION DES LETTRES

POUR LES PLANCHES VII ET VIII.

a, anus.
a u, yeux.
b, muscles abdominaux.
c, coelom (cavité viscérale).
ch, chorda.
cl, cavité cloacale.
cs, étui de la chorda.
d, tube intestinal.
do, paroi dorsale de l'intestin.
du, paroi abdominale de l'intestin.
e, ovaire.
en, endostyle.
f, nageoire en ourlet.
g, ampoule auditive.
h, lamelle cornée.
hd, testicules.
hk, ventricule cardiaque.
hv, oreillette cardiaque.
hz, cœur.
i, œuf.
k, branchies.
ka, artère branchiale.
l, lamelle dermique.
lb, foie.
lb', extrémité antérieure du foie.
lv, veine hépatique.
m, tube médullaire.
*m*1, ampoule cérébrale.

*m*2, moelle épinière.
m a, orifice antérieur du tube médullaire.
m b, bandes musculaires.
m g, estomac.
m h, cavité buccale.
m p, lamelle musculaire.
m t, manteau.
n, nez (fosse olfactive).
o, orifice buccal.
p, pore abdominal.
q, orifice du cloaque.
r, muscles dorsaux.
s, nageoire caudale.
sl, canal déférent.
sm, orifice du canal déférent.
ss, organe des sens.
t, aorte (vaisseau dorsal).
th, glandes thyroïdes.
u, reins primitifs (canal latéral).
v, veine intestinale (vaisseau abdominal).
w, racines fibreuses de l'ascidie.
x̂, limite entre l'intestin branchial et l'intestin stomacal.
y, gouttière ciliée.
z, embryons de l'ascidie.

QUATORZIÈME LEÇON.

EMBRYOLOGIE DE L'AMPHIOXUS ET DE L'ASCIDIE.

Pendant toute la durée de sa vie, l'amphioxus conserve, pour ses principaux organes, la conformation inférieure qui n'existe, chez les autres vertébrés, qu'au début de la vie embryonnaire. Nous devons donc considérer l'amphioxus avec un respect tout particulier, car de tous les êtres vivants c'est celui qui peut nous donner la meilleure idée de nos antiques ancêtres siluriens. Mais ces derniers descendent des vers, proches voisins des ascidies actuelles.

L'arbre généalogique du genre humain (1868)

Parenté généalogique des vertébrés et des invertébrés. — Fécondation chez l'amphioxus. — Sillonnement total de l'œuf fécondé qui se transforme en une vésicule blastodermique. — Par incurvation de cette vésicule naît la larve intestinale ou gastrula. — Cette gastrula existe dans l'embryologie des types zoologiques les plus dissemblables : chez les zoophytes, les vers, les mollusques, les échinodermes, les articules, les vertèbres. — De là résulte la commune descendance de tous ces groupes d'une forme ancestrale commune : la gastræa. — La gastrula de l'amphioxus forme de son sillon dorsal un tube medullaire et, entre ce tube et le tube intestinal, une chorda ; des deux côtés de la chorda apparaissent une série de lamelles musculaires : des métamères. — Sort des quatre feuillets germinatifs secondaires. — Le canal intestinal se divise en une portion antérieure ou branchiale et une portion postérieure ou gastrique. — Du feuillet fibro-intestinal proviennent les vaisseaux sanguins. — L'ontogenèse de l'ascidie est d'abord identique à celle de l'amphioxus. — Chez l'ascidie naît aussi la même gastrula, formant une chorda entre le tube medullaire et le tube intestinal. — Evolution retrograde de cette gastrula. — La queue et la chorda disparaissent. — L'ascidie se fixe et s'enveloppe d'un manteau de cellulose.

Messieurs,

Les particularités de structure par lesquelles les vertébrés se distinguent des invertébrés sont si frappantes, qu'il a été tout d'abord bien difficile à la taxinomie de reconnaitre la parenté de ces deux grandes divisions du règne animal. Quand on commença, d'après les données de la théorie de la descendance, à comprendre la parenté des divers groupes zoologiques, non plus dans un sens métaphorique, mais dans un sens réellement

généalogique, la question de la consanguinité des deux grands
groupes s'imposa, et d'abord elle sembla pour la théorie une pierre
d'achoppement. Déjà pourtant, alors que manquaient encore les
données fondamentales de la vraie généalogie, on avait tenté
d'établir la parenté de ce que Baer et Cuvier avaient appelé
« les types », et l'on avait cru trouver çà et là, chez divers
invertébrés, des traits anatomiques qui les reliaient aux vertébrés. Certains vers, par exemple le *Sagitta* marin, se rapprochent des vertébrés. Mais l'analogie ne put résister à un
sérieux examen. Quand Darwin, en réformant la théorie de la
descendance, eut fondé une vraie phylogénie du règne animal,
le point dont nous parlons sembla une des plus graves difficultés
à résoudre. A l'époque (1866) où j'entrepris, dans ma Morphologie générale, d'achever en détail la théorie de la descendance
en la faisant reposer sur la taxinomie naturelle, rien ne m'em-
barrassait plus que de relier les vertébrés aux invertébrés.

Ce fut alors précisément, et d'une manière tout à fait ines-
pérée, que la vraie transition fut découverte et du côté où on
l'attendait le moins. Vers la fin de l'année 1866, parurent dans
les Comptes-rendus de l'Académie de Saint-Pétersbourg deux
travaux du zoologiste russe Kowalevsky. Ce savant avait
longtemps séjourné à Naples et s'était occupé de l'embryologie
des animaux inférieurs. Par un heureux hasard, Kowalevsky
avait étudié presque en même temps l'embryologie du plus
humble des vertébrés, de l'amphioxus, et celle d'un invertébré
dont on ne soupçonnait nullement la proche parenté avec
l'amphioxus, de l'ascidie. Au grand étonnement de Darwin
même et de tous les zoologistes préoccupés de cette question,
on observa la plus parfaite conformité, à partir du début de
l'évolution, entre ces deux animaux si dissemblables, entre le
dernier des vertébrés, l'amphioxus, et cette petite masse informe,
fixée au fond de la mer, qu'on appelle ascidie. Une fois cette
concordance démontrée, et elle le fut surabondamment, il en
résultait, d'après la loi biogénétique fondamentale, que la
transition généalogique si longtemps cherchée était enfin découverte ; on connaissait enfin le groupe zoologique le plus consan-
guin avec les vertébrés. Le doute n'est plus maintenant possible,
surtout depuis que Kupffer et d'autres zoologistes ont repris et
continué ces recherches : les tuniciers, et, parmi eux, les
ascidies particulièrement, sont les invertébrés les plus proches

parents des vertébrés. Non pas que l'on ait le droit de dire que les vertébrés descendent des ascidies; mais on peut affirmer que, de tous les invertébrés, les tuniciers et surtout les ascidies sont les plus proches parents de la souche ancestrale des vertébrés. L'ancêtre commun des deux groupes doit avoir été un genre éteint, appartenant au groupe si varié des vers (pl. III, fig. 12).

Pour bien comprendre ce fait capital et surtout donner à l'arbre généalogique des vertébrés une racine solide, il est indispensable d'examiner en détail l'embryologie de l'amphioxus et celle de l'ascidie, en ne cessant de les comparer l'une à l'autre (voir pl. VII).

Nous commencerons par l'ontogénie de l'amphioxus (pl. VII, fig. 7-12). Kowalevsky, qui s'était rendu à Naples avec le projet d'étudier l'embryologie de l'amphioxus, jusqu'alors complétement ignorée, dut attendre plusieurs mois avant de pouvoir observer des œufs à maturité et dans le premier stade de leur développement. C'est seulement au mois de mai, durant les heures chaudes du soir, vraisemblablement entre sept et huit heures, que l'amphioxus commence à évacuer ses produits sexuels. Kowalevsky remarqua qu'à ce moment, les amphioxus mâles dégorgent de la bouche une liqueur blanchâtre, et qu'un peu plus tard les femelles, excitées par l'odeur du sperme, expulsent aussi leurs œufs. Il semble, donc que l'évacuation des produits sexuels s'opère, non pas par le *porus abdominalis*, mais par l'orifice buccal. C'est sans doute le conduit rudimentaire des reins primitifs qui sert de canal d'expulsion. Les œufs de la femelle et aussi les spermatozoaires du mâle arrivent d'abord dans ce qui est vraisemblablement le conduit du rein primitif (le « canal latéral », pl. VII, fig. 13, *u*), et, comme ce canal s'ouvre en avant dans la cavité buccale, œufs et spermatozoaires sont expulsés par la bouche. Les œufs sont de simples cellules sphériques, comme ceux de la plupart des autres animaux. Les œufs ont seulement 1/10 de millimètre de diamètre; ils sont moitié moins gros que ceux des mammifères et n'offrent absolument rien de particulier (pl. VII, fig. 7). Dans chaque ovule, on voit distinctement le noyau, ou vésicule germinative, contenant un nucléole, la tache germinative. La fécondation s'effectue alors que les cellules ciliaires et mobiles du sperme pénètrent, la tête la première, dans le jaune ou substance cellulaire de l'œuf. La tête du spermatozoaire est le corps cellulaire, entourant le noyau ([84]).

Immédiatement après la fécondation, le noyau de l'ovule disparaît, mais il est bientôt remplacé par un noyau de nouvelle formation, qui se divise par bipartition en deux noyaux. Le jaune de l'ovule se segmente circulairement par un sillon passant entre les deux noyaux, et il se forme ainsi deux nouvelles cellules, les deux premières « cellules vitellines », dont chacune se dédouble à son tour par scission (pl. VII, fig. 8). De ces quatre cellules proviennent ensuite, par bipartition réitérée, 8, 16, 32 cellules, etc. En résumé, il s'opère un sillonnement régulier et total, comme il arrive chez la plupart des animaux inférieurs et aussi chez les mammifères. Les cellules ainsi engendrées forment une masse mûriforme ou *morula,* sphéroïdale et composée de cellules vitellines claires, toutes semblables entre elles (voir fig. 18). Au centre de cette morula, un liquide s'amasse, comme il arrive dans l'ovule du mammifère, et il en résulte aussi la formation d'une vésicule sphérique, dont la paroi est formée d'une seule couche cellulaire (pl. VII, fig. 9). Nous pouvons donner à cette vésicule le nom qu'elle a reçu dans l'œuf des mammifères (fig. 19) : c'est la *blastosphæra,* ou vésicule blastodermique. Son contenu est une humeur claire; sa paroi est le blastoderme.

Ces phénomènes se succèdent, dans l'œuf de l'amphioxus, avec une telle rapidité, que quatre ou cinq heures après la fécondation, c'est-à-dire vers minuit, la vésicule blastodermique est déjà formée. Par analogie avec ce qui se passe dans la vésicule blastodermique de l'homme, vous croyez peut-être qu'un embryon va se former en un point de la vésicule et que, dans cet embryon, un sillon primitif va se dessiner. Pourtant il n'en est rien. En un point de la vésicule, il se produit une dépression; la vésicule semble rentrer en elle-même. Cette dépression s'accuse de plus en plus, et la vésicule passe de la forme sphérique à la forme ellipsoïdale. En fin de compte, la dépression devient complète; la partie déprimée s'applique sur la face interne de la portion non déprimée. Il en résulte une sorte de coupe hémisphérique, dont la paroi est constituée par deux couches cellulaires; puis l'hémisphère redevient une sphère à peu près complète, car la cavité s'élargit à mesure que l'orifice se rétrécit (pl. VII, fig. 10).

La forme revêtue par l'embryon de l'amphioxus, à ce moment de son évolution, est fort intéressante. Vous l'avez déjà remarqué, cette forme est identique avec celle que nous avons appelée *gastrula, larve intestinale*, et par laquelle passent les animaux inférieurs. Le corps tout entier est alors une poche intestinale, dont la paroi est composée de deux couches cellulaires. Or, ces deux couches sont simplement les deux feuillets germinatifs ou blastodermiques primaires. La couche interne, la portion invaginée de la vésicule blastodermique, est l'*entoderme*, le *feuillet interne* ou *végétatif*, d'où proviendra

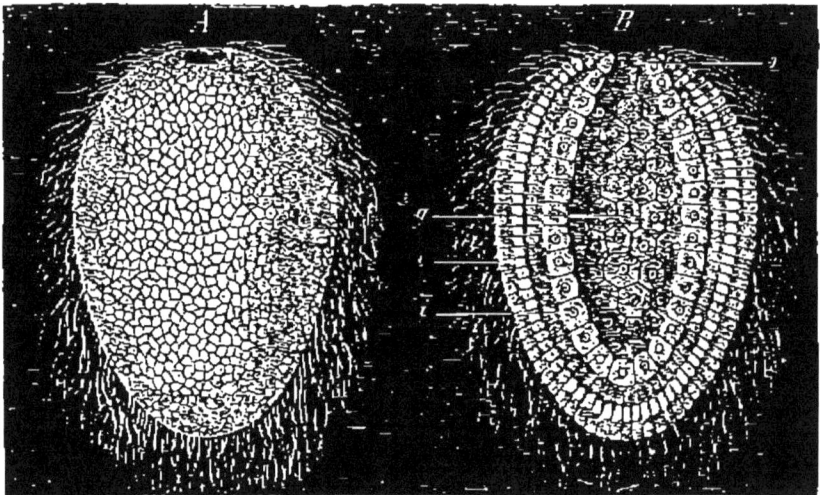

Fig. 96.

l'intestin et ses annexes. Quant à la couche externe, c'est l'exoderme, le *feuillet externe* ou *animal*, rudiment de la paroi viscérale, de la peau, des muscles, des centres nerveux, etc. Les cellules de la couche interne ou de l'entoderme sont beaucoup plus grosses, plus ternes, plus opaques et plus riches en granulations graisseuses que celles de la couche externe ou exoderme, qui sont plus claires, plus brillantes, plus riches en graisse. Même pendant que l'invagination s'opère, les cellules externes se différencient des internes. En effet, les cellules de la couche externe se couvrent de cils vibratiles, fins

Fig. 96. — *Gastrula d'une éponge calcaire (olynthus)*. *A*, gastrula vue du dehors; *B*, coupe longitudinale. *g*, intestin primitif. *o*, bouche primitive. *i*, feuillet intestinal ou entoderme. *e*, feuillet cutané ou exoderme.

prolongements filiformes du protoplasme, animés d'un incessant mouvement oscillatoire.

Par le mouvement de son épithélium vibratile, l'embryon pivote autour de son centre, rompt la membrane ovulaire et chemine librement dans la mer, en nageant; c'est « une larve ».

La raison de l'extrême valeur que j'accorde à cette gastrula est que c'est une forme transitoire, qui se retrouve chez des animaux supérieurs et inférieurs, appartenant aux classes zoologiques les plus dissemblables. Ce sont les récents travaux d'embryologie, et notamment ceux de Kowalevsky, qui nous ont fait connaitre ce fait intéressant. Une gastrula identique à celle de l'amphioxus se forme aussi, par segmentation de l'ovule, chez les éponges, ainsi que je l'ai démontré en 1869 (fig. 98). Cette larve intestinale est aussi fort commune dans la classe des zoophytes, chez les polypes, les méduses, les coraux. On la retrouve encore dans l'ontogénie des vers les plus dissemblables. Kowalevsky l'a aussi trouvée chez le *Phoronis*, l'*Euaxes*, le lombric (*Lumbricus*) et chez le *Sagitta*. Le même observateur a aussi établi que la gastrula se retrouve dans l'œuf des tuniciers, et particulièrement dans l'œuf des ascidies (pl. VII, fig. 4). Tout récemment, un naturaliste anglais, Ray-Lancaster, a observé la même forme gastrula chez beaucoup de mollusques. Agassiz et d'autres zoologistes l'ont aussi rencontrée chez nombre d'échinodermes (oursins, holothuries, étoiles de mer). Chez les arthropodes, ce n'est pas la gastrula qui provient immédiatement de l'œuf, mais bien une forme embryonnaire n'en différant que par de légères modifications. Notre larve intestinale se rencontre donc chez les animaux les plus divers, appartenant à toutes les classes, depuis l'éponge la plus simple jusqu'à l'amphioxus. La seule raison taxinomique du groupe des protozoaires est que, chez les animaux de ce nom, il n'y a ni feuillets germinatifs ni cavité intestinale.

C'est là un des faits embryologiques les plus curieux. Songeons en effet, une fois encore, à notre loi biogénétique fondamentale, et, en vertu de la connexion étiologique qui relie l'ontogénèse et la phylogénèse, nous serons fondés à formuler la conclusion suivante . « L'existence si générale de la gastrula, dans les groupes zoologiques les plus divers, prouve la commune descendance de ces groupes, à partir d'une même forme ancestrale éteinte. » Cette forme ancestrale, qui, essentiellement, devait ressembler à la gastrula, nous lui avons depuis longtemps donné le nom de gastræa. C'est là le fond de la théorie gastréenne, que j'ai exposée le premier dans ma Monographie des éponges calcaires, et qu'en 1873 j'ai établie avec plus de détail dans un travail spécial sur « l'homologie des feuillets germinatifs » ([13]).

La théorie gastréenne me semble à la fois si simple, si claire, si compréhensive et si féconde, que je crois devoir vous en rappeler les données fondamentales. Notre point de départ est le fait certain que tous les groupes zoologiques passent, embryologiquement, par le stade de la larve intestinale ; il en faut seulement excepter les animaux les plus inférieurs, les protozoaires, qui n'ont pas encore de feuillets germinatifs. Un nombre plus ou moins grand de ces types zoologiques passent par ce stade, et ce sont justement les plus primitifs ; d'où l'on peut conclure que tous ces groupes zoologiques descendent phylogénétiquement d'une forme ancestrale commune essentiellement semblable à la gastrula. Ce qui augmente encore l'intérêt et la portée de ce fait, c'est que la forme évolutive ontogénétique de la gastrula et la forme phylogénétiquement homologue de la gastræa sont précisément la forme la plus simple possible que l'on puisse donner *à priori* à un animal composé de deux feuillets germinatifs. Le canal digestif est, chez l'animal polycellulaire, l'organe le plus ancien et le plus important. En effet, l'animal polycellulaire, alors qu'il a commencé à se différencier organologiquement, a dû, avant tout, former un organe de nutrition, une cavité intestinale. En comparaison du tube digestif, tous les autres organes sont secondaires. Or le corps tout entier de la gastrula n'est, à vrai dire, qu'un intestin. La cavité interne de la gastrula est une cavité digestive, et son orifice est un orifice buccal. Des couches cellulaires constituant la paroi de la gastrula, l'interne sert seulement à la digestion ; l'externe a pour fonction de protéger l'autre et de faire mouvoir l'ensemble. Cherche-t-on, *à priori*, à se figurer aussi simplement que possible un animal digestif, on ne peut imaginer autre chose que cette gastrula, telle qu'elle existe réellement dans l'ontogénie des animaux les plus dissemblables. Or, en méditant sur ce fait, le philosophe doit conclure que, nécessairement, ce

type zoologique a dû naître avant que d'autres formes plus
développées aient pu en provenir par différenciation.

Comme nous aurons occasion de revenir maintes fois sur cette
gastrula et la gastræa, qui lui est homologue, nous ne voulons
pas insister sur ce point. Je veux pourtant réfuter en quelques
mots l'objection la plus grave que vous pourriez faire à ma
théorie gastréenne. Cette objection, à première vue embarras-
sante, se tire du fait que la vraie forme gastrula ne s'observe
plus aujourd'hui dans l'embryologie de l'homme et de beaucoup d'autres animaux supérieurs. La réponse est facile. En
effet, chez l'homme et les animaux dont nous avons parlé, il y
a, au début de l'ontogénie, un moment où l'embryon est constitué par deux feuillets germinatifs exclusivement, et alors ces
deux feuillets primaires ne circonscrivent point d'abord une
cavité intestinale primitive avec orifice buccal, comme chez la
gastrula, mais s'étalent en disque germinatif (*blastodiscus*) à
la surface de la vésicule blastodermique ; mais c'est là un fait
secondaire ; c'est que le « jaune de nutrition » s'est développé
graduellement, historiquement ; c'est un fait d'adaptation
secondaire. La gastrula est incontestablement la forme phylogénétique primaire de l'animal bifolié, telle qu'elle est provenue
de la gastræa ancestrale et telle qu'elle se conserve encore
héréditairement chez certains représentants de tous les groupes
zoologiques, sauf celui des protozoaires ([65]).

Pendant que ce type fondamental de la gastrula est bien présent
à nos yeux, nous suivrons un peu plus loin l'évolution embryologique de l'amphioxus. La gastrula de l'amphioxus, d'abord presque
sphérique, revêt bientôt une forme ellipsoïdale (pl. VII, fig. 10) ;
puis cet ellipsoïde commence à s'aplatir d'un côté et parallèlement à l'axe longitudinal. Ce côté aplati sera plus tard le côté
dorsal ; l'autre, le côté abdominal, conserve sa forme. Sur le
milieu de la surface dorsale se creuse une gouttière longitudinale peu profonde (fig. 99), et deux bourrelets parallèles
s'élèvent l'un à gauche, l'autre à droite de cette gouttière. Vous
devinez déjà que cette gouttière est la gouttière primitive et
que ces bourrelets sont les bourrelets dorsaux, premiers rudiments du système nerveux central, de la moelle épinière. Les
deux bourrelets dorsaux ou médullaires s'élèvent de plus en plus
et la gouttière se creuse aussi de plus en plus ; puis les bourrelets s'incurvent l'un vers l'autre, se soudent, et le tube médul-

laire est formé (pl. VII, fig. 11, *m*). Il se produit donc sur la surface dorsale libre de l'amphioxus embryonnaire, et aux dépens de cette surface, un tube médullaire semblable à celui qui se forme sous la membrane ovulaire, chez l'homme et les vertébrés supérieurs. Dans les deux cas, le tube médullaire finit par se séparer complétement de la lamelle cornée. Il est pourtant une circonstance particulière chez l'amphioxus : c'est qu'à l'extrémité antérieure, le tube médullaire reste d'abord ouvert (pl. VII, fig. 11, *ma*).

Au moment où se montre la première trace du sillon dorsal, les deux feuillets germinatifs primaires se dédoublent, chez l'embryon de l'amphioxus, en quatre feuillets secondaires (fig. 99, coupe transversale). Autour du feuillet végétatif interne du tube intestinal se forme, par bipartition cellulaire, une seconde couche externe de cellules : c'est le feuillet fibro-

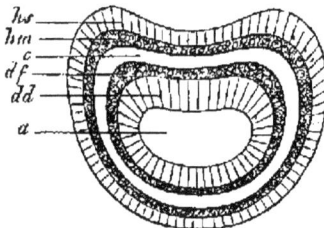

Fig. 99.

intestinal (*df*) ; de ce feuillet proviendront les muscles, la membrane fibreuse et les vaisseaux sanguins du canal intestinal. La couche cellulaire la plus interne est maintenant le feuillet intestino-glandulaire (*dd*). Le feuillet externe se dédouble aussi, par un procédé identique, en deux couches, un feuillet cutané-sensitif (fig. 99, *hs*) et un feuillet fibro-cutané interne (*hm*). Le premier forme l'épiderme et le tube médullaire, le dernier le derme et les muscles du tronc. Il est bien important, pour notre théorie des feuillets germinatifs, que, précisément chez l'amphioxus, on constate bien nettement la provenance des feuillets fibro-cutané et fibro-intestinal, du feuillet animal pour le premier, du feuillet végétatif pour l'autre.

Quand la différenciation des quatre feuillets germinatifs secondaires est achevée, il apparaît au niveau de la ligne dorsale du feuillet fibro-cutané, immédiatement au-dessus du

Fig. 99. — *Coupe transversale de la larve de l'amphioxus* (d'après Kowalevsky). *hs*, feuillet cutané-sensitif. *hm*, feuillet fibro-cutané. *c*, fente cœlomatique (rudiment de la cavité viscérale). *df*, feuillet fibro-intestinal. *dd*, feuillet intestino-glandulaire. *a*, intestin primitif (cavité intestinale primitive). En haut, on voit le sillon dorsal.

tube intestinal (*d*) et au-dessous du tube nerveux (*m*), un cordon cellulaire cylindrique, dirigé aussi selon l'axe longitudinal du corps. C'est la *chorda dorsalis* (pl. VII, fig. 11, 12, *ch*). Les portions du feuillet fibro cutané situées de chaque côté de la chorda, et que nous pouvons appeler « lamelles latérales », se dédoublent en deux couches, une couche mince dermique et une lamelle musculaire sous-jacente. La dernière de ces couches ne tarde pas à se diviser en un certain nombre de sections semblables, échelonnées les unes derrière les autres. Ce sont les muscles latéraux du tronc, répondant au premier essai de différenciation du corps, à la formation des métamères (pl. VII, fig. 12, *mp*).

Au point où nous sommes arrives, la gastrula de l'amphioxus est devenue un vertébré rudimentaire, chez qui les organes fondamentaux ont la disposition caractéristique qu'ils ont chez les vertébrés (voir fig. 31). Immédiatement au-dessous de la peau, nous trouvons, du côté dorsal, le tube nerveux ; du côté abdominal, le tube intestinal, et entre eux un axe solide, la chorda. Vue de côté, la larve de l'amphioxus nous offre (pl. VII, fig. 11, 12) : en haut, le tube médullaire encore ouvert en avant ; immédiatement au-dessous, la notocorde solide (*ch*), et, sous la notocorde, le tube intestinal beaucoup plus ·large (*d*). A l'extrémité antérieure de ce dernier tube, on observe un orifice, la bouche primitive de la gastrula (*o*). Or, il est très-remarquable que cette bouche primitive ne soit pas l'orifice buccal définitif ; ce sera plus tard l'anus. Selon Kowalevsky, la bouche définitive se forme secondairement, de dehors en dedans et à l'extrémité opposée du tube digestif. Chez l'homme et les vertébrés supérieurs, comme vous vous en souvenez, la bouche est aussi d'abord une fossette cutanée, qui finit par communiquer avec l'extrémité antérieure, fermée en cœcum, du tube digestif. Entre les tubes nerveux et intestinal, nous rencontrons la chorda dorsalis, cordon cylindrique, cartilagineux, se continuant dans toute la longueur du corps de la larve. De chaque côté de la chorda, sont les lamelles musculaires déjà divisées en dix à douze segments ou vertèbres primitives. Ces segments sont séparés les uns des autres par des lignes obliques et parallèles ; plus tard, chez l'animal développé, chacune de ces lignes formera un angle aigu à sommet antérieur (pl. VIII, fig. 15, *r*). Le nombre des lamelles musculaires indique le nombre des métamères dont le corps est composé. Ce nombre, faible d'abord, s'accroît ensuite considérablement, mais d'avant en arrière. C'est le même bourgeonnement terminal, par lequel la série des segments vertébraux primitifs s'accroît aussi chez l'homme. Dans les deux cas, les métamères les plus antérieures sont les plus anciennes; les plus postérieures sont les plus jeunes. A chaque métamère correspond une section déterminée du tube médullaire et une paire de nerfs émanant de la moelle épinière, et se distribuant aux muscles et à la peau ([66]).

Pendant que ces phénomènes caractéristiques s'accomplissent dans les lamelles du feuillet animal dédoublé, tandis que le tube médullaire et l'épiderme proviennent du feuillet cutané-sensitif, et la chorda ainsi que les lamelles musculaires du feuillet fibro-cutané, il se produit dans le feuillet végétatif des changements non moins intéressants et non moins caractéristiques du type vertébré. La lamelle interne, le feuillet intestino-glandulaire, se modifie très-peu; elle fournit seulement le revêtement cellulaire interne, l'épithélium intestinal (d); mais la lamelle externe fournit, d'une part, la tunique musculaire de l'intestin, d'autre part, les vaisseaux sanguins. En même temps il naît, vraisemblablement du même feuillet, deux gros vaisseaux : l'un, supérieur, est situé entre l'intestin et la chorda dorsalis; c'est le vaisseau dorsal, correspondant à l'aorte (fig. 13, t, 16, t); l'autre vaisseau est inférieur, situé sur le bord inférieur de l'intestin, entre lui et le tégument abdominal (fig. 13, v; fig. 15, v); c'est le vaisseau abdominal, correspondant au cœur et à la veine intestinale. Puis, les branchies, les organes respiratoires, se forment dans la portion antérieure du canal intestinal. Cette section antérieure ou respiratoire se transforme en une cage branchiale, criblée de trous branchiaux, qui en font un réseau, comme il arrive chez l'ascidie. Pour cela, la partie la plus antérieure de la paroi intestinale se soude par places avec le tégument cutané, et, dans ces points, la paroi se perfore de dehors en dedans. Tout d'abord, il y a un très-petit nombre de fentes branchiales; puis ces fentes se multiplient et forment d'abord une, puis deux séries disposées d'avant en arrière. La fente branchiale la plus antérieure est la plus ancienne. Il finit par y avoir, de chaque côté, un treillage de fines fentes branchiales. Nous insistons sur ce point, que, chez l'embryon de l'amphioxus comme chez celui des autres vertébrés, la paroi latérale du cou est ainsi percée de quelques fentes, qui vont immédiatement de la surface cutanée dans la cavité intestinale antérieure (pl. VIII, fig. 16, *k*). Plus tard, un repli cutané s'élève à droite et à gauche sur la face abdominale de l'extrémité antérieure du corps, de sorte que les fentes branchiales sont de nouveau recouvertes par un tégument. En s'avançant l'un vers l'autre et se soudant, les replis cutanés forment une cavité branchiale close, analogue à celle des poissons, mais identique à celle de l'ascidie. Les cavités branchiales de l'ascidie, de l'amphioxus, du poisson et de la larve amphibie doivent être considérées comme des organes équivalents, homologues. Quand la cavité branchiale de l'amphioxus est formée, l'eau de la respiration, pénétrant par la bouche, n'est plus expulsée directement par les fentes branchiales, mais par un orifice spécial dont est munie la cavité branchiale. En arrière de la cage branchiale, le tube intestinal se transforme en intestin gastrique, et, à droite, il forme un renflement en bourse, qui devient un cœcum hépatique. Cette dernière partie du canal intestinal est libre dans la cavité viscérale formée par l'écartement du feuillet fibro-intestinal et du feuillet fibro-cutané.

A ce stade de son évolution, la larve de l'amphioxus répond encore presque exactement à notre type idéal du vertébré primitif (voir fig. 31, 32). Plus tard, le corps de l'amphioxus subit divers changements, surtout dans sa portion antérieure. Mais ces modifications ne nous intéressent point ici, car elles sont dues à des adaptations spéciales et n'affectent nullement le type héréditaire du vertébré. Quant aux autres organes de l'amphioxus, nous n'avons pas à en parler. Mentionnons seulement que les glandes génératrices, les organes internes de la génération, se développent très-tardivement et, à ce qu'il semble, aux dépens de l'épithélium cœlomatique, du revêtement cellulaire interne de la cavité viscérale ou pleuropéritonéale. D'ailleurs, la transformation ultérieure de la larve en amphioxus adulte est si simple, qu'il est inutile de nous y arrêter.

Nous avons maintenant à décrire l'embryologie de l'ascidie, cet organisme si inférieur, si simple, qui, pendant la plus grande partie de son existence, semble n'être qu'un informe grumeau fixé au fond de la mer. Ce fut un heureux hasard qui fit tomber dans les mains de Kowalevsky précisément l'ascidie de grande taille, la plus propre à bien montrer la parenté des vertébrés et des invertébrés. Ajoutons que, dans la première phase de son développement, la larve de cette ascidie ressemble parfaitement à celle de l'amphioxus. La concordance est si grande, que je n'aurai qu'à répéter, mot pour mot, ce que j'ai dit de l'ontogénèse de l'amphioxus.

L'œuf de la grande ascidie (phallusia, cynthia, etc.) est une simple cellule sphérique de 1/10 à 1/5 de millimètre de diamètre. Au milieu du jaune sombre, finement grenu, se trouve une vésicule germinative, un noyau clair d'environ 1/50 de millimètre de diamètre, contenant à son tour une petite tache germinative, un nucléole (fig. 1, pl. VII). Après la fécondation de l'œuf de l'ascidie, il se produit dans l'ovule de l'ascidie, au-dessous de la membrane d'enveloppe, exactement les mêmes phénomènes que dans l'œuf de l'amphioxus. Tout d'abord il nait de l'ovule, par bipartition réitérée, d'abord deux, puis quatre (fig. 2), puis huit cellules, etc. Une fois opérée la scission totale, il en résulte une *morula,* un amas mûriforme de cellules semblables entre elles ; puis un liquide s'amasse au centre de la morula, d'où la formation d'une vésicule blastodermique dont la paroi est constituée par une couche unique de cellules (pl. VII, fig. 3). Tout comme chez l'amphioxus, la vésicule blastodermique s'incurve sur un point, formant une dépression qui devient de plus en plus profonde, jusqu'au moment où la portion invaginée de la membrane va s'appliquer sur la face interne de la portion non invaginée. La première portion est devenue alors le feuillet végétatif et la seconde le feuillet animal. Pendant même que s'effectue l'invagination, les deux feuillets se différencient ; car les cellules du feuillet végétatif ou interne sont plus grosses et plus obscures. Le corps cratériforme ainsi formé a une double paroi ; c'est simplement une *gastrula* (pl. VII, fig. 4).

Jusque là, rien dans l'embryologie de l'ascidie n'indique une proche parenté avec les vertébrés ; car la même larve intestinale, ou gastrula, se forme aussi de la même manière chez des animaux très-dissemblables appartenant aux autres groupes zoologiques. Mais à ce moment apparaît un phénomène embryologique, spécial aux vertébrés, et qui prouve irréfutablement la parenté généalogique de l'ascidie et du vertébré. En effet, un tube médullaire se forme aux dépens de l'épiderme de la gastrula, et une notocorde apparaît entre ce tube et le tube intestinal ; or ce sont bien là des organes exclusivement propres aux vertébrés. Ici tout se passe chez la gastrula de l'ascidie comme chez celle de l'amphioxus. Sur un côté de l'ovule ellipsoïdal, il se forme une dépression (fig. 99) ; un bourrelet s'élève de chaque côté de cette gouttière : ces bourrelets s'incurvent l'un vers l'autre, se soudent et forment ainsi un tube médullaire ouvert en avant, fermé en arrière. Chez la larve de l'ascidie, comme chez celle de l'amphioxus, l'orifice buccal se forme aussi à nouveau ; il ne provient pas de l'orifice de la gastrula ; ce dernier même sera plus tard l'anus, situé en arrière, à l'extrémité du corps opposée à l'orifice du tube médullaire (pl. VII, fig. 5, a).

Pendant que s'effectuent ces phénomènes embryologiques, identiques à ceux de l'amphioxus, un appendice caudiforme se développe à la partie postérieure du corps ; en même temps, la larve s'incurve sous la membrane ovulaire ; son côté dorsal se bombe, et la queue se recourbe sur le côté abdominal. Dans cette queue se développe un cordon cylindrique, composé de cellules, qui se continue dans le corps de la larve entre le tube intestinal et le tube nerveux : c'est la notocorde, ou chorda dorsalis, dont jusqu'alors on n'avait jamais vu de trace chez les invertébrés. Comme d'ordinaire, la chorda est d'abord constituée par une série unique de grosses cellules claires (pl. VII, fig. 5, ch). Plus tard, plusieurs séries cellulaires se juxtaposent. Chez l'ascidie aussi, la chorda provient de la portion moyenne d'une couche cellulaire dont les portions latérales forment les muscles de la queue ; cette couche cellulaire ne peut être, par conséquent, que le feuillet fibro-cutané. En même temps, on voit se séparer de la paroi intestinale une couche cellulaire, d'où proviendront plus tard le cœur, le sang et les vaisseaux, ainsi que les muscles intestinaux : cette couche est le feuillet fibro-intestinal.

En ce moment, une section transversale du corps de l'ascidie, pratiquée au point où la queue se continue avec le tronc, nous montrera que les rapports anatomiques des principaux organes sont les mêmes que chez la larve de l'amphioxus (pl. VII, fig. 6). Nous voyons en effet au milieu, entre le tube médullaire (m) et le tube intestinal (d), la chorda (ch) et, de chaque côté de la chorda, les lamelles musculaires du dos (r). La section transversale de la larve de l'ascidie, en ce moment, ne diffère pas essentiellement de notre type idéal du vertébré (fig. 100).

A ce degré de développement, la larve de l'ascidie commence

à se mouvoir dans la membrane ovulaire. La larve crève la
membrane ovulaire, en sort et nage dans la mer, grâce aux
mouvements de sa queue, qui lui sert de nageoire (pl. VII,
fig. 5). On connaît depuis longtemps ces larves libres de l'ascidie. Darwin les observa le premier durant son voyage autour
du monde, en 1833. Elles ressemblent extérieurement aux
larves de grenouille, aux têtards, et, comme ces dernières, se
servent de leur queue comme d'une nageoire. Mais cette forme
transitoire, douée d'une organisation complexe, dure peu. Pourtant il y a encore un stade progressif, durant lequel deux petits
organes des sens se développent à l'extrémité antérieure du tube
nerveux; selon Kowalevsky, l'un de ces organes est l'œil, l'autre
est l'organe de l'ouïe, tous deux d'une structure extrêmement
simple. Il apparaît aussi sur le côté abdominal, sur la paroi
inférieure de l'intestin, un cœur sem-
blable, par le siége et la simplicité de
structure, à celui de tous les autres vertébrés; ainsi il se forme dans la paroi intestinale inférieure un épaississement, un
solide cordon fusiforme, qui s'évide bientôt à l'intérieur et se contracte alternativement, tantôt d'arrière en avant, tantôt
d'avant en arrière, comme cela se passe
chez l'ascidie adulte. Ce mouvement refoule dans les deux directions, dans les
vaisseaux partant des deux extrémités cardiaques, l'humeur
sanguine contenue dans la cavité musculaire. Un vaisseau principal court sur le côté dorsal de l'intestin, un autre sur le côté
abdominal. Le premier est l'analogue de l'aorte (fig. 100, *t*) et
du vaisseau dorsal des vers; l'autre répond à la veine intestinale (fig. 100, *v*) et au vaisseau abdominal des vers.

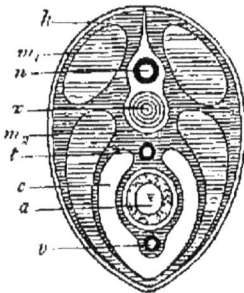

Fig. 100.

La formation de ces organes clot l'ontogénèse progressive de
l'ascidie, et, dès lors, la période régressive commence. La larve
perd la faculté de se mouvoir librement, tombe au fond de la
mer et s'y fixe. Elle adhère aux pierres, aux plantes marines,
aux coquilles des mollusques, aux coraux, et sans doute à l'aide

Fig. 100. — *Coupe transversale du vertébré idéal* (fig. 31). La section passe
par l'axe sagittal et l'axe transversal. *n*, tube médullaire. *x*, cordon axial.
t, vaisseau dorsal. *r*, vaisseau abdominal. *a*, intestin. *c*, cavité viscérale.
*m*1, muscles dorsaux. *m*2, muscles abdominaux. *h*, épiderme.

des parties de son corps qui lui servaient jadis à se mouvoir. Trois papilles, que l'on remarquait déjà chez la larve libre, servent à la fixer. La queue, désormais sans usage, disparait. Elle subit une dégénérescence graisseuse et est résorbée avec la notocorde tout entière. Le corps, privé de sa queue, devient une poche informe, qui, par métamorphose régressive de certaines parties, néoformation et métamorphose de certaines autres, prend peu à peu l'aspect singulier dont nous avons d'abord parlé.

De toutes ces régressions, la plus intéressante, après celle de la notocorde, est celle du tube médullaire. Tandis que, chez l'amphioxus, la moelle épinière va se perfectionnant, le tube médullaire de la larve de l'ascidie, au contraire, se réduit à n'être plus qu'un petit ganglion nerveux insignifiant, situé au-dessus de l'orifice buccal, sur la cage branchiale, et dont le petit volume atteste le très-humble degré du développement intellectuel chez cet animal (pl. VIII, fig. 14, *m*). Il semble, qu'on ne puisse même comparer ce reste insignifiant de tube médullaire avec la moelle dorsale du vertébré, et pourtant c'est du même rudiment embryologique que proviennent le ganglion de l'ascidie et la moelle épinière de l'amphioxus. Les organes des sens, qui s'étaient développés à la partie antérieure du tube nerveux, disparaissent aussi et il n'en reste plus de trace chez l'ascidie adulte. Au contraire le canal intestinal prend, dès lors, un grand développement. Cet organe se divise bientôt en deux sections, l'une antérieure large : c'est l'intestin branchial, qui sert à la respiration ; l'autre postérieure, étroite : c'est l'intestin gastrique, servant à la digestion. Dans la première section, les fentes branchiales se forment exactement comme chez l'amphioxus. Le nombre des fentes branchiales, d'abord très-restreint, s'accroit notablement, d'où la formation d'une cage branchiale treillissée. Cet intestin branchial et le cœur situé sur le côté abdominal du corps sont presque les seuls organes qui rappellent la parenté primitive de l'ascidie et du vertébré.

En terminant, nous dirons quelques mots du développement du curieux manteau gélatiniforme de l'ascidie, du sac de cellulose dans lequel l'ascidie est logée et qui caractérise le groupe entier des tuniciers. On a expliqué de bien des manières la formation de ce manteau. Ainsi Kowalevsky a prétendu que l'animal ne formait pas lui-même son manteau, qui serait provenu de cer-

taines cellules maternelles entourant l'œuf. Dans cette manière
de voir, le manteau serait une membrane ovulaire permanente.
Cette explication brave toutes les analogies et, par cela seul, est
invraisemblable. Un autre naturaliste, Kupffer, qui a vérifié et
continué les observations de son prédécesseur, admet que le
manteau a pour origine des cellules, qui, avant la fécondation
de l'ovule, naissent de la phériphérie du jaune et en sont entièrement distinctes. Cela aussi est tout à fait énigmatique et invraisemblable. Mais les recherches de Hertwig, confirmées par
les miennes, ont établi que le manteau se forme comme une cuticule. C'est le résultat d'une exsudation des cellules épidermiques; cette exsudation se durcit, ne fait pas, à proprement parler, partie du corps de l'ascidie, et s'épaissit en une membrane
solide. Chimiquement, la substance de ce manteau ne se distingue point de la cellulose végétale. Pendant que les cellules épidermiques de la lamelle cornée externe sécrètent cette masse de
cellulose, quelques-unes d'entre elles y sont englobées, y continuent à vivre et épaississent encore le manteau. Ainsi se forme
l'épaisse enveloppe externe, qui s'épaissit toujours de plus en
plus et, chez beaucoup d'ascidies adultes, représente plus des
deux tiers de l'épaisseur du corps ([67]).

Le développement ultérieur de l'ascidie est sans intérêt pour
nous; nous ne nous en occuperons donc pas. Retenons seulement
l'important résultat de l'ontogénèse de l'ascidie, c'est sa parfaite concordance avec celle de l'amphioxus, durant les premiers stades, qui sont aussi les plus importants. Aussitôt après
la formation du tube médullaire, du tube intestinal, de la notocorde qui les sépare et des muscles, les deux animaux suivent
des routes divergentes. L'amphioxus continue à évoluer progressivement et devient analogue à la forme ancestrale des vertébrés supérieurs; l'ascidie, au contraire, subit une métamorphose
régressive et, à l'état adulte, elle finit par se ranger parmi les
plus imparfaits des vers.

Représentez-vous maintenant, encore une fois, les curieuses
analogies anatomiques et embryologiques existant entre l'amphioxus et l'ascidie; rapprochez-les ensuite des analogies du
même genre, que nous avons constatées dans l'embryologie humaine, et sûrement vous ne trouverez point que j'aie accordé
à l'amphioxus et à l'ascidie une importance exagérée. En effet,
il est bien évident que l'amphioxus, du côté des vertébrés,

l'ascidie, du côté des invertébrés, forment le seul pont capable de relier ces deux grandes divisions zoologiques. La concordance fondamentale qui éclate, au début de l'évolution embryologique, entre l'amphioxus et l'ascidie, ne prouve pas seulement leur proche parenté anatomique et taxinomique; elle prouve aussi leur consanguinité, leur commune descendance d'une même forme ancestrale; par là une vive lumière est projetée sur les plus antiques racines de l'arbre généalogique humain.

Dans quelques leçons précédentes « sur l'origine et l'arbre généalogique du genre humain » (1868), j'ai insisté sur l'extraordinaire portée de cette concordance et j'en ai conclu que « nous devions respecter l'amphioxus, comme étant, de tous les animaux vivants, celui qui nous donnait l'idée la plus exacte de nos antiques aïeux vertébrés, de l'époque silurienne. » Cette proposition a excité un grand émoi, non-seulement chez d'ignorants théologiens, mais chez des philosophes vivant encore dans l'erreur anthropocentrique, et pour qui l'homme est le but prémédité de « la création », la raison d'être de la vie terrestre tout entière. La dignité de l'humanité, disait-on, était foulée aux pieds; le sentiment de la divine essence de la raison humaine était grièvement offensé. » *(Kirchenzeitung!)*

CINQUIÈME TABLEAU.

Résumé des principales homologies entre les embryons de l'homme, de l'ascidie, de l'amphioxus adulte d'une part, et de l'homme adulte d'autre part.

Embryon de l'ascidie	Amphioxus adulte	Embryon de l'homme	Homme adulte

I. *Produits de différenciation du feuillet cutané.*

Embryon de l'ascidie	Amphioxus adulte	Embryon de l'homme	Homme adulte
Epiderme nu.	Épiderme nu.	Epiderme nu.	Épiderme pileux.
Tube médullaire simple.	Tube médullaire simple.	Tube médullaire simple.	Cerveau et moelle épinière.
Rein primitif (?).	Rein primitif (?).	Canal du rein primitif.	Oviductes et canaux déferents.
Canal d'excrétion (?).	Canal latéral (?).	»	»
Simple membrane dermique mince.	Simple membrane dermique mince.	Simple membrane dermique mince.	Epaisse membrane dermique différenciée.
Simple poche musculo-cutanée.	Musculature du tronc.	Simple lamelle musculaire.	Musculature du tronc.
Chorda.	Chorda.	Chorda.	Colonne vertébrale.
Point de crâne.	Point de crâne.	Point de crâne.	Os crâniens.
Point de membres.	Point de membres.	Point de membres.	Deux paires de membres.
Epithelium générateur hermaphrodite.	Glandes génératrices distinctes.	Épithelium générateur hermaphrodite.	Glandes sexuelles distinctes.

II. *Produits de différenciation du feuillet intestinal.*

Embryon de l'ascidie	Amphioxus adulte	Embryon de l'homme	Homme adulte
Cavité viscérale simple (cœlom).	Cavité viscérale simple (cœlom).	Cavité viscérale simple (cœlom).	Cavité thoracique et cavité abdominale distinctes.
Cœur à une seule cavité.	Tube cardiaque simple.	Cœur à une seule cavité.	Cœur à quatre cavités.
Vaisseau dorsal.	Aorte.	Aorte.	Aorte.
Simple poche hépatique (?).	Simple poche hépatique.	Simple poche hépatique.	Foie massif différencié.
Tube intestinal simple avec fentes branchiales.	Tube intestinal simple avec fentes branchiales.	Tube intestinal simple avec fentes branchiales.	Tube intestinal différencié sans fentes branchiales.

SIXIÈME TABLEAU.

Vue d'ensemble des analogies morphologiques de l'amphioxus et de l'ascidie d'une part, du poisson et de l'homme d'autre part.

Ascidie adulte	Amphioxus adulte	Poisson adulte	Homme adulte
Tête et tronc non separes.	Tête et tronc non separes.	Tête et tronc separes.	Tête et tronc separes.
Pas de membres.	Pas de membres.	Deux paires de membres.	Deux paires de membres.
Pas de crâne.	Pas de crâne.	Crâne developpé.	Crâne developpe.
Pas d'os hyoïde.	Pas d'os hyoïde.	Os hyoïde.	Os hyoïde.
Pas d'appareil maxillaire.	Pas d'appareil maxillaire.	Maxillaires inferieur et superieur.	Maxillaires inferieur et superieur.
Pas de colonne vertebrale.	Pas de colonne vertebrale.	Colonne vertebrale.	Colonne vertebrale.
Pas de cage costale.	Pas de cage costale.	Cage costale.	Cage costale.
Pas de cerveau.	Pas de cerveau.	Cerveau differencie.	Cerveau differencie.
Yeux rudimentaires.	Yeux rudimentaires.	Yeux developpés.	Yeux developpes.
Pas d'organe de l'ouie.	Pas d'organe de l'ouie.	Organe auditif avec trois canaux semi-circulaires.	Organe auditif avec trois canaux semi-circulaires.
Pas de nerf sympathique.	Pas de nerf sympathique.	Nerf sympathique.	Nerf sympathique.
Épithelium intestinal cilie.	Épithelium intestinal cilie.	Épithelium intestinal non cilie.	Épithelium intestinal non cilie.
Foie simple ou manquant.	Foie simple (cœcum).	Glande hépatique composee.	Glande hépatique composee.
Pas de glande salivaire abdominale.	Pas de glande salivaire abdominale.	Glande salivaire abdominale.	Glande salivaire abdominale.
Pas de vessie natatoire.	Pas de vessie natatoire.	Vessie natatoire (poumon rudimentaire).	Poumons (vessie natatoire).
Reins rudimentaires (?).	Reins rudimentaires (?)	Reins développés.	Reins developpes.
Poche cardiaque simple.	Tube cardiaque simple.	Cœur avec valvules et ventricules.	Cœur avec valvules et ventricules.
Sang incolore.	Sang incolore.	Sang rouge.	Sang rouge.
Pas de vaisseaux lymphatiques.	Pas de vaisseaux lymphatiques.	Système lymphatique.	Système lymphatique.
Pas de rate.	Pas de rate.	Rate.	Rate.
Gouttiere ciliée sur la cage branchiale.	Gouttiere ciliee sur la cage branchiale.	Glande thyroide.	Glande thyroide.

Cette indignation contre le grand et sincère respect que je porte à l'amphioxus a toujours été pour moi incompréhensible. Rencontrons-nous un bois de vieux chênes et nous arrive-t-il d'exprimer, en termes enthousiastes, notre vénération pour des arbres âgés peut-être de mille ans, tout le monde le trouve naturel. Mais il y a plus de sublime dans l'amphioxus que dans le chêne, et bien plus encore dans l'ascidie. Que sont les mille années de la vie d'un chêne en regard des millions d'années de l'histoire de l'amphioxus! En dehors même de son âge, l'antique amphioxus mérite notre vénération, quoiqu'il n'ait ni crâne, ni cerveau, ni membres, parce qu'il est « la chair de notre chair, le sang de notre sang ». L'amphioxus mérite plus notre admiration, notre pieux respect, que le fatras d'objets inutiles auxquels des nations soi-disant très-civilisées élèvent des temples et qu'elles honorent par des processions.

De quelle valeur inestimable sont l'amphioxus et l'ascidie pour l'intelligence du développement humain et de la vraie nature de l'homme, vous avez pu vous en rendre compte en parcourant les tableaux des principales homologies entre les premiers et les derniers des vertébrés. (Cinquième tableau.) Là vous avez trouvé la preuve irréfutable qu'au début de son développement, l'embryon humain ressemble, par les principaux traits de son organisation, à l'amphioxus et à l'ascidie, autant qu'il s'écarte de l'homme adulte. D'autre part, il n'est pas moins intéressant de constater l'énorme distance qui sépare l'amphioxus des autres vertébrés. Aujourd'hui encore, l'amphioxus est classé, dans les manuels de zoologie, parmi les poissons. J'ai eu beau séparer (1866) l'amphioxus des poissons et diviser l'embranchement des vertébrés en deux grands groupes, celui des acrâniens (amphioxus) et celui des crâniotes (tous les autres vertébrés), cela a été considéré comme une nouveauté sans fondement et inutile ([30]). Le tableau précédent (sixième tableau) vous édifiera sur ce point. Par tous leurs traits essentiels, les poissons sont plus voisins de l'homme que de l'amphioxus.

QUINZIÈME LEÇON.

CHRONOLOGIE DE LA GÉNÉALOGIE HUMAINE.

On a vainement cherché à fixer une limite chronologique précise entre l'histoire humaine et l'histoire préhumaine, l'origine de l'homme et l'époque de son apparition sont indéterminables, impossible de séparer nettement du monde actuel un monde antérieur C'est d'ailleurs ce qui a lieu pour toutes les périodes géologiques et historiques Les périodes admises sont toutes plus ou moins capricieusement déterminées, de même que les divisions taxinomiques en histoire naturelle, ce sont simplement des vues commodes dans la pratique et non point une distinction réelle de choses différentes BERNHARD COTTA (1866)

Comparaison des périodes ontogénétiques et phylogénétiques. — Durée de la période embryologique chez l'homme et chez divers animaux. — Insignifiance de cette durée en regard de l'incommensurable longueur de la phylogénie. — Rapport entre la rapide métamorphose ontogénétique et la lente métamorphose phylogénétique. — Chronologie de l'histoire organique de la terre basée sur l'épaisseur relative des couches sédimentaires ou formations neptuniennes. Cinq grandes divisions : I. Période primordiale ou archéolithique ; II. Période primaire ou paléolithique ; III. Période secondaire ou mésolithique ; IV. Période tertiaire ou cœnolithique ; V. Période quaternaire ou anthropolithique. Longueur relative des cinq périodes. — La linguistique comparée sert à expliquer la phylogénie des espèces. — Les racines et les branches du système des langues indo-germaniques se comportent comme les classes et divisions de l'embranchement vertébré. — Dans les deux cas, les formes ancestrales sont éteintes et ne se retrouvent plus dans les formes vivantes. — Principaux degrés des formes ancestrales de l'homme. — Origine des monères par génération spontanée. — Nécessité de la génération spontanée.

Messieurs,

En étudiant comparativement l'anatomie et l'ontogénie de l'amphioxus et de l'ascidie, nous nous sommes créé des moyens d'investigation d'une inestimable valeur pour scruter l'ontogénie humaine. En effet, d'une part, nous avons comblé l'énorme lacune anatomique qui jusqu'ici existait, dans la taxinomie zoologique, entre les vertébrés et les invertébrés ; d'autre part, nous avons retrouvé, dans l'ontogénie de l'amphioxus, d'antiques phases embryologiques depuis longtemps disparues dans l'ontogénie humaine, en vertu de la loi d'hérédité abrégée. Parmi ces étapes du développement, il faut noter, comme une des principales, la larve intestinale, la gastrula, dont nous venons de nous occuper, cette curieuse forme embryonnaire existant déjà chez les éponges, et qui se retrouve, identiquement la même, dans les classes zoologiques les plus dissemblables jusqu'aux vertébrés.

L'embryologie de l'amphioxus et de l'ascidie a tellement enrichi nos documents touchant l'embryologie humaine, qu'en dépit de l'imperfection de nos connaissances empiriques, il ne reste plus à ce sujet de lacunes essentielles. Nous pouvons donc aborder maintenant notre objet principal et reconstruire, dans ses grandes lignes, la phylogénie humaine, en nous aidant des documents que nous fournissent l'ontogénèse et l'anatomie comparée. Vous verrez ainsi quelle portée a l'application immédiate de la loi biogénétique fondamentale, du lien étiologique rattachant l'ontogénèse et la phylogénèse. Mais, avant d'entrer en matière, il ne sera pas inutile d'exposer quelques considérations générales qui aideront à l'intelligence du sujet.

Parlons d'abord du laps de temps qu'a mis le genre humain à se dégager du règne animal. La première pensée qui nous frappe est celle de l'énorme différence existant entre la durée de l'embryologie et celle de la phylogénie humaine. Le court espace de temps nécessaire à l'ontogénèse de l'individu humain s'évanouit devant l'infinie durée que réclame la phylogénèse du genre humain. Neuf mois suffisent à l'évolution d'un homme, depuis la phase ovulaire jusqu'à la naissance. L'embryon humain ne met que quarante semaines, d'ordinaire 280 jours, à parcourir les stades de son évolution si complexe. La durée de la vie embryonnaire ne diffère guère chez beaucoup d'autres mammifères, par exemple dans l'espèce bovine. Chez le cheval et l'âne, elle est un peu plus longue, de 43 à 45 semaines; chez le chameau, elle est déjà de 13 mois. Chez les grands mammifères, le développement embryologique exige plus de temps; il dure, par exemple, 1 an 1/2 chez le rhinocéros, 90 semaines chez l'éléphant. Dans ce dernier cas, la grossesse dure donc presque une année et 3/4, plus du double de celle de l'homme. Au contraire, chez les petits mammifères, la durée de l'évolution embryonnaire est beaucoup plus courte. La souris se développe en 3 semaines, le lapin et le lièvre en

4 semaines, le rat et la marmotte en 5 semaines, le chien en 9 semaines, le porc en 17 semaines, le mouton en 21 et le cerf en 36 semaines. Chez les oiseaux, l'évolution est plus rapide encore. Le poussin atteint son plein développement, dans l'œuf, normalement en trois semaines, exactement 21 jours. Il faut au canard 25 jours, au coq d'Inde 27, au paon 31, au cygne 42, au casoar de la Nouvelle-Hollande 65 jours. Le plus petit des oiseaux, le colibri, ne séjourne dans l'œuf que douze jours. Évidemment il y a, chez les mammifères et les oiseaux, une certaine relation entre la durée de l'évolution embryologique et la grosseur du corps. Mais cette influence n'est pas la seule, et quantité d'autres causes modifient la durée du développement embryologique ([68]).

Toujours la durée de l'ontogénèse est insignifiante, si on la compare à l'immense espace de temps qu'a nécessité la phylogénèse, l'évolution graduelle de la série des ancêtres. Cet espace de temps ne se mesure pas par années ou centaines d'années, mais par milliers et millions d'années. Il a fallu, en effet, bien des millions d'années pour que de l'antique ancêtre monocellulaire sortît graduellement le plus parfait des vertébrés, l'homme. En niant que l'homme descende des animaux inférieurs et, originellement, d'un ancêtre monocellulaire, en traitant ces faits de prodige incroyable, les adversaires de la théorie de la descendance oublient que le même prodige s'accomplit, pour chaque homme, dans le court espace de neuf mois. Cette série de formes, que nos ancêtres animaux ont mis des millions d'années à parcourir, chacun de nous la reproduit durant les quarante semaines de son existence dans le sein maternel.

Mais toutes ces métamorphoses organiques sont d'autant plus étonnantes, qu'elles s'effectuent plus rapidement. Par conséquent, si nos adversaires tiennent la descendance animale du genre humain pour un fait incroyable, l'évolution de l'individu humain à partir de l'ovule doit leur sembler plus merveilleuse encore. Cette métamorphose ontogénétique, qui s'accomplit sous nos yeux, l'emporte en merveilleux sur la métamorphose ontogénétique, autant que sa durée est plus courte. En effet, dans le court espace de quarante semaines, l'embryon humain doit évoluer de la cellule simple à l'homme adulte, tandis que, pour exécuter la même évolution, les ancêtres de l'homme ont eu besoin de bien des millions d'années ([69]).

Quant à l'âge phylogénétique en lui-même, il est impossible d'évaluer approximativement sa longueur en siècles ou même en milliers d'années, ou de le représenter par un nombre quelconque absolu. Mais, dès longtemps, la géologie nous a appris à évaluer et à comparer les diverses périodes de l'histoire organique de la terre. L'étalon métrique pour la détermination de ces quantités nous est fourni par l'épaisseur des strates rocheuses neptuniennes, des formations sédimenteuses, c'est-à-dire des couches terrestres, qui se sont déposées au fond des mers et des eaux douces. Ces couches superposées de roches calcaires, d'argile, de marne, de grès, d'ardoises, etc., constituant la masse de nombre de montagnes et ayant souvent des milliers de pieds d'épaisseur, nous servent d'échelle pour apprécier la durée relative des diverses périodes géologiques.

Pour ne pas être trop incomplet, force m'est de dire ici quelques mots sur la marche de l'évolution géologique en général et sur diverses considérations qui s'y rattachent. Tout d'abord un fait capital nous frappe, c'est que la vie a commencé sur notre globe à un moment déterminé. C'est là une proposition que ne contestera aucun géologue compétent. Nous savons, à n'en pas douter, que la vie organique est née à un certain moment sur notre planète et n'a nullement existé de toute éternité, comme on l'a quelquefois prétendu. La preuve irréfutable de ce qui précède nous est fournie à la fois par la cosmogénie physico-astronomique et par l'ontogénie des organismes. Pas plus que les individus, les espèces et les groupes organiques ne jouissent d'une vie éternelle ([70]). Leur commencement a eu lieu à un moment donné. Nous appellerons « histoire organique terrestre » cette période qui s'est écoulée depuis l'origine de la vie jusqu'à nos jours et qui nous intéresse particulièrement; c'est la contre-partie de « l'histoire anorganique terrestre » précédemment écoulée. Les philosophes de la nature et le grand philosophe critique Emmanuel Kant ont tenté, les premiers, de nous expliquer l'histoire anorganique de la terre. A ce sujet, force m'est bien de vous renvoyer à « l'Histoire naturelle générale et à la théorie du ciel », de Kant, ainsi qu'aux nombreuses cosmogénies qui ont traité du même sujet sous une forme populaire. Nous ne pouvons pas insister ici sur ce point.

L'histoire organique ne peut commencer qu'à partir du moment où l'eau liquide a existé sur le globe. En effet, un

organisme quelconque ne peut exister sans eau liquide, et il
en contient une grande quantité. A l'état adulte, le corps humain
renferme dans ses tissus 70 p. 100 d'eau et seulement
30 p. 100 de substance solide ([71]). Chez les animaux marins
inférieurs, par exemple chez certaines méduses, le corps contient
99 p. 100 d'eau et à peine 1 p. 100 de matière solide.
Sans eau, nul organisme ne peut exister et vivre.

Mais l'eau liquide, d'où dépend principalement l'existence de
la vie, n'a pas pu apparaître sur notre globe, d'abord en fusion,
avant un certain refroidissement de la surface. Jusque là, l'eau
n'existait qu'à l'état de vapeur ; mais, quand la première goutte
se condensa par refroidissement et tomba du manteau de vapeur
qui recouvrait la terre, cette eau commença son rôle géologique,
et, depuis lors, elle n'a cessé de travailler à la transformation
perpétuelle de l'écorce terrestre. Le résultat de cette incessante
action de l'eau sous toutes ses formes, pluie et grêle, neige et
glace, ouragan et ressac des vagues, fut de déliter les roches
et de former du limon. Comme le dit Huxley dans ses excellentes
leçons sur « les causes des phénomènes de la nature organique »,
il n'est pas, pour l'histoire passée de notre globe, de
document plus précieux que le limon ; toute la question du passé
de la terre se résume dans celle de la formation du limon.
Toutes les couches stratifiées constituant la masse de nos montagnes
ont commencé par être du limon déposé au fond des
eaux et qui, plus tard, s'est durci en roches.

Comme nous l'avons déjà noté, on peut, en rapprochant et
comparant les diverses strates disséminées à la surface terrestre,
se faire une idée approximative de leur âge relatif. Depuis
longtemps, les géologues admettent d'un commun accord que
les diverses formations s'échelonnent en série historique. Les
strates superposées répondent à des périodes successives de
l'histoire organique terrestre, pendant lesquelles elles se sont
déposées au fond des mers à l'état de limon. Peu à peu, ce
limon s'est pétrifié ; après nombre d'émersions et de submersions
alternantes, ces roches se sont exhaussées en montagnes.
D'ordinaire on distingue quatre ou cinq grandes sections de
l'histoire organique terrestre correspondant aux grands et petits
groupes des strates sédimentaires ; puis ces périodes principales
se subdivisent en sous-périodes plus petites et plus nombreuses,
ordinairement au nombre de douze à quinze (voir le sixième et

septième tableaux). L'épaisseur relative des diverses strates permet d'évaluer approximativement la durée relative des diverses périodes. Pourtant, nous n'avons pas le droit de dire : « Telle couche, d'une épaisseur donnée (par exemple de deux pouces), s'est déposée en un siècle; donc une formation de mille pieds d'épaisseur sera vieille de six cent mille ans; » car des formations de même épaisseur peuvent s'être déposées durant des temps très-divers. Nous pouvons seulement de l'épaisseur, de « la puissance » d'une formation, déduire approximativement la longueur *relative* de la période à laquelle elle correspond.

Des quatre ou cinq grandes sections de l'histoire organique terrestre, dont la connaissance est nécessaire pour la phylogénie humaine, la première et la plus ancienne est l'âge *archolithique* ou *archozoïque*. Si nous évaluons à 130,000 pieds la puissance totale des couches géologiques, il nous en faut attribuer 70,000, plus de la moitié, à ce premier âge. De là nous pouvons conclure, qu'à elle seule, la période primordiale ou archolithique est beaucoup plus longue que toutes celles qui l'ont suivie, prises ensemble. Il est même vraisemblable que la durée de l'âge primordial n'a pas été relativement à la somme des autres :: 7 : 6, ce qu'il semble être, mais considérablement plus longue. L'âge primordial se subdivise en trois périodes appelées *laurentienne, cambrienne, silurienne ;* ces périodes correspondent aux trois grands groupes de roches sédimentaires constituant l'ensemble des terrains archolithiques. L'énorme laps de temps durant lequel cette colossale formation de 70,000 pieds s'est déposée au fond de la mer représente sûrement bien des millions d'années. Ce fut pendant ce temps que naquirent, par génération spontanée, les plus anciens et les plus simples êtres organisés de notre planète, les *monères*. De ces monères provinrent d'abord certaines plantes et certains animaux, les amibes et beaucoup de protistes. *C'est durant cet âge archolithique que se développèrent des organismes précédents tous les ancêtres invertébrés du genre humain.* Cette conclusion est autorisée par ce fait que, dès la fin de la période silurienne, on trouve des restes de poissons fossiles, des sélaciens et des ganoïdes. Mais ces poissons sont beaucoup mieux organisés et bien plus récents que le dernier des vertébrés, l'amphioxus, et tous les nombreux vertébrés acrâniens qui ont

dû vivre à cette époque. En outre, tous les ancêtres invertébrés
du genre humain ont dû nécessairement vivre avant l'amphioxus. Nous pouvons donc appeler cette époque la grande
période des ancêtres invertébrés du genre humain, ou « l'âge
des acrâniens », si nous voulons prendre surtout en considération les premiers représentants de l'embranchement des
vertébrés.

Pendant l'âge archolithique tout entier, la population de notre
planète fut seulement aquatique; du moins, jusqu'ici, pas un seul
débris d'animal ou de plante terrestre n'est parvenu jusqu'à
nous ([72]).

A l'âge primordial succède un deuxième âge fort long, l'âge
paléolithique, peléozoïque ou *primaire*, subdivisé aussi en
trois périodes : les périodes *dévonienne, carbonifère* et *permienne*. Durant la période dévonienne se forme le « vieux grès
rouge » ou système dévonien ; durant la période carbonifère
ou houillère s'accumulèrent les puissants amas de houille qui
constituent notre plus importante réserve de combustibles;
enfin, la période permienne répond au nouveau grès rouge, au
zechstein et aux schistes cuprifères. La puissance moyenne de
ces strates prises ensemble dépasse 42,000 pieds, un peu plus
ou beaucoup moins, selon les divers géologues. Les formations
géologiques, qui se sont déposées durant cet âge primaire,
renferment des restes nombreux d'animaux fossiles de nombreuses espèces d'invertébrés et aussi des vertébrés, parmi
lesquels les poissons prédominent. Dès la période dévonienne,
mais aussi durant les périodes carbonifère et permienne, il y
avait un si grand nombre de poissons, surtout de requins et de
poissons cartilagineux, que nous pouvons donner à la grande période paléolithique tout entière le nom « d'âge des poissons ».
Durant cet âge aussi, quelques poissons commencèrent à s'accou-
tumer à la vie terrestre, et de là naquit la classe des amphibies.
Déjà nous trouvons, dans le système carbonifère, des restes fossiles
d'amphibies, c'est-à-dire des plus anciens vertébrés, qui aient
respiré dans l'air et habité la terre ferme. Dans la période permienne, ces amphibies deviennent plus variés, et vers la fin de
cette période apparaissent les premiers amniotes, les aînés des
trois classes supérieures de vertébrés. Ces amniotes sont
quelques sauriens, dont le proterosaurus des schistes cuprifères
d'Eisenach est le plus connu. Ces antiques débris de reptiles

SEPTIÈME TABLEAU.

Vue d'ensemble des périodes paléontologiques ou des grandes divisions chronologiques de l'histoire organique terrestre.

I. Premier cycle : *Age archolithique.* Age primordial.
(Age des acrâniens et des algues.)

1. Age archolithique ancien	ou	Période laurentienne.
2. Age archolithique moyen	ou	Période cambrienne.
3. Age archolithique récent	ou	Période silurienne.

II. Deuxième cycle : *Age paléolithique.* Age primaire.
(Age des poissons et des fougeres.)

4. Age paléolithique ancien	ou	Période dévonienne.
5. Age paleolithique moyen	ou	Période houillère.
6. Age paleolithique recent	ou	Période permienne.

III. Troisième cycle : *Age mésolithique.* Age secondaire.
(Age des reptiles et des conifères.)

7. Age mésolithique ancien	ou	Période du trias.
8. Age mésolithique moyen	ou	Période jurassique.
9. Age mésolithique récent	ou	Période crétacee.

IV. Quatrième cycle : *Age cænolithique.* Age tertiaire.
(Age des mammifères et des plantes à feuilles caduques.)

10. Age cænolithique ancien	ou	Période éocène.
11. Age cænolithique moyen	ou	Période miocène.
12. Age cænolithique recent	ou	Période pliocène.

V. Cinquième cycle : *Age anthropolithique.* Age quaternaire.

13. Age anthropolithique ancien	ou	Période glaciaire.
14. Age anthropolithique moyen	ou	Période post-glaciaire.
15. Age anthropolithique recent	ou	Période de la civilisation.

(La periode de la civilisation est la periode historique ou des traditions.)

HUITIÈME TABLEAU.

Vue d'ensemble des formations paléontologiques ou des couches fossilifères de l'écorce terrestre.

TERRAINS.	SYSTÈMES.	FORMATIONS.	SYNONYMES DES FORMATIONS.
V. Terrains anthropolithiques ou anthropozoïques (quaternaires).	XIV. Récent (alluvium).	36. Actuel.	Alluvien supérieur.
		35. Récent.	Alluvien inférieur.
	XIII. Pleistocène (diluvium).	34. Post-glaciaire.	Diluvien supérieur.
		33. Glaciaire.	Diluvien inférieur.
IV. Terrains cœnolithiques ou cœnozoïques (tertiaires).	XII. Phocène (tertiaire neutre)	32. Arvernien.	Pliocène supérieur
		31. Subapennin.	Pliocène inférieur.
	XI. Miocène (tertiaire moyen).	30. Falunien.	Miocène supérieur.
		29. Limburg.	Miocène inférieur.
	X. Eocène (tertiaire ancien).	28. Gypse.	Eocène supérieur.
		27. Calcaire grossier.	Eocène moyen.
		26. Argile de Londres	Eocène inférieur.
III. Terrains mésolithiques ou mésozoïques (secondaires).	IX. Craie.	25. Craie blanche.	Crétacé supérieur.
		24. Grès verts	Crétacé moyen.
		23. Néocomien.	Crétacé inférieur.
		22. Wealdien.	Apparition des forêts.
	VIII. Jura.	21. Portlandien	Oolithique supérieur.
		20. Oxfordien.	Oolithique moyen.
		19. Bathonien.	Oolithique inférieur.
		18. Lias.	Formation du lias.
	VII. Trias.	17. Keuper.	Trias supérieur.
		16. Muschelkalk.	Trias moyen.
		15. Grès bigarré.	Trias inférieur.
II. Terrains paléolithiques ou paléozoïques (primaires).	VI. Permien (nouveau grès rouge).	14. Zechstein.	Permien supérieur.
		13. Nouveau grès rouge.	Permien inférieur.
	V. Carbonifère (houille).	12. Grès houiller.	Carbonifère supérieur
		11. Calcaire carbonifère.	Carbonifère inférieur.
	IV. Devonien (vieux grès rouge).	10. Pilton.	Devonien supérieur
		9. Ilfracombe.	Devonien moyen.
		8. Linton.	Devonien inférieur.
I. Terrains archolithiques ou archozoïques (primordiaux).	III. Silurien.	7. Ludlow.	Silurien supérieur.
		6. Wenlock.	Silurien moyen.
		5. Landeilo.	Silurien inférieur.
	II. Cambrien.	4. Potsdam.	Cambrien supérieur.
		3. Longmynd.	Cambrien inférieur.
	I. Laurentien.	2. Labrador.	Laurentien supérieur.
		1. Ottava.	Laurentien inférieur.

semblent indiquer qu'il faut placer vers la fin de l'âge paléolithique l'origine des plus anciens amniotes, parmi lesquels doit se trouver la forme ancestrale commune des reptiles, des oiseaux et des mammifères. Les ancêtres du genre humain sont représentés, durant cet âge, d'abord par de vrais poissons, puis par des dipneustes et des amphibies, enfin par les plus anciens des amniotes, par les protamniens.

A l'âge paléolithique se rattache une troisième grande période de l'histoire organique terrestre, l'*âge mésolithique* ou *secondaire,* subdivisé aussi en trois sous-sections, celles du trias, du Jura et de la craie. La puissance approximative de ces strates mesure environ 15,000 pieds, moins de la moitié de celles des strates paléolithiques. Durant cet âge, tous les groupes du règne animal se développèrent et se différencièrent beaucoup. Ce fut surtout dans l'embranchement des vertébrés qu'il apparut un grand nombre de formes nouvelles et intéressantes. Les poissons osseux se montrèrent pour la première fois. On rencontre surtout une infinie variété d'espèces de reptiles, parmi lesquels les plus curieux et les plus connus sont les dragons géants ou dinosauriens et les lézards volants, les ptérosauriens. A cause de cette prédominance de la classe des reptiles, on appelle cet âge l'*âge des reptiles*. Mais ce fut aussi alors qu'apparut la classe des oiseaux, sortie sans doute des sauriens. Ce dernier point ressort de l'identité embryologique des oiseaux et des reptiles, de leur anatomie comparée, et aussi de cette circonstance que nous connaissons, dans cet âge, un oiseau fossile avec une queue de lézard (l'archæopteryx). Enfin, la plus parfaite et pour nous la plus importante classe des vertébrés, celle des mammifères, apparut durant cette période. Les plus anciens débris de mammifères ont été trouvés dans les couches les plus récentes du trias : ce sont de petites molaires d'un petit monotrème insectivore. Un peu plus tard on en trouve de nombreux débris dans le Jura et quelques-uns dans la craie. Tous les débris de mammifères de cet âge appartiennent aux monotrèmes, au groupe le plus inférieur; là aussi doivent sûrement se rencontrer les ancêtres de l'homme. Mais on n'a pas encore pu déterminer bien sûrement un débris de mammifère supérieur, de placentalien appartenant à cette période. Cette dernière grande division des mammifères placentaliens, à laquelle appartient l'homme, se développa plus tard, durant l'âge tertiaire.

La quatrième grande section de l'histoire organique terrestre, *l'âge tertiaire, cœnozoïque* ou *cœnolithique*, dura bien moins que les précédentes. En effet, les strates déposées durant cette période n'ont guère qu'une épaisseur de 3,000 pieds ; elles sont aussi subdivisées en trois périodes, *éocène, miocène* et *pliocène*. Durant cette période se développèrent, dans toute leur variété, les classes supérieures des règnes organiques ; la faune et la flore de notre globe prirent de plus en plus le caractère qu'elles ont conservé de nos jours. Notons surtout la prédominance décisive que prit la première classe zoologique, celle des mammifères. C'est alors qu'apparut le groupe le plus parfait des mammifères, celui des placentaliens, auquel appartient l'homme. L'apparition de l'homme ou plus exactement l'évolution de la forme humaine, à partir des formes simiennes les plus voisines, s'effectua vraisemblablement dans les périodes miocène et pliocène, vers le milieu ou la fin de l'âge tertiaire. Peut-être aussi, comme on le prétend quelquefois, l'homme véritable, doué de la parole, ne se forma-t-il que dans l'âge suivant, l'âge anthropolithique, aux dépens des singes anthropoïdes privés de la parole.

Quoi qu'il en soit, c'est dans cette dernière période de l'histoire organique terrestre que s'effectuèrent le développement complet et la diffusion des diverses espèces humaines ; aussi a-t-on donné à cet âge le nom d'*âge anthropolithique* ou *anthropozoïque*, aussi bien que celui d'*âge quaternaire*. Mais, dans l'état actuel d'imperfection de nos connaissances paléontologiques et préhistoriques, nous ne pouvons savoir encore si l'homme est sorti des formes simiennes voisines, au début de l'âge anthropolithique ou vers le milieu ou la fin de l'âge tertiaire précédent. Mais ce qui est bien certain, c'est que l'évolution humaine proprement dite, celle de la civilisation, s'est effectuée dans l'âge anthropolithique et que la durée de cette dernière période est insignifiante comparativement à l'énorme chronologie de l'histoire organique terrestre. Comment, avec cette conviction, ne pas trouver ridicule que l'homme appelle « histoire universelle » le court instant qu'a duré son âge de civilisation ? Cette soi-disant histoire universelle ne représente guère qu'un demi pour cent de l'énorme cycle écoulé depuis le commencement de l'histoire organique terrestre jusqu'à nos jours. En réalité, cette histoire universelle ou histoire des peuples n'occupe guère que la dernière moitié de l'âge anthropolithique, dont la première moitié doit être appelée période préhistorique. On peut donc appeler *âge du genre humain* la période qui s'étend de la fin de la période cœnolithique jusqu'à nos jours ; durant cette période se sont effectuées la diffusion et la différenciation des diverses espèces et races humaines, qui ont tant influé sur tout le reste de la population organique du globe.

Depuis que la conscience de l'homme s'est éveillée, sa vanité et son orgueil se sont complu à se figurer qu'il était l'objet principal, le but de la vie, le centre de la nature terrestre ; tout l'effort de la nature était destiné et prédestiné, croyait-il, par une « sage Providence », à l'aider et à le servir. Combien sont peu fondées ces présomptueuses rêveries anthropocentriques! Rien ne le démontre mieux que la comparaison de la durée de l'âge anthropozoïque ou quaternaire avec celle des âges précédents. En effet, quand même on attribuerait à l'âge anthropolithique plusieurs centaines de milliers de siècles, que signifie ce laps de temps en comparaison des millions de siècles qui se sont écoulés depuis le commencement de la vie organique terrestre jusqu'à l'apparition de l'homme? Que si, maintenant, nous divisons en cent parties égales la durée de la vie organique terrestre, depuis l'apparition de la première monère, par génération spontanée, jusqu'à nos jours, et si ensuite nous évaluons en centièmes la durée relative des cinq périodes, d'après l'épaisseur relative des strates, nous aurons à peu près les chiffres suivants :

I.   Age archolithique, archozoïque ou primordial. . . . 53,6
II. Age paleolithique, paleozoïque ou primaire. 32,1
III. Age mésolithique, mésozoïque ou secondaire. 11,5
IV. Age cœnolithique, cœnozoïque ou tertiaire. 2,3
V.   Age anthropolithique, anthropozoïque ou quaternaire . 0,5

Le tableau ci-contre fera mieux ressortir encore la longueur relative des cinq grandes périodes, en montrant quelle est l'épaisseur relative des strates. On le voit, la durée de l'histoire soi-disant universelle n'est qu'un moment en comparaison de l'immense longueur des âges précédents, pendant lesquels il n'était pas question de l'existence de l'homme. Bien plus, l'âge cœnozoïque ou tertiaire, si important, puisque c'est celui du développement des mammifères supérieurs, des placentaliens, ne mesure guère plus de 2 p. 100 de l'énorme cycle de la vie organique terrestre ([73]).

Avant de revenir à notre sujet capital, à la phylogénèse, avant

NEUVIÈME TABLEAU.

Tableau d'ensemble des systèmes de strates contenant des fossiles,
avec leur épaisseur moyenne. (130,000 pieds environ.)

IV. *Système des strates cœnolithiques.* 3,000 pieds.	Eocène, miocène, pliocène
III. *Système des strates mésolithiques.* Depôts de l'âge secondaire. Environ 15,000 pieds.	IX. Système cretace. . . . . . . VIII. Système jurassique. . . . VII. Système triasique.
II. *Système des strates paléolithiques.* Depôts de l'âge primaire. Environ 42,000 pieds.	VI. Système permien. . . . . V. Système carbonifère. IV. Système devonien.
I. *Système des strates archolithiques.* Depôts de l'âge primordial. Environ 70,000 pieds.	III. Système silurien. Environ 22,000 pieds. . . . . II. Système cambrien. Environ 18,000 pieds. . . . . I. Systeme laurentien. Environ 30,000 pieds.

de suivre pas à pas, dans chaque période, le développement paléontologique de nos ancêtres animaux, en nous appuyant sur l'ontogénèse et sur la loi biogénétique fondamentale, permettez-moi une courte excursion dans un domaine scientifique bien différent, mais où nous trouverons du secours pour résoudre les difficiles questions qui nous occupent.

Le domaine dont je parle est celui de la linguistique. Depuis que Darwin a, par sa théorie de la sélection, infusé une vie nouvelle à la biologie et a mis partout à l'ordre du jour la question fondamentale de l'évolution, on s'est occupé de mille manières de la curieuse analogie qui existe entre le développement des diverses langues humaines et celui des espèces. Le rapprochement est parfaitement juste et fort instructif. En effet, il n'y a guère de plus frappante analogie, si l'on veut bien tenir compte des obscurs et délicats phénomènes de la phylogénie. Tous les linguistes quelque peu familiers avec la science admettent unanimement que toutes les langues humaines se sont développées lentement et graduellement à partir de radicaux fort simples. Quant à l'étrange opinion défendue avant la publication du livre de Darwin par les autorités de la linguistique, et suivant laquelle le langage serait un don divin, elle n'a plus d'autres partisans que des théologiens ou des gens tout à fait étrangers à l'idée de l'évolution naturelle. C'est qu'en présence des merveilleux résultats obtenus par la linguistique comparée, il faut vraiment se boucher les yeux pour ne pas voir l'évolution naturelle du langage. Pour un naturaliste, cela va de soi. En effet, le langage est une fonction physiologique qui a dû se développer avec ses organes, le larynx, la langue et aussi les fonctions cérébrales. Rien n'est donc plus naturel que de retrouver dans l'histoire de l'évolution et la taxinomie des langues les phénomènes que l'on rencontre dans le développement et la taxinomie des espèces. Les divers groupes, petits et grands, de formes verbales, que la linguistique comparée divise en langues primitives, langues fondamentales, langues mères, langues sœurs, dialectes, idiomes, etc., répondent parfaitement dans leur développement aux divers groupes organiques, grands et petits, qu'en zoologie et en botanique, nous appelons embranchements, classes, ordres, familles, genres, espèces, variétés. Dans les deux cas, la relation des divers groupes juxtaposés ou superposés en degrés, des catégories du système, est identique; leur évolution s'effectue aussi de la même manière. C'est à un de nos meilleurs linguistes, mort trop tôt, et qui était en même temps botaniste distingué, à Auguste Schleicher, que nous devons cette féconde comparaison. Dans son principal ouvrage, « l'anatomie comparée et l'histoire de l'évolution des langues » sont traitées exactement comme s'il s'agissait de formes animales. C'est surtout pour le groupe des langues indo-germaniques qu'il a mené ce travail à bonne fin, et, dans un petit écrit intitulé : « La théorie darwinienne et la science du langage », il a étayé sa théorie d'un arbre généalogique de l'embranchement des langues indo-germaniques (74). Suivez, à l'aide de cet arbre généalogique, le développement des divers rameaux linguistiques sortis des communes racines de la langue indogermanique primitive, et vous aurez un tableau extrêmement clair de leur phylogénie. En même temps, vous verrez combien cette évolution est identique à celle des grands et petits groupes vertébrés sortis de la forme ancestrale commune du vertébré primitif. Cette antique langue indo-germanique primitive s'est d'abord bifurquée en deux embranchements : un embranchement slavo-germanique et un embranchement ario-germanique. L'embranchement slavo-germanique se divisa à son tour en une langue germanique primitive et une langue slavo-lettique. De son côté, l'embranchement ario-germanique se partagea en une langue arienne primitive et une langue gréco-romane aussi primitive.

En continuant à suivre ces quatre langues indo-germaniques primitives, nous voyons que notre langue germanique primitive se divise en trois branches principales, scandinave, gothique et allemande fondamentale. De cette dernière sort, d'une part, le haut-allemand, d'autre part, le bas-allemand, auquel se rattachent les divers idiomes frisons, saxons et plat-allemands.

De la même manière se forma la langue primitive slavo-lettique, qui se divisa plus tard en une langue fondamentale baltique et une autre langue fondamentale slave. De la langue fondamentale baltique provinrent les idiomes lettique, lithuanien et vieux prussien. D'autre part, la langue fondamentale slave engendra, d'un côté, les idiomes russe et slave méridional; de l'autre, à l'ouest, les idiomes polonais et tchèque.

Un coup d'œil jeté sur les ramifications de l'autre embranchement des langues indo-germaniques nous montre aussi une dif-

DIXIÈME TABLEAU.

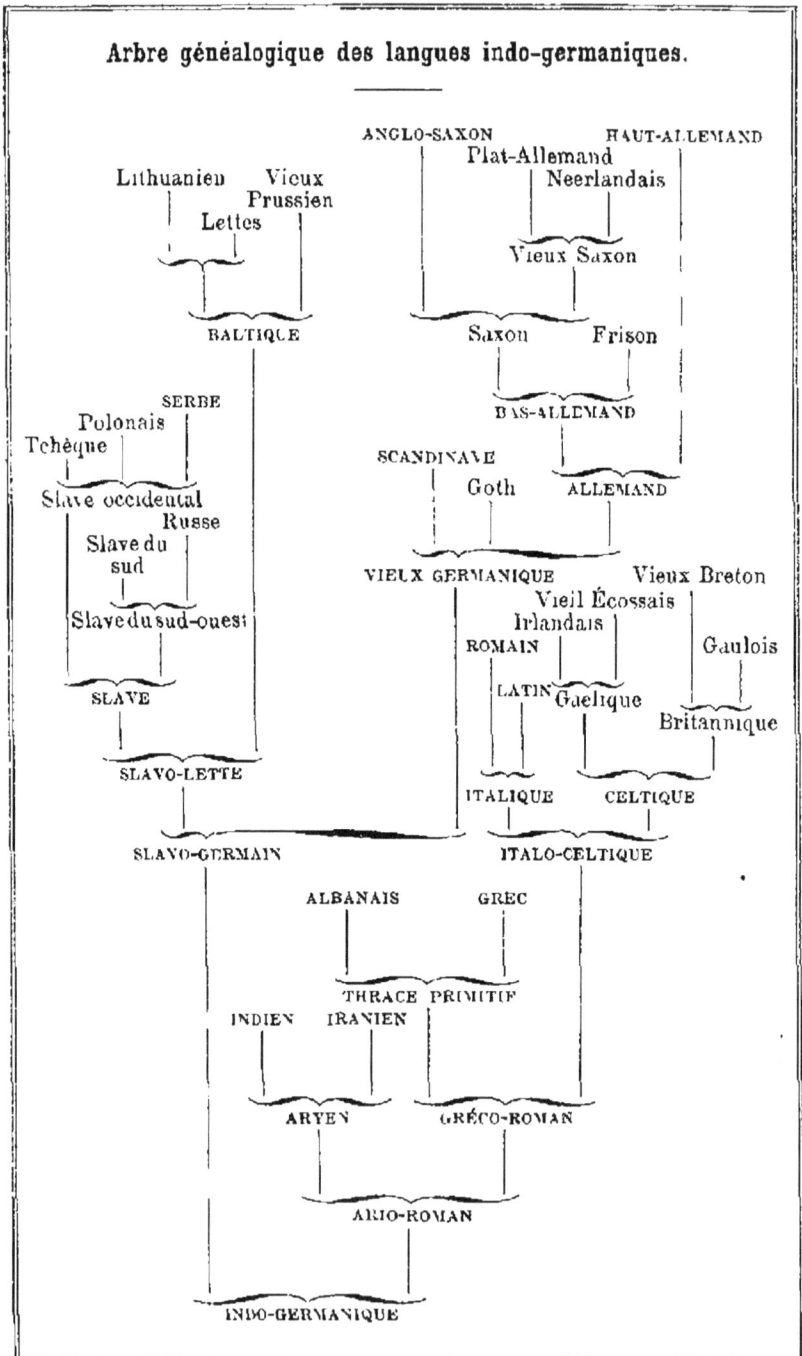

Arbre généalogique des langues indo-germaniques.

ANGLO-SAXON   HAUT-ALLEMAND

Plat-Allemand

Neerlandais

Lithuanien   Vieux Prussien

Lettes

Vieux Saxon

BALTIQUE

Saxon   Frison

SERBE

Polonais

Tchèque

Slave occidental

Russe

Slave du sud

BAS-ALLEMAND

SCANDINAVE

Goth   ALLEMAND

Slave du sud-ouest

SLAVE

VIEUX GERMANIQUE   Vieux Breton

Vieil Écossais

Irlandais

ROMAIN

Gaulois

LATIN Gaelique

Britannique

SLAVO-LETTE

ITALIQUE   CELTIQUE

SLAVO-GERMAIN

ITALO-CELTIQUE

ALBANAIS   GREC

THRACE PRIMITIF

INDIEN   IRANIEN

ARYEN   GRÉCO-ROMAN

ARIO-ROMAN

INDO-GERMANIQUE

férenciation non moins riche de ses deux principales branches. La langue primitive gréco-romane se divise, d'une part, en une langue fondamentale thrace (albanais-grec); d'autre part, en une autre langue fondamentale italo-celtique. De cette dernière sortent deux rameaux divergents, savoir : dans le Sud, le rameau italique (romain et latin); dans le Nord, le rameau celtique, d'où sont issus tous les idiomes britanniques et gaëliques (vieux breton, vieil écossais, irlandais). En outre, les nombreux idiomes iraniens et indiens sont sortis, comme autant de pousses nombreuses, de la langue primitive arienne.

Il serait d'un haut intérêt d'étudier plus en détail cet arbre généalogique indo-germain; la linguistique comparée, qui l'a dressé, a ainsi montré qu'elle est une véritable science, une science naturelle. En effet, cette méthode phylogénétique, dont nous usons avec tant de succès en zoologie et en botanique, servait déjà depuis longtemps à la linguistique. De quelle utilité ne serait-il pas pour notre instruction publique d'enseigner dans nos écoles la linguistique, c'est-à-dire l'un des plus puissants moyens de culture, et de mettre, au lieu et place de notre philologie morte et aride, la linguistique comparée, si variée et si vivante? Entre la linguistique et la philologie, il y a la même différence qu'entre l'histoire vivante de l'évolution des organismes et la taxinomie morte des espèces. Si, au lieu de se tourmenter à composer de rebutantes compositions latines en style cicéronien, nos écoliers des gymnases étudiaient seulement les premiers éléments de la linguistique comparée, combien ils y trouveraient plus d'intérêt ! quelle quantité d'idées fécondes ils y gagneraient !

Si j'ai quelque peu insisté sur « l'anatomie comparée » et l'histoire du développement des langues, c'est qu'elles éclaircissent singulièrement la phylogénie des espèces organiques. Vous le voyez, par leur structure et leur évolution, les langues primitives, les langues mères, les langues sœurs et les idiomes répondent très-bien aux classes, ordres, genres et espèces du règne animal. Dans les deux cas, la « taxinomie naturelle » est phylogénétique. De même que l'anatomie comparée, l'ontogénie, la paléontologie nous ont amenés à croire fermement que tous les vertébrés éteints et actuels descendent d'une forme fondamentale commune; ainsi l'étude comparative des langues indogermaniques mortes et vivantes nous démontre irréfutablement que toutes ces langues sont issues d'une langue primitive commune. C'est là une conclusion monophylétique à laquelle sont arrivés unanimement tous les linguistes de quelque valeur et de quelque sens critique ([75]).

Dans cette comparaison des rameaux linguistiques indo-germaniques avec les rameaux de l'embranchement vertébré, il est un point sur lequel je dois attirer votre attention : c'est qu'il faut se garder de confondre les descendants directs avec les collatéraux ou les formes éteintes avec les formes vivantes. Cette confusion se fait bien souvent, et elle suscite des idées erronées, dont nos adversaires profitent pour faire échec à la théorie de la descendance. Si l'on affirme, par exemple, que l'homme descend du singe, ce dernier du maki, le maki du kangurou, beaucoup de gens ne songeront qu'aux spécimens de ces divers ordres de mammifères remplissant nos musées. Aussitôt nos adversaires nous jettent à la face cette idée erronée; avec plus de perfidie que de raison, ils affirment qu'une telle généalogie est impossible, ou bien ils veulent qu'expérimentalement, physiologiquement, nous métamorphosions un kangurou en maki, celui-ci en gorille et le gorille en homme! Prétention aussi enfantine que l'idée est fausse. En effet, toutes ces formes actuelles s'écartent plus ou moins de la forme ancestrale commune, et nul n'a maintenant le pouvoir de reproduire cette postérité divergente, réellement issue, il y a des milliers d'années, de la forme ancestrale commune ([76]).

Indubitablement, l'homme descend d'un mammifère éteint, que nous rangerions sûrement dans l'ordre des singes si nous le pouvions connaitre. Sans doute aussi, ce singe primitif provint d'un maki inconnu et ce dernier d'un marsupial éteint. Mais il n'est pas moins sûr que c'est seulement par les traits essentiels de leur structure interne, par la présence des caractères anatomiques ordinaux, que toutes les formes ancestrales, dont nous avons parlé, appartiennent aux ordres actuels de mammifères. Peut-être différaient-elles beaucoup des représentants contemporains de ces ordres par la forme extérieure, par les caractères génériques et spécifiques. En effet, quand il s'agit d'évolution phylogénétique, c'est un fait naturel et général que, depuis plus ou moins longtemps, les formes ancestrales sont éteintes avec leurs particularités spécifiques. Les formes actuelles analogues diffèrent plus ou moins, et peut-être essentiellement, des ancêtres. Dans nos recherches phylogénétiques, dans nos études comparatives des descendants contemporains, il s'agit seulement de déterminer l'écart plus ou moins grand à partir de la forme ancestrale. Nous pouvons admettre en toute sûreté qu'aucune forme ancestrale ne s'est propagée jusqu'à nous sans varier.

C'est exactement le même fait qui ressort de la comparaison des diverses langues éteintes et vivantes provenant d'une langue primitive commune. Examinons à ce point de vue notre arbre généalogique des langues indo-germaniques; force nous sera alors de conclure que toutes les langues primitives, fondamentales, sœurs ou aïeules de nos idiomes divergents, sont éteintes depuis un temps plus ou moins long. C'est, en effet, la vérité. Les langues principales ario-romane et slavo-germanique sont disparues depuis longtemps; il en est de même des langues primitives arienne, gréco romane, slavo-lettique et germanique. Les langues sœurs et aïeules sont aussi éteintes depuis longtemps, et si toutes les langues indo-germaniques actuelles sont parentes, c'est qu'elles sont la postérité divergente d'une forme ancestrale commune, dont elles diffèrent plus ou moins.

Ces faits, dont la démonstration est facile, expliquent très-bien la descendance analogue des espèces vertébrées. La « linguistique comparative » phylogénétique est ici la fidèle alliée de la « zoologie comparative » phylogénétique. Mais la première de ces sciences fournit une démonstration bien plus directe; car le matériel paléontologique de la linguistique, l'ensemble des vieux documents écrits dans des langues éteintes, est infiniment mieux conservé que le matériel paléontologique de la zoologie, que les os fossiles des vertébrés. Plus vous songerez à cette analogie, plus vous la trouverez frappante.

Vous ne tarderez pas à voir que nous sommes en mesure de suivre la généalogie de l'homme non-seulement jusqu'aux mammifères inférieurs, mais bien plus loin en arrière, jusqu'aux amphibies, jusqu'aux requins primitifs; plus loin encore, jusqu'aux vertébrés acrâniens, voisins de l'amphioxus. Vous comprenez bien maintenant que l'amphioxus actuel, les requins, les amphibies actuels ne sauraient nous représenter la forme extérieure des anciens ancêtres. Il serait plus faux encore de faire de l'amphioxus actuel, du requin actuel, d'un amphibie actuel, la forme ancestrale directe des vertébrés supérieurs et de l'homme. Ce qui est raisonnable, c'est de considérer les formes actuelles dont nous parlons comme des collatéraux plus voisins et plus analogues aux ancêtres que toutes les autres formes animales connues. L'analogie est telle, que, si nous avions sous les yeux les formes ancestrales inconnues aujourd'hui, force nous serait de les ranger dans l'ordre des formes actuelles voisines. Mais les descendants directs des primitifs ancêtres n'ont pas cessé de varier, et il ne faut pas songer à retrouver, parmi les espèces animales contemporaines, les ancêtres directs du genre humain, avec la forme spécifique qui les caractérisait. Les traits caractéristiques, essentiels, plus ou moins communs aux formes vivantes et aux ancêtres éteints, tiennent à la structure interne et pas du tout à la structure spécifique externe. Ces derniers caractères anatomiques ont varié maintes fois par adaptation, tandis que les particularités de structure étaient conservées par l'hérédité.

Que l'homme soit un vrai vertébré, c'est un point sur lequel l'anatomie comparée et l'ontogénie ne laissent pas de doute possible ; par conséquent, son arbre généalogique doit se confondre avec celui de tous les vertébrés descendant d'une même souche. Mais les solides données de l'anatomie comparée et de l'ontogénie nous obligent à admettre, pour tous les vertébrés, une seule et même origine, une descendance monophylétique. Si la théorie de la descendance est fondée, la totalité des vertébrés, y compris l'homme, ne peut descendre que d'une seule forme ancestrale commune, d'une unique espèce de vertébré primitif. L'arbre généalogique des vertébrés sera donc en même temps celui de l'homme. Notre tâche s'élargit ; ce n'est plus l'arbre généalogique de l'homme qu'il s'agit de construire, mais bien celui de tout l'embranchement vertébré. Or, ce dernier arbre généalogique ne se sépare pas de celui des invertébrés ; car il se rattache à celui des vers, tout en n'ayant rien de commun avec la généalogie des articulés, des mollusques proprement dits et des radiés. C'est un point qu'ont déjà établi l'anatomie comparée et l'ontogénie de l'amphioxus et de l'ascidie. Puisque les ascidies appartiennent aux tuniciers, classe que nous devons ranger dans le groupe multiforme des vers, il nous faut donc, en nous basant sur l'anatomie comparée et l'ontogénie, poursuivre les degrés de notre généalogie jusqu'aux vers les plus inférieurs. Mais cela nous mène infailliblement à la gastræa, ce type zoologique si important, la plus simple forme imaginable que puisse revêtir un animal à deux feuillets germinatifs. A son tour, la gastræa ne peut provenir que des plus simples des animaux, des protozoaires. Parmi ces protozoaires, nous nous sommes déjà occupés de celui qui nous intéresse le plus, de l'amibe unicellulaire, si extrêmement curieuse quand on la compare à l'ovule humain. C'est là le dernier pas que nous puissions faire sur un terrain solide, le terme où s'arrête l'application directe de notre loi biogénétique fondamentale, le dernier point où il nous soit possible de passer d'un stade évolutif embryonnaire à la forme ancestrale éteinte. Le stade unicellulaire, par lequel chaque homme commence sa vie individuelle, nous autorise à dire que les plus antiques ancêtres de l'humanité et du règne animal ont été de simples cellules amiboïdes.

Sans doute on ne manquera pas de nous demander à l'instant : aux débuts du monde organique, au commencement de la période laurentienne, d'où sont provenues les antiques amibes ? Une seule réponse est possible. Comme tous les organismes unicellulaires, les amibes n'ont pu descendre que des plus simples organismes connus, des monères (voir la *protamoeba*, fig. 13). Ces monères sont, vous ne l'ignorez pas, les plus simples organismes imaginables. En effet, le corps des monères n'a pas de forme déterminée; ce n'est qu'une particule de protoplasme, un glomérule de cette substance albuminoïde vivante, déjà douée de toutes les fonctions essentielles à la vie et qui est la base matérielle de tout ce qui vit. Nous voici donc parvenus au dernier ou, si l'on préfère, au premier problème de l'évolution, au problème de l'origine des monères. Mais c'est là une question primordiale, celle de l'origine de la vie, de la génération spontanée.

Nous n'avons ici ni le temps ni l'occasion de traiter à fond la difficile question de la génération spontanée. Pour ce qui a trait à ce problème, force m'est de vous renvoyer à mon « Histoire de la création naturelle » et surtout au second volume de ma « Morphologie générale », où j'ai exposé en détail mes vues à ce sujet ([77]). Je me bornerai à dire quelques mots sur cette obscure question de l'origine de la vie et à y répondre seulement en ce qui touche à notre conception fondamentale de l'évolution organique. Dans les limites restreintes où je la circonscris, la génération spontanée est une hypothèse nécessaire, sans laquelle on ne saurait concevoir le début de la vie sur la terre; elle se ramène alors à savoir comment les monères se sont formées aux dépens des composés carbonés anorganiques. Comment les corps vivants sont-ils apparus tout d'abord sur notre planète, jusqu'alors purement minérale? Ils ont dû se former chimiquement aux dépens des composés anorganiques; ainsi a dû apparaître cette substance complexe, contenant à la fois de l'azote et du carbone, que nous avons appelée protoplasme et qui est le siége matériel constant de toutes les activités vitales. Au fond de la mer, à d'énormes profondeurs, vit encore, de nos jours, un protoplasme homogène et informe, aussi simple que possible : c'est le bathybius. Nous appelons monères chacune de ces particules amorphes et vivantes. Les monères primitives sont nées par génération spontanée dans la mer, comme les cristaux salins naissent dans les eaux mères. C'est là une hypothèse exigée par le besoin de causalité inhérent à la raison humaine. En effet, toute l'histoire anorganique de la terre est régie par des lois mécaniques, et il en est de même pour toute l'histoire organique; il n'y a pas là de place pour la moindre idée créatrice; il n'est nullement besoin non plus d'invoquer une force créatrice surnaturelle pour comprendre l'origine de tous les organismes : dès lors, ne serait-il pas absurde de faire intervenir une idée créatrice à l'origine première de la vie sur notre globe? Néanmoins, en notre qualité de naturaliste, nous devons au moins tenter de donner de ce dernier fait une explication naturelle.

Si la question tant débattue de la génération spontanée nous semble aujourd'hui si complexe, c'est que sous cette expression on a confondu une foule de phénomènes étrangers et parfois tout à fait absurdes ; c'est aussi qu'on a voulu la résoudre expérimentalement par des expériences grossières. La doctrine de la génération spontanée ne se peut réfuter expérimentalement. En effet, chaque expérience négative démontre seulement que, dans les conditions de l'expérience, toujours fort artificielles, nul organisme ne peut provenir des substances anorganiques. Mais il est aussi fort difficile de démontrer la génération spontanée par des expériences; et quand même des monères naîtraient encore aujourd'hui, à chaque moment, par génération spontanée, ce qui est fort possible, la démonstration empirique du fait n'en serait pas moins très-ardue, peut-être impossible. Pour quiconque n'admet point avec nous la génération spon-

tanée des monères à l'origine de la vie, il n'y a plus d'autre
alternative que le miracle ; et c'est, en effet, le refuge désespéré
de beaucoup de nos naturalistes soi-disant « exacts », qui n'hé-
sitent point à faire ainsi bon marché de leur raison.

Mais, je le répète, c'est seulement pour les monères, pour les
organismes sans structure et sans organes, qu'il nous faut
admettre l'hypothèse d'une génération spontanée. Tout organisme différencié, tout organisme composé d'organes doit provenir, par différenciation de ses parties, et phylogénétiquement,
d'un organisme inférieur, indifférent. Aussi nous n'admettons
nullement la génération spontanée pour la plus simple cellule.
En effet, si simple soit-elle, toute cellule se compose au moins
de deux parties distinctes : d'un noyau interne, solide (nucleus),
et d'une membrane externe, molle, protoplasmique. Or, ces
deux parties ne peuvent provenir que du plasma indifférent
d'une monère ou d'une cytode. C'est précisément parce que les
monères aplanissent les difficultés offertes en principe par la
génération spontanée, que leur histoire est d'un tel intérêt.
Grâce aux monères actuelles, nous pouvons aujourd'hui voir
encore des organismes sans structure et sans organes, tels qu'il
en existait à l'origine de la vie organique sur la terre.

SEIZIÈME LEÇON.

LA SÉRIE ANCESTRALE DE L'HOMME.

I. De la monère à la gastræa.

L'on dira sans doute que, puisque la marche du développement est d'une telle simplicité, tout doit aller de soi-même et qu'il est à peine besoin de recourir aux recherches expérimentales. Mais l'histoire de l'œuf de Colomb se répète chaque jour, et il s'agit de parvenir à dresser cet œuf sur la pointe. Combien d'ailleurs, dans le domaine du savoir, des notions, qui sembleraient devoir s'imposer, se répandent péniblement, quand on a pour adversaires des autorités considérables c'est une expérience que je n'ai que trop faite

CARL ERNST BAER (1828)

Rapport de la loi générale d'induction de la théorie généalogique avec la loi spéciale de déduction de l'hypothèse généalogique. — Imperfection des trois grandes sources de documents sur la création, savoir : de la paléontologie, de l'ontogénie et de l'anatomie comparée. — Inégale valeur des diverses hypothèses généalogiques spéciales. — Les vingt-deux degrés de la série ancestrale de l'homme : huit chaînons invertébrés et quatorze chaînons vertébrés. — Distribution de ces vingt-deux degrés dans les cinq grandes divisions de l'histoire organique terrestre.—Premier chaînon ancestral : monères. — Plasma sans structure et homogène des monères. — Différenciation du plasma en noyau et protoplasme cellulaire. — Cytodes et cellules formant deux degrés évolutifs des plastides. Phénomènes biologiques des diverses monères.—Organismes sans organes. — Deux chaînons ancestraux : amibes; protozoaires unicellulaires de la conformation la plus simple et la plus indifférente. — Les ovules amiboïdes. — L'œuf est plus vieux que la poule. — Troisième degré ancestral : synamibes, ontogénétiquement représentées par la morula; communauté de cellules amiboïdes semblables. — Quatrième degré ancestral : planæa, ontogénétiquement représentée par la blastosphère et la planula. — Cinquième degré ancestral : gastræa, ontogénétiquement représentée par la gastrula et le disque germinatif bifolié.

Messieurs,

L'intéressante question qu'il s'agit maintenant de traiter, en nous appuyant sur la loi biogénétique fondamentale et sur les documents authentiques de l'histoire de la création, c'est de retrouver la série des ancêtres du genre humain; mais, auparavant, il importe de nous bien représenter les diverses opérations intellectuelles dont nous aurons besoin dans ce travail de philosophie naturelle. Ces diverses opérations sont, les unes inductives, les autres déductives; tantôt l'on conclut à une loi générale d'après de nombreuses observations de détail, tantôt on fait l'application de cette loi générale à un cas particulier.

L'ensemble de la phylogénie est une loi inductive. En effet, la théorie généalogique tout entière fait nécessairement et essentiellement partie de la théorie universelle de l'évolution ; elle se base évidemment sur des inductions. De la totalité des phénomènes biologiques dans la vie des plantes, des animaux et de l'homme, nous sommes arrivés inductivement à la certitude que toute la population organique de notre globe s'est développée conformément à une loi d'évolution unitaire. Entre les mains de Lamarck, de Darwin et de leurs successeurs, cette loi d'évolution est devenue la théorie généalogique. Tous les curieux phénomènes que nous fournissent l'ontogénie, la paléontologie, l'anatomie comparée, la dystéléologie, la chorologie, l'œcologie des organismes et toutes les lois générales que nous abstrayons de cette masse de faits, et qui se lient si harmonieusement et si intimement entre elles, tout cela n'est qu'une large base de cette grande loi inductive, biologique. En effet, tous les faits infiniment variés provenant de ces sources multiples ne se peuvent intimement relier, expliquer et comprendre que par la théorie généalogique ; force nous est donc de considérer cette théorie de l'évolution comme une loi d'induction générale.

S'agit-il d'appliquer cette loi d'induction, de retracer avec son aide la généalogie des espèces organiques en particulier, force nous est alors de faire des hypothèses phylogénétiques, ayant un caractère essentiellement déductif, et qui sont de simples applications de la théorie généalogique générale à des cas particuliers. Mais, dans le domaine du savoir, ces conclusions déductives spéciales sont aussi légitimes, aussi nécessaires que les conclusions inductives générales supportant toute la théorie d'évolution. La théorie, qui donne au genre humain des ancêtres animaux est une loi déductive spéciale, découlant logiquement et nécessairement de la loi inductive générale de la théorie généalogique ([78]).

Or, de l'aveu des partisans et des adversaires de la théorie généalogique, nous n'avons, pour expliquer l'origine du genre humain, qu'à choisir entre deux hypothèses inconciliables : ou bien nous croyons que toutes les espèces animales et végétales sont le résultat d'un acte surnaturel, d'une création divine et, par suite, en dehors du domaine scientifique ; ou bien force nous sera d'admettre dans toute son extension la théorie de la descendance, et de faire dériver d'une forme ancestrale des plus simples l'homme aussi bien que les diverses espèces animales et végétales. En dehors de ces deux hypothèses, point de refuge. Ou croire aveuglément à la création, ou accepter la théorie scientifique de l'évolution ! Prenons-nous le second parti, et c'est le seul possible pour quiconque conçoit scientifiquement l'univers, alors nous pouvons déterminer approximativement la série des ancêtres de l'homme d'après l'anatomie comparée et l'ontogénie, tout comme nous le ferions pour tous les autres organismes.

Or, des données que nous ont déjà fournies l'anatomie et l'ontogénie de l'homme et des autres vertébrés, il résulte clairement qu'il nous faut chercher l'arbre généalogique de l'homme d'abord dans l'embranchement vertébré. Si la théorie généalogique est fondée, on ne saurait douter que l'homme ne se soit développé comme un vrai vertébré, qu'il ne provienne d'une forme ancestrale, qui lui est commune avec tous les autres vertébrés. Cette déduction spéciale est parfaitement sûre, si l'on admet, au préalable, le bien fondé de la loi inductive, de la théorie généalogique. Nul partisan de cette dernière loi n'a le droit d'émettre un doute sur l'importante conclusion déductive qui en découle. Bien plus, nous pouvons trouver, dans l'embranchement des vertébrés, une série de formes spéciales, que l'on peut sûrement considérer comme des degrés successifs d'évolution phylogénétique, comme des chaînons ancestraux. Nous avons également le droit de démontrer que l'embranchement vertébré est issu d'un groupe d'invertébrés inférieurs; et, dans ce groupe, il nous sera loisible encore de retrouver plus ou moins sûrement une série d'ancêtres.

Pourtant je tiens à faire remarquer que la certitude de ces diverses hypothèses généalogiques, basées sur des conclusions déductives toutes spéciales, est très-inégale. Certaines de ces conclusions reposent déjà sur une base inébranlable ; d'autres, au contraire, sont fort douteuses; pour d'autres enfin, le degré de vraisemblance dépend de la masse de connaissances et de la puissance logique du naturaliste. Dans tous les cas, vous aurez à décider entre la certitude absolue de la théorie généalogique inductive et la certitude relative de l'hypothèse déductive spéciale de la théorie généalogique. Sûrement la série ancestrale d'un organisme n'aura jamais le même degré de certitude que la théorie généalogique, considérée comme seule explication scientifique des métamorphoses organiques. Ajoutons que l'énumération détaillée des formes ancestrales d'une espèce sera toujours plus ou moins incomplète et hypothétique. Cela est tout naturel. En effet, les nombreux documents dont nous nous servons sont et seront toujours incomplets, exactement comme il arrive pour la linguistique.

Les matériaux les plus incomplets sont les plus primitifs, ceux que fournit la paléontologie. On n'ignore pas que la totalité des fossiles connus ne représente qu'une insignifiante portion des animaux et des plantes disparus. Pour une espèce fossile, il en est cent, mille, qui n'ont pas laissé la plus légère trace de leur existence. On ne saurait trop insister sur ces énormes et regrettables lacunes des documents paléontologiques, lacunes d'ailleurs faciles à comprendre, car elles résultent des conditions mêmes de la fossilisation. On peut aussi imputer ces lacunes à l'imperfection de nos connaissances. La plupart des fossiles conservés dans les strates de l'écorce terrestre nous sont naturellement encore inconnus. Nous ne possédons que de rares échantillons des fossiles enfouis dans l'immensité des terrains asiatiques et africains. On n'a encore soigneusement exploré qu'une partie de l'Europe et de l'Amérique septentrionale. La somme totale des fossiles classés dans nos collections ne représente sûrement pas la centième partie de ceux qui sont réellement cachés dans l'écorce terrestre. Bien des précieuses découvertes sont donc réservées à l'avenir. Néanmoins, pour des raisons que j'ai exposées dans la quinzième leçon de mon « Histoire de la création », nos archives paléontologiques seront toujours fort incomplètes.

La deuxième classe de documents, celle des documents ontogéniques, ne laisse pas moins à désirer. Pour la phylogénie spéciale, ces documents sont, de tous, les plus importants ; mais ils sont aussi fort défectueux et nous font bien souvent faux bond. Rappelons-nous qu'en vertu de la loi d'hérédité abrégée et déviée, le cours primitif de l'évolution est bien souvent masqué jusqu'à devenir méconnaissable. La récapitulation ontogénétique de la phylogénie n'est que rarement assez complète. D'ordinaire, les stades primitifs de l'embryologie, les plus importants de tous, sont fortement abrégés et restreints. Souvent les étapes embryologiques ont dû s'adapter à des conditions nouvelles et, par suite, se modifier. L'influence de la lutte pour l'existence a métamorphosé les larves libres tout aussi puissamment que les formes adultes. Nous n'avons donc aujourd'hui dans l'ontogénèse, surtout dans celle des animaux supérieurs, qu'une image effacée et souvent altérée de la primitive évolution des ancêtres. C'est avec une extrême circonspection, un sûr esprit critique, que nous devons conclure de leur embryologie à leur phylogénie. Ajoutons que l'embryologie elle-même ne nous est bien connue que depuis peu d'années.

Enfin, les documents fournis par l'anatomie comparée ne sont pas plus complets que les autres, et pour une raison bien simple : en effet, toutes les espèces animales de nos jours ne nous représentent qu'une faible portion de celles qui ont vécu depuis le début de la vie organique sur la terre. Nous pouvons sûrement évaluer à plusieurs millions le nombre des espèces éteintes, et, en comparaison, la quantité d'espèces étudiées par l'anatomie comparée, pourtant assez avancée, est bien faible. Là encore des trésors inconnus sont réservés aux investigations futures.

En présence de cette notoire imperfection de nos meilleurs documents relatifs à la création organique, il faut bien se garder, en étudiant la phylogénie humaine, d'attacher une trop grande valeur aux formes connues et de s'en servir indifféremment pour déterminer les degrés évolutifs, les formes ancestrales. Quand il s'agira de déterminer hypothétiquement notre série d'ancêtres, n'oublions jamais que les formes ancestrales hypothétiques ont une valeur bien variable au point de vue de l'authenticité. Du peu que nous avons dit à propos de la comparaison entre l'ontogénèse et la phylogénèse, vous avez déjà pu conclure que quelques formes ont une valeur primordiale et que certaines formes ontogénétiques peuvent sûrement s'identifier avec les formes phylogénétiques. En tête de ces types morphologiques de premier ordre, nous avons dû placer l'ovule humain. Du fait capital que l'œuf humain est une simple cellule comme celui de tous les autres animaux, on peut conclure en toute sûreté qu'il a existé une forme ancestrale unicellulaire, d'où sont provenus tous les animaux monocellulaires, y compris l'homme. Une deuxième forme embryologique fort importante, que l'on peut directement transporter dans la phylogénie, est la gastrula. Dans cette curieuse forme larvée, nous voyons un animal constitué par deux feuillets germinatifs et ayant déjà le plus fondamental des organes primitifs, le canal intestinal. Du fait que ce stade embryologique bifolié, à intestin rudimentaire, se retrouve dans tous les embranchements zoologiques, à l'exception de celui des protozoaires, nous en pouvons sûrement déduire l'existence d'une forme ancestrale commune semblable à la gastrula ; j'appelle cette forme gastræa. Nous n'avons pas un moindre parti à tirer, pour notre phylogénie humaine, des divers stades de l'embryologie humaine qui correspondent à certains vers, acrâniens, poissons, etc. Mais entre ces points de repère phylogénétiques, sur lesquels nous aurons toujours à revenir, il existe de grandes et regrettables lacunes, imputables, comme nous l'avons dit, à l'imperfection de la paléontologie, de l'anatomie comparée et de l'ontogénie.

Quand j'essayai pour la première fois, dans ma « Morphologie générale » et dans mon « Histoire de la création naturelle », de construire l'arbre généalogique humain, je rangeai en série d'abord dix, puis vingt-deux formes zoologiques, que l'on peut, avec plus ou moins de certitude, considérer comme les ancêtres animaux de l'homme, et qui marquent les principales étapes dans la longue série évolutive de l'organisme unicellulaire à l'homme ([79]). De ces 20 à 22 formes animales, 8 environ se rangent dans l'antique groupe des invertébrés, 12 à 14 appartiennent à l'embranchement plus récent des vertébrés. Notre onzième tableau indique comment ces 22 formes principales de notre généalogie se répartissent entre les cinq grandes sections de l'histoire organique terrestre. Vous y verrez que de ces 22 degrés évolutifs une moitié au moins. comprenant les onze plus antiques chaînons ancestraux, appartient à l'âge archolithique, à cette première section de l'histoire organique qui en représente plus de la moitié et durant laquelle il n'existait vraisemblablement que des organismes aquatiques. Les onze autres formes ancestrales se partagent entre les quatre autres sections principales : trois appartiennent à l'âge paléolithique, trois à l'âge mésolithique, quatre à l'âge cœnolithique. Dans le dernier âge, l'âge anthropolithique, l'homme existe déjà.

Si nous cherchons maintenant à déterminer quelle a été, en phylogénie, la succession évolutive de ces 22 chaînons ances-

ONZIÈME TABLEAU.

Vue d'ensemble des principaux chaînons animaux dans la série généalogique de l'homme.

MN = Limite entre les ancêtres invertébrés et les ancêtres vertébrés.

Ages de l'histoire organique terrestre.	Périodes géologiques de l'histoire organique terrestre	Chaînons animaux dans la généalogie humaine	Types vivants les plus voisins des chaînons généalogiques.
		1. Monères	Bathybius Protamœba
		2. Antiques amibes.	Simples amibes *(autamœba)*
		3. Synamibes	Cystophrys labyrinthula
		4. *Planaeada*	Larves-planula
I, Age archolithique ou primordial	1. Période laurentienne 2. Période cambrienne 3. Période silurienne	5. *Gastraeada*	Larves-gastrula
		6. *Archelminthes*	Turbellaries.
		7. *Scolecida*	? Entre les turbellaries et les ascidies.
		8. *Chordonia*	Ascidies
		M . . . . N	
		9. Acrániens	Amphioxus
		10. Monorhines	Lamproies *(petromyzontes)*
		11. Selaciens	Requins *(squalacei)*
II. Age paléolithique ou primaire	4. Période devonienne 5. Période carbonifère 6. Période permienne	12. Dipneustes	Protopteres
		13. *Sozobranchia*	*Proteus* axolotl *(siredon)*
		14. *Sozura*	*Triton* salamandre
III. Age mesolithique ou secondaire	7. Période triasique 8. Période jurassique 9. Période cretacée	15. Protammiotes	? Entre les *sozura* et les monotrèmes.
		16. Promammaliens	Monotrèmes
		17. Marsupaliens	Didelphes
IV. Age cœnolithique ou tertiaire	10. Période eocène 11. Période miocène 12. Période pliocène	18. Prosimiens	Lori *(stenops)* maki *(lemur)*
		19. Catarhiniens à queue	Singe nasique
		20. Singes anthropoides ou catarhiniens sans queue	Gorille, chimpanzee, orang, gibbon
		21. Hommes privés de la parole ou pithecoides	Idiots, cretins, microcéphales -
V. Age quaternaire	13. Période diluvienne 14. Période alluvienne	22. Hommes ayant un langage	Australiens et papouas

traux de l'homme depuis l'origine de la vie, si nous nous hasardons à éclaircir l'antique mystère de cette origine, nous verrons que le début de la vie a sans doute été marqué par l'apparition des monères, de ces êtres curieux qu'à diverses reprises déjà nous avons signalés comme étant les plus simples des êtres vivants. Ce sont aussi les plus simples organismes concevables. En effet, une fois complétement développé et doué de mouvement libre, leur corps n'est qu'un grumeau de plasma sans structure, un petit fragment de ce composé carboné albuminoïde, substratum matériel des propriétés biologiques actives. Les faits observés dans ces dix dernières années ont de plus en plus prouvé que, dans tout corps de la nature doué des propriétés biologiques actives de la nutrition, de la reproduction, du mouvement volontaire et de la sensibilité, c'est un composé complexe, contenant du carbone et de l'azote, appartenant au groupe des albuminoïdes, qui est le substratum matériel des activités vitales.

Faut-il, s'en tenant au sens monistique, regarder la fonction comme étant simplement l'acte du substratum matériel, ou bien faut-il, dans le sens dualistique, distinguer l'une de l'autre la force et la matière? Disons seulement que jusqu'ici on ne connaît pas d'organisme vivant où la manifestation des propriétés biologiques ne soit pas indissolublement liée à l'essence d'un corps plasmatique. Chez les plus simples organismes connus, chez les monères, le corps tout entier n'est qu'un glomérule de plasma, c'est-à-dire de l'*urschleim* des anciens philosophes de la nature.

D'ordinaire, on appelle *protoplasme* la substance molle, albuminoïde, du corps des monères, et on ne la distingue pas de la substance cellulaire des animaux et des plantes. Pourtant, comme Édouard van Beneden l'a montré le premier dans son excellent travail sur les grégarines, il faut, pour être exact, bien distinguer entre le plasma des cytodes et le protoplasma cellulaire. Cette différence est d'ailleurs capitale pour l'histoire du développement. Comme nous l'avons déjà fait remarquer, il faut distinguer deux degrés évolutifs parmi ces « organismes élémentaires », qui, à titre d'ébauches, de *plastides,* représentent le premier ordre. Le premier degré, le plus ancien, est représenté par les *cytodes,* dont le corps entier est formé d'une seule substance albuminoïde, d'un plasma extrêmement simple

ou « matière de formation ». Le degré supérieur et moins
ancien est représenté par les cellules, chez qui le plasma primitif est déjà différencié en deux substances albuminoïdes distinctes, le noyau interne et la substance cellulaire externe, ou
protoplasme.

Les monères sont des cytodes permanentes. Leur corps est
constitué uniquement par un plasma mou et sans structure. Nos
réactifs chimiques les plus délicats, nos meilleurs instruments
d'optique ne font que mettre en évidence la parfaite homogé-
néité de toutes les parties de ces organismes. Ces monères sont
donc, au sens strict de l'expression, des organismes sans
organes. En bonne philosophie, on ne devrait même pas appeler
les monères des « organismes », puisqu'elles n'ont pas d'organes
et ne sont point composées de particules différenciées. Elles ne

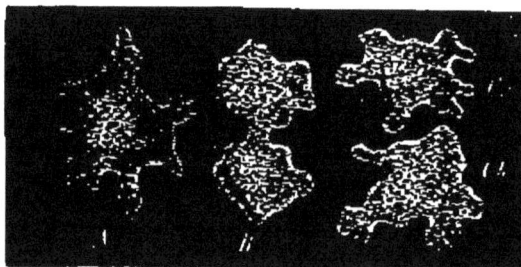

Fig. 101.

méritent le nom d'organismes que parce qu'elles possèdent les
propriétés biologiques de la nutrition, de la reproduction, de la
sensibilité et de la motilité. C'est le type organique le plus
simple que l'on puisse construire à priori.

Quoique toutes les véritables monères soient réellement de
simples grumeaux de plasma vivant, pourtant, parmi les monères vivant soit dans la mer, soit dans l'eau douce, on peut
distinguer plusieurs genres et espèces, selon les modes divers de
la motilité et de la reproduction. La motilité diffère beaucoup.
Chez quelques monères, par exemple chez la protamibe (pro-

Fig. 101. — Une *monère* (protamœba), en voie de reproduction. A. La monère intacte se mouvant, comme d'ordinaire, à l'aide de prolongements protéiformes. B. La même monère s'étrangle, en son milieu, par un sillon. C. Chacune des deux moitiés s'est séparée de l'autre et représente maintenant un
individu indépendant. (Fort grossissement.)

tamoeba, fig. 101), le glomérule, alors qu'il se meut, émet des prolongements peu nombreux, courts, obtus, digitiformes, changeant lentement de forme et de grandeur, et ne se ramifiant jamais. D'autres monères émettent des appendices nombreux, longs, fins, le plus souvent filiformes, irrégulièrement ramifiés, et dont les extrémités libres et mobiles s'entrelacent, se soudent en réseau. Dans les profondeurs pélagiques, d'énormes masses de ces réseaux albuminoïdes et protéiformes rampent au fond de la mer (bathybius, fig. 102).

Des courants liquides pénètrent lentement dans l'intérieur de ces réseaux. Si l'on nourrit ces monères avec une matière colorante finement pulvérisée (carmin ou indigo) et si en même temps, pendant que la monère est sous le microscope, on répand un peu de la même poudre dans l'eau, on voit d'abord les particules colorantes adhérer à la surface de la monère, puis pénétrer peu à peu dans le glomérule et s'y mouvoir irrégulièrement. Les molécules de la monère se déplacent et occasionnent ainsi la translation des particules colorantes qui se sont glissées au milieu d'elles. Ces déplacements nous prouvent qu'il n'y a pas dans le corps de la monère une fine structure invisible. En effet, on pourrait nous objecter que l'absence de structure chez les monères n'est qu'apparente; que, s'il nous semble en être ainsi, cela tient à la faiblesse de nos microscopes. Mais l'objection est sans valeur, puisque nous pouvons, à notre gré, faire pénétrer dans la monère des corpuscules étrangers et les voir s'y déplacer dans tous les sens. En outre, nous voyons changer à chaque instant le réseau filiforme formé par la soudure des extrémités ramifiées des filaments protoplasmiques. Les monères sont bien réellement homogènes, sans structure ; toutes les parties de leur corps se ressemblent. Chaque partie de la monère peut manger et digérer, chaque partie est irritable et sensible, chaque partie est douée de motilité indépendante, enfin chaque partie peut se reproduire et se régénérer.

C'est toujours asexuellement que se reproduisent les monères. Chez les protamibes (fig. 101), chaque individu, alors qu'il a acquis une certaine grosseur, se divise en deux morceaux. Un sillon se creuse autour du corps, comme dans la bipartition cellulaire. L'isthme reliant les deux moitiés s'amincit de plus en plus (fig. 101, B) et se divise enfin par le milieu. Par ce mode si simple de bipartition, un individu se dédouble en deux indi-

vidus indépendants (fig. 101, *C*). D'autres monères se rétractent
en boule, alors qu'elles ont atteint une certaine grosseur. Puis
le globule protoplasmique sécrète une enveloppe gélatineuse,
dans l'intérieur de laquelle la masse protoplasmique se segmente
tantôt en quatre parties (*vampyrella*), tantôt en un grand
nombre de petites sphères (*protomonas, Protomyxa* (voir la
pl. I de la quatrième édition de l'« Histoire de la création naturelle »). Au bout d'un certain temps, ces sphérules commencent
à se mouvoir ; elles rompent ainsi la membrane d'enveloppe, en
sortent et se mettent à nager à l'aide d'un cil long et mince ;
puis le simple effet de la croissance ramène chaque sphérule à

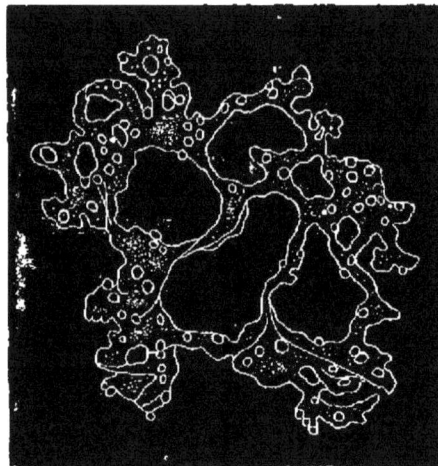

Fig. 102.

la forme mère. On peut donc, d'après la forme des divers
appendices ou d'après les divers modes de la reproduction, distinguer parmi les monères des espèces et des genres variés. Dans
le supplément de ma Monographie des monères, j'ai énuméré
8 genres et 16 espèces (Biolog. Studien, Heft I, p. 182). Mais,
de toutes les monères, la plus curieuse est bien celle que Huxley
découvrit en 1668, le *bathybius,* dont j'ai déjà parlé (fig. 102).

Cette singulière monère vit dans les grandes profondeurs
pélagiques, surtout dans l'océan Atlantique ; elle recouvre par
places tout le fond de la mer et en telle quantité, que le fin

Fig. 102. — *Bathybius Haeckelii.* Petit grumeau changeant constamment
de forme. C'est un réseau plasmatique, pris dans l'océan Atlantique.

limon est comme imprégné de mucus vivant. Sous cette forme réticulée, le protoplasme ne semble pas encore bien individualisé ; chaque fragment muqueux peut être un individu ([80]).

L'origine et la signification de cette énorme masse d'informes corpuscules plasmatiques à ces grandes profondeurs suscite bien des questions et bien des pensées. Tout d'abord, le bathybius fait songer à la génération spontanée. Nous l'avons déjà vu, la génération spontanée est une hypothèse nécessaire pour expliquer l'origine des premières monères ; remarquons encore une fois que rejeter l'hypothèse de la génération spontanée pour rendre compte de l'origine de la vie, c'est renverser la loi de causalité des phénomènes naturels. Il faudrait alors attribuer l'origine des premières monères à un acte de création surnaturelle ; ce serait l'unique cas dans lequel la loi de causalité perdrait sa valeur générale et serait remplacée par un miracle. Mais plutôt que d'admettre un tel prodige, plutôt que de briser le réseau partout ininterrompu des lois naturelles, il est sûrement bien plus sage d'admettre la génération spontanée, dans les limites fixées par nous. Nous sommes d'autant mieux fondés à le faire, que la génération spontanée de ces monères, les plus simples des organismes, n'a rien qui répugne, dans l'état actuel de nos connaissances ([81]). En effet, les monères forment vraiment transition entre les corps organiques et les corps anorganiques.

Au type des cytodes, représenté par les monères, succède, dans la généalogie de l'homme et de tous les animaux, comme deuxième chaînon, la cellule sous sa forme la plus simple, celle que nous représentent encore les amibes unicellulaires. Le premier phénomène de différenciation, qui s'effectue dans le plasma homogène et sans structure des monères, est la formation de deux substances distinctes : l'une interne, solide, le noyau, ou *nucléus,* et l'autre externe, plus molle, la substance cellulaire, ou protoplasme. Par ce phénomène primordial, par cette différenciation du plasma en nucléus et protoplasme, la cytode sans structure se transforme en cellule organisée, la plastide sans noyau devient une plastide à noyau. Que les premières cellules soient ainsi apparues sur la terre, par différenciation des monères, cela paraît certain, dans l'état actuel de nos connaissances histologiques. En effet, le même procédé de différenciation s'observe encore aujourd'hui directement dans l'ontogénèse. Vous vous souvenez que le premier effet de la fécondation de l'ovule est la disparition complète du noyau cellulaire, de la « vésicule germinative » (voir la huitième leçon). Nous avons expliqué ce fait par une régression de l'ovule nucléé après la fécondation, un fait d'atavisme qui, en vertu de la loi d'hérédité latente, fait reculer l'ovule d'un degré. L'ovule commence par devenir un œuf cytode, parce que, dans le principe, la cytode devint au contraire une cellule complète. Aussi, pour la même raison, un nouveau noyau ne tarde pas à se former dans l'ovule sans noyau. Comme ce stade de l'ovule répond évidemment, en phylogénèse, à la monère primitive, nous l'avons appelé *monerula*.

La description détaillée que nous avons donnée de l'ovule, en

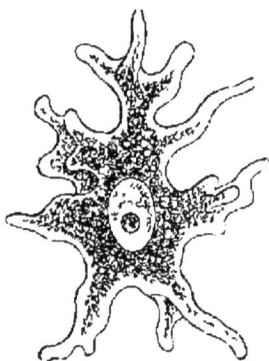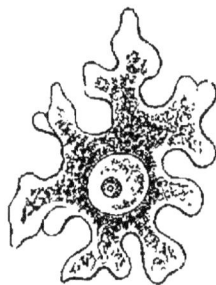

Fig. 103.   Fig. 104.

en faisant ressortir l'extrême importance phylogénétique, nous dispense d'y revenir. Nous avons aussi parlé alors d'un organisme unicellulaire, que l'on peut considérer comme un ovule permanent; cet organisme est l'amibe. En effet, des nombreux protozoaires unicellulaires, le plus indifférent, le plus primitif est l'amibe, si commune encore aujourd'hui dans les eaux douces ou marines. Or, puisque les jeunes ovules, les *protova*, tels qu'on les trouve encore dans l'ovaire de la plupart des

Fig. 103. — Une *amibe rampante* (fortement grossie). Tout l'organisme n'est qu'une simple cellule nue, se mouvant à l'aide de prolongements proteiformes, alternativement émis et retractes par la masse protoplasmique. Dans l'interieur de l'amibe se voit un noyau ou *nucléus* arrondi, clair, contenant un *nucléolus* obscur.

Fig. 104. — *Ovule d'une éponge calcaire* (olynthus). L'ovule se meut par reptation dans le corps de l'eponge, en emettant des prolongements proteiformes, comme le fait l'amibe ordinaire.

animaux, ne sauraient se distinguer des amibes ordinaires, nous pouvons donc, en vertu de la loi biogénétique fondamentale, regarder l'amibe comme la monocellule ancestrale, phylogénétique, ontogénétiquement reproduite aujourd'hui par « l'ovule amiboïde ». Une preuve frappante de l'extrême analogie des deux cellules, c'est que, tout d'abord, on a décrit les œufs des éponges comme des amibes parasitiques. On vit ces organismes unicellulaires ramper dans l'intérieur des éponges, et l'on reconnut plus tard seulement que ces prétendues « amibes parasitiques » (fig. 104) étaient les véritables œufs de l'éponge. C'est qu'en réalité, par le volume, l'aspect, la conformation du noyau, les mouvements caractéristiques, à l'aide de pseudopodies protéiformes, les œufs d'éponges ressemblent tellement aux amibes (fig. 103), qu'on ne les en saurait distinguer, abstraction faite de leur origine.

Notre explication phylogénétique de l'ovule et de sa rétrogradation à l'ancienne forme ancestrale de l'amibe nous permet de résoudre définitivement un problème souvent posé sous forme de plaisanterie : « La poule a-t-elle précédé l'œuf, ou inversement ? » C'est là une énigme digne d'un sphinx, et mes adversaires en ont usé plusieurs fois pour tâcher de faire échec à ma théorie évolutive ou de la réfuter ; mais nous pouvons répondre tout simplement que l'œuf est beaucoup plus vieux que la poule. Naturellement l'œuf primitif n'était pas un œuf d'oiseau, mais bien une cellule amiboïde indifférente de la forme la plus simple. Durant des milliers d'années, l'œuf a vécu indépendant, à l'état d'organisme unicellulaire, d'amibe. Ce fut seulement quand la postérité de cet œuf unicellullaire se fut transformée en organismes polycellulaires, quand ces organismes se furent sexuellement différenciés, que l'œuf, tel que le conçoit aujourd'hui la physiologie, naquit des cellules amiboïdes. L'œuf fut d'abord œuf de ver, puis œuf d'acrânien, œuf de poisson, œuf d'amphibie, œuf de reptile et enfin œuf d'oiseau. L'œuf d'oiseau actuel, celui de nos poules, est un produit historique fort complexe, le résultat d'innombrables phénomènes d'hérédité, qui se sont déroulés durant des millions d'années ([82]).

Notons encore une fois, comme un fait capital, que l'œuf primitif, tel qu'on le rencontre dans l'ovaire des animaux les plus dissemblables, est partout presque identique : c'est une cellule indifférente, de la forme amiboïde la plus simple. Cet œuf primitif, une fois extrait des follicules de l'ovaire, ne diffère en quoi que ce soit d'un animal à l'autre. C'est plus tard seulement, quand l'ovule primitif, ou *protovum,* s'est adjoint un jaune de nutrition diversement constitué, quand il s'est revêtu d'une membrane spéciale, quand il est devenu un *metovum,* qu'on peut d'ordinaire assez facilement dire à quelle classe il appartient. Mais ces particularités de l'œuf mûr et susceptible de fécondation sont des héritages secondaires, résultat de l'adaptation de l'œuf et de l'animal d'où il provient aux conditions variées de l'existence.

. Nos deux premiers chaînons généalogiques, la monère et l'amibe, ne sont, au point de vue morphologique, que des organismes simples, des individus du premier ordre, des *plastides.*

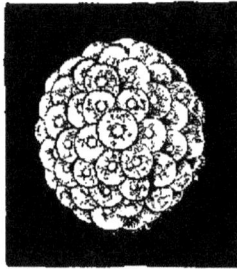

Fig. 105.

Tous les chaînons suivants sont représentés par des organismes complexes, des individus de rang supérieur, des communautés sociales, composées de cellules multiples. Les plus anciennes de ces *synamibes,* troisième chaînon de notre généalogie, sont de simples sociétés de cellules claires, semblables entre elles, indifférentes, des *communautés d'amibes.* Pour obtenir des renseignements dignes de foi sur leur nature et leur origine, il nous faut suivre pas à pas les premiers produits ontogénétiques de l'ovule fécondé. Quand la vésicule germinative a disparu dans l'œuf fécondé, quand un noyau de nouvelle formation lui a succédé, l'ovule se divise, par simple bipartition, en deux cellules. De celles-ci naissent, par le même procédé, 4, 8, 16, 32, 64 cellules, etc. (voir fig. 15, 16). Le résultat final de ce « sillonnement total » est, comme vous vous en souvenez, la formation d'un amas cellulaire sphérique, composé de cellules claires, semblables entre elles, indifférentes, de la structure la plus simple (fig. 16, *D*; fig. 105). Comme cet amas cellulaire ressemble à une mûre, nous l'avons appelé « jaune mûriforme » ou *morula.* Chez les zoophytes et les vers les plus inférieurs (fig. 17), chez l'ascidie et l'amphioxus (pl. VII), aussi bien que chez les mam-

Fig. 105. — *Morula ou jaune mûriforme* d'une éponge calcaire (olynthus), résultat du sillonnement pertotal.

mifères (fig. 16) et chez tous les autres animaux dont l'œuf subit le sillonnement pertotal, ce jaune mûriforme est le produit ultime de la segmentation. Évidemment, cette morula reproduit sous nos yeux l'animal polycellulaire sorti, pendant la période laurentienne, de la forme amiboïde unicellulaire. La morula répète, conformément à la loi biogénétique fondamentale, le chaînon généalogique de la synamibe. En effet, les premières communautés cellulaires d'alors, les premiers rudiments des animaux supérieurs polycellulaires, se composèrent de cellules amiboïdes, claires, semblables entre elles. Les premières amibes vécurent solitaires et les cellules amiboïdes, nées des amibes, par bipartition, restèrent longtemps dans le même isolement. Mais, peu à peu, à côté de ces protozoaires uni-cellulaires, se formèrent de petites communautés d'amibes, alors que les cellules-sœurs, nées par bipartition, restèrent accolées. L'avantage que ces sociétés cellulaires avaient, dans la lutte pour l'existence, sur les cellules isolées favorisa leur progrès, leur développement ultérieur. Mais, aujourd'hui encore, on trouve, dans la mer et les eaux douces quelques genres de protozoaires qui nous représentent les primitives sociétés cellulaires.

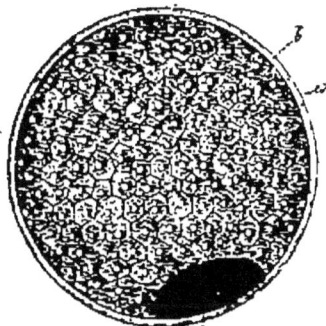

Fig. 106.

Telles sont, par exemple, plusieurs espèces de *cystophrys*, découvertes par Archer, et les *labyrynthulées*, découvertes par Cienkowski; ce sont d'informes amas de cellules nues, très-simples et de même forme ([83]).

De la morula provint, aussi bien chez les mammifères que chez nombre d'animaux inférieurs, cette forme embryonnaire, découverte par Baer et appelée par lui *vésicule blastodermique* ou *blastosphère* (fig. 106). Le germe forme alors une sphère creuse, dont la paroi est constituée par une seule couche de cel-

Fig. 106. — *Vésicule blastodermique, extraite de l'ovaire d'un lapin*. Les sphères du sillonnement forment une simple couche cellulaire à la surface interne de la membrane ovulaire ou chorion (*a*). Les noyaux se détachent, comme des points brillants, sur le fond des cellules, qui, par pression réciproque, ont pris une forme hexagonale. En un point (en *c*) existe encore un amas de sphères de sillonnement non modifiées; c'est le premier rudiment du disque germinatif. (D'après Bischoff.)

lules et la cavité remplie de liquide. Une certaine quantité de liquide s'est amassée au centre de la morula en refoulant les cellules, qui sont allées s'étaler à le périphérie, pour former, en fin de compte, une couche cellulaire, ininterrompue, la vésicule blastodermique (blastoderma). Cette métamorphose est de grande importance, car elle s'effectue chez des animaux appartenant aux groupes zoologiques les plus divers; chez beaucoup de zoophytes et de vers, chez les ascidies (pl. VII, fig. 3), chez beaucoup de radiés et de mollusques, chez l'amphioxus (pl. VII, fig. 9), aussi bien que chez les mammifères. Quand une vraie blastosphère manque dans l'ontogénèse, cela tient à la formation d'un jaune de nutrition et à d'autres phénomènes d'adaptation embryonnaire. Il faut bien nous figurer que cette blastosphère est la répétition d'un antique chaînon phylogénétique et que tous les animaux, à l'exception des protozoaires inférieurs, proviennent d'une forme ancestrale commune, qui ne différait pas essentiellement de la vésicule blastodermique. Chez beaucoup d'animaux inférieurs, l'évolution de la vésicule blastodermique s'effectue hors de la membrane ovulaire, dans le milieu aquatique; alors chaque vésicule blastodermique se meut librement à l'aide de prolongements protoplasmiques, filiformes, de cils vibratiles. Dès l'année 1847, on a appelé *planula* ou *larve ciliée* cette larve vésiculiforme, dont la paroi est formée d'une seule couche cellulaire et à laquelle ses cils vibratiles impriment un mouvement rotatoire. Pourtant les zoologistes ne donnent pas tous la même valeur à cette expression, et souvent on a confondu la *gastrula* avec la *planula*. Pour nous, la *planula* sera cette larve très-répandue des animaux inférieurs, qui ressemble essentiellement à la blastosphère de l'amphioxus et des mammifères, puisqu'elle n'en diffère que par la présence de cils vibratiles externes.

Aujourd'hui encore on trouve, dans la mer et les eaux douces, divers genres de protozoaires, qui ressemblent essentiellement à la blastosphère et que l'on peut, en quelque sorte, considérer comme des formes planulaires permanentes : ce sont des sphères creuses, dont la paroi est formée par une seule couche de cellules ciliées, toutes semblables entre elles. On trouve ces planéades dans le groupe très-varié des flagellates, surtout parmi les volvocinés (par exemple, *synura*). En septembre 1869, sur les côtes de la Norvége, à l'île de Gis-Oe, j'ai observé une de ces planéades,

qui est fort curieuse, et je l'ai appelée *magosphaera planula*
(fig. 107).

Parvenue à son plein développement, la magosphère est une
vésicule sphérique, dont la paroi est constituée par 30 à 40 cellules ciliées. Une fois suffisamment mûr, le groupe cellulaire
se désagrége ; chaque cellule vit isolée, durant un temps assez
long, puis elle se développe et se transforme en une amibe rampante. Cette amibe se rétracte en boule, sécrète une capsule
d'enveloppe sans structure ; elle ressemble alors tout à fait à un
œuf ordinaire. Après être restée stationnaire un certain temps,
elle se divise par bipartition réitérée en 2, 4, 8, 16, 32 cellules.

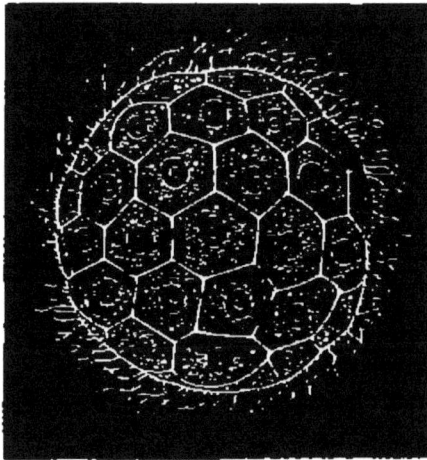

Fig. 107.

Ces cellules s'ordonnent de nouveau en une vésicule sphérique,
émettent des cils, brisent la membrane d'enveloppe, puis se
mettent à nager comme la magosphère d'où elles proviennent.
Tout le cycle vital de ce curieux animal est alors parcouru ([84]).

Si l'on compare cette planula permanente avec la blastosphère
embryonnaire de l'homme et des autres mammifères, avec
nombre d'embryons d'animaux inférieurs, aussi avec les larves
ciliées libres, ou embryons planulaires de beaucoup d'autres
animaux inférieurs, on en peut déduire sûrement l'antique
existence d'une forme ancestrale commune et depuis longtemps

Fig. 107. — Sphérule norvégienne ciliée (*magosphaera planula*), nageant à
l'aide de son revêtement cillé; vue par sa surface externe.

éteinte, ressemblant essentiellement à la planula, et que nous appellerons *planaea*. Parvenue à son plein développement, cette *planaea* était une vésicule creuse, pleine de liquide ou d'une sorte de gélatine amorphe. La paroi de la planæa était formée par une simple couche de cellules ciliées, toutes semblables entre elles. Nul doute qu'il n'ait existé un grand nombre d'espèces et de genres de ces protozoaires planéiformes, formant une classe spéciale, que nous pouvons appeler classe des planéadés (*planaeada*).

A ce propos, je vous citerai une preuve de plus du génie philosophique de notre grand Carl Ernst Baer, de la profondeur avec laquelle il pénétrait les mystères de l'histoire évolutive du règne animal; en effet, dès l'année 1828, dix ans avant que la théorie cellulaire fût fondée, il avait soupçonné l'importance phylogénétique de la blastosphère et en avait prophétiquement parlé dans sa classique « Histoire de l'évolution zoologique » (vol. I, p. 223). Voici ses paroles : « Plus nous avançons dans l'histoire de l'évolution, plus la concordance entre des animaux très-dissemblables nous paraît grande. Nous en arrivons à nous demander si, au commencement de leur développement, tous les animaux n'étaient pas essentiellement pareils, si tous ne sont pas sortis d'une même forme primitive ? — Puisque le germe n'est que l'animal non encore développé, on est autorisé à dire que la forme vésiculaire simple est la forme fondamentale d'où sont provenus tous les animaux, non pas idéalement, mais historiquement. » Cette dernière proposition a autant de portée en ontogénie qu'en phylogénie. Trente ans avant Darwin, Baer s'y montre comme un partisan perspicace de la théorie de la descendance. Mais, à cette époque, on ne connaissait pas encore l'existence de la blastosphère chez les animaux les plus divers; on ignorait aussi que la paroi de cette blastosphère fût formée par une seule couche de cellules ! Aussi devons-nous admirer plus encore le génie de Baer, qui, en dépit de la pauvreté du matériel empirique d'alors, a osé dire : « Tous les animaux ont peut-être commencé par n'être qu'une sphère creuse. »

A l'antique forme ancestrale de la *planaea*, qui se retrouve encore aujourd'hui, à l'état de blastosphère, dans l'embryon humain, se rattache notre cinquième degré généalogique, la gastræa, qui en sortit. Comme vous le savez, ce chaînon ancestral a une grande valeur philosophique. Son antique existence est sûrement prouvée par la *gastrula,* dont nous avons souvent parlé, et que nous avons retrouvée dans l'ontogénèse des animaux les plus dissemblables. Comme vous vous le rappelez, la *gastrula* (fig. 108) est un corps ovoïde, à cavité simple, muni d'un orifice à l'un des pôles de son axe.

C'est la cavité intestinale primitive (fig. 108, *Bg*) avec son orifice buccal (*o*). La paroi intestinale est composée de deux couches cellulaires, qui sont tout simplement les deux feuillets

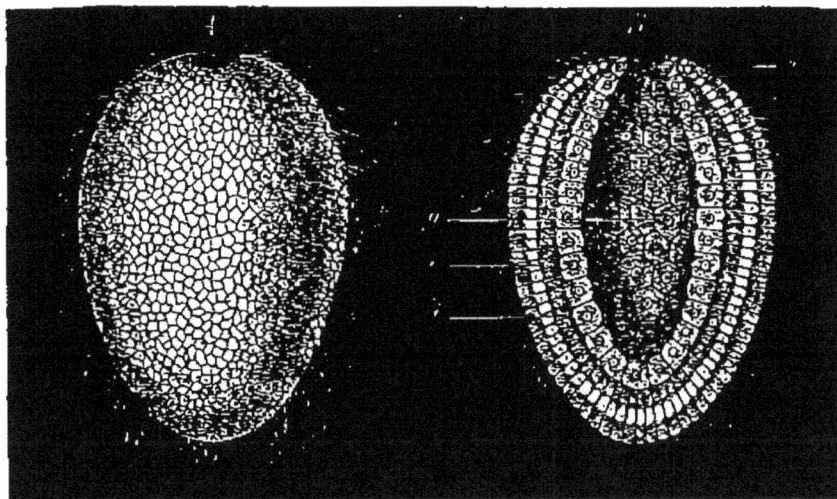

Fig. 108.

germinatifs primaires : le feuillet cutané animal (*e*) et le feuillet intestinal végétatif (*i*).

Que la *gastraea* descende phylogénétiquement de la *planaea,* c'est ce que nous apprend aujourd'hui encore la gastrula, que nous voyons sortir de la blastosphère. Déjà nous avons rencontré cette gastrula dans l'embryologie de l'amphioxus et de l'ascidie (pl. VIII). En un point de la vésicule blastodermique, il se forme une invagination de plus en plus profonde; il en résulte que la portion invaginée finit par s'appliquer étroitement sur la face interne de la portion non invaginée du blastoderme

Fig. 108. — *Gastrula d'une éponge calcaire* (olynthus). *A*, vue du dehors. *B*, section axiale. *g*, intestin primitif. *o*, bouche primitive. *i*, feuillet intestinal ou entoderme. *e*, feuillet cutané ou exoderme.

(pl. VII, fig. 4, 10). Si nous cherchons à savoir, d'après cette transformation ontogénétique, quelle a été, phylogénétiquement, l'origine de la *gastraea*, que la *gastrula* reproduit encore en vertu de la loi biogénétique fondamentale, il faut nous figurer que la *planaea* sphérique, composée d'une seule couche de cellules, s'est mise à absorber de la nourriture, surtout par un point de sa surface. En ce point spécialement nutritif, il s'est formé peu à peu, par sélection naturelle, une dépression qui s'est exagérée de plus en plus ; puis les fonctions nutritives de la préhension des aliments, de la digestion, ont été exercées exclusivement par ces cellules, tandis que les autres cellules ne s'acquittaient plus que des fonctions de motilité et de protection Ainsi s'effectua la première division du travail entre les cellules semblables entre elles de la planæa.

De cette première différenciation sont résultées seulement deux espèces de cellules : des cellules internes nutritives et des cellules externes locomotrices. C'était déjà la différenciation des deux feuillets germinatifs primaires. Les cellules internes formèrent le feuillet interne, végétatif, chargé des fonctions nutritives ; les cellules externes formèrent le feuillet externe, animal, chargé des fonctions de la locomotion et de la protection. Cette première différenciation des cellules est d'une importance fondamentale et dont il se faut bien pénétrer. On ne saurait priser assez haut la portée phylogénétique de la gastrula, puisque le corps humain, avec ses organes si variés, le corps de tous les animaux supérieurs proviennent des deux simples feuillets germinatifs de cette gastrula. En effet, l'intestin primaire, la simple cavité digestive de la gastrula, avec sa bouche primitive, est le premier organe véritable, dans le sens morphologique ; c'est le plus ancien organe spécial, d'où sont provenus tous les autres par différenciation. A proprement parler, le corps tout entier de la gastrula n'est qu'un « intestin primitif ».

Or, chez les larves intestinales, les *gastrulae* des animaux les plus dissemblables, des éponges, des polypes, des coraux, des méduses, des vers, des mollusques, des ascidies et de l'amphioxus, les ressemblances sont si essentielles, les différences sont si légères, que la taxinomie ne pourrait considérer tous ces êtres, dans sa classification naturelle, que comme des espèces d'un même genre. Mais, puisque tous ces animaux si différents les

uns des autres proviennent ontogénétiquement d'une même
forme embryonnaire, la loi biogénétique fondamentale nous
autorise à en conclure que leurs ancêtres sont descendus phylogénétiquement de la même forme ancestrale. Cette antique
forme ancestrale est la gastræa.

Sûrement, durant la période laurentienne, la gastræa a vécu
dans la mer; elle y nageait et s'y ébattait au moyen de ses
cellules ciliées, comme le font encore les gastrulæ actuelles. Par
un seul point essentiel, la gastræa éteinte depuis des millions
d'années différait vraisemblablement de la gastrula actuelle; en
effet, pour des motifs tirés de l'anatomie comparée et de l'ontogénèse, mais qu'il serait trop long d'exposer ici, nous pouvons
admettre que la gastræa se reproduisait déjà sexuellement et
non point par division, germination, sporogonie, en un mot,
asexuellement, comme il arrivait vraisemblablement chez les
quatre formes généalogiques dont nous avons parlé précédemment. Peut-être quelques cellules internes ou externes deve-
naient-elles des ovules, tandis que d'autres se métamorpho-
saient en spermatozoaires. Cette hypothèse est appuyée par le
fait qu'aujourd'hui encore, nous observons cette forme élémentaire de génération sexuée chez les zoophytes les plus inférieurs,
par exemple chez les éponges les plus simples. Le fait s'observe
spécialement chez certaines éponges calcaires, chez les ascones.
Chez ces animaux, le corps n'est qu'une simple poche, cylindrique ou ovoïde, dont la paroi est constituée par deux couches
de cellules. La cavité de cette poche est la cavité stomacale, et
son orifice supérieur est l'orifice buccal. Les deux couches cellulaires pariétales sont les deux feuillets germinatifs primaires
(fig. 109). Ce qui distingue ces éponges si simples de la gastrula, c'est qu'elles se fixent au fond de la mer par l'extrémité
de leur corps opposée à l'orifice buccal, tandis que la gastrula
nage librement. Quand ces éponges sont mûres pour la reproduction, quelques cellules de leur entoderme deviennent, les
unes des cellules femelles, d'autres des spermatozoaires, et la
fécondation s'opère dans la cavité même de l'estomac. Mais
comme, en définitive, il n'existe aucune différence essentielle
entre la gastrula libre et l'éponge-fixée, on peut avec quelque
vraisemblance supposer que le mode le plus rudimentaire de
génération sexuelle existait déjà chez la gastræa. Chez les gastréadés aussi bien que chez les zoophytes, les œufs et les sper-

matozoaires se forment aussi chez un même individu, et les
plus anciens gastréadés ont été hermaphrodites. En effet, l'anatomie comparée nous apprend que l'hermaphroditisme est le
premier et le plus ancien degré de différenciation sexuelle ; la
séparation des sexes, ou gonochorisme, ne s'effectua que plus
tard. Mais, cette question mise à part, le rôle joué par nos
ancêtres gastréadés est primordial ; car ils ont accompli un
progrès énorme en passant du type protozoaire au type méta-
zoaire ([85]).

DOUZIÈME TABLEAU.

Vue d'ensemble des cinq degrés évolutifs de la série généalogique humaine, comparés avec les cinq premiers degrés de l'évolution individuelle et taxinomique.

MORPHOLOGIE des cinq premiers degrés évolutifs de l'animal	PHYLOGENÈSE. Les cinq premiers degrés de l'évolution généalogique.	ONTOGENÈSE. Les cinq premiers degrés de l'évolution embryologique.	TAXINOMIE. Les cinq premiers degrés de la classification animale.
1. PREMIER DEGRÉ : Simple cytode. Plastide sans noyau.	**1.** *Monères.* Premiers des animaux, nés par génération spontanée.	**1.** *Monerula.* Œuf animal, sans noyau, après la fécondation et la disparition de la vésicule germinative.	**1.** *Monères.* Bathybius et autres monères actuelles.
2. DEUXIÈME DEGRÉ. Simple cellule. Plastide à noyau.	**2.** *Amibe.* Animaux primitifs.	**2.** *Ovulum.* Œuf nuclée. Cellule ovulaire simple.	**2.** *Amibe.* Amibes actuelles vivantes.
3. TROISIÈME DEGRÉ Communauté de cellules simples et semblables entre elles.	**3.** *Synamibe.* Primitives sociétés d'amibes.	**3.** *Morula.* « Jaune mûriforme ». Amas globulaire de « sphères de sillonnement », toutes semblables entre elles.	**3.** *Labyrinthula.* Groupe de protozoaires unicellulaires et semblables entre eux.
4. QUATRIÈME DEGRÉ : Vésicule creuse pleine de liquide, à paroi composée d'une seule couche de cellules semblables entre elles.	**4.** *Planaea.* Vésicule creuse, dont la paroi est formée d'une seule couche de cellules ciliées.	**4.** *Blastosphaera.* Vésicule creuse, dont la paroi est formée d'une seule couche de cellules semblables. (Planula des animaux inférieurs.)	**4.** *Magosphaera.* Vésicule creuse, dont la paroi est constituée par une seule couche de cellules ciliées semblables entre elles.
5. CINQUIÈME DEGRÉ : Corps creux, hémisphérique ou ovoïde, dont la paroi est constituée par deux couches cellulaires distinctes ; avec un orifice à l'un des pôles de l'axe.	**5.** *Gastraea.* Forme ancestrale de l'animal intestinal ou metazoaire. Simple intestin primitif avec bouche primitive. Paroi composée d'exoderme et d'entoderme.	**5.** *Gastrula.* Larve intestinale. Simple cavité intestinale avec orifice buccal. Paroi composée des deux feuillets germinatifs primaires.	**5.** *Protascus.* Zoophyte, très-simple individu non segmenté, dont la paroi se compose d'exoderme et d'entoderme.

DIX-SEPTIÈME LEÇON.

LA SÉRIE GÉNÉALOGIQUE DE L'HOMME.

II. Du ver primitif au crâniote.

Je ne suis point semblable aux dieux ! Cela, je ne le sens que trop
Je ressemble au ver dans la poussière,
Dans la poussière où il vit,
Et où le pied du passant l'écrase et l'enfouit, —
Tu me dis en ricanant, crâne vide,
Qu'autrefois ton cerveau a été troublé comme le mien,
Qu au sein du crépuscule, tu as cherché la lumière du jour,
Qu'en aspirant à la vérité, tu as douloureusement erre'
WOLFGANG GOETHE.

L'embranchement des vers considéré comme groupe ancestral des quatre embranchements zoologiques superieurs. — La postérite de la gastræa : d'une
part, la forme ancestrale des zoophytes (eponges et animaux urticants ou
acalèphes); d'autre part, la forme ancestrale des vers. — Forme radiée des
premiers et forme bilaterale des seconds. — Les deux grandes sections des
vers : acoelomates et coelomates; les premiers n'ont ni cavite viscerale ni
système sanguin; les autres en sont pourvus.   Sixieme chaînon genéalogique : archelminthes, proches voisins des turbellaries.   Les coelomates
proviennent des acoelomates. — Tuniciers et animaux à notocorde (chordoniens). — Septième degré : vers mous (scolecida). — Lignee collatérale des
scolecides : le balanoglossus. — Differenciation du tube intestinal en intestin
branchial et intestin gastrique. — Huitieme chaînon ancestral : animal a
notocorde (chordonia). — La larve de l'ascidie consideree comme l'esquisse
des chordoniens. — Developpement du cordon axial ou de la chorda. — Tuniciers et vertebres consideres comme rameaux divergents des chordoniens.
— Separation des vertebres d'avec les autres embranchements superieurs
(articules, radies, mollusques). — Importance de la formation des metameres. — Acrâniens et crâniotes. — Neuvième chaînon genealogique : crâniotes. — Amphioxus et vertebre primitif. — Origine du crâniote (formation
de la tête, du crâne et du cerveau). — Dixieme chaînon ancestral : crâniotes,
parents des cyclostomes.

Messieurs,

Maintes fois, on le sait, aussi bien dans le langage familier
que dans le langage poétique, on compare l'homme à un ver.
« Pauvre ver », « misérable ver », etc., sont des expressions

usuelles. Loin de nous la pensée de chercher dans cette comparaison zoologique un sens phylogénétique profond; pourtant on pourrait peut-être y voir comme un pressentiment instinctif, plus ou moins inconscient, d'un état animal antérieur, fort intéressant à connaître dans nos recherches au sujet de la généalogie humaine. On ne saurait douter, par exemple, que l'embranchement des vertébrés, auquel l'homme se rattache par son organisation tout entière, ne descende, comme les autres embranchements zoologiques supérieurs, de ce groupe multiforme d'invertébrés inférieurs, que nous appelons aujourd'hui « groupe des vers ». Tout en donnant au mot « ver » une acception très-étroitement limitée, nous ne pouvons cependant douter que toute une série de vers éteints n'ait figuré parmi les ancêtres du genre humain.

Dans la zoologie moderne, l'embranchement des vers (vermes) est bien moins vaste que ne l'était la classe des vers dans l'ancienne zoologie, se rattachant encore au système de Linnée. Cependant ce groupe comprend un grand nombre d'animaux inférieurs très-dissemblables, que nous pouvons regarder, au point de vue phylogénétique, comme les derniers ramuscules encore verdoyants d'un arbre immense, aux nombreux rameaux, dont les branches principales et même le tronc sont depuis longtemps frappés de mort. D'un côté, en effet, l'on trouve, parmi les classes si divergentes des vers, sinon les formes ancestrales des quatre embranchements supérieurs (mollusques, radiés, articulés, vertébrés), au moins les plus proches parents de ces formes; d'autre part, nous pouvons considérer plusieurs vastes groupes, plusieurs genres isolés de vers comme des rejetons radicaux, immédiatement sortis de la souche puissante des vers. Parmi ces derniers rejetons, il en est qui s'écartent évidemment fort peu de la forme ancestrale, depuis longtemps éteinte; quant à cette forme, le ver primitif (*prothelmis*), elle se rattache immédiatement à la gastræa, dont nous venons de parler.

En effet, d'importantes preuves tirées de l'anatomie et de l'ontogénie établissent nettement que l'ancêtre immédiat de cet antique ver primitif doit avoir été la *gastræa*. Encore aujourd'hui on voit, dans l'ontogénèse des vers les plus dissemblables, la *gastrula* se former aux dépens de l'ovule segmenté (fig. 108, pl. VII, fig. 4). Les plus imparfaits des vers conservent, durant toute leur vie, une organisation si simple, qu'ils ne s'élèvent guère au-dessus des zoophytes les plus humbles; or, ces derniers sont aussi les descendants immédiats de la gastræa, et, aujourd'hui encore, ils proviennent directement de la gastrula. Si l'on se rend bien compte des relations généalogiques des vers et des zoophytes, on voit que ces deux embranchements inférieurs sont vraisemblablement issus, indépendamment l'un de l'autre, de la gastræa. Cette dernière a donné naissance d'un côté à la forme ancestrale commune des vers, de l'autre à celle des zoophytes (voir les tableaux XIII et XIV).

Aujourd'hui l'embranchement des zoophytes (*zoophyta* ou *cœlenterata*) comprend deux classes principales, celle des éponges (*spongiae*) et celle des acalèphes (*acalephae*); à la dernière de ces classes appartiennent les polypes hydroïdes, les méduses, les cténophores et les coraux. De l'antique forme ancestrale de ce groupe, de la vésicule primitive (protascus), provient une forme embryologique fort simple, issue d'abord de la gastrula, aussi bien chez les éponges que chez les acalèphes : cette forme est l'*ascula* (fig. 109). Cette ascula est un corps sacciforme, organisé comme la gastrula, dont il diffère seulement en ce qu'il n'est pas libre ; en effet, l'ascula se fixe au fond de la mer par l'extrémité de son corps opposée à l'orifice buccal (*o*). Par suite, les cils vibratiles, qui étaient les agents locomoteurs de la gastrula, ont disparu. D'ailleurs, la mince paroi de cette simple poche gastrique (*g*) est constituée simplement par les deux feuillets germinatifs primaires, le feuillet cutané externe (*e*) et le feuillet intestinal interne (*i*). Les descendants du protascus, que nous rappelle encore aujourd'hui l'ascula, se divisèrent en deux rameaux divergents. Dans l'un de ces deux groupes, des pores se creusèrent dans la paroi gastrique, d'où résultèrent les *éponges*. Chez les animaux de l'autre groupe, des organes urticants se développèrent dans le feuillet cutané, d'où les *acalèphes*. Par un développement ultérieur, les acalèphes acquirent l'organisation radiée qui caractérise la plupart des zoophytes et qui a pour conséquence directe l'adaptation à la vie sédentaire.

De même que dans l'un des groupes issus de la gastræa, chez les zoophytes, la forme radiée caractéristique a déterminé la vie sédentaire, dans l'autre, chez les vers, la forme toujours nettement et symétriquement bilatérale a eu pour conséquence l'adaptation à la libre locomotion. Tantôt cette locomotion n'est qu'un mouvement de reptation sur le fond de la mer; tantôt c'est de la natation libre. La direction, l'attitude du corps, constamment conservées dans la natation libre, ont eu pour résultat la forme bilatérale du ver symétrique. C'est par là que le ver primitif (*prothelmis*), forme ancestrale du ver primitif, se distingue déjà du *protascus*, premier ancêtre des zoophytes. C'est dans ces influences purement mécaniques, dans la libre locomotion du ver, dans la vie sédentaire des premiers zoo-

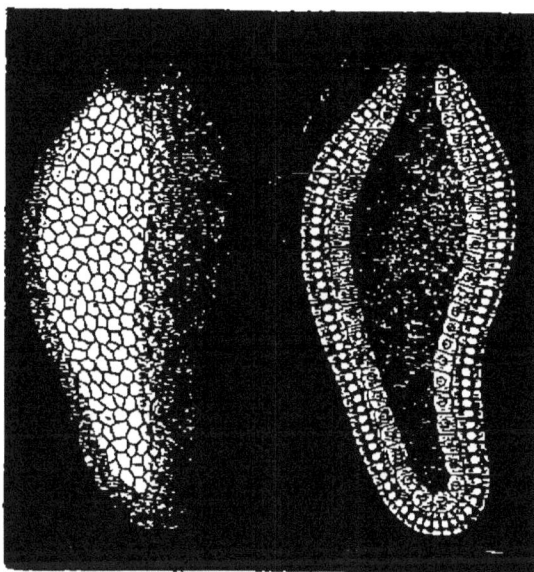

Fig. 109.

phytes, qu'il nous faut chercher les causes efficientes ayant déterminé là la forme bilatérale, ici la forme radiée. Cette forme bilatérale est un legs que le ver a fait à l'homme.

Puisque l'homme n'a aucune autre parenté avec les zoophytes, nous avons maintenant, avant tout, à rechercher quelle est la généalogie de l'homme dans l'embranchement des vers. Cette généalogie est aussi celle de tout l'embranchement vertébré. Voyons donc, autant du moins que nous le permettront l'anatomie comparée et l'ontogénie, quels ont été, dans ce groupe

Fig. 109. — *Ascula d'une éponge calcaire* (olynthus). A gauche, l'ovule est vu du dehors; à droite, on a représenté une section suivant l'axe longitudinal. *g*, intestin primitif. *o*, bouche primitive. *i*, feuillet intestinal. *e*, feuillet cutané.

des vers, les antiques ancêtres des vertébrés, y compris l'homme.
Pour cela, il nous faudra d'abord consulter la taxinomie des
vers. Abstraction faite de nombreuses particularités appartenant à quantité de classes qui ne nous intéressent point ici, l'on
peut, en s'appuyant sur les récents travaux ayant pour objet
l'anatomie comparée et l'ontogénie des vers, diviser l'embranchement des vers en deux sections principales. La première
section, celle des *acœlomates*, comprend tout l'ancien groupe
des vers inférieurs, n'ayant encore ni vraie cavité viscérale, ni
système circulatoire, ni cœur, ni sang, ni rien de ce qui
coexiste avec une organisation complexe. La deuxième section
des vers, celle des *cœlomates*, se distingue de la précédente par
la présence d'une vraie cavité viscérale (cœloma), d'une humeur
sanguine remplissant cette cavité; en outre, il s'est formé, chez
la plupart des cœlomates, des vaisseaux sanguins qui, par corrélation, entraînent d'autres progrès organiques. Le lien phylogénétique entre ces deux sections des vers est maintenant
évident. Les acœlomates, très-voisins encore des gastréadés et
des zoophytes, doivent former le plus ancien des deux groupes,
d'où est sortie la division des cœlomates à un moment moins
reculé de la période laurentienne.

Nous avons à dire quelques mots du groupe des acœlomates,
renfermant le sixième chaînon généalogique des vertébrés et de
l'homme. Cette forme ancestrale se rattache étroitement à la
gastræa. La dénomination « acœlomates » signifie « vers sans
cavité viscérale », sans cœloma et, par suite, sans humeur
sanguine, sans système circulatoire. Cette dénomination désigne
donc l'important caractère qui distingue surtout les acœlomates
des cœlomates, ou vers à système circulatoire. On a l'habitude
de réunir en une seule classe tous les acœlomates actuels, et, à
cause de la forme aplatie de leur corps, on les appelle *plathelminthes*. A ce groupe appartiennent les *turbellariés* aquatiques (turbellaria), les trématodes parasites (trematoda) et les
vers rubanés ou cestodes (cestoda), que le parasitisme a plus
dégradés encore. Le rapport phylogénétique entre ces trois
ordres de plathelminthes est évident : les cestodes sont descendus des turbellariés libres, en s'adaptant à la vie parasitique ; une accoutumance plus complète encore à cette vie a fait
sortir les cestodes des trématodes, frappant exemple de rétrogradation progressive des organes les plus importants.

Outre les plathelminthes actuels, il a dû exister bien d'autres accœlomates durant l'âge archolithique. Ces animaux ressemblaient essentiellement aux accœlomates actuels, tout en étant plus simplement organisés sous beaucoup de rapports, et beaucoup plus voisins encore des gastréadés par leurs espèces inférieures. Nous appellerons *archhelminthes* (archhelminthes) ces derniers des accœlomates, parmi lesquels se trouve le *prothelmis,* forme ancestrale commune de tout l'embranchement des vers.

Les deux classes des accœlomates et des archhelminthes nous offrent extérieurement le type le plus simple du corps animal bilatéral. Le corps est ellipsoïde, d'ordinaire quelque peu aplati, sans annexes (fig. 110). La face dorsale diffère de la face abdominale, sur laquelle le ver rampe ordinairement. Ce type morphologique fondamental possède donc déjà les trois axes que l'on retrouve dans le corps de l'homme et de tous les animaux supérieurs : 1° un axe longitudinal, antéro-postérieur, 2° un axe tranversal, allant de droite à gauche, et 3° un axe dorso-ventral ou sagittal, allant de la surface dorsale à la surface abdominale. Cette différenciation symétrique, bilatérale, du corps resulte simplement de l'adaptation à la reptation ; au contraire, la gastrula, nageant librement à l'aide de tous les cils vibratiles qui hérissent sa surface, n'a point subi cette différenciation axiale. Chez la gastrula (fig. 108) et le protascus (fig. 102), la forme fondamentale est monaxiale (*monaxonia diplopola*). Chez le ver, au contraire, aussi bien que chez le vertébré, la forme fondamentale est biaxiale, cruciale (*stauraxonia dipleura*) ([86]).

Chez les turbellariés comme chez la gastrula, toute la surface du corps est couverte d'un épais pelage de cils vibratiles, toujours en mouvement et qui sont des prolongements directs des cellules épidermiques superficielles. Les mouvements perpétuels de ces cils produisent dans l'eau qui baigne la surface du corps un tourbillon continuel, d'où les turbellariés ont tiré leur nom. Grâce à ce tourbillon, l'eau est constamment renouvelée à la surface du corps, ce qui permet le fonctionnement respiratoire dans sa forme la plus simple, la « respiration cutanée ». Ce revêtement cilié existant actuellement chez les turbellariés de nos mers et de nos eaux douces, nous devons supposer qu'il existait aussi chez nos ancêtres éteints, chez les archhelminthes. C'était, chez eux, un legs direct de la gastræa.

Faisons maintenant passer par le corps de ces turbellariés et des archhelminthes, qui sûrement en différaient peu, des sections perpendiculaire, longitudinale et transversale ; nous verrons ainsi que, par leur organisation interne, ces animaux sont déjà notablement supérieurs aux gastréadés. Tout d'abord, nous voyons qu'entre les deux feuillets germinatifs primaires hérités de la gastræa, entre l'exoderme et l'entoderme, il s'est développé deux autres feuillets cellulaires, provenant, par dédoublement, l'externe de l'exoderme, l'interne de l'entoderme (voir le schéma, pl. III, fig. 10). Ces deux nouvelles couches cellulaires sont simplement les deux feuillets « fibreux » ou « musculaires », que nous voyons provenir des deux feuillets primaires chez l'embryon des vertébrés (voir la section transversale de la larve de l'amphioxus et du lombric, fig. 36 et 38). De ces deux feuillets, l'externe ou feuillet fibro-cutané est étroitement relié au feuillet cutané-sensitif et forme la masse musculaire du corps ; l'interne, au contraire, se rattache au feuillet intestino-glandulaire et, sous le nom de feuillet fibro-intestinal, forme la paroi musculaire du tube intestinal. Quoiqu'il n'y ait, chez ces acœlomates, nulle cavité viscérale, pourtant nous y trouvons, entre les feuillets interne et externe, ces deux feuillets musculaires, sous une forme rudimentaire. C'est bien plus tard que, chez les cœlomates, la cavité viscérale se forma par l'écartement des deux feuillets musculaires. En résumé, les deux grands progrès que les archhelminthes ont faits sur les gastréadés sont le changement de la forme monaxiale en forme dipleurale et la différenciation des deux feuillets germinatifs primaires en quatre feuillets secondaires (voir, pl. III, la coupe longitudinale schématique de la gastrula (fig. 9) et l'esquisse idéale de l'archhelmis (fig. 10).

De cette différenciation histologique des quatre feuillets secondaires résulte une autre différenciation organologique, par laquelle l'organisation des archhelminthes s'élève de beaucoup au-dessus de celle des gastréadés. Chez ces derniers il n'y avait, à vrai dire, au sens morphologique, qu'un seul organe : l'intestin primitif avec son orifice buccal. Tout le corps n'était encore qu'un canal intestinal ; la paroi intestinale était en même temps celle du corps. Des deux couches de cellules formant cette paroi, l'interne fonctionnait comme couche nutritive, l'externe comme couche locomotrice et protectrice. Quelques cellules de la couche interne devinrent, les unes des ovules, les autres des spermatozoaires, et, par conséquent, cette couche interne assuma aussi la fonction génératrice. Mais, chez les archhelminthes, la formation des feuillets secondaires détermina la distribution des diverses fonctions à des organes divers, issus de l'unique organe primitif, l'intestin primitif. On vit apparaître des organes générateurs, les glandes sexuelles; des organes d'excrétion, les reins; des organes de mouvement, les muscles; des organes de la sensibilité, les nerfs, et les organes des sens. Ces organes étaient d'une grande simplicité.

Pour nous figurer approximativement la forme rudimentaire que revêtirent d'abord ces organes chez les archhelminthes, il faut examiner ce qu'ils sont encore chez nos turbellariés de mer et d'eau douce. Ces turbellariés sont de très-petits vers presque imperceptibles, de forme très-simple; ils sont longs d'une ligne ou au plus de quelques lignes. Chez les espèces les plus inférieures de ces turbellariés, évidemment très-voisins de nos archhelminthes éteints, la plus grande partie du corps ovoïde est occupée par le canal intestinal (fig. 110, i). Ce canal intestinal est encore presque aussi rudimentaire que chez les gastréadés; c'est une simple poche, munie d'un orifice qui sert à la fois de bouche et d'anus (o).

Les cellules nutritives, tapissant la poche digestive et se groupant çà et là en petites glandes (gl), forment le feuillet intestino-glandulaire. Le premier rudiment du feuillet fibro-intestinal est constitué par une mince couche de cellules appartenant au tissu conjonctif et au tissu musculaire. Le feuillet fibro-cutané repose immédiatement sur

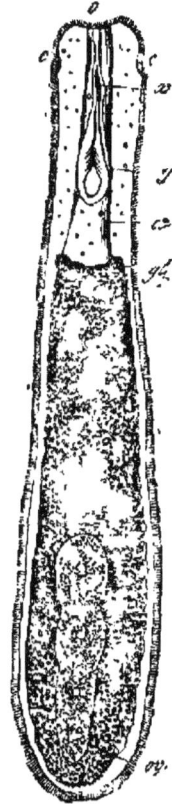

Fig. 110.

le feuillet fibro-intestinal; chez la plupart des vers, ce feuillet fibro-cutané est une simple poche musculo-cutanée. Antérieurement, chez la plupart des turbellariés, se trouve déjà sur l'œsophage un

---

Fig. 110. — Un *turbellarié simple* (turbellarium). i, toute la poche intestinale rudimentaire. o, orifice buccal et anal. gl, glandes intestinales. oe, œsophage (souvent prolongé en trompe). — c, deux fossettes ciliées dans l'épiderme vibratile (organes des sens). y, testicules. x, pénis. ov, ovaire. (D'après Gegenbaur.)

système nerveux tout à fait rudimentaire; ce sont deux petits « ganglions œsophagiens supérieurs », ou « cerveau primitif », qui envoient de fins filaments nerveux aux muscles et au feuillet cilié cutané-sensitif. En outre, il existe généralement, chez les plathelminthes, deux canaux rénaux, ou « organes d'excrétion »; ce sont deux tubes glandulaires, longs et minces, situés à droite et à gauche le long de l'intestin, et s'ouvrant à la partie postérieure du corps. Vous n'avez pas oublié combien est hâtive l'apparition des deux canaux rénaux primitifs; ils se montrent dès que s'est accusée la différenciation du feuillet germinatif moyen. Cette apparition précoce prouve bien que les reins sont des organes primordiaux. Une autre preuve encore, c'est l'existence si générale de ces organes chez les plathelminthes; en effet, même les vers rubanés, qui, par suite de leur vie parasitique, ont perdu leur intestin, n'en possèdent pas moins les deux reins primitifs. Ces glandes excrétoires semblent donc plus anciennes et physiologiquement plus importantes que le système circulatoire, lequel fait défaut chez les plathelminthes. Chez nombre de turbellariés nous trouvons des organes sexuels, tantôt très-compliqués, tantôt très-simples. Le plus ordinairement, les turbellariés sont hermaphrodites. Chez les espèces les plus simples on rencontre antérieurement un testicule (fig. 110, y), avec des organes copulateurs (x); en arrière existe un ovaire des plus simples (ov). Le type acœlomatique, que nous offrent aujourd'hui les rhabdocèles inférieurs, peut nous donner une idée approximative de cette forme ancestrale du groupe des vers, que nous avons appelée *prothelmis*, et qui constitue le sixième chaînon de la série généalogique humaine.

Sûrement, ces ancêtres du genre humain, qui, d'après l'ensemble de leur organisation, se rangent parmi les vers acœlomates, ont dû, pendant l'âge archolithique, être représentés par toute une série d'espèces diverses. Les plus inférieurs se rattachent immédiatement aux gastréadés (cinquième degré généalogique); les plus supérieurs tiennent aux cœlomates (septième degré). Pourtant notre connaissance de l'anatomie et de l'ontogénie des acœlomates est encore trop fragmentaire, trop incomplète, pour qu'il nous soit possible de ranger les acœlomates en série graduée; force nous est de renoncer à en donner une classification détaillée. Nous nous occuperons maintenant de notre septième chaînon ancestral, où le doute n'est pas possible;

c'est dans le groupe multiforme des vers à système sanguin (cœlomati) qu'il le faut ranger.

Le grand progrès organique par lequel les cœlomates se distinguent des acœlomates, d'où ils sont issus, est l'acquisition d'une cavité viscérale (cœloma) et d'une humeur nutritive remplissant cette cavité ; cette humeur est le sang primitif. Tous les animaux inférieurs dont nous nous sommes jusqu'ici occupés dans notre travail phylogénique, aussi bien les zoophytes que les protozoaires, étaient, comme les acœlomates, dépourvus de sang et de cavité viscérale. L'acquisition de la cavité viscérale et du système circulatoire complexe, qui en dériva bientôt, constitua, pour les cœlomates primitifs, un important progrès. La structure compliquée des quatre embranchements zoologiques supérieurs dépend en grande partie de la différenciation du système circulatoire que leur ont léguée les cœlomates.

Nous pouvons attribuer la formation d'une véritable cavité viscérale, du cœlom, à l'écartement des deux feuillets fibreux, du feuillet fibro-cutané externe et du feuillet fibro-intestinal interne. Ce progrès important peut être considéré comme le résultat mécanique d'une contraction simultanée et divergente des deux feuillets fibreux. Quand, chez les acœlomates, le sac intestino-musculaire et le sac musculo-cutané se furent longtemps contractés, il en résulta l'écartement graduel de ces deux lamelles musculaires ; par suite, il se forma entre les deux lamelles une lacune que remplit une humeur sécrétée par la paroi intestinale. Cette humeur constitua le sang primitif, et la lacune qu'elle remplissait fut le rudiment de la cavité viscérale. Ainsi se forma le simple cœlom, cette cavité spacieuse qui, chez tous les animaux supérieurs, loge les circonvolutions intestinales. La formation de ce cœlom et du système circulatoire qui en dérive influa grandement sur l'évolution ultérieure de l'organisation animale. Le premier avantage fut la grande facilité avec laquelle les parties périphériques, éloignées du canal intestinal, purent néanmoins recevoir un liquide chargé de substances nutritives. Grâce à l'intime corrélation des parties, la formation graduelle du système sanguin détermina dans le corps des cœlomates quantité d'autres importants progrès.

Chez les cœlomates aussi bien que chez les acœlomates, notre arbre généalogique compte une longue série d'ancêtres. Mais les cœlomates actuels ne représentent qu'une faible portion de ce grand groupe, tel qu'il existait autrefois, et très-peu de vers peuvent aujourd'hui être considérés avec quelque certitude comme les proches parents de ces ancêtres de l'homme depuis longtemps disparus. A vrai dire, une seule classe de cœlomates mérite d'être citée sous ce rapport : c'est la classe des *tuni-ciers*, à laquelle appartiennent les ascidies, dont nous avons déjà parlé (tunicatæ). Les détails que nous avons donnés sur la structure et l'embryologie de l'ascidie et de l'amphioxus ont fait ressortir l'extrême importance de ce type curieux (voir les leçons XIII et XIV). Les faits relatés par nous nous autorisent à affirmer que, parmi les ancêtres des vertébrés et de l'homme, il exista une forme de cœlomate, aujourd'hui disparue et éteinte, dont l'animal actuel le plus voisin est la larve mobile de l'ascidie. Ce ver dont nous parlons étant avant tout caracté-risé par la présence d'une notocorde, nous l'appellerons jusqu'à nouvel ordre *chordonium*. De ces chordoniens sont issus comme deux rameaux divergents, d'une part, les ascidies, d'autre part, les vertébrés. Quant à la forme ancestrale com-mune des chordoniens, nous la supposons, encore une fois, dé-rivée des acœlomates et sans doute des archhelminthes.

Il est vraisemblable qu'entre ces deux groupes de vers, les archhelminthes et les chordoniens, il a existé toute une série de formes intermédiaires. Mais, quant à présent, nos con-naissances zoologiques, relativement à ces types intermé-diaires de l'embranchement multiforme des vers, sont très-im-parfaites. Naturellement ces vers ne nous ont point laissé de débris fossiles, puisque, comme la plupart des autres vers, ils n'ont aucune partie solide. En outre, la plupart des vers fossiles que nous connaissons sont pour nous sans valeur, car ils ne nous apprennent rien ou presque rien touchant les traits ana-tomiques les plus importants de ces corps mous. Heureusement nous pouvons, par l'anatomie comparée et l'ontogénie des vers, combler dans une large mesure la lacune paléontologique exis-tant ici dans notre arbre généalogique. Que l'on ait bien pré-sentes à l'esprit, d'une part, l'organisation et l'histoire évolu-tive des vers inférieurs à partir des turbellariés; d'autre part, l'anatomie et l'ontogénie des ascidies, et il ne sera pas difficile de reconstruire en imagination, l'une après l'autre, les formes intermédiaires, et d'intercaler ainsi, entre les acœlomates et les chordoniens, toute une série de formes ancestrales éteintes.

Cette série de formes sera le septième degré de notre arbre généalogique humain, et nous l'appellerons le groupe des *scolécides*
(*scolecida*).

Exposer ici l'anatomie comparée des divers scolécides, comme
nous pourrions peut-être le faire,
nous forcerait à nous occuper
trop en détail de l'anatomie comparée et de l'ontogénie des vers.
Il sera plus utile pour nous de
bien montrer par quel progrès
phylogénétique l'organisation
des premiers cœlomates s'est élevée jusqu'à celle des chordoniens.
L'anatomie comparée et l'ontogénie des turbellariés et des
ascidies enseignent qu'il faut
mettre en première ligne la différenciation du canal intestinal
en deux sections, l'une antérieure
ou intestin branchial, qui sert à
la respiration, l'autre postérieure
ou intestin gastrique, qui sert à
la digestion. Tout d'abord, le
canal digestif n'est, chez les larves
d'ascidies comme chez les gastréadés et les archhelminthes, qu'une
simple cavité sacciforme, pourvue seulement d'un orifice buc-

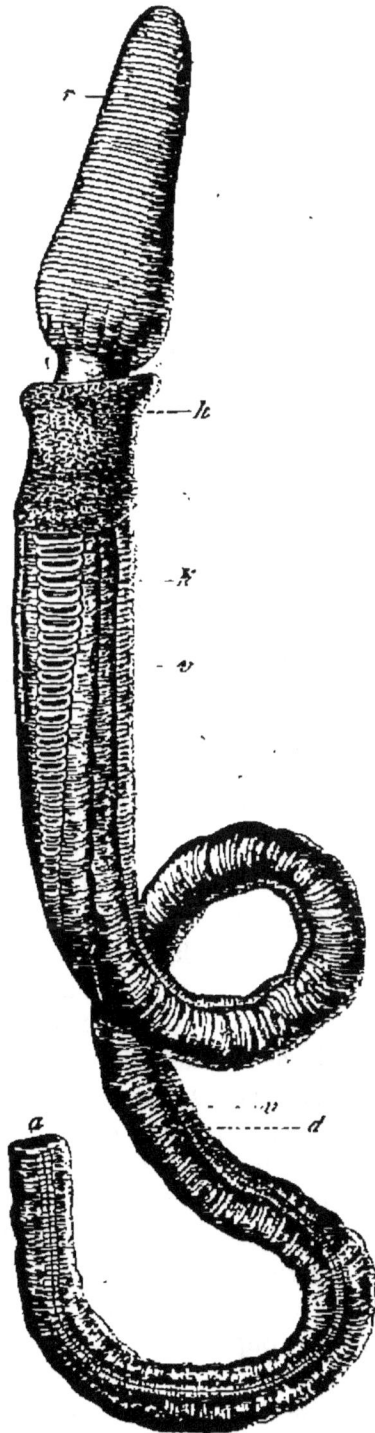

Fig. 111. — Un *jeune balanoglossus*,
d'après Alexandre Agassiz (jeune). *r*,
trompe glandiforme. *h*, collier cervical.
k, fentes branchiales et arcs branchiaux
de l'intestin antérieur, échelonnés en
longue série de chaque côté. *d*, intestin
gastrique ou postérieur, remplissant la
plus grande partie de la cavité viscérale.
r, veines intestinales ou vaisseaux abdominaux, situés entre les deux replis
cutanés parallèles. *a*, anus.

cal. L'anus ne se forme que plus tard; puis des fentes branchiales transforment toute la section antérieure du canal intestinal en une cage branchiale. C'est là, vous le savez, une conformation spéciale aux vertébrés et qui, en dehors d'eux, ne se
rencontre plus que chez les ascidies.

Parmi les vers actuels il en est un, très-curieux et unique
dans son genre, que l'on peut regarder comme un parent
éloigné des ascidies et des vertébrés, peut-être comme un rameau divergent des scolécides. Ce ver fort connu est le *balanoglossus* (fig. 111); il vit dans les sables de la mer, et Gegenbaur a, le premier, reconnu et établi l'intéressante parenté
qui le relie aux ascidies et aux acrâniens. Quoique, sous beaucoup de rapports, ce balanoglossus ait une organisation spéciale
et que Gegenbaur ait pu, à bon droit, le regarder comme le représentant d'une classe distincte (enteropneusta), pourtant la
portion antérieure de son tube intestinal rappelle beaucoup
l'organisation des ascidies et des acrâniens : c'est une cage
branchiale (fig. 111, *k*), dont la paroi est, de chaque côté, munie de fentes branchiales supportées par des arcs branchiaux.
Quelque différence qu'il y ait, pour tout le reste de l'organisation, entre le *balanoglossus* et les scolécides éteints, que nous
devons tenir pour nos ancêtres directs et pour des types intermédiaires aux archhelminthes et aux chordoniens, pourtant
cette conformation caractéristique de l'intestin branchial doit
faire considérer le *balanoglossus* comme un parent collatéral et
lointain des scolécides. Chez cet animal, un progrès important
s'est accompli dans la conformation du canal intestinal; un anus
(fig. 111, *a*) s'est formé à l'extrémité opposée à l'extrémité buccale. Les vers supérieurs et la totalité des ascidies sont déjà
munis de ces deux orifices. Le système circulatoire complexe
du *balanoglossus* marque aussi un progrès considérable. Au
contraire, sa peau ciliée rappelle les turbellariés. Chez le *balanoglossus*, les sexes sont séparés, tandis que nos ancêtres scolécides étaient vraisemblablement hermaphrodites ([87]).

D'un rameau de scolécides est sorti le groupe des chordoniens
(*chordonia*), embranchement qui comprend à la fois les tuniciers et les vertébrés. Le progrès qui a déterminé la formation
de ce groupe important des cœlomates fut l'apparition de l'axe
solide, existant encore à l'état rudimentaire chez le plus humble
des vertébrés; l'amphioxus : je veux parler du cordon axial, ou

chorda dorsalis. Vous vous souvenez que cette même notocorde existe aussi chez les larves libres de l'ascidie (pl. VII, fig. 5). La fonction de la chorda est surtout de supporter la nageoire caudale de la larve d'ascidie ; pourtant elle s'insinue, par son extrémité antérieure, entre le tube intestinal et le tube médullaire de la larve. Le section transversale de cette larve (pl. VII, fig. 6) montre la même distribution des organes qui caractérise le type vertébré (fig. 100) : au milieu, l'axe solide, supportant les autres organes, servant surtout de point d'attache aux muscles dorsaux ; au-dessus de la notocorde se trouve le système nerveux central, sous la forme d'un tube médullaire ; en bas, du côté abdominal, se voit le tube intestinal, dont la moitié antérieure est branchiale et respiratoire, la moitié postérieure, digestive, gastrique. Sans doute, la larve libre de l'ascidie actuelle ne conserve guère ce type vertébré ; bientôt elle perd sa libre locomotion, sa queue-nageoire avec la chorda ; puis elle se fixe au fond de la mer et subit alors cette importante rétrogradation, dont nous avons déjà signalé le résultat si singulier (XIII⁰ et XIV⁰ leçon). Néanmoins, dans le cours de sa rapide évolution, la larve de l'ascidie nous offre une image fugitive de ce type chordonien depuis longtemps éteint, et que nous devons considérer comme la forme ancestrale commune des tuniciers et des vertébrés. Aujourd'hui encore, il existe une très-petite espèce de tunicier qui conserve pendant toute sa vie l'organisation de la larve de l'ascidie, la queue-nageoire, la libre locomotion, et qui se reproduit ainsi, en dépit de grandes altérations organiques. C'est la petite *appendicularia* (fig. 112).

Comment s'est effectuée la formation du cordon axial et, par suite, la transformation d'une branche de scolécides en la forme ancestrale des chordoniens? C'est là un fait bien difficile à scruter ; pourtant nous pouvons, avec beaucoup de vraisemblance, l'attribuer surtout à l'habitude que prirent les scolécides rampants de nager librement dans le milieu aquatique. Des mouvements natatoires, énergiques et soutenus, eurent pour résultat un plus grand développement des muscles du tronc, et, dès lors, il devint très-avantageux pour ces muscles d'avoir un solide point d'appui.

Une intime soudure des feuillets germinatifs le long de l'axe du corps pouvait fournir ce point d'appui, et quand le cordon ainsi formé se différencia en tige indépendante, il en résulta la chorda (voir fig. 43-44). En même temps, le ganglion nerveux sus-œsophagien des scolécides s'allongea d'avant en arrière, au-

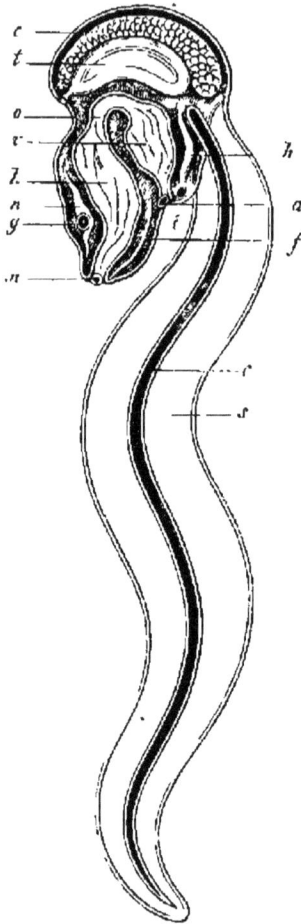

Fig. 112.

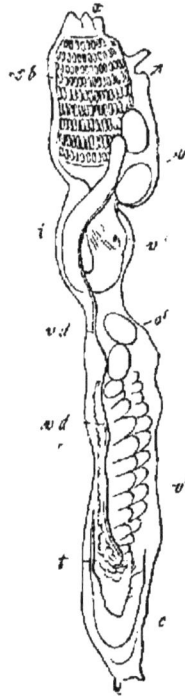

Fig. 113.

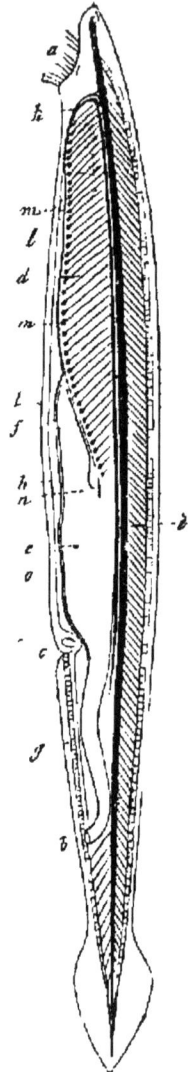

Fig. 114.

Fig. 112. — Une *appendicularia* vue du côté gauche. *m*, bouche. *k*, intestin branchial. *o*, tube alimentaire. *v*, estomac. *a*, anus. *n*, ganglion nerveux (ganglion œsophagien supérieur). *g*, vésicule auditive. *f*, gouttière ciliée, au-dessous des branchies. *h*, cœur. *t*, testicules. *e*, ovaire. *c*, chorda. *s*, queue.

Fig. 113. — *Organisation d'une ascidie* (vue du côté gauche, comme dans les figures 96 et comme dans la fig. 14 de la planche VIII). *sb*, sac branchial.

dessus de la chorda : ainsi se forma le rudiment du tube médullaire.

Déjà nous avons montré quelle est, pour le sujet qui nous occupe, l'importance des ascidies (fig. 113), quelles connexions étroites il y a entre ces animaux et l'amphioxus (fig. 114); nous n'insisterons donc pas sur ce point. Je me contenterai de faire remarquer combien il est erroné de vouloir considérer l'ascidie comme la souche ancestrale commune de l'amphioxus et des autres vertébrés. Ce qu'il faut admettre, c'est que les ascidies, d'une part, les vertébrés, de l'autre, sont issus d'une espèce de ver depuis longtemps éteinte et que nous rappellent le mieux aujourd'hui les larves d'ascidies et les appendiculariés (fig. 112). Cette forme ancestrale commune, actuellement inconnue, doit avoir appartenu au groupe des chordoniens, que nous avons considéré comme notre huitième chaînon généalogique ([88]). Quoique nous ne puissions pas nous faire une idée suffisamment précise de la forme extérieure et de la structure intime de ces chordoniens, nul doute cependant que, comme leurs parents, les tuniciers, et les précédents chaînons généalogiques des scolécides et des archhelminthes, on ne les doive classer, dans la taxinomie zoologique, parmi les vers. Entre eux et les vrais vers, il n'y aurait pas plus de différence qu'il n'en existe aujourd'hui encore entre les vers rubanés et les vers annelés.

Nous venons de passer en revue les principaux chaînons généalogiques de l'homme, qui peuvent être rangés dans l'embranchement des vers. Nous allons maintenant quitter cet embranchement inférieur et continuer à suivre la série ancestrale uniquement dans l'embranchement vertébré, sans plus nous occuper de la plus grande partie du règne animal, issu de l'embranchement des vers dans une direction tout autre.

v, estomac. i, terminaison intestinale. c, cœur. t, testicules. v d, canal deferent. o, ovaire. o', œuf mûr dans la cavité viscérale. (D'après Milne Edwards.)

Fig. 114. — *Amphioxus lanceolatus*, grossi deux fois et vu du côté gauche (l'axe longitudinal est placé perpendiculièrement; l'extrémité buccale est en haut, l'extrémité caudale est en bas, comme dans la planche VIII, fig. 15). a, orifice buccal entouré d'appendices piliformes. b, orifice anal. c, orifice abdominal (porus abdominalis). d, cage branchiale. e, estomac. f, foie-cœcum intestinal. g, extrémité intestinale. h, cavité viscérale (cœlom). i, chorda (cordon axial), au-dessous duquel est l'aorte. k, arcs aortiques. l, tronc des artères branchiales. m. dilatation sur les branches de l'aorte. n, veine cave. o, veine intestinale.

TREIZIÈME TABLEAU.

Vue d'ensemble de la classification phylogénétique du règne animal basée sur la théorie gastréenne et l'homologie des feuillets germinatifs [13].

Types ou phyles du règne animal.	Classes principales ou branches du règne animal.	Classes du règne animal et noms taxonomiques des classes

Premier sous-règne : Protozoaires (protozoa).

Animaux sans feuillets germinatifs, sans intestin, sans tissus propres.

A. Protozoa	I. Ovularia	1. Monera. 2. Amœbina. 3. Gregarinæ.
	II. Infusoria	4. Acinetæ. 5. Ciliatæ.

Deuxième sous-règne : Métazoaires (metazoa).

Animaux ayant deux feuillets germinatifs primaires, intestin, tissus.

B. Zoophyta	III. Spongiæ	6. Gastræada. 7. Porifera.
	IV. Acalephæ	8. Coralla. 9. Hydromedusæ. 10. Ctenophora.
C. Vermes	V. Acœlomi	11. Archelminthes. 12. Plathelminthes. 13. Nemathelminthes. 14. Rhynchocœla. 15. Enteropneusta.
	VI. Cœlomati	16. Tunicata. 17. Bryozoa. 18. Rotatoria. 19. Gephyrea. 20. Annelida.
D. Mollusca	VII. Acephala	21. Spirobranchia. 22. Lamellibranchia.
	VIII. Eucephala	23. Cochlides. 24. Cephalopoda.
E. Echinoderma	IX. Colobrachia	25. Asterida. 26. Crinoida.
	X. Lipobrachia	27. Echinida. 28. Holothuriæ.
F. Arthropoda	XI. Carides	29. Crustacea.
	XII. Tracheata	30. Arachnida. 31. Myriapoda. 32. Insecta.
G. Vertebrata	XIII. Acrania XIV. Monorhina	33. Leptocardia. 34. Cyclostoma.
	XV. Anamnia	35. Pisces. 36. Dipneusta. 37. Amphibia.
	XVI. Amniota	38. Reptilia. 39. Aves. 40. Mammalia.

QUATORZIÈME TABLEAU.

Arbre généalogique monophylétique du règne animal, basé sur la théorie gastréenne et l'homologie des feuillets germinatifs [13].

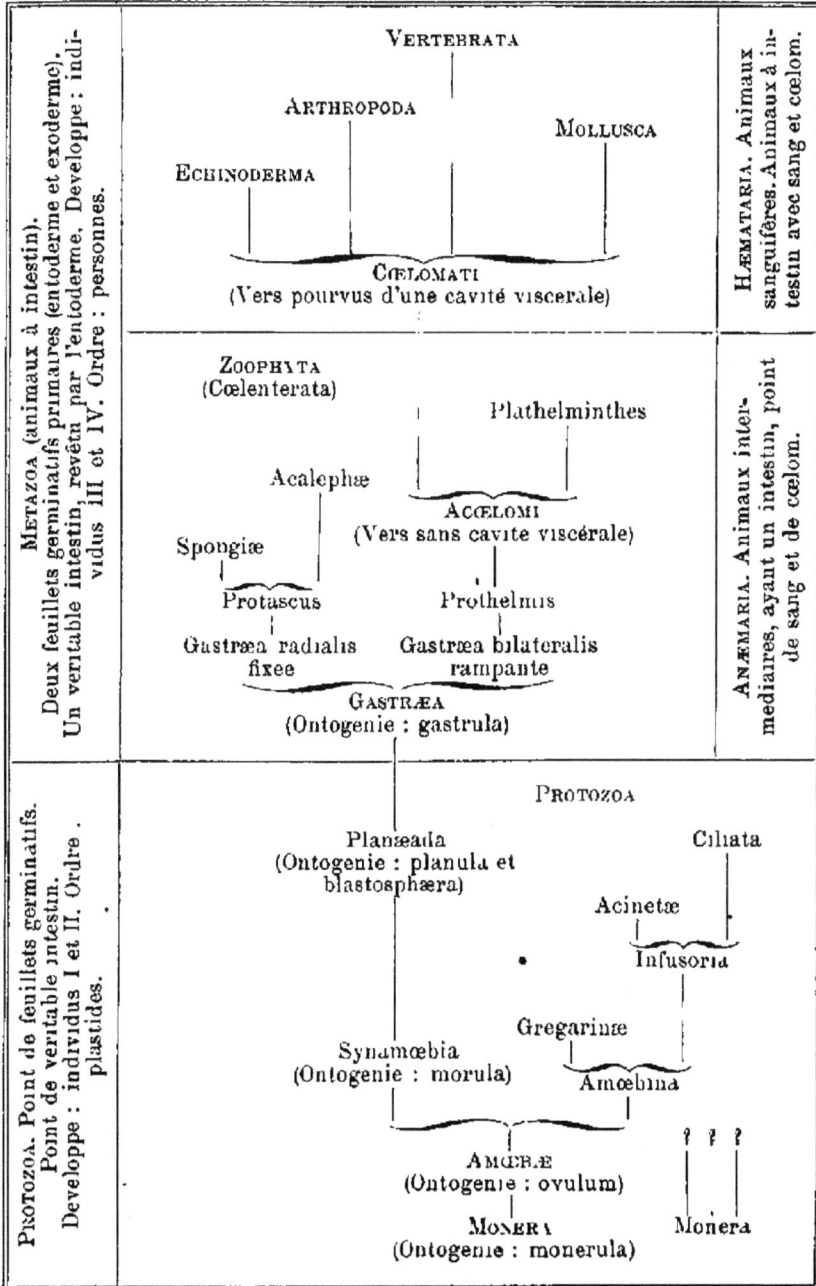

Left margin (top section): Metazoa (animaux à intestin). Deux feuillets germinatifs primaires (entoderme et exoderme). Un vertable intestin, revêtu par l'entoderme, Developpe : individus III et IV. Ordre : personnes.

Left margin (bottom section): Protozoa. Point de feuillets germinatifs. Point de vertable intestin. Developpe : individus I et II. Ordre . plastides.

Right margin (top section): Hæmataria. Animaux sanguifères. Animaux à intestin avec sang et cœlom.

Right margin (bottom section): Anæmaria. Animaux intermédiaires, ayant un intestin, point de sang et de cœlom.

Vertebrata

Arthropoda

Echinoderma

Mollusca

Cœlomati
(Vers pourvus d'une cavité viscérale)

Zoophyta
(Cœlenterata)

Plathelminthes

Acalephæ

Acœlomi
(Vers sans cavite viscérale)

Spongiæ

Protascus

Prothelmis

Gastræa radialis fixee

Gastræa bilateralis rampante

Gastræa
(Ontogenie : gastrula)

Protozoa

Planæada
(Ontogenie : planula et blastosphæra)

Ciliata

Acinetæ

Infusoria

Gregarinæ

Synamœbia
(Ontogenie : morula)

Amœbina

Amœbæ
(Ontogenie : ovulum)

Monera

Monera
(Ontogenie : monerula)

Déjà, dans une leçon précédente (IX) sur « l'homme considéré comme un vertébré », j'ai remarqué, que le plus grand nombre des animaux n'avait absolument aucune consanguinité avec notre embranchement. Cependant les formes ancestrales des trois autres embranchements supérieurs (articulés, radiés, mollusques) proviennent aussi de l'embranchement des vers; mais leurs formes ancestrales appartenaient à des sections de cet embranchement tout à fait distinctes des chordoniens. Pour trouver à ces diverses formes ancestrales une commune origine, il faudrait descendre bien au-dessous du groupe des cœlomates (voir les XIIIe et XIVe tableaux).

Les arthropodes, à qui appartient la classe des insectes, la plus vaste du règne animal, ainsi que les arachnides, les myriapodes et les crustacés, descendent de vers articulés proches parents des annélides actuels. C'est aussi de vers articulés analogues qu'est issu l'embranchement des radiés ou échinodermes, auquel appartiennent les astéries, les actinies, les oursins et les holothuries (⁶³). C'est encore parmi les vers qu'il faut chercher la forme ancestrale des mollusques, comprenant les céphalopodes, les gastéropodes, les lamellibranches et les spirobranches. Mais les cœlomates, d'où proviennent ces trois embranchements supérieurs, étaient tout différents des chordoniens. Chez eux, il ne se développa jamais de notocorde; jamais la section antérieure de leur tube digestif ne se transforma en cage branchiale; jamais leur ganglion nerveux sus-œsophagien ne s'allongea en tube médullaire. En résumé, chez les arthropodes, les échinodermes, les mollusques et leurs ancêtres cœlomates, les particularités organiques, qui caractérisent l'embranchement des vertébrés et les moins éloignés des ancêtres invertébrés de cet embranchement firent toujours défaut. La plupart des animaux sont donc sans intérêt pour la question qui nous occupe, et nous devons nous renfermer dans l'embranchement des vertébrés.

La formation des vertébrés aux dépens des invertébrés qui en diffèrent le moins, c'est-à-dire des chordoniens, remonte à bien des millions d'années en arrière; ce fait arriva sûrement dans l'âge archolithique, dans la première moitié de l'histoire organique de la terre (voir le VIIe tableau). Cette proposition est établie par la présence de restes de poissons fossiles, même de poissons primitifs, dans les premiers terrains sédimentaires qui se déposèrent durant cette énorme période, je veux parler des formations siluriennes supérieures. Quoique ces poissons appartiennent aux groupes les plus inférieurs des crâniotes, pourtant leur organisation est relativement supérieure et suppose une longue série évolutive de vertébrés acrâniens; par conséquent l'origine des plus anciens acrâniens aux dépens des chordoniens doit nécessairement remonter à une période bien antérieure de l'âge archolithique. Ce ne sont donc pas seulement les ancêtres invertébrés de l'homme, mais encore les premiers chaînons vertébrés de sa généalogie, qui se développèrent durant l'antiquité si lointaine des périodes laurentienne, cambrienne et silurienne (voir les IXᵉ et XIᵉ tableaux).

Malheureusement la paléontologie ne peut nous renseigner en rien ni sur la conformation de nos antiques ancêtres vertébrés, ni sur l'époque de leur apparition. En effet, leur corps était aussi mou, aussi dépourvu de parties solides, fossilisables, que celui de nos ancêtres invertébrés, qui les avaient précédés. Il n'y a donc pas à s'étonner, il est même tout naturel, qu'ils ne nous aient légué aucun reste fossile dans les formations archolithiques. Seuls les poissons, dont le squelette cartilagineux s'était en partie ossifié, purent nous fournir des documents fossiles sur leur existence et leur structure.

Heureusement cette lacune est plus que compensée par les témoignages, bien autrement importants, que nous fournissent l'anatomie comparée et l'ontogénie : ces sciences vont en effet nous servir désormais de guides fidèles pour suivre notre généalogie dans les limites de l'embranchement vertébré. Grâce aux classiques recherches de Georges Cuvier, de Jean Müller, de Thomas Huxley et surtout de Carl Gegenbaur, nous disposons déjà, pour cette partie de notre phylogénie, d'une telle masse de documents, que nous pouvons, avec une certitude complète, retracer au moins les traits les plus importants de l'évolution de nos ancêtres vertébrés.

Déjà nous avons établi par quelles particularités tous les vertébrés diffèrent de tous les invertébrés, alors que nous avons étudié la structure du vertébré primitif, idéal (fig. 115). Les caractères principaux sont : 1º la formation de la chorda entre le tube médullaire et le tube intestinal; 2º la différenciation du tube intestinal en une portion branchiale antérieure et une portion postérieure digestive; 3º la segmentation interne ou formation des métamères.

Les deux premiers caractéres sont communs aux vertébrés, aux larves des ascidies et aux chordoniens; le troisième est propre aux vertébrés. Par conséquent, l'acquisition de métamères internes fut le plus important progrès organique par lequel les premiers vertébrés se différencièrent des chordoniens, qui leur ressemblaient le plus. Tout d'abord, la différenciation intéressa surtout le système musculaire, qui se divisa, à droite et à gauche, en une série de lamelles musculaires superposées (fig. 115, m). Ce fut plus tard seulement que la division porta aussi sur le squelette, le système nerveux et le système circulatoire. Comme nous l'avons déjà vu, ce mode de segmentation ou de formation des métamères n'est essentiellement qu'un bourgeon-

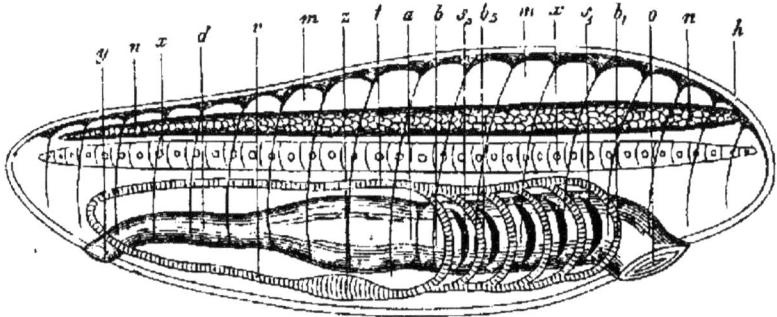

Fig. 115.

nement terminal. Chaque segment dorsal ou métamère a sa valeur morphologique individuelle. La série tout entière des métamères échelonnées d'avant en arrière provient d'une mé- tamère primitive par bourgeonnement terminal. Entre les ver- tébrés à segmentation interne et leurs ancêtres invertébrés non segmentés, les chordoniens, il y a donc le même rapport qu'entre les annélides, les arthropodes à segmentation externe et les vers non segmentés, dont ils descendent.

Fig. 115. — *Section longitudinale à travers le prototype idéal du vertébré.* La section est faite sur l'axe du corps. La bouche est à droite, l'extrémité caudale à gauche. Au-dessus de la tige axiale (*x*) est le canal de la moelle épinière (*n*); au-dessous est le tube digestif (*d*). Ce dernier s'ouvre en avant par la bouche (*o*), en arrière par l'anus (*y*). Sur chaque face latérale de la por- tion intestinale antérieure s'ouvrent cinq fentes branchiales ($s_1 - s_5$), sépa- rées par cinq arcs branchiaux ($b_1 - b_5$). *t*, artère principale ou vaisseau dorsal. *v*, veine principale (vaisseau ventral). *z*, cœur. *a*, estomac. *m*, muscles latéraux du tronc. *h*, épiderme.

L'intelligence de la généalogie des vertébrés est grandement facilitée par la taxinomie naturelle des classes de l'embranchement, telle que je l'ai d'abord ébauchée dans ma Morphologie générale (1866), puis considérablement améliorée dans mon « Histoire de la création naturelle » (5ᵉ éd., XXᵉ leçon). D'après cette classification, il faudrait distinguer *au moins huit classes parmi les vertébrés actuels* :

TABLEAU TAXINOMIQUE DE HUIT CLASSES DE VERTÉBRÉS.

A. Acrania.			1. Leptocardia.
	a. Narine impaire, monorhina .		2. Cyclostoma.
B. Craniota.		I. Anamnia	3. Pisces.
	b. Narines paires Amphirhina		4. Dipneusta.
			5. Amphibia.
		II. Amniota	6. Reptilia.
			7. Aves.
			8. Mammalia.

L'embranchement des vertébrés se divise tout d'abord en deux grandes sections, celle des acrâniens et des crâniotes. La plus inférieure et la plus ancienne de ces sections, celle des acrâniens, n'a plus aujourd'hui d'autre représentant que l'amphioxus. Tous les autres vertébrés, y compris l'homme, appartiennent à la section plus récente et plus élevé des crâniotes. Les crâniotes descendent des acrâniens, comme ceux ci des chordoniens. Les détails dans lesquels nous sommes entrés, au sujet de l'anatomie comparée et de l'ontogénie de l'ascidie et de l'amphioxus, vous ont déjà convaincus du bien fondé de cette importante proposition (voir les XIIIᵉ, XIVᵉ leçons et les planches VII et VIII avec leurs explications). Je rappellerai seulement un fait d'une très-grande portée : c'est que, chez l'amphioxus et l'ascidie, l'évolution embryonnaire est la même. Dans les deux cas, en effet, la gastrula typique naît de la même manière après segmentation totale de l'œuf (pl. VII, fig. 4 et 10) ; puis de la gastrula provient cette curieuse forme embryonnaire pourvue d'un tube médullaire sur le côté dorsal du tube intestinal et d'une chorda interposée aux deux tubes. Enfin, le tube intestinal se différencie en une portion antérieure branchiale et une portion postérieure digestive ; cela aussi bien chez l'ascidie que chez l'amphioxus. En vertu de la loi biogénétique fondamentale, nous pouvons, d'après ces faits primordiaux, formuler l'importante proposition suivante : le plus humble des vertébrés, l'amphioxus et la forme invertébrée, qui lui ressemble le plus, l'ascidie, descendent tous deux d'un seul et même type de ver, dont l'organisation était essentiellement celle des chordoniens.

Mais, comme je l'ai déjà dit plusieurs fois, le rôle extrêmement important de l'amphioxus ne vient pas seulement de ce qu'il comble, dans une certaine mesure, l'abîme qui sépare les invertébrés et les vertébrés, mais aussi de ce qu'il nous représente encore aujourd'hui, dans sa forme la plus simple, le vertébré typique, et de ce qu'il nous fournit un solide point de départ pour arriver à comprendre l'évolution graduelle de l'embranchement tout entier. Si la structure et l'embryologie de l'amphioxus nous étaient inconnues, alors l'évolution de l'embranchement vertébré et du genre humain serait plongée pour nous dans une profonde obscurité. C'est seulement grâce à la connaissance exacte de l'anatomie et de l'ontogénie de l'amphioxus, acquise dans ces dernières années, que nous sommes parvenus à dissiper cette obscurité réputée impénétrable. Que si l'on compare l'amphioxus à l'homme adulte ou à un vertébré supérieur quelconque, on remarque une foule de différences frappantes. L'amphioxus n'a, comme vous le savez, ni tête distincte, ni cerveau, ni crâne, ni mâchoires, ni cœur centralisé, ni foie, ni reins complexes, ni colonne vertébrale articulée; chez lui, tous les organes sont bien plus simples, bien plus primitifs que chez les vertébrés supérieurs et chez l'homme (voir le VIe tableau). Néanmoins, en dépit de ces nombreuses différences, l'amphioxus est un véritable, un incontestable vertébré; et si, au lieu de l'homme adulte, nous prenons pour terme de comparaison l'embryon humain, au début de son ontogénèse, nous verrons qu'entre cet embryon et l'amphioxus il y a concordance parfaite pour tous les organes essentiels (voir le Ve tableau). Cette concordance nous autorise à conclure que tous les crâniotes descendent d'une même forme ancestrale, ressemblant essentiellement à l'amphioxus. Cette forme ancestrale, cet antique provertébré (fig. 115), avait déjà tous les caractères typiques du vertébré, mais point du tout les importantes particularités qui distinguent les crâniotes des acrâniens. Sans doute, l'amphioxus possède sous beaucoup de rapports une organisation qui lui est propre; on ne saurait le considérer comme le descendant non modifié de notre provertébré, mais il en a reçu les caractères typiques que nous avons énumérés. Nous n'avons donc pas le droit de dire : « L'amphioxus est la souche ancestrale des vertébrés » ; mais nous pouvons dire : « De tous les animaux connus, l'amphioxus est le plus proche parent de ce premier ancêtre ; » comme lui, il appartient à cette famille bien nettement déterminée, à cette classe inférieure des vertébrés que nous appelons classe des *acrâniens*. Or, ce groupe ancestral forme le neuvième chaînon de notre série généalogique, le premier des chaînons vertébrés. De ce groupe des acrâniens sont issus, d'une part, l'amphioxus, d'autre part, la souche ancestrale des crâniotes ([89]).

La vaste section des crâniotes comprend tous les vertébrés connus, à la seule exception de l'amphioxus. Tous ces crâniotes ont une tête distincte, bien nettement différenciée du tronc et cette tête comprend un crâne logeant un cerveau. Cette tête supporte, en outre, trois organes des sens spéciaux, le nez, l'œil et l'oreille, qui font en partie défaut aux acrâniens. D'abord le cerveau revêt une forme des plus simples ; ce n'est qu'un renflement ampullaire antérieur du tube de la moelle épinière (pl. VIII, fig. 16, m_1). Mais bientôt cette ampoule se divise par des étranglements transversaux, d'abord en trois, puis en cinq régions échelonnées d'avant en arrière. Ce sont les cinq vésicules primitives, d'où proviendra, avec toutes ses complications de structure, le cerveau, l'organe de l'âme des crâniotes. C'est cette formation de la tête, du crâne et du cerveau, des organes des sens supérieurs, qui constitue le progrès le plus essentiel par lequel la forme ancestrale des crâniotes l'emporte sur les ancêtres acrâniens. Mais bientôt d'autres organes acquièrent aussi un haut degré de développement : on voit apparaître un cœur centralisé, un foie et des reins complexes, sans parler de bien d'autres importants progrès.

Nous pouvons aussi commencer par diviser les crâniotes en deux grands groupes, savoir les monorhiniens (*monorhina*) et les amphirhiniens (*amphirhina*). Le premier groupe n'est plus représenté, de nos jours, que par peu d'espèces, appelées d'ordinaire *cyclostomes* (*cyclostomi*). Par toute leur organisation, ces cyclostomes se placent entre les acrâniens et les monorhiniens. Bien mieux organisés que les acrâniens, bien inférieurs aux amphirhiniens, ils forment un groupe phylogénétique tout à fait intermédiaire aux uns et aux autres. Nous pouvons donc les ranger comme un dixième chaînon dans notre série généalogique.

Les rares représentants actuels de la classe des cyclostomes se divisent en deux ordres, les myxinoïdes et les pétromyzontes (lamproies). Les myxinoïdes ont un corps allongé, cylindrique, vermiforme. Linnée les rangeait parmi les vers ; d'autres zoologistes en firent tantôt des poissons, tantôt des amphibies, tantôt des mollusques. Les myxinoïdes sont des animaux marins, vivant habituellement en parasites sur les poissons, dans la peau desquels ils pénètrent à l'aide de leur bouche circulaire, en ventouse, et de leur langue armée de dents. Parfois on les rencontre dans la cavité viscérale des poissons (par exemple de la morue et de l'esturgeon); ils ont alors pénétré à travers la peau dans l'intérieur du corps de l'animal. Le second ordre, celui des pétromyzontes, comprend les lamproies que vous avez tous vues à l'état de conserves; il y en a de deux sortes: la petite lamproie de rivière (*petromyzon fluviatilis*) et la grande lamproie marine (*petromyzon marinus*) (fig. 116).

La classe zoologique comprenant les deux groupes des myxinoïdes et des pétromyzontes a été dénommée classe des cyclostomes, parce que ces animaux ont une bouche circulaire ou semi-circulaire. Les maxillaires supérieur et inférieur, que possèdent tous les vertébrés supérieurs, manquent complétement chez les cyclostomes aussi bien que chez l'amphioxus. Par opposition aux cyclostomes, on peut appeler tous les autres vertébrés *gnathostomes* (*gnathostomi*), animaux à mâchoires. On peut aussi appeler les cyclostomes monorhiniens (*monorhina*), parce qu'ils n'ont qu'un

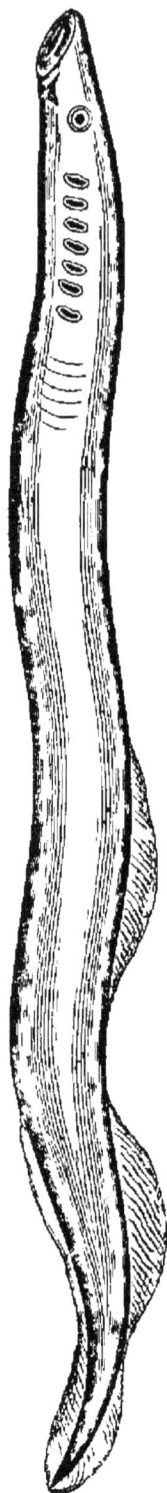

Fig. 116. — La *grande lamproie marine* (Petromyzon marinus), très-rapetissée. Derrière les yeux, on voit, de chaque côté, la série des sept fentes branchiales.

tube nasal impair, tandis que les gnathostomes ont deux narines,
une droite et une gauche (*amphirhina*), amphirhiniens. Mais
les cyclostomes ont bien d'autres particularités anatomiques
qui leur sont propres, et ils diffèrent des poissons plus que
ceux-ci ne diffèrent de l'homme. Force nous est donc de les
considérer comme les derniers débris d'une classe vertébrée,
très-ancienne et très-inférieure, qui ne s'était pas encore élevée
jusqu'à l'organisation des vrais poissons. Pour ne parler que
de l'essentiel, notons que, chez les cyclostomes, il n'y a nulle
trace de membres. Leur peau muqueuse est tout à fait nue,
lisse, sans écailles. Point de squelette osseux. L'axe du corps
est encore une simple chorda, comme chez l'amphioxus. Le
seul commencement de différenciation vertébrale, existant chez
les pétromyzontes, est représenté par des arcs supérieurs partant du tube qui revêt la chorda. A l'extrémité la plus antérieure de la chorda se trouve un crâne des plus rudimentaires.
De l'étui de la chorda part une petite capsule membraneuse, en
partie cartilagineuse et enveloppant le cerveau. Les importants
appareils des arcs branchiaux, de l'os hyoïde, etc., qui existent
depuis les poissons jusqu'à l'homme, manquent aux cyclostomes.
Ils ont pourtant un squelette branchial, cartilagineux et superficiel, mais dont la valeur morphologique est toute différente.
Au contraire, nous rencontrons chez les cyclostomes, et pour
la première fois, le cerveau, cet important organe de l'âme,
qui s'est transmis héréditairement des monorhiniens à l'homme.
Sans doute le cerveau des cyclostomes n'est qu'un petit renflement, proportionnellement insignifiant, de la moelle épinière;
d'abord une ampoule simple (pl. VIII, fig. 16, m_1), se subdivisant plus tard en cinq ampoules cérébrales primitives, échelonnées en série, comme le cerveau de tous les amphirhiniens.
Ces cinq ampoules, qui se retrouvent chez les embryons de tous
les vertébrés, depuis le poisson jusqu'à l'homme, chez qui elles
finissent par acquérir une grande complication, conservent chez
les cyclostomes une conformation rudimentaire et inférieure.
Chez les cyclostomes, la structure élémentaire du système nerveux est aussi plus imparfaite que chez les autres vertébrés.
Chez ces derniers, l'organe de l'ouïe a toujours trois canaux semi-
circulaires; il n'en a que deux chez les pétromyzontes et un
seulement chez les myxinoïdes. Sous tous les autres rapports
l'organisation des cyclostomes est encore plus simple et plus im-

parfaite, par exemple dans ce qui a trait au cœur, à la circulation, aux reins. La section antérieure du canal intestinal est
encore branchiale et respiratoire comme chez l'amphioxus. Mais
l'organe respiratoire des cyclostomes a une conformation spéciale : il se compose de 6 à 7 paires de petites poches situées
de chaque côté de l'intestin antérieur et s'ouvrant en dedans
dans l'œsophage, en dehors sur la peau. C'est là une structure
des organes respiratoires spéciale à cette classe zoologique, et
qui lui a, dès longtemps, valu le nom de classe des marsipo-
branchiés (*marsipobranchi*). Notons aussi l'absence d'un
organe important, propre aux poissons, de la vessie natatoire,
rudiment des poumons des vertébrés.

L'embryologie des cyclostomes n'offre pas moins de particularités que leur structure anatomique générale. Notons d'abord
leur mode de segmentation ovulaire, qui rappelle beaucoup celui
des amphibies (segmentation subtotale, inégale). Puis l'œuf
segmenté produit une forme embryonnaire très-simple, très-voisine de celle de l'amphioxus et que, pour cette raison, nous
avons, depuis longtemps, étudiée et comparée à cette dernière
(pl. VIII, fig. 16). L'évolution embryonnaire de cette larve des
cyclostomes prouve clairement et sans réplique que les crâniotes
sont issus graduellement des acrâniens. Plus tard, on voit provenir de la larve simple, dont nous venons de parler, une autre
larve aveugle et sans dents, tellement différente de la lamproie
adulte qu'elle était considérée, il y a une vingtaine d'années
encore, comme un genre spécial de poissons et décrite comme
telle sous le nom d'ammocètes (*ammocœtes*). C'est seulement
par une métamorphose ultérieure que l'ammocète aveugle et
sans dents devient la lamproie, qui a des dents et des yeux ([90]).

Si nous embrassons d'un coup d'œil toutes les particularités
anatomiques et embryologiques des cyclostomes, nous pourrons
formuler la proposition suivante : les crâniotes primitifs se sont
bifurqués en deux branches; de ces deux branches, l'une est
parvenue jusqu'à nous sans modifications notables : c'est celle
des cyclostomes ou monorhiniens, arrêtée à un degré très-infé-
rieur de développement. L'autre branche, celle des vertébrés,
se prolongea en droite ligne jusqu'aux poissons et, par de nouvelles adaptations, elle acquit un grand nombre de nouveaux
perfectionnements.

Pour bien apprécier toute la valeur phylogénétique du groupe

des cyclostomes, il faut faire l'examen philosophique des particularités anatomiques de cet antique débris de l'animalité primitive à la lumière de l'anatomie comparée. Il faut, par exemple,
savoir distinguer les caractères héréditaires, provenant d'ancêtres éteints et fidèlement transmis jusqu'à ce jour, des particularités dues à l'adaptation et lentement acquises, dans le cours
des siècles, par les représentants actuels de ce groupe antique.
Parmi ces derniers caractères, par exemple, il faut ranger la
narine impaire des cyclostomes, leur bouche en suçoir circulaire,
les rapports anatomiques de la peau et des poches branchiales.
Les premiers caractères, au contraire, seuls importants au point
de vue phylogénétique, seront la primitive conformation de la
colonne vertébrale et du cerveau, l'absence de la vessie natatoire, des maxillaires et des extrémités, etc.

D'ordinaire, la taxinomie zoologique range les cyclostomes
parmi les poissons; pour démontrer combien cette classification
est vicieuse, il suffit de remarquer que, par toutes les particularités caractéristiques de leur organisation, les cyclostomes diffèrent plus des poissons que ceux-ci ne diffèrent des vertébrés
et de l'homme. Comme vous le verrez bientôt, on trouve, chez
les vrais poissons, une foule de caractères anatomiques qui se
sont héréditairement transmis jusqu'à l'homme. Aussi la classe
des poissons proprement dits, en en excluant les acrâniens et
les cyclostomes, marque une nouvelle époque dans l'histoire de
l'embranchement vertébré. C'est seulement à partir des poissons
que se montre le vertébré à double narine, à os maxillaires, ce
type vertébré qui, chez l'homme, est parvenu à l'apogée de son
évolution.

DIX-HUITIÈME LEÇON.

LA SÉRIE GÉNÉALOGIQUE DE L'HOMME.

III. Du poisson primitif à l'amniote.

L'imagination est un don nécessaire, on lui doit les combinaisons nouvelles qui conduisent aux grandes découvertes. La puissance analytique de la raison et l'imagination qui amplifie et généralise doivent se faire harmonieusement équilibre dans l'esprit du naturaliste. Sans cet équilibre, le naturaliste est emporté par son imagination dans le domaine des chimères, avec lui, au contraire, un naturaliste doué de quelque mérite est conduit par la force de sa raison aux plus importantes découvertes.

JEAN MÜLLER (1834)

L'anatomie comparée des vertèbres. — Caractères des amphirhiniens ou gnathostomes : la double narine, l'appareil branchial avec arcs branchiaux, la vessie natatoire, les deux paires de membres. — Parenté des trois groupes des poissons : poissons primitifs ou sélaciens, poissons cartilagineux ou ganoïdes, poissons osseux ou téléostiens. — Commencement de la vie terrestre sur le globe. — Transformation de la vessie natatoire en poumons. — Les dipneustes forment trait-d'union entre les poissons primitifs et les amphibies. — Les trois dipneustes actuels (protopterus, lepidosiren, ceratodus). — Transformation des nageoires polydigitales en pieds à cinq doigts. — Causes et effets de cette transformation. — Tous les vertèbres descendent d'un amphibie à cinq doigts. — Les amphibies relient les vertèbres inférieurs aux vertèbres supérieurs. — Métamorphoses de la grenouille. — Divers degrés de la métamorphose des amphibies. — Amphibies à branchies (proteus et axolotl). — Amphibies à queue (tritons et salamandres). — Amphibiesbatraciens (grenouille et crapaud). — Grand groupe des amniotes (reptiles, oiseaux et mammifères). — Descendance de tous les amniotes d'un même saurien ancestral (protamnion). — Première formation de l'allantoïde et de l'amnios. — Division des amniotes en deux branches : les reptiles et les oiseaux d'une part, les mammifères de l'autre.

Messieurs,

Plus nous avançons dans la phylogénie humaine, plus se rétrécit le district zoologique où nous avons à chercher les ancêtres disparus. En même temps les preuves du développement de notre embranchement, les documents de la création, les témoignages tirés de l'ontogénie, de l'anatomie comparée et de la paléontologie deviennent toujours plus nombreux, plus parfaits et plus authentiques. Par conséquent, plus nous nous éleverons aux degrés zoologiques supérieurs, plus notre phylogénie acquerra de précision.

C'est surtout l'anatomie comparée qui, dans ces régions supérieures du règne animal, nous guidera sûrement. Dans aucun groupe des invertébrés, l'anatomie comparée, cette science importante qui est une vraie philosophie de la morphologie organique, n'est aussi avancée que dans l'embranchement des vertébrés. Déjà Georges Cuvier, Frédéric Meckel et Jean Müller avaient donné à l'anatomie comparée des vertébrés une large et solide base, puis Richard Owen et Thomas Huxley ont, de notre temps, fait grandement progresser cette branche scientifique ; mais les incomparables travaux de Charles Gegenbaur l'ont tellement enrichie que la théorie de la descendance y trouve maintenant ses plus solides appuis. Grâce à elle, nous pouvons, dès à présent, indiquer sûrement les principaux degrés évolutifs et les grands rameaux généalogiques des vertébrés.

Le terrain taxinomique, où nous avons maintenant à nous mouvoir, est si restreint que, sans jamais sortir de l'âge archolithique, nous n'aurons à nous occuper que de l'embranchement des vertébrés, en négligeant complétement les six autres. Dans cet embranchement même, nous avons déjà passé en revue les degrés les plus inférieurs ; de la classe des acrâniens et des amphirhiniens, nous nous sommes élevés à celle des poissons, par où commence la grande section des gnathostomes et des amphirhiniens. Nous allons maintenant prendre pour point de départ la classe des poissons, que les preuves tirées de l'anatomie comparée et de l'ontogénie nous autorisent à considérer en toute sûreté comme la classe ancestrale de tous les vertébrés supérieurs, de tous les gnathostomes. Sans doute, parmi les poissons actuels, il n'en est pas un qui puisse être considéré comme l'ancêtre direct des vertébrés supérieurs ; mais nous n'en avons pas moins le droit de regarder tous les vertébrés amphirhiniens, du poisson à l'homme, comme les descendants d'une forme ancestrale, ichthyoïde. Si cette forme éteinte vivait actuellement sous nos yeux, force nous serait de la tenir pour un vrai poisson et de la ranger dans la classe des poissons. Par bonheur, l'anatomie comparée et la taxinomie des poissons sont maintenant si avancées, grâce aux travaux de Jean Müller et de

Ch. Gegenbaur, que cette conclusion, aussi fondamentale qu'intéressante, s'en dégage très-clairement.

Pour bien retrouver la généalogie humaine dans l'embranchement des vertébrés, il est nécessaire d'avoir bien présents à l'esprit les principaux caractères qui distinguent les poissons et les autres amphirhiniens des monorhiniens et des acrâniens. Ces caractères distinctifs se retrouvent précisément chez les poissons et tous les amphirhiniens jusqu'à l'homme, et c'est justement sur cette concordance que nous nous appuyons pour établir la parenté de l'homme et du poisson (voir le VIᵉ tableau). Parmi ces caractères anatomo-taxinomiques, il faut mettre en première ligne : 1° la double narine ; 2° les arcs branchiaux internes et les arcs maxillaires ; 3° la vessie natatoire ou les poumons ; 4° les deux paires de membres.

Pour ce qui est de la narine double, de ce caractère qui nous sert à distinguer les amphirhiniens des monorhiniens, il est bien intéressant de remarquer que déjà, chez les poissons, le premier rudiment du nez est représenté par deux fossettes situées extérieurement, de chaque côté de la tête, exactement comme il arrive chez l'embryon de l'homme et de tous les vertébrés supérieurs (voir fig. 73 et 74). Au contraire, chez les monorhiniens et aussi chez les acrâniens, le nez commence par une fossette impaire située au milieu de la région frontale (pl. VIII, fig. 16, n). La perfection du squelette branchial, des arcs branchiaux et de l'appareil maxillaire qui en dépend, n'est pas moins importante et nous la constatons chez tous les amphirhiniens, depuis le poisson jusqu'à l'homme. Cependant l'antique transformation de l'intestin antérieur en intestin branchial, telle qu'elle existe déjà chez les ascidies, se retrouve originellement chez tous les vertébrés avec la même simplicité et, sous ce rapport, rien n'est plus caractéristique que les fentes branchiales existant, chez tous les vertébrés aussi bien que chez l'ascidie, dans la paroi de l'intestin branchial. Quant au squelette branchial externe supportant la cage branchiale chez les acrâniens et les monorhiniens, il est remplacé, chez tous les amphirhiniens, par un squelette branchial interne. Ce squelette interne est constitué par un certain nombre d'arcs cartilagineux échelonnés d'avant en arrière, situés entre les fentes branchiales de chaque côté de l'œsophage, qu'ils entourent circulairement. La paire la plus antérieure de ces arcs branchiaux se transforme en arcs maxillaires, d'où proviennent les os maxillaires supérieur et inférieur (voir pl. III, fig. 13 à 16 et pl. IV et V).

Il existe, chez tous les amphirhiniens, un caractère essentiel, par lequel ces animaux se différencient nettement des vertébrés inférieurs, dont nous nous sommes occupés jusqu'ici : c'est la formation d'un cœcum, se développant aux dépens de la portion antérieure du canal intestinal. Ce cœcum commence, chez les poissons, par se remplir d'air, et devient la vessie natatoire (pl. III, fig. 13, *l u*). Grâce aux variations de pression ou de quantité que subit ce contenu gazeux, le poids spécifique du poisson diminue ou augmente; la vessie natatoire est donc un appareil hydrostatique, grâce auquel l'animal peut monter ou descendre dans l'eau. C'est aussi, comme nous le verrons, l'organe d'où sont provenus les poumons des vertébrés supérieurs. Le quatrième et dernier caractère que l'on rencontre chez l'embryon des amphirhiniens est l'existence de deux paires d'extrémités ou membres : l'une antérieure, l'autre postérieure, appelées, chez les poissons, nageoires pectorales et nageoires ventrales (fig. 117, *v* et fig. 117, *h*). L'anatomie comparée de ces nageoires est fort intéressante; on y trouve, à l'état rudimentaire, toutes les pièces osseuses constituant, chez les vertébrés supérieurs et l'homme, le squelette des membres. Nulle trace, au contraire, de ces membres chez les acrâniens et les monorhiniens. Outre ces quatre caractères principaux, nous en pouvons signaler d'autres : par exemple, l'existence d'un système nerveux sympathique, d'une rate, d'une glande salivaire abdominale (pancréas); tous ces organes manquent chez les vertébrés inférieurs, dont nous nous sommes jusqu'ici occupés. Tout cela s'est transmis du poisson jusqu'à l'homme et suffit à prouver quelle énorme distance existe entre les poissons et les acrâniens et monorhiniens. Au contraire, tous ces caractères se retrouvent également chez les poissons et chez l'homme (VIe tableau).

Un examen plus détaillé de la classe des poissons montre tout d'abord qu'elle peut se diviser en trois grands groupes ou sous-classes, dont la généalogie est évidente. De ces sous-classes, la première et la plus ancienne est celle des *sélaciens* ou poissons primitifs, dont les ordres si riches des squales et des raies nous offrent aujourd'hui les spécimens les plus connus (fig. 117, 118). Aux sélaciens se rattache, comme forme évolutive ultérieure du

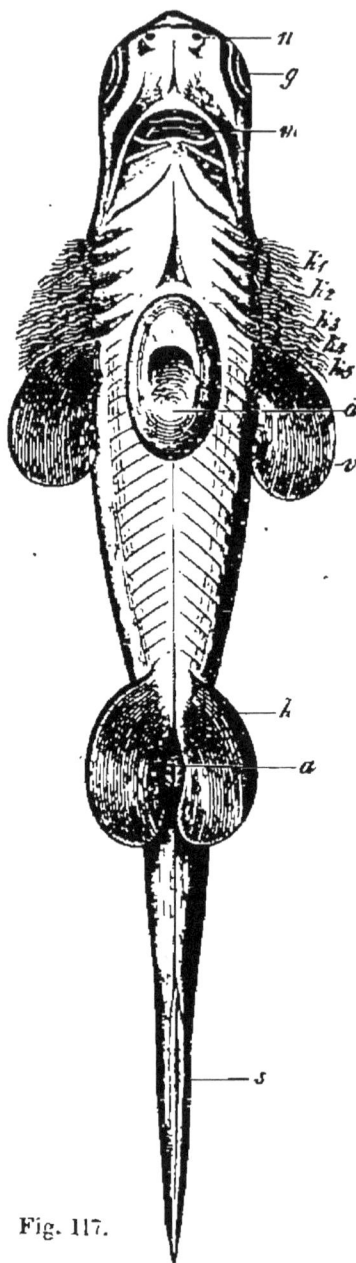

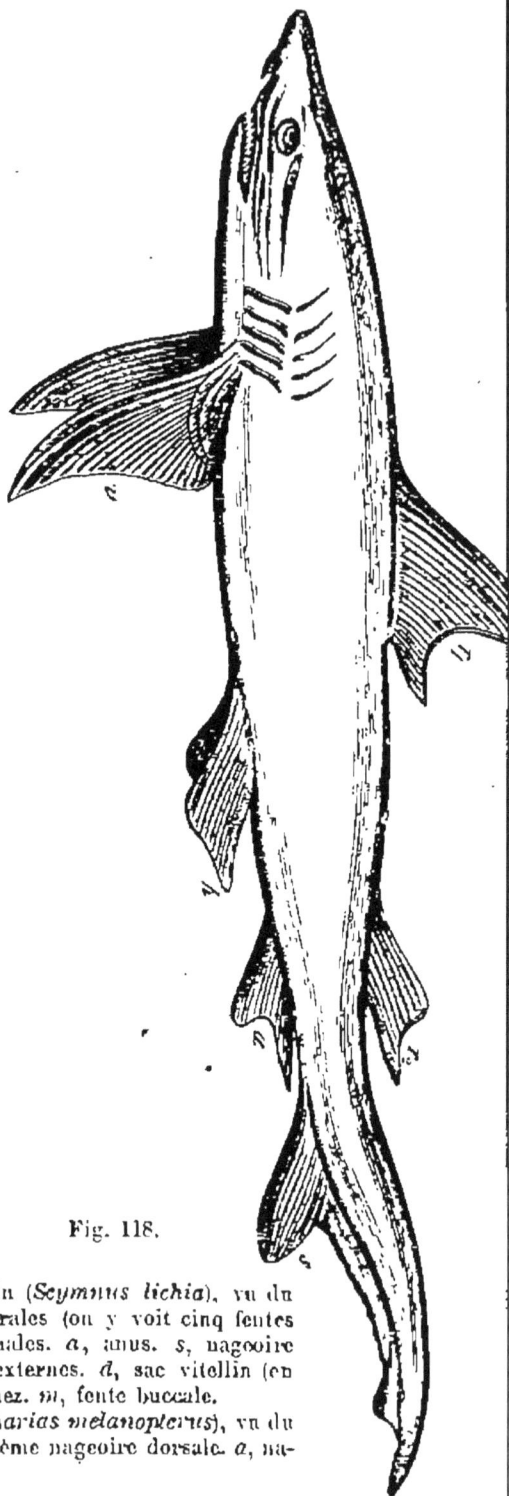

Fig. 117.   Fig. 118.

Fig. 117. — Embryon d'un requin (*Scymnus lichia*), vu du
côté abdominal. *v*, nageoires pectorales (on y voit cinq fentes
branchiales). *h*, nageoires abdominales. *a*, anus. *s*, nageoire
caudale. *k*, houppes branchiales externes. *d*, sac vitellin (en
grande partie enlevé). *g*, yeux. *n*, nez. *m*, fente buccale.

Fig. 118. — Requin adulte (*Carcharias melanopterus*), vu du
côté droit. *r*1, première; *r*2, deuxième nageoire dorsale. *a*, nageoire anale.

type poisson, la sous-classe des ganoïdes ou poissons cartilagineux, dès longtemps disparue en grande partie. Il n'en existe
plus que de très-rares représentants : ce sont, dans nos mers,
l'esturgeon ordinaire et le grand esturgeon ; dans les fleuves
d'Afrique, le polypterus ; dans les fleuves américains, le lepidos-
teus et l'amia. Mais quantité de fossiles nous permettent de juger
de l'antique richesse de ce groupe intéressant.

De ces ganoïdes est issue, en troisième lieu, la sous-classe des
poissons osseux ou téléostiens, à laquelle appartiennent la plupart des poissons actuels, notamment presque tous les poissons
de rivière. Or, l'anatomie comparée et l'ontogénie nous montrent clairement que, comme les ganoïdes sont descendus des
sélaciens, ainsi les téléostiens sont descendus des ganoïdes.
D'autre part, il est sorti du poisson primitif une autre lignée
collatérale ou plutôt un prolongement de la lignée ascendante
de l'embranchement vertébré, qui, par le groupe des dipneustes,
nous conduit à l'importante division des amphibies ([91]).

Cette intéressante parenté des trois groupes des poissons ne
peut plus être mise en doute, après les excellents travaux de
Ch. Gegenbaur. La lumineuse dissertation sur « la place taxinomique des sélaciens », qu'il a publiée dans l'introduction de
ses classiques recherches sur le squelette céphalique des sélaciens, doit être regardée comme la démonstration définitive de
cette importante consanguinité. Chez les poissons primitifs ou
sélaciens, les écailles et les dents, c'est-à-dire les appendices cutanés et maxillaires, sont identiques par la forme et la structure,
tandis que ces appendices sont déjà différenciés dans les deux autres
groupes de poissons (poissons cartilagineux et poissons osseux).
Chez les poissons primitifs encore, le squelette cartilagineux,
aussi bien celui de la colonne vertébrale et du crâne que celui
des membres, est extrêmement simple, d'une conformation rudimentaire, qui a précédé celle du squelette des poissons cartilagineux et osseux. Chez ces derniers aussi, l'appareil branchial
et le cerveau sont plus fortement différenciés que chez les poissons primitifs. Sous certains rapports, par exemple pour la
conformation du cœur et du canal digestif, les poissons cartilagineux ressemblent aux poissons primitifs et se différencient
des poissons osseux. Mais en comparant tous les traits anatomiques, on arrive à être convaincu que les poissons cartilagineux
forment un groupe intermédiaire reliant les poissons primitifs et

les poissons osseux. Le plus ancien groupe de poissons est celui des poissons primitifs; il en sortit, d'un côté, la totalité des poissons, en commençant par les poissons cartilagineux, d'où provinrent, beaucoup plus tard, durant la période jurassique ou crétacée, les poissons osseux. Dans une autre direction, les poissons primitifs engendrèrent les formes ancestrales des vertébrés supérieurs, d'abord les dipneustes et ensuite les amphibies. Si nous faisons des sélaciens le onzième chaînon de notre généalogie, le douzième sera formé par les dipneustes et le treizième par les amphibies.

Le progrès réalisé par les dipneustes, alors qu'ils sortirent des sélaciens, est fort notable; c'est un changement qui s'effectua dans la vie organique au commencement de la période paléozoïque ou primaire. Les nombreux fossiles végétaux et animaux que nous ont légués les trois premières périodes géologiques, les périodes laurentienne, cambrienne et silurienne, ont tous appartenu à des animaux et à des plantes aquatiques. De ces faits paléontologiques, que corroborent d'importantes considérations géologiques et biologiques, nous avons, à peu près, le droit de conclure que, d'une façon générale, les animaux terrestres n'existaient pas alors. Durant l'énorme période archozoïque, c'est-à-dire durant bien des millions d'années, toute la population vivante du globe fut aquatique, fait bien remarquable, si l'on se rappelle que cette période représente une grande moitié de la durée de la vie organique sur la terre. Aujourd'hui encore, les embranchements zoologiques inférieurs sont sans exception ou à très-peu d'exceptions près, composés d'animaux aquatiques. Mais durant la période archozoïque ou primordiale, les embranchements supérieurs étaient aussi composés d'animaux aquatiques. Ce fut seulement par la suite qu'ils s'adaptèrent à la vie terrestre. Les fossiles provenant de végétaux et d'animaux terrestres n'apparaissent que dans les couches dévoniennes, c'est-à-dire au commencement de la seconde grande période, de la période paléozoïque. Puis leur nombre s'accroît considérablement dans les strates carbonifères et permiennes. Les arthropodes et les vertébrés fournissent alors de nombreuses espèces, qui habitaient la terre ferme et respiraient dans l'air, tandis que leurs ancêtres de la période silurienne respiraient dans l'eau. Cette importante métamorphose physiologique du mode respiratoire fut le plus profond des changements que subit l'organisme animal, en passant du milieu liquide sur la terre ferme. Il en résulta, d'abord, la formation des organes de la respiration aérienne, des poumons ; puisque jusqu'alors les organes de la respiration aquatique, les branchies, avaient seuls fonctionné. En même temps il s'ensuivit une modification importante dans la circulation du sang et les organes de cette circulation ; car il y a un rapport constant et profond entre les organes respiratoires et circulatoires. D'autres organes encore, ayant avec les précédents quelque corrélation, furent plus ou moins transformés.

Dans l'embranchement des vertébrés, ce fut sûrement une branche de poissons primitifs ou sélaciens qui fit, durant la période dévonienne, la première tentative heureuse pour s'habituer à la vie terrestre et à la respiration atmosphérique. Ces poissons durent d'abord adapter leur vessie natatoire à la respiration aérienne, c'est-à-dire la transformer en poumons. Par suite le cœur et le nez se modifièrent. Tandis que, chez les vrais poissons, les narines ne sont représentées que par une paire de fossettes situées à la surface de la tête (fig. 117, *n*), elles se perforèrent, chez les sélaciens dont nous parlons, et communiquèrent avec la cavité buccale. Il se forma, de chaque côté, un canal qui faisait directement communiquer les fossettes nasales avec l'extrémité buccale et qui, alors même que la bouche était fermée, donnait passage vers les poumons à l'air atmosphérique nécessaire à la respiration. En outre, tandis que, chez les vrais poissons, le cœur est seulement composé de deux cavités, une oreillette recevant le sang veineux du corps et un ventricule qui le chasse par un tronc artériel dans les branchies, l'oreillette de nos sélaciens se divisa alors, par une cloison incomplète, en deux moitiés droite et gauche. L'oreillette droite seule reçut le sang veineux du corps ; dans l'oreillette gauche passa le sang veineux allant des poumons et des branchies au corps. C'est ainsi que la circulation simple des vrais poissons devint la circulation double des vertébrés supérieurs ; puis, en vertu de la loi de corrélation organique, ce perfectionnement détermina de nouveaux progrès dans la conformation d'autres organes.

Cette classe des vertébrés sélaciens, qui s'adapta la première à la respiration aérienne, nous l'appellerons classe des *dipneustes* ou animaux à double respiration (*dipnoi*), parce qu'avec la respiration pulmonaire nouvellement acquise, elle conserva encore la respiration branchiale, comme les derniers des amphibies.

QUINZIÈME TABLEAU.

Vue d'ensemble de la taxinomie phylogénétique des vertebrés.

I. Acrania ou Leptocardia.

Vertebrés depourvus de tête, de crâne, de cerveau, de cœur centralisé.

| 1. Acrania | 1. Leptocardia | 1. Amphioxida |

II. Craniota ou animaux à cœur centralisé (Pachicardia).

Vertebres pourvus d'une tête, d'un crâne, d'un cerveau, d'un cœur centralise.

Section des crâniotes	Classes des crâniotes	Sous-classes des crâniotes et noms taxinomiques des sous-classes.
2. Monorhina	II. Cyclostoma	2. Hyperotreta (myxinoida)
		3. Hyperoartia (petromyzontia)
3. Anamnia	III. Pisces	4. Selachii
		5. Ganoides
		6. Teleostei
	IV. Dipneusta	7. Monopneumones
		8. Dipneumones
	V. Halisauria	9. Simosauria
		10. Plesiosauria
		11. Ichthyosauria
	VI. Amphibia	12. Sozobranchia
		13. Sozura
		14. Anura
		15. Phractamphibia
4. Amniota	VII. Reptilia	16. Lacertilia
		17. Ophidia
		18. Crocodilia
		19. Chelonia
		20. Pterosauria
		21. Dinosauria
		22. Anomodonta
	VIII. Aves	23. Saururæ
		24. Carinatæ
		25. Ratitæ
	IX. Mammalia	26. Monotrema
		27. Marsupialia
		28. Placentalia

SEIZIÈME TABLEAU.

Arbre généalogique des vertébrés.

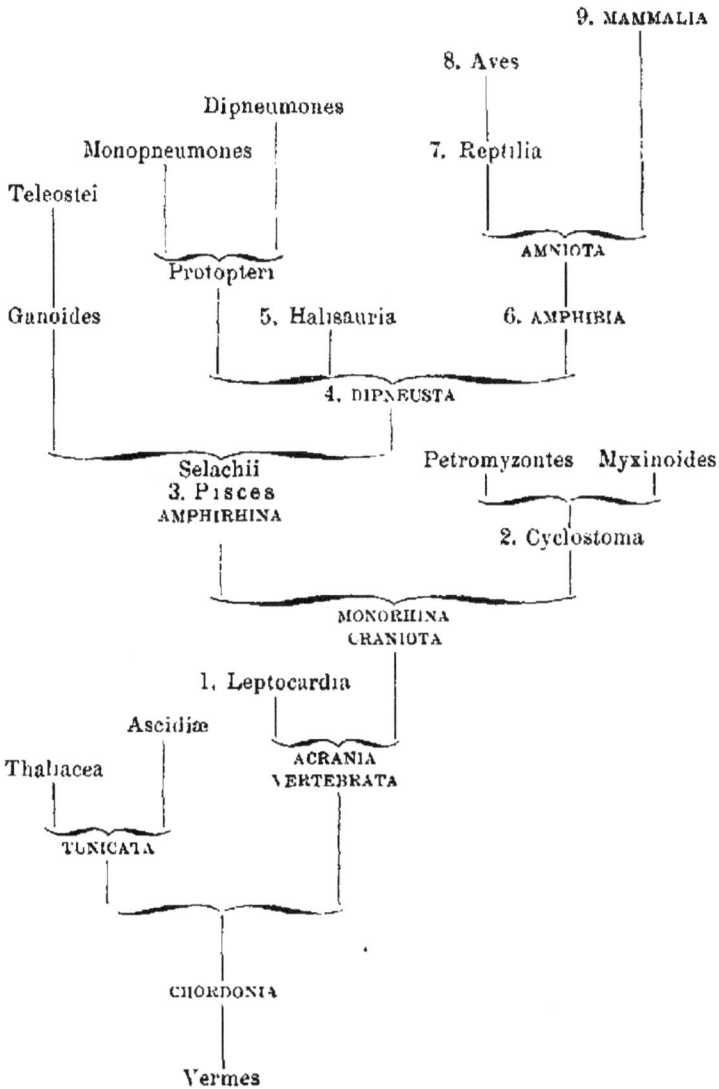

9. MAMMALIA

8. Aves

Dipneumones

Monopneumones — 7. Reptilia

Teleostei

Protopteri — AMNIOTA

Ganoides — 5. Halisauria — 6. AMPHIBIA

4. DIPNEUSTA

Selachii — Petromyzontes Myxinoides
3. Pisces
AMPHIRHINA — 2. Cyclostoma

MONORHINA
CRANIOTA

1. Leptocardia

Ascidiæ — ACRANIA
VERTEBRATA
Thaliacea

TUNICATA

CHORDONIA

Vermes

Durant l'âge paléolithique, c'est-à-dire durant les périodes dévonienne, carbonifère et permienne, la classe des dipneustes était
représentée par des genres nombreux et variés. Mais comme ces
animaux, de même que les sélaciens, avaient un squelette mou,
cartilagineux, ils n'ont pu laisser aucun débris fossile. Seules, les
fines dents de quelques genres (du *ceratodus*) ont pu nous parvenir; on les trouve par exemple dans le trias (pl. IX, fig. 2).
Actuellement la classe des dipneustes n'est plus représentée que
pas trois genres : le *protopterus annectens* dans les fleuves
de l'Afrique tropicale (Nil blanc, Niger, Quellimané, etc.); le
lepidosiren paradoxa dans le sud de l'Amérique tropicale, dans
les affluents de l'Amazone, et le *ceratodus forsteri* dans les
marais de l'Australie méridionale (pl. IX, fig. 1) (**). La large
dispersion de ces genres épigoniques prouverait à elle seule que
ce sont les derniers débris de groupes autrefois très-variés. Par
toute sa structure, le groupe des dipneustes devait faire transition
entre les poissons et les amphibies. Ce caractère intermédiaire est
si fortement imprimé dans toute l'organisation de ces curieux animaux, qu'aujourd'hui encore, les zoologistes discutent pour savoir
si les dipneustes sont des poissons ou des amphibies. Quelques zoologistes les placent encore parmi les amphibies, mais la plupart
les rangent parmi les poissons. C'est qu'en réalité, les caractères
des deux classes sont tellement confondus chez les dipneustes,
que c'est une pure question de définition; tout dépend de l'idée
que l'on se fait, du « poisson » et de « l'amphibie ». Par leur
manière de vivre, les dipneustes sont de vrais amphibies. Durant
l'hiver des tropiques, durant la saison des pluies, ils nagent dans
l'eau comme des poissons et respirent par leurs branchies.
Pendant la saison sèche, ils s'enfouissent dans une argile
desséchée et respirent l'air, par leurs poumons, comme les amphibies et les vertébrés supérieurs. Cette double respiration leur
est commune avec les amphibies inférieurs et les élève au-dessus
des poissons. Mais pour la plupart des autres caractères, ils ressemblent plus aux derniers et sont inférieurs aux premiers. Leur
conformation extérieure est absolument pisciforme.

La tête des dipneustes ne se distingue pas du tronc. Leur peau
est recouverte de grosses écailles. Le squelette est mou, cartilagineux, très-peu développé, analogue à celui des sélaciens inférieurs. La chorda est parfaitement conservée. Les quatre membres
sont des nageoires rudimentaires, analogues à celles des poissons

primitifs les plus inférieurs. La ressemblance avec les poissons inférieurs se retrouve encore dans le cerveau, le tube digestif et les organes sexuels. C'est que les dipneustes ont fidèlement reçu par hérédité de nos antiques ancêtres, les poissons, quantité de traits anatomiques inférieurs, tout en faisant faire à l'organisation vertébrée un grand progrès par leur adaptation à la respiration aérienne.

D'ailleurs, les trois genres de dipneustes actuels se distinguent entre eux par d'importantes différences. Le dipneuste australien (*ceratodus*), découvert en 1870, à Sidney, par Gérard Krefft, est particulièrement remarquable; il atteint jusqu'à six pieds de longueur et doit être regardé comme un type primitif, bien conservé (pl. IX, fig. 1). Il faut noter, par exemple, la conformation de ses nageoires empennées (pl. IX, fig. 3) et son poumon simple. Au contraire, chez le dipneuste africain (*protopterus*) et chez le dipneuste américain (*lepidosiren*), les nageoires ne sont pas empennées et les poumons sont doubles, comme chez tous les vertébrés supérieurs. Outre les branchies internes, le protopterus possède aussi des branchies externes, qui manquent au lepidosiren. Sans doute, les dipneustes disparus, qui ont été nos ancêtres directs et relient les sélaciens aux amphibies, différaient beaucoup de leurs trois survivants actuels, mais ils leur ressemblaient sûrement pour tous les caractères essentiels. Par malheur, l'embryologie des trois dipneustes actuels est encore parfaitement inconnue; mais on peut prédire qu'on en tirera d'importantes conclusions relatives à la phylogénie des vertébrés inférieurs et par conséquent à nos ancêtres.

Déjà nous devons d'importantes inductions de ce genre à la classe des vertébrés, qui vient après celle des dipneustes, qui s'y rattache et en est sortie, à la classe des amphibies. A cette classe appartiennent les tritons et les salamandres (pl. X, fig. 4 et 5), les crapauds et les grenouilles. Autrefois, en suivant les errements de Linnée, on rangeait parmi les amphibies tous les reptiles (lézards, serpents, crocodiles, tortues). Mais ces derniers animaux ont une organisation bien supérieure et, par tous leurs caractères anatomiques les plus importants, ils se rattachent aux oiseaux bien plus qu'aux amphibies. Quant aux vrais amphibies, ils se rapprochent beaucoup des dipneustes et des poissons primitifs; ils sont aussi beaucoup plus anciens que les reptiles. Déjà, durant la période carbonifère, il y avait de nombreux amphibies, très-développés et pour la plupart de grande taille, tandis que les premiers reptiles n'apparurent que vers la fin de la période permienne. C'est, vraisemblablement, plus tôt encore, dans le cours de la période dévonienne, que les amphibies provinrent des dipneustes. Ces amphibies éteints, dont les restes fossiles, nombreux surtout dans la période triasique, se sont conservés depuis ces âges reculés, se distinguent par une épaisse cuirasse cutanée, analogue à celle du crocodile, tandis que nos amphibies actuels ont, pour la plupart, une peau lisse et lubrifiée. Ces derniers sont aussi d'ordinaire beaucoup moins gros que leurs prédécesseurs, dont ils semblent être des survivants amoindris.

Pourtant, parmi les amphibies actuels, il n'est aucune espèce que l'on puisse placer directement dans notre série zoologique et considérer comme une forme ancestrale des trois classes supérieures des vertébrés ; mais ils ressemblent tellement à ces derniers par nombre de caractères anatomiques et embryologiques, que l'on peut formuler la proposition suivante : entre les dipneustes, d'une part, et les trois classes supérieures de vertébrés, les amniotes, de l'autre, il a existé toute une série de formes intermédiaires, qu'il nous faudrait ranger parmi les amphibies, si elles n'étaient pas aujourd'hui éteintes. Par toute leur organisation, les amphibies actuels nous représentent un de ces groupes intermédiaires.

Pour les importantes fonctions respiratoire et circulatoire, les amphibies se rattachent encore étroitement aux dipneustes, tout en leur étant supérieurs sous d'autres rapports. Cela est vrai surtout pour la conformation perfectionnée de leurs extrémités, qui, pour la première fois, sont pourvues de cinq doigts. Les travaux approfondis de Gegenbaur ont montré que les nageoires de poissons, sur lesquelles on s'était fait des idées entièrement fausses, sont des pieds polydactyles. Les nombreux rayons cartilagineux et osseux des nageoires des poissons correspondent aux doigts et aux orteils des vertébrés supérieurs. Les segments de ces rayons correspondent aux phalanges de chaque doigt. En réalité, la nageoire n'est qu'un pied polydactyle. Chez les dipneustes, la nageoire est encore aussi compliquée que chez les vrais poissons; c'est graduellement que ce pied polydactyle est devenu le pied à cinq doigts, que nous trouvons, pour la première fois, chez les amphibies. Cette réduction du nombre des doigts, chez les ancêtres dipneustes des amphibies, s'effectua vraisemblablement dans la seconde moitié de la période dévonienne, ou, au plus tard, dans la période carbonifère qui suivit. Parmi les fossiles de cette dernière période, nous rencontrons déjà beaucoup d'amphibies à cinq doigts. Dans les terrains triasiques on trouve de nombreuses empreintes de leurs pieds (*chirotherium*).

Cette pendactylie est très-importante, parce qu'elle s'est transmise des amphibies aux vertébrés supérieurs. On ne pourrait se figurer pourquoi, chez les derniers des amphibies, aussi bien que chez les reptiles et les vertébrés supérieurs, y compris l'homme, il a pu se former des extrémités pendactyles, si cette conformation n'est point un legs fait par une forme ancestrale commune, qui était pourvue de cinq doigts. Seule l'hérédité peut nous rendre raison de ce fait. Pourtant chez beaucoup d'amphibies et de vertébrés supérieurs il y a moins de cinq doigts. Mais dans tous ces cas on peut démontrer qu'il y a eu rétrogradation, puis disparition des doigts qui manquent. Chez les chiens et les chats, les pattes antérieures ont encore habituellement cinq doigts, tandis qu'il y en a quatre seulement aux pattes postérieures. Chez les ruminants, il y a encore quatre doigts, dont deux seulement sont développés et les deux autres rudimentaires. Chez le cheval, un seul doigt s'est développé à chaque pied; les quatre autres se sont perdus. Mais nous connaissons un cheval fossile (*anchiterium*), qui avait encore trois doigts. Nous pouvons même à l'aide des nombreux restes fossiles d'ongulés établir une série complète d'intermédiaires entre la forme pendactyle, qui a été la souche des ongulés, et le cheval à doigt unique. Les récents progrès de la paléontologie et de l'anatomie comparée ont si bien élucidé ce fait que je puis le considérer comme un solide point d'appui. Pour tout savant familier avec l'anatomie comparée et ayant étudié les faits au point de vue généalogique, il ne saurait être douteux que, de l'amphioxus à l'homme, les nombreuses variétés d'extrémités que l'on rencontre dans les trois classes supérieures des vertébrés (reptiles, oiseaux et mammifères) ne proviennent d'une forme ancestrale commune à quatre pieds pendactyles. Cette forme ancestrale, depuis longtemps éteinte, a dû être un véritable amphibie.

Quant à la cause efficiente qui a fait de la nageoire polydactyle des poissons un pied pendactyle, il faut la chercher dans l'adaptation à des fonctions toutes nouvelles, dans le passage d'une existence absolument aquatique à une existence en partie terrestre. La nageoire polydactyle, qui servait d'abord exclusivement d'agent propulseur aquatique, d'aviron, a été employée comme point d'appui pour ramper sur un sol solide ; il en est résulté une transformation des os et des muscles des membres. Peu à peu le nombre des rayons des nageoires se réduisit et tomba enfin à cinq. Mais en même temps ces cinq rayons se développèrent, devinrent plus forts, plus indépendants. Les rayons cartilagineux se transformèrent en tiges osseuses. Le reste du squelette gagna aussi en solidité ; là aussi le tissu osseux résistant remplaça le tissu cartilagineux flexible. Non-seulement les mouvements devinrent plus énergiques, ils devinrent aussi plus variés. Les diverses portions du squelette et par suite celles des muscles se différencièrent de plus en plus. Mais comme il y a une étroite corrélation entre le système musculaire et le système nerveux, la fonction et la structure de ce dernier se perfectionnèrent aussi beaucoup. Aussi voit-on que le cerveau des amphibies supérieurs est déjà beaucoup plus développé que celui des poissons et des dipneustes, tandis qu'il en diffère peu chez les amphibies inférieurs.

Comme nous l'avons déjà vu, chez les dipneustes, les organes qui se modifièrent le plus sous l'influence de l'existence amphibie furent ceux de la respiration et de la circulation. Le premier progrès organique, que nécessita le passage de la vie aquatique à la vie terrestre, fut la formation d'un organe respiratoire, d'un poumon. Cela se fit aux dépens d'un organe préexistant, de la vessie natatoire, léguée par les poissons. Tout d'abord la fonction de cette vessie natatoire fut entièrement subordonnée à celle des anciens organes respiratoires, des branchies. C'est ainsi que nous voyons les derniers des amphibies, les sozobranches, passer, comme les dipneustes, une partie de leur vie dans l'eau et par conséquent y respirer par leurs branchies. C'est seulement pendant les courts instants passés par eux à la surface de l'eau ou en rampant sur la terre ferme qu'ils respirent l'air par leurs poumons. Mais déjà une partie des sozoures, des tritons et des salamandres ne vivent dans l'eau que pendant une partie de leur jeunesse, puis se tiennent ensuite le plus souvent sur la terre ferme. A l'état adulte, ces animaux n'ont plus que la respiration aérienne et

pulmonaire. On en peut dire autant des amphibies très-développés, des anoures (grenouilles et crapauds); quelques-uns de
ces derniers n'ont même plus de larve branchifère. Il en est de
même chez quelques petits amphibies ophioïdes, chez les *cœci-
liens*, qui vivent dans la terre comme les lombrics.

C'est précisément parce que la classe des amphibies sert de
trait d'union entre les vertébrés inférieurs et les vertébrés supérieurs, qu'elle est particulièrement intéressante. Tandis que,
par toute leur organisation, les amphibies inférieurs se rattachent immédiatement aux dipneustes et aux poissons, surtout
parce qu'ils vivent dans l'eau et y respirent par des branchies,
les amphibies supérieurs tiennent directement aux amniotes et
vivent comme eux sur la terre ferme, en respirant par des poumons. Néanmoins, dans leur jeunesse, les amphibies supérieurs
ressemblent aux autres et ils n'acquièrent une organisation supérieure qu'après une complète métamorphose. L'embryologie
de la plupart des amphibies supérieurs répète fidèlement aujour-
d'hui encore la phylogénie de la classe entière, et au début de
sa vie, en sortant de l'œuf, chacune des grenouilles de nos
étangs et de nos marais subit la même métamorphose graduelle
par laquelle ont passé les vertébrés inférieurs des périodes dévonienne et carbonifère, alors qu'ils changèrent leur vie aquatique
pour la vie terrestre.

On sait qu'au sortir de l'œuf, chaque grenouille est à l'état
de larve, de têtard, et tout autrement conformée que la grenouille
adulte, puisqu'elle a essentiellement l'organisation d'un poisson primitif (pl. III, fig. 13). Le tronc si écourté de la grenouille s'est
prolongé en une longue queue, qui a tout à fait la forme et la
structure d'une queue de poisson. Point de membres encore. La
respiration se fait exclusivement par les branchies d'abord externes, puis internes. En conséquence, le cœur du têtard est,
comme celui du poisson, seulement biloculaire; il a une oreillette
recevant le sang veineux du corps, et un ventricule qui chasse
ce sang dans les branchies par les arcs aortiques.

C'est sous cette forme de poisson que les larves de nos grenouilles nagent en si grand nombre dans nos étangs et nos
marais, en se servant de leur queue musculeuse comme d'une
nageoire caudale, ainsi que le font les poissons et les larves
d'ascidie. Puis, quand les têtards ont atteint une certaine grosseur, commence la curieuse métamorphose du poisson en gre-

nouille. Il se forme, dans la région œsophagienne, un cœcum, qui se divise bientôt en deux poches spacieuses : se sont les poumons; une cloison divise l'oreillette en deux cavités et, en même temps, les troncs artériels subissent d'importantes modifications. D'abord toute la masse du sang allait, par les arcs aortiques, du ventricule cardiaque dans les branchies; maintenant une partie seulement de ce sang va dans les branchies, le reste est charrié dans les poumons à travers l'artère pulmonaire nouvellement formée. Des poumons le sang artériel revient dans l'oreillette gauche, tandis que l'oreillette droite reçoit le sang veineux du corps et, comme les deux oreillettes s'ouvrent maintenant dans le ventricule unique, celui-ci contient un sang mélangé. La forme dipneuste s'est maintenant substituée à la forme poisson. Dans le cours ultérieur de la métamorphose, les branchies et les vaisseaux branchiaux disparaissent; la respiration devient alors exclusivement pulmonaire. Plus tard la longue queue se résorbe et la grenouille bondit alors en appuyant ses pattes sur le sol[93].

Cette curieuse métamorphose des amphibies supérieurs est fort instructive pour la phylogénie humaine; pourtant la plupart des personnes soi-disant éclairées ne s'en doutent pas. Elle est d'ailleurs d'autant plus intéressante que les divers groupes des amphibies actuels se sont arrêtés à des degrés différents de la phylogénie, telle que la reproduit encore l'embryologie, ainsi que nous l'enseigne la loi biogénétique fondamentale.

Au plus bas degré, nous trouvons d'abord l'ordre amphibien des sozobranches (*sozobranchia*), qui gardent leurs branchies pendant toute la durée de leur vie, comme les poissons[94]. A cet ordre appartiennent entre autres le protée à branchies (*proteus anguineus*) de la grotte d'Adelsberg, le *siren lacertina* de la Caroline du Sud et l'axolotl du Mexique (*siredon pisciformis*, pl. X, fig. 4). Tous les sozobranches sont pisciformes, de forme allongée, et ressemblent aux dipneustes pour les organes respiratoires et circulatoires. Pourvus à la fois de branchies et de poumons, ces animaux peuvent, suivant le besoin, respirer dans l'eau par leurs branchies, ou dans l'air par leurs poumons. Dans le deuxième ordre, celui des salamandres, les branchies disparaissent chez l'adulte, qui ne respire plus que par des poumons. Cet ordre a été appelé ordre des sozoures (*sozura*), parce que les animaux qui le composent conservent toujours une longue

queue. A cet ordre appartiennent le *triton commun*, si nombreux
l'été dans nos étangs, et la salamandre noire, tachetée de jaune
(*salamandra*), qui vit dans les bois humides (pl. X, fig. 5).
Ils comptent parmi les plus curieux de nos vertébrés, à cause
des nombreuses particularités anatomiques qui attestent leur
haute antiquité ([95]). Quelques sozoures, tout en ayant perdu leurs
branchies, ont encore conservé les fentes branchiales de chaque
côté du cou (*menopoma*). Si l'on oblige les larves de nos salamandres et de nos tritons à ne pas quitter
leur milieu aquatique, on peut, les circonstances aidant, réussir à leur faire
garder leurs branchies (fig. 119). Tout
en restant ainsi à l'état pisciforme, ces
animaux deviennent aptes à la reproduction et gardent toujours l'organisation des
sozobranches inférieurs, preuve frappante
de la puissance de l'adaptation. Il y a
quelques années, un sozobranche pisciforme, le *siredon pisciformis,* nous a
fourni la contre-épreuve du fait précédent
(pl. X, fig. 4). On prit d'abord cet animal
pour un sozobranche permanent, conservant toujours l'état pisciforme. Mais,
parmi quelques centaines de ces animaux
conservés au Jardin des plantes de Paris,
quelques individus sortirent de l'eau, on
ne sait pourquoi, perdirent alors leurs
branchies et prirent une forme analogue
à celle des salamandres (fig. 5); dans cet
état, ils se reproduisirent. Depuis lors,

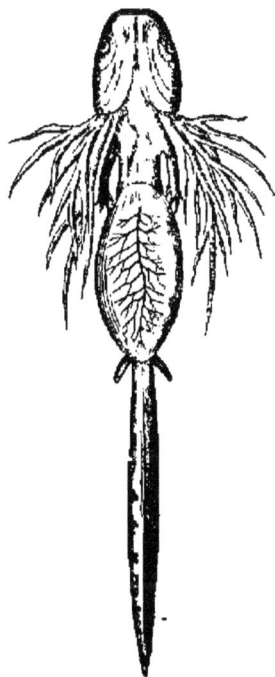

Fig. 119.

on a observé nombre de fois ce phénomène, qui fit alors sensation. Les zoologistes ont vu dans ce fait une sorte de prodige,
quoique chaque grenouille et chaque salamandre subisse une
métamorphose équivalente. Chez ces dernières, en effet, on peut
suivre pas à pas la transformation d'animaux aquatiques
et respirant par des branchies en animaux terrestres respirant

Fig. 119. — Larve de la salamandre terrestre tachetée (*salamandra maculata*), vue par la face ventrale. A la partie médiane, un sac vitellin sort encore
de l'intestin. Les branchies externes sont modérement ramifiées. Les quatre
membres sont encore de fort petite dimension.

par des poumons. Or, ce qui est arrivé à chacun de ces animaux, durant la période embryologique, s'est effectué pour la classe entière durant la période phylogénique.

Dans le troisième ordre amphibien, chez les batraciens (*batrachia* ou *anura*), la métamorphose est poussée plus loin encore que chez les salamandres. A cet ordre appartiennent tous les crapauds, grenouilles, rainettes, etc. Durant leur métamorphose, ces animaux perdent, un peu plus tôt, un peu plus tard, non pas seulement les branchies, mais aussi la queue. La métamorphose varie d'ailleurs notablement chez les différentes espèces. La plupart des larves de batraciens perdent leur queue de bonne heure; puis l'animal grandit beaucoup, tout en ayant déjà la forme d'une grenouille. D'autres espèces, par exemple le *pseudes paradoxus* du Brésil et le *pelobates fuscus* de nos pays, restent fort longtemps à l'état de poisson et conservent une longue queue presque jusqu'au moment où ils atteignent leur maximum de croissance; aussi, quand leur métamorphose est complète, ils semblent beaucoup plus petits qu'auparavant. Le phénomène contraire a été observé récemment chez quelques grenouilles où il n'y a plus trace des anciennes métamorphoses; chez elles, l'animal qui sort de l'œuf n'est pas une larve pourvue de branchies et d'une queue, mais une grenouille complète sans branchies et sans queue. Les grenouilles dont nous venons de parler habitent des îles océaniques, dont le climat est très-sec et où souvent l'eau douce manque pendant longtemps. Or, les têtards branchifères ne peuvent se passer d'eau douce; les grenouilles se sont donc adaptées à la localité et ont perdu complétement leurs métamorphoses d'autrefois.

Pour se rendre raison de la perte embryologique des branchies et de la queue, il faut admettre que ces animaux descendent phylogénétiquement de salamandres amphibies munies d'une longue queue. D'ailleurs cette conclusion ressort aussi de l'anatomie comparée des deux groupes. Ces curieuses métamorphoses ont d'ailleurs un intérêt général; car elles jettent une vive lumière sur la phylogénie des singes sans queue et de l'homme. Ces derniers êtres aussi ont eu pour ancêtres des animaux branchifères à longue queue, comme les sozobranches, ainsi que l'établissent irréfutablement la queue rudimentaire et les arcs branchiaux de l'embryon humain.

Durant l'âge palézoïque et vraisemblablement durant la période carbonifère, la classe des amphibies a compris une série de formes qu'il faut regarder comme les ancêtres directs des mammifères et aussi de l'homme. Pour des raisons tirées de l'anatomie comparée et de l'embryologie, ce n'est pas, comme on doit s'y attendre, parmi les batraciens sans queue, mais bien parmi les amphibies inférieurs pourvus d'une queue, qu'il nous faut chercher ces ancêtres. Il y a là sûrement deux formes amphibies éteintes, qu'il nous faut considérer comme le treizième et le quatorzième chaînon généalogique de l'homme. Notre treizième ancêtre se rattachait aux dipneustes; comme eux, il possédait des branchies persistantes, mais déjà il avait des pieds pendactyles; s'il vivait encore, nous devrions le ranger dans le groupe des dipneustes, à côté du protée et de l'axolotl (pl. X, fig. 4). Quant à notre quatorzième ancêtre, il avait encore une longue queue, mais déjà il avait perdu ses branchies et devait être voisin des sozoures actuels (pl. X, fig. 5). En 1725, un naturaliste suisse, Scheuchzer, a décrit comme squelette de l'homme contemporain du déluge (*homo diluvii testis*) (⁹⁶) le squelette fossile d'une salamandre éteinte, voisine de la salamandre actuelle du Japon.

Le quinzième ancêtre vertébré, se rattachant aux salamandres et dont il nous faut maintenant parler, serait une sorte de saurien. Il ne nous reste de cet animal aucun débris fossile; il ne ressemble en rien à aucune forme vivante actuelle; pourtant l'anatomie comparée et l'ontogénie nous autorisent à affirmer son antique existence. Nous appellerons cet animal *protamnien*. Tous les vertébrés supérieurs aux amphibies, les trois classes des reptiles, des oiseaux et des mammifères diffèrent si essentiellement, par toute leur organisation, des vertébrés inférieurs dont nous nous sommes occupés, et, en même temps, ils se ressemblent tellement les uns les autres, que nous pouvons les réunir en un même groupe sous la dénomination d'*amniotes* (*amniota*). C'est dans ces trois classes zoologiques qu'apparaît la curieuse enveloppe embryonnaire, l'*amnios*, dont nous avons déjà parlé; cette membrane, qui forme d'abord autour de l'embryon un repli, un mur circulaire, puis constitue une poche close pleine de liquide (voir pl. III, fig. 14 et les figures 78, 86, 87). Cette formation de l'amnios est un fait tout spécial, dont la signification phylogénétique est obscure. On ne saurait en aucune façon la comparer morphologiquement aux formations amnio-

tiques analogues, mais seulement analogues, que l'on observe
chez beaucoup d'invertébrés, notamment chez les insectes. Ce
n'est sans doute qu'une adaptation ontogénétique purement mécanique, due à la pénétration de l'embryon croissant dans le sac
vitellin ([97]).

Tous les amniotes connus, reptiles, oiseaux, mammifères (y
compris l'homme), se ressemblent par tant de traits importants
de leur organisation et de leur évolution, que l'on ne saurait
mettre en doute leur commune descendance d'une même forme
ancestrale. C'est ici surtout que les témoignages de l'anatomie
comparée et de l'ontogénie méritent pleine confiance. Tout ce
qui a trait à la formation amniotique, toutes ces particularités,
que vous avez déjà vues dans l'évolution de l'embryon humain,
de plus tous les nombreux détails de l'évolution des organes,
dont nous parlerons longuement, enfin l'ordonnance générale de
la structure du corps chez tous les amniotes adultes, tout cela
prouve si clairement la commune extraction de tous les amniotes
aux dépens d'une même souche ancestrale disparue, qu'on ne
saurait songer à leur assigner une origine polyphylétique, à les
faire descendre de plusieurs formes ancestrales distinctes. C'est
cette forme ancestale inconnue qui est notre *protamnien*.

Très-vraisemblablement le protamnien s'est formé durant la
période permienne, soit au commencement, soit à la fin de cette
période. En effet, c'est seulement durant la période carbonifère
que les amphibies ont atteint leur complet développement, et,
vers la fin de la période permienne, on trouve déjà les premiers
reptiles fossiles ou du moins des débris, qui très-probablement
appartiennent à des reptiles sauriens (*proterosaurus, rhopa-
lodon*). Pourtant il n'est pas impossible que la première apparition des protamniens ait eu lieu durant une période paléozoique,
durant l'âge carbonifère. D'autres raisons portent, au contraire,
à admettre que cette apparition s'est effectuée dans une période
plus récente, au commencement de la période triasique, pendant
que se déposait le grès bigarré, à une époque durant laquelle
d'importantes transformations se sont aussi opérées dans d'autres
embranchements zoologiques. Tôt ou tard d'heureuse découvertes
paléontologiques nous renseigneront mieux sur ce point. En at-
tendant, c'est à la période carbonifère ou permienne qu'il faut
faire remonter l'origine du groupe des amniotes.

Parmi les grandes et fécondes modifications organiques que

subit alors le vertébré, et qui marquèrent le passage de la salamandre amphibie à l'amniote, il en faut noter trois : la perte
totale des branchies et la métamorphose des arcs branchiaux en
d'autres organes, la formation de l'allantoïde ou sac vésical
primitif, et enfin l'origine de l'amnios.

Le principal caractère des amniotes est la perte totale des
branchies. Tous les amniotes, même ceux qui vivent exclusivement dans l'eau (les *hydrophis*, les baleines), respirent uniquement l'air par des poumons. Tandis que tous les amphibiens,
sauf quelques cæciliens et quelques grenouilles, conservent plus
ou moins longtemps des branchies, durant leur jeunesse, et que
parfois même ils n'ont pas, pendant toute leur vie, d'autres organes respiratoires, on ne trouve plus trace de la respiration
branchiale chez les amniotes. Déjà, chez le protamnien, la respiration aquatique a dû être abolie. Mais, et cela est fort intéressant, les arcs branchiaux persistaient encore et se transformèrent en d'autres organes, en partie rudimentaires ; ils formèrent
notamment les diverses parties de l'os hyoïde, certaines portions
du squelette maxillaire, de l'organe auditif, etc. Mais jamais,
même chez les embryons des amniotes, on ne trouve la moindre
trace de feuillets branchiaux, de vrais organes respiratoires
branchiaux.

A cette perte totale des branchies correspond vraisemblablement la formation d'un autre organe, que je vous ai déjà signalé
dans l'embryologie humaine ; je veux parler de l'allantoïde ou
du sac vésical primitif. La poche urinaire des dipneustes est
très-vraisemblablement le rudiment de l'allantoïde. Déjà, chez
les dipneustes américains (*lepidosiren*), nous voyons une poche
urinaire, se formant aux dépens de la paroi inférieure de l'extrémité intestinale postérieure et servant de réservoir à l'excrétion
rénale. Cet organe s'est transmis héréditairement aux amphibies,
comme nous le voyons chez les grenouilles. Mais ce fut seulement chez les trois classes supérieures des vertébrés que l'allantoïde prit un développement tout particulier, qu'il fît fortement
saillie hors du corps de l'embryon et forma un grand sac plein de
liquide, dont la paroi est parcourue par de nombreux et volumineux vaisseaux sanguins. Cette poche allantoïdienne assume
une partie des fonctions nutritives ; c'est cette vessie primitive
qui, chez les mammifères et l'homme, forma le placenta.

La formation de l'amnios et de l'allantoïde, la totale disparition des branchies et l'usage exclusif de la respiration pulmonaire sont les principaux caractères par lesquels les amniotes se distinguent des vertébrés inférieurs, dont nous nous sommes occupés jusqu'à présent. Il faut y ajouter quelques caractères de second ordre constants chez tous les amniotes et manquant généralement aux animaux sans amnios. Un caractère frappant des amniotes consiste dans une forte incurvation de la tête et du cou de l'embryon, incurvation qui fait totalement défaut aux vertébrés inférieurs ou n'y est que peu accusée. Chez les embryons sans amnios, ou bien l'embryon s'allonge en ligne droite, ou bien l'axe tout entier du corps décrit une voussure correspondant à celle du sac vitellin, qu'il touche par le côté abdominal; mais, en aucun point, la ligne axiale ne se rompt angulairement (voir pl. IV, fig. F, A). Au contraire, chez tous les amniotes, le corps se plie brusquement de bonne heure, de telle sorte que le dos de l'embryon forme une voussure très-accusée, que la tête soit presque à angle droit avec la poitrine et que la queue vienne s'appliquer sur le ventre. L'extrémité caudale s'incurve tellement en dedans, que souvent elle touche presque la région frontale (voir pl. IV et V et les figures 78 et 38). Cette triple incurvation du corps de l'embryon, que nous avons notée dans l'ontogénèse de l'homme et distinguée en courbure sincipitale, courbure cervicale et courbure caudale, est caractéristique et commune aux embryons de tous les reptiles, oiseaux et mammifères. Mais les organes internes des amniotes ont aussi réalisé des progrès inconnus aux plus élevés des animaux sans amnios. Tout d'abord une cloison cardiaque commence à diviser le ventricule unique en deux ventricules, un droit et un gauche. Grâce à la complète métamorphose des arcs branchiaux, l'organe auditif s'est beaucoup perfectionné; de grands progrès ont aussi été réalisés dans la conformation du cerveau, du squelette, du système musculaire, etc. Il faut enfin signaler un important changement, la formation des vrais reins. Jusqu'ici nous n'avons vu chez les vertébrés d'autre appareil excréteur de l'urine que les *reins primitifs*, qui apparaissent aussi de bonne heure chez l'embryon des vertébrés supérieurs, y compris l'homme. Mais, chez les amniotes, ces reins primitifs cessent bientôt de fonctionner, durant la vie embryonnaire, et ils sont remplacés par des « reins secondaires » permanents, provenant de la dernière portion du conduit des reins primitifs.

Que l'on embrasse maintenant d'un coup d'œil toutes ces particularités des amniotes, et l'on se convaincra que tous les animaux de ce groupe, tous les reptiles, les oiseaux et les mammifères ont une commune origine et forment une grande section zoologique, dont toutes les espèces sont consanguines. Mais le genre humain est aussi compris dans cette section. Par toute son organisation et par son embryologie, l'homme est un véritable amniote et, comme tous les autres, il descend du protamnien. Quoique tout le groupe amniotique soit apparu à la fin ou vers le milieu peut-être de l'âge paléozoïque, c'est seulement durant l'âge mésozoïque qu'il a pu atteindre son plein et entier développement. Les deux classes des oiseaux et des mammifères ne se montrent guère que durant cette période. Quant à la classe des reptiles, ce fut seulement alors qu'elle se développa dans toute sa variété, à tel point même qu'on a donné à cette période le nom « d'âge des reptiles ». En admettant qu'on ne doive pas considérer comme un vrai reptile le protamnien éteint, souche ancestrale du groupe, sûrement cet animal se rapprochait beaucoup des reptiles par son organisation ([98]). De tous les reptiles connus, ce sont certains lézards qui doivent ressembler le plus au protamnien; ce dernier a dû, pour la conformation extérieure, tenir le milieu entre la salamandre et le lézard.

L'anatomie comparée et l'ontogénie du groupe des amniotes nous renseignent clairement sur son arbre généalogique. Les premiers groupes issus du protamnien se divisèrent en deux grands rameaux divergents, qui se développèrent très-différemment. Le premier rameau, celui qui nous intéresse le plus, est la classe des mammifères (*mammalia*). L'autre rameau, qui a évolué dans une direction tout autre et n'a de commun avec le rameau mammifère que l'origine, est le groupe si varié des reptiles et des oiseaux, que l'on peut réunir sous le nom de monocondyliens ou *sauropsides*. La souche ancestrale commune de ce groupe a dû être un reptile éteint, analogue aux sauriens. De cette forme commune sont issus, comme autant de rameaux variés, les serpents, les crocodiles, les tortues, les dinosauriens, en résumé toutes les diverses formes de la classe des reptiles. La curieuse classe des oiseaux elle-même est issue directement d'une des branches du groupe des reptiles ; nous en avons maintenant la certitude absolue. Pendant longtemps les embryons des oiseaux et des reptiles sont identiques, et plus tard ils offrent encore parfois de frappantes analogies (voir la pl. **IV**, fig. T et II). La ressemblance organique est si frappante, que pas un anatomiste ne peut plus douter que les oiseaux ne descendent des reptiles. Le rameau mammifère, d'abord confondu avec celui des reptiles, s'en est ensuite pleinement séparé, pour évoluer à part. Le produit ultime de l'évolution du mammifère est l'homme, le soi-disant « couronnement de la création ».

Fig. 1.

Fig. 1. Ceratodus Forsteri.

Fig. 3.

Fig. 2. Sa machoire
inférieure.

Fig. 3. Nageoire.

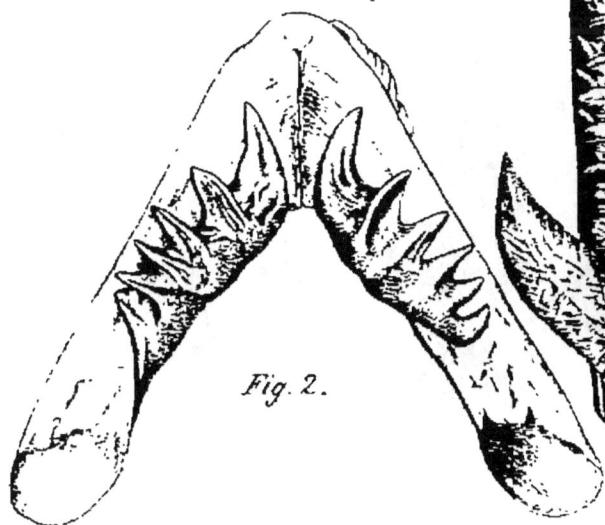

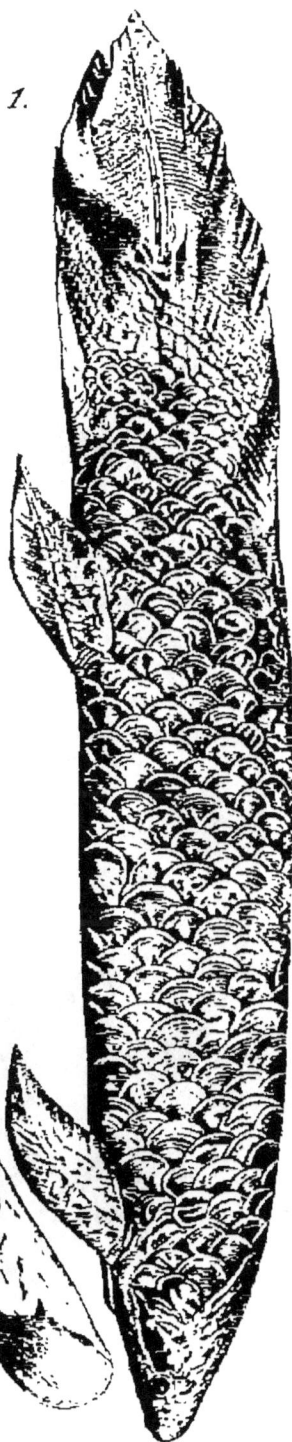

Fig. 2.

Imp. Becquet Paris.

Fig. 4. Siredon pisciformis.

Fig. 4.   Fig. 5.

Fig. 5.

Salamandra maculata.

Imp. Becquet. Paris .

DIX-NEUVIÈME LEÇON.

LA SÉRIE GÉNÉALOGIQUE DE L'HOMME.

IV. Du mammifère primitif au singe.

Un siècle de recherches anatomiques nous ramène à la conclusion de Linnée le grand législateur de la zoologie taxinomique, savoir que l'homme appartient au même ordre que les singes et les lemuriens Aucun ordre peut-être ne présente une serie aussi extraordinaire de gradations allant insensiblement du sommet de la création animale à des êtres qui ne sont separés, comme on le voit, que par un echelon du plus inferieur, du plus petit et du moins intelligent des mammifères placentaliens Il semble que la nature ait prévu l'orgueil de l'homme et qu'avec une énergie digne de la Rome antique, elle ait voulu qu'au milieu même de son triomphe, la raison humaine fit sortir les esclaves de la foule pour rappeler au conquerant qu'il n'est que poussiere.

Thomas Huxley (1863)

L'homme considéré comme mammifère. — Commune descendance de tous les mammifères d'une forme ancestrale unique (promammalien). — Division des amniotes en deux grands rameaux : celui des reptiles et des oiseaux, celui des mammifères. Date de l'origine des mammifères : la periode triasique. — Les trois grandes sections ou sous-classes des mammifères : leurs rapports genéalogiques. — Seizième chaînon genéalogique : animaux à cloaque (monotrèmes et ornithodelphes). — Les mammifères primitifs eteints (promammaliens) et les ornithorynques actuels (ornithostomes). — Dix-septième chaînon genéalogique : animaux à bourse (marsupialiens ou didelphiens). Marsupiaux eteints et marsupiaux actuels. — Leur situation intermediaire entre les monotremes et les placentaliens. — Origine et organisation des placentaliens ou monodelphiens. — Formation du placenta ou delivre. — La membrane caduque (decidua). — Groupes des decidues et des indecidues. — Formation de la decidue (vera, serotina, reflexa) chez l'homme et les singes. — Dix-huitième chaînon genéalogique : makis (prosimiæ). — Dix-neuvième chaînon : singes à queue (menocerca). — Vingtième degré : singes anthropoïdes. — Hommes depourvus de la parole et hommes pourvus de la parole.

Messieurs,

Parmi les faits zoologiques, sur lesquels nous nous appuyons dans nos recherches au sujet de l'arbre généalogique humain, il n'en est pas de plus important et de plus fondamental que la place de l'homme dans la classe des mammifères (*mammalia*).

Quelque diverse qu'ait été depuis longtemps dans le détail
l'opinion des zoologistes au sujet de la place de l'homme dans
cette classe des mammifères, de quelque manière que l'on ait
conçu les rapports de l'homme avec les groupes simiens les plus
voisins, pourtant jamais naturaliste n'a douté que, par son organisation tout entière, par son développement, l'homme ne
soit un vrai mammifère. Comme vous pouvez vous en convaincre
par un coup d'œil jeté soit dans un musée, soit dans un manuel
quelconque d'anatomie comparée, l'homme possède toutes les particularités anatomiques des mammifères, tous les caractères par
lesquels ils se distinguent des autres animaux.

Or, si nous examinons phylogénétiquement ces faits anatomiques incontestables, si nous projetons sur eux la lumière de
la théorie généalogique, il en sortira aussitôt la conclusion que
l'homme et tous les mammifères appartiennent au même groupe
et descendent d'une souche commune. Mais les nombreuses particularités communes à la classe des mammifères et qui la distinguent
des autres animaux sont telles qu'elles ne permettent point une
hypothèse polyphylétique. Il est tout à fait impossible de se figurer
que les mammifères actuels ou disparus soient issus de souches
diverses. Pour quiconque admet la théorie évolutive, l'hypothèse
monophylétique s'impose; il faut accorder que tous les mammifères, y compris l'homme, descendent d'une même forme ancestrale
mammifère. A cette forme ancestrale depuis longtemps éteinte et
à ses descendants les plus proches n'en différant pas plus que ne
diffèrent entre elles les espèces d'un même genre, nous donnerons le nom de *promammaliens (promammalia)*. Nous avons
déjà noté que cette forme ancestrale est sortie du groupe des protamniens, en évoluant dans une toute autre direction que la section des reptiles, qui plus tard a engendré la classe si développée des oiseaux. Les caractères distinctifs des oiseaux et des
reptiles sont si frappants que nous pouvons en toute sûreté admettre cette bifurcation originelle de l'embranchement vertébré.
Ainsi les reptiles et les oiseaux, que l'on peut réunir sous la
commune dénomination de monocondyliens et sauropsides, se
ressemblent par une conformation caractéristique du crâne et du
cerveau, qui les différencie tout à fait des mammifères. Chez
les reptiles et les oiseaux, le crâne s'articule par une saillie con-
dylienne simple avec la première vertèbre cervicale ou *atlas*,
tandis qu'il y a deux condyles chez les mammifères et les am-

phibies. Chez les reptiles et les oiseaux, le maxillaire inférieur est composé de plusieurs pièces et il s'articule avec le crâne au moyen d'un os particulier, l'os carré ; chez les mammifères, au contraire, le maxillaire inférieur ne se compose que de deux pièces s'articulant immédiatement avec l'os temporal. Chez les sauropsides, la peau est revêtue d'écailles ou de plumes ; elle est recouverte de poils chez les mammifères. Chez les premiers, les globules rouges du sang ont un noyau ; chez les seconds, ils n'en ont pas. Chez les premiers. les œufs sont très-gros, munis d'un énorme jaune de nutrition ; leur segmentation est partielle (discoïdale) ; chez les seconds, les œufs sont fort petits, sans jaune de nutrition et leur segmentation est totale (pseudototale). Le développement du cerveau est aussi très-différent dans les deux groupes. Enfin les mammifères se distinguent des oiseaux et des reptiles ainsi que de tous les autres animaux, par deux caractères absolument distinctifs : ce sont la présence d'un diaphragme complet et de glandes lactifères destinées à l'allaitement du nouveau-né. C'est seulement chez les mammifères que le diaphragme forme une cloison transversale séparant complétement la cavité viscérale en deux loges, la cavité thoracique et la cavité abdominale (pl. III, fig. 16, *z*). C'est seulement chez les mammifères que le jeune tete la mère, et c'est à bon droit que le nom de la classe entière a été tiré de cette particularité anatomique.

Ces faits importants, fournis par l'anatomie comparée et l'ontogénie, prouvent sûrement que l'embranchement des amniotes s'est bifurqué de bonne heure en deux grands rameaux divergents : d'une part, le rameau des reptiles, d'où plus tard est sorti celui des oiseaux, et, d'autre part, le rameau des mammifères. Des mêmes faits résulte tout aussi sûrement que l'homme est issu du dernier rameau. En effet, l'homme possède tous les caractères des mammifères que nous avons cités et il se distingue par là de tous les autres animaux. Enfin ces faits nous indiquent clairement par quels progrès de l'organisation vertébrée un rameau des protamniens est devenu la souche des mammifères. Les principaux de ces progrès sont : 1° la transformation caractéristique du crâne et du cerveau ; 2° la formation d'un revêtement pileux (Oken appelait les mammifères « animaux pileux ») ; 3° la formation d'un diaphragme complet ; 4° la formation de glandes lactifères et l'adaptation à l'allaitement. Ces modifications en entraînèrent graduellement d'autres, par corrélation, dans d'autres organes.

L'époque de ces grands progrès et par conséquent l'origine de la classe des mammifères, doivent très-vraisemblablement être reportées dans la première section de l'âge mésolithique ou secondaire, dans la période triasique. En effet, les plus anciens débris fossiles de mammifères se rencontrent dans les roches sédimentaires appartenant aux couches supérieures du trias (Keuper). Cependant il n'est pas impossible que les formes ancestrales des mammifères ne soient apparues dès la fin de l'âge paléolithique, dans la période permienne. Aussi, durant l'âge mésolithique tout entier, durant les périodes triasique, jurassique, crétacée, les débris fossiles de mammifères sont rares encore et indiquent que la classe est peu développée. Ce sont les reptiles qui jouent le rôle principal durant cet âge mésolithique; les mammifères leur cèdent le pas de beaucoup. Il est particulièrement intéressant, que tous les fossiles mésolithiques de mammifères appartiennent à l'ancienne et inférieure division des marsupiaux, parfois même au groupe plus ancien encore des animaux à cloaque, des monotrèmes. Nulle trace encore des mammifères supérieurs, des placentaliens. Ces derniers sont de date beaucoup plus récente; on ne commence à trouver leurs restes fossiles que dans l'âge cœnolithique suivant, dans l'âge tertiaire. Ce fait paléontologique est d'autant plus important qu'il s'accorde avec l'ordre d'évolution des ordres mammifères, tel que cet ordre ressort de l'anatomie comparée et de l'ontogénie.

En effet, l'ontogénie nous apprend que la classe des mammifères se divise en trois sections ou sous-classes correspondant aux trois degrés successifs d'évolution phylogénétique. C'est l'illustre zoologiste français de Blainville qui a, le premier, distingué ces trois degrés, lesquels sont en même temps des chaînons ancestraux; il basa sa division sur la conformation des organes sexuels femelles et en tira trois groupes, les ornithodelphes, les didelphes et les monodelphes (*delphys* est un mot grec qui signifie utérus). Mais ces trois classes ne diffèrent pas seulement par les organes sexuels, il est quantité d'autres dissemblances qui nous autorisent à formuler les propositions suivantes : les monodelphiens ou placentaliens descendent des didelphes ou marsupiaux et ceux-ci proviennent, à leur tour, des animaux à cloaque ou ornithodelphes.

Il nous faut donc regarder comme seizième chainon généalogique de l'homme le plus ancien et le plus inférieur des groupes mammifères, la sous-classe des monotrèmes (*monotremata* ou *ornithodelphia*). Comme tous les mammifères inférieurs, ils ont un « cloaque »; c'est un seul orifice d'expulsion pour les excréments, l'urine et les produits sexuels. Chez ces animaux, les canaux urinaires (uretères) et les canaux sexuels débouchent dans la portion la plus inférieure de l'intestin, tandis que, chez tous les autres mammifères, ces organes absolument séparés du rectum et de l'anus s'ouvrent par un orifice spécial, urogénital (*porus urogenitalis*). En outre, chez les monotrèmes, la vessie ou la portion la plus inférieure de l'allantoïde débouche dans le cloaque, et est séparée des deux uretères, qui, chez tous les autres mammifères, s'ouvrent directement dans la vessie. La conformation de la mamelle est aussi toute particulière chez les monotrèmes. Chez eux, la glande mammaire n'est point munie d'un mamelon ou papille; le lait sort par un point de la peau criblé de pertuis, que le jeune monotrème est obligé de lécher. Pour cette raison, on a aussi appelé ces animaux « *amasta* ». En outre, le cerveau des monotrèmes est inférieur à celui de tous les autres mammifères; ainsi le cerveau proprement dit est, chez eux, si petit qu'il ne recouvre pas du tout le cervelet. Les caractères distinctifs du squelette sont nombreux; mais il faut noter surtout la formation d'une ceinture osseuse scapulaire, qui n'existe pas chez les autres mammifères et ne se retrouve que chez les vertébrés inférieurs, par exemple chez les reptiles et les amphibies (fig. 120). Comme ces derniers, les monotrèmes ont un os coracoïdien (*coracoideum*) très-développé, qui relie l'omoplate au sternum. Chez tous les autres mammifères, et chez l'homme, l'os coracoïdien est atrophié; il fait corps avec l'omoplate et semble n'être qu'une apophyse de cet os. De ces caractères et de beaucoup d'autres moins apparents résulte sûrement que les monotrèmes occupent le dernier rang parmi les mammifères et constituent un type intermédiaire entre les amphibies, spécialement les protamniens et les autres mammifères, à commencer par les marsupiaux.

La forme ancestrale de la classe des mammifères, le promammalien, aura aussi possédé ces caractères intéressants de la classe des amphibies, légués par les amniotes primitifs.

Durant les périodes triasique et jurassique, la sous-classe des

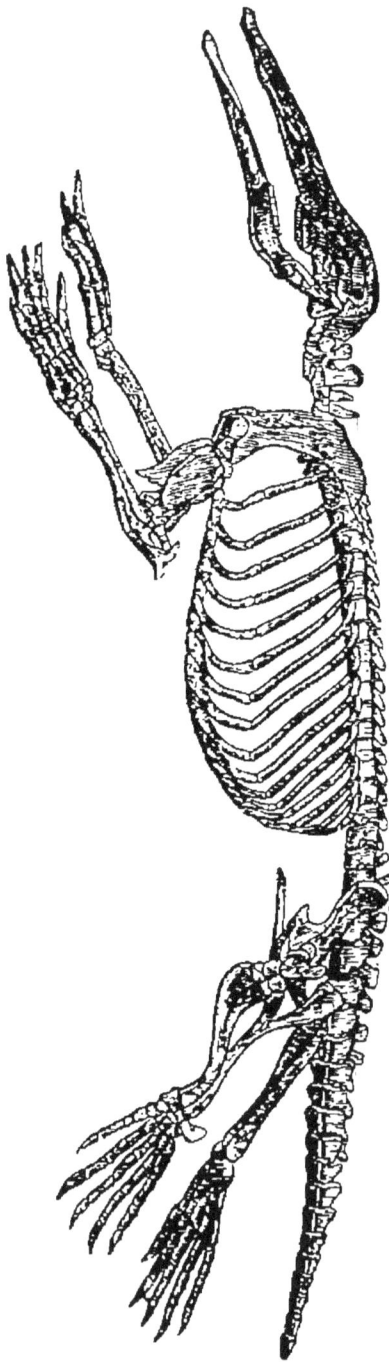

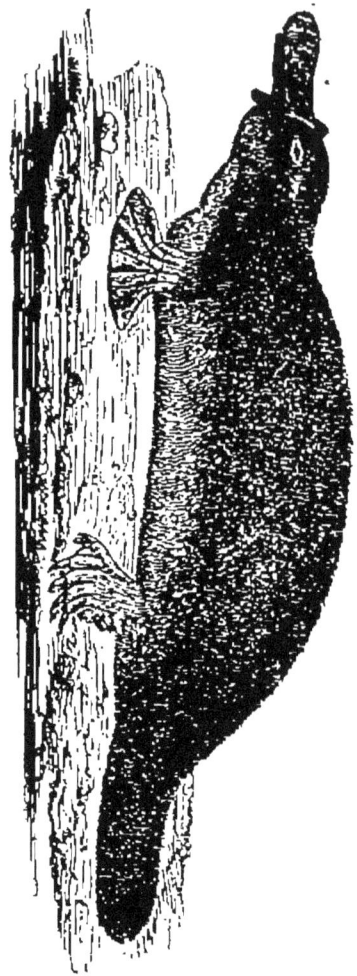

Fig. 121.

monotrèmes fut remplacée
par des mammifères primitifs
aussi nombreux que variés.
Aujourd'hui encore, nous connaissons deux de ces antiques
débris, dont nous avons fait la

Fig. 120. — Squelette d'ornithorynque aquatique de la Nouvelle-
Hollande (*ornithorynchus paradoxus*).

Fig. 121. — L'ornithorynque aquatique (*ornithorynchus paradoxus*).

Fig. 120.

famille des *ornithostomes* (*ornithostoma*). Ces deux animaux
vivent dans la Nouvelle-Hollande et dans l'île voisine de Van
Diemen ou Tasmanie ; tous deux deviennent plus rares d'année en
année et bientôt, comme tous leurs pareils, ils ne figureront plus
que parmi les animaux éteints. L'une de ces espèces vit dans les
fleuves et se construit, à leur embouchure, des habitations sou-
terraines : c'est l'ornithorynque aquatique, bien connu (*ornithorynchus paradoxus*) ; ses pattes sont munies d'une membrane
natatoire, il a un pelage doux et épais ; ses mâchoires larges et
aplaties ressemblent à un bec de canard (fig. 120, 121). L'autre
espèce est terrestre (*echidna hystrix*), très-analogue au four-
milier par son genre de vie, la conformation caractéristique de
sa mince trompe et sa longue langue ; cet animal est couvert
d'aiguillons et peut se rouler en boule, comme un hérisson. Ces
deux ornithorynques n'ont pas de vraies dents osseuses ; sous
ce rapport, ils ressemblent aux édentés (*edentata*). Ce défaut
de dents est, ainsi que d'autres particularités des ornithostomes,
un caractère d'adaptation depuis longtemps héréditaire. Mais les
monotrèmes éteints, comprenant les formes ancestrales de toute
la classe mammifère, les promammaliens (*promammalia*)
avaient sûrement une denture bien développée, que leur avaient
léguée les poissons ([99]). Quelques petites dents molaires, trou-
vées en Wurtemberg et en Angleterre dans les strates superficielles du triasique supérieur, et qui sont les plus anciens débris
connus de mammifères, proviennent vraisemblablement de ces
antiques promammaliens. La forme des dents indique que l'animal
à qui elles appartenaient se nourrissait d'insectes ; on a appelé
l'espèce animale d'où proviennent ces dents *microlestes an-
tiquus*. Récemment on a trouvé dans les terrains triasiques de ·
l'Amérique du Nord des dents appartenant à un autre promammalien, très-voisin du précédent (*dromatherium sylvestre*).

Deux lignées diverses et fort dissemblables de ces promammer-
liens sont représentées d'une part, par les ornithorynques actuels,
d'autre part, par les formes ancestrales des marsupiaux (*marsupialia* ou *didelphia*). Cette seconde sous-classe est fort
intéressante ; elle forme entre les deux autres un véritable trait
d'union. En effet, tout en conservant une grande partie des
particularités propres aux monotrèmes, les marsupiaux ont déjà
beaucoup de caractères appartenant aux placentaliens. Il est
aussi quelques caractères tout à fait particuliers aux marsupiaux,

par exemple, la conformation des organes sexuels mâles et
femelles et la forme du maxillaire inférieur. On trouve, en effet,
chez les marsupiaux une apophyse osseuse spéciale; c'est une
sorte de crochet horizontal, partant de l'angle du maxillaire inférieur et se dirigeant en dedans. Comme cette particularité manque
aux monotrèmes et aux placentaliens, elle suffit à caractériser
un marsupial. Or, les débris fossiles que nous trouvons dans les
terrains jurassiques et crétacés sont presque tous des maxillaires inférieurs. Seuls, ces maxillaires fossiles nous attestent
l'existence de quantité de mammifères mésolithiques; mais pas une
autre pièce du squelette n'a été conservée. En raisonnant d'après
la logique, que les adversaires « soi-disant exacts » de la théorie
généalogique appliquent d'ordinaire à la paléontologie, il en
faudrait conclure que le maxillaire inférieur était le seul os de
ces mammifères. Pourtant ce fait s'explique tout simplement.
En effet, comme ce maxillaire est à la fois un os très-résistant
et très-lâchement uni au crâne, il se détache très-facilement du
cadavre entraîné par les eaux, tombe au fond de la rivière et y
est conservé dans le limon. Le reste du cadavre est entraîné
plus loin et détruit peu à peu. Or, puisque tous les maxillaires
inférieurs de mammifères trouvés dans les strates jurassiques
et dans celles de Stonesfied et de Purbeck, en Angleterre, possèdent cette apophyse spéciale au maxillaire inférieur du marsupial, force nous est de conclure que ces maxillaires inférieurs
ont appartenu à des marsupiaux. Il ne semble pas que les placentaliens aient encore existé durant l'âge mésolithique; du
moins nous n'en connaissons aucun débris authentique remon-
tant à cette époque.

Les marsupiaux actuels, dont les plus communs sont les kan-
gurous herbivores et les dasyures carnivores (fig. 122), diffèrent
beaucoup entre eux par l'organisation, la forme, la taille et,
sous maint rapport, ils répondent aux divers ordres des placentaliens. Les marsupiaux vivent, pour la plupart, en Australie, à la Nouvelle-Hollande, sur quelques îles des archipels
australien et sud-asiatique; on en trouve aussi quelques espèces
en Amérique. Mais aujourd'hui on ne rencontre plus aucun
marsupial sur les continents d'Asie, d'Afrique et d'Europe. Il en
était tout autrement durant l'âge mésolithique et durant l'âge
cénolithique ancien. En effet, les strates neptuniennes de ces
périodes renferment des débris de marsupiaux nombreux et très-

variés, quelques-uns provenant d'animaux de la taille des éléphants, et cela dans les régions les plus diverses du globe, même
en Europe. Nous devons donc conclure que les marsupiaux actuels ne sont qu'un dernier reste d'un ancien groupe zoologique
beaucoup plus développé, dont les espèces variées étaient répandues sur toute la surface terrestre. Durant l'âge tertiaire, les
marsupiaux succombèrent dans la lutte pour l'existence avec les
placentaliens plus forts, et les derniers spécimens actuels ont
peu à peu été graduellement refoulés dans leur habitat actuel
si limité.

L'anatomie comparée des marsupiaux actuels nous suggère
de très-intéressantes conclusions sur la place moyenne qu'ils
occupent en phylogénèse, entre les animaux à cloaque et les placentaliens. Le développement incomplet du cerveau, surtout des
hémisphères, la présence chez eux d'os marsupiaux (*ossa marsupialia*), la conformation fort simple de l'allantoïde, qui ne
forme point encore de placenta, sont des particularités léguées
avec beaucoup d'autres par les monotrèmes. Au contraire, l'os
coracoïde autrefois indépendant (*os coracoideum*) s'est confondu dans la ceinture scapulaire. Mais la disparition du cloaque
constitue un progrès bien plus important; la cavité rectale et
l'anus sont dès lors séparés par une cloison de l'orifice uro-génital (*sinus urogenitalis*). Enfin, tous les marsupiaux ont des
mamelons, qui permettent au nouveau-né de teter. Ces mamelons
font saillie sur le ventre de la mère, dans une poche soutenue
par des os marsupiaux. Dans cette poche, d'où l'on a tiré le nom
de toute la sous-classe, la mère porte longtemps les jeunes, qui
naissent dans un état fort imparfait, et elle les garde jusqu'à ce
qu'ils aient atteint un développement suffisant (fig. 122).

Chez le kangourou géant, qui atteint la taille d'un homme,
l'embryon ne reste qu'un mois dans l'utérus; puis il naît très-
peu développé encore et se développe dans la bourse maternelle,
où il séjourne environ neuf mois, constamment attaché aux
mamelons.

De toutes ces particularités et de beaucoup d'autres, spécialement de la conformation interne et externe des organes sexuels
dans les deux sexes, il ressort clairement que nous devons considérer toute la sous-classe des marsupiaux comme un groupe
ancestral particulier, issu des promammaliens. D'une branche,
de plusieurs branches peut-être, de ces marsupiaux sont sorties

plus tard les formes ancestrales des mammifères supérieurs, des placentaliens. Il nous faut donc admettre parmi les ancêtres des placentaliens toute une série de marsupiaux, qui formeront notre

Fig. 122.

dix-septième chaînon généalogique ([100]). Les cinq derniers chaînons de notre généalogie appartiennent tous au groupe des pla-

Fig. 122. — Le rat à bourse, mangeur d'écrevisses (*philander cancrivorus*). Femelle portant deux petits dans sa bourse abdominale.

centaliens (*placentalia*). Cette troisième et dernière division
très-développée de la classe des mammifères est apparue beaucoup plus tardivement sur la scène du monde. Nous ne connaissons
aucun fossile de l'âge secondaire ou mésolithique que l'on puisse
sûrement attribuer aux placentaliens, tandis que dans toutes les
divisions de l'âge tertiaire ou cénolithique on trouve quantité de
fossiles placentaliens. De ces données paléontologiques, nous
devons provisoirement conclure que cette troisième et dernière
section des mammifères est sortie des marsupiaux seulement au
commencement de l'âge cénolithique ou au plus tôt à la fin de
l'âge mésolithique, durant la période crétacée. Vous avez vu,
dans notre tableau d'ensemble des formations et des périodes
géologiques, combien cet âge tertiaire ou cénolithique a été relativement court. En comparant la puissance relative des strates
appartenant aux diverses formations, nous pouvons dire que la
période d'apparition et de développement des mammifères placentaliens représente à peine les trois centièmes de la durée de
la vie organique sur la terre. C'est là un fait très-important et
très-instructif, qui concorde parfaitement avec notre hypothèse
phylogénétique.

Maint caractère saillant distingue les placentaliens des deux
groupes inférieurs des mammifères, des monotrèmes et des marsupiaux, dont nous avons parlé. Mais tous ces caractères, l'homme
les possède aussi, ce qui est très-significatif. En effet, les faits les
plus précis de l'anatomie comparée et de l'ontogénie justifient la
proposition suivante : « Sous tous les rapports, l'homme est un
vrai placentalien » ; on observe chez lui toutes les particularités
anatomiques et embryologiques qui distinguent les placentaliens
des deux groupes inférieurs de mammifères et de tous les autres
animaux. Parmi ces caractères anatomiques, il faut mentionner
avant tout la structure perfectionnée du cerveau, de l'organe
psychique. Chez les placentaliens, par exemple, les hémisphères
cérébraux sont beaucoup plus développés que chez les animaux
inférieurs. C'est seulement chez ces animaux que le corps calleux,
la commissure reliant les deux hémisphères cérébraux, atteint
son complet développement; chez les monotrèmes et les marsupiaux, cet organe n'est que rudimentaire. Sans doute les derniers
des placentaliens, spécialement quelques édentés, se rapprochent
beaucoup des marsupiaux par la conformation de leur cerveau;
mais il n'en existe pas moins, dans le groupe des placentaliens,

une série progressive de formes cérébrales, qui conduit sans interruption des degrés inférieurs au cerveau perfectionné des singes et de l'homme (voir la XXe leçon).

Chez les placentaliens comme chez les marsupiaux, les glandes mammaires sont pourvues de mamelons; mais jamais on ne trouve chez les mammifères la poche marsupiale, où le fœtus abortif trouve abri et nourriture. Les placentaliens sont aussi dépourvus des os marsupiaux (*ossa marsupialia*) logés, chez les marsupiaux et les monotrèmes, dans la paroi abdominale et dus à l'ossification partielle des tendons des muscles obliques de l'abdomen. On ne trouve que chez quelques carnassiers des rudiments insignifiants de ces os. Quant à l'apophyse en crochet de l'angle du maxillaire inférieur, elle manque généralement chez les placentaliens.

Le vrai caractère exclusif des placentaliens, celui d'où est tiré le nom de toute la classe, est l'existence d'un placenta. Vous n'avez pas oublié que déjà, en parlant de l'allantoïde chez l'embryon humain, nous avons dit quelques mots du placenta. Chez l'embryon de l'homme et de tous les amniotes, on rencontre le sac urinaire, l'allantoïde, se formant à la partie postérieure du canal intestinal (voir fig. 79 *u*, 81 *t*, 82). La mince paroi de ce sac est constituée par les mêmes feuillets que la paroi intestinale, savoir : en dedans, par le feuillet intestino-glandulaire; en dehors, par le feuillet fibro-intestinal. La cavité allantoïdienne est remplie d'un liquide excrété en grande partie par les reins primitifs : c'est de l'urine primitive. De gros vaisseaux sanguins, les vaisseaux ombilicaux, servant à la nutrition et surtout à la respiration embryonnaire, parcourent le feuillet fibro-intestinal de l'allantoïde. Chez les reptiles et les oiseaux, l'allantoïde est un sac volumineux recouvrant à la fois l'embryon et l'amnios, et ne se soudant point avec le chorion. Il en est encore de même chez les monotrèmes et les marsupiaux. Mais c'est uniquement chez les placentaliens que l'allantoïde forme le curieux organe appelé placenta. Essentiellement, le placenta résulte de la pénétration des rameaux vasculaires dans les villosités choriales qui se logent dans les dépressions correspondantes de la muqueuse utérine. Or cette muqueuse est très-vasculaire et la paroi séparant ces vaisseaux utérins maternels des vaisseaux embryonnaires s'amincit extrêmement dans les villosités choriales; aussi il s'effectue, entre les deux ordres de vaisseaux, des échanges matériels, d'où dépend la nutrition du jeune mammifère. Toutefois il n'y pas communication directe, anastomose entre les vaisseaux maternels et les vaisseaux embryonnaires; il n'y a point de mélange des deux sangs. C'est par transsudation ou diosmose à travers la mince paroi de séparation que s'effectue sans peine le troc des substances nutritives. Plus l'embryon placentalien est volumineux, plus cet embryon séjourne longtemps dans la matrice, plus il a besoin pour se nourrir de formations organiques spéciales. Sous ce rapport, il existe une opposition frappante entre les mammifères supérieurs et les mammifères inférieurs. Chez les monotrèmes et les marsupiaux, où l'embryon séjourne dans la matrice un temps relativement court et où il nait dans un état de grande imperfection, les vaisseaux du sac vitellin et de l'allantoïde suffisent à la nutrition; c'est ce qui arrive chez les oiseaux et les reptiles. Au contraire, chez les placentaliens, où la grossesse dure longtemps, où l'embryon séjourne longtemps dans la matrice, où il se développe complétement avant la rupture des enveloppes embryonnaires, il est besoin d'un nouveau mécanisme pour rendre possible un suffisant apport de substances nutritives; c'est à quoi obvie le développement du placenta.

Mais pour bien comprendre la formation du placenta et de ses modes les plus importants chez les divers placentaliens, pour se bien rendre compte du rôle de cet organe, il nous faut jeter un coup d'œil rétrospectif sur cette membrane d'enveloppe de l'embryon mammifère, que nous avons appelée chorion et membrane séreuse. Vous vous rappelez que nous avons appelé chorion ou membrane ovulaire externe la membrane sans structure qui se forme aux dépens de la membrane vitelline primitive, de la *zona pellucida*. Cette membrane mince et transparente, qui enveloppe étroitement la blastosphère (*blastosphæra*, fig. 19, *b*) résultant de la segmentation, est d'abord glabre; mais elle ne tarde pas à se hérisser de petites papilles, qui sont les villosités primitives du chorion (fig. 35, *a*; fig. 78, 1, 2, 3, *d'*). Ces villosités sont aussi sans structure; nées par de simples épaississements locaux de la substance de la membrane, elles s'introduisent dans des dépressions correspondantes de la muqueuse utérine et servent à fixer l'ovule.

De bonne heure, chez l'homme, dès la seconde semaine peut-être, ce chorion primaire semble disparaître et est remplacé par le chorion définitif, secondaire. Mais ce second chorion est simplement

« la membrane séreuse », que nous avons vue naître du feuillet germinatif de la vésicule blastodermique (voir fig. 78, $_4$, $_5$, sh). Ce n'est d'abord qu'une mince membrane glabre, en forme de sphère close enveloppant l'ovule. Mais bientôt ce chorion secondaire se hérisse aussi de petites villosités (fig. 78, $_5$, chz). Ces villosités se logent aussi dans des dépressions de la muqueuse utérine et fixent l'ovule. Ce ne sont point des saillies pleines, mais bien des digitations creuses, constituées comme le chorion secondaire tout entier par une mince couche cellulaire, dépendant de la lamelle cornée. Bientôt ces villosités se développent extraordinairement et se ramifient. Partout de nouvelles villosités surgissent entre les premières, et bientôt, chez l'embryon humain dès la troisième semaine, toute la surface externe de l'œuf est revêtue d'une épaisse toison d'élégantes villosités (fig. 82 et 83).

Puis des ramifications vasculaires se développent dans ces villosités creuses ; elles proviennent du feuillet fibro-intestinal de l'allantoïde et sont parcourues par le sang embryonnaire qu'amènent les vaisseaux ombilicaux (fig. 124, chz). D'autre part, de riches réseaux sanguins se développent dans la muqueuse utérine, surtout au niveau des dépressions qui logent les villosités choriales (fig. 124, plu). Ces réseaux sont parcourus par le sang maternel qu'amènent les vaisseaux utérins. C'est l'ensemble de ces deux groupes de vaisseaux, intimement intriqués et du tissu qui les relie et les environne, que l'on appelle *placenta*. Le placenta est donc formé de deux parties entièrement différentes, mais intimement unies : d'une portion interne ou placenta fœtal, et d'une portion externe ou placenta utérin. La seconde portion est constituée par la muqueuse utérine et ses vaisseaux, la première par le chorion secondaire et les vaisseaux ombilicaux.

Le mode d'union de ces deux portions, la structure, la forme et la grandeur du placenta sont très-dissemblables chez les divers placentaliens ; aussi peuvent-ils servir de base à une classification naturelle et par suite à la phylogénie de toute cette sous-classe. Ainsi nous pouvons diviser les placentaliens en deux sections, celle des placentaliens inférieurs ou indécidués (*indecidua*), et celle des placentaliens supérieurs ou décidués (*deciduata*).

Aux indécidués appartiennent d'abord le grand groupe des

ongulés (*ungulata*) : les tapirs, les chevaux, les porcs, les ruminants, etc., puis les cétacés (*cetacea*) et les fouisseurs (*effodientia*). Chez tous ces indécidués, les villosités sont disséminées
sur toute ou presque toute la surface du chorion; elles sont isolées ou par touffes. Lâchement unies à la muqueuse utérine,
elles permettent de séparer sans violence la membrane ovulaire externe et toutes ses villosités de la muqueuse utérine et
des dépressions de cette muqueuse, à peu près comme la main
se retire d'un gant. En aucun point de la surface de contact les
deux portions du placenta ne sont réellement soudées. Aussi, au
moment de la naissance, le placenta fœtal est seul détaché; le
placenta utérin n'est point expulsé. Dans ce cas, la muqueuse
de l'utérus gravide n'est guère modifiée et, lors de l'accouche-
ment, elle ne subit point de perte de substance directe.

Dans la seconde division des placentaliens supérieurs, la formation du placenta est toute différente. A ce grand groupe des
mammifères supérieurs appartiennent les carnassiers, les insectivores, les rongeurs, les éléphants, les chéiroptères et les prosimiens, enfin les singes et l'homme. Chez tous ces déciduates
la surface du chorion est tout d'abord revêtue d'une épaisse
toison de villosités (fig. 82, 83). Mais bientôt ces villosités disparaissent d'une portion de la surface choriale, tandis qu'elles
s'épaississent encore sur le reste. On distingue alors la membrane ovulaire externe glabre (*chorion læve*, fig. 124, *chl*) et
la membrane villeuse (*chorion frondosum*, fig. 124, *chf*).
La première n'a que peu ou point de villosités et celles qu'elle
possède sont petites; la seconde membrane est couverte de villosités volumineuses : c'est cette dernière membrane qui forme le
placenta des décidués.

Un caractère plus frappant encore des décidués est l'intime
connexion existant entre le chorion touffu et les points correspondants de la muqueuse utérine; il semble y avoir une véritable soudure. Les villosités vasculaires et ramifiées du chorion
pénètrent si intimement la muqueuse utérine si richement vascularisée, les deux systèmes de vaisseaux sont tellement intriqués, qu'il est absolument impossible de séparer le placenta fœtal
du placenta maternel; l'un et l'autre placenta forment un tout
compacte, un placenta en apparence simple. C'est pourquoi, lors
de la naissance, une partie de la muqueuse utérine est expulsée
avec la membrane ovulaire adhérente. C'est cette portion de la

muqueuse maternelle que l'on appelle « membrane caduque »
(*decidua*), et l'on appelle décidués tous les placentaliens supérieurs pourvus d'une membrane caduque. La chute de la membrane caduque, lors de la naissance, détermine naturellement
une hémorrhagie plus ou moins grande, qui ne se produit pas
chez les indécidués. Enfin il faut aussi que, chez les décidués,
la portion de muqueuse éliminée se régénère après l'accouche-
ment.

Mais, dans le grand groupe des décidués, la formation du placenta et de la caduque ne s'effectue pas toujours de la même
manière. Il y a sous ce rapport nombre de différences concordant
avec d'autres caractères organiques importants, comme la conformation du cerveau, de la denture, du pied, et dont on a par
conséquent le droit de se servir dans une classification phylogénétique. Tout d'abord on peut, d'après la forme du placenta,
diviser les décidués en deux grands groupes, suivant que le placenta est annulaire ou discoïde. Chez les décidués à placenta
annulaire (*zonoplacentalia*), les deux pôles de l'œuf ellipsoïde
sont seuls dépourvus de placenta. Le placenta a la forme d'un
large anneau occupant toute la zone moyenne de l'œuf. C'est ce
qui arrive chez les carnassiers, aussi bien les carnassiers terrestres (*carnivora*) que les carnassiers aquatiques (*pinnipedia*). On trouve aussi un placenta annulaire chez les chélophores
(*chelophora*) : éléphant, hyrax et animaux analogues, que
l'on classait autrefois parmi les ongulés. Tous ces zonoplacenta-
liens appartiennent à une branche collatérale des décidués, dont
la parenté avec l'homme est fort lointaine.

Le second groupe est celui des décidués supérieurs, à placenta
discoïde (*discoplacentalia*). Ici le placenta est à la fois très-
localisé et très-perfectionné. Chez ces animaux, le placenta constitue une masse épaisse, fongueuse, ordinairement arrondie ou
ovalaire, adhérente seulement à une portion de la paroi utérine.
Dans ce cas, la plus grande partie de la surface choriale est naturellement glabre, sans villosités. A ces discoplacentaliens appartiennent les prosimiens et les insectivores, les rongeurs et les
chéiroptères, les singes et l'homme. L'anatomie comparée
prouve que le groupe fondamental, parmi tous ces ordres, est
celui des prosimiens, dont tous les autres discoplacentaliens,
peut-être même tous les décidués, sont des rameaux divergents
(voir les pl. XVII et XVIII).

Aujourd'hui les prosimiens (*prosimiæ*) n'ont plus que de rares représentants, fort intéressants d'ailleurs ; car ce sont les derniers survivants d'un groupe jadis très-nombreux et très-varié. Ce groupe très-ancien joua vraisemblablement un rôle très-

Fig. 123.

important dans l'âge miocène. C'est dans la partie méridionale de l'ancien monde que l'on rencontre les pauvres débris du groupe des prosimiens. La plupart vivent à Madagascar, quel-

Fig. 123. — Le lori grêle (*stenops gracilis*) de Ceylan.

ques-uns dans les îles de la Sonde, quelques autres sur les continents asiatique et africain. En Europe, en Amérique, dans la
Nouvelle-Hollande, on ne trouve aucun prosimien ni vivant ni
fossile. Ces derniers des prosimiens sont très-dissemblables entre
eux. Quelques-uns semblent se rattacher aux marsupiaux, spécialement aux dasyures. D'autres (*macrotarsi*) se rapprochent
des insectivores; certains autres (*chiromys*) des rongeurs. Un
de leurs genres (*galeopithecus*) se relie directement aux chéiroptères. Enfin, quelques prosimiens sont très-proches voisins
des vrais singes (par exemple le lori, *stenops,* fig. 123).

Ces traits de ressemblance si intéressants entre les prosimiens
et les divers ordres des discoplacentaliens nous autorisent à conclure que parmi les représentants actuels de ce groupe, se trouvent les types les plus voisins de l'antique forme ancestrale
commune. Sûrement parmi les communs ancêtres des singes et
de l'homme il y a eu des décidués, que nous rangerions aujour-
d'hui dans l'ordre des prosimiens, s'ils existaient encore. Cet
ordre formera donc le dix-huitième chaînon généalogique, faisant
suite aux marsupiaux. Nos ancêtres prosimiens ont dû ressembler aux *brachytarsiens* actuels ou lémurs (*lemur, licha-
notus, stenops*), et comme eux ils devaient mener sur les arbres
une vie tranquille, quasi sédentaire. Les prosimiens actuels sont,
pour la plupart, des animaux noctambules, doux, mélancoliques
et frugivores ([101]).

Aux prosimiens succèdent les vrais singes, qui constituent le
dix-neuvième chaînon généalogique du genre humain (*simiae*).
Que nul animal ne ressemble tant à l'homme que le vrai singe,
c'est un fait qui n'est plus contestable. De même que les derniers
des singes sont très-voisins des prosimiens, ainsi les singes supérieurs se rapprochent beaucoup de l'homme. Un soigneux examen
de l'anatomie comparée du singe et de l'homme nous fera voir
l'organisation simienne passant par un progrès graduel et continu à l'organisation vraiment humaine; puis, en étudiant im-
partialement cette « question simienne » agitée de nos jours avec
un intérêt si passionné, nous aboutirons à la conclusion formulée
par Huxley : « Quelque système d'organes que nous envisagions,
la comparaison de ses modifications dans la série simienne nous
conduira toujours au résultat suivant, savoir, que les différences
anatomiques entre l'homme, le gorille et le chimpanzé sont
moindres qu'entre le gorille et les singes inférieurs. » Traduite

dans le sens phylogénique, la loi magistralement formulée par Huxley équivaut au dicton populaire : « L'homme descend du singe. »

Pour nous convaincre tout à fait de la légitimité de cette loi, nous examinerons encore une fois les organes, aux modifications desquels nous avons à bon droit attaché une grande valeur dans le cours de notre exposé phylogénétique; je veux parler du placenta et de la *decidua*. Chez l'homme et le singe, le placenta discoïde et la decidua ne diffèrent pas, d'une manière générale, des mêmes organes chez les autres discoplacentaliens. Si l'on descend pourtant aux détails délicats de la structure anatomique, il est des particularités par lesquelles l'homme et le singe se distinguent des autres décidués. Ainsi, dans la caduque de l'homme et des singes, on distingue trois portions, que l'on appelle décidue externe, décidue interne et décidue placentaire. La caduque externe de la vraie décidue (*decidua externa , vera*) est cette partie de la muqueuse utérine qui tapisse la cavité utérine, en dehors de la portion placentaire (fig. 124, *dv*). La caduque placentaire

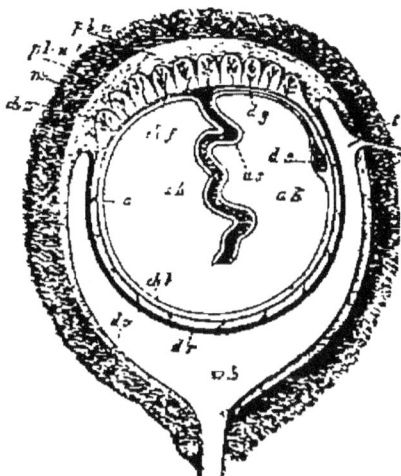

Fig. 124.

(*decidua placentalis, serotina*, fig. 124, *plu'*) est simplement le placenta maternel (*placenta uterina*), c'est-à-dire cette portion de la muqueuse utérine qui est étroitement unie aux villosités choriales du placenta fœtal (*placenta fœtalis*). Quant à la fausse caduque ou caduque interne (*decidua interna* ou *reflexa*, fig. 124, *dr*), c'est cette portion de la muqueuse utérine, recouvrant à l'état de mince membrane, adhérente, le reste

Fig. 124. — *Enveloppes ovulaires de l'embryon humain* (figure schématique, d'après Koelliker). *m*, paroi musculaire de l'utérus. *plu*, placenta utérin. *plu'*, couche interne de ce placenta. *dv*, decidua vera. *dr*, decidua reflexa. *chl*, membrane ovulaire glabre (chorion laeve). *chf*, placenta fœtal (chorion frondosum) avec ses villosités. *chx. a*, amnios. *ah*, cavité amniotique. *as*, cordon ombilical revêtu par l'amnios. *dg*, canal vitellin. *ds*, sac vitellin. *t*, oviducte. *uh*, cavité utérine.

de la surface ovulaire, la surface glabre (*chorion læve*, fig. 124, *chl*).

On se fit d'abord au sujet de l'origine de ces trois caduques des idées erronées, qui se reflètent encore dans les dénominations conservées; mais cette origine est évidente : la caduque externe, *decidua vera*, est la couche superficielle de la muqueuse, cette partie modifiée, destinée à être expulsée. La caduque placentaire, *decidua serotina*, est cette portion de la précédente caduque qui s'unit intimement aux villosités choriales, se transforme et fait partie du placenta. La caduque interne, *decidua refle.ca*, est un repli muqueux, annulaire, qui se détache au niveau de la ligne de séparation des deux caduques précédentes, recouvre l'œuf, en croissant avec lui, comme une sorte d'amnios ([102]).

C'est seulement chez les singes que l'on retrouve les traits anatomiques spéciaux de la membrane ovulaire humaine. Chez les autres discoplacentaliens, on trouve des différences plus ou moins importantes, dont le caractère est généralement une plus grande simplicité. Ces différences portent, par exemple, sur la structure plus fine du placenta, sur la soudure des villosités choriales avec la caduque sérotine. Parvenu à son plein développement, le placenta humain est un disque arrondi, plus rarement ovalaire, spongieux, mou, ayant 6 à 8 pouces de diamètre, environ 1 pouce d'épaisseur et pesant une livre à une livre 1/2. La surface externe convexe, en rapport avec l'utérus, est villeuse; la surface interne concave limitant la cavité ovulaire est glabre et recouverte par l'amnios (fig. 124, *a*). Vers le milieu du placenta s'implante le cordon ombilical (*funiculus umbilicalis*), provenant du pédicule allantoïdien, comme nous l'avons dit plus haut. Ce cordon est revêtu d'un étui amniotique (fig. 124, *as*), qui, à l'extrémité ombilicale du cordon, se continue immédiatement avec la peau abdominale. Le cordon ombilical, pleinement développé, est cylindrique, roulé en spirale autour de son axe, d'une longueur d'environ vingt pouces, d'un diamètre d'un pouce. Il est constitué par du tissu cellulaire muqueux (la « gelée de Wharton ») englobant les débris du canal vitellin et des vaisseaux vitellins, ainsi que les gros vaisseaux ombilicaux : savoir, les deux artères ombilicales (extrémité des aortes primitives) conduisant au placenta le sang de l'embryon, et la grosse veine ombilicale ramenant le sang au cœur de l'embryon. Les nombreux et fins rameaux de ces vaisseaux ombilicaux se distribuent aux villosités choriales ramifiées du placenta fœtal, et finissent par pénétrer avec ces villosités et suivant un mode tout spécial dans de larges lacunes sanguines, existant dans le placenta utérin et remplies de sang maternel. Ces particularités anatomiques, aussi complexes que délicates, dans le mode d'union du placenta maternel et fœtal, ne s'observent que chez l'homme et les singes supérieurs; chez les autres décidués, elles diffèrent plus ou moins. De même la longueur du cordon ombilical est proportionnellement plus grande chez l'homme et le singe que chez les autres mammifères.

Sous ce rapport et aussi par tout autre trait morphologique, l'homme fait partie de l'ordre des singes et ne saurait en être séparé. Déjà le grand fondateur de la taxinomie naturelle, Ch. Linnée, avait prophétiquement réuni dans un même groupe le groupe des *primates*, c'est-à-dire des suzerains du règne animal, l'homme, les singes, les prosimiens et les chéiroptères. Plus tard, les naturalistes subdivisèrent l'ordre des primates. L'anatomiste de Göttingen, Blumenbach, institua pour l'homme un ordre particulier, qu'il appela ordre des bimanes (*bimana*); il réunissait dans un deuxième ordre, sous le nom de quadrumanes (*quadrumana*), les singes et les prosimiens; les parents éloignés de ces derniers, les chéiroptères (*chéiroptera*), formèrent un troisième ordre. La distinction des bimanes et des quadrumanes a été maintenue par Cuvier et la plupart des zoologistes qui lui ont succédé. Cette division, qui au premier abord semble capitale, est tout à fait sans fondement. C'est ce qu'a démontré, en 1863, le célèbre zoologiste anglais Huxley. Par d'exactes observations d'anatomie comparée, il prouva que les singes sont tout aussi bimanes que l'homme ou, si l'on veut, que l'homme est aussi quadrumane que les singes. Huxley établit nettement que jusqu'ici l'on avait eu le tort de définir la main et le pied d'après la physiologie au lieu de se baser sur la morphologie. Le fait que le pouce de notre main est opposable aux quatre autres doigts et peut servir à la préhension semble à première vue caractériser la main; car, chez l'homme, le gros orteil n'est pas opposable aux autres. Au contraire, le pied postérieur des singes est tout aussi préhensible que l'antérieur, c'est pourquoi on appelle les singes quadrumanes. Mais beaucoup d'hommes des races humaines inférieures, surtout parmi les nè-

gres, se servent de leur pied comme d'une main. Par une habitude
prise de bonne heure, par un long exercice, ils arrivent à saisir
avec le pied les rameaux des arbres, par exemple, aussi bien
qu'avec la main. Nos enfants nouveau-nés peuvent aussi saisir
avec le gros orteil; ils s'en servent, par exemple, pour tenir une
cuiller aussi solidement qu'avec la main. Cette différenciation
physiologique de la main et du pied ne supporte pas l'examen
et n'a pas de base scientifique. Ce sont des caractères morphologiques qu'il nous faut trouver.

Or, cette différenciation purement morphologique, c'est-à-dire
uniquement fondée sur la structure anatomique de la main et
du pied, est très-possible. Dans la conformation des os et des
muscles, il existe des différences essentielles et constantes, aussi
bien chez l'homme que chez les singes. Il y a, par exemple, une
différence essentielle, dans l'arrangement et le nombre, entre les
os du carpe et les os du tarse. Il y a aussi des différences constantes dans la musculature. Ainsi on trouve au pied trois
muscles, un court fléchisseur, un court extenseur, un long péro-
nier, qui font défaut à l'extrémité antérieure. L'arrangement
des muscles diffère aussi en avant et en arrière. Ces différences
caractéristiques sont communes à l'homme et aux singes. Nul
doute, par conséquent, que le pied du singe ne mérite cette
dénomination aussi bien que celui de l'homme et que tous les
vrais singes ne soient aussi *bimanes* que l'homme. La prétention de faire des singes des *quadrumanes* est donc sans fondement.

Mais n'y aurait-il pas d'autres caractères, par lesquels
l'homme se distinguerait des singes autant que les diverses
espèces de singes se distinguent les unes des autres? A cette
question Huxley a répondu négativement et d'une manière si
décisive, qu'il n'y a plus à tenir compte de l'opposition qu'on
lui a faite de bien des côtés. Appuyé sur des recherches précises
d'anatomie comparée embrassant le corps tout entier, Huxley a
prouvé l'importante proposition suivante : savoir, qu'entre les
singes supérieurs et les singes inférieurs, il y a plus de différences qu'entre les singes supérieurs et l'homme. En conséquence, Huxley rétablit l'ordre des primates de Linnée, en en
exceptant les chéiroptères, et il le divisa en trois sous-ordres :
l'ordre des prosimiens (*lemurida*), l'ordre des vrais singes
(*simiadœ*) et l'ordre des hommes (*anthropida*) ([103]).

Pourtant, si l'on veut être conséquent, écarter tout préjugé, se conformer rigoureusement aux lois de la logique taxinomique, on doit donner bien plus d'extension à la loi formulée par Huxley. Comme je l'ai démontré en 1866, quand je traitai cette question dans ma Morphologie générale, il faut faire au moins un pas en avant et mettre l'homme à sa place naturelle dans une des divisions de l'ordre des singes. Tous les caractères du groupe des vrais singes se retrouvent chez l'homme et manquent aux autres singes. On n'est donc nullement fondé à assigner à l'homme une place spéciale, en dehors du sous-ordre des vrais singes.

Depuis longtemps déjà on a divisé le sous-ordre des vrais singes en deux grands groupes, se distinguant, entre autres caractères, par leur distribution géographique. L'un de ces groupes, celui des hespéropithèques (*hesperopitheci*), habite le nouveau monde; l'autre groupe, celui des éopithèques (*heopitheci*), vit dans l'ancien monde, en Asie, en Afrique; il exista même autrefois en Europe. Tous les singes de l'ancien monde possèdent, comme l'homme, l'ensemble des caractères servant en taxinomie zoologique à différencier les deux groupes de singes. Parmi ces caractères, il faut mettre en première ligne la denture. On objectera peut-être que la denture joue un rôle secondaire en physiologie et que, dans une aussi grave question, on ne saurait y attacher une telle valeur. Mais ce n'est pas à tort que l'on prise si haut la conformation dentaire et les taxinomistes ont pleinement raison de se baser surtout, depuis un demi-siècle, sur la conformation des dents pour différencier et classer les ordres de mammifères. Le nombre, la forme, l'arrangement des dents se transmettent par hérédité, dans l'ordre des mammifères, beaucoup plus sûrement que la plupart des autres caractères zoologiques. La disposition des dents, chez l'homme, vous est connue. A l'état adulte, l'homme possède 32 dents, savoir : 8 incisives, 4 canines, 20 molaires. Les incisives supérieures diffèrent des inférieures. A la mâchoire supérieure, les incisives internes sont plus volumineuses que les externes; c'est l'inverse que l'on observe pour les incisives inférieures. Après les incisives vient, de chaque côté, aux deux mâchoires, une dent canine, plus grosse que les incisives. Parfois, chez l'homme, comme chez la plupart des singes et beaucoup d'autres mammifères, la canine fait une forte saillie et devient une sorte de défense. En allant toujours de dedans en dehors, on trouve, à droite et à gauche, aux deux mâchoires, cinq molaires. De ces molaires, les deux antérieures sont plus petites, pourvues d'une seule racine, et se renouvellent par seconde dentition; ce sont les fausses molaires. Les trois postérieures, beaucoup plus grosses, ont trois racines et leur éruption ne se fait qu'après la seconde dentition; ce sont les vraies molaires. Or, tous les singes connus de l'ancien monde, tous les singes vivants et fossiles en Asie, en Afrique, en Europe, ont la même denture que l'homme. Au contraire, tous les singes du nouveau monde, sans parler de petites différences dans la forme des dents, ont une fausse molaire de plus à chaque mâchoire, de chaque côté. Ils ont donc six molaires à chaque demi-mâchoire, en tout 36 dents. Cette différence caractéristique entre les deux groupes de singes est si constante qu'elle est pour nous d'une grande valeur, d'autant plus qu'elle s'accompagne d'autres différences constantes aussi. Pourtant une petite famille de l'Amérique méridionale fait exception. Les gracieux petits singes hapalidés (*hapalida*), auxquels appartiennent le *midas* et le *jacchus*, n'ont que cinq molaires à chaque demi-mâchoire et, par là, semblent se rapprocher des singes de l'ancien monde. Mais un examen plus attentif montre qu'ils ont trois fausses molaires, comme tous les singes américains; ils ont seulement perdu la dernière vraie molaire. Cette exception apparente ne fait donc que confirmer la valeur des caractères tirés de la denture.

Fig. 125.

Parmi les autres caractères distinctifs des deux groupes simiens, il faut noter d'abord la conformation du nez. Tous les singes du vieux monde ont le nez conformé comme celui de l'homme; chez eux, une mince cloison sépare les deux fosses nasales, de sorte que les narines regardent en bas. Chez quelques singes de l'ancien monde, le nez est même aussi saillant, aussi bien conformé que celui de l'homme. Déjà nous avons cité le singe nasique, qui a un nez presque aquilin (fig. 125). Sans doute, tous les singes du vieux monde ont le nez quelque peu

Fig. 125. — Tête du singe nasique (*semnopithecus nasicus*).

aplati, par exemple, comme celui du *cercopithecus petaurista*
(fig. 126); pourtant, chez tous ces singes, la cloison nasale est
étroite et mince.

Mais la conformation du nez est toute autre chez les singes
américains. Chez eux, la cloison nasale est élargie à sa partie
inférieure, les ailes du nez ne sont point développées et, par
suite, les narines sont dirigées en dehors. Cette conformation
du nez est caractéristique et se transmet si exactement dans les
deux groupes simiens, que l'on a pu appeler les singes du nouveau monde platyrhiniens (*platyrhinae*), et les singes de l'an-

Fig. 126.

cien monde catarhiniens (*catarhinae*). Les platyrhiniens ont,
en général, une organisation inférieure; leur cerveau n'atteint
jamais le haut degré de développement où il arrive chez la plupart des catarhiniens et qui s'élève à son apogée chez l'homme.

La division de l'ordre des singes en deux sous-ordres, celui
des platyrhiniens et celui des catarhiniens, d'après les caractères rigoureusement héréditaires dont nous avons parlé, est
généralement acceptée aujourd'hui par les zoologistes, et elle
est fortement appuyée par la distribution géographique des deux
groupes dans l'ancien et le nouveau continent. De ce fait la

Fig. 126. — *Le cercopithecus petaurista.*

phylogénie déduit immédiatement que, de très-bonne heure, deux lignées divergentes se sont détachées de l'antique forme ancestrale des singes; de ces deux lignées, l'une s'est propagée sur le nouveau, l'autre sur l'ancien monde. Sûrement platyrhiniens et catarhiniens descendent d'une même souche ancestrale; mais ces deux types caractérisés, l'un par un nez large et trois fausses molaires à chaque demi-mâchoire, l'autre par un nez étroit et deux fausses molaires, doivent être considérés comme deux descendants divergents du singe primitif, de l'antique ancêtre commun de tout l'ordre.

Que ressort-il de ce fait pour la généalogie humaine? Chez l'homme, nous retrouvons exactement les mêmes caractères, la même conformation spéciale des dents, du nez, que chez les catarhiniens. Force nous est donc, en classant les primates, de ranger l'homme parmi les catarhiniens. Mais la phylogénie conclut de ce fait, que l'homme est sûrement parent des singes de l'ancien monde et descend, comme tous les catarhiniens, d'une même forme ancestrale. Par son organisation tout entière, par son origine, l'homme est un vrai singe catarhinien; il s'est formé, dans l'ancien continent, aux dépens d'une forme catarhinienne actuellement disparue. Quant aux singes du nouveau monde ou platyrhiniens, ils représentent un rameau divergent de notre arbre généalogique et ce rameau n'a avec l'homme qu'une relation généalogique fort lointaine.

Voilà donc la recherche de nos parents les plus proches circonscrite dans un petit groupe, assez pauvre, par le sous-ordre des catarhiniens ou éopithèques. Il s'agit maintenant de savoir quelle place occupe l'homme dans ce sous-ordre et si cette place nous peut fournir des renseignements plus explicites sur la formation de nos ancêtres immédiats. Les recherches profondes et judicieuses qu'Huxley a consignées dans son livre « Sur la place de l'homme dans la nature » et qui ont trait à l'anatomie comparée de l'homme et des divers catarhiniens nous aideront à élucider cette question. De ce travail ressort sans conteste, que les différences entre l'homme et les catarhiniens supérieurs (gorille, chimpanzé, orang) sont, sous tous les rapports, plus faibles que celles qui existent entre ces derniers et les catarhiniens inférieurs (cercopithèque (fig. 126), macaque, pavian). Bien plus, dans le petit groupe des singes anthropoïdes sans queue, les divers genres diffèrent autant les uns des autres que de l'homme. C'est

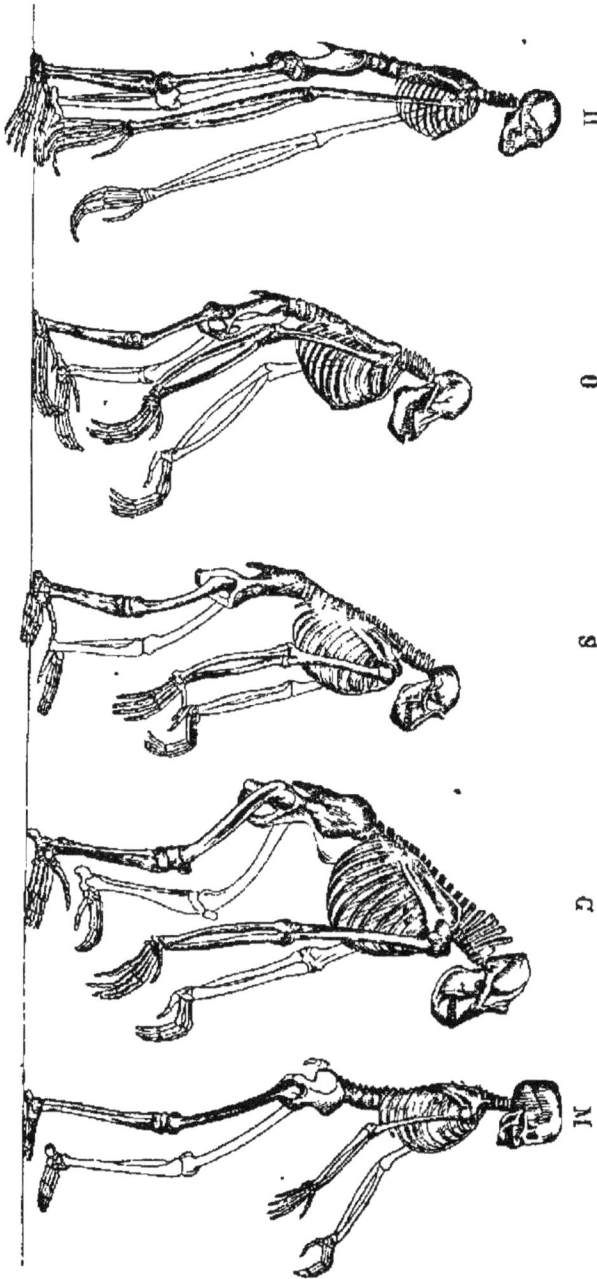

Fig. 127-131.

Fig. 127-131. — Squelette de l'homme (fig. 131) et des quatre genres anthropoïdes. Fig. 127, gibbon. Fig. 128, orang. Fig. 129, chimpanzé. Fig. 130, gorille. (D'après Huxley.)

ce que démontre un simple coup d'œil jeté sur la série des squelettes ci-contre groupée par Huxley (fig. 127-131).

S'il vous était maintenant possible de comparer en détail le crâne et la colonne vertébrale, la cage costale, les membres, le système musculaire, le système circulatoire, le cerveau, un examen impartial vous conduirait toujours à la même conclusion, savoir : qu'entre l'homme et les autres catarhiniens il n'y a pas plus distance qu'il n'y en a entre les genres extrêmes de ce groupe (par exemple le gorille et le pavian). Nous pouvons donc maintenant compléter l'importante loi de Huxley par la proposition suivante : « Quelques systèmes d'organes que nous considérions, la comparaison de ses modifications dans la série des catarhiniens conduit au même résultat, savoir : qu'entre l'homme et les catarhiniens supérieurs (orang, gorille, chimpanzé) les différences ne sont pas aussi grandes que celles qui distinguent entre eux les catarhiniens les plus inférieurs (cercopithèque, macaque, pavian). »

Par conséquent la preuve que l'homme descend des autres catarhiniens est déjà complétement faite. Quelques autres conclusions de détail que nous puissent suggérer les futures recherches sur l'anatomie comparée et l'ontogénie des catarhiniens actuels, ainsi que sur les catarhiniens fossiles, aucune découverte n'ébranlera jamais l'importante proposition que nous venons de formuler. Naturellement nos aïeux catarhiniens ont passé par toute une série de formes avant d'aboutir à la plus parfaite, à la forme humaine. D'importants progrès ont déterminé la différenciation de l'homme des catarhiniens les plus proches, « la création de l'homme » ; ces progrès sont les suivants : l'accoutumance à la station droite et par suite la différenciation plus accusée des membres antérieurs et postérieurs, le développement du langage articulé et de son organe, le larynx, avant tout le perfectionnement du cerveau et de ses fonctions, c'est-à-dire de l'âme ; dans tout cela, la sélection sexuelle joue un rôle capital, comme Darwin l'a démontré dans son célèbre ouvrage sur cette sélection ([104]).

Ces progrès furent marqués, chez nos ancêtres catarhiniens, au moins par quatre chaînons généalogiques, caractérisant les principales époques de « l'humanisation ». Le dix-neuvième chaînon généalogique sera représenté par les premiers catarhiniens, les plus inférieurs ; issus des prosimiens, ils s'en distinguèrent par la formation caractéristique de la tête catarhinienne, la structure des dents, du nez et du cerveau. Ces antiques ancêtres du groupe catarhinien étaient très-velus et pourvus d'une longue queue, aussi les appelle-t-on ménocerques (*menocerca*) (fig. 126). Comme les prosimiens, ils vivaient déjà durant la période éocène de l'âge tertiaire, ainsi que nous l'apprennent leurs débris fossiles. De tous les ménocerques actuels, les semnopithèques (*semnopithecus*) sont peut-être les plus voisins de ces types fossiles (fig. 125) ([105]).

Le vingtième chaînon généalogique sera formé par les anthropoïdes (*anthropoides*). On désigne ainsi les catarhiniens supérieurs, les plus voisins de l'homme. Issus des catarhiniens précédents, ils en provinrent en gardant la queue, une partie du pelage, en acquérant un cerveau mieux conformé, ce qui entraîna la prédominance du crâne cérébral sur le crâne facial. Cette curieuse famille n'a plus que de rares représentants, formant un groupe africain et un groupe asiatique. Les anthropoïdes africains paraissent habiter seulement l'Afrique occidentale et tropicale; mais sans doute plusieurs de leurs espèces sont disséminées dans l'Afrique centrale. Nous n'en connaissons bien que deux espèces : le gorille (*pongo gorilla* ou *gorilla engina*), le plus grand de tous les singes (fig. 130), et le chimpanzé, de moindre taille (*pongo troglodytes* ou *engeco troglodytes*), commun aujourd'hui dans nos jardins zoologiques (fig. 129). Les deux anthropoïdes africains sont noirs et dolichocéphales, comme les nègres du même continent. Au contraire, les anthropoïdes asiatiques sont d'ordinaire bruns ou jaune-bruns, brachycéphales, comme les Malais et les Mongols. Le plus grand des anthropoïdes asiatiques est l'orang ou orang-outang (fig. 128). Il habite les îles de la Sonde (Bornéo, Sumatra) et est de couleur brune. On en distingue maintenant deux espèces : le grand orang (*satyrus orang*) et le petit orang (*satyrus morio*). Un genre de petits anthropoïdes (fig. 127), le genre gibbon (*hylobates*), vit en même temps dans le midi du continent asiatique et sur les îles de la Sonde; on y distingue quatre à huit espèces. Aucun des anthropoïdes actuels ne peut être regardé comme plus spécialement anthropoïde que les autres. Pour la conformation de la main et du pied, c'est le gorille qui se rapproche le plus de l'homme; le chimpanzé l'emporte par quelques importants caractères crâniens; l'orang, par le développement du cerveau et le

DIX-SEPTIÈME TABLEAU.

Vue d'ensemble de la classification phylogénétique des mammifères.

I. Première sous-classe des mammifères	Monotrema ou Ornithodelphia	1. Promammalia 2. Ornithostoma

II. Deuxième sous-classe des mammifères	Marsupialia ou Didelphia	3. Botanophaga 4. Zoophaga

III.
Troisième
sous-classe
des
mammifères
(placentalia
ou
monodelphia)

III *A*.
Indecidua
Villiplacentalia

- 5. Ungulata — Perissodactyla / Artiodactyla
- 6. Cetacea — Sirenia / Sarcoceta
- 7. Effodientia — Vermilingua / Cingulata

III *B*.
Deciduata
Zonoplacentalia

- 8. Chelophora — Lamnungia / Proboscidea
- 9. Carnassia — Carnivora / Pinnipedia

III *C*.
Decidua
Discoplacentalia

- 10. Prosimiæ — Leptodactyla / Bradypoda / Macrotarsi / Ptenopleura / Brachytarsi
- 11. Rodentia — Sciuromorpha / Myomorpha / Hystrichomorpha / Lagomorpha
- 12. Insectivora — Menotyphla / Lipotyphla
- 13. Chiroptera — Pterocynes / Nycterides
- 14. Simiæ — Platyrhinæ / Catarhinæ

Arbre généalogique des mammifères.

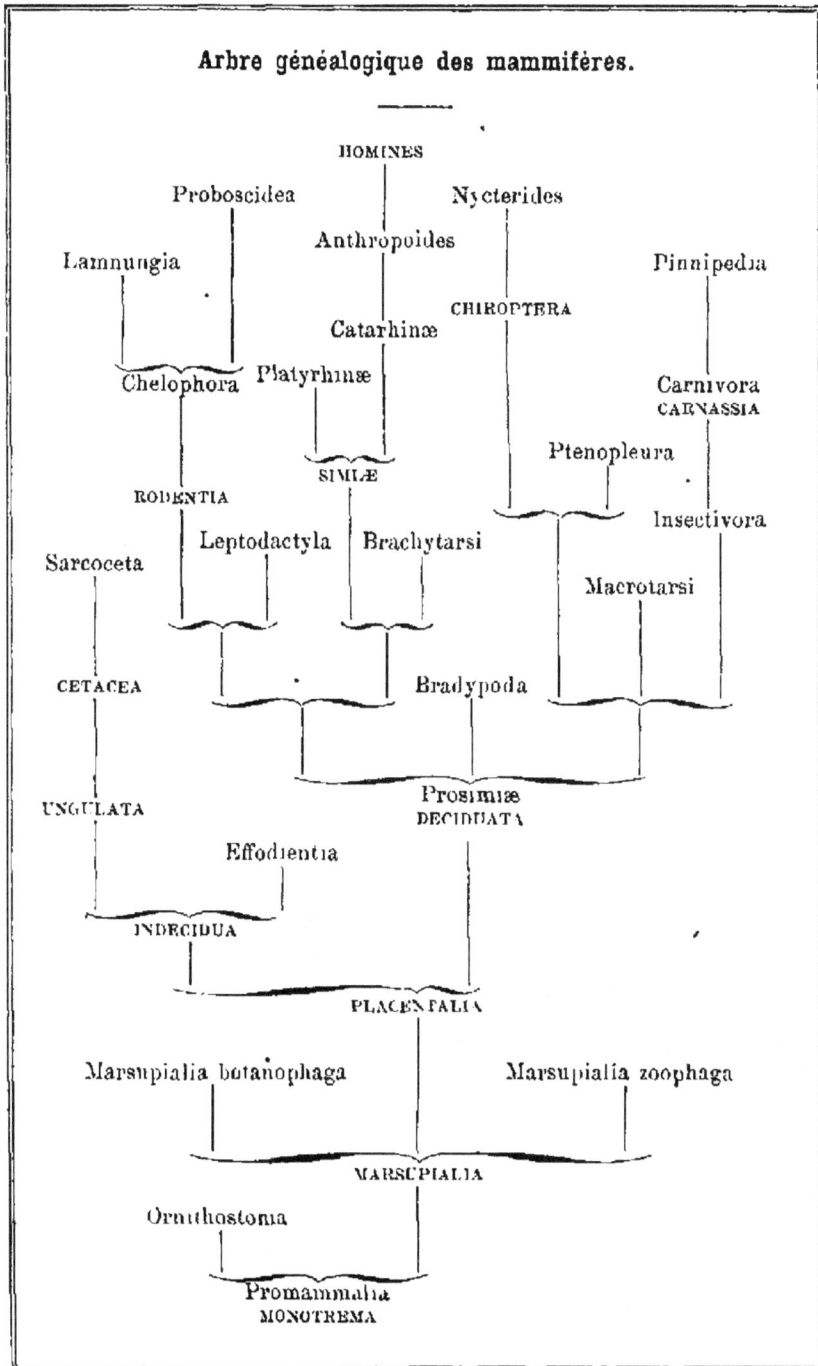

HOMINES

Proboscidea   Nycterides

Anthropoïdes

Lamnungia   Pinnipedia

CHIROPTERA

Catarhinæ

Chelophora   Platyrhinæ   Carnivora
CARNASSIA

SIMIÆ   Ptenopleura

RODENTIA   Insectivora

Sarcoceta   Leptodactyla   Brachytarsi

Macrotarsi

CETACEA   Bradypoda

UNGULATA   Prosimiæ
DECIDUATA

Effodientia

INDECIDUA

PLACENTALIA

Marsupialia botanophaga   Marsupialia zoophaga

MARSUPIALIA

Ornithostoma

Promammalia
MONOTREMA

DIX-NEUVIÈME TABLEAU.

Vue d'ensemble des degrés de la généalogie humaine.

(Voir le quatrième tableau.)

PREMIER GRAND GROUPE GÉNÉALOGIQUE.

Les ancêtres plastides de l'homme.

Ces ancêtres de l'homme sont des individus de premier ordre, de simples plastides.

Premier degré : *Série des monères* (fig. 101).

Ces ancêtres de l'homme sont de simples cytodes.

Deuxième degré : *Série des amibes* (fig. 103).

Ces ancêtres de l'homme sont de simples cellules vivantes.

DEUXIÈME GRAND GROUPE GÉNÉALOGIQUE.

Protozoaires multicellulaires, ancêtres de l'homme.

Ces ancêtres de l'homme sont constitués chacun par un groupe de cellules semblables entre elles et intimement unies; ce sont des individus de deuxième ordre, des *idorganes*.

Troisième degré : *Série des synamibes* (fig. 105).

Ces ancêtres de l'homme sont des protozoaires polycellulaires de l'espèce la plus simple : des amas grossiers de simples cellules toutes semblables.

Quatrième degré : *Série des planéades* (fig. 107).

Ces ancêtres de l'homme sont des protozoaires multicellulaires, conformés comme les magosphères et certaines larves de planula, analogues à la blatosphère ontogénétique : des sphères creuses, dont la paroi est constituée par une seule couche de cellules ciliées.

TROISIÈME GRAND GROUPE GÉNÉALOGIQUE.

Invertébrés à intestin, ancêtres de l'homme.

Ces ancêtres de l'homme ont la valeur morphologique d'individus de troisième ordre, inarticulés. Le corps contient une cavité intestinale avec orifice buccal; il est constitué d'abord par deux feuillets germinatifs primaires, puis par quatre.

Cinquième degré : *Série des gastréades* (fig. 108).

Ces ancêtres de l'homme ont la valeur morphologique et la structure de la *gastrula*. Leur corps est constitué par un simple intestin primitif, dont la paroi est formée par les deux feuillets germinatifs primaires.

Sixième degré : *Série des chordoniens* (fig. 112; pl. VII, 5).

Ces ancêtres de l'homme sont des *vers :* d'abord des vers primitifs, parents des turbellariés; plus tard des vers plus élevés ou scolécides, enfin des chordoniens organisés comme les larves des ascidies. Leur corps est constitué par quatre feuillets germinatifs secondaires.

Arbre généalogique de l'homme

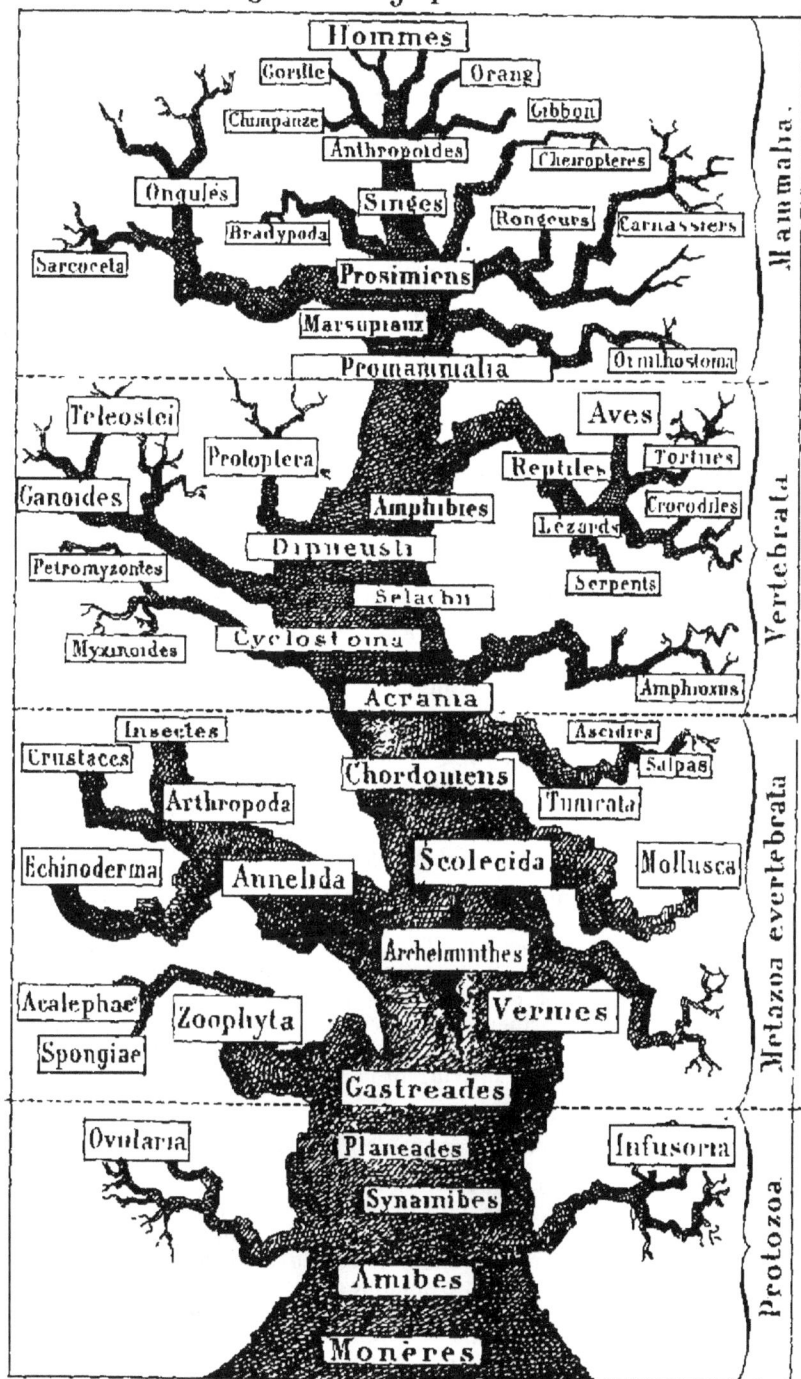

Hommes

Gorille — Orang

Chimpanzé — Gibbon

Anthropoïdes — Cheiroptères

Ongulés — Singes

Bradypoda — Rongeurs — Carnassiers

Sarcocela — Prosimiens

Marsupiaux — Ornithostoma

Promammalia

Teleostei — Aves

Protoptera — Reptiles — Tortues

Ganoïdes — Amphibies — Crocodiles

Dipneusti — Lézards

Petromyzontes — Serpents

Selachii

Myxinoides — Cyclostoma

Acrania — Amphioxus

Insectes — Ascidies

Crustacés — Chordoniens — Salpas

Arthropoda — Tunicata

Echinoderma — Scolecida — Mollusca

Annelida

Archelminthes

Acalephae — Vermes

Spongiae — Zoophyta

Gastreades

Ovularia — Planeades — Infusoria

Synamibes

Amibes

Monères

Mammalia.

Vertebrata

Metazoa everlebrata

Protozoa

IMP BECQUET PARIS

QUATRIEME GRAND GROUPE GÉNÉALOGIQUE.
Les ancêtres vertébrés de l'homme.

Ces ancêtres de l'homme sont des vertébrés et ont la valeur morphologique d'un individu articulé ou d'une série de métamères. Le feuillet cutané-sensitif s'est divisé en lame cornée, tube médullaire et reins primitifs. Le feuillet fibro-cutané s'est divisé en lame dermique, vertèbres primitives (lame musculaire et lame osseuse) et chorda. Du feuillet fibro-intestinal provient le cœur avec les gros troncs vasculaires et la paroi charnue de l'intestin. L'épithélium du tube intestinal s'est formé aux dépens du feuillet intestino-glandulaire. La formation des métamères est constante.

Septième degré : *Série des acrâniens* (fig. 114 ; pl. VIII, fig. 15).

Ces ancêtres de l'homme sont des vertébrés acrâniens, analogues à l'amphioxus actuel. Déjà le corps forme une série de métamères ; car plusieurs vertèbres primitives se sont différenciées. La tête n'est pas encore nettement distincte du tronc. Le tube médullaire ne s'est pas encore divisé en ampoules cérébrales. Le cœur est simple, sans ventricules. Point de crâne, ni de mâchoires, ni de membres.

Huitième degré : *Série des monorhiniens* (fig. 116 ; pl. VIII, fig. 16).

Ces ancêtres de l'homme sont des *crâniotes sans mâchoires*, analogues aux *myxinoïdes* et aux *pétromyzontes* actuels. Le nombre des métamères s'est accru. La tête se distingue nettement du tronc. L'extrémité antérieure du tube médullaire se renfle en ampoule et forme le cerveau, qui se divise bientôt en cinq ampoules cérébrales. Latéralement apparaissent sur le cerveau les trois organes des sens supérieurs. Le cœur se divise en oreillettes et en ventricules. Point de mâchoires, ni de membres, ni de vessie natatoire.

Neuvième degré : *Série des ichthyodes* (fig. 117 ; pl. IX et X).

Ces ancêtres de l'homme sont des crâniotes ichthyoïdes : d'abord des *poissons* primitifs, des sélaciens, puis des *dipneustes*, puis des *sozobranches* et enfin des *sozoures*. Chez les ancêtres de cette série ichthyode, se développèrent deux paires de membres : une paire antérieure, les nageoires pectorales, et une paire postérieure, les nageoires ventrales. Entre les fentes branchiales se formèrent les arcs branchiaux, dont la première paire forme les arcs maxillaires : le maxillaire inférieur et le maxillaire supérieur. Du canal intestinal provinrent la vessie natatoire (poumon), le foie et le pancréas.

Dixième degré : *Série des amniotes* (fig. 120-131 ; pl. XI).

Ces ancêtres de l'homme sont des *amniotes* ou vertébrés sans branchies : d'abord des *protamniens*, puis des mammifères primitifs, des *monotrèmes* ; ensuite des *marsupialiens* ; puis des *prosimiens* et enfin des *singes*. Les ancêtres simiens de l'homme sont d'abord des catarhiniens sans queue (anthropoïdes), puis des hommes privés de la parole (*alali*), et enfin de vrais hommes doués du langage articulé. Chez les ancêtres de cette série d'amniotes, l'amnios et l'allantoïde se développèrent, puis la forme mammifère se dégagea peu à peu ; enfin apparut la forme spécifique de l'homme.

gibbon par la cage thoracique. Il va de soi qu'aucun des anthropoïdes actuels ne peut être rangé parmi les ancêtres directs de l'homme ; tous sont des débris épars d'un antique rameau catarhinien, jadis riche en espèces et dont un ramuscule spécial est devenu le genre humain ([106]).

Quoique le genre humain (*homo*) se rattache immédiatement à la famille des anthropoïdes et que sans nul doute il en soit directement issu, pourtant nous pouvons admettre entre eux et lui une forme intermédiaire, celle des hommes-singes (*pithecanthropi*), qui formera le vingt-et-unième chaînon ancestral. Sous ce nom, j'ai, dans mon « Histoire de la création naturelle », désigné l'homme privé de la parole (*alali*), qui, déjà homme par sa conformation générale, notamment par la différenciation de ses extrémités, était pourtant dépourvu encore de l'une des plus importantes facultés humaines, du langage articulé et du développement intellectuel qui s'y rattache. Ce fut le perfectionnement du larynx et du cerveau, nécessaire à cette faculté du langage, qui caractérisèrent « l'homme » véritable.

La linguistique contemporaine a démontré que le langage humain est d'origine phylogénétique, qu'il faut admettre plusieurs langues primitives, vraisemblablement un grand nombre, dont chacune a eu son développement indépendant. L'histoire du développement des langues (aussi bien leur ontogénie chez chaque enfant, que leur phylogénie chez chaque peuple) nous apprend que le langage idéologique propre à l'homme s'est développé lentement, quand tout le reste du corps avait déjà revêtu la forme spécifique de l'homme. Sans doute l'acquisition du langage ne s'effectua qu'après la différenciation des diverses espèces et races humaines, et cela arriva probablement au commencement de l'âge quaternaire ou période diluviale. L'existence des hommes pithécoïdes (*alali*) doit donc remonter à la fin de l'âge tertiaire, à la période pliocène, peut-être même à la période miocène ([107]).

Le vingt-deuxième et dernier degré de notre arbre généalogique animal sera donc l'homme véritable (*homo*), issu du degré précédent par la transformation graduelle du cri animal en langage articulé. Quant au lieu et à l'époque de cette vraie « création de l'homme », nous ne pouvons faire que des conjectures. L'origine de « l'homme primitif » remonte vraisemblablement à l'âge diluvial et eut pour théâtre les zones chaudes de l'ancien monde, soit le continent de l'Afrique tropicale, soit celui de l'Asie, soit un continent plus ancien, aujourd'hui submergé par les flots de l'océan Indien et qui s'étendait de l'Afrique orientale (Madagascar et Abyssinie) jusqu'à l'Asie orientale (îles de la Sonde et Inde). Quelles importantes raisons militent en faveur de l'antique existence de ce grand continent *lémurien*, et comment on peut se figurer que les diverses espèces et races humaines se sont répandues de ce paradis sur le reste de la surface terrestre, ce sont là des questions que j'ai déjà traitées dans mon « Histoire de la création naturelle » (XXIIIᵉ leçon et pl. XV). Là aussi j'ai indiqué les degrés de parenté reliant les diverses races et espèces humaines ([108]).

VINGTIÈME LEÇON.

HISTOIRE DU DÉVELOPPEMENT DU TÉGUMENT CUTANÉ ET DU SYSTÈME NERVEUX.

Pour démontrer que les différences structurales entre l'homme et les singes les plus élevés ont moins de valeur que celles qui existent entre ceux-ci et les singes inférieurs, nulle partie de la charpente organique ne semble pouvoir être mieux appropriée que le pied ou la main, et cependant il y a un organe dont l'étude conduit aux mêmes conclusions d'une manière encore plus frappante, je veux parler du cerveau Comme pour démontrer, par un exemple saisissant l'impossibilité d'élever aucune barrière entre le cerveau de l'homme et celui des singes, la nature nous a pourvus, dans les simiens inférieurs, d'une série presque complète de gradations, depuis les cerveaux de singes très-peu plus élevés que celui des rongeurs jusqu'à ceux qui sont peu inférieurs à celui de l'homme

THOMAS HUXLEY (1863) (trad Dally)

Systèmes organiques de la vie animale et de la vie végétative. — Rapports de ces systèmes avec les deux feuillets germinatifs primaires. — Appareils sensitifs. — Parties constituantes de ces appareils : d'abord l'exoderme ou feuillet cutané seul ; plus tard le tégument cutané sépare du système nerveux. — Double fonction de la peau (fonction tactile et fonction tégumentaire). — Épiderme et derme (corium). — Annexes de l'épiderme : glandes cutanées (glandes sudoripares, glandes lacrymales, glandes sébacées, glandes lactées) ; ongles et poils. — La toison embryonnaire. — Cheveux et poils de la barbe. — Influence de la sélection sexuelle. — Disposition du système nerveux. — Nerfs moteurs et nerfs sensibles. — Centres nerveux · cerveau et moelle épinière. — Composition du cerveau humain (hémisphères cérébraux et cervelet). — Anatomie comparée des centres nerveux. — Embryologie du tube médullaire. — Différenciation du tube médullaire en cerveau et moelle épinière. — Division de l'ampoule cérébrale primaire en cinq ampoules rangées en série : le cerveau antérieur (hémisphères cérébraux) ; le cerveau intermédiaire (couches optiques) ; le cerveau moyen (tubercules quadrijumeaux) ; le cerveau postérieur (cervelet) ; l'arrière-cerveau (moelle allongée). — Diversité du développement des cinq ampoules cérébrales dans les différentes classes de vertèbres. — Évolution du système nerveux conducteur ou périphérique.

Messieurs,

Dans les chapitres précédents, nous avons vu comment le corps humain tout entier provient d'un rudiment des plus simples,

d'une cellule. Or, l'homme individuel et le genre humain ont la
même origine; aujourd'hui encore l'ovule du premier reproduit
la forme ancestrale unicellulaire du second. Il nous reste à examiner brièvement le développement des diverses parties du corps
humain. Force me sera naturellement de ne traiter ce sujet
qu'à fort grands traits; l'espace me manquerait pour une exposition détaillée; en outre, je dois supposer mon auditoire trop
peu familier avec l'anatomie pour suivre utilement une telle
exposition. Dans l'histoire du développement des organes et des
fonctions nous ne nous écarterons guère de la méthode suivie
jusqu'ici; cependant nous traiterons de l'origine des parties du
corps simultanément au point de vue ontogénétique et au point
de vue phylogénétique. Vous avez vu combien, dans l'histoire
du corps humain en général, la phylogénèse nous a fidèlement
guidés au milieu des ténèbres de l'ontogénèse; c'est uniquement
grâce à ce fil d'Ariane que nous avons pu nous retrouver dans le
labyrinthe des faits ontogénétiques. Il en sera de même pour
l'histoire du développement des parties; mais là je serai contraint de traiter simultanément de l'origine ontogénétique et de
de l'origine phylogénétique des organes. En effet, plus on étudie
les détails de l'évolution organique, plus on scrute avec soin
l'origine des diverses parties du corps, plus on se convainc que
l'évolution embryologique et l'évolution phylogénétique sont
indissolublement unies. Sans la phylogénie des organes on ne
saurait non plus comprendre leur ontogénie; il en est sous ce
rapport des organes comme de l'individu. A chaque phase embryologique correspond une phase phylogénétique correspondante. Cela est vrai pour les parties aussi bien que pour le tout.

En nous appuyant sur cette loi biogénétique fondamentale,
nous tâcherons d'esquisser à grands traits l'évolution des organes
du corps humain. Pour ce faire, nous traiterons d'abord des
systèmes organiques animaux, puis des systèmes organiques
végétatifs. Le premier de ces groupes d'organes comprend l'appareil sensitif et l'appareil locomoteur. A l'appareil sensitif
appartiennent le tégument cutané, le système nerveux et les
organes des sens. L'appareil locomoteur se compose d'organes
passifs, les pièces du squelette, et d'organes actifs, les muscles.
Le second groupe d'organes, celui des organes végétatifs, comprend
l'appareil de la nutrition et l'appareil de la génération. A l'appareil de la nutrition appartient d'abord le canal intestinal avec

toutes ses annexes, comprenant non-seulement les glandes digestives, mais encore les organes respiratoires; enfin il faut
aussi comprendre dans cet appareil le système circulatoire et le
système rénal. L'appareil de la génération se compose des diverses glandes sexuelles et de leurs annexes (glandes germinatives, oviductes, organes de la copulation, etc.).

Nous avons vu, dans les neuvième et dixième leçons, que les
systèmes organiques de la vie animale, les instruments de la
sensibilité et du mouvement proviennent surtout du feuillet germinatif primaire, de l'exoderme. Au contraire, les systèmes
organiques de la vie végétative, les instruments de la nutrition
et de la reproduction, proviennent surtout du feuillet germinatif
primaire interne, de l'entoderme. Sans doute il n'y a rien d'absolu
dans cette opposition fondamentale entre les sphères végétative
et animale chez l'homme; certaines parties de l'appareil animal,
par exemple le nerf intestinal ou sympathique, naissent de cellules issues de l'entoderme, tandis qu'une grande partie de l'appareil végétatif, par exemple la cavité buccale et vraisemblablement la plus grande partie des organes génito-urinaires, proviennent de cellules issues de l'exoderme. D'ordinaire il y a dans le
corps de l'animal adulte un tel entrelacement, une telle intrication
des diverses parties, qu'il est souvent fort difficile d'en déterminer l'origine. Pourtant d'une manière générale il faut admettre comme un fait capital que, chez l'homme et chez tous
les animaux supérieurs, la plupart des organes animaux proviennent du feuillet cutané ou exoderme, et la plupart des organes végétatifs du feuillet intestinal ou entoderme. C'est pour
cela que Baer avait appelé le premier, feuillet germinatif animal,
et le dernier, feuillet germinatif végétatif. Pander avait dénommé les mêmes feuillets « feuillet séreux » et « feuillet muqueux ». En adoptant cette donnée capitale, nous admettons
naturellement que Baer a eu raison de faire venir le feuillet fibro-
cutané (couche charnue de Baer) de l'exoderme, et le feuillet
fibro-intestinal (couche vasculaire de Baer) de l'entoderme.
Cette provenance doit aussi être vraie phylogénétiquement.

Le fondement le plus solide de cette vue féconde si fortement contestée encore est, selon nous, l'existence de la *gastrula*,
forme germinative primordiale du règne animal, dans l'embryologie actuelle des classes zoologiques les plus diverses. Mais
cette forme embryologique indique sûrement une forme ances-

VINGTIÈME TABLEAU.

Vue d'ensemble des systèmes organiques du corps humain.

N. B. — L'origine des organes rapportée aux quatre feuillets secondaires est indiquée par les chiffres romains (I à IV) : I. Feuillet cutané-sensitif. II. Feuillet fibro-cutané. III. Feuillet fibro-intestinal. IV. Feuillet intestino-glandulaire.

A. Systèmes organiques de la vie animale

a. Appareil sensitif *Sensorium*

1. Tégument cutané (*derma*)
  - Épidermis I
  - Corium II

2. Système nerveux central
  - Encephalon } I
  - Medulla spinalis }

3. Système nerveux périphérique
  - Nervi cerebrales I + II
  - Nervi spinales II
  - Sympathicus II + III

4. Organes des sens (*organa sensuum*)
  - Org. tactus
  - Org. gustus
  - Org. olfactus } I + II
  - Org. visus
  - Org. auditus

b. Appareil locomoteur *Locomotorium*

5. Système musculaire (organes locomoteurs actifs)
  - Musculi cutanei
  - Musculi skeleti

6. Système osseux (organes locomoteurs passifs)
  - Vertebrarium } II
  - Cranium
  - Sk. extremitatum

B. Systèmes organiques de la vie végétative

c. Appareil de nutrition *Nutritorium*

7. Système digestif (*gaster*)
  - O. digestiva } III + IV
  - O. respiratoria }

8. Système circulatoire (*organa circulationis*)
  - Cœloma II + III
  - Vasa lymphatica } II + III
  - Vasa sanguifera }
  - Cor III

9. Système rénal (*organa urinoria*)
  - Renes } I? + II
  - Ureteres }
  - Urocystis III + IV

d. Appareil de reproduction *Propagatorium*

10. Organes sexuels (*organa sexualia*)
  - Gonades (I. ovaria) } III + IV?
  - (II. testes)
  - Gonophori (I. oviductus) } I? + II
  - (II. spermaductus)
  - Copulativa (I. vagina) } I + II
  - (II. penis)

trale commune à tous les animaux, les protozoaires exceptés.
Cette forme est la *gastraea*, depuis longtemps disparue. Le
corps de cette gastræa était uniquement constitué par deux
feuillets germinatifs primaires, comme on le constate aujour-
d'hui encore dans la forme embryologique correspondante à la
gastrula. Chez la *gastraea*, le simple feuillet cutané représentait effectivement la totalité des organes animaux et de leur
fonction, de même que le simple feuillet intestinal représentait
tous les organes végétatifs et toutes leurs fonctions ; il en est de
même encore, mais virtuellement, chez la gastrula ; et il en est
de même pour la vésicule blastodermique bifoliée, ainsi que
pour l'aire germinative de l'homme et des vertébrés supérieurs.
Chez la gastrula de l'amphioxus ou plutôt des acrâniens disparus, cette aire germinative s'est développée à mesure que se
formait lentement un jaune de nutrition considérable.

Que cette théorie gastréenne (¹³) puisse nous rendre raison,
morphologiquement et physiologiquement, des traits principaux
de l'évolution chez l'homme et chez tous les métazoaires, c'est
un point dont vous vous convaincrez en examinant le développement du premier important appareil de la sphère animale ; je
veux parler de l'appareil sensitif ou *sensorium*. Cet appareil
se compose, comme vous vous en souvenez, de deux portions en
apparence foncièrement différentes. Ce sont d'abord un tégument
externe avec ses annexes, les cheveux, les ongles, les glandes
sudoripares, etc. ; puis un système nerveux interne. Ce dernier
système comprend non-seulement les centres nerveux, le cerveau
et la moelle épinière, mais encore les nerfs cérébraux périphériques, ceux de la moelle épinière et les nerfs intestinaux, enfin
les organes des sens. Durant la période de plein développement
du vertébré, ces deux portions du sensorium sont tout à fait
séparées : le tégument cutané revêt la surface externe du corps ;
le système nerveux central est situé profondément. Entre ces
deux portions, il n'y a d'autre lien qu'une partie du système
nerveux périphérique et que les organes des sens. Pourtant le
système nerveux provient du tégument externe, comme vous
l'a appris l'ontogénèse de l'homme. Oui, ces organes des fonctions
les plus hautes, les plus parfaites, des fonctions de la sensibilité,
de la volonté, de la pensée, bref, les organes psychiques, les
organes de l'âme, proviennent du tégument cutané externe !

Ce fait curieux semble d'abord si étonnant, si inexplicable, si paradoxal, que pendant longtemps on s'est évertué à le contester. On prétendait établir, d'après des faits d'observation embryologique, que le système nerveux central provenait, non pas du feuillet germinatif le plus externe, mais d'une couche cellulaire située au-dessous de ce feuillet! Mais on ne saurait éluder les faits embryologiques, et aujourd'hui, quand nous considérons ces faits à la lumière de la phylogénèse, nous n'y voyons plus que des phénomènes naturels et nécessaires. Pour peu que l'on réfléchisse à l'évolution historique des activités psychiques et sensitives, on trouvera nécessaire que les cellules douées de ces activités aient dû d'abord se trouver à la surface externe du corps. Seuls, des organes élémentaires extérieurement situés pouvaient recueillir et percevoir les impressions du monde extérieur. Plus tard les cellules cutanées, devenues spécialement sensibles, cherchèrent peu à peu, par sélection naturelle, un asile protecteur dans l'intérieur du corps et y formèrent le premier rudiment d'un organe nerveux central. La différenciation progressant toujours, la distance entre le tégument extérieur et le système nerveux central s'accrut de plus en plus, et enfin ces deux portions de l'organisme ne furent plus unies que par les nerfs sensibles de la périphérie. Pour peu que l'on suive cette importante série de données phylogénétiques, on ne voit dans ces faits ontogénétiques, qui d'abord semblaient merveilleux, que des procédés évolutifs aussi simples que naturels.

Nul désaccord entre cette manière de voir et l'anatomie comparée. Cette science nous apprend, en effet, que quantité d'animaux inférieurs n'ont point encore de système nerveux, tout en étant doués, comme les animaux supérieurs, de sensibilité, de volonté et de pensée. Chez les protozoaires, dépourvus d'ordinaire de feuillets germinatifs, le système nerveux et le tégument cutané font naturellement défaut. Même dans la seconde section principale du règne animal, chez les métazoaires, il n'y a d'abord aucun système nerveux. Les fonctions de ce système sont accomplies par la simple couche cellulaire de l'exoderme, léguée directement aux métazoaires par la gastræa. Il en est encore ainsi chez les zoophytes inférieurs, chez les éponges, les polypes hydroïdes les plus humbles, qui ne s'élèvent guère au-dessus des gastréades et de la forme ascula, dont nous avons jadis parlé (fig. 100). Là, toutes les fonctions végétatives sont remplies par le feuillet intestinal, toutes les fonctions animales par le feuillet cutané. La simple couche cellulaire de l'exoderme est alors si-multanément tégument cutané, appareil locomoteur, système nerveux.

Sans doute le système nerveux faisait aussi défaut à beaucoup de ces vers primitifs (*archelminthes*), qui provinrent d'abord des gastréadés. Même chez ces vers primitifs, où les deux feuillets germinatifs primaires s'étaient dédoublés en quatre feuillets se-condaires (fig. 56, pl. III, fig. 10), il n'y eut d'abord aucun système nerveux différencié de la peau. Chez ces vers, depuis longtemps disparus, le feuillet cutané-sensitif était en même temps tégument cutané et système nerveux. Mais, déjà chez les plathelminthes, les plus voisins, parmi les vers actuels, de ces

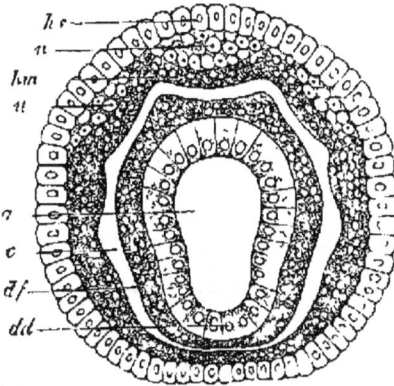

Fig. 132.

vers primitifs, nous trouvons un système nerveux indépen-dant, qui s'est différencié du tégument cutané. Ce système nerveux est représenté par le ganglion sus-œsophagien (pl. III, fig. 11, *m*). C'est de ce rudiment si simple qu'est pro-venu le système nerveux cen-tral si compliqué de tous les animaux supérieurs. D'après les recherches de Kowalevsyk, le rudiment du système ner-

veux central serait, chez les lombrics, un épaississement local du feuillet cutané-sensitif (fig. 132, *n*). Plus tard cet épaississe-ment se sépare entièrement de la lamelle cornée.

Le tube médullaire du vertébré n'a pas, d'ailleurs, une autre origine. Déjà l'ontogénèse de l'homme vous a montré que ce « tube médullaire », rudiment du système nerveux central, se développe primitivement aux dépens du tégument externe. Ce tube n'est d'abord qu'une dépression en gouttière du tégument dorsal; puis cette gouttière se ferme en tube et enfin se sépare entièrement de la peau.

Quelque intéressants que puissent être ces faits évolutifs, nous

Fig. 132. — *Coupe transversale de l'embryon d'un lombric.* h s, feuillet cutané-sensitif. h m, feuillet fibro-cutané. d f, feuillet fibro-intestinal. d d, feuillet intestino-glandulaire. a, cavité intestinale. c, cavité viscerale du cœlom. n, cerveau primitif. u, reins primitifs.

allons maintenant cesser de nous en occuper et examiner en détail comment, en dehors d'eux, se développe, chez l'homme, le tégument cutané avec ses poils, ses glandes sudoripares, etc. Ce tégument externe (*derma* ou *tegmentum*) joue, en physiologie, un double rôle. Avant tout, la peau, qui revêt toute la surface du corps, est, pour tous les organes, une membrane protectrice. A ce titre, la peau est le siége d'un certain échange matériel entre le corps et l'air atmosphérique (respiration cutanée, perspiration). En outre, la peau est le plus ancien, le premier organe de la sensibilité, l'organe du tact, qui enregistre les impressions de la température ambiante ou du contact des corps étrangers.

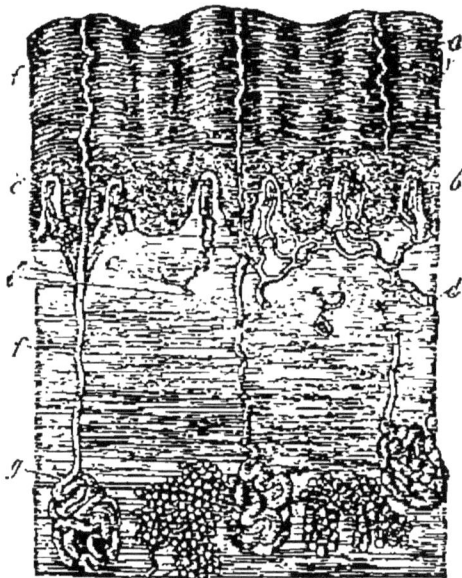

Fig. 133.

Chez l'homme, comme chez tous les animaux supérieurs, la peau est constituée par deux portions essentiellement différentes : un épiderme externe et un derme sous-jacent. L'épiderme (*epidermis*) est composé seulement de cellules et dépourvu de vaisseaux et de nerfs. Il provient du premier feuillet germinatif secondaire, du feuillet cutané-sensitif et sans doute spécialement de la lamelle cornée de ce feuillet (fig. 132, *h s*). Au contraire, le derme (*corium*) est constitué surtout par des tissus cellulaires ou fibreux, contient beaucoup de vaisseaux et de nerfs, et a une tout autre origine. Il provient de la couche la plus externe du deuxième feuillet germinatif secondaire, du feuillet fibro-cutané. Le derme est beaucoup plus épais que l'épiderme. Dans ses couches profondes (*subcutis*), le derme est infiltré de nombreuses cellules graisseuses (fig. 133, *h*).

Fig. 133. — *Section perpendiculaire de la peau humaine* (d'après Ecker), fort grossissement. c, papille du derme. d, vaisseaux sanguins. ef, canal excréteur des glandes sudoripares (g). h, petites grappes graisseuses du derme. i, nerf aboutissant à un corpuscule du tact.

La couche dermique superficielle (*cutis* ou couche papillaire) est hérissée de papilles microscopiques, qui plongent dans l'épiderme sus-jacent (fig. 133, *c*). Ces papilles contiennent les plus fins organes sensibles de la peau, les corpuscules du tact. D'autres papilles contiennent seulement les anses terminales des vaisseaux nutritifs de la peau (fig. 313, *c, d*). Les diverses parties du derme proviennent, par division du travail, des cellules primitivement toutes semblables de la lamelle dermique, la plus externe des lamelles du feuillet fibro-cutané (fig. 68, *h p r*; pl. II et III, *l*) ([107]).

Toutes les parties, toutes les annexes de l'épiderme se développent de même, par différenciation, aux dépens des cellules toutes semblables entre elles de cette lamelle cornée (fig. 134, pl. II et III, *h*).

La couche interne et molle de l'épiderme (fig. 133, *b*) est appelée

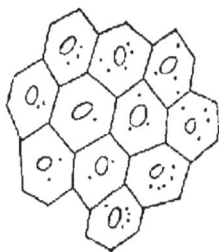

Fig. 134.

couche muqueuse; l'externe, plus dure (fig. 133 *a*), est appelée *couche cornée*. La surface de cette couche cornée est le siège d'une usure perpétuelle; de nouvelles couches de cellules naissent des cellules muqueuses de l'épiderme et remplacent les cellules usées. L'épiderme n'est d'abord qu'un tégument simple. Plus tard il en provient diverses annexes, les unes internes, les autres externes. Les annexes internes sont: les glandes sudoripares, les glandes sébacées, etc. Les appendices externes sont les poils et les ongles.

Dans le principe, les glandes cutanées sont de simples prolongements épidermiques solides, plongeant dans le derme sous-jacent (fig. 135, ₁). Puis des canaux se creusent dans l'épaisseur de ces prolongements (fig. 135, ₂, ₃), soit que les cellules centrales se ramollissent et se détruisent, soit qu'une humeur soit sécrétée dans l'intérieur de l'appendice.

Certaines de ces glandes cutanées restent simples, non ramifiées, par exemple les glandes sudoripares (fig. 133, *e f g*). Ces glandes deviennent très-longues et finissent par former un peloton enroulé (fig. 133, *g*), mais jamais elles ne se ramifient; il en est de même des glandes cérumineuses de l'oreille. La plupart des autres glandes cutanées émettent des bourgeons, par exemple

Fig. 134. — Cellules epidermiques d'un embryon humain de deux mois (d'après Koellıker).

les glandes lacrymales de la paupière supérieure (fig. 135) et les glandes sébacées, sécrétant l'enduit gras de la peau et débouchant d'ordinaire dans les follicules pileux. Les glandes sudoripares et les glandes sébacées n'existent que chez les mammifères. On rencontre au contraire des glandes lacrymales dans les trois classes d'amniotes, chez les reptiles, les oiseaux et les mammifères. Ces glandes font défaut chez les vertébrés inférieurs.

Chez tous les mammifères, mais seulement chez eux, il y a des glandes mammaires (*glandulæ mammales*), chargées de fournir le lait nécessaire au mammifère nouveau-né (fig. 136, 137).

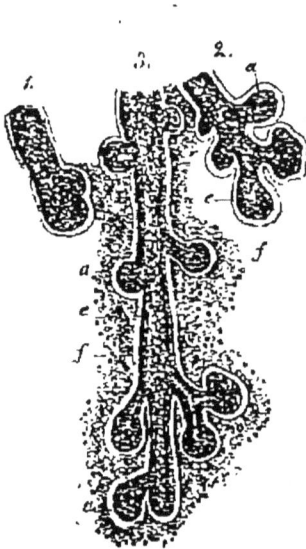 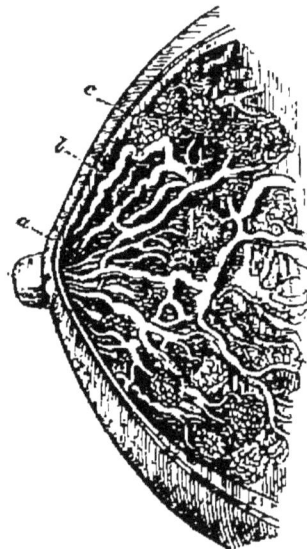

Fig. 135.   Fig. 136.

En dépit de leur volume, ces organes sont seulement de grosses glandes sébacées de la peau (pl. III, fig. 16, *m d*). Le lait se forme par l'expulsion des cellules adipeuses dans la cavité des follicules glandulaires (fig. 136, *c*). Les conduits excréteurs des glandes lac-

Fig. 135. — Glandes lacrymales rudimentaires d'un embryon humain de quatre mois (d'après Koelliker). 1, Rudiment glandulaire de date récente ayant la forme d'un prolongement solide. 2, 3, autres rudiments glandulaires plus développés, qui se ramifient et se creusent intérieurement. *a*, bourgeons solides. *c*, revêtement cellulaire des bourgeons creux. *f*, rudiment de la peau fibreuse, qui, plus tard, formera autour des glandes une enveloppe dermique.

Fig. 136. — *Coupe perpendiculaire de la glande mammaire (mamma).* *c*, lobule glandulaire en grappe. *b*, conduit lactifère élargi. *a*, canal d'excrétion étroit s'ouvrant dans le mamelon (d'après H. Meyer).

tées s'élargissent d'abord en sac (*b*), puis se rétrécissent de nouveau (*a*) et s'ouvrent dans le mamelon par 16 à 24 petits orifices. Le premier rudiment de cette grosse glande composée est un simple prolongement conique de l'épiderme, qui plonge dans le derme et se ramifie. Chez le nouveau-né, la glande n'est encore représentée que par 12 à 18 lobules rayonnés (fig. 137). Peu à peu les glandes se ramifient, leurs conduits excréteurs se creusent et s'élargissent et des quantités notables de graisse s'accumulent entre les lobules. C'est ainsi que se forme la mamelle saillante de la femme (*mamma*), au centre de laquelle fait saillie le mamelon (*mammilla*), destiné à faciliter l'allaitement ([110]).

Le mamelon ne se forme qu'ultérieurement, quand la glande existe déjà, et cette succession ontogénétique est d'un haut intérêt ; car les anciens mammifères, souches ancestrales de toute la classe, étaient généralement dépourvus de mamelons. Chez eux, le lait jaillissait d'une surface cutanée, plane et criblée de trous, comme il arrive encore aujourd'hui chez les plus inférieurs des mammifères actuels, chez les ornithorynques. C'est pourquoi nous pouvons appeler ces animaux *amasta*. Chez nombre de mammifères inférieurs, il y a de nombreuses glandes lactées, disséminées sur la peau abdominale. Chez la femme et aussi chez les singes, les chéiroptères, les éléphants et quelques autres mammifères, il n'y a d'ordinaire qu'une paire de glandes mammaires pectorales. Parfois cependant il existe chez la femme deux paires de glandes situées l'une derrière l'autre. Quelquefois même il y en a un plus grand nombre ; c'est sans doute un fait d'atavisme, rappelant une antique forme ancestrale. Chez l'homme, les glandes mammaires sont parfois développées et capables de sécrétion, quoique d'ordinaire ce soient seulement des organes rudimentaires sans fonction.

De même que les glandes cutanées sont des hypertrophies

Fig. 137.

Fig. 137. — *Glande mammaire du nouveau-né.* *a*, glande centrale primitive. *b*, petite saillie en bourgeon et (*c*) grosse saillie du même genre (d'après Langer).

locales de l'épiderme en dedans, les appendices cutanés, que nous appelons ongles et cheveux, sont des hypertrophies locales en dehors. Les ongles (*ungues*), ces organes qui protègent la face dorsale des portions les plus sensibles de nos membres, des dernières phalanges des orteils et des doigts, sont des formations cornées de l'épiderme que possèdent aussi les singes. Au lieu d'ongles, les mammifères inférieurs ont le plus souvent des griffes; les ongulés ont des sabots. La forme ancestrale des mammifères avait sûrement des griffes ou des sabots, qui apparaissent déjà à l'état rudimentaire chez la salamandre. Les sabots des ongulés, les ongles des singes et de l'homme proviennent également des griffes des anciens mammifères. Chez l'embryon humain, le premier rudiment de l'ongle apparaît, entre la couche cornée et la couche muqueuse de l'épiderme, seulement durant le quatrième mois. Mais c'est seulement vers la fin du sixième mois que l'on voit saillir le bord libre de l'ongle.

Les poils comptent parmi les plus intéressantes annexes de l'épiderme; par leur structure spéciale, par leur mode d'origine ce sont, pour la classe entière des mammifères, des formations tout à fait caractéristiques. Cependant les poils sont loin d'être rares chez nombre d'animaux inférieurs, par exemple chez les insectes et les vers. Mais ces poils, tout comme ceux des plantes, sont des appendices filiformes de l'épiderme, différents des poils des mammifères par leur fine structure caractéristique et par leur mode de développement. C'est pourquoi Oken appelait avec raison « poils animaux » ces derniers appendices. Chez l'homme, comme chez tous les mammifères, les poils sont uniquement composés de cellules épidermiques, différenciées et convenablement disposées. Au moment de leur apparition chez l'embryon, ce sont de solides saillies épidermiques plongeant dans le derme sous-jacent, comme le font les glandes sébacées et sudoripares. Comme ces dernières, elles débutent par être un simple prolongement constitué par des cellules épidermiques ordinaires. Bientôt on distingue, au centre de ce prolongement, une masse cellulaire plus solide et de forme conique. Cette masse s'allonge, se sépare des cellules voisines, « étui de la racine », et enfin fait saillie au dehors; c'est alors un poil. La portion engagée dans le derme, le follicule pileux, constitue la racine du cheveu entourée par son étui.

D'ordinaire, durant les derniers trois mois de la grossesse, le fœtus humain est revêtu d'une épaisse toison de poils fins. Cette toison embryonnaire (*lanugo*) disparaît déjà en partie, durant la dernière semaine de la vie fœtale; elle tombe tout à fait bientôt après la naissance et est remplacée par un léger duvet permanent. Les poils permanents sont sécrétés par le follicule pileux, qui s'est dégagé de l'étui de la racine du poil caduc. D'habitude la toison du fœtus humain recouvre tout le corps, à l'exception de la paume des mains et de la plante des pieds. Ces régions sont toujours glabres, comme elles le sont aussi chez tous les singes et chez la plupart des autres mammifères. Souvent la toison embryonnaire diffère extrêmement par la couleur des poils permanents. Souvent il arrive, par exemple, dans notre race indo-germanique, qu'au moment de la naissance, le nouveau-né, enfant de parents blonds, soit, au grand étonnement de ces derniers, revêtu d'une toison brune ou noire. Après la chute de ces poils primitifs, apparaissent les poils blonds, que l'enfant tient de ses parents. Parfois même le pelage brun persiste durant des semaines et des mois après la naissance. Nul autre moyen de s'expliquer la présence de cette curieuse toison, que d'y voir un legs de nos antiques ancêtres velus, les singes.

Un fait non moins remarquable, c'est que beaucoup de singes supérieurs se rapprochent de l'homme par le revêtement pileux de certaines parties de leur corps. Chez la plupart des singes, notamment chez les catarhiniens supérieurs, le visage est en grande partie ou nu ou recouvert d'un poil rare et court, comme chez l'homme. Comme chez l'homme encore, la face postérieure de la tête est habituellement revêtue d'un poil épais, et les mâles ont aussi les joues et le menton recouverts d'une barbe épaisse. Dans l'un et l'autre cas, cet ornement du mâle a été acquis par sélection sexuelle. Chez beaucoup de singes, la poitrine et le creux des articulations sont moins velus que le dos et la face opposée des articulations. Souvent aussi nous sommes surpris de voir, chez des hommes de notre race, des touffes de poils disséminées sur les épaules, le dos et la face dorsale des membres. On sait que, dans quelques familles, tout le corps est héréditairement revêtu d'un poil épais, que la vigueur des cheveux et la barbe est souvent aussi héréditaire, ainsi que leur mode d'implantation et de distribution. Ces différences extraordinaires dans la disposition des poils, qui s'observent non-seulement entre les diverses races, mais même entre les diverses familles d'une race, s'expliquent facilement : c'est que les poils de l'homme sont des organes rudimentaires, un legs inutile venant des singes velus. Sous ce rapport, l'homme ressemble à l'éléphant, au rhinocéros, à l'hippopotame, à la baleine et à d'autres mammifères de divers ordres, qui ont aussi perdu, par adaptation, la plus grande partie de leur pelage primitif ([111]).

Le travail d'adaptation, par lequel le poil de l'homme a perdu de sa vigueur sur presque toute la surface du corps, tout en se conservant et même s'améliorant par·places, ce travail est dû très-vraisemblablement à la sélection sexuelle. Comme Darwin l'a démontré jusqu'à l'évidence dans son livre sur « la descendance de l'homme », la sélection sexuelle a eu, sous ce rapport, une puissante influence. Dans les relations sexuelles, les mâles des singes anthropoïdes choisissaient les femelles les moins velues, tandis que les femelles donnaient la préférence aux mâles les plus barbus et les plus chevelus ; il en résulta que le pelage s'amoindrit peu à peu, tandis que la barbe et la chevelure se développaient beaucoup. Enfin, des influences climatériques ou autres ont pu aider à la perte du pelage.

Darwin voit un intéressant témoignage de l'origine simienne des poils de l'homme dans la direction qu'affectent ces poils sur nos bras, direction sans cela inexplicable. En effet, sur le bras et l'avant-bras, les poils dirigent leur extrémité vers la coude. Là ils se rencontrent suivant un angle mousse. Cette curieuse disposition s'observe aussi chez les singes anthropoïdes, chez le gorille, le chimpanzé, l'orang et plusieurs espèces de gibbons. Chez d'autres espèces de gibbons, au contraire, les poils du bras et de l'avant-bras sont dirigés vers la main, comme il arrive chez les autres mammifères. Pour expliquer cette curieuse particularité propre à l'homme et aux anthropoïdes, il faut supposer que nos ancêtres simiens avaient coutume, comme le font encore aujourd'hui les singes anthropoïdes, de relever leurs mains sur leur tête quand il pleuvait, ou de les croiser au-dessus d'une branche ; dans cette position, la direction des poils vers le coude favorisait l'écoulement des gouttes de pluie. La direction des poils de notre avant-bras nous rappelle donc encore une habitude utile de nos ancêtres simiens.

En étudiant avec soin la peau et ses appendices avec l'aide de l'anatomie comparée et de l'ontogénie, on trouve beaucoup de preuves analogues, de vrais documents attestant l'hérédité si-

29

mienne directe. Les anthropoïdes nous ont légué leur peau et
leurs poils; c'était un héritage qu'ils tenaient des singes inférieurs, et ceux-ci l'avaient reçu des mammifères inférieurs. On
en peut dire autant des autres importants systèmes organiques
provenant du feuillet cutané-sensitif; je veux parler du système
nerveux et des organes des sens. Ces systèmes si complexes,
chargés des plus hautes fonctions vitales, des activités psychiques, nous les avons reçus des singes, qui les tenaient des
mammifères inférieurs.

Dans son état de plein développement, le système nerveux de
l'homme et de tous les autres vertébrés est un appareil fort
complexe, comparable à un télégraphe électrique, tant pour la
disposition anatomique que par l'activité physiologique. Le système nerveux central fonctionne comme une station principale
et ses innombrables cellules ganglionnaires (fig. 2) communiquent par des prolongements ramifiés entre elles et avec la
masse des fils conducteurs. Ces fils conducteurs sont représentés
par les fibres nerveuses périphériques, disséminées dans tout
l'organisme; et ces fibres avec les organes des sens, auxquels
elles aboutissent, constituent le système nerveux périphérique,
la substance nerveuse conductrice. D'une part, ce système périphérique transmet au centre nerveux, par ses fibres sensibles,
les impressions recueillies par la peau et les organes des sens;
d'autre part, par ses fibres motrices, il apporte aux muscles les
ordres de la volonté.

Le système nerveux central (*medulla centralis*) est l'organe
de l'activité psychique dans le sens le plus strict. Quelque idée
que l'on se fasse du mode d'union intime de cet organe et de ses
fonctions, il n'en reste pas moins hors de doute que ces fonctions,
appelées par nous sensibilité, volonté et pensée, sont, chez
l'homme comme chez tous les animaux supérieurs, indissolublement liées à l'organe matériel. Il est donc besoin de nous
étendre quelque peu sur le mode d'évolution de cet organe. C'est
là une étude extrêmement intéressante pour nous, puisqu'elle
nous permettra de formuler sur la nature de notre « âme »
quelques importantes conclusions. En effet, s'il n'y a nulle
différence entre le développement des centres nerveux chez l'embryon humain et chez celui des autres mammifères, on ne saurait
douter que l'organe psychique de l'homme ne provienne du même
organe existant chez les autres mammifères et même chez les

vertébrés inférieurs. On ne peut donc contester la vaste portée d'une telle étude.

Pour bien faire apprécier tout l'intérêt de ce sujet, je dirai quelques mots de la forme générale et de la texture anatomique des centres nerveux chez l'homme adulte. Chez l'homme comme chez tous les autres crâniotes, le système nerveux central se compose de deux parties principales, savoir, du cerveau (*medulla capitis* ou *encephalon*) et de la moelle épinière (*medulla spinalis*). L'encéphale est logé dans le crâne et la moelle épi-

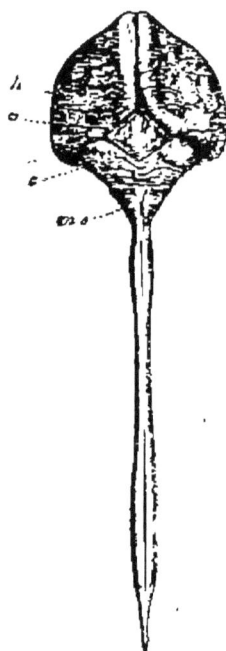

Fig. 138.   Fig. 139.

nière est contenue dans le canal vertébral, formé par la juxta-position des vertèbres en série linéaire (voir pl. III, fig. 16, *m*).

Fig. 138. — *Embryon de trois mois*, de grandeur naturelle et vu de dos. Le cerveau et la moelle épinière sont mis à nu (d'après Kœlliker). *h*, hémi-sphères cérébraux (cerveau antérieur). *m*, tubercules quadrijumeaux (cerveau moyen). *c*, cervelet (cerveau postérieur); au-dessous du cervelet, la moelle épinière triangulaire.

Fig. 139. — *Centres nerveux d'un embryon humain de quatre mois*, de grandeur naturelle et vu de dos (d'après Kœlliker). *h*, grands hémisphères. *r*, tubercules quadrijumeaux. *c*, cervelet. *mo*, moelle cervicale; au-dessous la moelle épinière.

Du cerveau partent douze paires de nerfs crâniens; la moelle épinière en émet trente et une. La forme générale de la moelle épinière est celle d'un cordon cylindrique, renflé en fuseau au niveau des dernières vertèbres cervicales et au niveau des premières vertèbres lombaires (fig. 138, 139).

Du renflement cervical partent les principaux nerfs des membres supérieurs ; du renflement lombaire naissent les principaux nerfs des membres inférieurs. En haut, la moelle épinière se continue avec le cerveau par l'intermédiaire de la moelle allongée (*medulla oblongata*, fig. 139, *mo*). La moelle épinière

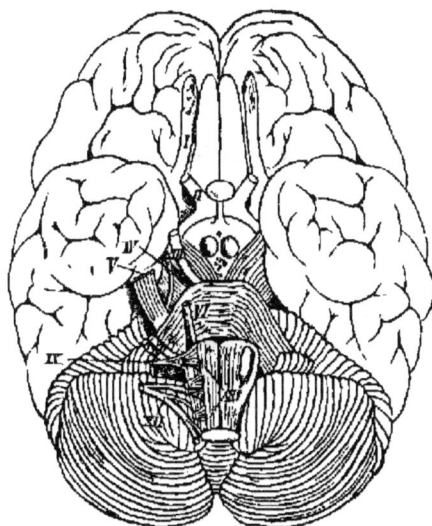

Fig. 140.

semble être une masse compacte de substance nerveuse ; cependant sa partie centrale est occupée par un étroit canal, se continuant supérieurement avec les ventricules cérébraux et rempli, comme eux, d'une sérosité limpide.

Le cerveau constitue une masse nerveuse considérable, remplissant la presque totalité de la cavité crânienne et se divisant, à première vue, en deux portions, le cerveau (*cerebrum*) et le cervelet (*cerebellum*). Le cerveau occupe la région supérieure

Fig. 140. — *Cerveau humain vu du côté inférieur* (d'après H. Meyer). En haut et en bas, on voit le cerveau parcouru par des sillons larges et ramifiés; en bas et en arrière est le cervelet sillonné d'étroites fissures parallèles. Les chiffres romains indiquent l'origine des douze paires nerveuses crâniennes, d'avant en arrière.

et antérieure, et sa surface est sillonnée de fissures séparant les circonvolutions (fig. 140, 141). A la surface supérieure, le cerveau est divisé, d'avant en arrière, par une fente profonde, en deux hémisphères cérébraux, réunis par une sorte de pont transversal, le corps calleux (*corpus callosum*). Une fente transversale profonde sépare le cerveau du cervelet. Ce dernier, situé plus en arrière et en bas, a aussi sa surface sillonnée de fissures, mais ces fissures sont plus fines, plus régulières que celles du cerveau ; elles séparent les unes des autres des circonvolutions incurvées (fig. 140, inférieurement).

Le cervelet est aussi divisé par une fente longitudinale en

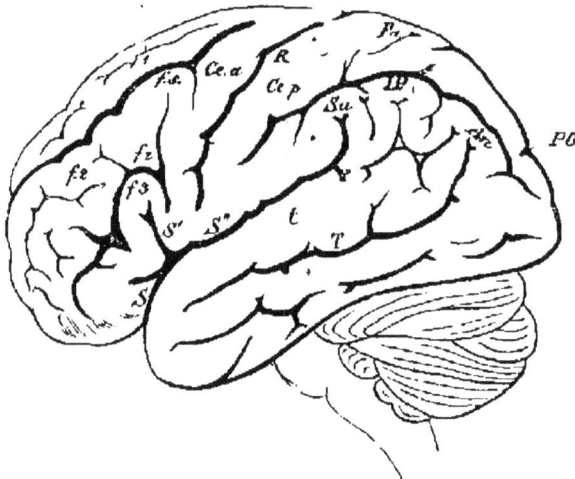

Fig. 141.

deux moitiés latérales ou petits hémisphères ; ces hémisphères sont reliés entre eux, en haut, par une expansion nerveuse vermiforme (*vermis*), en bas, par une sorte de pont transversal (*pons Varoli*) (fig. 140, VI).

Mais l'anatomie comparée et l'ontogénie nous apprennent qu'à l'origine le cerveau humain, comme celui de tous les crâniotes, n'est pas composé de deux, mais bien de cinq parties échelonnées en série. Nous avons vu que ces parties primitives du cerveau

Fig. 141. — *Cerveau humain vu du côté gauche* (d'après H. Meyer). Les sillons des hémisphères sont indiqués par des traits gras ; ceux du cervelet par des lignes fines. Au-dessous du cervelet, on voit la moelle allongée. f_1 à f_3, circonvolutions frontales. *C*, circonvolutions centrales. *S*, scissure sylvienne. *T*, fente temporale. *Pa*, lobules pariétaux. *An*, lobule pariétal inférieur. *Po*, grande fente postérieure.

apparaissaient, chez l'embryon de tous les crâniotes, des cyclostomes et des poissons jusqu'à l'homme, sous la forme de cinq vésicules. Ce cerveau rudimentaire diffère extrêmement du cerveau développé. Chez l'homme et chez tous les mammifères supérieurs, la première de ces cinq vésicules, le *cerveau antérieur*, acquiert un tel volume et un tel poids, qu'à elle seule elle représente la plus grande partie du cerveau (fig. 140, 141).

Le cerveau antérieur ne comprend pas seulement les hémisphères, mais aussi le corps calleux, les bulbes olfactifs, d'où partent les nerfs de l'odorat et la plupart des saillies que l'on observe soit sur la voûte, soit sur le fond des ventricules latéraux que recouvrent les hémisphères, par exemple les corps striés. Au contraire, les couches optiques situées entre les corps striés appartiennent déjà à la deuxième partie du cerveau, au *cerveau intermédiaire*. A ce même cerveau intermédiaire appartiennent le troisième ventricule, ainsi que l'infundibulum, le corps cendré, la glande pinéale. Plus en arrière, entre le cerveau et le cervelet, se trouvent quatre saillies ganglionnaires, séparées par un sillon crucial et appelées pour cette raison *tubercules quadrijumeaux* (fig. 138, *m,* fig. 139, *c*). Chez l'homme et les mammifères supérieurs, ces tubercules sont très-peu développés, mais ils représentent cependant la troisième portion du cerveau, très-volumineuse chez les vertébrés inférieurs, c'est-à-dire le cerveau moyen. Plus en arrière, se trouve le cerveau postérieur ou cervelet (*cerebellum*), composé de deux petits hémisphères latéraux (fig. 138, *c* et 139, *c*) et d'une portion moyenne, le *vermis*. Après le cervelet vient la cinquième et dernière portion du cerveau, la *moelle allongée* (*medulla oblongata*) (fig. 139, *mo*), comprenant le quatrième ventricule impair et les parties nerveuses voisines (pyramides, olives, corps rétiformes). Inférieurement cette moelle allongée se continue avec la moelle épinière. L'étroit canal central de la moelle épinière se continue en haut avec la cavité losangique plus large du quatrième ventricule. Du quatrième ventricule part un étroit canal, « l'aqueduc de Sylvius », qui gagne le troisième ventricule en passant sous les tubercules quadrijumeaux. Ce troisième ventricule est situé entre les couches optiques et communique à son tour avec les deux ventricules latéraux (premier et deuxième ventricule) situés, à droite et à gauche, dans l'épaisseur des hémisphères. Toutes ces parties du cerveau ont une structure d'une infinie délicatesse, mais dont il serait inutile de parler ici. Disons seulement qu'en dépit de la merveilleuse structure du cerveau propre à l'homme et aux vertébrés supérieurs, l'organe psychique si complexe provient, chez tous les crâniotes, des cinq vésicules rudimentaires dont nous avons parlé (voir pl. IV et V).

Avant de dire brièvement comment le cerveau adulte si complexe provient de cette série de vésicules, il sera utile de rapprocher ce cerveau de celui des animaux inférieurs, qui ne possèdent rien de pareil. Déjà nous avons vu que, chez les acrâniens, chez l'amphioxus, il n'y a pas de cerveau du tout. Là, les centres nerveux sont représentés par un simple cordon cylindrique, parcourant le corps dans toute sa longueur et se terminant presque aussi simplement en avant qu'en arrière ; c'est un simple tube médullaire (pl. VIII, fig. 15, m). Nous avons rencontré le même tube médullaire rudimentaire chez la larve de l'ascidie (pl. VII, fig. 5, m), et dans la même situation caractéristique, au-dessus de la chorda. En examinant attentivement, nous avons trouvé chez ces deux animaux si voisins l'un de l'autre un petit renflement ampullaire à l'extrémité antérieure du tube médullaire : c'est là le premier indice d'une différenciation du cerveau (m_1) et de la moelle épinière (m_2). Mais si nous tenons compte de l'incontestable parenté de l'ascidie et des autres vers, il en résultera clairement que le centre nerveux si simple de cet animal équivaut au ganglion nerveux pharyngien supérieur (*ganglion pharyngeum superius*) ou sus-œsophagien des vers. Chez les turbellariés (fig. 110), le système nerveux tout entier est représenté par cette seule paire de ganglions dorsaux, émettant des filets nerveux destinés aux diverses parties du corps. En s'allongeant, le ganglion œsophagien supérieur est devenu le tube médullaire, spécial aux vertébrés et aux larves des ascidies. Chez les autres animaux, le système nerveux central s'est développé tout différemment, à partir du ganglion œsophagien ; chez les articulés, par exemple, il s'est formé un anneau nerveux œsophagien et une chaîne nerveuse abdominale ; il en est advenu de même chez les vers annelés et chez les radiés, qui en sont vraisemblablement issus. Les mollusques ont aussi cet anneau œsophagien, qui manque aux vertébrés. Chez les vertébrés, c'est surtout du côté dorsal que s'est développé le système nerveux central, tandis que chez les autres animaux dont nous avons parlé, le développement se faisait du côté abdominal ([112]).

En descendant au-dessous des vers, nous rencontrons beaucoup d'animaux qui n'ont plus de système nerveux ou chez qui la fonction du système nerveux est assumée par le tégument externe, par les cellules du feuillet cutané ou exoderme. C'est ce qui arrive chez nombre de zoophytes, par exemple chez les éponges et chez notre polype d'eau douce, l'hydre. Il en était sûrement de même chez les gastréadés éteints. Il va de soi que le système nerveux manque aussi à tous les protozoaires, puisque ces animaux n'ont jamais de feuillets germinatifs.

Si nous embrassons d'un coup d'œil général l'évolution du système nerveux chez l'embryon humain, nous voyons avant tout que le premier rudiment de ce système est le simple tube médullaire qui, chez l'embryon lyriforme, se différencie du feuillet germinatif le plus externe. Ce sont là des faits qui vous sont déjà familiers. Vous vous rappelez qu'au milieu du disque germinatif lyriforme se creuse en ligne droite la gouttière primitive ou sillon dorsal (fig. 40-42). De chaque côté de ce sillon s'élèvent les deux bourrelets dorsaux parallèles ou bourrelets de la moelle épinière (fig. 45, 46); puis ces bourrelets s'inclinent l'un vers l'autre et se soudent par leur bord libre supérieur en un tube médullaire (fig. 47; pl. II, fig. 3). D'abord ce tube médullaire est situé immédiatement au-dessous de la lamelle cornée; puis il s'en sépare et devient un organe profond. Pendant ce temps, les bords supérieurs des lamelles vertébrales primitives s'insinuent à droite et à gauche entre la lamelle cornée et le tube médullaire, qui se trouve ainsi enclos dans un canal fermé, le canal vertébral (fig. 48, pl. II, fig. 4-6, 8, *m*). Comme le fait judicieusement remarquer Gegenbaur, « cette graduelle pénétration des centres nerveux dans l'intérieur du corps est un avantage *acquis* et correspondant à une différenciation progressive, à un accroissement de puissance du système nerveux ; l'organe le plus précieux du corps a naturellement acquis une situation profonde ».

Que notre organe psychique, comme celui de tous les autres crâniotes, revête, par les mêmes procédés, la même forme rudimentaire qui persiste chez l'amphioxus, c'est là un fait qui, pour tout homme intelligent et libre de préjugé, semblera capital et fécond en conséquences (pl. VII, fig. 11, *m*; 13, *m*; pl. VIII, fig. 15, *m*). Chez les cyclostomes, qui occupent le rang immédiatement supérieur aux acrâniens, l'extrémité antérieure du cylindre médullaire commence déjà à se renfler en une ampoule pyriforme; c'est là le premier rudiment distinct d'un cerveau (pl. VIII, fig. 16, m^1). Dès lors les centres nerveux du vertébré se . différencient déjà en cerveau (m^1) et en moelle épinière (m^2). Déjà chez l'amphioxus, peut-être même chez la larve de

Fig. 143.

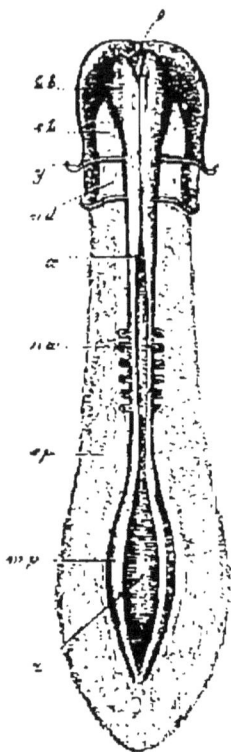

Fig. 142.

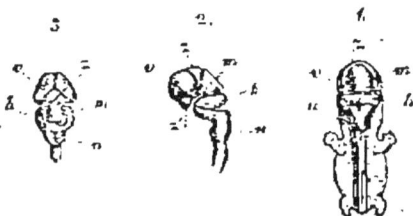

Fig. 144.

Fig. 142. — *Embryon du poulet vu de dos*, à la fin du premier jour de la couvaison (d'après Remak). *h b*, la simple ampoule cérébrale, pyriforme, encore ouverte en *o*. La moelle épinière (*m p*) est aussi ouverte à partir de *x* et s'elargit fortement en *z*. *u v*, vertèbre primitive. *s p*, lamelles latérales. *v d*, intestin antérieur. *s h*, cavité œsophagienne.

Fig. 143. — *Embryon de lapin* avec huit vertèbres primitives et entouré de l'aire germinative. *a*, étui céphalique de l'amnios. *b*, première ampoule cérébrale avec les vésicules oculaires (*c*). *d*, deuxième et *e*, troisième ampoule primitive (Bischoff).

Fig. 144. — *Centres nerveux* d'un embryon humain de sept semaines et de 2 centimètres de long (d'après Koelliker). 1, embryon entier, vu de dos avec le cerveau et la moelle mis à nu. 2, le cerveau et la portion supérieure de la moelle épinière vus du côté gauche. 3, le cerveau vu d'en haut. *v*, cerveau antérieur. *z*, cerveau intermediaire. *m*, cerveau moyen. *h*, cerveau postérieur. *n*, arrière-cerveau.

l'ascidie (pl. VII, fig. 5), on peut remarquer un faible indice de cette importante différenciation.

Le cerveau simplement vésiculaire, tel qu'il existe assez long-temps chez les cyclostomes, se voit aussi tout d'abord chez les vertébrés supérieurs (fig. 142, *h b*).

Mais ce n'est là qu'une forme transitoire; bientôt la vésicule cérébrale se divise par des étranglements transversaux en une série d'ampoules. D'abord il n'y a encore que deux sillons et par conséquent trois ampoules (fig. 143).

Puis la première et la troisième de ces trois ampoules se divisent aussi chacune par un étranglement transversal; il en résulte cinq ampoules échelonnées en série (fig. 144; voir la pl. III, fig. 13-16; pl. IV et V, deuxième série de sections trans-versales).

Ces cinq ampoules cérébrales, communes à l'embryon de tous les crâniotes, Baer les a vues le premier; le premier il en a apprécié l'importance, la situation relative et les a désignées par des dénominations convenables et encore acceptées généralement : I. cerveau antérieur (*v*); II. cerveau intermédiaire (*z*); III. cerveau moyen (*m*); IV. cerveau postérieur (*h*), et V. arrière-cerveau (*n*).

Chez tous les crâniotes, depuis les cyclostomes jusqu'à l'homme, ces cinq ampoules primitives se développent de la même manière, quelle que puisse être la future complexité du cerveau. La pre-mière ampoule, le cerveau antérieur (*protopsyche, v*), forme la plus grande partie du cerveau proprement dit, savoir, les deux hémisphères, les lobes olfactifs, les corps striés, le corps calleux. De la deuxième vésicule du cerveau intermédiaire (*deutop-syche, z*) proviennent surtout les couches optiques et tout ce qui limite le troisième ventricule, puis l'infundibulum, la glande pinéale, etc. La troisième vésicule (*mesopsyche, m*) donne naissance aux tubercules quadrijumeaux et à l'aqueduc de Syl-vius. De la quatrième vésicule ou cerveau postérieur (*meta-psyche, h*) provient la plus grande partie du cervelet, savoir : le *vermis* et les deux petits hémisphères. Enfin la cinquième vésicule, l'arrière-cerveau (*epipsyche, n*) devient la moelle allongée (*medulla oblongata*) avec la fosse losangique, les pyramides, les olives, etc.

Sûrement l'anatomie comparée et l'ontogénie nous révèlent un fait de la plus grande portée, en nous montrant que, chez tous les crâniotes, des plus humbles cyclostomes et des poissons aux singes et à l'homme, le cerveau se forme de la même manière chez l'embryon. Partout la première ébauche du cerveau est un renflement ampullaire à l'extrémité antérieure du tube médullaire. Partout cinq vésicules proviennent de ce renflement, partout de ces cinq vésicules résulte le cerveau définitif avec toute sa structure compliquée, si différente dans les diverses classes de vertébrés. En comparant des cerveaux développés de poissons, d'amphibies, de reptiles, d'oiseaux et de mammifères, on a peine à comprendre que des organes si dissemblables par leur texture intime et leur forme se puissent ramener à une commune ébauche. Pourtant tous ces cerveaux si divers des crâniotes proviennent d'une même forme fondamentale ; tous se sont développés aux dépens des cinq ampoules cérébrales primitives. Pour se convaincre de cette vérité fondamentale, il suffit de comparer entre eux les stades correspondants du développement embryonnaire dans les diverses classes zoologiques (comparez fig. 145-148 et pl. IV et V, deuxième série de sections transversales).

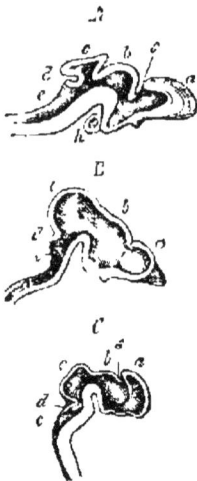

Fig. 145.

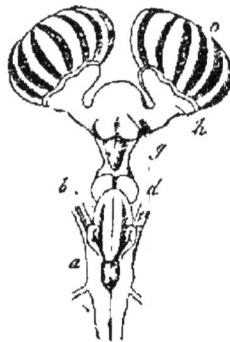

Fig. 146.

La comparaison minutieuse des mêmes degrés évolutifs, chez les divers crâniotes, est très-instructive. En poursuivant cette comparaison, à travers toute la série des classes crâniotes, on ne tarde pas à se convaincre de ce qui suit : chez les cyclostomes

Fig. 145. — *Sections longitudinales du cerveau de trois embryons crâniotes.* A, cerveau d'un requin (*heptanchus*); B, d'un serpent (*coluber*); C, d'une chèvre (*capra*). a, cerveau antérieur. b, cerveau intermédiaire. c, cerveau moyen. d, cerveau postérieur. e, arrière-cerveau. s, fente cérébrale primitive. (Les cerveaux sont vus du côté droit; d'après Gegenbaur.)

Fig. 146. — *Cerveau d'un requin* (*scyllium*) vu du côté dorsal. g, cerveau antérieur. h, lobules olfactifs du cerveau antérieur qui envoient aux capsules nasales (o) de gros nerfs olfactifs. d, cerveau intermédiaire. b, cerveau moyen; en arrière on voit une insignifiante ébauche du cerveau postérieur. a, arrière-cerveau (d'après Busch).

(myxinoïdes et pétromyzontes), les plus humbles et les plus anciens des vertébrés, le cerveau tout entier ne dépasse jamais le stade primitif qui n'a, chez les autres crâniotes, qu'une durée éphémère; chez ces animaux, on voit, toujours inaltérées, les cinq ampoules cérébrales primitives. Chez les poissons, les cinq ampoules subissent une métamorphose essentielle, et c'est évidemment du cerveau des poissons primitifs ou sélaciens (fig. 146) que proviennent, d'un côté, le cerveau des autres poissons, de l'autre, celui des vertébrés supérieurs. Chez les poissons et les

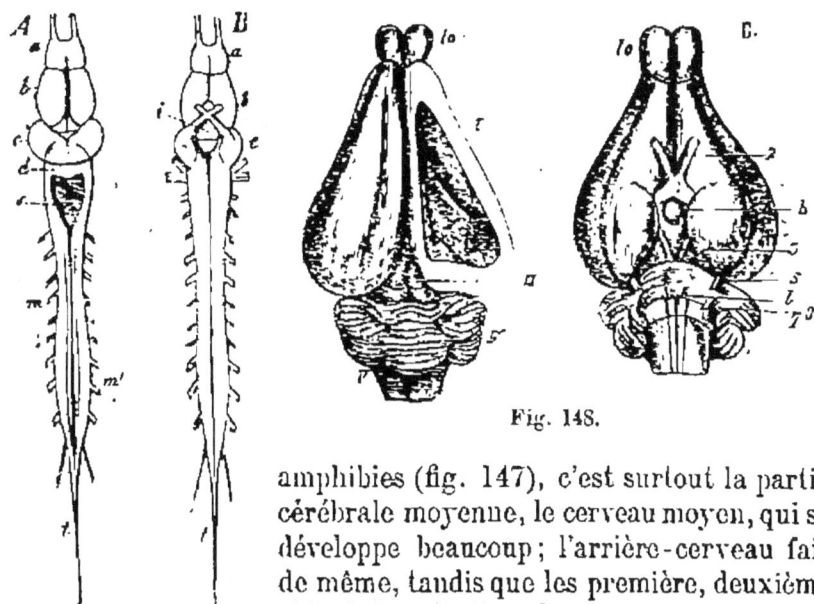

Fig. 148.

amphibies (fig. 147), c'est surtout la partie cérébrale moyenne, le cerveau moyen, qui se développe beaucoup; l'arrière-cerveau fait de même, tandis que les première, deuxième et troisième portions du cerveau s'atrophient. C'est tout le contraire qui arrive chez les vertébrés supérieurs; ici ce sont les premier et quatrième dé-

Fig. 147.

Fig. 147. — *Cerveau et moelle épinière d'une grenouille.* A, cerveau vu du côté dorsal. B, cerveau vu du côté abdominal. a, lobules olfactifs en avant du cerveau moyen (b). i, infundibulum à la base du cerveau intermédiaire. c, cerveau moyen. d, cerveau postérieur. s, fosse los angique dans l'arrière-cerveau. m, moelle épinière (très-courte chez la grenouille). m', racines des nerfs rachidiens. t, terminaison de la moelle épinière (d'après Gegenbaur).

Fig. 148. — *Cerveau d'un lapin.* A, vu du côté dorsal. B, vu du côté ventral. lo, lobules olfactifs. I, cerveau antérieur. h, hypophyses à la base du cerveau intermédiaire. III, cerveau moyen. IV, cerveau postérieur. V, arrière-cerveau. 2, nerf optique. 3, nerf oculo-moteur commun. 5 à 8, nerfs cérébraux. En A la région supérieure de l'hémisphère (I) a été enlevée, de sorte que l'on peut voir le corps strié dans la cavité du ventricule latéral (d'après Gegenbaur).

partements cérébraux, le cerveau antérieur et le cerveau postérieur, qui prennent un grand développement, tandis que le cerveau moyen et l'arrière-cerveau n'acquièrent qu'un très-petit
volume.

Le cerveau et le cervelet recouvrent en grande partie, le premier, les tubercules quadrijumeaux, le second, la moelle allongée.
Mais, sans sortir des vertébrés supérieurs, on trouve de nombreuses gradations dans la structure du cerveau. A partir des
amphibies, le cerveau et en même temps la vie psychique se
développent suivant deux directions différentes, suivies, l'une
par les reptiles et les oiseaux, l'autre par les mammifères. C'est
le développement du cerveau antérieur qui caractérise le progrès
effectué par les mammifères. C'est seulement chez les mammifères (fig. 148) que le cerveau proprement dit se développe au
point de recouvrir et en quelque sorte d'emboîter toutes les
autres parties de l'encéphale.

La position relative des vésicules cérébrales est aussi remar-
quablement différente. Chez les crâniotes inférieurs, les cinq ampoules cérébrales sont situées d'abord presque sur le même plan
et en série. En regardant le cerveau latéralement, on peut faire
passer une ligne droite par ces cinq ampoules cérébrales. Mais,
dans les trois classes supérieures des vertébrés, chez les amniotes,
le cerveau rudimentaire participe à l'incurvation du cou, de la
tête, même du corps entier, et il en résulte une notable courbure
du cerveau rudimentaire; par suite, toute la surface dorsale
supérieure du cerveau croît beaucoup plus que la surface inférieure ou abdominale. Cette particularité anatomique s'accuse
tellement que, plus tard, la situation des parties est la suivante :
en avant et en bas est le cerveau antérieur, un peu plus haut
se voit le cerveau intermédiaire ; le cerveau moyen domine tous
les autres ; le cerveau postérieur est un peu au-dessous et
l'arrière-cerveau est encore plus bas et plus en arrière. Cette
disposition est particulière aux trois classes d'amniotes, aux
reptiles, aux oiseaux et aux mammifères (voir pl. I, IV et V).

Quoiqu'il y ait maintes analogies générales, dans le mode de
croissance du cerveau, entre les mammifères, les oiseaux et
les reptiles, pourtant de frappantes différences ne tardent pas à
s'accuser. Chez les oiseaux et les reptiles (pl. IV, fig. *H* et *T*),
le cerveau moyen (*m*) et la partie médiane du cerveau postérieur
acquièrent un notable développement. Chez les mammifères, au

contraire, ces portions de l'encéphale se développent peu ; en retour, le cerveau antérieur croît tellement que, d'avant en arrière, il recouvre graduellement les autres vésicules et finit par emboîter, même latéralement, le reste de l'encéphale. C'est là un fait des plus intéressants ; car le cerveau antérieur est précisément l'organe des hautes activités psychiques, parce que la somme des fonctions des cellules cérébrales est ce qu'on appelle habituellement « l'âme » ou « l'esprit ». Les plus hautes fonctions animales, la conscience avec ses admirables extériorations, la pensée avec toutes ses modes, siégent dans le cerveau antérieur. On peut, sans tuer un mammifère, lui enlever, pièce à à pièce, les hémisphères cérébraux et l'on voit alors diminuer graduellement, puis s'anéantir les facultés intellectuelles les plus élevées : la conscience et la pensée, la volonté consciente et la sensibilité. L'animal ainsi mutilé peut être conservé vivant fort longtemps ; car la destruction des organes psychiques n'a point entravé la nutrition générale, la digestion, la respiration, la circulation, la sécrétion urinaire, en résumé les fonctions végétatives. Seuls, le mouvement volontaire, la sensibilité consciente, l'activité de la pensée et la combinaison de toutes les activités psychiques supérieures sont abolis.

Or, le cerveau antérieur, qui est le siége de toutes ces merveilleuses activités nerveuses, n'atteint un haut degré de développement que chez les placentaliens supérieurs, ce qui explique très-simplement pourquoi les mammifères supérieurs l'emportent tellement en intelligence sur les autres. Tandis que « l'âme » ou « l'esprit » des placentaliens inférieurs ne s'élève guère au-dessus des mêmes fonctions chez les oiseaux et les reptiles, on trouve, chez les placentaliens supérieurs, une gradation ascendante et ininterrompue, qui aboutit aux singes et à l'homme. A ces différences intellectuelles correspondent des dissemblances frappantes dans le degré de développement du cerveau antérieur. Chez les mammifères inférieurs, la surface des hémisphères, c'est-à-dire de la plus importante partie du cerveau antérieur, est unie et lisse. D'autre part, le cerveau antérieur acquiert si peu de volume qu'il ne lui arrive jamais de recouvrir le cerveau moyen (fig. 118). Au degré supérieur, le cerveau antérieur recouvre entièrement le cerveau moyen ; mais le cerveau postérieur est encore libre. Enfin, chez les singes et l'homme, le cerveau postérieur est aussi caché par le cerveau antérieur. La même gradation se reproduit dans le développement des sillons et des circonvolutions qui donnent à la surface du cerveau un aspect si particulier chez les mammifères supérieurs (fig. 140, 141). La comparaison de ces circonvolutions et de ces sillons cérébraux, dans les divers groupes de mammifères, prouve que le développement des hautes facultés psychiques va de pair avec celui de ces complications de la surface cérébrale. De nos jours, on s'est fort occupé de cette branche spéciale de l'anatomie céré- brale et l'on a constaté, sous ce rapport, de frappantes diffé- rences individuelles, même sans sortir de l'espèce humaine. Chez tous les hommes exceptionnellement doués d'une remarquable intelligence, les sillons et les circonvolutions de la surface céré- brale sont plus compliqués que chez les hommes ordinaires; à leur tour, ces derniers l'emportent beaucoup, sous ce rapport, sur les crétins et les idiots. Une gradation analogue s'observe dans la structure intime du cerveau antérieur chez les mammi- fères. Ainsi le corps calleux ou commissure transversale des hémisphères n'existe que chez les placentaliens. D'autres dis- positions dans la conformation des ventricules latéraux ne s'ob- servent que chez l'homme et les singes supérieurs. Longtemps on a cru qu'il existait, dans le cerveau de l'homme, des organes spéciaux, dont tous les autres animaux auraient été dépourvus. Des observations plus exactes ont démontré qu'il n'en est rien et que les traits caractéristiques du cerveau humain sont déjà indiqués chez les singes inférieurs et plus ou moins développés chez les singes supérieurs. Dans son ouvrage déjà tant de fois cité par nous « Sur la place de l'homme dans la nature » (1863), Huxley a surabondamment démontré que, dans la série simienne, il y a, dans la conformation du cerveau et surtout des princi- pales régions cérébrales, plus de distance entre les singes in- férieurs et les singes supérieurs qu'entre ces derniers et l'homme. Mais cette proposition est aussi vraie pour les autres parties du corps, quoiqu'elle ait plus de portée en ce qui concerne les cen- tres nerveux. Pour en bien comprendre toute la valeur, il faut rapprocher les faits morphologiques des faits physiologiques correspondants, il faut songer que l'intégrité de la structure cérébrale est la condition rigoureuse de l'exercice complet de toute activité psychique. Les mouvements si complexes et si dé- licats qui s'opèrent dans le sein des cellules nerveuses et que nous appelons « vie psychique » ne sauraient pas plus exister

sans leur organe chez l'homme et les vertébrés que la circulation sans le cœur et le sang. Or, puisque les centres nerveux
humains et ceux des autres vertébrés proviennent du même tube
médullaire, il faut bien aussi que la vie psychique ait, dans les
deux cas, la même origine.

On en peut dire autant de la substance nerveuse conductrice
du système nerveux périphérique, dont, en terminant, nous
voulons retracer brièvement l'évolution. Ce système se compose
de deux ordres de fibres, savoir : des fibres nerveuses sensibles,
centripètes, conduisant les impressions sensibles de la peau et
des organes des sens aux centres nerveux, et des fibres nerveuses
motrices, centrifuges, conduisant, au contraire, les volitions des
centres nerveux aux muscles. Ces nerfs périphériques naissent,
pour la plupart, du feuillet fibro-cutané, par différenciation
spéciale et locale de séries de cellules dans les organes mêmes.
Déjà, en traitant de l'ontogénie de la colonne vertébrale, nous
avons vu que les deux racines de chaque nerf médullaire, la
racine postérieure, ganglionnaire et sensible (fig. 53 *g*) et la
racine antérieure, motrice et sans ganglion (fig. 53 *v*), se forment
localement aux dépens d'une portion de la vertèbre primitive et
toujours entre deux arcs vertébraux (fig. 53). De même, les
nerfs moteurs se forment, dans la chair musculaire, aux dépens
des cellules de la lamelle musculaire, et les nerfs sensibles de la
peau, dans le derme même, aux dépens des cellules de la lamelle
dermique, etc. Les deux premiers nerfs cérébraux ont une origine différente. Le premier, le nerf olfactif, émane des lobules
olfactifs appartenant au cerveau antérieur et se distribue à l'organe de l'odorat (fig. 140, *I*; 146, *h*); le second, le nerf optique,
vient aussi directement du cerveau intermédiaire et forme les
vésicules optiques primitives (fig. 140, *II*; 148, 2). La plus
grande partie du système nerveux viscéral ou sympathique,
qui se distribue à l'intestin et aux autres viscères, a une origine
toute spéciale; elle semble provenir du feuillet fibro-intestinal ([113]).

Les enveloppes des centres nerveux ont la même origine que
la plus grande partie du système nerveux périphérique : la pie-
mère (*pia mater*), l'arachnoïde (*meninx arachnoides*) et
l'enveloppe externe, la dure-mère (*dura mater*), naissent du
feuillet fibro-cutané ([114]).

VINGT ET UNIÈME TABLEAU.

Vue d'ensemble des principales périodes phylogéniques de la peau humaine.

I. Première période : *Peau des gastréadés.*

Le tégument tout entier, y compris le système nerveux, qui ne s'en est pas encore différencié, consiste en une simple couche de cellules ciliées (exoderme ou feuillet cutané primaire), comme cela se voit encore chez l'amphioxus.

II. Deuxième période : *Peau des vers primitifs.*

Le simple exoderme des gastréadés s'est épaissi et divisé en deux couches ou feuillets germinatifs secondaires : le feuillet cutané-sensitif, (rudiment de la lamelle cornée et du système nerveux) et le feuillet fibro-cutané (rudiment du derme, de la lamelle musculaire et de la lamelle osseuse). (La peau est virtuellement à la fois organe tégumentaire et organe de l'âme.)

III. Troisième période : *Peau des chordoniens.*

Le feuillet cutané-sensitif s'est différencié en lamelle cornée (epidermis) et en centre nerveux, provenant de ce dernier (ganglion œsophagien supérieur); ce centre nerveux s'allonge en tube médullaire. Le feuillet fibro-cutané s'est différencié en lamelle dermique (corium) et poche musculo-cutanée, située au-dessous de cette lamelle (comme il arrive chez tous les vers).

IV. Quatrième période : *Peau des acrâniens.*

La lamelle cornée forme encore un simple épiderme. La lamelle dermique s'est complétement séparée de la lamelle musculaire et de la lamelle osseuse.

V. Cinquième période : *Peau des cyclostomes.*

L'épiderme est encore une simple couche cellulaire, molle, muqueuse, mais il forme des glandes unicellulaires. Le derme (corium) se différencie en cutis et subcutis.

VI. Sixième période : *Peau des poissons primitifs.*

L'épiderme est simple. Le derme forme des écailles placoïdes ou en lamelles osseuses, comme chez les sélaciens.

VII. Septième période : *Peau des amphibies.*

L'épiderme se différencie en couche cornée externe et couche muqueuse interne. Les extrémités des doigts se recouvrent d'étuis cornés, première ébauche des griffes et des ongles.

VIII. Huitième période : *Peau des mammifères.*

L'épiderme forme les appendices propres aux seuls mammifères : poils, glandes sébacées, glandes sudoripares et glandes lactées.

VINGT-DEUXIÈME TABLEAU.

Vue d'ensemble des principales périodes phylogéniques du système nerveux.

***

I. Première période : *Substance nerveuse des gastréadés.*

Le système nerveux ne s'est pas encore différencié du tégument cutané ; l'un et l'autre sont représentés par la simple couche cellulaire de l'exoderme ou feuillet cutané primaire ; c'est ce qui arrive, aujourd'hui encore, chez la gastrula de l'amphioxus.

II. Deuxième période : *Substance nerveuse des vers.*

Le système nerveux central est d'abord une partie du feuillet cutané-sensitif et consiste plus tard en un simple ganglion œsophagien, le *ganglion sus-œsophagien,* comme il arrive encore aujourd'hui chez les vers inférieurs.

III. Troisième période : *Système nerveux des chordoniens.*

Le système nerveux central est un simple tube médullaire, dû à l'allongement du ganglion œsophagien supérieur et séparé de l'intestin par la *chorda dorsalis.*

IV. Quatrième période : *Système nerveux des acrâniens.*

Le tube médullaire se divise en deux parties : une portion céphalique et une portion dorsale. La portion céphalique est une petite ampoule piriforme (première ébauche du cerveau) située à l'extrémité antérieure de la moelle dorsale cylindrique.

V. Cinquième période : *Système nerveux des cyclostomes.*

L'ampoule cérébrale primitive se divise en cinq ampoules de structure fort simple et échelonnées en série.

VI. Sixième période : *Système nerveux des poissons primitifs.*

Les cinq ampoules cérébrales se sont différenciées en revêtant toutes une forme analogue, comme il arrive aujourd'hui encore chez les sélaciens adultes.

VII. Septième période : *Système nerveux des amphibies.*

La différenciation des cinq ampoules cérébrales va jusqu'à la forme caractéristique des amphibies actuels.

VIII. Huitième période : *Système nerveux des mammifères.*

Le cerveau acquiert les particularités spéciales aux mammifères. Les degrés évolutifs sont : 1° cerveau des monotrèmes ; 2° cerveau des marsupiaux ; 3° cerveau des prosimiens ; 4° cerveau des singes ; 5° cerveau des singes anthropoïdes ; 6° cerveau des hommes pithécoïdes ; 7° cerveau humain.

***

VINGT-TROISIÈME TABLEAU.

Vue d'ensemble du développement du tégument cutané
et du système nerveux.

XXIII. *A* : Vue d'ensemble de l'évolution du tégument cutané.

Tégument cutane (*derma* ou *integu-mentum*).	Epiderme (*epidermis*) Produit du feuillet cutané-sensitif	Couche cornée de l'epiderme (*stratum corneum*)	Cheveux Ongles Glandes sudoripares Glandes lacrymales
		Couche muqueuse de l'epiderme (*stratum mucosum*)	Glandes sebacees Glandes lactees
	Derme (*corium*) Produit du feuillet fibro-cutané	Couche fibreuse du derme (*cutis*)	Tissu cellulaire Tissu adipeux Muscles plats Vaisseaux sanguins
		Couche graisseuse du derme (*subcutis*)	Corpuscules tactiles et Nerfs du derme

XXIII. *B* : Vue d'ensemble de l'évolution des centres nerveux.

Systeme nerveux central (*psyche* ou *medulla*) Produit du feuillet cutané-sensitif.	I. Cerveau antérieur (*protopsyche*)	Hemisphæræ cerebri Lobi olfactorii Ventriculi laterales Corpora striata Fornix Corpus callosum
	II. Cerveau intermédiaire (*deutopsyche*)	Thalami optici Ventriculus tertius Conarium Infundibulum
	III. Cerveau moyen (*mesopsyche*)	Corpus bigeminum Aquæductus Sylvii l'edunculi cerebri
	IV. Cerveau posterieur (*metapsyche*)	Hemisphæræ cerebelli Vermis cerebelli Pons Varolii
	V. Arrière-cerveau (*epipsyche*)	Corpora pyramidalia Corpora olivaria Corpora rectiformia Ventriculus quartus
	VI. Moelle dorsale (*notopsyche*)	Medulla spinalis
Enveloppes des centres nerveux. Meninges.	Membranes d'enveloppe contenant les vaisseaux nu-tritifs du cerveau et de la moelle dorsale	Pia mater Arachnoidea Dura mater

---

VINGT-ET-UNIÈME LEÇON.

HISTOIRE DU DÉVELOPPEMENT DES ORGANES DES SENS.

Toute physiologie systématique repose principalement sur l'histoire du développement, et si cette dernière n'est point achevée, la première ne peut faire de progrès rapides, en effet, c'est l'histoire du développement qui fournit au philosophe
le matériel nécessaire à la construction d'un solide exposé de la vie organique.
C'est donc la la direction qu'il faut imprimer de plus en plus, comme on le fait
d'ailleurs, aux travaux anatomiques et physiologiques, c'est-à-dire qu'en face de
tout organe, de tout objet, de toute activité, il faut toujours se demander : Quel
a été leur mode de production ?

EMILE HUSCHKE (1832).

Les organes des sens supérieurs les mieux adaptés à un but se sont formés
inconsciemment, par simple sélection naturelle. — Les six organes des sens
et les sept fonctions sensorielles. — Tous les organes des sens proviennent
primitivement du tégument cutané, du feuillet cutané-sensitif. — Organes du
sens de la pression, du sens de la température, du sens génésique et du sens
du goût. — Structure de l'organe olfactif. — Les fosses nasales en cœcum des
poissons. — Les fentes nasales se changent en canaux nasaux. — Séparation des
cavités nasales et de la cavité buccale par la voûte palatine. — Structure
de l'œil. — Les vésicules oculaires primitives. — Expansions pédonculées du
cerveau intermédiaire. — Le sac cristallin se sépare de la lamelle cornée et
s'enchâsse dans les vésicules oculaires en les refoulant. — Enchâssement du
corps vitré. — Capsule vasculaire et capsule fibreuse du globe oculaire. —
l'aupières. — Structure de l'oreille. — Appareil de la sensibilité auditive. —
Labyrinthe et nerf auditif. — Le labyrinthe se forme aux dépens de la vésicule auditive primitive (en se séparant de la lamelle cornée). — Appareils
conducteurs des sons : caisse du tympan, osselets auditifs et membrane tympanique. — Ces organes se forment aux dépens de la première fente branchiale et des parties limitrophes (premier et deuxième arc branchial). —
Oreille rudimentaire externe. — Muscles rudimentaires du pavillon de l'oreille.

Messieurs,

Nulle partie du corps humain n'est plus importante et plus
intéressante que les organes des sens. Cela est incontestable,
puisque ce sont ces organes seuls qui nous révèlent l'existence
du monde extérieur. *Nihil est in intellectu, quod non prius
fuerit in sensu.* Les organes des sens sont les sources premières de notre vie intellectuelle. Nulle autre partie du corps

animal n'offre une structure anatomique si délicate et si extraordinairement compliquée en vue d'un but physiologique déterminé ;
nulle autre partie du corps ne semble mieux indiquer, par cette
structure admirable et si bien adaptée à un but, qu'il y a eu
nécessairement un plan de création. Aussi c'est surtout au sujet
de ces organes que, dans la conception téléologique du monde,
on se plaît à admirer la prétendue sagesse du créateur et l'organisation raisonnée de sa créature. En y pensant bien, vous trouverez peut-être que, dans cette manière de voir, le créateur se
comporta comme un ingénieur mécanicien ou un adroit horloger ;
c'est qu'en effet toutes ces conceptions téléologiques si répandues
du créateur et de sa création n'ont d'autre base qu'un anthropo-
morphisme enfantin.

Cependant, il faut bien accorder qu'à première vue l'explication téléologique de ces organes si bien adaptés à un but semble
la plus simple et la plus naturelle. Si l'on envisage seulement
la structure et les fonctions des organes des sens les plus développés, il semble que leur origine ne se puisse guère expliquer
que par un acte surnaturel de création. Pourtant l'histoire du
développement nous prouve, avec la dernière évidence, que l'interprétation vulgaire dont nous parlons est radicalement fausse.
Grâce à l'histoire du développement, nous nous convaincrons
que, comme tous les autres organes, les organes des sens les
plus adaptés à un but, les plus admirablement construits se sont
formés inconsciemment. Pour expliquer leur origine, il suffit
d'invoquer le même procédé mécanique de la sélection naturelle,
la même action combinée et constante, par lesquels les autres
organes adaptés à une fonction se sont formés lentement et graduellement dans la guerre pour l'existence.

Comme la plupart des autres vertébrés, l'homme possède aussi
six organes des sens, chargés de sept fonctions diverses de la
sensibilité. La peau perçoit la sensation de la pression, de la
résistance, celle de la température, du chaud et du froid. De tous
les organes des sens, la peau est le plus ancien, le plus inférieur,
le plus indifférencié ; elle revêt en effet toute la surface du corps.
Quant aux autres activités sensorielles, elles sont localisées. Le
sens génésique siége dans la peau des organes des sens externes,
comme le sens du goût dans la muqueuse de la langue et du
palais et le sens de l'odorat dans la muqueuse nasale. Quant aux
sens les plus élevés, les plus différenciés, ils ont des organes

d'un mécanisme très-compliqué, savoir : l'œil pour le sens de la vue, l'oreille pour le sens de l'ouïe.

L'anatomie et la physiologie comparées nous apprennent que, chez tous les animaux inférieurs, il n'y a point d'organes des sens différenciés et que toutes les impressions sensorielles sont perçues par la surface externe de la peau. *Le feuillet cutané non différencié ou exoderme de la gastraea est la couche cellulaire simple, d'où proviennent les organes des sens différenciés, chez tous les métazoaires, sans en excepter les vertébrés.* Si l'on considère que les parties les plus super-ficielles du corps, celles qui se trouvent en contact immédiat avec le monde extérieur, ont dû nécessairement commencer à percevoir les premières impressions sensorielles, on supposera déjà que les organes des sens ont dû aussi en provenir. C'est en effet ce qui a eu lieu. La portion fondamentale de tous les or-ganes des sens provient du feuillet germinatif le plus externe, du feuillet cutané-sensitif. Cela se fait soit immédiatement aux dépens de la lamelle cornée, soit à ceux du cerveau, de la partie la plus antérieure du tube médullaire, quand celui-ci s'est diffé-rencié de la lamelle cornée. En comparant l'évolution embryo-logique des divers organes des sens, on voit qu'au moment de leur apparition ils revêtent la forme la plus simple qu'on puisse imaginer; c'est graduellement, pas à pas, que s'accusent ces admirables perfectionnements, grâce auxquels les organes des sens supérieurs finissent par acquérir la structure la plus cu-rieuse et la plus compliquée de l'organisme. Mais, au début, tous les organes des sens sont simplement des *portions du tégu-ment cutané, auxquelles se distribuent des nerfs sensibles.* Ces nerfs eux-mêmes ont commencé par être homogènes, indiffé-renciés. C'est peu à peu seulement, par division du travail, que se sont développées les diverses fonctions ou énergies spécifiques des divers nerfs sensibles. En même temps, les simples terminai-sons de ces nerfs dans le tégument cutané sont devenues des organes très-complexes.

On comprend facilement l'extraordinaire portée de ces faits historiques pour quiconque veut se faire une juste idée de la vie intellectuelle. La philosophie tout entière sera transformée, dès que la psychologie sera bien familiarisée avec ces faits généa-logiques et les aura pris pour base de ses spéculations ([115]).

Sous le rapport des terminaisons des nerfs sensitifs, nous

pouvons diviser les organes des sens, chez l'homme, en trois groupes, qui correspondent à trois degrés divers de développement. Le premier groupe comprend les organes des sens dont les nerfs se distribuent simplement à la surface libre de la peau : ce sont les organes du sens de la pression, du sens de la température, du sens génésique. Dans le deuxième groupe, se trouvent les nerfs se distribuant à la muqueuse des cavités qui, dans le principe, sont des fossettes ou dépressions de la peau : ce sont les organes du goût et de l'odorat. Le troisième groupe, enfin, se compose des organes des sens très-complexes dont les nerfs se distribuent dans l'intérieur d'une vésicule qui s'est différenciée du tégument cutané : ce sont les organes de la vue et de l'ouïe. Le tableau suivant permettra d'embrasser ce groupement d'un coup d'œil.

Les trois groupes des organes sensoriels.

Les trois groupes	Nerfs sensoriels	Organes des sens	Fonctions sensorielles
A. Organes des sens dont les nerfs se terminent dans le tégument cutané externe.	I. Nerfs cutanes (*nervi cutanei*)	I. Tégument cutané (épiderme et derme)	1. Sens de la pression 2. Sens de la température
	II. Nerfs sexuels (*nervi pudendi*)	II. Portion externe des organes sexuels (penis et clitoris)	3 Sens génésique
B. Organes des sens dont les nerfs se terminent dans des fossettes du tégument cutané externe.	III. Nerf gustatif (*nervus glosso-pharyngeus*)	III. Muqueuse buccale (langue et palais)	4. Sens du goût
	IV. Nerf olfactif (*nervus olfactorius*)	IV. Muqueuse des fosses nasales	5. Sens de l'odorat
C. Organes des sens dont les nerfs se terminent dans des ampoules différenciées du tégument cutané externe.	V. Nerf optique (*nervus opticus*)	V. Yeux.	6. Sens de la vue
	VI. Nerf auditif (*nervus acusticus*)	VI. Oreilles.	7. Sens de l'ouïe

Il me reste peu de chose à dire des organes des sens inférieurs. Déjà vous connaissez ceux du tégument cutané, l'organe du sens de la pression (sens du tact) et de la température. Tout au plus puis-je ajouter qu'il se développe dans le derme de l'homme et de tous les vertébrés supérieurs de nombreux organes sensoriels microscopiques, dont la relation directe avec les sensations de pression, de chaleur et de froid n'a pas encore été élucidée. Ces organes, dans ou sur lesquels se terminent les nerfs cutanés sensibles, sont les « corpuscules du tact » et les « corpuscules de Pacini », ainsi désignés d'après le nom de celui qui les a découverts. On trouve des corpuscules analogues dans les organes du sens génésique, dans le pénis de l'homme et le clitoris de la femme, appendices cutanés dont nous aurons à décrire le développement en parlant de celui des autres organes sexuels. Nous aurons aussi à parler du développement de l'organe du goût, en traitant de celui du canal intestinal, dont dépend cet organe. Je noterai seulement ici que la muqueuse de la langue et du palais, dans laquelle se termine le nerf du goût, dépend du tégument cutané externe, si l'on veut tenir compte de son origine. Vous vous souvenez, en effet, que la cavité buccale tout entière ne provient pas du tube intestinal, mais commence par être une fossette du tégument cutané. La muqueuse de cette cavité ne provient donc pas du feuillet intestinal, mais du feuillet cutané, et les cellules gustatives, situées à la surface de la langue et du palais, dérivent, non pas du feuillet intestino-glandulaire, mais du feuillet cutané-sensitif.

On en peut dire autant de la muqueuse nasale ou olfactive. L'histoire du développement de cet organe sensoriel est aussi d'un haut intérêt. Quoique le nez semble être extérieurement un organe simple et impair, il est pourtant, chez l'homme et chez tous les vertébrés supérieurs, composé de deux moitiés parfaitement distinctes, d'une fosse nasale droite et d'une gauche. Une cloison nasale perpendiculaire sépare complétement les deux cavités nasales, de sorte que chaque narine correspond exclusivement à une fosse nasale. En arrière, les deux fosses nasales s'ouvrent aussi par deux orifices distincts dans le pharynx; par conséquent on peut, par les cavités nasales, pénétrer dans l'œsophage sans passer par la bouche. C'est la voie parcourue habituellement par l'air que nous respirons, alors que la bouche est fermée. Dans ce cas, l'air, pénétrant dans les fosses nasales, parvient aux poumons, en passant par le pharynx. Les cavités nasales sont séparées de la cavité buccale par la voûte palatine, osseuse et horizontale, dont le bord postérieur supporte le voile du palais et la luette. A la partie postéro-supérieure, la muqueuse s'étale comme un tapis sur les parois des fosses nasales et le nerf olfactif (*nervus olfactorius*) se distribue à cette muqueuse. Le nerf olfactif est la première paire nerveuse, sortant de la cavité crânienne par la lame criblée. La distribution des rameaux du nerf olfactif se fait en partie sur la cloison des fosses nasales, en partie sur la paroi externe de ces fosses, supportant des replis osseux compliqués appelés « cornets ». Chez nombre de mammifères supérieurs, ces cornets olfactifs sont beaucoup plus développés que chez l'homme. Chez tous les mammifères, il y a trois cornets de chaque côté. La sensation olfactive se produit quand le courant d'air chargé de particules odorantes frôle la muqueuse nasale et s'y trouve en contact avec les terminaisons nerveuses.

L'organe de l'odorat, chez l'homme et les mammifères, se distingue de celui des vertébrés inférieurs par les mêmes particularités. Par tous les détails caractéristiques, le nez humain ressemble parfaitement à celui des singes catarhiniens ; quelques-uns de ces animaux ont même un nez extérieurement conformé comme celui de l'homme (fig. 76). Mais, chez l'embryon humain, le premier rudiment du nez ne laisse en rien deviner la forme ennoblie que cet organe revêtira plus tard. Le nez humain

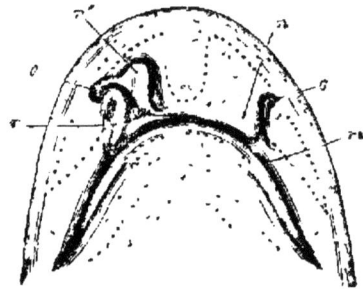

Fig. 149.

n'est d'abord représenté que par une simple paire de fossettes, situées à la surface de la tête ; sa forme est alors exactement celle qui persiste toute la vie chez les poissons. Chez tous les poissons, en effet, on trouve, à la partie supérieure de la tête, deux fossettes olfactives, fermées en cœcum et situées tantôt en haut, dans le voisinage des yeux, tantôt en avant, près de l'extrémité du museau, tantôt en bas, près de la fente buccale (fig. 117, *n*) ; ces fossettes sont tapissées par une muqueuse plissée, dans laquelle se distribuent les terminaisons des nerfs olfactifs.

Chez tous les amphirhiniens, ce nez rudimentaire n'a absolument aucun rapport avec la cavité buccale primitive. Mais, chez

Fig. 149. — Tête d'un requin (*scyllium*) vue du côté abdominal. *m*, fente buccale. *e*, fosses nasales. *r*, gouttière nasale. *n*, languette nasale dans la position naturelle. *n'*, languette nasale relevée. (Les points indiquent les orifices de canaux muqueux.) (D'après Gegenbaur.)

un certain nombre de poissons primitifs, ce rapport commence déjà à s'établir ; en effet, une fissure cutanée superficielle va, de chaque côté des fosses nasales, jusqu'à l'angle buccal voisin. Cette fissure, appelée *gouttière nasale* ou *sillon nasal*, est très-intéressante (fig. 149, *r*).

Chez beaucoup de requins, par exemple chez le *scyllium*, un prolongement de la peau frontale, la languette nasale ou « apophyse nasale interne », descend assez pour recouvrir la gouttière nasale (fig. 149, *n*, *n′*). A ce niveau, le bord externe de la gouttière s'élève pour former « l'apophyse nasale externe ». Chez les dipneustes et les amphibies, ces deux apophyses nasales se rencontrent et se soudent au-dessus de la gouttière nasale, qui est ainsi transformée en « conduit nasal ». On peut alors pénétrer de la fossette nasale externe ou conduit nasal directement dans la cavité buccale, qui est devenue tout à fait indépendante de cette fossette. Chez les dipneustes et les amphibies inférieurs, l'orifice interne du conduit nasal est situé très-antérieurement, derrière les lèvres ; chez les amphibies inférieurs, il est beaucoup plus en arrière. Enfin, chez les trois classes de vertébrés supérieurs, chez les amniotes, la cavité buccale primaire se divise par la formation de la voûte palatine horizontale en deux cavités entièrement distinctes, la cavité nasale supérieure (secondaire) et la cavité buccale inférieure (secondaire). A son tour, la cavité nasale se subdivise par une cloison verticale en deux fosses nasales, une droite et une gauche.

L'anatomie comparée de tous les vertébrés à double narine nous montre encore aujourd'hui, depuis le poisson jusqu'à l'homme, tous les degrés évolutifs du nez juxtaposés en série. L'organe olfactif complexe des mammifères supérieurs a passé successivement par tous ces degrés, dans le cours de son développement phylétique. La forme rudimentaire, qui persiste chez les poissons à double fossette nasale, est celle que revêt d'abord l'organe olfactif chez l'embryon de l'homme et de tous les vertébrés supérieurs. Le nez rudimentaire apparaît de bonne heure, quand il n'y a encore nulle trace de conformation caractéristique du visage humain ; il est situé à la partie antérieure de la tête, en avant de la cavité buccale primitive, et composé d'une paire de petites fossettes, que Baer a le premier découvertes et appelées fort justement « fossettes olfactives » (fig. 150, *n*). Les fossettes nasales primitives sont complétement séparées de la cavité ou sinuosité buccale primitive. Cette dernière cavité, comme vous vous le rappelez, apparaît aussi comme une dépression du tégument cutané, en avant de l'extrémité cœcale antérieure du tube intestinal. Les fossettes nasales paires et la

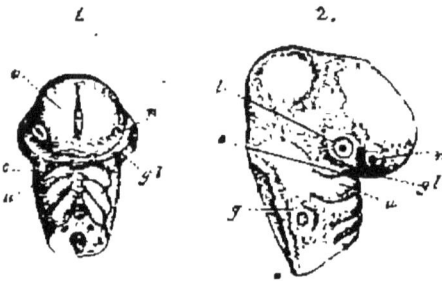

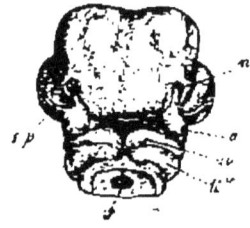

Fig. 150. Fig. 151.

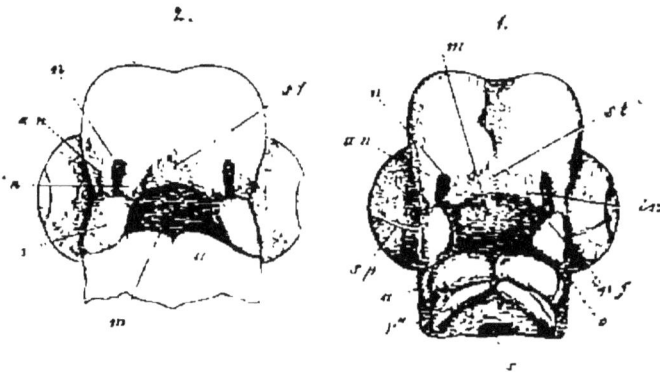

Fig. 152.

Fig. 150. — *Tête d'un embryon de chien* au troisième jour de l'incubation : 1, vue antérieurement. 2, vue latéralement. *n*, rudiment du nez (fossettes nasales). *l*, rudiment de l'œil (fossettes optiques). *g*, rudiment de l'oreille (fossettes nasales). r, cerveau antérieur. *gl*, fentes optiques. *o*, apophyse maxillaire supérieure. *u*, apophyse maxillaire inférieure, provenant du premier arc branchial. (D'après Koelliker.)

Fig. 151. — *Tête d'un embryon de chien* au quatrième jour de l'incubation, vue inférieurement. *n*, fosse nasale. *o*, apophyse maxillaire supérieure provenant du premier arc branchial. *u*, apophyse maxillaire inférieure, ayant même origine. *k''*, deuxième arc branchial. *sp*, fente choroïdale de l'œil. s, œsophage. (D'après Koelliker.)

Fig. 152. — Deux têtes d'embryon de chien. 1, vers la fin du quatrième jour de l'incubation. 2, vers la fin du cinquième jour. Lettres comme dans la figure 151; en outre, *an*, apophyse nasale interne. *in*, apophyse nasale externe. *nf*, fissure nasale. *st*, apophyse frontale. *m*, cavité buccale. (D'après Koelliker.)

Fig. 150, 151, 152, également grossies.

fossette buccale impaire (fig. 152, *m*) sont également recouvertes par le feuillet corné. La séparation des fossettes nasale et buccale ne tarde pas à s'opérer par la formation, au-dessus de la fossette buccale, d'une « apophyse frontale » (fig. 152, *st*) (« Apophyse nasale de la paroi frontale » de Rathke). Cette saillie est constituée, à droite et à gauche, par deux apophyses latérales, les « apophyses nasales internes » ou languettes nasales (fig. 152, *in*). A côté de ces apophyses s'élève, de chaque côté, une éminence parallèle, entre l'œil et la fossette nasale. Ce sont les « apophyses nasales externes » ou « voûtes nasales externes » de Rathke (fig. 152, *an*). Entre les apophyses nasales interne et externe, se forme, de chaque côté, une dépression en gouttière, allant de la fossette nasale à la fossette buccale (*m*) ; comme vous l'avez déjà deviné, cette dépression n'est autre chose que la fissure ou gouttière nasale, que nous avons déjà signalée chez le requin (fig. 149, *r*).

A mesure que les deux bords parallèles des apophyses nasales interne et externe s'incurvent l'un vers l'autre et se soudent au-dessus de la gouttière nasale, celle-ci se transforme en un canalicule, le « canal nasal » primitif. Cette forme transitoire du nez est permanente chez les dipneustes et les amphibies (voir pl. I et sa légende). Une saillie conique, partant, de chaque côté, de l'extrémité inférieure des deux apophyses nasales, avec lesquelles elle s'unit, joue un rôle important dans cette transformation de la gouttière nasale en canal. C'est l'apophyse maxillaire supérieure (fig. 150, *o* ; 152, *o* ; pl. I, *o*). Au-dessous de la fossette buccale se trouvent les arcs branchiaux, bien connus de vous, et séparés par les fentes branchiales (pl. I, IV et V, *k*). Le premier de ces arcs branchiaux, celui qui maintenant nous intéresse le plus et que nous pouvons appeler l'arc maxillaire, fournira le squelette maxillaire de la bouche (pl. I, *u*). En haut et à la base de ce premier arc branchial, on voit saillir en avant une petite apophyse, l'apophyse maxillaire supérieure. A la face latérale interne de ce même premier arc branchial (fig. 150, *u* ; 152, *u*) se développe un cartilage portant le nom de celui qui l'a découvert, le « cartilage de Meckel » ; c'est sur la surface externe de ce cartilage que se développe le maxillaire inférieur. L'apophyse maxillaire supérieure forme la portion principale de l'appareil maxillaire supérieur : l'os palatin et l'os ptérygoïdien. Sur le côté externe de l'apophyse naît plus tard l'os maxillaire supérieur proprement dit, tandis que l'os intermaxillaire provient de la partie la plus antérieure de l'apophyse frontale (voir l'évolution de la face, pl. I).

Les deux apophyses maxillaires supérieures jouent un rôle important dans le développement caractéristique du visage, chez les trois classes supérieures des vertébrés. C'est, en effet, de ces apophyses que provient, dans la cavité buccale primitive, cette cloison horizontale, la voûte palatine, subdivisant la cavité d'abord simple en deux cavités secondaires. De ces deux cavités, la supérieure, dans laquelle s'ouvrent les deux canaux nasaux, devient la cavité nasale, donnant passage à l'air respirable et servant d'organe à l'odorat. La cavité inférieure ou cavité buccale secondaire est destinée à livrer passage aux aliments et à servir de siége à l'organe du goût. En arrière, les deux cavités olfactive et gustative s'ouvrent dans le pharynx. La voûte palatine, séparant les deux cavités, se forme aussi par deux moitiés latérales, lamelles horizontales, provenant des apophyses maxillaires supérieures. Quand cette soudure ne s'effectue pas complétement, il en résulte une fente longitudinale, qui met en communication directe les cavités nasale et buccale. La difformité cónnue sous le nom de « bec-de-lièvre » résulte de cet arrêt de développement, à un degré plus ou moins prononcé ([116]).

En même temps se développe une cloison verticale, divisant la cavité nasale, d'abord simple, en deux moitiés droite et gauche. Cette cloison nasale se forme aux dépens de la portion moyenne de l'apophyse frontale : en haut, se forme par ossification, la lamelle de l'os criblé ; en bas, la grande cloison osseuse perpendiculaire, le *vomer* ; en avant, l'os intermaxillaire. Goethe a démontré, le premier, que ce dernier os existe, à l'état d'os indépendant, aussi bien chez l'homme que chez les autres crâniotes. Enfin, la cloison nasale perpendiculaire se soude avec la voûte palatine. A partir de ce moment, les deux cavités nasales sont aussi bien séparées l'une de l'autre que la cavité buccale secondaire. En arrière, ces trois cavités s'ouvrent également dans le pharynx.

Le nez à double narine a donc acquis dès lors la conformation caractéristique que l'homme partage avec tous les autres mammifères. Le développement ultérieur du nez est maintenant très-facile à suivre ; il se limite à la formation d'apophyses sur la paroi des deux cavités nasales. A l'intérieur de ces cavités, se forment les cornets osseux, sur lesquels s'étale la muqueuse olfactive. Puis les hémisphères cérébraux émettent le premier nerf cérébral, la nerf olfactif, dont les fins rameaux, pénétrant à travers la voûte des cavités nasales, vont se distribuer à la muqueuse olfactive. En même temps, par expansion de la muqueuse nasale, se forment des cavités destinées plus tard à être remplies d'air, les sinus frontaux, sphénoïdaux, maxillaires, etc. Ces cavités n'atteignent leur complet développement que chez les mammifères ([117]).

C'est seulement après formation complète de cette portion profonde de l'organe olfactif que se développe le nez externe. Les premières traces du nez externe apparaissent, chez l'embryon humain, vers la fin du deuxième mois (fig. 153). Il est facile de s'assurer que durant les deux premiers mois, il n'y a, chez l'embryon humain, aucune trace du nez extérieur. C'est plus tard que cet organe se développe d'arrière en avant aux dépens de la portion la plus antérieure du crâne primitif.

Fig. 153.

C'est très-tardivement que se dessine la forme caractéristique du nez humain. D'ordinaire, on attache une grande importance à la forme du nez humain, à cette forme noble, que l'on considère comme propre à l'homme. Mais le nez humain se rencontre aussi chez des singes, comme nous en avons cité un exemple. D'autre part, on n'ignore pas que, chez nombre de races humaines inférieures, la conformation du nez, si importante pour la beauté du visage, n'est rien moins que belle. Chez la plupart des singes aussi, le nez se développe peu. Un fait particulièrement remarquable, et dont nous avons déjà parlé, c'est que la mince cloison du nez humain ne se retrouve que chez les singes de l'ancien monde, chez les catarhiniens, tandis que, chez les singes du nouveau monde, cette cloison s'élargit si fort inférieurement, qu'elle repousse les narines en dehors (platyrhiniens).

Le développement de l'œil n'est pas moins curieux et instructif que celui du nez. En effet, en dépit de sa parfaite conformation optique, de son admirable structure, qui obligent à le ranger parmi les organes les plus compliqués et les mieux adaptés

Fig. 153. — *Face d'un embryon humain de huit semaines.* D'après Ecker. (Voir pl. I, fig. MI, M III.)

VINGT-QUATRIÈME TABLEAU.

Vue d'ensemble des principales périodes de la phylogénie du nez humain.

I. Première période : *Nez du poisson primitif.*

Le nez est représenté par une paire de fossettes (fossettes nasales) situées à la surface de la tête. Cette forme persiste encore chez les sélaciens inférieurs.

II. Deuxième période : *Nez moins ancien du poisson primitif.*

Chaque fossette nasale est réunie par une fissure (gouttière nasale) à l'angle buccal correspondant. Cette forme persiste encore chez les sélaciens supérieurs.

III. Troisième période : *Nez des dipneustes.*

Les deux gouttières nasales se changent, par la soudure de leurs bords, en un canal fermé (canaux nasaux secondaires), qui antérieurement, en dedans du bord mou des lèvres, s'ouvre dans la cavité buccale primaire. Cette forme se voit encore chez les dipneustes les plus anciens, les amphibies inférieurs, les *sozobranches.*

IV. Quatrième période : *Nez des amphibies.*

Les orifices internes des canaux nasaux reculent dans la cavité buccale primaire, de sorte qu'ils sont situés dans la portion solide du squelette. C'est la forme qui persiste chez les amphibies supérieurs.

V. Cinquième période : *Nez des protamniens.*

La cavité buccale primitive, dans laquelle débouchent les canaux nasaux, se divise, par la formation d'une cloison horizontale, la voûte palatine, en une cavité nasale supérieure et une cavité buccale inférieure (secondaire). Les cornets nasaux commencent à se former. ·

VI. Sixième période : *Nez primitif des mammifères.*

La cavité nasale simple se divise par une cloison verticale en deux cavités distinctes, dans chacune desquelles s'ouvre le canal nasal correspondant. C'est la forme existant chez tous les mammifères. Les cornets nasaux se différencient.

VII. Septième période : *Forme récente du nez des mammifères.*

Les cornets nasaux continuent à se développer dans les cavités nasales et le nez extérieur commence à se former.

VIII. Huitième période : *Nez des singes catarhiniens.*

Les nez interne et externe atteignent le développement propre aux singes catarhiniens et à l'homme.

à un but, l'œil ne s'en développe pas moins inconsciemment, à partir d'un rudiment des plus simples, dépendant du tégument cutané. L'œil humain développé (fig. 154) forme une capsule sphérique, le bulbe oculaire (*bulbus*), entouré d'un tissu adipeux protecteur, muni de muscles moteurs et situé dans la cavité osseuse de l'orbite.

La plus grande partie de la capsule oculaire est remplie par une gelée limpide, demi-fluide, le corps vitré (*corpus vitreum*). Le cristallin s'enchâsse sur la face antérieure du corps vitré

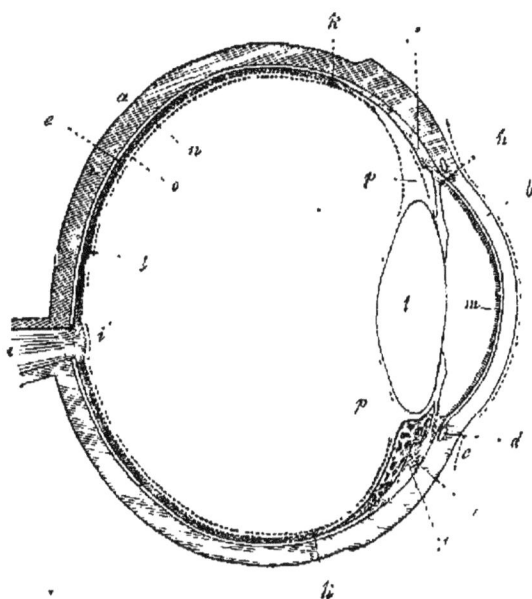

Fig. 154.

(fig. 154, *l*). Le cristallin est un corps lenticulaire, biconvexe, transparent, le plus important des milieux réfringents de l'œil. Ces milieux comptent encore, outre la lentille et l'humeur vitrée, l'humeur aqueuse (*humor aqueus*, fig. 154, *m*), située en

Fig. 154. — *Coupe antéro-postérieure de l'œil humain. a*, membrane protectrice (*sclerotica*). *b*, membrane cornée (*cornea*). *c*, épiderme (*conjunctiva*). *d*, veine annulaire de l'iris. *e*, membrane vasculaire (*chorioidea*). *f*, muscle ciliaire. *g*, procès ciliaires (*corona ciliaris*). *h*, iris. *i*, nerf optique (*nervus opticus*). *k*, bord antérieur de la rétine. *l*, cristallin (*lens krystallina*). *m*, membrane de Descemet. *n*, pigment (*pigmentosa*). *o*, rétine (*retina*). *p*, petit canal. *q*, tache jaune de la rétine. (D'après Helmholtz.)

avant du cristallin. Ces trois milieux réfringents, qui brisent
et concentrent les rayons lumineux, sont entourés d'une capsule
solide composée de membranes très-dissemblables et disposées
comme les couches concentriques d'un oignon. La plus externe
de ces membranes est en même temps la plus épaisse : c'est l'enveloppe protectrice, la sclérotique (*sclerotica*, fig. 154, *a*).
Elle est constituée par du tissu cellulaire blanc et résistant. En
avant est enchâssée dans la capsule nacrée de la sclérotique une
portion circulaire, transparente, très-fortement bombée, comme
un verre de montre : c'est la cornée transparente (*cornea*, *b*).
Extérieurement, la cornée est revêtue d'un mince prolongement épidermique (*epidermis*) : c'est la conjonctive (*conjunctiva*) ; cette conjonctive passe de la cornée sur la surface interne des deux paupières, la supérieure et l'inférieure, qui se
rejoignent quand l'œil est fermé. A l'angle interne de l'œil
humain, se trouve un organe rudimentaire, reste d'une troisième paupière interne, très-développée chez les vertébrés inférieurs, où elle prend le nom de membrane clignotante. Sous
la paupière supérieure est cachée la glande lacrymale, dont la
sécrétion maintient la surface extérieure de l'œil humide et
brillante.

Immédiatement sous la cornée, se trouve une membrane délicate, brun-rougeâtre, très-richement vascularisée : c'est la choroïde (*chorioidea*, *e*), qui recouvre, à son tour, la rétine (*retina*, *o*), c'est-à-dire l'expansion du nerf optique (*i*), du deuxième
nerf cérébral. Ce nerf part des couches optiques, c'est-à-dire de
la deuxième ampoule cérébrale, traverse les membranes de l'œil
et s'étale en rétine, entre la cornée et le corps vitré. Entre la
rétine et la choroïde, il existe encore une membrane très-déli-
cate, confondue d'ordinaire, mais à tort, avec la choroïde : c'est
la membrane pigmentaire (*lamina pigmenti*, *n*) ou le tapis
noir (*tapetum nigrum*). Cette membrane est constituée par
une couche de délicates cellules hexagonales et régulièrement
juxtaposées ; ces cellules sont remplies de granulations noires.
Cette membrane pigmentaire ne revêt pas seulement la surface
interne de la choroïde proprement dite, mais encore la surface
postérieure de son prolongement antérieur, qui, sous la forme
d'un écran circulaire, percé au centre, arrête les rayons lumineux excentriques. Cet écran est l'*iris* (*h*) diversement coloré
chez l'homme (en bleu, en gris, en brun, etc.). Cet iris limite

antérieurement la cornée. Le trou central situé au milieu de
l'iris est la *pupille*, par laquelle les rayons lumineux pénètrent
dans l'intérieur de l'œil. Au niveau de la ligne où l'iris se détache du bord antérieur de la choroïde, celle-ci s'épaissit et émet
une couronne de plis radiés (procès ciliaires, *g*). De ces rayons,
les uns sont plus grands et au nombre de soixante-dix ; les autres sont plus petits et beaucoup plus nombreux.

De très-bonne heure, chez l'embryon de l'homme et de tous
les amphirhiniens, la première ampoule cérébrale émet latéralement une paire de vésicules piriformes (fig. 155, *b*). Ce sont

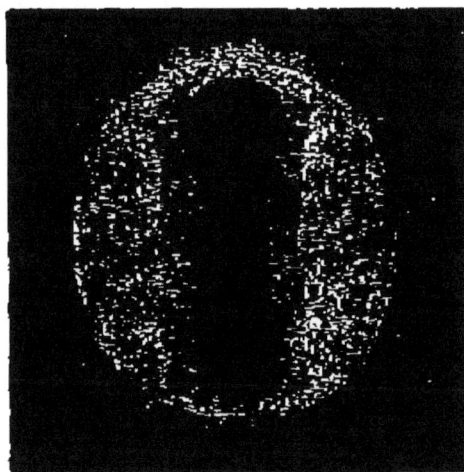

Fig. 155.

les vésicules oculaires primaires. Ces vésicules sont d'abord dirigées en avant et en dehors, mais bientôt elles s'abaissent, de
sorte qu'une fois séparées complétement des cinq ampoules cérébrales, elles sont situées inférieurement à la base du cerveau
intermédiaire. Par leurs pédicules creux, les cavités de ces deux
vésicules piriformes, bientôt très-volumineuses, communiquent
librement avec la cavité du cerveau intermédiaire.

Le tégument cutané externe (lamelle cornée et lamelle dermique) finit par recouvrir les vésicules oculaires. Au point où
le tégument se trouve en contact avec le repli le plus saillant

Fig. 155. — *Embryon lyriforme du lapin*, entouré de l'aire germinative
circulaire, avec huit vertèbres primitives ; en avant de l'entrée de la cavité
intestinale céphalique *a*, on voit les deux vésicules oculaires primaires *b*.
(D'après Bischoff.)

de la vésicule oculaire primaire, ce tégument s'épaissit (*l*) et en même temps une fossette (*o*) se creuse dans la lamelle cornée (fig. 156, 1). Cette fossette, que nous appellerons fossette cristalline, se change en un sac fermé, l'ampoule cristalline à parois épaisses, quand ces bords se rejoignent et se soudent (fig. 156, 2 *l*). Puis on voit ce sac lenticulaire se séparer de la lamelle cornée (*h*), exactement comme le tube médullaire se différencie du feuillet germinatif externe. Plus tard, la cavité du sac est comblée par les cellules de son épaisse paroi et la lentille cristalline est alors formée. Le cristallin n'est donc aussi qu'une simple formation épidermique. En se séparant de l'épiderme, le cristallin entraîne la petite portion de feuillet dermique située au-dessous de lui. C'est ce petit fragment dermique qui bientôt entoure le cristallin comme un sac vasculaire (*capsula vascu-*

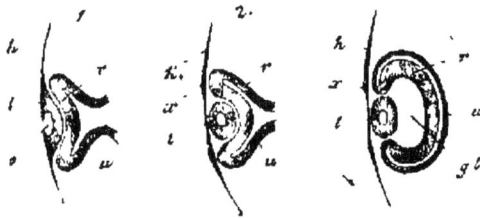

Fig. 156.

losa lentis). Antérieurement, cette membrane obture d'abord la pupille, en formant ce qu'on appelle la membrane pupillaire (*membrana pupillaris*). La portion postérieure de cette membrane s'appelle *membrana capsulo-pupillaris*. Plus tard, cette capsule cristalline vasculaire disparaît entièrement; elle était destinée seulement à nourrir le cristallin en voie d'accroissement. La capsule cristalline permanente n'a point de vaisseaux ; c'est une enveloppe anhyste.

En se séparant de la lamelle cornée pour saillir en dedans, le cristallin doit nécessairement refouler la vésicule primaire sous-

Fig. 156. — *Section antéro-postérieure de l'œil de l'embryon du chien.* (1, œil d'un embryon à la soixante-cinquième heure de l'incubation ; 2, d'un embryon un peu plus vieux ; 3, d'un embryon de quatre jours). *h*, lamelle cornée. *o*, fossette cristalline. *l*, cristallin (en 1, le cristallin fait encore partie de l'épiderme ; en 2 et 3, il s'en est séparé). *x*, épaississement de la lamelle cornée, là où le cristallin s'est séparé. *gl*, corps vitre. *r*, retine. *u*, membrane pigmentaire. (D'après Remak.)

jacente (fig. 156, 1-3). Le procédé rappelle celui par lequel, chez l'amphioxus et chez beaucoup d'animaux inférieurs, la gastrula se forme en refoulant la vésicule blastodermique (*blastosphaera*). Dans les deux cas, l'invagination va si loin, qu'en fin de compte, la partie invaginée de la vésicule se trouve en contact avec la face interne de la portion non invaginée et que la cavité de la vésicule close disparaît. De même que, chez la gastrula, la première portion se transforme en feuillet intestinal (entoderme) et la seconde en feuillet cutané (exoderme), ainsi, dans l'invagination de la vésicule oculaire primaire, la portion interne ou invaginée devient la rétine (fig. 156, *r*) et la portion externe non invaginée devient la membrane pigmentaire (fig. 156, *u*). Quant au pédicule creux de la vésicule oculaire primaire, il devient le nerf optique.

Le cristallin (*l*) qui est surtout en jeu, durant cette invagination, repose d'abord immédiatement sur la portion invaginée, sur la rétine (*r*). Mais il ne tarde pas à s'en écarter et une formation nouvelle, le corps vitré (*gl*), s'interpose entre eux. Pendant que s'effectuent la différenciation du sac cristallin et l'invagination de la vésicule oculaire, sous sa pression et de dehors en dedans, une autre invagination s'opère inférieurement. C'est le feuillet fibro-cutané ou plutôt sa portion la plus superficielle, la lamelle dermique de la tête, qui en est le siège. En arrière et au-dessous du cristallin, s'élève une proéminence en forme de bandelette (fig. 157, *g*). Cette proéminence, qui appartient à la lamelle dermique, se loge dans la vésicule oculaire devenue cratériforme et s'insinue entre le cristallin (*l*) et la rétine (*i*). La vésicule oculaire revêt alors la forme d'un bonnet. L'orifice du bonnet est occupé par le cristallin. Mais, cet orifice correspond à l'invagination, par laquelle la membrane dermique s'est introduite entre le cristallin et la rétine qui forme la paroi interne du bonnet. La cavité de la vésicule oculaire devenue alors *secondaire* est en grande partie comblée par le corps vitré, jouant le rôle de la tête qui remplit le bonnet. Quant au bonnet proprement dit, il est à double paroi : une paroi interne qui est la rétine, et une paroi externe, la membrane pigmentaire, immédiatement appliquée sur la première. Grâce à notre comparaison, on peut se figurer assez clairement tout ce travail d'invagination assez difficile à comprendre. Au début, le rudiment du corps vitré est encore assez indistinct (fig. 157, *g*) et la rétine est extrèmement épaisse (fig. 157, *i*). A mesure que croît le corps vitré, la rétine s'amincit de plus en plus, pour finir par n'être plus qu'une délicate membrane enveloppant le corps vitreux presque sphérique, volumineux, qui remplit presque entièrement la vésicule oculaire secondaire. La couche la plus externe de ce corps vitré devient une capsule très-vasculaire, dont les vaisseaux finissent ensuite par disparaître.

La fissure par laquelle le corps vitré rudimentaire en bandelette s'est insinué entre la lentille et la rétine répond nécessairement à une brèche de la rétine et de la membrane pigmentaire. Cette brèche, qui s'accuse à la surface interne de la choroïde par une bande dépourvue de pigment, a été appelée indûment *fente choroïdale*, quoiqu'il n'y ait pas en ce point de véritable fissure de la choroïde (fig. 151, *sp*; 152, *sp*). Un prolongement en bandelette du corps vitré s'allonge en dedans, en s'appliquant sur la face inférieure du nerf optique, et en refoule la paroi par un procédé analogue à l'invagination de la vésicule oculaire primaire. Par suite, la cavité cylindrique du nerf optique ou pédicule de la vésicule oculaire primaire se transforme en une gouttière ouverte. La portion in-

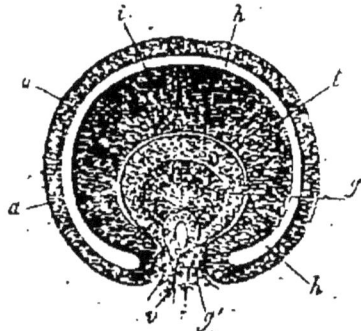

Fig. 157.

vaginée du cylindre s'applique de bas en haut sur la face interne de la portion supérieure non invaginée du pédicule creux. Il en résulte la disparition de la cavité de ce pédicule, qui auparavant mettait en libre communication les cavités du cerveau intermédiaire et de la vésicule oculaire primaire. Puis les deux bords de la gouttière ainsi formée croissent l'un vers l'autre, entourent

Fig. 157. — *Section horizontale à travers l'œil d'un embryon humain de quatre semaines* (grossissement de 100 diamètres, d'après Kœlliker). *t*, cristallin (dont la paroi obscure est mesurée par le diamètre de la cavité centrale). *g*, corps vitré (relié à la lamelle dermique par un pédicule, *g'*). *v*, anse vasculaire, pénétrant par le pédicule, *g'*, dans l'intérieur du corps vitré, derrière le cristallin. *i*, réseau cutané (lamelle interne, épaisse et invaginée de la vésicule oculaire primaire). *a*, membrane pigmentaire (lamelle externe, mince, non invaginée de la même vésicule). *h*, espace entre le réseau cutané et la membrane pigmentaire (reste de la cavité de la vésicule oculaire primaire).

VINGT-CINQUIÈME TABLEAU.

Vue d'ensemble de l'évolution de l'œil humain.

I. Tableau des parties de l'œil humain qui proviennent du feuillet germinatif secondaire ou feuillet cutané-sensitif.

A. Produits de la lamelle médullaire	1. Pédicule de la vésicule oculaire primaire	1. Nervus opticus
	2. Portion interne invaginée de la vesicule oculaire primaire	2. Retina
	3. Portion externe, point invaginée, de la vesicule oculaire primaire	3. Pigmentosa (lamina pigmenti)
B. Produits de la lamelle cornee	4. Sac différencié de la lamelle cornée	4. Lens crystallina
	5. Tégument epidermique externe	5. Conjunctiva
	6. Invagination du tegument epidermique externe	6. Glandulae lacrymales

II. Tableau des parties de l'œil humain qui proviennent du deuxieme feuillet germinatif secondaire, du feuillet fibro-cutané.

C. Produits de la lamelle dermique	7, 8. Expansion en bandelette du chorion, à la face inférieure de la vésicule oculaire primaire	7. Corpus vitreum 8. Capsula vasculosa corporis vitrei
	9. Prolongement de la bandelette choriale	9. Vasa centralia retinae
	10. Membrane et capsule pupillaire	10. Capsula vasculosa lentis crystallinae
	11. Plis dermiques	11. Palpebrae
D. Produits de la lamelle céphalique	12, 13. Capsule vasculaire du globe de l'œil *(capsula vasculosa bulbi)*	12. Chorioidea 13. Iris
	14, 15. Capsule fibreuse du globe de l'œil *(capsula fibrosa bulbi)*	14. Sclerotica 15. Cornea

la bandelette dermique et se soudent au-dessous d'elle. La bandelette devient ainsi l'axe solide du nerf optique secondaire ; elle se transforme en un cordon de tissu cellulaire, logeant les vaisseaux centraux de la rétine (*vasa centralia retinae*).

Enfin, autour de la vésicule oculaire secondaire et de son pédicule, le nerf optique secondaire, il se forme une enveloppe fibreuse, complète, la *capsule fibreuse* du bulbe oculaire. Cette capsule provient de la lamelle céphalique, de cette portion interne du feuillet fibro-cutané, qui entoure immédiatement la vésicule oculaire. Cette enveloppe fibreuse se transforme en une vésicule sphérique parfaitement close, revêtant tout le bulbe optique et s'introduisant extérieurement entre le cristallin et la lamelle cornée. Bientôt cette capsule fibreuse se dédouble en deux membranes. La membrane interne devient la choroïde ou membrane vasculaire ; en avant, elle forme les procès ciliaires et l'iris. La membrane externe, à son tour, se change en une enveloppe blanche ou membrane protectrice ; antérieurement elle devient la cornée transparente. L'œil est, dès lors, constitué avec toutes ses parties essentielles. L'évolution ultérieure ne touche plus que le détail, la complication plus grande de la différenciation et de la structure des parties isolées.

Le point le plus important dans cette curieuse évolution de l'œil est que le nerf optique, la rétine et la membrane pigmentaire dérivent directement du cerveau, c'est-à-dire d'une expansion du cerveau intermédiaire, tandis que le cristallin provient de l'épiderme. C'est aussi aux dépens du même épiderme, c'est-à-dire de la lamelle cornée, que se forme la délicate membrane de tissu cellulaire, la conjonctive, qui revêt la surface extérieure du globe de l'œil. Les glandes lacrymales, à leur tour, sont des expansions ramifiées de la conjonctive (fig. 135). Toutes les autres parties de l'œil viennent du feuillet fibro-cutané ; le corps vitré et la capsule vasculaire du cristallin dérivent du derme, tandis que la choroïde et l'iris, la sclérotique et la cornée transparente proviennent de la lamelle céphalique.

Les organes externes de protection de l'œil, les paupières, sont de simples replis, qui se développent chez l'embryon humain au troisième mois. Durant le quatrième mois, la paupière supérieure s'agglutine avec l'inférieure, et l'œil reste clos à partir de ce moment jusqu'à la naissance (pl. V, fig. *M, III, K, III*, etc.). C'est d'ordinaire peu de temps avant la naissance, quelquefois seulement après, que les paupières se séparent de nouveau. Outre les deux paupières dont nous nous occupons, nos ancêtres crâniotes en avaient encore une troisième, la membrane clignotante, qui s'insérait à l'angle interne de l'œil. Beaucoup de poissons primitifs et d'amniotes ont encore cette paupière aujourd'hui. Chez les singes et l'homme, cette membrane a dégénéré; il n'en reste qu'un débris, « le repli semi-lunaire », à l'angle interne de l'œil; ce n'est plus qu'un organe rudimentaire inutile. Les singes et l'homme ont en même temps perdu la glande de Harder, qui s'ouvre sous la membrane clignotante et existe encore chez les autres mammifères, les oiseaux, les reptiles et les amphibies ([118]).

L'évolution de l'oreille des vertébrés, tout en étant analogue sous bien des rapports à celle de l'œil et du nez, en diffère par quelques points. Chez l'homme adulte, l'organe de l'ouïe ressemble essentiellement à celui des autres mammifères et spécialement à celui des singes. Chez ces animaux et chez l'homme, l'oreille se compose de deux portions : une portion externe, l'oreille externe et l'oreille moyenne, qui conduit les sons, et une portion interne, l'oreille moyenne, qui les perçoit. L'oreille externe s'ouvre dans le *pavillon de l'oreille*. De cet orifice part le *conduit auditif*, long d'environ un pouce et se dirigeant en dedans, pour aboutir intérieurement à la membrane du tympan. Cette membrane, qui ferme le canal auditif, est mince, oblique et de forme circulaire. Le tympan sépare le conduit auditif externe de la *caisse du tympan* (*cavum tympani*). La caisse du tympan est une petite cavité logée dans le rocher de l'os temporal; elle est pleine d'air et communique avec le pharynx par un conduit particulier. Ce canal, un peu plus long, mais plus étroit que le conduit auditif externe, part de la paroi antérieure de la caisse du tympan et descend obliquement en dedans et en avant; il s'ouvre en arrière des narines internes, à la partie supérieure du pharynx. Ce canal a été appelé trompe d'Eustache (*tuba Eustachii*). Grâce à lui, l'air tympanique en contact avec la surface interne du tympan a une tension égale à celle de l'atmosphère extérieure pénétrant dans le conduit auditif externe. La trompe d'Eustache et la caisse du tympan sont revêtues d'une mince membrane muqueuse, qui est un prolongement direct de la muqueuse pharyngienne. Dans la caisse du tympan se trouvent les trois osselets de l'ouïe, fort délicats, et dénommés, d'après leur forme caractéristique, le marteau, l'enclume et l'étrier. Le plus souvent, le marteau est situé en dehors, appliqué sur la face interne de la membrane du tympan; l'enclume est intercalée entre les deux autres osselets, en dessus et en dedans du marteau; l'étrier enfin se trouve en dedans de l'enclume et s'applique par sa base sur la paroi externe de l'oreille interne ou ampoule auditive. Toutes les parties de l'oreille externe et moyenne que nous venons d'énumérer appartiennent à l'appareil conducteur des sons. Leur fonction expresse est de conduire à travers l'épaisse paroi du crâne les vibrations sonores venant du dehors jusqu'à l'ampoule auditive profonde. Toutes les parties externes font encore entièrement défaut aux poissons, chez qui les ondes sonores arrivent à l'ampoule auditive directement à travers la paroi de la tête.

L'appareil qui perçoit le choc des ondes sonores consiste, chez l'homme et chez tous les vertébrés, l'amphioxus excepté, en une ampoule auditive close, pleine de liquide, et sur la paroi de laquelle se distribuent les terminaisons du nerf auditif. Par l'intermédiaire de cette poche pleine de liquide, les vibrations sonores sont transmises aux terminaisons nerveuses. Dans le liquide auditif ou « liquide du labyrinthe » remplissant l'oreille, se trouvent, au point d'entrée du nerf auditif, de petits calculs, composés de cristaux calcaires microscopiques; ce sont les *oto-lithes* (*otolithi*). L'organe de l'ouïe a essentiellement la même structure chez la plupart des invertébrés. D'ordinaire, c'est toujours une petite ampoule close, pleine de liquide, contenant des otolithes, et sur la paroi de laquelle se distribue le nerf auditif. Mais chez les invertébrés, l'ampoule auditive a le plus souvent une forme très-simple, sphérique ou ovoïde, tandis que chez tous les vertébrés, du poisson à l'homme, surtout chez les amphirhiniens, cet organe revêt une forme toute spéciale et prend le nom de *labyrinthe*. Ce labyrinthe, à mince paroi, est enfermé dans une capsule osseuse de même forme (fig. 158) et logé dans l'épaisseur du rocher. Chez tous les amphirhiniens, le labyrinthe est divisé en deux vésicules. La plus volumineuse de ces vésicules est l'*utricule* (*utriculus*), et est munie de trois appendices arqués, les « canaux semi-circulaires » (fig. 158, *cde*). La petite vésicule auditive, petit sac auditif (*sacculus*), est munie d'un appareil spécial roulé en spirale comme un limaçon; c'est la cochlée (*b*) (*cochlea*). Sur la mince paroi de ce labyrinthe fort délicat, les ramuscules terminaux du nerf auditif s'étalent d'une manière fort compliquée. Ce nerf part de l'arrière-cerveau et aboutit à l'ampoule auditive. Il se divise en deux branches principales, un nerf cochléen et un nerf vestibulaire, destiné aux autres parties du labyrinthe. Le premier de ces rameaux semble surtout destiné à percevoir la qualité des sons; le second serait surtout chargé d'en apprécier la quantité. Par le nerf cochléen, nous nous rendons compte de la hauteur et du timbre des sons; le nerf vestibulaire nous renseigne sur leur intensité.

Le premier rudiment de cet appareil de l'ouïe si complexe est fort simple chez l'embryon de l'homme et chez tous les crâniotes; c'est une fossette de l'épiderme. Derrière la tête, de chaque côté, près de l'arrière-cerveau, à l'extrémité supérieure de la deuxième fente branchiale, se forme un petit épaississement de la lamelle cornée (fig. 159, *g*). Cet épaississe-

Fig. 158.

ment se creuse en fossette et se sépare de l'épiderme; c'est le même procédé de formation que pour le cristallin. Ainsi se forme, immédiatement sous la lamelle cornée, à la partie postérieure de la tête, une petite vésicule pleine de liquide: c'est la *vésicule auriculaire primitive* ou le « labyrinthe primaire » (planche IV et V, *o*).

En se détachant de son lieu d'origine, de la lamelle cornée, et en se développant en dedans et en bas dans le crâne, la forme arrondie de cette vésicule devient piriforme (fig. 160, *o*). Extérieurement, elle s'allonge en un mince pédicule, qui d'abord s'ouvre en dehors par un étroit canal (voir fig. 80, *e*; 81, *f*). C'est l'appendice du labyrinthe (*recessus labyrinthi*). Chez les vertébrés inférieurs, cet appendice se développe en une cavité pleine de cristaux calcaires qui, chez les poissons primitifs, reste ouverte toute la vie et s'ouvre à la partie supérieure du crâne (*ductus endolymphaticus*). Chez les mammifères, au contraire, l'appendice du labyrinthe s'atrophie; ce n'est plus alors qu'un organe rudimentaire sans importance physiologique. Le reste inutile de cet appendice traverse la paroi osseuse du rocher sous la forme d'un étroit canal et prend le nom « d'aque-

Fig. 158. — *Labyrinthe osseux de l'oreille humaine* (côté gauche). *a*, vestibule. *b*, limaçon. *c*, canal semi-circulaire supérieur. *d*, canal semi-circulaire postérieur. *e*, canal semi-circulaire externe. *f*, fenêtre ovale. *g*, fenêtre ronde. (D'après Meyer.)

duc du vestibule » (*aquaeductus vestibuli*). Seule, la portion
inféro-interne vésiculiforme de l'ampoule auditive différenciée
acquiert un haut degré de complication et reçoit plus tard le
nom de « labyrinthe secondaire ». Cette ampoule se divise de
bonne heure en une portion supérieure plus grande et une inférieure plus petite. De la première portion provient l'utricule
(*utriculus*), avec les trois canaux semi-lunaires; de l'autre
provient le saccule (*sacculus*), avec le limaçon. Les trois canaux semi-circulaires se forment par de simples expansions de
l'utricule. A sa partie moyenne, les parois de chacune de ces
expansions se soudent, tandis que les deux extrémités restent
en libre communication avec la cavité de l'utricule. Tous les

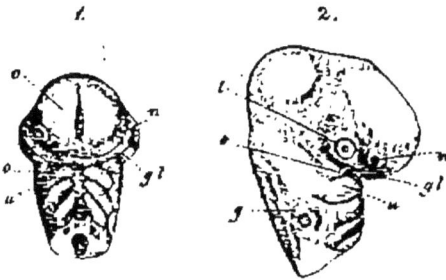
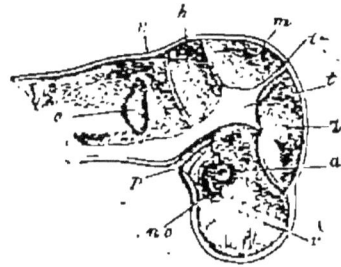

Fig. 159.   Fig. 160.

amphirhiniens ont, comme l'homme, trois canaux semi-circulaires, tandis que, parmi les cyclostomes, les lamproies n'en ont
que deux et les myxinoïdes un seul. Le limaçon, cet organe si
complexe, l'un des plus délicats et des plus curieux produits
d'adaptation de l'organisme mammifère, apparaît d'abord sous
la forme d'une expansion très-simple du sac auditif. Les divers
degrés d'évolution ontogénétique du limaçon se retrouvent encore juxtaposés dans la série des vertébrés inférieurs ([119]). Chez

Fig. 159. — *Tête d'un embryon de chien* au troisième jour de l'incubation.
1, vue antérieurement. 2, vue du côté droit. *n*, rudiment du nez (fossette olfactive). *l*, rudiment de l'œil (fossette optique). *g*, rudiment de l'oreille (fossette
auditive). *v*, cerveau antérieur. *gl*, fente optique. *o*, apophyse du maxillaire
supérieur. *u*, apophyse du maxillaire inférieur venant du premier arc branchial. (D'après Kœlliker). .

Fig. 160. — *Crâne primitif de l'embryon humain*, âgé de quatre semaines,
section perpendiculaire montrant intérieurement le côté gauche. *v*, *z*, *m*, *h*,
n, les cinq fossettes crâniennes, logeant les cinq ampoules cérébrales (cerveau
antérieur, cerveau intermédiaire, cerveau moyen, cerveau postérieur et arrière-
cerveau). *o*, vésicule auditive primaire, piriforme, vue par transparence. *a*,
œil vu par transparence. *no*, nerf optique. *p*, canal de l'hypophysis. *z*, cloison
crânienne moyenne. (D'après Kœlliker.)

VINGT-SIXIÈME TABLEAU.

*Vue d'ensemble des principales périodes phylogénétiques
de l'oreille humaine.*

I. *Première période.*

Le nerf auditif est un simple nerf cutané sensible, se distribuant en un point spécial de la peau céphalique à la lamelle cornée différenciée.

II. *Deuxième période.*

Le point différencié de la lamelle cornée, sur laquelle apparaît le nerf auditif, forme une fossette cutanée spéciale, la fossette auditive, s'ouvrant au dehors par un canal, l'appendice du labyrinthe.

III. *Troisième période.*

La fossette auditive s'est séparée de la lamelle cornée, sous la forme d'une ampoule auditive, pleine de liquide. L'appendice du labyrinthe est devenu rudimentaire *(aquaeductus vestibuli).*

IV. *Quatrième période.*

L'ampoule auditive s'est divisée en deux parties intimement unies : l'utricule (*utriculus*) et le saccule (*sacculus*). Une branche spéciale du nerf auditif se distribue à chacune de ces deux vésicules.

V. *Cinquième période.*

De l'utricule proviennent trois canaux arqués ou canaux semi-circulaires (comme chez tous les amphirhiniens).

VI. *Sixième période.*

Du saccule provient le limaçon (*cochlea*), peu apparent encore chez les poissons et les amphibiens, très-développé seulement chez les amniotes.

VII. *Septième période.*

La première fente branchiale ou « évent » des sélaciens se change en caisse du tympan et en trompe d'Eustache ; la caisse du tympan est fermée extérieurement par la membrane tympanique.

VIII. *Huitième période.*

D'une portion des premier et deuxième arcs branchiaux se développent les osselets de l'ouïe (le marteau et l'enclume proviennent du premier, l'étrier vient du second).

IX. *Neuvième période.*

L'oreille externe et le conduit auditif externe se développent. Le pavillon de l'oreille est en pointe et mobile, comme chez la plupart des mammifères inférieurs.

Dixième période.

Le pavillon de l'oreille et ses muscles deviennent sans usage ; c'est un organe rudimentaire. Il n'a plus de pointe ; son corps est replié en bourrelet et il est muni d'un lobule, comme chez tous les anthropoïdes et l'homme.

VINGT-SEPTIÈME TABLEAU.

I. Tableau des parties de l'oreille interne *(appareil percepteur des ondes sonores).*

A. Produits de la lamelle cornée

1. Pédicule de la vésicule auditive primaire
2, 3. Pièce supérieure de la vésicule auditive primaire
4, 5. Pièce inférieure de l'ampoule auditive primaire

1. Aquaeductus vestibuli Recessus labyrinthi
2. Utriculus
3. Canales semicirculares
4. Sacculus
5. Cochlea

B. Produits de la lamelle céphalique

6. Nerf acoustique
7. Enveloppe osseuse du labyrinthe membraneux
8. Enveloppe osseuse de l'oreille interne

6. Nervus acusticus
7. Labyrinthus osseus
8. Os petrosum

II. Tableau des parties de l'oreille moyenne et externe *(appareil conducteur des sons).*

C. Produits de la première fente branchiale

9. Partie interne de la première fente branchiale
10. Partie moyenne de la première fente branchiale
11. Point d'occlusion de la première fente branchiale

9. Tuba Eustachii
10. Cavum tympani
11. Membrana tympani

D. Produits des deux premiers arcs branchiaux

12. Pièce supérieure du second arc branchial
13. Pièce supérieure du premier arc branchial
14. Pièce moyenne du premier arc branchial

12. Stapes
13. Incus
14. Malleus

E. Produit de la lamelle céphalique

15. Anneau tympanique *(annulus tympanicus)*

15. Meatus auditorius osseus

F. Produit du tégument cutané

16. Pli cutané annulaire au point d'occlusion de la première fente branchiale

16. Concha auris
17. Musculi conchae

les monotrèmes, les volutes spirales du limaçon manquent encore, et elles ne sont caractéristiques que chez les autres mammifères et chez l'homme.

Le nerf acoustique (*nervus acusticus*) ou huitième nerf cérébral, qui envoie un de ses rameaux au limaçon et l'autre aux diverses portions du labyrinthe, est, comme l'a démontré Gegenbaur, la branche dorsale ou sensible d'un nerf cérébro-spinal, ayant pour rameau abdominal ou moteur le nerf facial (*nervus facialis*). Le nerf acoustique est donc provenu phylogénétiquement d'un nerf habituellement cutané, et a par conséquent une tout autre origine que les nerfs optique et olfactif, qui sont des expansions directes du cerveau ; c'est là une différence essentielle. Le nerf acoustique dérive des cellules de formation de la lamelle céphalique et aussi du feuillet fibro-cutané. Toutes les enveloppes cutanées, cartilagineuses et osseuses du labyrinthe auditif ont la même origine.

L'oreille externe et l'oreille moyenne des mammifères, c'est-à-dire l'appareil conducteur des sons, se développe tout à fait indépendamment de l'appareil percepteur. Phylogénétiquement et ontogénétiquement, cet appareil est une formation secondaire, indépendante, un accessoire de l'interne. Pourtant l'évolution de l'appareil externe est fort intéressante et l'anatomie comparée l'élucide parfaitement. Chez tous les poissons et chez les mammifères les plus inférieurs encore, l'appareil conducteur des sons n'existe pas ; il n'y a ni oreille externe ni oreille moyenne, mais seulement un labyrinthe, une oreille interne, logée dans le crâne. Le tympan, la caisse tympanique et tout ce qui s'y rattache manquent complétement. C'est seulement dans la classe des amphibies que se développe l'oreille moyenne et qu'il existe un tympan, une caisse du tympan, une trompe d'Eustache. Toutes ces parties essentielles de l'oreille moyenne proviennent de la première fente branchiale, qui, chez les poissons primitifs, persiste à l'état « d'évent » et est située entre le premier et le deuxième arc branchial. Chez l'embryon des vertébrés supérieurs, cette fente se soude à la partie moyenne et ce point de soudure devient le tympan. Le reste de la première fente branchiale, en dehors du point de soudure, est le rudiment du conduit auditif externe. De la portion interne de la fente proviennent la caisse tympanique et la trompe d'Eustache. Les trois osselets de l'ouïe dérivent aussi des deux premiers arcs branchiaux : le marteau

et l'enclume naissent du premier arc, l'étrier vient de l'extrémité
supérieure du deuxième arc branchial ([120]).

Quant à l'oreille externe, c'est-à-dire au pavillon de l'oreille
et au conduit auditif externe, aboutissant au tympan, ces organes
dérivent très-simplement du tégument cutané limitant l'orifice
externe de la première fente branchiale. Le pavillon de l'oreille
débute par être un pli cutané annulaire, dans lequel se forment
plus tard des cartilages et des muscles. D'ailleurs cet organe ne
se rencontre que dans la classe des mammifères. Il manque seulement à la famille la plus inférieure de cette classe, aux monotrèmes. Chez tous les autres
mammifères, on le rencontre très-
inégalement développé et parfois
même en voie de rétrogradation.
Ainsi le pavillon de l'oreille est
en voie de disparition chez la
plupart des mammifères aquatiques. Beaucoup d'entre eux l'ont
même tout à fait perdu, notamment les veaux marins, les baleines, les phoques. Au contraire,
chez la plupart des marsupiaux
et des placentaliens, le pavillon
de l'oreille est très-développé;

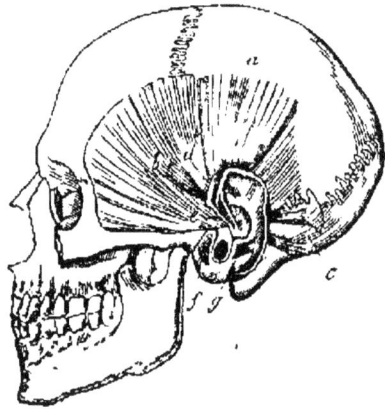

Fig. 161.

chargé de recueillir les ondes sonores, il est muni de muscles
puissants, qui lui permettent de se mouvoir librement dans
tous les sens et de changer de forme. Nous savons tous avec quelle
force nos animaux domestiques, chevaux, bœufs, chiens, la-
pins, etc., redressent leurs oreilles et les dirigent à volonté dans
telle ou telle direction. C'est ce que font aussi les singes actuels,
et nos anciens ancêtres simiens faisaient de même. Mais les plus
récents de ces ancêtres, qui nous sont communs avec les singes
anthropoïdes (gorille, chimpanzé, etc.), se déshabituèrent de ces
mouvements de l'oreille, de sorte que peu à peu les muscles
auriculaires devinrent rudimentaires et inutiles. Pourtant nous
les possédons encore aujourd'hui (fig. 161).

Fig. 161. — *Muscles rudimentaires de l'oreille sur un crâne humain.*
a, musculus attollens. *b*, m. attrahens. *c*, m. retrahens. *d*, m. helicis major.
e, m. helicis minor. *f*, musculus tragicus. *g*, musculus antitragicus. (D'après
H. Meyer.)

Quelques hommes ont encore la faculté de mouvoir quelque peu leurs oreilles en avant et en arrière, et, par un exercice persévérant, ces mouvements acquièrent de la force. Ce sont alors les muscles attracteur ou auriculaire antérieur (*b*) et rétracteur ou auriculaire postérieur (*c*) qui fonctionnent; mais il n'est pas d'homme qui puisse maintenant élever le pavillon de l'oreille par le jeu du muscle élévateur ou auriculaire supérieur (*a*) ou en changer la forme par l'action des petits muscles internes de l'oreille (*d, e, f, g*). Ces muscles, jadis fort utiles à nos ancêtres, ne nous servent plus à rien. Il en est de même chez les singes anthropoïdes.

L'ourlet de l'oreille, l'hélix, le lobule, en un mot la forme caractéristique de l'oreille humaine ne nous est commune qu'avec les singes anthropoïdes supérieurs : gorille, chimpanzé et orang. Quant aux singes inférieurs, ils ont une oreille pointue, sans ourlet, sans lobule, comme les autres mammifères. Mais Darwin a montré que, chez beaucoup d'hommes, il existe à la partie supérieure de l'ourlet de l'oreille une petite saillie pointue, absente chez la plupart d'entre nous, mais parfois très-développée. Ce ne peut être qu'un débris de la pointe primitive de l'oreille, qui, par suite de l'enroulement du bord auriculaire, a été poussée en avant et en dedans. (Voir un ourlet auriculaire de ce genre chez les embryons du porc et du bœuf, pl. V, *S*III et *R*III.) En comparant soigneusement les pavillons de l'oreille chez l'homme et les divers singes, on trouve qu'ils forment une série graduée de rétrogradations. Le début de cette rétrogradation, chez les communs ancêtres catarhiniens de l'homme et des anthropoïdes, a été le recroquevillement de l'oreille. Il en est résulté le bourrelet de l'oreille, sur lequel persista cette saillie significative, dernier vestige de l'oreille pointue et mobile de nos anciens ancêtres simiens. On peut donc déjà inférer de l'anatomie comparée que l'oreille humaine provient du même organe plus développé des mammifères inférieurs. De son côté, la physiologie comparée nous montre que, chez ces animaux, le pavillon de l'oreille a une plus ou moins grande valeur physiologique, tandis que, chez l'homme et les anthropoïdes, il n'est plus qu'un organe rudimentaire inutile. La perte des muscles auriculaires ne porte d'ailleurs aucun préjudice à l'appareil conducteur des sons. C'est pourquoi le pavillon de l'oreille peut varier extraordinairement de forme et de grandeur chez les divers hommes; il partage avec les autres organes rudimentaires ce haut degré de variabilité ([121]).

VINGT-DEUXIÈME LEÇON.

HISTOIRE DU DÉVELOPPEMENT DES ORGANES MOTEURS.

Pour porter un jugement sur l'ensemble, le lecteur pourra scruter les détails, peser les faits authentiques que j'ai pris pour base de mes déductions. Mais, même alors, force lui sera d'enchaîner les faits particuliers et de les apprécier en vue de l'ensemble. Quiconque ne verra, dorénavant, dans le monde des organismes que des existences isolées, où les harmonies de l'organisation ne sont que des analogies accidentelles, celui-là ne comprendra rien au résultat de ce travail, non pas seulement parce qu'il ne saisit pas la portée de mes déductions, mais surtout parce qu'il s'abuse sur l'importance des faits qui les supportent. « Le fait en lui-même est si peu une donnée scientifique, qu'une science ne saurait se composer uniquement de faits. » Les faits deviennent scientifiques par leur enchaînement, par la méditation qui combine et détermine leurs rapports.

CARL GEGENBAUR (1872)

L'appareil locomoteur des vertèbres. — Il se compose d'organes passifs et d'organes actifs (squelette et muscles). — Importance du squelette interne des vertébrés. — Structure de la colonne vertébrale. — Rapports morphologiques et numériques des vertèbres. — Côtes et sternum. — Embryologie de la colonne vertébrale. — Chorda, lames vertébrales primitives. — Formation des métamères. — Vertèbres cartilagineuses et vertèbres osseuses. — Disques vertébraux intermédiaires. — Squelette de la tête (crâne et arcs branchiaux). — Théorie des vertèbres crâniennes (Goethe et Oken, Huxley et Gegenbaur). — Crâne primitif ou primordial. — Structure des neuf à dix métamères fondus ensemble. — Arcs branchiaux (côtes céphaliques). — Squelette des quatre membres ou extrémités. — Les extrémités pendactyles viennent des nageoires à rayons multiples. — Les nageoires primitives des sélaciens (archiptérygium de Gegenbaur). — Passage de la nageoire penniforme à la nageoire semi-penniforme. — Rétrogradation des rayons des nageoires. — Polydactylie et pendactylie. — Comparaison des membres antérieurs (nageoires pectorales) et des membres postérieurs (nageoires ventrales). — Ceinture scapulaire et ceinture iliaque. — Embryologie des membres. — Histoire de l'évolution des muscles.

Messieurs,

Parmi les traits de l'organisation, qui caractérisent surtout le groupe des vertébrés, il faut placer en première ligne la disposition de l'appareil moteur. Chez tous les animaux supérieurs, les parties principales de cet appareil sont les organes moteurs actifs, les muscles, ces cordons charnus doués de contractilité,

32

susceptibles de se raccourcir et, par suite, de rapprocher les unes des autres les différentes parties du corps, et même d'imprimer au corps entier des mouvements de locomotion. Or la distribution de muscles est, chez les vertébrés, toute particulière, fort différente de ce qu'elle est chez les invertébrés.

Chez la plupart des animaux inférieurs, par exemple chez les vers, les muscles forment immédiatement sous le tégument cutané une mince couche charnue. Ce « sac musculo-cutané », intimement uni à la peau, se retrouve aussi, à peu de chose près, dans la classe des mollusques. Dans le grand groupe des articulés, chez les crustacés, les arachnides, les myriapodes, les insectes, on trouve une disposition analogue, avec cette différence que là le tégument cutané forme une cuirasse solide, un squelette cutané, rigide, de chitine et souvent de carbonate de chaux. Sur le tronc et les membres des articulés, cette cuirasse de chitine acquiert un haut degré de différenciation et, par suite, le système musculaire, dont les cordons charnus se logent dans l'étui de chitine, se différencie aussi extrêmement. Il en est tout autrement chez les vertébrés, où il existe seulement un squelette interne, cartilagineux ou osseux, sur la surface externe duquel les muscles trouvent un solide point d'appui. Cet échafaudage osseux est un appareil moteur passif, composé de leviers dont les bras rigides ou les os, mus par les cordons musculaires actifs comme par des câbles de traction, se rapprochent les uns des autres. L'existence de cet appareil tout spécial et surtout de son axe, la colonne vertébrale, est propre au groupe des vertébrés, qui même en a tiré son nom.

Mais, en dépit de l'analogie initiale, cet appareil s'est si diversement et si particulièrement développé chez les diverses classes des vertébrés, et dans les groupes supérieurs, il est devenu un appareil si complexe, que l'anatomie comparée y trouve précisément ses principaux caractères. C'est ce qu'avait déjà compris, au commencement de ce siècle, l'ancienne philosophie de la nature, et elle s'était emparée avec ardeur de ces faits précieux. C'est aussi dans ce domaine que la science moderne, appelée par nous, dans un sens philosophique plus élevé, anatomie comparée, a récolté ses plus riches moissons. Notre moderne anatomie comparée a étudié plus à fond le squelette des vertébrés, et elle a réussi à en découvrir les lois de formation mieux que pour tout autre système organique. C'est là surtout que l'on peut ap-

pliquer les vers si connus, et tant de fois cités, dans lesquels
Goëthe résume le résultat général de ses études morphologiques :

> Toutes les formes sont analogues, pourtant aucune d'elles ne ressemble
> C'est pourquoi le chœur proclame une loi secrete.   [aux autres.

Aussi aujourd'hui que nous avons expliqué cette « loi se-
crète », cette « sainte énigme » par la théorie de la descendance, aujourd'hui que nous rapportons l'analogie des formes
à l'hérédité, leur dissemblance à l'adaptation, la comparaison
du squelette des différents vertébrés est la meilleure arme que
nous puissions trouver dans le riche arsenal de l'anatomie comparée pour défendre efficacement la vérité de la théorie généalogique. Il est donc à prévoir que ces arguments auront aussi une
grande importance pour l'histoire de l'évolution de l'homme, et
c'est en effet ce qui arrive. *Le squelette des vertébrés est un
de ces organes sur la phylogénie desquels l'anatomie
comparée nous fournit des données plus importantes, à
plus longue portée, que ne le pourrait faire l'ontogénie.*
Pourtant la dernière science nous est aussi d'un grand secours ;
elle est le complément essentiel de la première.

L'étude comparée du système osseux des vertébrés révèle à
l'observateur, plus clairement que celle de tout autre système, la
nécessité d'un lien phylogénétique entre les formes parentes et
pourtant si diverses. Comparons soigneusement le squelette osseux de l'homme avec celui des autres mammifères, et ce dernier avec celui des vertébrés inférieurs ; de ce seul rapprochement résultera la conviction d'une vraie consanguinité entre
tous les vertébrés. En effet, chez tous les autres mammifères, les
parties du système osseux, quelle que soit la diversité de leur
forme, ont la même situation, les mêmes rapports caractéristiques que chez l'homme. Si maintenant, descendant au-dessous
des mammifères, nous comparons les rapports des os dans les
autres classes vertébrées, nous trouverons partout, sous la variété et l'écart apparent des formes, un lien ininterrompu, et
nous finirons par conclure à une forme fondamentale commune
et fort simple. De là résulte, pour tout partisan de la doctrine
généalogique, la conclusion certaine que tous les vertébrés,
y compris l'homme, descendent d'une forme ancestrale commune, d'un même vertébré primitif. En effet, les rapports mor-

VINGT-HUITIÈME TABLEAU.

Vue d'ensemble de la composition du squelette humain.

A. Squelette central. Colonne vertébrale.

A a. Pièces supérieures du vertébré. | *A b.* Pièces inférieures.

| 1. Crâne | { 1 *a* crâne prevertebral
{ 1 *b* crâne vertebral | { 1. Produits des arcs branchiaux |
| 2. Colonne verte-brale | { 7 vertèbres cervicales
12 vertebres dorsales
5 vertèbres lombaires
5 vertebres sacrees
4 vertebres caudales | { 2. Côtes et sternum |

B. Ceintures osseuses des membres.

B a. Ceinture osseuse des membres anterieurs : ceinture scapulaire.

1. Scapula
2. Procoracoides
3. Coracoides
4. Clavicula

B b. Ceinture ossseuse des membres posterieurs : ceinture iliaque.

1. Os ilium
2. Os pubis
3. Os ischii

C. Squelette des membres.

Ca. Squelette des membres antérieurs.

I. PREMIERE SECTION : BRAS.

1. Os de l'avant-bras (humerus)

II. DEUXIEME SECTION : AVANT-BRAS.

  2. Radius
  3. Ulna

III. TROISIEME SECTION : MAIN.

Cb. Squelette des membres posterieurs.

I. PREMIERE SECTION . CUISSE.

1. Os de la cuisse (femur)

II. DEUXIEME SECTION : JAMBE.

  2. Tibia
  3. Fibula

III. TROISIEME SECTION : PIED.

III A. Carpe. Pièces primitives.	Carpus. Pièces transformees.	III A. Tarse. Pieces primitives.	Tarsus. Pieces transformees.
a. Radiale	Scaphoideum	*a.* Tibiale	Astragalus
b. Intermedium	Lunatum	*b.* Intermedium	
c. Ulnare	Triquetrum	*c.* Fibulare	Calcaneus
d. Centrale	Intermedium	*d.* Centrale	Naviculare
e. Carpale I	Trapezium	*e.* Tarsale I	Cuneiforme I
f. Carpale II	Trapezoides	*f.* Tarsale II	Cuneiforme II
g. Carpale III	Capitatum	*g.* Tarsale III	Cuneiforme III
h. Carpale IV + V	Hamatum	*h.* Tarsale IV + V	Cuboides

III B. Metacarpe (*metacarpus*)

III C. Cinq doigts; *digiti* (14 os · *phalanges*).

III B. Metatarse (*metatarsus*)

III C. Cinq doigts; *digiti* (14 os · *phalanges*).

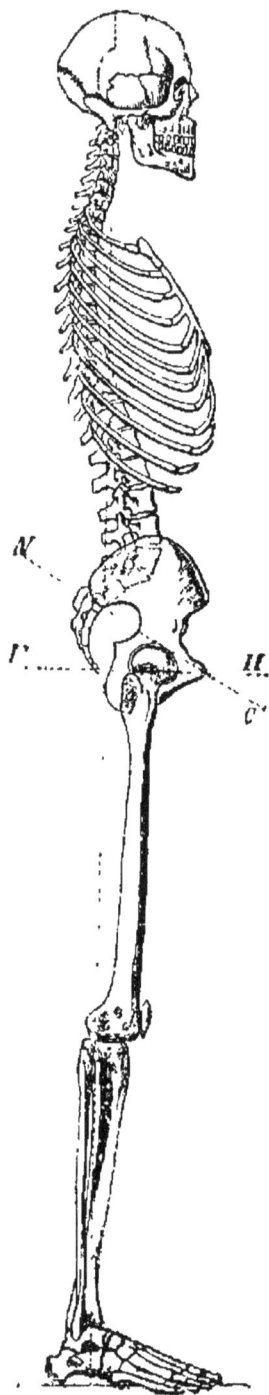

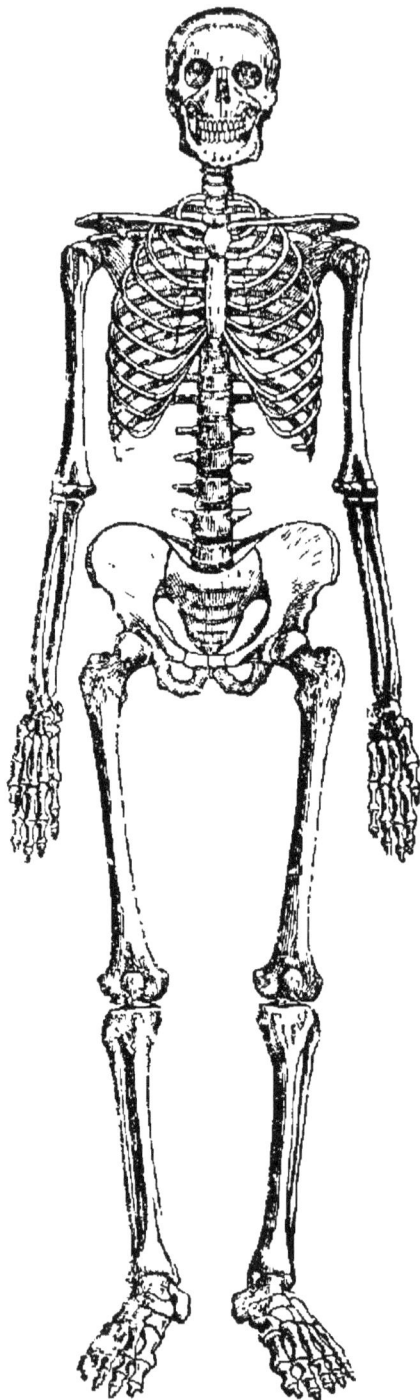

Fig. 162.

Fig. 163.

phologiques du squelette et du système musculaire, qui en dépend étroitement, sont tels que l'on ne saurait songer à une origine polyphylétique à plusieurs souches ancestrales indépendantes. Pour peu que l'on y pense sérieusement, il est impossible d'admettre que la colonne vertébrale et tout ce qui en dépend, que le squelette des membres avec ses parties si variées se soient produits plusieurs fois dans le cours de l'évolution géologique, et que les divers vertébrés puissent par suite descendre de diverses formes ancestrales invertébrées. Il y a plus : l'anatomie comparée et l'ontogénie poussent, avec une irrésistible puissance, à la conclusion monophylétique; elles nous disent que le genre humain est le plus jeune rameau d'une forte racine unitaire, dont la maîtresse branche a engendré tous les autres vertébrés.

Mais, pour bien comprendre l'évolution du squelette humain, il nous faut d'abord nous faire une idée générale de la composition de ce squelette chez l'homme adulte. (Consultez le vingt-huitième tableau et fig. 162 le squelette humain vu du côté droit (sans bras), fig. 163 le squelette entier vu de face.) Chez l'homme, comme chez tous les autres mammifères, il faut distinguer d'abord l'axe du squelette et ses annexes, les os des membres. Le squelette axial se compose de la colonne vertébrale et du crâne, portion la plus antérieure et la plus transformée de cette dernière. Les dépendances de la colonne vertébrale sont les côtes, l'os hyoïde, le maxillaire inférieur et les autres produits des arcs branchiaux. Le squelette des membres se compose de deux groupes de pièces, savoir : des os des extrémités proprement dites et d'une ceinture osseuse interne, reliant les extrémités à la colonne vertébrale. La ceinture osseuse du bras ou membre antérieur est la ceinture scapulaire; la ceinture osseuse de la jambe ou membre postérieur est la ceinture iliaque.

La colonne vertébrale de l'homme (*columna vertebralis* ou *vertebrarium*, fig. 164) se compose de trente-trois à trente-quatre pièces osseuses annulaires, juxtaposées en série, superposées, chez l'homme, dans la station droite. Ces pièces osseuses, les vertèbres (*vertebrae*), sont séparées par des coussins élastiques en forme de disque (*ligamenta intervertebralia*) et en même temps reliées et articulées ensemble, de manière à former une tige axiale, flexible, élastique, mobile dans toutes les directions. Dans les diverses régions du tronc, les vertèbres sont diversement conformées et diversement articulées ; aussi distingue-t-on de haut en bas, dans la colonne vertébrale, les groupes suivants : sept vertèbres cervicales, douze vertèbres dorsales ou pectorales, cinq vertèbres lombaires, cinq sacrées et quatre à cinq vertèbres caudales ou coccygiennes. Les premières, ou vertèbres cervicales, sont caractérisées par la présence d'un trou situé de chaque côté, à travers les apophyses transverses (fig. 165). Chez l'homme, le nombre des vertèbres cervi-

Fig. 165.

Fig. 166.

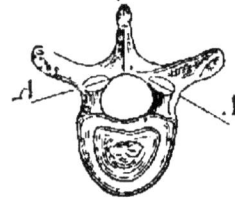

Fig. 167.

cales est de sept ; il en est de même chez presque tous les autres mammifères ; pourtant le cou peut être très-long, comme chez le chameau et la girafe, ou très-court, comme chez la taupe et le hérisson. Cette persistance du nombre sept, sauf quelques exceptions dues à l'adaptation, est une preuve parlante de la commune descendance de tous les mammifères ; pour l'expliquer, il faut invoquer un legs rigoureusement transmis par un mammifère primitif, qui avait sept vertèbres cervicales.

Si chaque espèce animale était conformée indépendamment des autres, mieux vaudrait,

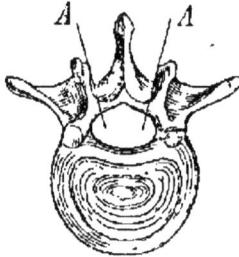

Fig. 164.

Fig. 164. Colonne vertébrale de l'homme, vue du côté droit dans la station droite. V à V, verticale. (D'après H. Meyer.)

Fig. 165. Troisième vertèbre cervicale de l'homme.

Fig. 166. Septième vertèbre dorsale de l'homme.

Fig. 167. Deuxième vertèbre lombaire de l'homme. (Les lignes A passent par le milieu des surfaces articulaires des apophyses articulaires.) (D'après H. Meyer.)

tantôt de nombreuses vertèbres cervicales pour les mammifères à
long cou, tantôt quelques vertèbres pour les animaux à cou
court; cela serait plus conforme à un but. Après les vertèbres
cervicales viennent les vertèbres dorsales, dont le nombre,
chez l'homme et la plupart des mammifères, est de douze à
treize, ordinairement de douze. Chaque vertèbre dorsale supporte latéralement (fig. 166) deux côtes articulées; ce sont de
longs arcs osseux, logés dans l'épaisseur de la paroi thoracique, qu'ils soutiennent. Les douze paires de côtes, avec leurs
muscles intercostaux et l'os sternum, reliant les extrémités
costales à droite et à gauche, forment la cage thoracique
(fig. 163, en haut). Dans cette cage thoracique, à la fois
solide et élastique, sont logés les deux poumons et, outre ces
poumons, le cœur. Après les vertèbres dorsales, vient une section
plus courte et plus forte de la colonne vertébrale, composée seulement de cinq grosses vertèbres. Ce sont les vertèbres lombaires (fig. 167), n'ayant ni articulation costale, ni trous vertébraux à travers leurs apophyses transverses. Puis vient le
sacrum, logé entre les deux pièces du bassin. Le sacrum est
composé de cinq vertèbres complétement soudées ensemble.
Enfin la colonne vertébrale se termine par une petite queue rudimentaire, le *coccyx*. Le coccyx se compose d'un petit nombre
de petites vertèbres atrophiées, d'ordinaire quatre, rarement
trois ou cinq; c'est un organe inutile, rudimentaire, n'ayant
plus aucune valeur physiologique, ni chez l'homme, ni chez les
singes sans queue, anthropoïdes (voir fig. 127-131). Mais le
coccyx est d'un haut intérêt morphologique; c'est une preuve
irréfutable, attestant que l'homme et les anthropoïdes descendent de singes à longue queue. Nul autre moyen, en effet, d'expliquer l'existence de cette queue rudimentaire. Chez l'homme,
au début de l'évolution embryologique, la queue a un développement considérable (voir pl. V, fig. M, II et fig. 73,$_8$, 74,$_8$). Plus
tard, elle s'atrophie et ne fait plus de saillie visible à l'extérieur.
Mais les débris des vertèbres caudales atrophiées et des muscles qui les faisaient mouvoir persistent encore. A en croire les
anciens anatomistes, la queue de la femme est d'une vertèbre
plus longue que celle de l'homme; elle compterait quatre vertèbres chez ce dernier, cinq chez la femme.

Le nombre des vertèbres chez l'homme est d'ordinaire de
trente-trois. Mais il est intéressant de noter que ce nombre varie

fréquemment, suivant que telle ou telle vertèbre manque ou
qu'une vertèbre supplémentaire s'intercale entre les autres. Il
n'est pas rare non plus de voir la dernière vertèbre cervicale ou
la première vertèbre lombaire porter une paire de côtes libres et
mobiles, de sorte qu'il y a alors treize vertèbres dorsales avec
six vertèbres cervicales ou quatre vertèbres lombaires. On voit
que les vertèbres limitrophes des diverses sections de la colonne
vertébrale peuvent réciproquement s'annexer à la région voisine.
D'autre part, l'examen des catarhiniens à queue ou sans queue
montre que le nombre des vertèbres subit des oscillations considérables, même dans les limites de cette seule famille ([122]).

CATARHINIENS.	Vertèbres cervicales	Vertèbres dorsales	Vertèbres lombaires	Vertèbres sacrées	Vertèbres caudales	Somme
Homme (fig. 131)	7	12	5	5	4	33
Orang (fig. 128).	7	12	5	4	5	33
Gibbon (fig. 127).	7	13	5	4	3	32
Gorilla (fig. 130).	7	13	4	4	5	33
Chimpanze (fig. 129)	7	14	4	4	5	34
Mandrill (mormon choras) .	7	13	6	3	5	34
Drill (mormon leucophaeus) .	7	12	7	3	8	37
Rhesus (inuus rhesus) . . .	7	12	7	2	18	46
Sphinx (papio sphinx). . .	7	13	6	3	24	53
Simpai (semnopithecus melas).	7	12	7	3	31	60

Pour bien comprendre l'évolution de la colonne vertébrale
elle-même, il nous faut insister un peu plus sur la forme et le
mode d'union des vertèbres. La forme générale des vertèbres
est celle d'un anneau muni d'un cachet (fig. 165-167). La portion épaisse ou abdominale de la vertèbre s'appelle *corps vertébral :* c'est un disque osseux très-court. La portion mince
forme un arc semi-circulaire, l'*arc vertébral*, dirigé vers le
dos. Les arcs de toutes les vertèbres superposées sont réunis par
de minces ligaments (*ligamenta intercruralia*). de manière à
circonscrire un long canal. Dans ce *canal vertébral* est située,
comme nous l'avons déjà vu, la partie postérieure du système
nerveux central, la moelle épinière. La portion antérieure de ce
système, le cerveau, est inclus dans la cavité crânienne, et le
crâne est seulement la partie antérieure transformée ou modifiée de la colonne vertébrale. La base ou le côté abdominal de
la capsule crânienne provient de corps vertébraux soudés en-

semble; la voûte crânienne ou le côté dorsal de la capsule crânienne s'est formée par la soudure des arcs vertébraux correspondants.

Les corps vertébraux solides et massifs constituent l'axe central du squelette; les arcs dorsaux protègent les centres nerveux inclus dans l'arc osseux. Des arcs vertébraux inférieurs ou abdominaux, se détachant de la face ventrale des corps vertébraux, forment, chez beaucoup de vertébrés, un canal logeant les plus gros vaisseaux sanguins, situés sur la face inférieure de la colonne vertébrale, c'est-à-dire l'aorte et les veines caudales. Chez les vertébrés supérieurs, la plupart de ces arcs vertébraux abdominaux ont disparu ou sont devenus rudimentaires. Pourtant, dans la région pectorale de la colonne vertébrale, ces arcs vertébraux se développent puissamment; ce sont les côtes (*rippae*). En réalité, les côtes sont seulement des arcs vertébraux inférieurs très-développés et ayant perdu l'attache originelle qui les reliait aux corps vertébraux. Les arcs branchiaux, dont nous avons déjà parlé, ont la même origine; ce sont vraiment des côtes céphaliques, des apophyses partant des arcs inférieurs des vertèbres crâniennes et tout à fait analogues aux côtes. A la tête et à la poitrine, le mode d'union des arcs vertébraux droits et gauches sur la face ventrale du corps est le même. C'est par l'intercalation du *sternum* entre les côtes que se forme la cage thoracique. Le sternum est un os impair, qui résulte de la soudure de ses deux moitiés. C'est aussi par l'interposition d'un os impair, de l'os hyoïde (*copula lingualis*), entre les moitiés droite et gauche des arcs branchiaux, que se forme en avant la cage branchiale.

Si, laissant maintenant ces vues anatomiques sur la structure de la colonne vertébrale, nous nous occupons de son développement, il ne me reste guère qu'à vous renvoyer, pour les faits principaux, à ce que j'ai déjà dit de l'ontogénie de la colonne vertébrale dans la onzième leçon. Vous n'avez pas oublié que, chez l'embryon de l'homme et de tous les vertébrés, la colonne vertébrale commence par être un cordon cartilagineux. Ce cordon axial solide, flexible et élastique est, vous le savez, la *chorda dorsalis*. Chez le plus inférieur des vertébrés, chez l'amphioxus, ce cordon cartilagineux persiste toute la vie; il constitue à lui seul tout le squelette (fig. 114, pl. VIII; fig. 15). Chez les tuniciers, c'est-à-dire chez les invertébrés les plus voi-

sins des vertébrés, nous retrouvons la même corde dorsale, à
l'état provisoire chez la larve mobile de l'ascidie, à l'état permanent chez les appendiculaires (fig. 112). Sans doute, les tuniciers et les acrâniens ont reçu héréditairement cette corde dorsale d'une même forme ancestrale vermiforme; ces ancêtres ver-
miformes étaient les *chordoniens*.

Chez l'embryon de l'homme et de tous les vertébrés supérieurs, bien avant l'apparition d'un vestige quelconque du crâne
et des extrémités, au moment où le corps n'est encore représenté que par le disque germinatif lyriforme, la simple *chorda
dorsalis* apparaît sur la ligne moyenne, immédiatement au-
dessous de la gouttière primitive (fig. 40-42; fig. 43-47, *ch;*
pl. II, III, *ch*). Cette corde dorsale suit l'axe
longitudinal du corps, se terminant en pointe
aux deux extrémités. Les cellules qui constituent la chorda (fig. 168, *b*) proviennent, comme
toutes les cellules du squelette, du feuillet fibro-
cutané. Ces cellules ont la plus grande analogie
avec certaines cellules cartilagineuses; souvent
même on admet un tissu spécial de la chorda;
mais ce tissu n'est qu'une variété du tissu cartilagineux.

De bonne heure, la *chorda* s'entoure d'un
étui vitreux, amorphe (fig. 168, *a*), qui s'est
formé, comme une cuticule, aux dépens de ses
cellules constituantes.

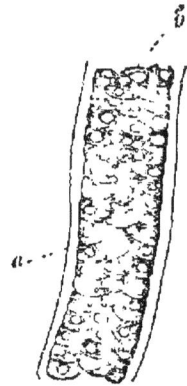

Fig. 168.

Cet axe primaire du squelette, simple, sans division, est
bientôt remplacé par un axe secondaire, articulé, la colonne vertébrale. Des deux côtés de la chorda se différencient, sur la portion interne du feuillet fibro-cutané, les cordons vertébraux primitifs ou lamelles vertébrales primitives (fig. 46, *u*; 47, *uw*).
La partie la plus interne de ces cordons vertébraux primitifs,
immédiatement contiguë à la *chorda*, est la lamelle osseuse, la
couche de cellules, d'où proviendront la colonne vertébrale permanente et le crâne. Antérieurement, la lamelle vertébrale primitive forme une couche continue, simple, s'élargissant bientôt
en une vésicule à mince paroi, entourant le cerveau: c'est le

Fig. 168. Fragment de la *chorda dorsalis* d'un embryon de mouton. *a*, etui.
b, cellules. (D'après Koelliker.)

crâne primordial. Au contraire, dans la moitié postérieure du
corps, la lamelle vertébrale primitive se segmente en un certain
nombre de pièces homologues, cubiformes, juxtaposées en série
(fig. *uw*; fig. 63-65). Le nombre de ces segments primitifs,
d'abord très-petit, s'accroît rapidement à mesure que le corps
s'allonge par sa partie postérieure. Les premières vertèbres, les
plus anciennes, sont les vertèbres cervicales antérieures; à ces
vertèbres succèdent les vertèbres cervicales postérieures, puis
les vertèbres dorsales antérieures, etc. Les vertèbres caudales
les plus postérieures ferment cette série. Cette ontogénie successive de la colonne vertébrale, d'avant en arrière, s'explique
phylogénétiquement. En effet, le corps polyarticulé du vertébré
doit être considéré comme un produit secondaire, dû à la formation ou différenciation progressive des métamères aux dépens
d'une forme ancestrale non articulée. De même que les vers
polyarticulés, les lombrics et les sangsues, par exemple, et
aussi les articulés voisins, les crustacés et les insectes, sont dérivés, par bourgeonnement terminal, d'un ver non articulé;
ainsi le vertébré polyarticulé provient d'une forme ancestrale
non articulée, et les plus proches voisins de cette forme sont
les appendiculaires (fig. 112) et les ascidies (fig. 113; pl. VIII,
fig. 14).

Comme nous l'avons bien souvent remarqué, cette formation
des vertèbres primitives ou métamères est capitale pour l'évolution supérieure des vertébrés au point de vue morphologique et
physiologique. En effet, cette segmentation n'intéresse pas seulement la colonne vertébrale, mais encore le système musculaire, le système nerveux, le système vasculaire, etc. L'étude de
l'amphioxus nous apprend même que la formation des métamères intéresse le système musculaire beaucoup plus que le
système osseux. C'est qu'en réalité la « vertèbre primitive » est
beaucoup plus que le rudiment d'une vertèbre future. Chaque
vertèbre primitive est aussi le rudiment d'un segment des muscles dorsaux, d'une paire de racines nerveuses médullaires, etc.
C'est seulement la portion la plus interne de la vertèbre primitive contiguë à la chorda et au tube médullaire, c'est-à-dire la
lamelle du squelette, qui sert à la formation des vertèbres. Nous
avons déjà vu comment cette vertèbre proprement dite dérive
de la lamelle du squelette, de la vertèbre primitive. Les deux
moitiés de chaque vertèbre primitive, d'abord situées à droite et

à gauche de la chorda, qui les sépare, finissent par se souder. Au-dessous du tube médullaire, les angles de ces deux moitiés se soudent du côté abdominal, entourent la chorda et constituent ainsi les rudiments des corps vertébraux. Au-dessus du tube médullaire, les angles dorsaux des deux moitiés vertébrales primitives forment les rudiments des arcs vertébraux. Nous avons déjà décrit en détail le procédé de cette transformation (fig. 50-53; pl. II, fig. 3-8).

Chez tous les crâniotes, les cellules molles et indifférentes, constituant dans le principe la lamelle du squelette, se transforment ensuite, pour la plupart, en cellules cartilagineuses, sécrétant entre elles une substance intercellulaire solide et élas-

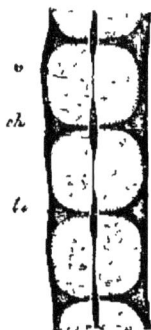

Fig. 169.

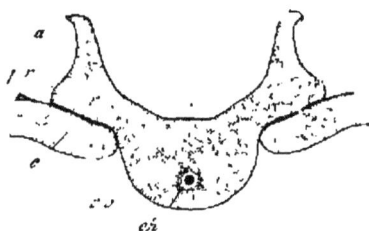

Fig. 170.

tique et formant un tissu cartilagineux. Comme la plupart des autres parties du squelette, les rudiments vertébraux passent bientôt à l'état cartilagineux, et, chez les vertébrés supérieurs, ce tissu cartilagineux ne tarde pas à devenir un tissu osseux solide. L'axe primitif de la colonne vertébrale, la chorda, est plus ou moins refoulé par le tissu cartilagineux exubérant qui l'entoure. Chez les vertébrés inférieurs, par exemple, chez les poissons primitifs, une portion plus ou moins notable de la chorda reste in-

Fig. 169. *Trois vertèbres dorsales* d'un embryon humain de huit semaines en section longitudinale. *v*, corps vertébral cartilagineux. *l i*, disque intervertébral. *ch*, chorda. (D'après Koelliker.)

Fig. 170. *Une vertèbre dorsale du même embryon*, en section latérale. *cv*, corps vertébral cartilagineux. *ch*, chorda. *pr*, apophyse transverse. *a*, arc vertébral (arc supérieur). *c*, extrémité supérieure d'une côte (arc inférieur). (D'après Koelliker.)

cluse dans les corps vertébraux. Mais, chez les mammifères, cette
chorda disparait presque complétement.

Dès la fin du deuxième mois de la vie embryonnaire, chez
l'embryon humain, la chorda n'est plus qu'un mince filament
suivant l'axe cartilagineux épais de la colonne vertébrale
(fig. 169, *ch*). Dans les corps vertébraux cartilagineux, qui
s'ossifient plus tard, le mince débris de la chorda ne tarde pas
à disparaître entièrement (fig. 170, *ch*).

Mais dans le disque intervertébral élastique, séparant chaque
paire de vertèbres et qui dérive de la lamelle osseuse (fig. 169, *li*),
un reste de la chorda persiste pendant toute la vie. Chez l'enfant nouveau-né, on voit, dans l'épaisseur de chaque disque in-

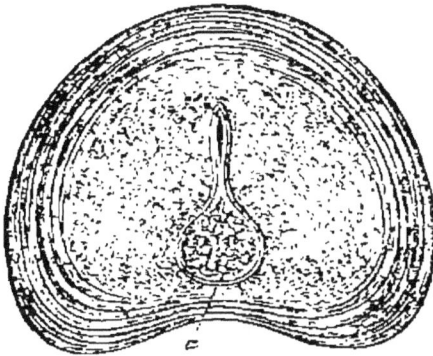

Fig. 171.

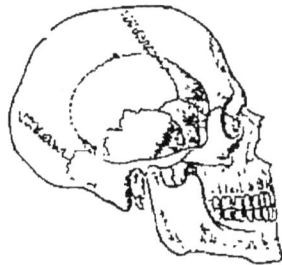

Fig. 172.

tervertébral, une grande cavité piriforme, pleine de cellules gé-
latineuses (fig. 171, *a*). Quoique moins accusé, ce « noyau gélatineux » du disque intervertébral élastique persiste cependant chez
tous les mammifères, tandis que chez les oiseaux et les reptiles
toute trace de la chorda disparait. A mesure que s'ossifie le corps
vertébral, le premier rudiment de la substance osseuse, le premier « noyau osseux » se forme dans le corps vertébral immédiatement autour du reste de la chorda, qui disparait par pression graduelle. Puis un noyau osseux spécial naît dans chaque
moitié d'arc vertical cartilagineux. C'est seulement après la
naissance, qu'avec les progrès de l'ossification, les trois noyaux

Fig. 171. *Disque intervertébral* d'un enfant nouveau-né, en section transversale. *a*, reste de la chorda. (D'après Koelliker.)
Fig. 172. *Le crâne humain*, vu du côté droit. (D'après Meyer.)

osseux se rapprochent. C'est durant la première année que se
soudent les deux moitiés osseuses des arcs vertébraux; mais elles
ne s'unissent au corps vertébral que beaucoup plus tard, de la
deuxième à la huitième année.

Le crâne osseux (*cranium*), c'est-à-dire la portion antérieure
transformée de la colonne vertébrale, se développe comme cette
dernière. De même que le canal vertébral forme à la moelle épinière un étui protecteur, ainsi le crâne est, pour le cerveau, une
boîte osseuse; mais le cerveau n'est que la section antérieure de
la moelle, qui a subi une différenciation spéciale; il faut donc
s'attendre à ce que son enveloppe osseuse ne soit aussi qu'une
modification particulière de la colonne vertébrale. Si l'on n'envisageait que le crâne humain achevé (fig. 172), on aurait peine à
n'y voir que la section antérieure transformée de la colonne vertébrale. En effet, le crâne est un édifice osseux compliqué, composé d'une vingtaine d'os divers par la forme et la grandeur.
Sept de ces os crâniens forment la capsule logeant le cerveau, et
dans laquelle nous distinguons une base solide et massive (*basis
cranii*) et une portion supérieure fortement voûtée (*fornix
cranii*). Les treize os crâniens restant forment le « crâne facial »,
qui fournit des étuis osseux aux organes des sens supérieurs,
et qui, à titre de squelette maxillaire, entoure l'orifice d'entrée
du tube digestif. Le maxillaire inférieur, habituellement considéré comme un vingt et unième os crânien, s'articule avec la
face inférieure du crâne, et derrière lui, caché dans la racine de
la langue, se trouve l'os hyoïde, dérivant comme le précédent du
premier arc branchial, et s'étant formé conséquemment aux dépens de la portion inférieure de cet arc, qui, comme une « côte
céphalique », se détache du côté abdominal de la base du crâne.

Quoique, chez les vertébrés supérieurs, le crâne, avec sa forme
toute spéciale, son volume considérable, sa structure complexe,
n'ait, en apparence, rien de commun avec les vertèbres proprement dites, pourtant, dès la fin du dernier siècle, l'anatomie
comparée avait pensé fort justement que le crâne n'était qu'une
série de vertèbres transformées. En 1790, « sur la plage de la
synagogue de Venise, Goethe trouva un crâne de mouton brisé
et il remarqua d'un coup d'œil, que les os de la face devaient
aussi dériver des vertèbres (des trois vertèbres crâniennes postérieures). » Plus tard, Oken, ignorant la découverte de Goethe,
trouva, en 1806, à Ilsenstein, sur la route du Brocken, « un superbe

crâne bien blanchi de biche, et, comme éclairé par une révélation, il s'écria : C'est un morceau de colonne vertébrale » ([123]).

Depuis lors, cette célèbre théorie des vertèbres crâniennes a intéressé les zoologistes les plus éminents; les maîtres en anatomie comparée ont fait de ce « problème crânien » l'objet de leurs méditations philosophiques; les gens du monde eux-mêmes s'en sont préoccupés. Mais ce fut seulement en 1872, après sept années de travail, que le problème fut heureusement résolu par un savant en anatomie comparée, qui a surpassé tous ses émules aussi bien par ses fortes recherches empiriques que par la profondeur de ses spéculations philosophiques. Dans ses classiques « Recherches sur l'anatomie comparée des vertébrés » (troisième fascicule), Carl Gegenbaur a prouvé que le squelette céphalique des sélaciens était la seule base sur laquelle on pût fonder une bonne théorie du crâne vertébré. L'ancienne anatomie comparée avait eu le tort de prendre pour point de départ le crâne vertébré complet, en essayant de rapprocher les os du crâne de diverses portions des vertèbres; on crut pouvoir, par cette méthode, établir que le crâne du mammifère était composé de trois à six vertèbres primitives. La dernière de ces « vertèbres crâniennes » était l'occipital. Le sphénoïde, l'os pariétal, le frontal, représentaient une deuxième et une troisième vertèbre. On croyait même retrouver encore, dans les os du crâne facial, les éléments de vertèbres crâniennes antérieures. Contre cette hypothèse, un anatomiste anglais éminent, Huxley, alléguait à bon droit que ce crâne osseux provient d'une simple capsule cartilagineuse, existant primitivement chez l'embryon, et que sur ce « crâne primitif » il n'y a pas la moindre trace de pièces vertébrées. On en peut dire autant du crâne des crâniotes les plus anciens et les plus inférieurs, des cyclostomes et des sélaciens. Chez ces derniers même, le crâne ne cesse jamais d'être une capsule cartilagineuse, un « crâne primitif ou primordial » sans division. Or, si l'antique théorie crânienne, telle que l'acceptent la plupart des savants en anatomie comparée, d'après Goethe et Oken, était fondée, la série des vertèbres crâniennes devrait surtout être visible chez les crâniotes les plus inférieurs et chez l'embryon des crâniotes supérieurs.

Cette observation incisive d'Huxley met déjà à néant la célèbre théorie des vertèbres crâniennes, comme on la comprenait autrefois en anatomie comparée. Mais la donnée fondamentale de cette théorie n'en reste pas moins debout, savoir, que le crâne est la portion antérieure de la colonne vertébrale, comme le cerveau est celle de la moelle épinière, et que l'un et l'autre sont des produits de différenciation. Il restait à donner à cette hypothèse philosophique une base empirique; c'est Gegenbaur qui a eu ce mérite ([124]). Il prit pour cela le chemin phylogénétique, qui, dans cette question comme dans toutes les questions morphologiques, mène le plus sûrement et le plus vite au but. Il montra que les poissons primitifs ou sélaciens (fig. 117, 118), souches ancestrales de tous les amphirhiniens, conservent aujourd'hui encore la forme du crâne primitif, d'où est dérivé phylogénétiquement le crâne des vertébrés supérieurs et de l'homme. Il établit, d'après les arcs branchiaux des sélaciens, qu'un grand nombre de vertèbres primitives, au moins neuf à dix, entrent

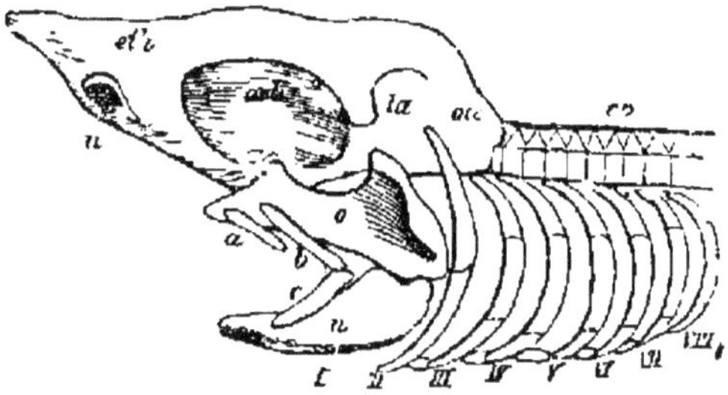

Fig. 173.

dans la composition du crâne primitif et que les nerfs partant de la base du cerveau corroborent la démonstration. A l'exception de la première et de la deuxième paire nerveuse, des nerfs de l'olfaction et de la vision, ces racines nerveuses sont simplement des nerfs médullaires modifiés et, dans leur distribution périphérique, ils se comportent essentiellement comme les nerfs de la moelle épinière.

Si j'entreprenais d'exposer en détail l'ingénieuse théorie crânienne de Gegenbaur, cela m'entraînerait trop loin; je me bor-

Fig. 173. *Squelette céphalique d'un poisson primitif. n*, fosse nasale. *et h*, région ethomoïdale. *or b*, cavités orbitaires. *la*, paroi du labyrinthe auditif. *occ*, région occipitale du crâne primitif. *cr*, colonne vertébrale. *o*, cartilage labial antérieur. *bc*, cartilage labial postérieur. *a*, maxillaire supérieur primitif (palato-quadratum). *u*, maxillaire inférieur primitif. II, os hyoïde, III-VIII, arcs branchiaux. (D'après Gegenbaur.)

nerai donc à vous renvoyer au travail original, où vous trouverez toutes les preuves philosophiques et empiriques. « L'Esquisse d'anatomie comparée », du même auteur (1874), contient un court résumé de la théorie: je ne saurais trop vous en recommander l'étude. Dans cet ouvrage, Gegenbaur énumère, comme suit, les paires primitives de « côtes crâniennes » ou « d'arcs inférieurs des vertèbres crâniennes », observables sur le crâne des sélaciens (fig. 173) : I et II, deux *cartilages labiaux,* dont l'antérieur (*a*) n'est composé que d'une pièce supérieure, tandis que le postérieur (*bc*) en a une supérieure et une inférieure; III, l'*arc maxillaire,* aussi composé de deux pièces : du *maxillaire supérieur primitif (os palato-quadratum)* (*o*) et du maxillaire inférieur

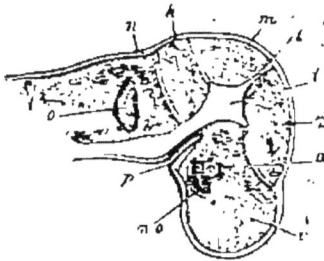

Fig. 174.

primitif (*u*); IV, l'os hyoïde (II) et V-X, six arcs branchiaux proprement dits (fig. 174, VII-VIII). De l'étude des rapports anatomiques de ces neuf à dix côtes crâniennes ou arcs vertébraux inférieurs et des nerfs cérébraux, qui s'y distribuent, il résulte que le crâne cartilagineux des sélaciens, en apparence simple, se compose d'au moins neuf vertèbres primitives. La base du crâne se forme aux dépens des corps vertébraux; les arcs vertébraux forment la voûte crânienne. La soudure, la fusion de ces vertèbres en une capsule simple est si ancienne, qu'actuellement, et en vertu de la loi d'hérédité abrégée, il ne reste plus trace d'éléments séparés dans l'ontogénèse.

Dans le crâne primitif de l'homme (fig. 174) et de tous les vertébrés supérieurs, qui est dérivé phylogénétiquement du crâne primitif des sélaciens, on trouve, il est vrai, au début de l'évolution, cinq divisions juxtaposées en série. On s'est efforcé de rapporter ces divisions aux cinq vertèbres primitives; mais elles résultent simplement de l'adaptation aux cinq ampoules céré-

Fig. 174. — *Crâne primitif de l'embryon humain de quatre semaines,* en section perpendiculaire montrant l'intérieur de la moitié gauche. *v, z, sn, h, n,* les cinq fossettes de la cavité crânienne, logeant les cinq ampoules cérébrales (cerveau antérieur, cerveau moyen, cerveau intermédiaire, cerveau postérieur et arrière-cerveau). *o,* vésicule auditive primaire piriforme, vue par transparence. *a,* œil vu par transparence. *n o,* nerf optique. *p,* canal de l'hypophysis. *t,* sillon moyen du crâne. (D'après Koelliker.)

brales primitives et correspondent à un nombre plus grand de métamères.

Un fait prouve bien que le crâne primitif des mammifères est déjà très-modifié, métamorphosé : c'est que sa molle capsule passe en grande partie à l'état cartilagineux dans les régions basilaire et latérale, tandis que la voûte crânienne reste à l'état membraneux. Dans cette dernière région, la membrane s'ossifie directement, sans passer, comme les os de la base, par un stade cartilagineux. Ainsi une grande portion des os de la voûte crânienne dérive primitivement de la membrane dermique ; c'est consécutivement qu'elle devient crânienne. Nous avons vu (fig. 90, 91) comment ce rudiment primordial du crâne primitif se forme ontogénétiquement, chez l'homme, aux dépens de la « lamelle céphalique », et comment la portion la plus antérieure de la chorda est incluse dans la base du crâne.

Déjà vous connaissez les faits les plus importants de l'évolution des arcs branchiaux, que nous avons considérés comme de vraies côtes céphaliques. Des quatre arcs branchiaux apparaissant d'abord chez les mammifères (pl. I et V ; fig. 70), le premier est situé entre la bouche primitive et la première fente branchiale. A la base de ce premier arc branchial surgit l'apophyse maxillaire supérieure ; cette apophyse s'unit de chaque côté, comme nous l'avons vu, à l'apophyse nasale interne et externe, et constitue la portion principale de l'appareil maxillaire supérieur (voûte palatine, apophyses ptérygoïdes, etc.). Le reste du premier arc branchial, que l'on a appelé, par opposition, apophyse maxillaire inférieure, forme, aux dépens de sa base, deux ossselets auditifs, l'enclume et le marteau ; ce qui en reste ensuite se change en une longue bandelette cartilagineuse, appelée « cartilage de Meckel », du nom de l'anatomiste qui l'a découverte. A la surface externe de ce dernier cartilage se forme, sous le nom de « revêtement osseux », le reste du maxillaire inférieur définitif ; il se forme aux dépens du matériel cellulaire de la lamelle dermique. De la base du deuxième arc branchial naissent, chez les mammifères, le troisième osselet de l'ouïe, l'étrier, et toute la série suivante : le muscle de l'étrier, l'apophyse styloïde de l'os temporal, le ligament stylo-hyoïdien et la petite corne de l'os hyoïde. Le troisième arc branchial devient cartilagineux à sa partie la plus antérieure et il forme, par soudure de ses deux moitiés, le corps de l'os hyoïde (*copula hyoidea*), plus, de chaque côté, la

grande corne de cet os. Chez l'embryon des mammifères, le quatrième arc branchial n'est qu'un organe transitoire, rudimentaire, qui ne se différencie point. Quant aux arcs suivants, les
cinquième et sixième, ils sont permanents chez les sélaciens, mais
il n'en reste pas la moindre trace chez les vertébrés supérieurs.
Ce sont des organes perdus depuis longtemps. Chez l'embryon
humain, les quatre fentes branchiales ne sont aussi que des
organes rudimentaires. Elles ne tardent pas à se souder et à
disparaître. Seule, la première fente branchiale, située entre le
premier arc et le second, joue un rôle permanent; en effet, c'est
elle qui forme la caisse du tympan et la trompe d'Eustache (pl. I
et sa légende).

Carl Gegenbaur, qui, dans ses classiques « Recherches sur
l'anatomie comparée des vertébrés », a élucidé le problème crânien et découvert les rapports du crâne et de la colonne vertébrale, a encore résolu une question non moins intéressante; il a
montré comment, chez tous les vertébrés, le squelette dérive,
phylogénétiquement, d'une même forme primitive. Peu de parties
du corps ont subi, chez les divers vertébrés, des adaptations plus
nombreuses portant sur le volume et la forme; ces transformations infiniment variées semblent bien préméditées; pourtant
nous sommes déjà en mesure de ramener à une forme fondamentale, héréditairement transmise, toutes ces formes multiples.
Sous le rapport de la conformation des membres, on peut classer
les vertébrés en trois groupes principaux. Les vertébrés les plus
humbles et les plus anciens, les acrâniens et les vertébrés sans
mâchoires, n'ont, pas plus que leurs ancêtres invertébrés, aucune
trace de membres. Les trois classes des vrais poissons, les dipneustes et les halisauriens, forment un deuxième grand groupe
pourvu de deux paires de membres; ce sont des nageoires tétra-
dactyles, deux nageoires pectorales ou membres antérieurs, et
deux nageoires abdominales ou membres postérieurs. Enfin, le
troisième groupe principal est formé par les quatre classes de
vertébrés supérieurs, amphibies, reptiles, oiseaux et mammifères.
Là encore il y a deux paires de membres, mais pendactyles.
Souvent il y a moins de cinq doigts; parfois les pieds sont frappés
de rétrogradation: mais la souche ancestrale du groupe était pendactyle à tous les membres.

Quant à la phylogénie des membres, l'anatomie comparée nous
apprend que les membres apparurent d'abord, chez les poissons,

même chez les poissons primitifs, qui les ont héréditairement transmis à tous les vertébrés supérieurs, à tous les amphirhiniens. Les nageoires furent d'abord à quatre doigts, puis à cinq (fig. 176). Les extrémités antérieures, nageoires pectorales ou membres antérieurs, se formèrent comme les postérieures, nageoires ventrales ou membres postérieurs. Dans les unes et les autres, nous pouvons distinguer une portion externe libre et une portion profonde, en zone, reliant la partie extérieure à la colonne vertébrale : je veux parler des ceintures scapulaire et iliaque.

La forme primitive des membres, telle qu'elle existait chez les plus anciens poissons primitifs durant la période silurienne, est encore aujourd'hui parfaitement conservée chez l'antique dipneuste australien, le curieux *ceratodus* (pl. IX). Chez cet animal, les nageoires pectorales et ventrales sont des palettes ovales, renfermant un squelette cartilagineux, bipenniforme (pl. IX, fig. 3). Ce squelette se compose d'un axe solide (fig. 3, *a*, *b*), existant dans toute la longueur de la nageoire. Cet axe supporte une double série de minces rayons (fig. 3, *c d*), rangés, à droite et à gauche, comme les barbes d'une plume. Une simple ceinture formée d'un arc cartilagineux rattache la nageoire primitive à la colonne vertébrale. C'est Gegenbaur qui a fait connaître, le premier, cette nageoire primitive et qui lui a donné le nom d'*archipterygium* ([185]).

Chez quelques requins et raies on trouve encore, surtout dans le jeune âge, cette nageoire primitive plus ou moins modifiée dans sa forme. Chez la plupart des poissons primitifs la nageoire se modifie essentiellement; les rayons persistent seulement sur un des côtés de l'axe et ont disparu partiellement ou totalement sur l'autre. C'est ainsi que s'est formée la nageoire à demi pennée que les poissons primitifs ont transmise aux autres poissons (fig. 175).

Gegenbaur nous a appris comment la nageoire à demi pennée des poissons s'est transformée en membre pendactyle, chez les amphibies (fig. 176), qui l'ont héréditairement transmis aux trois classes des amniotes. Chez les dipneustes, qui ont été les ancêtres des amphibies, les rayons des nageoires se sont graduellement atrophiés d'un côté de l'axe et la plupart ont disparu, par exemple les cartilages teintés en clair dans la figure 175. Seuls, les rayons les plus inférieurs, teintés en plus foncé dans la figure 175, se sont conservés. Ces rayons représentent les quatre orteils externes.

Le cinquième orteil, le pouce, dérive de l'extrémité inférieure de l'axe de la nageoire, comme on le voit clairement dans la figure 176. La portion moyenne et supérieure de l'axe de la nageoire forme le long pédicule si développé chez les vertébrés supérieurs, où il engendre la jambe (*r* et *u*) et la cuisse (*h*).

Ainsi se forme, par rétrogradation graduelle et différenciation, de la nageoire à quatre doigts des poissons le pied pendactyle des amphibies, que nous trouvons tout d'abord chez les sozobranches (pl. X, fig. 4) et qui s'est transmis, d'une part aux reptiles, de

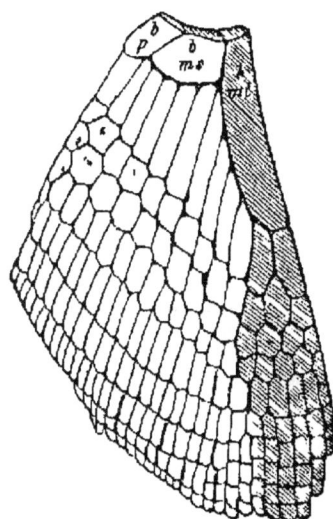

Fig. 175.

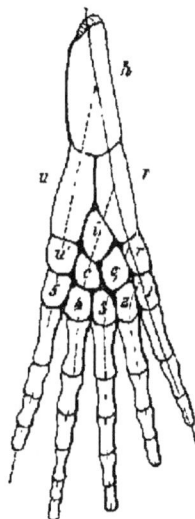

Fig. 176.

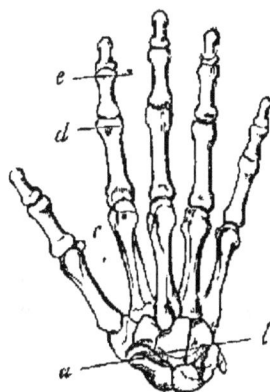

Fig. 177.

l'autre aux mammifères et à l'homme (fig. 177). En même temps que le nombre des rayons se réduisait à quatre, la différenciation de l'axe de la nageoire s'accentuait : cet axe se divisait transversalement en portion supérieure et portion inférieure du membre ;

Fig. 175. — *Nageoire pectorale d'un poisson primitif ou sélacien.* La partie sombre est la portion qui, chez les vertébrés supérieurs, devient la main pendactyle. *b*, les trois pièces de la base de la nageoire : *mt*, metapterygium, ébauche de l'humerus. *ms*, mésopterygium. *p*, propterygium. (D'après Gegenbaur.)

Fig. 176. — *Membre antérieur d'un amphibie.* *h*, bras (humerus). *ru*, avant-bras (*r*, radius. *u*, ulna). *rcicu*, carpe de la première série. (*r*, radiale. *i*, intermedium. *c*, central. *u*, ulnaire.) 1, 2, 3, 4, 5, deuxième série. (D'après Gegenbaur.)

Fig. 177. — *Squelette de la main humaine, vu par la face dorsale.* *qn*, axe rotatoire de l'articulation des os carpiens de la première et de la seconde série. *o*, *p*, *s*, axes rotatoires des articulations des doigts. (D'après H. Meyer.)

les ceintures profondes se transformaient et, chez les vertébrés supérieurs, l'une et l'autre se composèrent primitivement de trois os. La simple arcade scapulaire primitive se divisa en une pièce supérieure ou dorsale, l'omoplate (*scapula*), et une pièce inférieure ou abdominale ; la partie antérieure de cette dernière forma l'os *procoracoïdien* (*procoracoideum*) ; la portion postérieure devint l'os coracoïde (*coracoideum*). De même, l'arcade de la ceinture iliaque se divisa en une pièce supérieure et dorsale, l'*os ilium*, et une pièce inférieure ou abdominale. La portion antérieure de cette dernière pièce forma l'os *pubis ;* la postérieure devint l'os *ischion*.

Le vingt-huitième tableau montre la correspondance des trois pièces dans la ceinture scapulaire et dans la ceinture iliaque. Pourtant on trouve, à l'épaule, un quatrième os, un os secondaire (*clavicula*), qui manque à la ceinture iliaque.

La concordance est tout aussi parfaite dans le pédicule des extrémités antérieures et postérieures. La première section de ce pédicule est formée, en avant et en arrière, par un seul os (*humerus* et *femur*). La seconde section contient deux os : en avant, le *radius* et le *cubitus* (fig. 176, *u*) ; en arrière, le *tibia* et le péroné (*fibula*) (voir le squelette fig. 120 et 127-131). De même les os du carpe et du métacarpe en avant, du tarse et du métatarse en arrière, sont ordonnés de la même manière. On en peut dire autant des doigts et des orteils, composés les uns et les autres de séries de petits os disposés de la même manière. Un morphologiste distingué, Charles Martins, de Montpellier, s'est occupé, avec détail, de la comparaison des membres antérieurs et postérieurs ([126]).

Or, l'anatomie comparée nous apprend que le squelette des membres est composé des mêmes os, chez l'homme et chez les vertébrés des quatre classes supérieures, ce qui nous autorise à conclure que tous sont dérivés d'une même forme ancestrale. Cette forme ancestrale fut le plus ancien des amphibies ; il était pendactyle à tous les membres, Mais c'est surtout l'extrémité proprement dite des membres, qui s'est le plus curieusement transformée par adaptation aux diverses conditions de la vie. Songez seulement à la grande diversité de ces extrémités dans la classe des mammifères. On y trouve les pattes grêles du cerf agile, les membres robustes du kangurou sauteur, les pieds grimpeurs du paresseux, les pattes en pelle de la taupe, les nageoires

des cétacés et les ailes de la chauve-souris. Tout le monde avouera
que ces organes locomoteurs sont, pour la forme, la grandeur,
la spécialité des fonctions, aussi divers qu'on se le peut imaginer,
tout en étant essentiellement identiques par le squelette interne.
Partout nous trouvons les mêmes os caractéristiques strictement
transmis avec le même mode essentiel d'articulation : c'est là,
en faveur de la théorie généalogique, une preuve tellement élo-
quente, que l'anatomie comparée n'en pourrait guère fournir une
meilleure (voir pl. IV de mon « Histoire de la création naturelle »).
En dehors des adaptations spéciales, les membres des mammifères

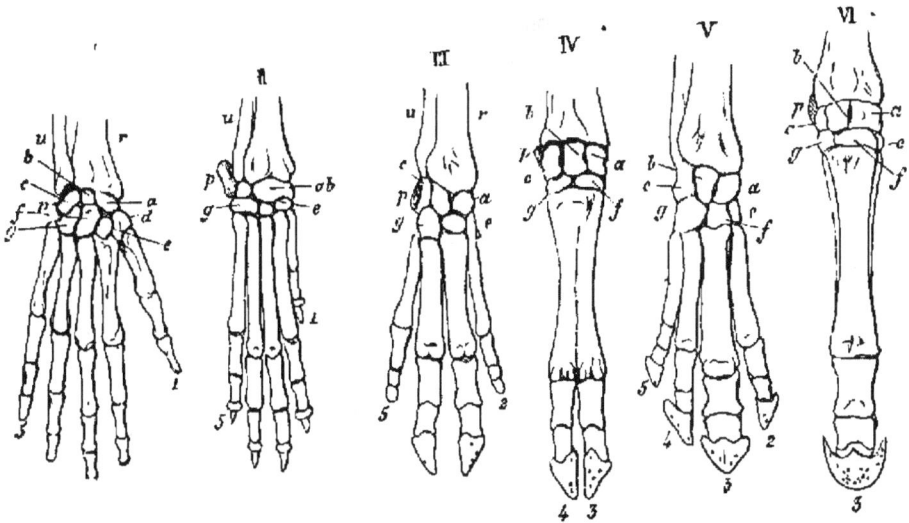

Fig. 178.

subissent des atrophies et des rétrogradations diverses (fig. 178).
Ainsi le pouce de la patte antérieure est atrophié chez le chien
(fig. II, 1). Chez le porc (III) et chez le tapir (V), le même doigt
a complétement disparu. Chez les ruminants (par exemple chez
le bœuf, fig. V), le deuxième et le cinquième doigt sont extrêmement atrophiés ; seuls, le troisième et le quatrième sont bien
développés ; chez le cheval enfin, un seul doigt, le troisième, est

Fig. 178. — *Squelette de la main ou de l'extrémité antérieure, chez six
mammifères* : I, homme. II, chien. III, porc. IV, bœuf. V, tapir. VI, cheval.
r, radius. *u*, ulna. *a*, scaphoïdeum. *b*, lunare. *c*, triquetrum. *d*, trapezium.
e, trapezoïde. *f*, capitatum. *g*, hamatum. *p*, pisiforme. 1, pouce. 2, doigt indi-
cateur. 3, medius. 4, annulaire. 5, petit doigt. (D'après Gegenbaur.)

parfaitement développé (fig. VI, 3). Pourtant tous ces divers membres antérieurs et aussi la main humaine (fig. 178, I) dérivent d'une même forme ancestrale, pendactyle. Cela ressort aussi bien de l'examen des doigts rudimentaires que de l'arrangement identique des os carpiens (fig. 178, *a* à *p*).

Une autre preuve se tire encore de l'embryologie des membres, qui est primitivement la même, non-seulement chez tous les mammifères, mais même chez tous les vertébrés. Quelque dissemblables que paraissent les extrémités, à l'âge adulte, chez les nombreux crâniotes, elles commencent toutes par les mêmes rudiments d'une extrême simplicité (voir pl. IV et V; *f*, membre antérieur, *b*, membre postérieur). Partout, le premier rudiment des membres, chez l'embryon, est une simple papille apparaissant latéralement entre les surfaces dorsale et abdominale (fig. 71, 72; fig. 73, 74). Les cellules qui constituent ces papilles appartiennent, comme toutes les autres cellules des organes du mouvement, au feuillet fibro-cutané. La surface papillaire est recouverte par la lamelle cornée, qui est un peu plus épaisse au sommet de la papille (pl. II, fig. 5, *x*). Les deux papilles antérieures apparaissent un peu plus tôt que les papilles postérieures.

Chez les poissons et les dipneustes, ces rudiments se développent par différenciation de leurs cellules et deviennent des nageoires. Dans les quatre classes des vertébrés supérieurs, chacune des quatre papilles prend, en croissant, la forme d'une spatule pédiculée, dont la moitié interne est étroite et épaisse, tandis que la moitié externe est large et mince. Puis, la moitié interne ou le pédicule de la spatule se divise en deux parties, qui sont le bras et la cuisse, l'avant-bras et la jambe. Ensuite quatre légères encoches se creusent sur le bord libre de la spatule; ces encoches, qui deviennent de plus en plus profondes, marquent les intervalles des cinq doigts (pl. VI, fig. 1). Ceux-ci ne tardent pas à saillir; mais ils sont d'abord réunis par une sorte de mince membrane natatoire, rappelant que le pied primitif faisait d'abord office de nageoire. Le développement ultérieur du pied s'effectue de la même manière, chez tous les vertébrés: certains groupes de cellules appartenant au feuillet fibro-cutané deviennent des cartilages, d'autres se transforment en muscles, d'autres en vaisseaux sanguins, en nerfs, etc. Tous ces divers tissus semblent apparaître dans les membres, en leur lieu et place. Comme la colonne vertébrale et le crâne, les pièces du squelette des

membres se forment aux dépens de groupes de cellules molles
et indifférentes, appartenant au feuillet fibro-cutané. Ces cellules
se changent en cartilages, d'où proviennent, en troisième ligne,
les os définitifs ([127]).

Les organes du mouvement actif, les muscles, sont, au point
de vue de l'histoire du développement, bien moins intéressants
que les pièces du squelette ou organes du mouvement passif.
Pour la phylogénie des uns et des autres, l'anatomie comparée
est beaucoup plus intéressante que l'embryologie. Mais, comme
l'anatomie comparée et l'ontogénie du système musculaire ont
été jusqu'ici peu étudiées, nous ne pouvons avoir sur leur phylogénie que des idées tout à fait générales. Remarquons, quant à
l'ontogénie de ces organes, que tous les muscles des vertébrés,
à l'exception de ceux des systèmes digestif et vasculaire, les
muscles cutanés externes aussi bien que les muscles s'insérant
sur le squelette, proviennent d'une portion du feuillet fibro-cutané.
On en peut dire autant des tendons, ligaments, fascias, etc., qui
sont en rapport étroit avec les muscles. Au contraire les muscles des systèmes digestif et vasculaire, qui sont tout à fait
indépendants des autres, dérivent, pour la plupart, du feuillet
fibro-intestinal. La lamelle musculaire, dont nous avons déjà
parlé et qui se forme aux dépens de la portion externe de la lamelle vertébrale primitive, joue un rôle important dans le développement des muscles du tronc (fig. 68, *m p*). En général
le développement du système musculaire est étroitement lié à celui du système osseux ([128]).

VINGT-NEUVIÈME TABLEAU.

*Vue générale des principales périodes phylogéniques
du squelette humain.*

I. Première période : *Squelette chordonien.*

Le squelette est représenté seulement par la *chorda dorsalis.*

II. Deuxième période : *Squelette acrânien.*

Il se forme autour de la chorda un étui, dont le prolongement dorsal enveloppe la moelle épinière.

III. Troisième période : *Squelette des cyclostomes.*

Autour de l'extrémité antérieure de la chorda, il se forme, aux dépens de l'étui de la chorda, un crâne primordial cartilagineux. Autour des branchies, il se forme un squelette branchial, cartilagineux et externe.

IV. Quatrième période : *Squelette ancien du poisson primitif.*

Autour de la chorda, il se forme une colonne vertébrale primitive munie d'arcs supérieurs et d'arcs inférieurs (arcs branchiaux et côtes). Le reste du squelette branchial externe persiste à côté du squelette interne. Deux paires de membres à squelette bipenné apparaissent.

V. Cinquième période : *Squelette plus récent de poisson primitif.*

Les arcs branchiaux antérieurs se changent en cartilages labiés et en arcs maxillaires. Le squelette branchial externe disparaît. Le squelette des deux paires de nageoires n'est plus qu'à demi penniforme.

VI. Sixième période : *Squelette des dipneustes.*

Le crâne est partiellement ossifié; il en est de même de la ceinture scapulaire.

VII. Septième période : *Squelette des amphibies.*

Les arcs branchiaux sont partiellement transformés en os hyoïde et appareil maxillaire. Les rayons des nageoires demi-penniformes disparaissent, sauf quatre, d'où proviendra le pied pendactyle. La colonne vertébrale s'ossifie.

VIII. Huitième période : *Squelette des monotrèmes.*

La colonne vertébrale, le crâne, l'appareil maxillaire, le squelette des membres acquièrent toutes les particularités spéciales aux mammifères.

IX. Neuvième période : *Squelette des marsupiaux.*

L'os coracoïde et la ceinture scapulaire s'atrophient et ce qui en reste se soude avec l'omoplate.

X. Dixième période : *Squelette prosimien.*

Les os marsupiaux, qui caractérisent les monotrèmes et les marsupiaux, disparaissent.

XI. Onzième période : *Squelette anthropoïde.*

Le squelette atteint le développement particulier qui se voit seulement chez l'homme et les singes anthropoïdes.

VINGT-TROISIÈME LEÇON.

HISTOIRE DU DÉVELOPPEMENT DU SYSTÈME DIGESTIF.

Si l'on veut être circonspect, il faut se borner à rassembler les faits, en laissant à la postérité le soin de les réunir pour élever une construction scientifique Il n'y aurait pas d'autre moyen d'éviter que des propositions scientifiques, tenues pour vraies, ne fussent démontrées fausses par le progrès du savoir Quand même l'anatomie comparée, infinie comme toute autre science, ne protesterait pas contre l'insanité de cette prétention, quand même il ne serait pas démontré que par elle l'immensité du matériel rassemblé par l'homme serait ainsi frappée de stérilité, l'histoire seule nous apprendrait qu'aucune époque de vie scientifique active n'a consenti à rejeter dans l'avenir le but de ses efforts, à ne pas tirer parti pour elle-même du trésor petit ou grand de ses observations, à ne pas combler par des hypothèses les lacunes existantes Y aurait-il, en effet rien de plus désespérant que de ne rien acquérir, de peur de perdre quelque chose !

CARL ERNST BAER (1809)

L'intestin primitif de la gastrula. — L'homologie ou l'identité morphologique de l'intestin chez tous les animaux, à l'exception des protozoaires. — Tableau général de la structure du tube digestif développé. — Cavité buccale. — Pharynx. — Œsophage. — Trachée et poumons. — Larynx. — Estomac. — Foie et intestin biliaire. — Première ébauche du tube intestinal simple. — Différenciation de ce tube de la vésicule blastodermique. — Intestin primitif (protogaster) et intestin secondaire (metagaster). — Formation secondaire de la bouche et de l'anus aux dépens du tégument cutané. — L'épithelium intestinal provient du feuillet intestino-glandulaire; tout le reste de l'intestin provient du feuillet fibro-intestinal. — Différenciation de l'intestin primitif en intestin respiratoire et intestin digestif. — Origine et importance des fentes branchiales. — Leur disparition. — Arcs branchiaux et squelette maxillaire. — Formation de la denture. — Formation des poumons aux dépens de la vessie natatoire des poissons. — Différenciation de l'estomac. — Origine du foie et du pancréas. — Différenciation de l'intestin grêle et du gros intestin. — Formation du cloaque.

Messieurs,

Parmi les organes végétatifs du corps humain, dont nous allons étudier le développement, il faut placer avant tout le canal intestinal. En effet, de tous les organes du corps animal, le tube intestinal est le plus ancien; il apparut au début de la différenciation organologique, dans la première section de l'époque laurentienne. Comme nous l'avons déjà vu, le premier résultat de la division du travail entre les cellules toutes identiques du corps animal polycellulaire, tel qu'il était d'abord, dut être la formation d'un canal digestif. Le premier devoir, le premier besoin de tout organisme est de se maintenir. Ce devoir est accompli par les deux fonctions de la digestion et de la protection par un tégument. Une double mission s'imposa donc aux cellules, toutes semblables entre elles, des synamibes, dont la morula embryologique nous atteste encore aujourd'hui l'existence phylogénétique, alors que ces cellules sociales commencèrent à se partager le travail biologique. Une moitié de ces cellules se changea en cellules digestives, entourant la cavité du canal intestinal. L'autre moitié de ces cellules se changea en cellules protectrices, qui constituèrent l'enveloppe extérieure de ce canal intestinal et en même temps de tout le corps. Ainsi se formèrent les deux premiers feuillets germinatifs : le feuillet interne, digestif ou végétatif, et le feuillet externe, protecteur ou animal.

Efforçons-nous d'imaginer une forme animale aussi simple que possible, possédant ce canal intestinal primitif, dont les deux feuillets primaires forment la paroi, et nous songerons nécessairement à la curieuse *gastrula*, qui, nous l'avons démontré, existe dans tout le règne animal avec une étonnante uniformité : chez les éponges, les acalèphes, les vers, les mollusques, les articulés et les vertébrés. Dans tous ces groupes zoologiques si divers, la gastrula reparait avec la même forme extrêmement simple. Le corps tout entier de cette gastrula n'est, à vrai dire, qu'un canal intestinal; la cavité du corps n'est qu'une cavité digestive, un « intestin primitif »; l'unique orifice de la cavité, la « bouche primitive », sert en même temps de bouche et d'anus; les deux couches des cellules pariétales sont les feuillets germinatifs primaires : le feuillet interne ou végétatif, *feuillet intestinal* (*entoderma*), et le feuillet externe, tégumentaire, animal, servant aussi à la locomotion par ses cils vibratiles, en un mot le feuillet cutané (*exoderma*) (pl. VII, fig. 4-10). Partout, chez les animaux les plus divers, la gastrula apparait au début de l'évolution embryologique; partout cette gastrula a la même structure; chez les animaux les plus divers, le canal digestif complétement développé provient ontogénétiquement du même intestin rudimentaire de la gastrula. Ce sont là des faits d'une haute importance, qui, en vertu de la loi biogénétique fondamentale, nous autorisent à formuler les deux conclusions sui-

vantes, l'une générale, l'autre spéciale. Voici la conclusion générale, qui est inductive : *Le tube digestif, diversement conformé, de tous les animaux à intestin dérive, phylogénétiquement, d'un même intestin primitif, de la cavité
intestinale de la gastraea,* forme ancestrale commune, que
la gastrula rappelle encore aujourd'hui, en vertu de la loi biogénétique fondamentale. La conclusion particulière, dérivant de
la première, est déductive : *Dans son ensemble, le tube digestif de l'homme est homologue au canal intestinal de
tous les autres animaux;* sa valeur primitive est la même,
et il dérive de la même forme fondamentale ([129]).

Mais, avant d'exposer en détail l'évolution du tube digestif
lui-même, il faut se faire une idée générale du mode de formation de ce canal chez l'homme adulte. A cette condition seulement, il sera possible de bien comprendre le développement
de chaque partie du système (pl. II et III). Le canal digestif,
chez l'homme adulte, est essentiellement construit comme
celui des mammifères supérieurs; il ressemble tout à fait, par
exemple, à celui des singes catarhiniens de l'ancien monde.
L'orifice d'entrée du canal digestif est la bouche (pl. III,
fig. 16, *o*). Par la bouche, les aliments et les boissons pénètrent
dans la cavité buccale, sur le fond de laquelle repose la langue.
La bouche humaine est armée de trente-deux dents, fixées aux
deux maxillaires. Comme vous ne l'ignorez pas, notre mode de
dentition nous est commun avec les singes catarhiniens et diffère
de celui de tous les autres animaux. Au-dessus de la cavité
buccale sont les deux cavités nasales, séparées de la première par
la voûte palatine. Mais vous savez que primitivement la cavité
nasale se confondait avec la cavité buccale, et que, chez l'embryon, il y a d'abord une seule cavité naso-buccale, qui n'est
que tardivement divisée par la voûte palatine, solide et composée
de deux pièces, en une cavité nasale supérieure et une cavité
buccale inférieure. La cavité nasale est en communication avec
divers sinus osseux : les sinus maxillaires dans les os maxillaires supérieurs, les sinus frontaux dans l'épaisseur de l'os
frontal, les sinus sphénoïdaux dans l'os du même nom. Dans la
cavité buccale s'ouvrent des glandes nombreuses et variées;
beaucoup de petites glandes muqueuses et trois paires de grosses
glandes salivaires.

En arrière, la cavité buccale est à demi fermée par le voile

du palais, perpendiculairement tendu et supportant la luette à
sa partie moyenne. Il suffit d'ouvrir la bouche et de jeter un
coup d'œil dans un miroir pour se renseigner sur la forme de
ces organes. La luette (*uvula*) est un organe intéressant; car
on ne la trouve que chez l'homme et les singes. De chaque côté
du voile du palais sont situées les amygdales (*tonsillae*). Par
l'ouverture arrondie en voûte, « le gosier », situé au-dessous du
voile du palais, la bouche communique avec la gorge (pl. III,
fig. 16, *s h*) ou *pharynx*, dont on ne découvre qu'une partie
en se regardant, la bouche ouverte, dans un miroir. De chaque
côté du pharynx s'ouvre un canal étroit, la trompe d'Eustache, communiquant avec la caisse du tympan. Le pharynx se

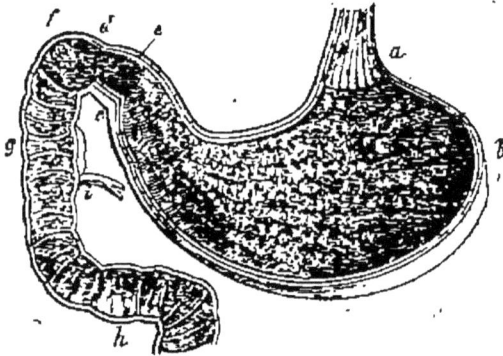

Fig. 179.

continue avec un long tube étroit, l'*œsophage* (*s r*), qui conduit
dans l'estomac les aliments mastiqués et avalés. Dans le pharynx et à la partie supérieure, s'ouvre encore le conduit aérien
(*l r*), aboutissant aux poumons. L'orifice de ce conduit, qui est
en même temps celui du larynx, est protégé par l'épiglotte, sur
laquelle glissent les aliments. Les organes de la respiration,
les deux poumons (pl. II, fig. 8, *l u*), sont situés, chez l'homme
comme chez tous les mammifères, dans la cavité thoracique, et
logent entre eux le cœur (fig. 8, *h r*, *h l*). A la partie supérieure
du canal aérien ou trachée, au-dessous de l'épiglotte, se trouve

Fig. 179. — *Section longitudinale de l'estomac et du duodénum chez
l'homme*. *a*, cardia (limite de l'œsophage). *b*, fundus (cul-de-sac du côté gauche).
c, repli pylorique. *d*, valvule du pylore. *e*, cavité pylorique. *f g h*, duodénum.
i, orifice du conduit biliaire et pancréatique. (D'après H. Meyer.)

un organe très-différencié, supporté par un squelette cartilagineux : c'est le *larynx*, organe principal de la voix et du langage, qui provient aussi d'une portion du canal intestinal. En avant du larynx est la glande thyroïde (*thyreoidea*), qui chez beaucoup d'hommes s'hypertrophie en goître.

L'œsophage descend dans la cavité abdominale, le long de la colonne vertébrale, en arrière des poumons et du cœur, puis il pénètre dans la cavité abdominale, à travers le *diaphragme*. Ce dernier organe (fig. 16, *z*) est une cloison musculaire transversale, qui, chez les mammifères et chez eux seulement, sépare complétement la cavité thoracique (*c,*) de la cavité abdominale (*c,,*). Vous n'ignorez pas que, dans le principe, cette séparation n'existe pas, et que, chez l'embryon, il existe seulement une cavité pleuropéritonéale ou coelom. C'est ultérieurement que le diaphragme se forme entre les cavités thoracique et abdominale.

Cette cloison horizontale sépare complétement les deux cavités et est seulement traversée par quelques organes passant d'une cavité dans l'autre. Le plus important de ces organes est l'œsophage. Une fois parvenu dans la cavité abdominale, l'œsophage s'élargit en poche stomacale, où s'opère surtout le travail de la digestion. Chez l'homme adulte, l'estomac (fig. 179, pl. III; fig. 16, *mg*) est un sac allongé, légèrement oblique, s'élargissant à gauche en cul-de-sac (*b*), se rétrécissant à droite et communiquant par le pylore (*e*) avec l'intestin duodenum. En ce point se trouve une valvule, la valvule pylorique (*d*), s'ouvrant seulement pour laisser passer dans l'intestin le bol alimentaire. L'estomac est le principal organe de la digestion; c'est dans sa cavité que s'opère surtout la dissolution des aliments. La paroi de l'estomac est relativement épaisse; elle est munie en dehors d'épaisses couches musculaires, imprimant à l'organe les mouvements nécessaires au travail de la digestion. Intérieurement, la paroi stomacale loge un grand nombre de glandules sécrétant le suc gastrique, qui transforme les aliments.

A l'estomac succède une longue portion du canal digestif, l'intestin grêle (*mesogaster*). La fonction principale de l'intestin est d'absorber la masse alimentaire digérée et plus ou moins liquide; il se divise en plusieurs sections, dont la première, celle qui suit l'estomac, est le *duodenum* (fig. 179, *fgh*). Le duodenum forme une anse intestinale courte, en fer à cheval. Dans le duodenum s'ouvrent les plus grosses glandes intestinales : le foie, sécrétant la bile, et une grosse glande salivaire, le pancréas. Ces deux glandes versent leurs produits de sécrétion à peu près dans le même point du duodenum (*i*). Le foie est, chez l'homme adulte, une grosse glande, très-vasculaire, située à droite, immédiatement sous le diaphragme, qui la sépare des poumons (pl. III, fig. 16, *lb*). La glande salivaire intestinale est située un peu plus en arrière et à gauche (fig. 16, *p*). L'intestin grêle est si long que, pour se loger dans la cavité intestinale, il lui faut se replier en anses intestinales nombreuses. Il se divise, au-dessous du duodenum, en une portion supérieure (*jejunum*) et une inférieure (*ileum*). C'est dans cette dernière section qu'est situé le point de l'intestin grêle où, chez l'embryon, le sac vitellin s'ouvre dans le tube intestinal. L'intestin grêle se continue avec le *gros intestin*, dont il est séparé par une valvule spéciale. Immédiatement derrière cette valvule, le gros intestin commence par une large expansion sacciforme, le *cæcum*, dont l'extrémité atrophiée forme un organe rudimentaire célèbre, l'appendice vermiculaire (*processus vermiformis*). Le gros intestin se compose de trois parties : une partie ascendante à droite, une partie transversale médiane et une partie descendante à gauche. Cette dernière portion se continue par une partie intermédiaire, repliée en S, l'*S iliaque*, avec la dernière section du tube digestif, le rectum, qui s'ouvre par l'anus (fig. 16, *a*). Tout comme l'intestin grêle, le gros intestin est pourvu de nombreuses glandes, la plupart fort petites, et sécrétant, les unes du mucus simple, les autres des sucs digestifs.

Dans la plus grande partie de sa longueur, le canal digestif est fixé à la surface dorsale de la cavité abdominale ou à la surface inférieure de la colonne vertébrale. Le moyen d'attache est cette mince lamelle, dont nous avons déjà parlé, le mésentère. Le mésentère provient directement du feuillet fibro-intestinal, au-dessous de la chorda, là où ce feuillet s'incurve, pour se continuer dans la lamelle externe du feuillet latéral, dans le feuillet fibro-cutané (pl. II, fig. 5, *g*). Le point d'incurvation est appelé « lamelle moyenne » (fig. 47, *mp*). Ce mésentère commence par être très-court. (pl. III, fig. 14, *g*) ; mais, dans la région moyenne du canal intestinal, il s'allonge considérablement et devient une mince lamelle transparente, d'autant plus étendue que les circonvolutions intestinales s'écartent davan-

34

tage de leur point d'attache, la colonne vertébrale. Cette lame mésentérique loge les vaisseaux sanguins, les vaisseaux lymphatiques, les nerfs du canal intestinal.

Sans doute, le tube digestif de l'homme adulte est un organe fort compliqué, sans même parler d'une foule de fins détails de structure ; pourtant cet appareil complexe, comme celui de tous les autres vertébrés, provient historiquement de cette forme rudimentaire d'intestin primitif, qui existait chez nos ancêtres gastréadés et qui se reproduit encore aujourd'hui dans la gastrula. L'embryon humain commence par être une gastrula simple, et, comme nous l'avons démontré, ce stade de notre évolution embryologique, durant laquelle notre corps n'est qu'une blastosphère à double feuillet, est équivalent ou homologue à la vraie gastrula, conservée fidèlement de nos jours seulement par l'amphioxus (pl. VII, fig. 10). La gastrula de l'amphioxus et de l'ascidie (pl. VII, fig. 4), aussi bien que la vésicule blastodermique bifoliée de l'homme et des autres mammifères (fig. 78, ₁), doivent être regardées comme la répétition ontogénétique du stade phylogénétique, que nous appelons gastraea, et dont le corps tout entier est un intestin. Pour que la gastrula des anciens vertébrés inférieurs devînt, dans le cours des siècles, la blastosphère bifoliée des vertébrés supérieurs plus récents, il a suffi que l'œuf acquit une provision de jaune de nutrition et s'entourât d'une membrane différenciée. De cette importante modification embryologique résulta, avec le temps, que l'intestin définitif du vertébré provint seulement d'une portion de l'intestin primitif de la gastræa ; le reste de cet intestin primitif fut seulement une sorte de magasin logeant le jaune de nutrition.

Pour se faire une juste idée de cette ontogénie spéciale du tube digestif, il faut donc invoquer la lumière de la phylogénie. Cette dernière nous apprend à distinguer l'intestin primitif ou primaire (*protogaster*) des acrâniens de l'intestin différencié et secondaire (*metagaster*) des crâniotes. Chez l'amphioxus, ce représentant des crâniotes, il ne se développe dans l'intestin aucun jaune de nutrition ; tout l'intestin primitif de la gastrula sert à former l'intestin. Il en est tout autrement de l'intestin des crâniotes, qui se divise de bonne heure en deux portions distinctes : en un intestin secondaire, qui est permanent et d'où proviennent les diverses parties du système digestif différencié, et en un sac vitellin transitoire, simple réserve de matériaux pour la construction de ce système. De même que la différenciation du sac vitellin de l'intestin secondaire persistant doit être considérée phylogénétiquement comme un fait de différenciation de l'intestin primitif, ainsi la séparation de l'intestin secondaire persistant du sac vitellin transitoire ou « vésicule ombilicale » doit être acceptée comme un phénomène de différenciation de la blastosphère bifoliée. Dans l'œuf humain, le dernier phénomène, dont nous venons de parler, n'est qu'une répétition du premier, advenu jadis dans l'évolution phylogénétique de nos ancêtres; et cette répétition s'effectue en vertu de la loi biogénétique fondamentale. Le développement spécial de l'intestin chez les cyclostomes et les amphibies ([130]) est un stade intermédiaire entre l'évolution intestinale primaire des acrâniens et l'évolution intestinale secondaire des amniotes.

En parlant de l'embryologie, nous avons dit comment s'effectue cette évolution. Dans la vésicule blastodermique bifoliée, qu'il nous faut considérer chez l'homme et chez tous les mammifères comme un véritable intestin primaire, la première ébauche de l'intestin secondaire apparaît sous la forme d'une petite gouttière située à la surface interne de l'aire germinative, sur la ligne médiane inférieure du germe lyriforme (fig. 48, *a;* fig. 51, *dr*, 52 *dr*). Puis cette gouttière se creuse de plus en plus; ses bords s'incurvent l'un vers l'autre et finissent par se souder en tube (fig. 48, *ca*). La paroi de ce tube intestinal secondaire est composée de deux membranes, du feuillet interne intestino-glandulaire et du feuillet externe fibro-intestinal. Ce tube est d'abord clos, sauf l'ouverture existant à sa partie moyenne et par laquelle il communique avec la vésicule blastodermique (voir fig. 49,₃ et pl. III, fig. 14). Nous avons vu que, dans le cours de l'évolution, cette vésicule blastodermique devient de plus en plus petite, à mesure que grandit le canal intestinal. D'abord le tube digestif n'était qu'une petite annexe appendue à la grosse vésicule blastodermique; plus tard, au contraire, le reste de cette vésicule, qui s'appelle alors sac vitellin, vésicule ombilicale, n'est plus, à son tour, qu'un insignifiant appendice du canal intestinal. Puis cet appendice, devenu sans importance, disparaît entièrement quand l'orifice médian du tube
· digestif se ferme complètement par la formation du nombril.

Vous n'ignorez pas que, chez l'homme et les vertébrés, le

tube intestinal, d'abord cylindrique, est fermé aux deux extrémités (pl. III, fig. 14), et que les deux orifices persistants de ce
tube, la bouche et l'anus, se forment secondairement et curieusement aux dépens de la peau. En avant, une fossette buccale se
creuse dans la peau et finit par s'ouvrir dans le cul-de-sac antérieur de l'intestin céphalique. L'anus se forme de même en arrière et s'ouvre aussi dans le cul-de-sac postérieur de l'intestin
iliaque. En avant et en arrière, les fossettes cutanées sont
d'abord séparées des culs-de-sacs intestinaux par une mince
membrane, qui disparaît ensuite. Immédiatement en avant de

Fig. 180.

l'orifice anal, se développe, aux dépens de l'intestin postérieur,
l'allantoïde, cette importante annexe embryonnaire, qui, chez les
placentaliens, y compris l'homme, et chez eux seulement, forme
le placenta (pl. III, fig. 14, a l).

A une période un peu plus avancée, dont le schéma est représenté (fig. 78, ₄), l'embryon est encore fort simple et le tube
intestinal n'est qu'un tube cylindrique légèrement incurvé, ou-

Fig. 180. — *Embryon humain de trois semaines, avec ses enveloppes et
vu du côté gauche.* A la paroi abdominale de l'embryon est suspendu le gros
sac vitellin sphérique. En arrière de ce sac, l'allantoïde beaucoup plus petite
part de l'intestin, dont le feuillet fibro-intestinal s'étale à la surface interne du
chorion villeux.

vert en avant et en arrière et supportant deux vésicules à sa
paroi inférieure; ces vésicules sont: antérieurement, la vésicule
ombilicale ou sac vitellin; en arrière, l'allantoïde ou vessie urinaire primitive (fig. 79-81).

La mince paroi de ce tube intestinal et de ses deux annexes
paraît, sous le microscope, composée de deux couches distinctes
de cellules. La couche interne, qui tapisse toute la cavité, est
constituée par de grosses cellules obscures: c'est le feuillet intestino-glandulaire. La couche externe est composée de petites cellules claires: c'est le feuillet fibro-intestinal. En deux points
seulement, à la bouche et à l'anus, la composition histologique
est différente, car ces deux orifices se sont formés aux dépens de
la peau. Le revêtement cellulaire de la cavité buccale n'est pas
fourni par le feuillet intestino-glandulaire, mais par le feuillet
cutané-sensitif; quant à la couche charnue sous-jacente, elle vient,
non pas du feuillet fibro-intestinal, mais du feuillet fibro-cutané. Il en est de même pour la paroi de la cavité anale. Au contraire, la paroi du sac vitellin et celle de l'allantoïde sont formées
comme la paroi intestinale, intérieurement par le feuillet intestino-glandulaire, extérieurement par le feuillet fibro-intestinal.

Mais comment les feuillets germinatifs constituant la paroi
intestinale primitive sont-ils remplacés par nombre de tissus et
d'organes divers, que nous voyons plus tard dans le tube digestif
développé? La réponse est facile. Le rôle des deux feuillets dans
la formation des tissus et la différenciation du canal intestinal
avec toutes ses parties se résume en une proposition. L'épithélium intestinal, c'est-à-dire la couche cellulaire molle, qui tapisse
la cavité du canal et ses appendices, provient uniquement du
feuillet intestino-glandulaire; au contraire, tous les autres tissus et organes du tube digestif et ses annexes dérivent du feuillet fibro-intestinal. C'est de ce dernier feuillet que vient tout le
revêtement externe du tube intestinal et de ses annexes: le tissu
conjonctif fibreux et les muscles plats de la paroi contractile; les
cartilages, par exemple ceux du larynx et de la trachée, les
nombreux vaisseaux sanguins et lymphatiques, qui, logés dans
la paroi intestinale, absorbent les aliments; en résumé, tout ce
qui tient à l'intestin, l'épithélium excepté. Du même feuillet
fibro-intestinal naît encore le mésentère, avec tous les organes
qui y sont logés, le cœur, les gros vaisseaux sanguins, etc. En
réalité, le rôle des deux feuillets intestinaux, dans le développe-

ment des divers organes digestifs, est fort simple. La couche
cellulaire interne, le feuillet intestino-glandulaire, forme seulement l'épithélium intestinal; c'est d'ailleurs la formation cellulaire la plus importante pour les phénomènes de nutrition; la
couche cellulaire externe engendre tout le reste de l'intestin :
les muscles, les nerfs, les vaisseaux sanguins, le tissu conjonctif, les cartilages, etc. La proposition générale s'applique non-
seulement à l'intestin proprement dit, mais à tout ce qui y tient,
par exemple aux appendices glandulaires : poumons, foie et petites glandes.

Cessons maintenant, pour un moment, de nous occuper du tube
intestinal rudimentaire des mammifères, et comparons cet organe
avec le canal intestinal des vertébrés inférieurs et des vers, les
ancêtres de l'homme, comme nous l'avons vu. Tout d'abord, il
nous faut songer à l'amphioxus et à l'ascidie, ces traits d'union
entre les vers et les vertébrés. Chez ces deux animaux, nous le
savons, l'intestin est identique : chez l'un et l'autre, il dérive
directement de l'intestin primitif de la gastrula (pl. VII,
fig. 4-10). Pourtant la bouche primitive de la gastrula se ferme;
à sa place se forme ultérieurement un orifice anal. L'orifice buccal de l'amphioxus et de l'ascidie est donc une formation secondaire, comme celui de l'homme et de tous les crâniotes On
devine facilement que la formation de la bouche secondaire
de l'amphioxus dépend de celle des fentes branchiales, situées
sur l'intestin même, immédiatement en arrière. Si les vues de
Kowalevsky sur l'ontogénie de l'amphioxus sont exactes,
la bouche primitive de la gastrula se transformerait, chez
les vertébrés, en un anus provisoire. Un fait curieux de l'embryologie des amphibies semble appuyer cette assertion.
En effet, chez les amphibies, l'intestin primitif apparaît sous
forme d'une simple fente, dont l'orifice a été appelé *anus Rusconien*, du nom de celui qui l'a découvert ([14]). Or, cet anus
Rusconien paraît être simplement l'orifice buccal primitif de la
gastrula chez les vertébrés, orifice qui disparaît plus tard. A sa
place se forme, chez l'amphioxus et chez tous les autres vertébrés, l'orifice anal, secondaire et définitif. A l'autre extrémité du
tube digestif apparaît l'orifice buccal, de formation nouvelle, intimement lié au développement des fentes branchiales. Ces faits
curieux étonneront moins, si on les compare à ce qui se passe
chez beaucoup de vers. Chez les vers les plus inférieurs, par

TRENTIÈME TABLEAU.

Vue d'ensemble de l'évolution du système intestinal humain.

(*N. B.* — Les parties marquees d'un asterisque (*) sont des expansions du tube intestinal.)

I. Premiere section du systeme digestif : *Intestin respiratoire* (intestin branchial). *Pneogaster* (Tractus respiratorius).	Cavum oris	Rima oris Labia Maxillae Dentes Lingua Os hyoides * Glandulae salivales Velum palatinum Uvula	Paroi intestinale formee par le feuillet cutane (exoderme).
	Cavum nasi	Meatus narium * Sinus maxillares * Sinus frontales * Sinus ethmoidales	
	Cavum pharyngis	Isthmus faucium Tonsillae Pharynx * Tuba Eustachii * Cavum tympani * Hypophysis * Thyreoidea	Paroi intestinale formee par le feuillet digestif (en exceptant la cavite anale qui est formee par le feuillet cutane).
	Cavum pulmonis	* Larynx * Trachea * Pulmones	
II. Seconde section du systeme digestif : *Intestin digestif* (intestin stomacal). *Peptogaster* (tractus digestivus).	Protogaster	Œsophagus Cardia Stomachus Pylorus	
	Mesogaster	Duodenum * Hepar * Pancreas Jejunum * Vesicula umbilicalis Ileum	
	Epigaster	Colon * Coecum * Processus vermiformis Rectum Anus	
	Urogaster	* Allantois * Urethra * Urocystis	

exemple chez les turbellariés les plus simples, le tube digestif est encore, précisément comme chez la gastrula, un tube simple et droit, muni d'un seul orifice servant à la fois de bouche et d'anus (fig. 110). Chez les vers supérieurs, un second orifice apparaît bientôt à l'extrémité opposée de l'intestin : c'est l'anus (fig. 111, a).

Le principal phénomène de l'évolution ultérieure chez l'embryon humain, le phénomène le plus intéressant pour nous dans nos considérations générales d'anatomie comparée, c'est l'origine des fentes branchiales. Vous vous rappelez que, de très-bonne heure, à la tête de l'embryon humain, la paroi pharyngienne se soude avec la paroi externe du corps, et il en résulte, à droite et à gauche du cou, derrière l'orifice buccal, la formation de quatre fentes s'ouvrant de chaque côté dans la cavité pharyngienne. Ces fentes sont les fentes branchiales, et les intervalles qui les séparent sont les arcs branchiaux (fig. 69-70; pl. I et pl. III, fig. 15, *k s*). Ce sont là des formations embryonnaires du plus haut intérêt. Nous voyons, en effet, qu'au début de leur évolution et en vertu de la loi biogénétique fondamentale, tous les vertébrés supérieurs reproduisent le stade dont nous parlons, stade qui a joué un rôle capital à l'origine de l'embranchement vertébré. Ce stade fut la différenciation du tube intestinal en deux portions : une portion antérieure ou respiratoire, l'*intestin branchial*, consacré à la respiration, et une portion postérieure ou digestive, l'*intestin digestif*, uniquement consacré à la digestion.

Cette différenciation si caractéristique du tube intestinal, nous l'avons rencontrée, comme vous vous le rappelez, dans deux grandes divisions du règne animal, physiologiquement tout à fait distinctes; non-seulement chez le dernier des vertébrés, chez l'amphioxus (pl. VII, fig. 15), mais même chez les invertébrés, parents des vertébrés, chez les ascidies (pl. VII, fig. 14). Nous pouvons donc conclure sûrement que la différenciation en question existait déjà chez nos communs ancêtres, *les chordoniens*, d'autant mieux que le *balanoglossus* la possède encore (fig. 111). Mais cette particularité fait défaut à tous les invertébrés.

Les fentes branchiales sont encore très-nombreuses chez l'amphioxus, de même que chez l'ascidie et le balanoglossus. Chez les crâniotes, ce nombre est déjà fort diminué. Les poissons ont, au plus, quatre à six paires de fentes branchiales. Chez l'embryon de l'homme et des vertébrés supérieurs, où les fentes

branchiales apparaissent de bonne heure, on n'en compte que
trois à quatre paires. Chez les poissons, les fentes branchiales
persistent toute la vie; c'est par elles que sort l'eau respiratoire
avalée par le poisson (fig. 117; pl. III, fig. 13, *k s*). Au contraire, les fentes branchiales disparaissent déjà en partie chez
les amphibies et entièrement chez les vertébrés supérieurs. Chez
ceux-ci, le dernier débris des fentes branchiales, de la première
fente branchiale, se transforme en une partie de l'organe auditif;
de lui proviennent le conduit auditif externe, la caisse du tympan et la trompe d'Eustache. Nous avons décrit, en leur lieu,
ces curieuses transformations et nous nous bornerons ici à rappeler, comme un fait intéressant, que notre oreille moyenne et
externe est le dernier vestige des fentes branchiales d'un poisson.
Les arcs branchiaux interposés aux fentes branchiales se métamorphosent aussi en organes très-divers. Chez les poissons, les
arcs branchiaux persistent toute la vie et supportent les feuillets
branchiaux servant à la respiration; il en est de même chez les
derniers des amphibies; chez les amphibies supérieurs, les arcs
branchiaux se métamorphosent diversement, dans le cours de
l'évolution, et dans les trois classes supérieures des vertébrés, y
compris l'homme, l'os hyoïde et les osselets de l'ouïe proviennent
des arcs branchiaux (pl. I, IV et V).

Du premier arc branchial naît, au milieu de la surface interne,
la langue; cet arc est aussi le rudiment du squelette maxillaire:
des maxillaires inférieur et supérieur, qui circonscrivent l'orifice
buccal et supportent les dents. Ces importants organes manquent
encore complètement aux acrâniens et aux monorhiniens. On
les voit apparaître chez les premiers poissons qui les ont transmis aux vertébrés supérieurs. Ce sont les poissons primitifs
qui nous ont légué le squelette buccal, le maxillaire inférieur et
le maxillaire supérieur. Les dents proviennent du tégument externe qui revêt les maxillaires. Puisque la cavité buccale tout entière dérive du feuillet germinatif externe, il faut bien naturellement que les dents proviennent du tégument externe. C'est ce
que démontre un minutieux examen microscopique de la structure
des dents. Par ce moyen, nous avons acquis la conviction que
la fine structure des écailles, chez les poissons, particulièrement
chez les requins, est essentiellement la même que celle de leurs
dents. *Les dents de l'homme sont aussi, en vertu de leurs
primitives origines, des écailles de poissons transfor-*

mées ([131]). Pour la même raison, il nous faut voir, dans les glandes salivaires de la bouche, des glandes véritablement épidermiques, ne dérivant pas, comme les autres glandes intestinales, du feuillet intestino-glandulaire du canal digestif, mais de l'épiderme, de la lamelle cornée du feuillet germinatif externe. Il en résulte qu'au point de vue de l'origine, les glandes salivaires se rangent en série, à côté des glandes sudoripares, des glandes sébacées et des glandes lactées.

Primitivement, le canal digestif de l'homme est aussi simple que la cavité digestive primitive de la gastrula et des vers les plus humbles. Puis, ce canal se divise en deux sections: une

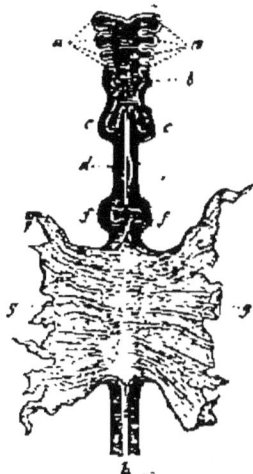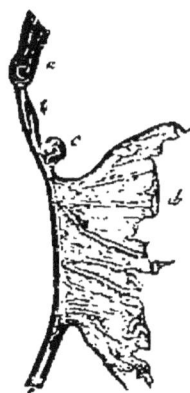

Fig. 181.   Fig. 182.

section antérieure, branchiale, et une section postérieure ou stomacale, comme il arrive pour le tube digestif de l'amphioxus et de l'ascidie. Puis, par le développement des maxillaires et des arcs branchiaux, ce tube digestif devient un vrai intestin de poisson. Plus tard, l'intestin branchial, cette réminiscence des poissons ancestraux, disparaît entièrement. Ce qui en reste se transforme en organes entièrement différents. Mais quoique la por-

Fig. 181. — *Intestin d'un embryon de chien* (représenté fig. 81, d'après Bischoff), vu du côté abdominal. *a*, arcs branchiaux (quatre paires). *b*, rudiment du pharynx et du larynx. *c*, poumons. *d*, estomac. *f*, foie. *g*, paroi du sac vitellin ouvert (il s'ouvre largement dans l'intestin moyen). *h*, extrémité de l'intestin.

Fig. 182. — *Le même intestin vu du côté droit. a*, poumons. *b*, estomac. *c*, foie. *d*, sac vitellin. *c*, extrémité de l'intestin.

tion antérieure de notre tube digestif n'ait plus rien de commun avec l'intestin branchial, elle continue à jouer, physiologiquement, le rôle d'un intestin respiratoire. N'est-il pas, en effet, curieux et intéressant de voir les organes respiratoires permanents des vertébrés supérieurs, c'est-à-dire les poumons eux-mêmes, provenir de la première section du canal digestif? En effet, nos poumons naissent, de même que la trachée et le larynx, de la paroi abdominale de l'intestin antérieur. Tout cet appareil respiratoire si compliqué, qui, chez l'homme adulte, remplit la majeure partie de la cavité thoracique, commence par être simplement une petite poche, provenant du canal intestinal, en arrière des branchies et ne tardant pas à se diviser en deux moitiés (fig. 181, *c*; fig. 182, *a*; pl. III, fig. 13, 15, 16, *lu*).

Cette vésicule se retrouve chez tous les vertébrés, à l'exception des deux dernières classes, des crâniens et des cyclostomes. Chez les vertébrés inférieurs, cette vésicule ne se transforme pas en poumons, mais en une vaste poche pleine d'air, occupant une notable partie du corps et ayant une tout autre fonction. Cet organe ne sert pas à la respiration, mais favorise les déplacements verticaux de l'animal; c'est un appareil hydrostatique, *la vessie natatoire des poissons.* Mais les poumons de l'homme et de tous les vertébrés à respiration pulmonaire proviennent de ce même appendice sacciforme, qui, chez les poissons, forme la vessie natatoire. Dans le principe, ce sac n'a aucune fonction respiratoire; c'est un appareil hydrostatique servant seulement à augmenter ou à diminuer le poids spécifique du corps. Les poissons, qui ont une grande vessie natatoire, peuvent la comprimer et condenser ainsi l'air qu'elle contient. L'air s'échappe aussi parfois du canal intestinal par un conduit aérien, reliant la vessie natatoire au pharynx et il est alors expulsé par la bouche. Alors la capacité de la vessie diminue, le poisson devient plus lourd et descend. L'animal veut-il monter, il cesse de comprimer la vessie natatoire, qui se dilate. Or, déjà, chez les dipneustes, cet appareil hydrostatique commence à se transformer en organe respiratoire; alors les vaisseaux de sa paroi ne se bornent plus à sécréter des gaz, ils absorbent aussi l'air frais qui s'est introduit par le conduit aérien. Chez tous les amphibies, la métamorphose est complète; la vessie natatoire devient un organe pulmonaire et son conduit, une trachée. Les trois classes supérieures des vertébrés ont hérité des poumons des amphibies. Chez les amphibies les plus inférieurs, les poumons sont un double sac, transparent et à mince paroi; tels sont-ils, par exemple, chez nos salamandres communes, chez les tritons. Ces poumons ressemblent encore beaucoup à la vessie natatoire des poissons. Pourtant les amphibies ont déjà deux poumons, un droit et un gauche. Mais chez beaucoup de pois-sons, chez les antiques ganoïdes, par exemple, la vessie nata-toire est aussi double; un sillon la divise en une moitié droite et une gauche. D'autre part, le poumon du *ceratodus* est im-pair, et il en est de même du premier rudiment pulmonaire chez l'embryon humain; c'est ultérieurement que la vésicule simple se divise en deux moitiés droite et gauche, en deux poumons. Plus tard les deux sacs croissent beaucoup, remplissent la ma-jeure partie de la cavité thoracique et logent le cœur entre eux deux. Déjà, chez les grenouilles, le sac simple s'est développé en un corps spongieux, à tissu vésiculeux. C'est une sorte de grappe ramifiée. Le canal de communication du sac pulmonaire avec l'intestin antérieur, qui d'abord était très-court, croit et devient un long tube. Ce tube est la trachée, mince canal cylin-drique, s'ouvrant supérieurement dans le pharynx et se divi-sant inférieurement en deux branches qui conduisent aux deux poumons. Dans la paroi de la trachée se forment des cartilages annulaires qui la maintiennent béante et, à son extrémité supé-rieure, au-dessous de son orifice dans le pharynx, se développe le larynx, l'organe de la voix et de la parole. Chez les amphibies, le larynx atteint déjà divers degrés de développement, et l'ana-tomie comparée peut suivre l'évolution graduelle de cet impor-tant organe, depuis son ébauche la plus simple chez les amphi-bies inférieurs jusqu'à l'appareil vocal, complexe et délicat, des oiseaux et des mammifères.

Quelque varié que soit cet organe de la voix, du langage et de la respiration, chez les divers vertébrés supérieurs, toujours il provient d'une poche simple, provenant de la paroi de l'in-testin antérieur. Des faits intéressants ont donc établi aujour-d'hui que la section antérieure du canal digestif fournit les deux sortes de système respiratoire, chez les vertébrés, savoir: l'ap-pareil primaire, le plus ancien, l'appareil aquatique, la cage branchiale, et l'appareil secondaire, aérien, plus récent, servant chez les poissons de vessie natatoire et ne fonctionnant comme poumons que chez les dipneustes.

Il nous faut citer en passant un intéressant organe rudimentaire de l'intestin respiratoire, la glande thyroïde (*thyreoida*),
cette grosse glande, située en avant du larynx, connue sous le
nom de « pomme d'Adam » et souvent très développée, spécialement chez le sexe mâle. Chez l'embryon, cette glande se forme,
par différenciation, de la paroi inférieure de l'œsophage. Cette
glande est, pour l'homme, sans la moindre utilité ; elle n'a d'importance qu'en esthétique et aussi, dans certaines contrées, où
elle acquiert un développement pathologique et pend à la région
antérieure du cou, chez les *goitreux*. Mais cette glande offre

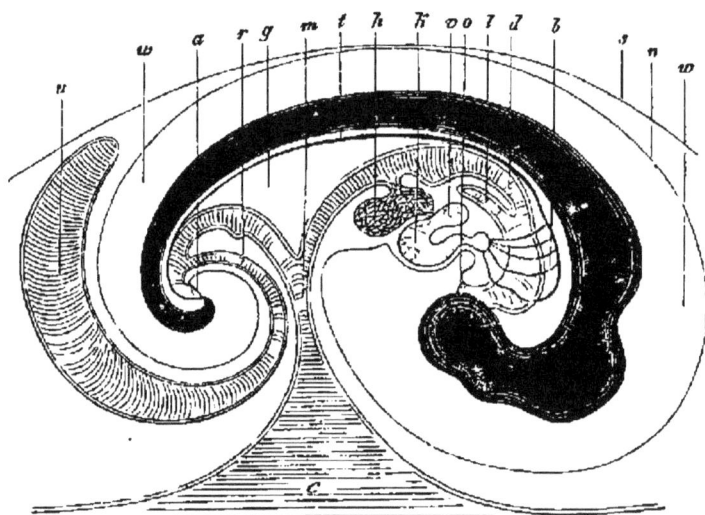

Fig. 183.

surtout de l'intérêt au point de vue dystéléologique. En effet,
Wilhelm Müller d'Iéna a montré que cet organe inutile et même
nuisible est le dernier vestige de cette « gouttière hypo-branchiale », dont nous avons parlé, et qui, chez l'ascidie et l'amphioxus, est située inférieurement, sur la ligne médiane de la
cage branchiale, où elle sert utilement à conduire les aliments
dans l'estomac (pl. VIII, fig. 14-16 *y*) (¹³²).

Fig. 183. — *Section longitudinale de l'embryon d'un chien*, au cinquième
jour de l'incubation. *d*, intestin. *o*, bouche. *a*, anus. *l*, poumons. *h*, foie. *g*, me-
sentère. *v*, oreillette cardiaque. *k*, ventricule cardiaque. *b*, arcs artériels.
l, aorta. *c*, sac ombilical. *m*, conduit ombilical. *n*, allantoïde. *r*, pédicule de
l'allantoïde. *n*, amnios. *w*, cavité amniotique. *s*, enveloppe séreuse. (D'après
Baer.)

La seconde section du canal intestinal, l'intestin stomacal ou digestif, ne subit pas moins de transformations que la première section ou section respiratoire. En suivant l'évolution de cette section digestive, on voit des organes variés et très-complexes provenir d'un rudiment premier fort simple. D'une manière générale, on peut diviser l'intestin digestif en trois portions : l'intestin antérieur, comprenant l'œsophage et l'estomac; l'intestin moyen, comprenant le duodenum, le foie et le pancréas, le jejunum et l'ileum; enfin l'intestin postérieur, comprenant le gros intestin et le rectum. Là encore, nous voyons se former des expansions vésiculiformes, qui proviennent du tube intestinal primitif et se transforment ensuite en organes très-variés. Déjà vous connaissez deux de ces appendices, le sac vitellin, provenant de la partie moyenne du tube intestinal (fig. 183, c), et l'allantoïde, forte expansion sacciforme de la portion postérieure de l'intestin iliaque (fig. 183, u). Les expansions de la partie moyenne de l'intestin sont les deux grosses glandes qui s'ouvrent dans le duodenum, le foie (fig. 183, h) et le pancréas ou glande salivaire abdominale.

Immédiatement en arrière du rudiment sacciforme des poumons est située cette portion du tube intestinal, qui forme la pièce la plus importante du système digestif, c'est-à-dire l'estomac (fig. 181, d, 182, b). Cette poche, dans laquelle s'opère surtout la dissolution et la digestion des aliments, est, chez les vertébrés inférieurs, d'une structure beaucoup moins complexe que chez les vertébrés supérieurs. Chez nombre de poissons, par exemple, ce n'est qu'une dilatation fusiforme de la section digestive; cette dilatation est dirigée directement d'avant en arrière et située dans le plan moyen du corps, au-dessous de la colonne vertébrale. Chez les mammifères, l'estomac revêt d'abord cette forme si simple, qui est définitive chez les poissons dont nous parlons. Mais bientôt les diverses parties du sac stomacal évoluent chacune à sa manière. Le côté gauche de l'estomac fusiforme croît beaucoup plus que le côté droit; il en résulte un mouvement rotatoire de l'organe, qui prend une position oblique. L'extrémité supérieure se déplace vers la gauche, l'extrémité inférieure vers la droite. Tout à fait en avant, l'estomac s'allonge en un canal œsophagien, long et étroit. Au-dessous de l'œsophage s'étale à gauche le cul-de-sac de l'estomac; de cette façon l'estomac acquiert peu à peu sa forme définitive (fig. 184, e; fig. 179).

L'axe longitudinal de l'organe descend obliquement de gauche à droite et de haut en bas, en se rapprochant de plus en plus de la position transversale. Dans la couche externe de la paroi stomacale se développent, aux dépens du feuillet fibro-intestinal, les muscles puissants qui impriment à l'organe les mouvements nécessaires à la digestion. Dans la couche interne, au contraire, se forment, aux dépens du feuillet intestino-glandulaire, de nombreuses petites glandes. Ce sont les glandes gastriques, sécrétant l'agent le plus actif de la digestion, le suc gastrique. A l'extrémité inférieure de la poche stomacale, se développe la valvule pylorique, qui sépare l'estomac de l'intestin grêle (fig. 179, d).

Au-dessous de l'estomac, se trouve la très-longue portion moyenne de l'intestin, l'intestin grêle, aboutissant au gros intestin. L'évolution de cette section est très-simple : c'est essentiellement de la croissance en longueur. Dans le principe, cette section est très-courte, rectiligne, tout à fait analogue à l'intestin postérieur, simple et rectiligne du poisson. Mais de bonne heure apparaissent, en arrière de l'estomac, une incurvation en fer à cheval et des circonvolutions intestinales, à mesure que le tube intestinal se sépare du sac vitellin ou vésicule

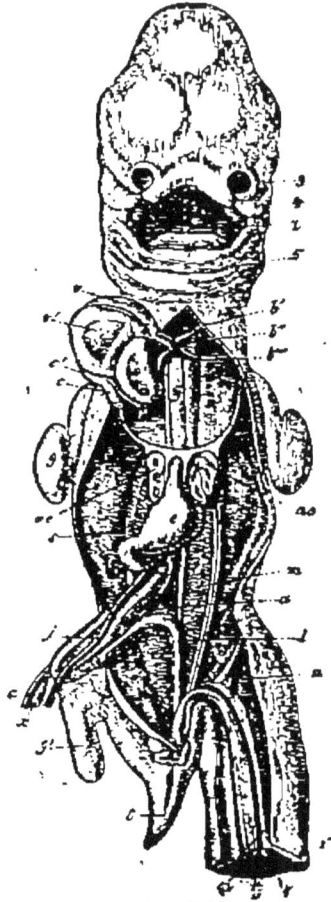

Fig. 184.

Fig. 184. — *Embryon humain de cinq semaines,* vu du côté abdominal et ouvert (voir fig. 73). La paroi thoracique, la paroi abdominale et le foie sont enlevés. 3, apophyse nasale externe. 4, maxillaire supérieur. 5, maxillaire inférieur. x, langue. v, ventricule cardiaque gauche. v', ventricule cardiaque droit. o', oreillette cardiaque gauche. b, origine de l'aorte. $b'b''b'''$, premier, deuxième et troisième arcs aortiques. $cc'c''$, veines caves, ac, poumons. y, artères pulmonaires. c, estomac. m, reins primitifs. j, veine vitelline gauche. s, veine porte. a, artère vitelline droite. n, artère ombilicale. u, veine ombilicale. x, canal vitellin. i, extrémité intestinale. 8, queue. 9, membre antérieur. 9', membre postérieur. (D'après Coste.)

ombilicale et que se développe le mésentère (pl. III, fig. 14, *g* et
fig. 75). Au niveau de l'orifice abdominal de l'embryon, avant
l'occlusion de la paroi ventrale, on voit saillir une anse intestinale
en fer à cheval (fig. 75, *m*), dans laquelle s'ouvre la vésicule ombilicale (fig. 75, *n*). La mince et délicate membrane, qui fixe à la
face abdominale de la colonne vertébrale cette anse d'intestin
et en remplit la cavité, est le premier rudiment du mésentère
(fig. 183, *g*). Le point le plus saillant de cette anse, là où la
vésicule ombilicale communique avec l'intestin (fig. 184, *x*),
ce point que l'ombilic intestinal forme plus tard, répond à cette
partie de l'intestin grêle qu'on appelle *ileum*. De très-bonne
heure l'intestin grêle s'allonge beaucoup et par suite se replie
en circonvolutions nombreuses. Les diverses portions, que l'on
distinguera plus tard dans l'intestin, se différencient très-simplement; ces portions sont, comme on sait, à partir de l'estomac,
le *duodenum*, le *jejunum* et l'*ileum*.

Les expansions du duodenum forment les deux grosses
glandes dont nous avons parlé, le foie et le pancréas. Le foie
revêt d'abord la forme de deux petits sacs, faisant saillie, à
droite et à gauche, en arrière de l'estomac (fig. 181, *f*; 182, *c*).
Chez beaucoup de vertébrés inférieurs, les deux foies restent
longtemps distincts et ne se soudent qu'imparfaitement; chez
les myxinoïdes même, la séparation dure toujours. Au contraire,
chez les vertébrés supérieurs, les deux foies se soudent bientôt
plus ou moins complétement en un gros organe impair. Le
feuillet intestino-glandulaire, qui revêt le sac hépatique rudimentaire, émet une grande quantité de prolongements ramifiés
qui pénètrent dans le feuillet fibro-intestinal enveloppant. Ces
prolongements solides (séries de cellules glandulaires), en se ramifiant de plus en plus, en se soudant les uns aux autres, forment le tissu réticulé et compliqué du foie de l'adulte. Les organes sécrétoires de la bile, les cellules hépatiques, dérivent tous
du feuillet intestino-glandulaire; mais tout le tissu conjonctif,
qui relie en un gros organe compacte cette masse cellulaire qui
l'enveloppe, provient du feuillet fibro-intestinal. De ce dernier
feuillet proviennent aussi les gros vaisseaux sanguins, qui tra-
versent le foie et dont les branches nombreuses, ramifiées, s'entrelacent avec le réseau formé par les tractus des cellules hépatiques. Les canaux hépatiques qui, traversant le foie, recueillent la bile et la conduisent dans l'intestin, se forment, comme

autant de conduits intercellulaires, dans l'axe du cordon cellulaire solide. Tous ces canaux s'ouvrent dans les deux principaux conduits biliaires naissant de la base des deux expansions intestinales primitives. Chez l'homme et chez beaucoup de vertébrés, ces deux derniers conduits se fondent en un seul, qui s'ouvre dans la portion descendante du duodenum. Quant à la vésicule biliaire, elle se forme par expansion du canal biliaire droit et primitif. La croissance du foie est d'abord extrèmement rapide. Chez l'embryon humain, cette croissance est telle pendant le deuxième mois de l'évolution, qu'au commencement du troisième mois le foie remplit la plus grande partie de la cavité viscérale (fig. 185). Les deux moitiés du foie sont d'abord très-développées; puis la moitié gauche l'emporte de beaucoup sur l'autre. Par suite du déve-loppement asymétrique, du mouvement de torsion de l'estomac et des autres viscères abdominaux, le foie tout entier est rejeté du côté droit. Plus tard, la croissance du foie est moins désordonnée; pourtant, à la fin de la grossesse, le foie de l'embryon est encore relativement beaucoup plus gros que celui de l'adulte. Le rapport du poids du foie à celui du corps est, chez l'adulte = 1 : 36; chez l'embryon = 1 : 18. Le rôle du foie pendant la vie embryonnaire est important;

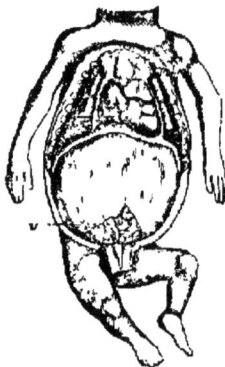

Fig. 185.

c'est moins la sécrétion de la bile que la formation du sang.

Immédiatement en arrière du foie, se développe, aux dépens du duodenum, une deuxième grosse glande intestinale, la glande salivaire abdominale ou le pancréas. Cet organe, parti-culier aux crâniotes, est aussi d'abord une expansion sacciforme de la paroi intestinale. Le feuillet intestino-glandulaire émet des bourgeons solides et ramifiés, qui se creusent ensuite. Le pan-créas se développe, à la manière des glandes salivaires buccales, en une grosse glande en grappe très-complexe. Le conduit

Fig. 185. — *Viscères thoraciques et abdominaux d'un embryon de quatre semaines*, de grandeur naturelle, d'après Kœlliker. La tête est enlevée ; les parois thoracique et abdominale ont été excisées. La plus grande partie de la cavité abdominale est remplie par le foie, laissant saillir, par son échancrure moyenne, le cœcum avec son appendice vermiculaire (v). Au-dessus du dia-phragme, on voit, au milieu, le cœur ; à droite et à gauche, les petits pou-mons.

excrétoire de la glande débouche dans le duodenum; il est primitivement simple et impair; plus tard, il devient double.

La dernière portion du tube digestif, le gros intestin (*epigaster*), n'est d'abord, chez l'embryon des mammifères, qu'un tube simple, court et rectiligne, s'ouvrant en arrière par l'anus. Il demeure ainsi chez les vertébrés inférieurs; mais chez les mammifères, il croît beaucoup, se replie en circonvolutions et se différencie en diverses parties, dont la plus longue, l'antérieure, est le *colon*, et la postérieure, la plus courte, le *rectum*. Une valvule, la *valvula Baubini*, sépare le gros intestin de l'intestin grêle. A l'origine se forme aussi une expansion sacciforme, qui s'élargit en *cæcum* (fig. 185, *v*). Chez les mammifères herbivores, ce cœcum est très-gros; il reste très-petit ou même disparaît chez les carnivores. Chez l'homme et la plupart des singes, le commencement seul du cœcum s'élargit; le reste demeure très-étroit et semble plus tard n'être qu'un appendice inutile. Cet appendice vermiforme (*appendix vermiformis*) est un organe rudimentaire intéressant pour la dystéléologie. Son unique utilité pour l'homme est d'occasionner parfois la mort d'un homme sain, alors que des pépins de raisin s'engagent dans son orifice et déterminent par suite l'inflammation et la suppuration. Mais, chez nos ancêtres herbivores, l'appendice vermiculaire du cœcun n'était point rudimentaire; c'était un organe volumineux et ayant un rôle physiologique.

Il faut citer encore, comme une importante formation du tube intestinal, la vessie et le canal urinaire, qui, par leur développement et leur valeur morphologique, appartiennent au système intestinal. Ces organes urinaires, réservoir et canal d'expulsion pour l'urine excrétée par les reins, se forment aux dépens de la partie la plus inférieure et la plus interne du pédicule allantoïdien. Vous vous rappelez que l'allantoïde, de même que les poumons et le foie, provient, sous forme d'une expansion locale, de la paroi antérieure de la dernière section intestinale (fig. 183, *u*). C'est chez les amphibies que ce cœcum apparaît pour la première fois; il y reste enfermé dans la cavité viscérale et fonctionne comme vessie urinaire. Mais, chez tous les amniotes, il sort de la cavité viscérale de l'embryon et forme la volumineuse « vessie primitive », d'où provient le placenta des mammifères supérieurs. A la naissance, cet organe a disparu; mais le long pédicule de l'allantoïde (fig. 183, *r*) persiste, et sa

portion supérieure forme le ligament *vesico-umbilical me-*
dium, organe rudimentaire représenté par un cordon solide, allant du sommet de la vessie au nombril. La portion inférieure
du pédicule allantoïdien ou l'ouraque, *urachus,* reste creuse et
forme la vessie. D'abord chez l'homme, comme chez les vertébrés inférieurs, la vessie s'ouvre dans la dernière portion du
cœcum, qui est alors un véritable cloaque, contenant à la fois
l'urine et les excréments. Mais, de tous les mammifères, les *mo-*
notrèmes seuls conservent ce cloaque, comme le font les oiseaux, les reptiles et les amphibies. Chez tous les autres mammifères, chez les marsupiaux et les placentaliens, il se forme plus
tard une cloison transversale, séparant l'orifice antérieur ou génito-urinaire de l'orifice postérieur ou anal (voir la XXVe leçon).

TRENTE ET UNIÈME TABLEAU.

Vue d'ensemble des principales périodes phylogéniques du système digestif humain.

I. Première période: *Intestin des gastréades* (pl. III, fig. 9, 10).

Le système digestif tout entier n'est qu'une simple poche (intestin primitif), dont la cavité simple s'ouvre, au dehors, par un orifice (bouche primitive).

II. Deuxième période : *Intestin des scolécides* (pl. III, fig. 11).

L'intestin simple s'élargit en estomac, à la partie moyenne, et porte à l'extrémité postérieure, opposée à la bouche primitive, un second orifice (anus primitif), comme chez les vers inférieurs.

III. Troisième période: *Intestin des chordoniens* (pl. III, fig. 12).

Le tube intestinal se divise en deux grandes sections : antérieurement, en intestin respiratoire avec fentes branchiales (intestin branchial); en arrière, en intestin digestif avec cavité stomacale (intestin gastrique), comme chez les ascidies.

IV. Quatrième période: *Intestin des acrâniens* (pl. VIII, fig. 15).

Entre les fentes branchiales de l'intestin respiratoire apparaissent les bandelettes branchiales; de la poche stomacale de l'intestin digestif provient un cœcum hépatique, comme chez l'amphioxus.

V. Cinquième période : *Intestin des cyclostomes* (pl. VIII, fig. 16).

De la gouttière ciliée située à la base des branchies (gouttière hypobranchiale) provient la glande thyroïde (*thyreoidea*). Du cœcum hépatique provient une glande hépatique compacte.

VI. Sixième période: *Intestin des poissons primitifs.*

Entre les fentes branchiales apparaissent des arcs branchiaux cartilagineux; les plus antérieurs de ces arcs forment les cartilages buccaux et le squelette maxillaire (maxillaire inférieur et maxillaire supérieur). Du pharynx provient la vessie natatoire. A côté du foie apparaît la glande salivaire abdominale (sélaciens).

VII. Septième période: *Intestin des dipneustes.*

La vessie natatoire se change en poumons. La cavité buccale se confond avec la fosse nasale. De l'intestin postérieur provient la vessie (lepidosiren).

VIII. Huitième période: *Intestin des amphibies.*

Les fentes branchiales se soudent. Les branchies disparaissent. Le larynx se forme à l'extrémité supérieure de la trachée.

IX. Neuvième période : *Intestin des monotrèmes.*

La voûte palatine horizontale divise la cavité nasale primitive en une cavité buccale inférieure, destinée au passage des aliments, et en une cavité nasale supérieure, donnant passage à l'air, comme chez les amniotes.

X. Dixième période: *Intestin des marsupiaux.*

L'ancien cloaque se divise par une cloison en un orifice antérieur génito-urinaire et un orifice postérieur ou anus.

XI. Onzième période : *Intestin des catarhiniens.*

Toutes les parties du système digestif, et spécialement la denture, arrivent à ce degré de perfection commun à l'homme et aux catarhiniens.

VINGT-QUATRIÈME LEÇON.

HISTOIRE DE L'ÉVOLUTION DU SYSTÈME CIRCULATOIRE.

La comparaison morphologique des états de complet développement doit naturellement précéder l'étude des stades primitifs A cette condition seulement,
l'histoire du développement peut s'orienter sûrement, elle acquiert en même
temps le coup d œil perspicace qui lui permet de rattacher chaque pas de l'évolution
à l'état qui sera définitivement atteint S'occuper sans préparation de l histoire du
développement, c est s'exposer à tâtonner presque toujours en aveugle et souvent
à aboutir à des résultats lamentables, qui restent bien en arrière des données solidement établies déjà, avant que l'histoire du développement fût fondée
ALEXANDER BRAUN (1872).

L'application de la loi biogénétique fondamentale. — Ses deux faces. — Hé-
redite des organes de conservation. — Adaptation des organes de progrès.
— L'ontogénie et l'anatomie comparée se complètent mutuellement. — Les
nouvelles theories évolutives de His. — Théorie des enveloppes et théorie
des rognures. — Germe principal et germe secondaire. — Jaune de formation
et jaune de nutrition. — Le dernier provient phylogénétiquement de l'intestin primitif. — Le système circulatoire derive du feuillet vasculaire ou fibro-
intestinal. — Importance phylogénétique de la succession ontogénétique des
systèmes organiques. — Déviation dans la série primitive : heterochronie
ontogénétique. — L'âge relatif du système vasculaire. — Sa première ébauche :
cœloma. Vaisseau dorsal et vaisseau abdominal du ver. — Cœur simple
de l'ascidie. Retrogradation du cœur chez l'amphioxus. — Cœur biloculaire des cyclostomes. — Arcs arteriels des selaciens. Double oreillette
des dipneustes et des amphibies. — Double ventricule des oiseaux et des mammifères. — Arcs arteriels des oiseaux et des mammifères. — Embryologie du
cœur humain. — Parallelisme de la phylogénie.

Messieurs,

L'application que nous avons faite jusqu'ici, en organogénie,
de notre loi biogénétique fondamentale, vous a donné une idée
du degré de confiance que nous lui pouvons accorder dans les
recherches phylogénétiques. Cette confiance doit varier beaucoup,
suivant les divers systèmes d'organes ; car l'hérédité, d'une part,
la variabilité, de l'autre, se comportent très-différemment suivant les organes. Certaines parties du corps conservent fidèlement, par hérédité, la forme acquise par les antiques ancêtres
animaux et aussi le mode d'évolution de cette forme, elles ne

s'écartent point de l'embryologie héréditaire ; au contraire, d'autres parties du corps s'astreignent mal à l'hérédité stricte, elles sont même enclines à prendre, par adaptation, de nouvelles formes et à modifier l'ontogénèse primitive. Les premiers de ces organes représentent, dans l'organisme polycellulaire de l'homme, l'élément stable ou conservateur, les autres représentent l'élément muable ou progessif. La marche historique de l'évolution résulte du concours de ces deux éléments.

Seuls, les organes conservateurs, chez qui, durant l'évolution phylogénétique, l'hérédité a eu le pas sur l'adaptation, nous permettent d'appliquer directement l'ontogénie à la phylogénie et de conclure des métamorphoses embryologiques à l'antique transformation des formes ancestrales. Quant aux organes progressifs, chez qui l'adaptation l'a emporté sur l'hérédité, leur mode d'évolution primitif, phylogénétique, a été tellement modifié, faussé et abrégé, que leur embryologie ne nous permet guère d'en déduire sûrement leur phylogénie. Ici, l'anatomie comparée doit nous venir en aide et souvent ses conclusions phylogéniques sont plus importantes et plus sûres que celles de l'ontogénie. Vous voyez donc de quelle nécessité il est d'avoir toujours sous les yeux ces deux faces de la loi biogénétique, si l'on veut en faire une application juste et critique. La première moitié de cette loi fondamentale de l'évolution nous ouvre la route de la phylogénie ; elle nous apprend à déduire approximativement la marche de la phylogénie de celle de l'embryologie : *la forme embryonnaire répète par hérédité la forme ancestrale correspondante*. L'autre moitié raccourcit le fil conducteur de la loi fondamentale ; elle nous apprend à n'en user qu'avec circonspection ; elle nous montre que, durant le cours de tant de millions d'années, la répétition primitive de la phylogénèse par l'ontogénèse a été maintes fois modifiée, faussée, abrégée : *la forme embryonnaire s'est développée, par adaptation, de la forme ancestrale correspondante*. Plus cet écart a été grand, plus nous devons, dans nos recherches phylogéniques, invoquer l'aide de l'anatomie comparée.

Ce qui précède ne s'applique peut-être nulle part aussi bien qu'à l'évolution des organes, dont nous allons maintenant parler, c'est-à-dire au système circulatoire ou vasculaire. A s'en tenir à l'embryologie de ce système, chez l'homme et chez les autres vertébrés supérieurs, on n'aurait sur l'évolution primi-

tive de nos antiques ancêtres animaux que des vues complètement fausses. Quantité de faits d'adaptation très-actifs et surtout la formation d'un jaune de nutrition considérable, ont tellement modifié, faussé et abrégé l'évolution primitive du système
circulatoire chez les vertébrés supérieurs, que, pour nombre de
faits phylogéniques importants, il y a peu ou il n'y a rien à
tirer de cette partie de l'ontogénèse. Pour l'explication de ces
faits, nous serions sans secours et sans guide, si l'anatomie
comparée ne nous venait en aide et ne nous indiquait sûrement la
route de la phylogénèse.

Pour la connaissance du système circulatoire spécialement,
l'anatomie comparée est d'un tel intérêt, que, sans son secours,
on ne saurait faire, sur ce difficile terrain, un pas assuré. Ce
qui précède sera pour vous positivement établi, si vous voulez
étudier le système circulatoire, si complexe, d'après les travaux
classiques de Jean Müller, Henri Rathke et Ch. Gegenbaur. La
même démonstration nous est fournie, négativement cette fois,
par les travaux ontogénétiques de Wilhelm His, embryologiste
de Leipzig, absolument dépourvu de toute teinture d'anatomie
comparée et par conséquent de phylogénie. En 1868, ce travail-
leur énergique, mais sans critique, a publié de vastes « Recherches sur le premier rudiment de l'organisme vertébré »;
c'est un des plus singuliers produits de la littérature ontogénétique. L'auteur croit arriver, par la description minutieuse de
l'embryologie du chien, et sans nul souci de l'anatomie comparée
et de la phylogénie, à une théorie « mécanique » de l'évolution,
et il extravague d'une manière étonnante, même dans la littérature biologique, qui est pourtant loin d'être pauvre en travaux de ce genre. Le résultat final des recherches de His est,
comme il le proclame, « que tout ce qu'il y a d'essentiel dans le
premier développement est une loi de croissance relativement
simple. Toute formation, qu'elle consiste en un doublement de
feuillet, en une apparition de plis ou en une différenciation parfaite, n'est qu'une suite de cette loi fondamentale. » Par malheur, l'auteur ne nous dit rien de cette « loi de croissance », si
compréhensive, pas plus que tel autre adversaire de la théorie
de la descendance, qui invoque une « grande loi de développement », ne nous éclaire sur la nature de cette loi. Bientôt même
on voit, en étudiant les travaux ontogénétiques de His, que,
dans sa pensée, la « mère nature » formatrice n'est qu'une ha-

bile couturière. Par des coupes, des courbures, des replis, des tensions et des dédoublements variés des feuillets blastodermiques, la grande couturière parvient à exécuter « par développement » (!) les formes diverses des espèces animales. Ce sont surtout les courbures et les replis, qui jouent le principal rôle. « Non-seulement la délimitation de la tête et du tronc, à droite et à gauche, au centre et à la périphérie, mais la différenciation du cerveau, des organes des sens, de la colonne vertébrale primitive, du cœur et des viscères primitifs, tout cela est le développement des premiers plis et l'on peut le démontrer! » Rien de plus comique que la manière dont la couturière fabrique les quatre membres : « elle agit comme on le fait pour enfermer les quatre angles d'une lettre dans les quatre plis d'une enveloppe ». Mais cette belle découverte de la « théorie des enveloppes » appliquée aux membres des vertébrés est encore surpassé par la « théorie des rognures », dont His se sert pour expliquer l'origine des organes rudimentaires; « de ces organes, comme l'hypophyse et la glande thyroïde, auxquels on n'a pu jusqu'à présent attribuer aucun rôle physiologique : ce sont des résidus embryologiques, comparables aux déchets qu'on ne peut éviter complétement en taillant un vêtement, quelque soin que l'on prenne pour économiser l'étoffe (!) » Si nos ancêtres acrâniens de l'âge silurien avaient pu soupçonner que leurs rejetons humains seraient capables de telles aberrations, ils auraient sûrement préféré renoncer complétement à la gouttière ciliée et à la cage branchiale, plutôt que de les léguer à l'amphioxus actuel et de nous laisser comme dernier et odieux souvenir l'inutile glande thyroïde.

Vous pensez sans doute que les « découvertes » ontogénétiques de His, rendues plus comiques encore par le luxe de calculs mathématiques qui les relèvent, n'ont excité, chez les gens compétents, qu'une gaieté passagère. Point du tout! non-seulement on les a maintes fois célébrées, au moment de leur publication, comme ouvrant une nouvelle ère à l'ontogénie, mais aujourd'hui encore elles ont de nombreux admirateurs et des adhérents, qui propagent autant que possible dans la science les erreurs de His. Cela m'oblige à vous démontrer explicitement combien sont mal fondées les vues de His. Justement le système circulatoire m'en fournit l'occasion. Selon His, un des plus importants progrès inaugurés par sa nouvelle conception de l'embryologie serait sa découverte, suivant laquelle « le sang et les tissus de substance conjonctive », c'est-à-dire la plus grande partie du système circulatoire, ne proviendraient pas des deux feuillets primaires du blastoderme, comme tous les autres organes ; ils dériveraient « des éléments du jaune blanc ». Ce jaune est appelé par lui « germe secondaire ou parablaste » par opposition au « germe principal ou archiblaste », provenant des deux feuillets primaires de l'aire germinative.

Toute cette théorie artificielle de His, et surtout cette opposition erronée entre le germe principal et le germe secondaire, s'écroule comme un château de cartes, pour peu que l'on étudie l'anatomie et l'ontogénie de l'amphioxus, cet humble et précieux vertébré, qui, seul, nous permet de comprendre les phénomènes si complexes et si obscurs du développement chez les vertébrés supérieurs et chez l'homme. La gastrula de l'amphioxus (pl. VII, fig. 10), que His ne semble pas connaître, suffit à jeter par terre toute cette théorie artificielle. En effet, cette gastrula nous apprend, que *tous les organes et tissus du vertébré adulte proviennent uniquement des deux feuillets primaires du blastoderme.* L'amphioxus adulte possède un système circulatoire différencié, un squelette se distribuant dans tout le corps et formé de « tissus de substance conjonctive », tout aussi bien que les autres vertébrés, et pourtant il ne saurait être question, chez lui, d'un germe secondaire d'où proviendraient ces seuls tissus!

La larve provenant, chez l'amphioxus, de la gastrula, éclaire vivement le développement ultérieur, si difficile à suivre, du système circulatoire. Elle résout d'abord la question importante et maintes fois agitée de l'origine des quatre feuillets secondaires; elle nous montre clairement que le feuillet fibro-cutané vient de l'exoderme et le feuillet fibro-intestinal de l'entoderme de la gastrula; l'espace existant entre les deux feuillets fibreux est le premier rudiment de la cavité viscérale ou cœlom (fig. 55). En nous faisant voir que, chez les vertébrés inférieurs, le doublement des feuillets s'effectue comme chez les vers (fig. 56), l'examen de la larve de l'amphioxus établit l'existence d'un lien phylogénétique entre les vers et les vertébrés supérieurs. En voyant, chez l'amphioxus, le tronc vasculaire primitif se former dans la paroi intestinale même et provenir du feuillet fibro-intestinal, comme il arrive chez l'em-

bryon des autres vertébrés, nous ne doutons plus que les anciens embryologistes n'aient eu raison d'appeler ce feuillet
vasculaire. Nous nous convainquons aussi, par l'ontogénie
comparée des diverses classes de vertébrés, que le feuillet
vasculaire est d'abord partout le même. Même chez les vertébrés supérieurs à sillonnement partiel, notamment chez les
oiseaux et les reptiles, où, d'après les récentes et importantes recherches de Goette ([13]), les premières cellules sanguines proviennent du jaune de nutrition, ces cellules dérivent aussi primitivement de l'entoderme. En général même, le jaune de nutrition tout entier, propre aux crâniotes et manquant d'ordinaire
aux acrâniens, n'est qu'un produit secondaire de l'entoderme.
Goette a récemment démontré que le jaune de nutrition (ou
« jaune secondaire ») est soumis au sillonnement, qui s'y opère
seulement avec plus de lenteur que dans le jaune de formation
(ou « germe principal »). Par là l'opposition que nous avons
signalée entre le sillonnement total et le sillonnement partiel
disparaît, ou du moins elle devient quantitative et point du tout
qualitative. *Les « cellules vitellines », nées par sillonnement du jaune de nutrition, proviennent phylogénétiquement d'une portion des cellules primitives de l'entoderme;*
ce sont des éléments dérivés du feuillet primaire interne du
blastoderme. Tout le jaune de nutrition, soumis au sillonnement, est une partie constituante du tube digestif primaire ou
« intestin primitif » de l'organe qui, phylogénétiquement, est
le plus ancien.

Si, partant de ce point de vue, nous entreprenons d'étudier
le développement du système circulatoire chez l'homme, il ne
sera pas inutile de débuter par quelques observations générales
sur la texture et le rôle de ce système. Chez l'homme, comme
chez tous les crâniotes, le système circulatoire représente un
appareil compliqué, composé de cavités pleines de liquides simples ou charriant des cellules. Les vaisseaux jouent, dans la
nutrition du corps, un rôle capital. Les uns, les vaisseaux sanguins, charrient le liquide nutritif dans les diverses parties du
corps ; les autres, les vaisseaux lymphatiques, recueillent les
liquides usés dans la trame des tissus. Les grandes cavités sé-
reuses et surtout la cavité cardiaque ou cœlom fonctionnent
de la même manière. Le centre moteur du circuit régulier des
humeurs est le cœur, puissante poche musculaire, qui se con-

tracte régulièrement et fonctionne comme une pompe munie de soupape. Cette circulation régulière et continuelle du sang rend seule possible l'échange compliqué des éléments matériels chez les animaux supérieurs.

Quelque grande que soit l'importance du système circulatoire chez les animaux complexes et très-différenciés, il ne faut pas croire pourtant, selon l'opinion courante, que ce système soit indispensable à la vie animale. Pour l'ancienne médecine, le sang était la vraie source de la vie et elle attribuait la plupart des maladies à des « altérations du sang ». Aujourd'hui encore le sang joue le principal rôle dans les idées obscures qui ont cours actuellement sur l'hérédité. De même qu'on parle, pour les animaux, de pur sang, de demi-sang, etc., ainsi l'on admet généralement que la transmission héréditaire de certaines particularités physiologiques des parents aux enfants a sa raison d'être « dans le sang ». La fausseté de ces opinions vulgaires se peut conjecturer par cela seul que, dans l'acte de la génération, le sang des parents n'est point directement transmis au germe et que, tout d'abord, l'embryon n'a pas de sang. Vous savez déjà que non-seulement la différenciation des quatre feuillets secondaires, mais même l'ébauche des principaux organes, chez l'embryon de tous les vertébrés, s'effectuent avant l'apparition du système vasculaire, du cœur et du sang. Ces faits ontogénétiques nous autorisent à ranger, phylogénétiquement, le système circulatoire parmi les plus récents appareils de l'organisme animal, tandis qu'au contraire le système digestif est des plus anciens. Sûrement, le système circulatoire s'est formé beaucoup plus tard que le système digestif.

Aux termes de la loi biogénétique fondamentale, on peut, de l'ordre ontogénétique, suivant lequel les divers organes apparaissent chez l'embryon, déduire approximativement l'ordre phylogénétique, suivant lequel ces organes se sont successivement et graduellement développés. Dans ma théorie gastréenne ([13]), j'ai déjà essayé de déterminer l'importance phylogénétique de la succession ontogénétique des systèmes organiques. Pourtant il faut remarquer que cette succession n'est pas partout la même, dans les groupes zoologiques supérieurs. Chez les vertébrés et dans la série généalogique de l'homme, la succession chronologique des systèmes organiques peut être à peu près fixée comme suit : I, système cutané (1) et système digestif (2); II, système

nerveux (3) et système musculaire (4); III, système rénal (5);
IV, système vasculaire (6); V, système du squelette (7);
VI, système génital (8).

La gastrula montre d'abord que, chez tous les animaux, à
l'exception des protozoaires, chez tous les métazoaires, deux
systèmes organiques naissent en première ligne et en même
temps : le système cutané ou tégument cutané, et le système
intestinal ou poche gastrique. Dans leur forme primitive la plus
simple, le premier est représenté par le feuillet cutané ou exoderme; le dernier, par le feuillet intestinal ou entoderme. L'homologie de ces feuillets primaires du blastoderme justifie notre hypothèse; car, de l'éponge la plus simple jusqu'à l'homme, nous
pouvons leur attribuer la même origine et aussi la même valeur
morphologique.

Chez beaucoup d'animaux inférieurs, il se forme, par différenciation ultérieure des deux feuillets primaires du blastoderme,
d'abord un squelette interne ou externe : c'est ce qui arrive par
exemple chez les éponges, les coraux et autres zoophytes. Chez
les ancêtres des vertébrés, la formation du squelette s'effectua
beaucoup plus tard, seulement chez les chordoniens. Chez ces
derniers apparurent aussi, bientôt après, deux autres systèmes
organiques : le système nerveux et le système musculaire. Dans
sa remarquable monographie de l'hydre, du polype vulgaire
d'eau douce, Nicolas Kleinenberg a montré comment ces deux
systèmes organiques, qui sont toujours la condition l'un de
l'autre, se sont développés en se combinant et s'opposant l'un
à l'autre (134). Chez ces intéressants animalcules, les cellules du
feuillet cutané acquièrent, en dedans, des prolongements filiformes, maintenus rigides par la propriété caractéristique des
muscles, la contractilité. La portion externe, arrondie des cellules exodermiques demeure sensible et fonctionne comme élément
nerveux; la portion interne, filiforme, des mêmes cellules devient
contractile et, quand elle est excitée par la première, fonctionne
comme élément musculaire. Ces curieuses cellules névro-musculaires réunissent donc, dans un même individu de premier ordre,
les fonctions de deux systèmes organiques. Il se fait un pas de
plus en avant : la moitié interne, musculaire, de la cellule névro-
musculaire acquiert un noyau propre, se sépare de la cellule
nerveuse externe, et les deux systèmes organiques ont alors
chacun leur forme élémentaire, indépendante. La séparation

du feuillet fibro-cutané musculaire d'avec le feuillet nerveux cutané-sensitif, chez l'embryon des vers, est la confirmation de cet important phénomène phylogénétique (fig. 36, 38).

Les quatre systèmes organiques précités existaient déjà, quand se développa, dans la série ancestrale de l'homme, un appareil qui semble, à première vue, n'avoir qu'une importance secondaire; mais la précoce apparition de cet organe dans la série animale et chez l'embryon prouve que son antiquité est grande et qu'il a, par conséquent, une grande valeur physiologique et morphologique. C'est l'appareil urinaire ou rénal, le système organique chargé d'excréter et d'expulser les matériaux inutiles. Vous savez combien le premier rudiment des reins primitifs apparaît de bonne heure, chez l'embryon de tous les vertébrés, longtemps avant qu'il y ait la moindre trace du cœur. Aussi trouvous-nous déjà, dans le groupe multiforme des vers, deux canaux simples, qui sont les reins primitifs, les « canaux d'excrétion ou canaux aqueux ». Même la classe la plus inférieure des vers, cette classe encore dépourvue de cavité viscérale et de système circulatoire, est pourvue de ces « reins primitifs ».

C'est seulement en quatrième lieu et après le système rénal que le système circulatoire s'est formé chez nos ancêtres invertébrés. C'est ce que prouve clairement l'anatomie comparée des vers. Les vers inférieurs (*acoelomi*) n'ont encore ni la moindre pièce du système circulatoire, ni cavité viscérale, ni sang, ni cœur; il en est ainsi, par exemple, dans la grande division des vers plathelminthes (turbellariés, trématodes, vers rubanés). C'est seulement chez les vers supérieurs, chez les cœlomates (*coelomati*), qu'une cavité viscérale pleine de sang, un cœlom, commence à se former; puis des vaissaux sanguins spéciaux ne tardent pas à se développer. Ces systèmes se sont transmis héréditairement des cœlomates aux quatre groupes zoologiques supérieurs.

Les systèmes organiques, que nous venons de passer en revue, sont communs aux vertébrés et aux trois groupes zoologiques supérieurs des articulés, des mollusques et des radiés; il nous faut donc admettre que ces systèmes sont, chez tous ces groupes, un legs fait par les cœlomates; mais le système du squelette est un appareil moteur passif exclusivement propre aux vertébrés. Chez les invertébrés les plus voisins des vertébrés, chez les ascidies seulement, nous trouvons le rudiment le plus élémen-

taire du squelette, la chorda. De là nous devons conclure que
les ancêtres communs aux uns et aux autres, les chordoniens,
se sont séparés des vers cœlomates à une époque relativement
tardive. Sans doute, la chorda fait partie de ces organes, qui
apparaissent de très-bonne heure chez l'embryon vertébré ; mais
néanmoins il y a là évidemment une *hétérochronie ontogénétique*, c'est-à-dire une *perturbation de la succession
phylogénétique primitive*, graduellement produite par des
adaptations embryonnaires, comme on en observe souvent dans
l'ontogénie des autres organes ([135]). L'anatomie comparée autorise à admettre que le premier rudiment du squelette a succédé
à ceux des systèmes rénal et vasculaire, quoique l'ontogénie
semble indiquer le contraire.

Le dernier venu de tous les systèmes organiques, chez nos
ancêtres, est le système génital ; je veux dire seulement que les
organes sexuels sont arrivés plus tard que tous les autres organes à acquérir une forme indépendante, à former un système
spécial. Les cellules génératrices nous représentent la forme la
plus simple des organes sexuels. Ce ne sont pas seulement les
vers inférieurs et les zoophytes qui se reproduisent par génération sexuée ; il en est vraisemblablement de même chez la souche
ancestrale de tous les métazoaires, chez la gastraea. Mais, chez
tous les animaux inférieurs, les cellules génératrices ne sont
nullement des organes sexuels au sens morphologique ; ce ne
sont, comme nous le verrons bientôt, que des parties constituantes d'autres organes.

Si cette interprétation phylogénétique de la succession ontogénétique des systèmes organiques est juste, et je crois l'avoir
suffisamment prouvé dans ma théorie gastréenne, elle jette un
jour intéressant sur l'âge fort divers des éléments principaux
de notre corps. Chez l'homme, la peau et l'intestin sont plus
vieux de bien des milliers d'années que les muscles et les nerfs ;
ceux-ci à leur tour sont bien plus anciens que les reins et les
vaisseaux sanguins ; enfin, ces derniers sont antérieurs de nombre
de milliers d'années au squelette et aux organes sexuels. Il est
parfaitement erroné de regarder, comme on le fait d'ordinaire,
le système circulatoire comme un des systèmes organiques les
plus primitifs ; cela est aussi faux que de croire avec Aristote,
que dans l'embryon de poulet le cœur est le premier organe
formé. Tous les métazoaires inférieurs nous enseignent même

que l'évolution historique du système circulatoire a commencé
à une époque relativement récente. Non-seulement tous les
zoophytes (éponges, coraux, hydropolypes, méduses), mais encore tous les vers inférieurs (*acoelomi*) manquent complétement
de système circulatoire. Chez tous ces animaux, les liquides di-
gérés sont directement charriés par des prolongements du tube
digestif, par les « canaux gastriques », dans les diverses parties du corps. Le système circulatoire ne commence à se développer que chez les vers moyens et supérieurs, quand il se forme
autour de l'intestin une cavité, le cœlom, ou un système de lacunes communiquant ensemble, dans lesquelles est recueilli le
liquide nutritif transsudant à travers la paroi intestinale (le sang).

Dans la série généalogique de l'homme, nous rencontrons ce
premier rudiment du système circulatoire chez ces groupes de
vers que nous avons appelés scolécides (*scolecida*). Comme vous
vous le rappelez, ces scolécides forment une série intermédiaire
aux vers primitifs les plus inférieurs, dépourvus de sang, aux
archelminthes, et aux vers chordoniens, déjà pourvus d'un système circulatoire et d'une chorda. Chez les anciens scolécides, le
système circulatoire a débuté par la formation d'un cœlom
simple, c'est-à-dire d'une cavité viscérale pleine de liquide et entourant l'intestin. L'origine de cette cavité est l'accumulation
d'un liquide nutritif dans une fissure située entre le feuillet
fibro-intestinal et le feuillet fibro-cutané. Cette forme extrêmement simple du système circulatoire se rencontre encore aujourd'hui chez les bryozaires (*bryozoa*), les rotatoires (*rota-
toria*) et d'autres vers inférieurs. Le liquide cœlomatique contenu dans cette cavité peut tenir en suspension des cellules
détachées des deux feuillets fibreux.

Le premier perfectionnement apporté à ce système circulatoire
primitif fut la formation de canaux sanguifères, qui se développèrent, indépendamment du cœlom, dans la paroi intestinale et
même dans le feuillet fibro-intestinal. Ces « vaisseaux sanguins »,
au sens étroit du mot, existent chez les groupes moyens et supérieurs des vers; ils y sont très-variés de forme, tantôt très-simples, tantôt très-complexes. Dans ces appareils, qui vraisemblablement furent les premiers rudiments du système circulatoire
complexe des vertébrés, il faut distinguer deux « vaisseaux primitifs » primordiaux : un vaisseau dorsal et un vaisseau abdominal, se dirigeant d'avant en arrière le long de la paroi intes-

tinale: le premier, du côté du dos; le second, du côté du ventre. En avant et en arrière, ces deux vaisseaux s'anastomosent par une anse embrassant l'intestin. Le sang contenu dans les deux tubes est mis en mouvement par des contractions péristaltiques.

Nous voyons, dans la classe des annélides, comment cette ébauche de système circulatoire s'est ultérieurement développée. Chez ces animaux, le système circulatoire est très-diversement développé. Ce sont d'abord de nombreux vaisseaux transverses, reliant les vaisseaux dorsal et abdominal et entourant l'intestin (fig. 186). D'autres vaisseaux se développent et se ramifient dans la paroi du corps; ils charrient aussi du sang. Chez les vers ancestraux, que nous avons appelés chordoniens, la section antérieure de l'intestin se change en cage branchiale, et alors les arcs vasculaires, qui, dans la paroi de cette cage, vont du vaisseau dorsal au vaisseau ventral, deviennent des vaisseaux branchiaux servant à la respiration. L'organisation du curieux *balanoglossus* (fig. 111) nous fournit encore aujourd'hui un exemple de ce genre de circulation branchiale.

Nous constatons un progrès notable chez les ascidies actuelles, chez ces vers que nous avons regardés comme les plus proches parents de nos ancêtres chordoniens. Chez ces animaux, nous rencontrons pour la première fois un véritable cœur, c'est-à-dire un organe circulatoire central, dont les pulsations ou contractions de la paroi musculaire chassent le sang dans les vaisseaux.

Fig. 186.

Le cœur a, dans ce cas, une forme très-simple : c'est un sac fusiforme, se continuant à ses deux extrémités en un gros vaisseau (fig. 97, *c;* pl. VIII, fig. 14, *h z*). La position primitive du cœur derrière la cage branchiale, sur la paroi abdominale de l'ascidie, montre assez que le cœur résulte de la dilatation d'une portion du vaisseau ventral. Nous avons déjà parlé de la direction du sang dans ce système; elle est curieuse:

Fig. 186. — *Système circulatoire sanguin d'une annélide* (sœnuris); section antérieure. *d,* vaisseau dorsal. *v,* vaisseau abdominal. *c,* anastomoses transversales entre les deux vaisseaux (elles sont dilatées en cœur). Les flèches indiquent la direction du sang. (D'après Gegenbaur.)

le cœur chasse le sang alternativement en avant et en arrière. C'est là un fait significatif; en effet, tandis que, chez la plupart des vers, le sang parcourt le vaisseau dorsal d'arrière en avant, chez les vertébrés, au contraire, il est chassé d'avant en arrière. Par l'alternance de ses contractions, le cœur de l'ascidie nous retrace en quelque sorte la transition phylogénétique entre l'ancienne direction en avant du courant dorsal, chez les vers, et sa nouvelle direction en arrière, chez les vertébrés.

En s'adaptant à la direction nouvelle chez les anciens chordoniens, d'où sortit l'embranchement vertébré, les deux vaisseaux partant des extrémités du cœur servirent à une fonction constante. A partir de ce moment, la section antérieure du vaisseau abdominal charria constamment le sang sortant du cœur; elle fonctionna comme un vaisseau efférent ou artère; au contraire, la section postérieure ramena au cœur le sang circulant dans le corps; elle fonctionna comme un vaisseau afférent ou veine. En tenant compte des rapports de chacune de ces portions avec l'intestin, nous pouvons appeler la première « veine intestinale » et la seconde « artère branchiale ». Le sang contenu dans les deux vaisseaux et dans le cœur est du sang veineux, c'est-à-dire du sang chargé d'acide carbonique; au contraire, le sang allant des branchies au vaisseau dorsal, et qui a renouvelé sa provision d'oxygène, est du sang artériel. Les dernières ramifications des artères et des veines se continuent, dans la trame des tissus, avec un fin réseau intermédiaire de vaisseaux capillaires.

En passant de l'ascidie à son voisin et parent l'amphioxus, nous sommes d'abord frappés par la structure évidemment rétrograde du système circulatoire. Vous le savez, l'amphioxus n'a pas de cœur proprement dit; chez lui, le sang est mis en mouvement par les gros vaisseaux, qui se contractent dans toute leur longueur (fig. 95 et pl. VIII, fig. 15). Un vaisseau dorsal, situé au-dessus de l'intestin, l'aorte, recueille le sang artériel venant des branchies et le chasse dans le corps. Au retour, le sang veineux se rassemble dans un vaisseau abdominal, situé au-dessous de l'intestin, dans la veine intestinale, et de là il revient aux branchies. Dans les branchies, de nombreux arcs vasculaires, chargés de la fonction respiratoire, relient antérieurement le vaisseau abdominal et le vaisseau dorsal; ils absorbent l'oxygène dissous dans le milieu aquatique et excrètent l'acide carbonique. Déjà, chez l'ascidie, la section du vaisseau abdominal,

qui, chez les crâniotes, forme le cœur, se dilate en poche cardiaque ; il faut donc regarder l'absence de cœur chez l'amphioxus comme un fait de rétrogradation, comme un retour à
l'antique forme de système circulatoire, que l'on rencontre chez
les scolécides et beaucoup d'autres vers. Il nous faut admettre
que les acrâniens figurant dans la série de nos ancêtres n'ont
point subi cette rétrogadation, qu'ils avaient hérité des chordoniens d'un cœur uniloculaire et qu'ils l'ont transmis aux premiers crâniotes.

L'anatomie comparée des crâniotes nous fait assister au développement ultérieur du système circulatoire. Dans le groupe le
plus inférieur, chez les cyclostosmes, nous trouvons pour la
première fois, à côté du système sanguin, un système lymphatique, un ensemble de canaux recueillant le liquide incolore qui
transsude des tissus, et le ramenant dans le courant sanguin.
Ceux de ces vaisseaux lymphatiques qui recueillent les liquides
lactés directement fournis par la paroi intestinale et les ra-
mènent au courant sanguin prennent le nom de « vaisseaux
chylifères ». En dépit de son aspect laiteux, qu'il doit à un
grand nombre de corpuscules gras, le chyle n'est que de la
lymphe incolore. Le chyle et la lymphe tiennent en suspension les
mêmes cellules amiboïdes incolores (fig. 4), les « globules blancs »,
qui se rencontrent aussi dans le sang ; mais ce dernier liquide
tient en outre en suspension une énorme quantité de globules
rouges, qui donnent au sang des crâniotes sa couleur vermeille.
La distinction existant généralement chez les crâniotes entre les
vaisseaux lymphatiques, les vaisseaux chylifères et les vaisseaux sanguins résulte de la division du travail, de la différenciation effectuée entre les diverses portions d'un système circulatoire primitif, hémolymphatique, d'abord simple.

Le cœur lui-même, l'organe central de la circulation chez les
crâniotes, s'est déjà perfectionné chez les cyclostomes. La simple
poche fusiforme s'est divisée en deux cavités séparées par deux
valvules. La cavité postérieure, l'oreillette (*atrium*), reçoit le
sang veineux de tout le corps et le chasse dans la cavité antérieure ou ventricule (*ventriculus*). Du ventricule, le sang est
poussé dans les branchies par le tronc des artères branchiales ou
section antérieure du vaisseau abdominal.

Chez les poissons primitifs ou sélaciens, un bulbe artériel se
différencie de l'extrémité antérieure du ventricule, dont il est

séparé par des valvules (*bulbus arteriosus*). C'est l'extrémité postérieure élargie du tronc artériel branchial (fig. 187, *abr*), d'où partent, de chaque côté, cinq à sept artères branchiales.

Ces artères montent entre les fentes branchiales (*s*) sur les arcs branchiaux, entourent le pharynx et se réunissent supérieurement en un tronc aortique commun, dont une branche se dirige en arrière sur l'intestin et répond au vaisseau dorsal des vers. Les arcs artériels se ramifient sur les arcs branchiaux en un réseau de capillaires respiratoires ; aussi contiennent-ils, dans leur portion inférieure, dans les arcs artériels branchiaux, du sang veineux, tandis que du sang artériel circule dans leur portion supérieure dans les arcs aortiques. On appelle racines aortiques les anastomoses droites et gauches des arcs artériels de l'aorte. Il finit par ne plus rester que cinq paires d'arcs aortiques, d'abord fort nombreux ; c'est de ces cinq paires d'arcs (fig. 188) que proviennent, chez tous les vertébrés supérieurs, les principaux troncs du système artériel.

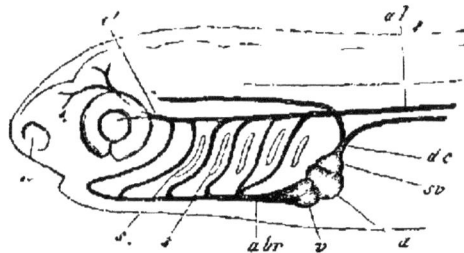

Fig. 187.

L'apparition des poumons et de la respiration aérienne, que nous rencontrons d'abord chez les dipneustes, influe beaucoup sur le développement ultérieur des vaisseaux dont nous venons de parler. Chez les dipneustes, l'oreillette cardiaque se divise par une cloison incomplète en deux moitiés. A partir de ce moment, l'oreillette droite seule reçoit le sang veineux du corps. L'oreillette gauche, au contraire, reçoit le sang artériel des veines pulmonaires. Les deux oreillettes s'ouvrent dans un grand ventricule, où les deux sangs se mélangent, puis sont chassés ensemble dans les arcs artériels. Des derniers arcs artériels naissent les artères pulmonaires (fig. 189, *p*; 190, *p*); ces ar-

Fig. 187. — *Tête d'un embryon de poisson*, avec le rudiment du système circulatoire, vue du côté gauche. *dc*, canal de Cuvier (union des veines antérieure et postérieure). *sv*, sinus veineux (portion élargie du canal de Cuvier). *a*, oreillette. *v*, ventricule. *abr*, tronc des artères branchiales. *s*, fentes branchiales (entre les arcs artériels). *ad*, aorte. *c'*, artère principale (carotide). *n*, fosse nasale. (D'après Gegenbaur.)

tères chassent une partie du sang mélangé dans les poumons,
tandis que le reste est poussé par l'aorte dans le corps.

Au-dessus des dipneustes, le développement progressif du système circulatoire continue, et finalement, alors que la respiration
branchiale cesse, les deux moitiés du système circulatoire se séparent complétement. Chez les amphibies, la cloison intermédiaire des oreillettes se complète. Durant le premier âge, ces
animaux respirent encore par des branchies, leur circulation se
fait comme chez les poissons et leur cœur ne contient plus que
du sang veineux. Chez les protamniotes et les reptiles, le ventricule lui-même et le tronc artériel qui en part commencent à se

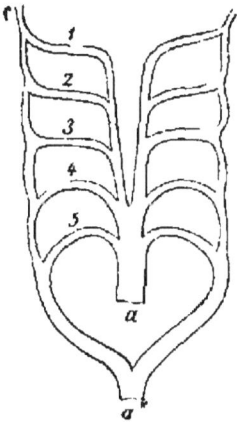
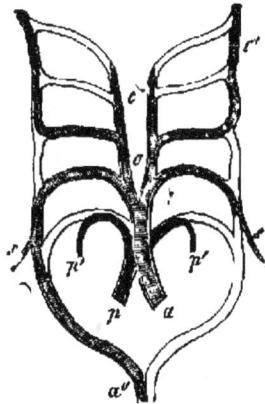
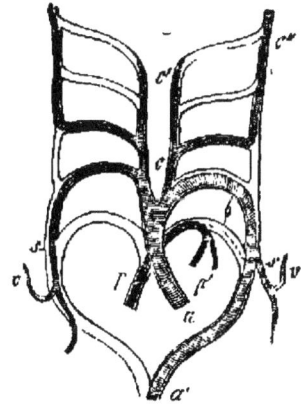

Fig. 188.   Fig. 189.   ·   Fig. 190.

partager, par une cloison longitudinale, en deux moitiés, et cette
cloison se complète chez les reptiles supérieurs et chez les
formes ancestrales des mammifères. Alors la moitié droite du
cœur ne contient plus que du sang veineux, la moitié gauche
ne contient plus que du sang artériel, comme il arrive chez les

Fig. 188. — *Les cinq arcs artériels des crâniotes* (de 1 à 5), dans leur disposition primitive. *a.* tronc artériel. *a''.* tronc de l'aorte. *c.* artère principale
(carotide), continuation antérieure des racines aortiques. (D'après Rathke.)

Fig. 189. — *Les cinq arcs artériels des oiseaux*, les portions teintées de
clair ont disparu; les portions obscures persistent seules. Les lettres comme
dans la figure 188. *s*, artère sous-clavière. *p*, artères pulmonaires. *p'*, ses branches. (D'après Rathke.)

Fig. 190. — *Les cinq arcs artériels des mammifères*, lettres comme dans la
figure. *v*, artères vertébrales. *b*, conduit de Botal, ouvert chez l'embryon, fermé
plus tard. (D'après Rathke.)

oiseaux et les mammifères. L'oreille droite reçoit le sang veineux des veines périphériques et le ventricule droit le chasse
dans les poumons par les artères pulmonaires. Des poumons, le
sang, devenu artériel, revient par les veines pulmonaires à
l'oreillette gauche, et il est chassé par le ventricule gauche
dans les artères du corps. Entre les artères pulmonaires et les
veines pulmonaires, qu'il relie, se trouve le système capillaire
de la petite circulation ou circulation pulmonaire. Entre les artères et les veines du corps, se trouve le système capillaire de la
grande circulation ou circulation générale. C'est seulement dans
les classes les plus élevées des vertébrés, chez les oiseaux et les
mammifères, que la séparation des deux circulations est complète. Cette séparation s'est d'ailleurs effectuée isolément dans

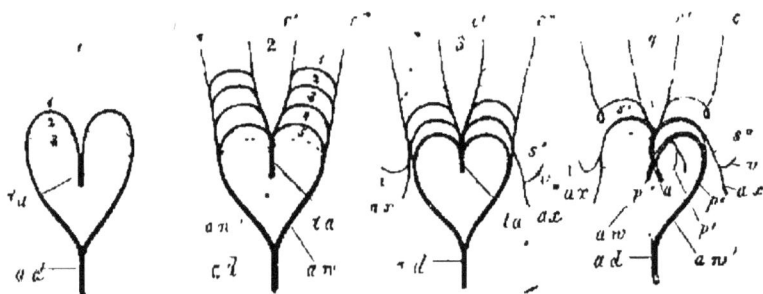

Fig. 191.

chaque classe, ainsi que nous l'apprend à lui seul l'inégal développement de l'aorte. Chez les oiseaux, qui descendent des reptiles, la moitié droite du quatrième arc artériel s'est transformée
en arc aortique (*arcus aortae*) permanent (fig. 189). Au contraire, ce même arc est provenu de la moitié gauche du même
arc artériel chez les mammifères, qui descendent directement
des protamniotes (fig. 190).

Fig. 191. — *Transformation des cinq arcs artériels chez l'embryon humain* (schema d'apres Rathke). *ta*, tronc arteriel. 1, 2, 3, 4, 5, les cinq premieres paires d'arcs arteriels. *ad*, tronc aortique. *aw*, racines aortiques. Dans
la figure 1, les trois arcs aortiques sont indiqués ; dans la figure 2, les cinq
arcs sont dessines (les lignes ponctuees indiquent les arcs non developpes).
Dans la figure 3, les deux premiers arcs ont deja disparu. La figure 4 repre-
sente les troncs arteriels definitifs ; les lignes ponctuees indiquent les arcs disparus. *s*, artere sous-claviere. *v*, artere vertebrale. *ax*, artère axillaire. *c*, artere carotide. *c'*, carotide externe. *c''*, carotide interne. *p*, artere pulmonaire.

Le système artériel complétement développé paraît dissemblable dans les diverses classes des vertébrés, pourtant il dérive partout de la même forme fondamentale. Chez l'homme, l'évolution du système circulatoire s'effectue exactement comme chez les autres mammifères ; la transformation des cinq arcs artériels est surtout identique (fig. 191). Il apparait d'abord une seule paire d'arcs, située à la surface interne de la première paire d'arcs branchiaux (fig. 92-94 ; fig. 191,₁). En arrière de cette première paire s'en développent une deuxième et une troisième, situées en dedans des deuxième et troisième arcs branchiaux. Enfin, en arrière de ces dernières paires, il en apparait encore une quatrième et une cinquième (fig. 191,₂). Mais à mesure que les deux dernières paires se développent, les deux premières s'oblitèrent (fig. 193,₃). C'est seulement des trois arcs artériels postérieurs (3, 4, 5, dans la figure 191,₂) que proviennent les troncs artériels définitifs ; les artères pulmonaires se forment aux dépens du dernier arc (p, fig. 191, 4) (voir fig. 190).

Le cœur de l'homme se développe exactement comme celui des mammifères. Nous avons déjà retracé à grands traits l'embryologie de l'homme, qui coïncide essentiellement avec sa phylogénie (fig. 88-92). Vous n'avez pas oublié que le cœur commence par un épaississement fusiforme du feuillet fibro-intestinal dans la paroi abdominale de l'intestin céphalique (fig. 88, d f). Puis le rudiment cardiaque, fusiforme, s'évide, devient une poche simple, se sépare de son lieu d'origine et, à partir de ce moment, est libre dans la cavité cardiaque (fig. 90-91). Bientôt cette poche s'incurve en S (fig. 89) et pivote autour d'un axe idéal, de telle sorte que sa partie postérieure vient se placer sur la surface dorsale de la portion antérieure. C'est dans l'extrémité postérieure que s'ouvrent les veines vitellines réunies (fig. 94, d). De l'extrémité antérieure partent les arcs aortiques, d'abord au nombre de deux seulement, puis de plusieurs paires.

Cette ébauche première du cœur humain, qui n'est encore qu'une poche simple, rappelle le cœur de l'ascidie, et peut être considérée comme une répétition du cœur des chordoniens ; mais bientôt le cœur se différencie en deux, puis en trois sections, qui le font ressembler, pour un temps, au cœur des cyclostomes et des poissons.

La rotation en spirale et l'incurvation du cœur s'accusent de plus en plus ; en même temps se creusent trois étranglements transversaux, limitant extérieurement trois sections cardiaques (fig. 192-193). La section antérieure, tournée vers le côté abdominal et d'où naissent les arcs aortiques, reproduit le bulbe artériel (*bulbus arteriosus*) des sélaciens. La section moyenne est le rudiment d'un ventricule simple (*ventriculus*), et la postérieure, tournée vers le côté dorsal et dans laquelle débouchent les veines vitellines, est le rudiment d'une oreillette simple (*atrium*). Cette dernière forme, exactement comme l'oreillette simple du cœur des poissons, une paire d'expansions latérales, les *auricules* cardiaques (*auriculae*, fig. 192, *b*); l'étranglement annulaire, qui sépare l'oreillette du ventricule, s'appelle canal auriculaire (*canalis auricularis*, fig. 193, *ca*). A ce

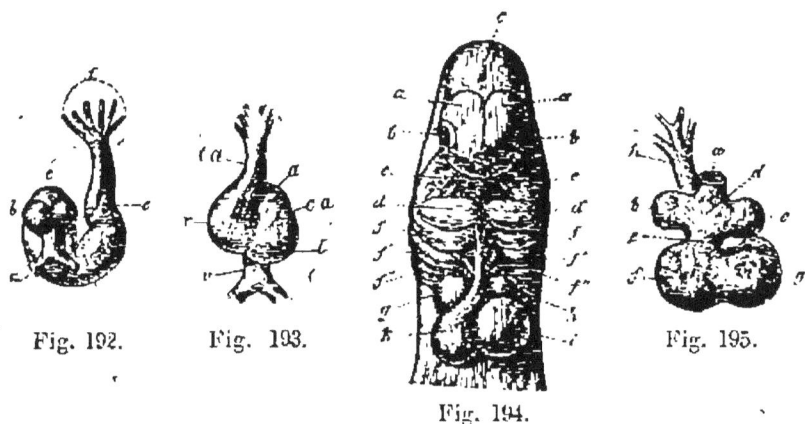

Fig. 192.   Fig. 193.

Fig. 194.

Fig. 195.

moment, le cœur de l'embryon humain est exactement un cœur de poisson.

L'ontogénèse du cœur humain est tout à fait d'accord avec sa

Fig. 192. — *Cœur d'un embryon de lapin*, vu postérieurement. *a*, veines vitellines. *b*, auricules cardiaques. *c*, oreillette. *d*, ventricule. *e*, tronc artériel. *f*, base des trois paires d'arcs artériels. (D'après Bischoff.)

Fig. 193. — *Cœur du même embryon*, vu antérieurement. *v*, veines vitellines. *a*, oreillette. *ca*, canal auriculaire. *l*, ventricule gauche. *r*, ventricule droit. *ta*, tronc artériel. (D'après Bischoff.)

Fig. 194. — *Cœur et tête d'un embryon de chien*, vus antérieurement. *a*, cerveau antérieur. *b*, yeux. *c*, cerveau moyen. *d*, maxillaire inférieur primitif. *e*, maxillaire supérieur primitif. *f*, arcs branchiaux. *g*, oreillette droite. *h*, oreillette gauche. *i*, ventricule gauche. *k*, ventricule droit. (D'après Bischoff.)

Fig. 195. — *Cœur du même embryon*, vu postérieurement. *a*, embouchure des veines vitellines. *b*, auricule gauche cardiaque. *c*, auricule droite cardiaque. *d*, oreillette. *e*, canal auriculaire. *f*, ventricule gauche. *g*, ventricule droit. *h*, tronc artériel. (D'après Bischoff.)

phylogénèse (XXXIIIᵉ tableau) pour nous montrer un graduel
passage du cœur du poisson au cœur de l'amphibie, de l'amphibie au cœur du mammifère. Le fait le plus important de cette
graduelle transformation est la formation d'une cloison longitudinale d'abord incomplète, puis complète. Cette cloison partage
les trois sections du cœur en une moitié droite, veineuse, et une
moitié gauche, artérielle (fig. 194-199). Par cette cloison,
l'oreillette est divisée en un atrium droit et un gauche, à cha-

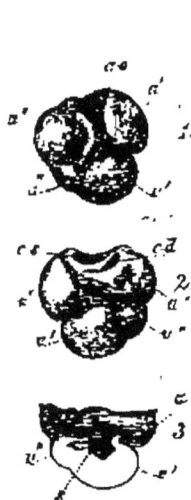

Fig. 197.

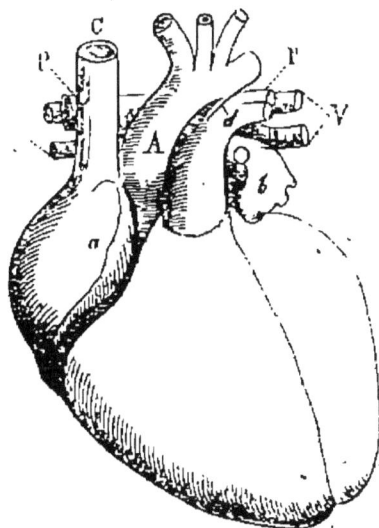

Fig. 196.   Fig. 198.   Fig. 199.

Fig. 196. — *Cœur d'un embryon humain de quatre semaines*, 1° vu antérieurement; 2° vu postérieurement; 3° cœur ouvert: la moitié supérieure de
l'oreillette est enlevée. *a'*, oreillette cardiaque gauche. *a''*, oreillette cardiaque
droite. *v'*, ventricule gauche. *v''*, ventricule droit. *ao*, bulbe artériel. *c*, veine
cave supérieure. *cd*, droite. *cs*, gauche. *s*, rudiment de la cloison ventriculaire.
(D'après Kœlliker.)

Fig. 197. — *Cœur d'un embryon humain de six semaines*, vu antérieurement. *r*, ventricule droit. *t*, ventricule gauche. *s*, sillon intermédiaire aux
deux ventricules. *ta*, bulbe artériel. *af*, sillon à la surface du bulbe; à droite
et à gauche, les deux grandes oreillettes. (D'après Ecker.)

Fig. 198. — *Cœur d'un embryon humain de huit semaines*, vu postérieurement. *a'*, oreillette cardiaque gauche. *a''*, oreillette cardiaque droite. *v'*, ventricule gauche. *v''*, ventricule droit. *cd*, veine cave supérieure droite. *cs*, veine
cave supérieure gauche. *ci*, veine cave inférieure. (D'après Kœlliker.)

Fig. 199. — *Cœur de l'homme adulte*, vu antérieurement dans sa position
naturelle. *a*, oreillette droite (au-dessous, le ventricule droit). *b*, oreillette
gauche (au-dessous, le ventricule gauche). *C*, veine cave supérieure. *V*, veines
pulmonaires. *P*, artères pulmonaires, conduit de Botal. *A*, aorte. (D'après
Meyer.)

cun desquels appartient l'auricule correspondante ; dans l'oreillette droite débouchent les veines du corps, les veines caves supérieure et inférieure (fig. 196, *c* ; 198, *c*) ; l'oreillette gauche reçoit les veines pulmonaires. En même temps on apperçoit de bonne heure un sillon superficiel, interventriculaire (*sulcus interventricularis*, fig. 197, *s*), correspondant à la cloison interne qui, une fois complète, divise le ventricule en deux loges, une loge droite, veineuse, et une loge gauche, artérielle. Une cloison longitudinale se développe finalement dans la troisième section du cœur pisciforme primitif, dans le bulbe artériel, et elle est aussi marquée par un sillon longitudinal (fig. 197, *a f*). Par suite, la cavité du bulbe artériel se divise en deux moitiés latérales : le bulbe artériel pulmonaire, s'ouvrant dans le ventricule droit, et le bulbe aortique, s'ouvrant dans le ventricule gauche. Pour que la petite circulation ou circulation pulmonaire soit complétement séparée de la grande ou circulation du corps, il faut que la formation de ces cloisons soit complète ; le centre moteur de la première est dans la moitié droite du cœur ; le centre moteur de la seconde est dans la moitié cardiaque gauche (voir, dans le XXXIIIe tableau, la vue d'ensemble de la phylogénie du cœur humain).

Primitivement, le cœur de l'embryon humain et de tous les amniotes est situé bien en avant, sur le côté inférieur de la tête ; c'est sa situation permanente, chez les poissons, où il se trouve en avant du pharynx. Plus tard, à mesure que se développent le cou et la poitrine, le cœur recule de plus en plus et finit par être placé au-dessous, dans la poitrine, entre les deux poumons. D'abord il est situé, tout à fait symétriquement, dans le plan moyen du corps, avec l'axe duquel son axe longitudinal se confond (pl. II, fig. 8). Chez la plupart des mammifères, cette position symétrique persiste toute la vie. Au contraire, chez les singes, l'axe du cœur commence à s'incliner et la pointe du cœur se déplace vers la gauche. Ce mouvement de rotation s'accuse surtout chez les singes anthropoïdes, qui se rapprochent de l'homme aussi par cette particularité.

L'embryologie du cœur humain, comme celle de toutes les autres sections du système vasculaire, suggère de nombreuses et importantes conclusions phylogéniques ([136]). Mais, pour en bien apprécier la valeur, il faut bien connaître la structure complexe du système circulatoire, chez l'homme et chez les

autres vertébrés ; force nous sera donc de ne pas nous y arrêter. Nombre des faits ontogéniques du système circulatoire,
surtout ceux qui ont trait à la formation des diverses parties
de ce système aux dépens des feuillets blastodermiques secondaires, sont encore très-obscurs et très-discutés. C'est ce qui a
lieu, par exemple, pour l'origine de l'épithélium cœlomatique,
c'est-à-dire de la couche de cellules qui tapisse la cavité cardiaque. Sans doute il y a une importante différence phylogénétique entre l'*exocœlar* ou épithélium cœlomatique pariétal, qui
provient du feuillet fibro-cutané, et l'*endocœlar* ou épithélium
cœlomatique viscéral, qui dérive du feuillet fibro-intestinal. Le
premier peut dépendre de l'épithélium embryonnaire mâle, rudiment du testicule; le second dépend sans doute de l'épithélium
embryonnaire féminin, rudiment de l'ovaire (voir le XXXIV⁰ tableau et la XV⁰ leçon).

Il faut bien remarquer que la forme première du système
circulatoire et notamment la formation des vaisseaux vitellins
(*vasa vitellina* ou *vasa omphalo-mesenterica*, fig. 93, 94)
ne représente pas, au point de vue phylogénétique, une formation
primaire, mais une formation secondaire. Chez l'embryon de
l'homme et chez celui de tous les autres amniotes, ce système
circulatoire embryonnaire n'est qu'un produit d'adaptation au
développement du jaune de nutrition ou de la vésicule ombilicale : il apparaît avec eux. La forme primitive du système circulatoire des vertébrés, telle que la conserve encore l'amphioxus,
s'altère graduellement et disparaît quand se développe le jaune
de nutrition, ce qui a déjà lieu chez les poissons. Ce fait évident vient encore corroborer notre loi biogénétique fondamentale: l'embryologie de chaque système organique, dans un organisme isolé, est, en soi, parfaitement inintelligible; elle ne
saurait se comprendre sans le secours de l'anatomie comparée
et de l'étiologie phylogénique.

TRENTE-DEUXIÈME TABLEAU.

*Vue d'ensemble des principales périodes phylogéniques
du système circulatoire humain.*

I. Première période : *Ancienne circulation des scolécides.*

Entre le tégument cutané et la paroi intestinale se forme une simple
cavité viscérale, une « cavité périentérique », comme il arrive encore chez
les bryozoaires et les autres cœlomates.

II. Deuxième période : *Circulation plus récente des scolécides.*

Dans la paroi intestinale (dans le feuillet fibro-intestinal) apparaissent
les premiers vaisseaux sanguins, un vaisseau dorsal sur la ligne médiane du côté dorsal, et un vaisseau abdominal sur la ligne médiane du
côté abdominal de l'intestin. L'un et l'autre proviennent de l'union de
plusieurs anneaux vasculaires entourant l'intestin.

III. Troisième période : *Ancienne circulation des chordoniens.*

Pendant que la moitié intestinale antérieure se transforme en intestin
branchial, la portion antérieure du vaisseau abdominal se transforme
en artères branchiales et la portion antérieure du vaisseau dorsal en
veines branchiales; entre les deux se développe un réseau capillaire.

IV. Quatrième période : *Circulation plus récente des chordoniens.*

La portion du vaisseau abdominal située d'abord derrière l'intestin
branchial s'élargit en une simple poche cardiaque (ascidies).

V. Cinquième période : *Circulation des acrâniens.*

Le vaisseau abdominal (veine intestinale) forme, autour de la poche
hépatique existant alors, la première ébauche d'un système de la veine
porte.

VI. Sixième période : *Circulation des cyclostomes.*

Le cœur uniloculaire se divise en deux loges : un ventricule postérieur
et une oreillette antérieure. Avec le système vasculaire sanguin apparaît
le système lymphatique.

VII. Septième période : *Circulation des poissons primitifs.*

De la section antérieure du ventricule part un bulbe artériel, duquel
partent cinq paires d'arcs artériels.

VIII. Huitième période : *Circulation des dipneustes.*

De la dernière paire d'arcs artériels, de la cinquième, se développent
les artères pulmonaires, comme chez les dipneustes.

IX. Neuvième période : *Circulation des amphibies.*

Les artères branchiales disparaissent avec les branchies. A droite et à
gauche, des arcs artériels persistent.

X. Dixième période : *Circulation des mammifères.*

La séparation entre la grande et la petite circulation est parfaite. L'arc
artériel droit et le conduit de Botal disparaissent.

TRENTE-TROISIÈME TABLEAU.

*Vue d'ensemble des principales périodes phylogéniques
du cœur humain.*

I. Première période : *Cœur des chordoniens.*

Le cœur forme une simple ampoule fusiforme du vaisseau abdominal, et la direction du sang y change alternativement, comme chez les ascidies.

II. Deuxième période: *Cœur des acrâniens.*

Le cœur ressemble à celui des chordoniens, mais la direction du sang y est constante et il se contracte toujours d'arrière en avant (rétrogradation chez l'amphioxus).

III. Troisième période: *Cœur des cyclostomes.*

Le cœur se divise en deux loges, une oreillette postérieure (atrium) et un ventricule antérieur (ventriculus).

IV. Quatrième période: *Cœur des poissons primitifs.*

De la portion antérieure du ventricule part un bulbe artériel (bulbus arteriosus), comme chez tous les sélaciens.

V. Cinquième période : *Cœur des dipneustes.*

L'oreillette se divise, comme chez les dipneustes, par une cloison incomplète et perforée, en une moitié droite et une gauche.

VI. Sixième période : *Cœur des amphibies.*

La cloison séparant les deux oreillettes est complète, comme chez les amphibies supérieurs.

VII. Septième période : *Cœur des protamniens.*

Le ventricule se divise, par une cloison incomplète, en une moitié droite et une gauche (comme chez les reptiles).

VIII. Huitième période : *Cœur des monotrèmes.*

La paroi interventriculaire est complète, comme chez les mammifères.

IX. Neuvième période: *Cœur des marsupiaux.*

Les valvules situées entre les ventricules et les oreillettes (valvules atrioventriculaires) avec leurs fils tendineux et leurs papilles musculaires se différencient des tractus musculaires des monotrèmes.

X. Dixième période : *Cœur des singes.*

L'axe du cœur, d'abord situé sur la ligne moyenne, se déplace obliquement, de sorte que sa pointe se dirige à gauche (comme chez les singes et l'homme).

TRENTE-QUATRIÈME TABLEAU.

Vue d'ensemble des organes primitifs, qui, vraisemblablement, peuvent être considérés comme homologues chez les vers, les articulés, les mollusques et les vertébrés [137].

VERMES.	ARTHROPODA.	MOLLUSCA.	VERTEBRATA.

I. Produits de différenciation du feuillet cutané-sensitif.

VERMES.	ARTHROPODA.	MOLLUSCA.	VERTEBRATA.
1. Épiderme (epidermis)	1. Membrane chitinée (hypodermis)	1. Épiderme (epidermis)	1. Épiderme (epidermis)
2. Cerveau (ganglion sus-œsophagien)	2. Cerveau (ganglion sus-œsophagien)	2. Cerveau (ganglion sus-œsophagien)	2. Tube medullaire (portion la plus anterieure)
3. Organes d'excretion (vaisseaux aqueux, organe segmente)	3. Glandes de la carapace des crustaces (trachees des tracheates?)	3. Rudiments des reins.	3. Conduits des reins primitifs (proturetères)

II. Produits de différenciation du feuillet fibro-cutané.

VERMES.	ARTHROPODA.	MOLLUSCA.	VERTEBRATA.
4. Derme (corium) (avec la poche musculaire annulaire!)	4. Derme (rudiment!)	4. Derme (corium) (avec la musculature cutanee?)	4. Derme (corium) (avec la couche musculaire cutanee?)
5. Poche musculaire longitudinale	5. Musculature du tronc	5. Musculature interne du tronc	5. Musculature laterale du tronc
6. Exocœlar. Couche cellulaire la plus interne de la paroi viscerale (avec la lamelle embryonnaire mâle)	6. Exocœlar. Couche cellulaire la plus interne de la paroi viscerale (avec la lamelle embryonnaire mâle)	6. Exocœlar. Épithelium cœlomatique parietal (avec la lamelle embryonnaire mâle)	6. Exocœlar. Épithélium cœlomatique parietal (avec la lamelle embryonnaire mâle)

III. Produits de différenciation du feuillet fibro-intestinal.

VERMES.	ARTHROPODA.	MOLLUSCA.	VERTEBRATA.
7. Cavité viscérale (cœlom)	7. Cavite viscerale (cœlom)	7. Cavite viscerale (cœlom)	7. Cavité pleuroperitonéale
8. Endocœlar. Couche cellulaire la plus exterieure de la paroi intestinale (avec la lamelle embryonnaire femelle)	8. Endocœlar. Couche cellulaire la plus exterieure de la paroi intestinale (avec la lamelle embryonnaire femelle)	8. Endocœlar. Épithelium cœlomatique visceral (avec la lamelle embryonnaire femelle)	8. Endocœlar. Épithelium cœlomatique visceral (avec la lamelle embryonnaire femelle?)
9. Vaisseau dorsal	9. Cœur	9. Ventricule cardiaque (avec bulbe arteriel)	9. Aorta (primordialis)
10. Vaisseau abdominal	10. —	10. —	10. Cœur (avec artère branchiale)
11. Paroi intestinale (à l'exclusion de l'epithelium)	11. Paroi intestinale (à l'exclusion de l'epithelium)	11. Paroi intestinale (à l'exclusion de l'epithelium)	11. Paroi intestinale (à l'exclusion de l'epithelium)

IV. Produits de différenciation du feuillet intestino-glandulaire.

VERMES.	ARTHROPODA.	MOLLUSCA.	VERTEBRATA.
12. Épithelium intestinal	12. Épithelium intestinal	12. Épithelium intestinal	12. Épithelium intestinal

VINGT-CINQUIÈME LEÇON.

HISTOIRE DU DÉVELOPPEMENT DES ORGANES GÉNITO-URINAIRES.

Dans les sciences naturelles, les vérités les plus importantes ne se découvrent ni par la seule analyse philosophique, ni par la seule expérience, mais par une « expérimentation pensante », qui sait distinguer l'essentiel de l'accessoire et arrive ainsi à dégager des propositions fondamentales, qui suggéreront quantité d'expériences. Cela est au-dessus de la simple expérience, c'est, si l'on veut, de « l'expérimentation philosophique »

JEAN MULLER (1840).

Importance de la reproduction. — Croissance. — Formes les plus simples de la reproduction asexuée : division et bourgeonnement. — Formes les plus simples de la reproduction sexuée : soudure de deux cellules différenciées, de la cellule spermatique mâle et de la cellule ovulaire femelle. — Fécondation. — Source primitive de l'amour. — Hermaphroditisme primitif, séparation ultérieure des sexes (gonochorismus). — Les deux cellules sexuelles primitives dérivent des deux feuillets blastodermiques primitifs. — Exoderme mâle et entoderme femelle. — Origine des testicules et de l'ovaire. — Migration des cellules sexuelles dans le cœlom. — Rudiment hermaphroditique de l'épithelium embryonnaire ou de la lamelle sexuelle. — Conduits sexuels d'expulsion : oviductes et canaux deferents. — Leur origine aux depens des conduits renaux primitifs. — Organes d'excretion des vers. Canaux noueux des annelides. — Canaux lateraux de l'amphioxus. — Reins primitifs des myxinoïdes. — Reins primitifs des crâniotes. — Evolution des reins secondaires permanents chez les amniotes. Formation de la vessie urinaire aux depens de l'allantoïde. — Differenciation des canaux primaires et secondaires des reins primitifs : canal de Muller (oviductes) et canal de Wolff (canaux deferents). — Migration des glandes generatrices chez les mammiferes. — Formation de l'œuf chez les mammiferes (pellicule de Graaf). — Origine des organes sexuels externes. — Formation du cloaque. — Hermaphroditisme chez l'homme.

Messieurs,

Si nous voulons apprécier l'importance des systèmes organiques d'après la richesse des phénomènes dont ils sont le siége et d'après l'intérêt physiologique qui s'y rattache, force nous sera de faire grand cas du système dont il nous reste à étudier le développement : je veux parler du système des organes reproducteurs. De même que la nutrition est la condition nécessaire pour la conservation de l'individu organique, ainsi le maintien de l'espèce est subordonné à la reproduction, de laquelle dépend aussi la conservation de la longue série de générations qui, dans leur connexion généalogique, représentent la tribu organique ou phylum. Nul organisme ne vit éternellement. Un court espace de temps est accordé à son évolution individuelle, un instant fugitif dans la série des cycles chronologiques de l'histoire organique terrestre.

Aussi la reproduction, en y comprenant l'hérédité, qui en dépend strictement, a été, avec la nutrition, considérée comme la plus importante des fonctions organiques fondamentales ; d'ordinaire on la considère comme la caractéristique des corps vivants, par opposition aux corps sans vie ou anorganiques. Pourtant cette division est moins profonde, moins compréhensive qu'elle ne le semble à première vue. En effet, si l'on pénètre bien la nature des phénomènes reproducteurs, on voit bientôt qu'il s'agit là d'une propriété générale commune aux corps anorganiques et organiques : cette propriété est la croissance. La reproduction est un excès de nutrition et de croissance de l'organisme ; cet excès déborde au delà de l'organisme et enlève une partie au tout. Cela devient évident quand on étudie la reproduction des organismes les plus simples et les plus inférieurs, surtout des monères et des amibes unicellulaires. Quand l'un de ces individus élémentaires, qui sont de simples plastides, a atteint, par les progrès de la nutrition et de la croissance, un certain volume, il ne le dépasse pas, mais se partage, par simple division, en deux moitiés semblables. Puis chacune de ces moitiés mène une vie individuelle, croît, à son tour, jusqu'à la limite, puis se divise. Dans chacune de ces scissions il se forme deux nouveaux centres d'attraction, bases des deux nouveaux individus, tandis que, dans la croissance, tout se passe autour d'un centre unique ([138]).

Chez beaucoup d'autres protozoaires, la reproduction ne se fait plus par division, mais par bourgeonnement. Dans ce cas, la croissance, qui fraye la voie à la reproduction, n'est point totale, comme dans la division, mais partielle. On peut donc, dans le bourgeonnement, considérer le produit de croissance locale, le bourgeon, qui devient un nouvel individu, comme l'enfant de l'organisme d'où il sort. Ce dernier est plus âgé et plus volumineux que le premier, tandis que, dans la division simple, les produits sont de même âge et de même valeur morphologique. Les formes suivantes de la reproduction asexuée sont, en troisième lieu, la formation de bourgeons germinatifs, la polysporogonie et, en quatrième lieu, la formation des cellules germinatives, la monosporogonie. Mais cette dernière forme nous mène immédiatement à la reproduction sexuelle, dont la condition fondamentale est la différenciation des deux sexes. Dans ma « Morphologie générale » (vol. II, p. 32-71) et dans mon « Histoire de la création naturelle », j'ai démontré la connexion de ces divers modes de reproduction.

Tous les antiques ancêtres de l'homme et des animaux supérieurs n'étaient pas encore doués de la fonction supérieure de reproduction sexuée ; ils se multipliaient simplement par division, bourgeonnement, polysporogonie et monosporogonie, comme le font encore aujourd'hui la plupart des protozoaires. Ce fut seulement dans une période ultérieure de l'histoire organique terrestre que se produisit la séparation sexuelle, et cela se fit de la façon la plus simple : deux cellules se détachèrent de l'organisme polycellulaire et se fondirent ensemble, pour former un nouvel individu indépendant. Dans ce cas, la croissance, qui est la condition préalable de la reproduction, arrive à ce point que deux cellules pleinement développées s'unissent pour former un seul individu d'un volume considérable. C'est la « copulation » ou « conjugaison ». Dans le principe, les deux cellules qui copulent peuvent être identiques. Mais bientôt, par suite de la sélection naturelle, il se produit entre elles une certaine opposition. C'est qu'en effet il est fort avantageux, pour le nouvel individu, dans la lutte pour vivre, d'hériter des propriétés diverses de chacune des cellules-mères. En s'accentuant, cette opposition progressive des deux cellules génératrices arriva à la différenciation sexuelle. L'une des cellules devint mâle ou spermatique ; l'autre devint femelle ou ovulaire.

La forme la plus simple de reproduction sexuée, parmi les animaux actuels, nous est représentée par les éponges inférieures et surtout par les éponges calcaires ou calcispongiées. La forme la plus simple de ces éponges est l'*olynthus*, dont le corps tout entier n'est qu'une simple poche intestinale, différant de la gastrula (fig. 108) par cela seulement qu'elle est fixée par son extrémité opposée à la bouche (fig. 109). La mince paroi de cette poche est formée uniquement par les deux feuillets blastodermiques primaires. Dès que l'olynthus est apte à la génération, quelques cellules de sa paroi deviennent des cellules ovulaires; d'autres deviennent des cellules spermatiques : les premières acquièrent un volume considérable par la formation, dans leur protoplasme, d'une grande quantité de granulations vitellines; les autres, au contraire, à force de se diviser, deviennent très-petites et se métamorphosent en cellules spermatiques filiformes et mobiles (fig. 11). Une fois détachées du feuillet blastodermique primaire, les deux espèces de cellules tombent, soit dans l'eau ambiante, soit dans la cavité intestinale; elles s'y unissent et se fondent ensemble. C'est là le procédé supérieur de la fécondation de la cellule ovalaire par la cellule spermatique, dont nous avons déjà parlé.

Ce mode si simple de reproduction sexuée, que nous observons chez les zoophytes inférieurs, surtout chez les éponges calcaires et les polypes hydroïdes, nous enseigne plusieurs choses très-importantes: primitivement, que, dans sa forme la plus simple, la reproduction sexuée s'opère par la simple fusion des deux cellules différentes, une cellule ovulaire femelle et une cellule ovulaire mâle (concrescence). Quant à toutes les autres conditions, à tous les autres phénomènes complexes qui, chez les animaux supérieurs, accompagnent l'acte de la reproduction, ils sont simplement secondaires; ce sont des accessoires ajoutés, par différenciation, à l'acte primaire et fort simple de la copulation. Songeons maintenant au rôle capital que les relations sexuelles jouent partout dans la nature organisée, dans le règne végétal, dans la vie des animaux et de l'homme; rappelons-nous de quelle variété d'actes intéressants le penchant mutuel des deux sexes l'un pour l'autre, « l'amour », en un mot, est le mobile; c'est là sûrement une des plus puissantes causes mécaniques d'une différenciation supérieure; aussi le fait d'avoir ramené « l'amour » à sa vraie cause, à l'attrait réciproque de deux cellules, ne saurait être prisé trop haut. Partout, dans la nature vivante, des petites causes de ce genre produisent les plus grands effets. Songez encore au rôle que jouent dans la nature les organes sexuels des plantes phanérogamiques, les fleurs; songez à combien de phénomènes curieux la sélection sexuelle donne lieu dans la vie animale; songez enfin à tous les résultats de l'amour dans la vie humaine; or, tout cela a pour raison d'être l'union de deux cellules; et cet admirable phénomène provoque partout les effets les plus variés. Point d'acte organique qui puisse rivaliser avec celui-ci, même de loin, en puissance et en force de différenciation, En effet, le mythe sémitique d'Ève, qui séduisit Adam, pour l'amour du savoir, la vieille légende grecque de Páris et d'Hélène, tant d'autres poëmes magnifiques n'expriment-ils pas simplement et poétiquement l'énorme influence que l'amour et la sélection sexuelle, qui en dépend ([20]), ont exercée dans l'histoire du monde, depuis la séparation des sexes? L'influence de toutes les autres passions qui agitent le cœur humain ne saurait entrer en balance avec celle de l'amour, qui enflamme les sens et fascine la raison. D'un côté, nous célébrons dans l'amour la source des œuvres d'art les plus sublimes, des créations poétiques les plus nobles, de la musique ; nous le vénérons comme le plus puissant facteur de la civilisation humaine, la cause première de la vie de famille et par suite de la vie sociale. D'autre part, nous redoutons l'amour comme une flamme destructive : c'est lui qui pousse le malheureux à sa perte ; c'est lui qui a enfanté plus de misère, plus de vice et de crime que toutes les calamités humaines ensemble. L'amour est si prodigieux, son influence est si énorme sur la vie psychique, sur les fonctions les plus dissemblables des centres nerveux, qu'on serait tenté, ici plus que partout ailleurs, de douter de l'effet surnaturel de notre explication naturelle. Néanmoins, la biologie comparée et l'histoire du développement nous conduisent sûrement, indubitablement, à la source la plus ancienne et la plus simple de l'amour, à *l'affinité élective de deux cellules différentes: la cellule spermatique et la cellule ovulaire.*

Les zoophytes les plus inférieurs nous ont montré l'origine fort simple des phénomènes les plus complexes de la reproduction ; ils nous enseignent, en outre, que la première forme sexuelle a été l'hermaphrodisme et que la séparation des sexes ne s'est produite que secondairement, par division du travail. L'hermaphrodisme (*hermaphroditismus*) domine dans les groupes les plus divers des animaux inférieurs; ici chaque individu parvenu à la période de maturité sexuelle, chaque *personne* possède des cellules mâles et femelles et est capable de se féconder et de se reproduire. Ce n'est pas seulement chez les zoophytes inférieurs, chez les éponges calcaires et quantité de polypes hydroïdes, par exemple chez l'hydre commune d'eau douce (*hydra*), que le même individu possède des cellules ovulaires et des cellules spermatiques ; nombre de vers, par exemple, les ascidies, les ascarides, les sangsues, beaucoup de limaçons, par exemple, le limaçon des jardins et des vignes, et quantité d'autres invertébrés sont ainsi hermaphrodites. Tous les antiques ancêtres invertébrés de l'homme, depuis les gastréades jusqu'aux chordoniens, ont été hermaphrodites. Il y a quelques années, les recherches de Waldeyer ont apporté une forte preuve à l'appui de cette idée ; ce savant a, en effet, établi que, même chez les vertébrés, sans en excepter l'homme, le premier rudiment des organes sexuels est hermaphrodite ; nous aurons à revenir sur ce point [139]. C'est seulement dans le cours ultérieur de la phylogénie que l'hermaphrodisme a fait place à la séparation des sexes, au gonochorisme (*gonochorismus*) D'abord la possession des cellules, soit mâles, soit femelles, a été la seule différence entre les individus semblables pour tout le reste, comme il arrive aujourd'hui encore chez l'amphioxus et les cyclostomes. Ce fut plus tard que la sélection sexuelle, si bien élucidée par Darvin, cette sélection si active, a provoqué le développement des « caractères sexuels secondaires », des différences qui ne portent pas sur les organes sexuels proprement dits, mais sur d'autres parties du corps : telles sont la barbe de l'homme, la poitrine de la femme [20].

Le troisième point, sur lequel nous ont renseigné les zoophytes inférieurs, a trait à l'origine première des deux genres de cellules sexuelles. Chez les éponges et les hydroïdes, où nous rencontrons le plus simple degré de différenciation sexuelle, le corps tout entier est, pendant toute la vie, composé des deux feuillets germinatifs primaires ; par conséquent, dans ce cas, les cellules sexuelles ne peuvent provenir que des deux feuillets primaires. Ce fait si simple est d'un haut intérêt ; car la question de l'origine des cellules ovulaires et spermatiques chez les animaux supérieurs, et surtout chez les vertébrés, est des plus difficiles. Chez ces animaux, il semble, d'ordinaire, que ces cellules proviennent, non des feuillets primaires, mais de l'un des quatre feuillets secondaires. Mais les zoophytes inférieurs prouvent qu'il n'en est rien. A moins de croire, ce qui est injustifié et paradoxal, que, chez les animaux supérieurs, les cellules sexuelles ont une toute autre origine que chez les animaux inférieurs, il faut supposer que, chez les uns et les autres, ces cellules proviennent, phylogénétiquement, de l'un des deux feuillets primaires. Il faut donc admettre que les cellules du feuillet cutané ou du feuillet intestinal, ces cellules que l'on doit regarder comme les ancêtres des cellules spermatiques et ovulaires, ont émigré intérieurement dans la cavité viscérale naissante alors, pendant que le feuillet fibro-cutané se séparait du feuillet cutané-sensitif ou le feuillet fibro-intestinal du feuillet intestino-glandulaire ; par ce mouvement migratoire, elles prirent place entre les deux feuillets fibreux ; c'est la place que semblent primitivement occuper les cellules sexuelles, alors qu'elles apparaissent dans l'embryon vertébré. Autrefois il fallait accepter l'hypothèse polyphylétique, qui accordait aux cellules ovulaires et spermatiques une origine différente, chez les animaux inférieurs et chez les animaux supérieurs. Toute simple que paraisse d'abord cette idée, on y trouve, avec quelque réflexion, de très-grandes difficultés.

En supposant que, chez l'homme comme chez tous les autres animaux, les cellules sexuelles des deux genres proviennent des deux feuillets primaires, il reste à se demander : si ces cellules dérivent toutes des deux feuillets primaires ou seulement de l'un des deux, et, dans ce dernier cas, duquel? C'est là un des plus obscurs, des plus difficiles problèmes de l'histoire de l'évolution, et jusqu'ici on n'est pas arrivé à le résoudre. Des naturalistes célèbres ont fait, à ce sujet, les réponses les plus diverses. Plusieurs solutions sont possibles ; d'ordinaire, on s'occupe seulement de deux d'entre elles. On a admis, par exemple, que les cellules sexuelles des deux genres proviennent primitivement du même feuillet primaire, soit du feuillet cutané, soit du feuillet intestinal. Mais l'une et l'autre alternative ont été combattues par beaucoup de bons observateurs. Ainsi, dans leurs excellentes monographies de l'*hydra* et de la *cordyphora*, Nicolas Kleinenberg et Eilhard Schultze ont fait descendre les cellules ovulaires et spermatiques du feuillet cutané ou exoderme [131]. Au contraire, dans des recherches étendues sur d'autres hydres et méduses, Koelliker et Allman sont arrivés à une vue tout opposée: ils font venir les cellules sexuelles des deux genres du feuillet intestinal ou exoderme. Moi-même, après mes recherches personnelles sur les hydroméduses et les éponges calcaires, je me suis rangé à la dernière de ces opinions, après avoir d'abord adopté la première. A mes yeux, la question reste ouverte ;

aussi, dans ces leçons, je suis parfois revenu à mon ancienne
opinion, en admettant que les cellules sexuelles des deux genres
proviennent de l'exoderme, sans avoir d'ailleurs la prétention
de clore un débat encore indécis (voir le IIIe tableau et pl. IIe,
fig. 5, *k*; fig. 7, *k*).

Un naturaliste de Liége, connu par l'exactitude de ses observations et la portée de ses réflexions philosophiques, Édouard
van Beneden, a, dans ces derniers temps, publié un traité qui
résout très-simplement la question obscure et tant débattue de
l'origine des cellules sexuelles [140]. D'après les minutieuses recherches qu'il a faites sur l'*hydractinia*, la *clavia* et d'autres
polypes hydroïdes, les cellules sexuelles des deux genres n'auraient pas la même origine, comme on l'a généralement cru
jusqu'ici. Les cellules ovulaires proviendraient du feuillet intestinal et les cellules spermatiques du feuillet cutané. L'opposition
des deux sexes, qui est si féconde en conséquences, s'accuserait
ainsi, dès la différenciation des deux feuillets primaires, chez les
zoophytes les plus inférieurs: l'exoderme serait le feuillet germinatif mâle; l'entoderme, le feuillet germinatif femelle. Si,
comme il faut l'espérer, cette découverte de van Beneden se
confirme et acquiert la valeur d'une loi, ce serait un progrès
biologique d'une très-grande portée. Non-seulement une vive
lumière serait projetée dans l'obscur labyrinthe des idées empiriques et contradictoires, mais en outre une nouvelle voie serait
ouverte à la réflexion philosophique au sujet de l'un des phénomènes biologiques les plus importants.

En continuant à exposer la phylogénie des organes sexuels
chez nos antiques ancêtres métazoaires, en nous appuyant sur
l'anatomie comparée et l'ontogénie des vers inférieurs et des
zoophytes, nous pouvons constater un premier progrès, c'est
la réunion des cellules sexuelles des deux genres chez certains
groupes zoologiques. Tandis que, chez les éponges et les polypes
hydroïdes inférieurs, certaines cellules se séparent des couches
cellulaires des deux feuillets primaires et deviennent des cellules sexuelles, isolées et libres, nous voyons, chez les zoophytes
supérieurs et les vers, ces cellules s'associer en groupes, que
l'on appelle « glandes sexuelles » ou « glandes génératrices »
(*gonades*). C'est seulement à partir de ce moment que l'on
peut parler d'organes primitifs, au sens morphologique. Les
glandes génératrices féminines, simples amas de cellules iden-

tiques, dans leur forme la plus simple, sont les ovaires (*ovaria*
ou *oophora*). Les glandes mâles, qui, dans leur forme la plus élémentaire, sont de simples amas de cellules spermatiques, s'appellent testicules (*testiculi* ou *orchides*). On rencontre des
testicules et ovaires, sous cette forme simple, non-seulement
chez beaucoup de vers (annélides) et de zoophytes, mais aussi
dans les groupes les plus inférieurs des vertébrés, chez les acrâniotes et les cyclostomes. Là encore, comme nous l'apprend
l'anatomie de l'amphioxus, l'ovaire de la femelle et le testicule du
mâle sont formés, chacun, par un amas de vingt à trente cellules
ellipsoïdes ou cuboïdes à angles arrondis. Ces amas cellulaires
sont situés de chaque côté de l'intestin, fixés à la paroi viscérale, entre cette paroi et la paroi intestinale (pl. VII, fig. 13, *e*).

Cette situation des glandes sexuelles nous renseigne déjà sur
les migrations des cellules sexuelles, qui, chez tous les animaux
supérieurs, s'effectuent dans les premières périodes de la vie
embryonnaire. De leur lieu d'origine dans les feuillets primaires,
les cellules sexuelles reculent de bonne heure dans la profondeur
de la cavité viscérale, où elles sont moins exposées aux influences
nuisibles du monde extérieur qu'elles ne l'étaient entre l'exoderme et l'entoderme. C'est exactement ce qui arrive pour les
cellules du système nerveux central, qui, de bonne heure aussi,
se séparent de l'exoderme et cherchent un abri dans l'intérieur
du corps. Si la découverte de van Beneden se confirme, alors
les cellules spermatiques mâles émigreraient du feuillet cutané,
en dedans, et sembleraient bientôt faire partie intégrante du
feuillet fibro-cutané. Les cellules ovulaires, au contraire, émigreraient du feuillet intestinal, en dehors, et arriveraient dans
le feuillet fibro-intestinal. Les deux espèces de cellules se ren-
contreraient, au milieu de la cavité viscérale existant entre le
feuillet fibro-cutané et le feuillet fibro-intestinal, ou plutôt dans
la partie moyenne du cœlom, située près de la *chorda, à ce
point critique de la paroi cœlomatique où l'endocœlar ou
épithélium cœlomatique viscéral se continue avec l'exocœlar ou épithélium cœlomatique pariétal.* En ce point, on
remarque, de bonne heure, chez l'embryon de l'homme et des
vertébrés, un petit amas cellulaire, auquel Waldeyer ([130]) a donné
le nom d'*épithélium générateur* et que, par analogie avec les
autres rudiments organiques lamelliformes, on peut aussi appeler
lamelle génératrice (fig. 200, *g*; pl. II, fig. 5, *k*).

Les cellules de cette lamelle germinative ou sexuelle (*lamella sexualis*) se distinguent essentiellement des autres cellules cœlomatiques par leur forme cylindrique et leur composition chimique ; elles ont un tout autre rôle que celui des cellules aplaties de « l'épithélium séreux du cœlom », qui tapissent le reste de la cavité viscérale ([14]). De ces dernières, des « cellules cœlomatiques » proprement dites, provenant du feuillet fibro-intestinal (dessiné en rouge, pl. II, fig. 5), descendent les cellules qui tapissent le tube intestinal et le mésentère (*endocœlar*); au contraire,

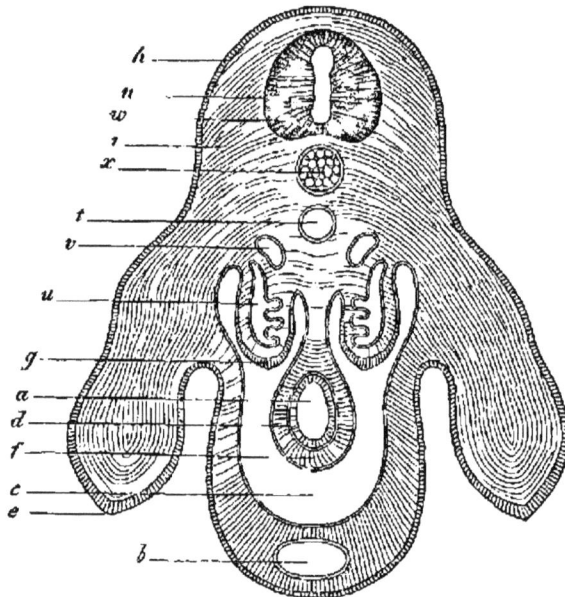

Fig. 200.

celles qui revêtent la surface interne de la paroi viscérale externe (*exocœlar*) dérivent du feuillet fibro-cutané (dessiné en bleu dans la figure 5, pl. II). Quant aux cellules sexuelles, qui apparaissent entre les deux sortes de cellules cœlomatiques

Fig. 200. — *Section transversale à travers la région iliaque* et les membres postérieurs d'un embryon de chien, au quatrième jour de la vie embryonnaire. Grossissement d'environ 40 diamètres. *h*, lamelle cornée. *w*, tube médullaire. *n*, canal du tube médullaire. *u*, reins primitifs. *x*, chorda. *e*, membres postérieurs. *b*, canal allantoïdien dans la paroi abdominale. *t*, aorte. *v*, veines cardinales. *a*, intestin. *d*, feuillet intestino-glandulaire. *f*, feuillet fibro-intestinal. *g*, épithélium générateur. *r*, muscles dorsaux. *c*, cavité viscérale ou cœlom. (D'après Waldeyer.)

et s'insèrent en quelque sorte entre l'endocœlar et l'exocœlar
pour former la lamelle germinative, elles ne devraient provenir
ni du feuillet fibro-intestinal, ni du feuillet fibro-cutané, mais
directement de l'un des deux feuillets primaires ou peut-être
même des deux. Dans la planche II, fig. 5, 6 et 7, j'ai indiqué
par un trait orangé la lamelle sexuelle (h) et montré, par là,
qu'elle provenait vraisemblablement du feuillet cutané-sensitif ;
mais, si la découverte de van Beneden se confirme, cela ne serait vrai que pour la moitié externe de la lamelle sexuelle ; la
moitié interne devrait être teintée de vert, de la couleur du
feuillet intestino-glandulaire, En effet, on a de fortes raisons
de penser que le premier rudiment de la lamelle germinative
ou sexuelle est déjà hermaphrodite et que cet « épithélium générateur », visible chez l'homme et chez tous les autres vertébrés, entre l'exocœlar et l'endocœlar, représente une glande
hermaphrodite extrêmement simple. La moitié interne de cette
lamelle, celle qui est contiguë au feuillet fibro-intestinal et
provient du feuillet intestino-glandulaire, serait le rudiment de
l'ovaire ; la moitié externe, contiguë au feuillet fibro-cutané et
dérivant du feuillet cutané-sensitif, serait le rudiment du testicule. Sans doute ce n'est là qu'une conjecture !

Il nous faudrait donc distinguer deux lamelles sexuelles ou
deux épithélium germinatifs de nature distincte : la lamelle
sexuelle féminine, produit du feuillet intestinal, d'où proviennent
l'épithélium ovarien, les cellules-mères des œufs (lamelle ova-
rienne) ; et, d'autre part, la lamelle sexuelle mâle située extérieurement, produit du feuillet cutané, d'où dérivent l'épithélium testiculaire, les cellules-mères des filaments spermatiques
(lamelle testiculaire). Sans doute les lamelles sexuelles sont
tellement contiguës, au moment de leur apparition chez l'embryon de l'homme et des vertébrés supérieurs, que, jusqu'ici,
on n'y a vu qu'un rudiment organique commun, indifférent.
Mais, morphologiquement et physiologiquement, le rôle de ces
lamelles est fondamentalement opposé ; la même opposition doit
donc se retrouver à leur origine première, qui doit vraisemblablement être rapportée aux deux feuillets primaires du
blastoderme.

Nous avons vu que le développement des cellules sexuelles
des deux genres et leur union, durant la fécondation, consti-
tuaient l'essence de la reproduction sexuée ; pourtant d'autres

organes entrent alors en jeu, chez la plupart des animaux. Les plus importants de ces organes sexuels secondaires sont les canaux d'expulsion, chargés de conduire hors du corps les cellules sexuelles à maturité, et les organes copulateurs, qui ont pour fonction de porter le sperme fécondant de l'individu mâle à l'individu femelle. Ces derniers organes existent seulement chez les animaux supérieurs des divers groupes; ils sont bien moins répandus que les canaux d'expulsion. Mais ces derniers même se sont formés secondairement et manquent à beaucoup d'animaux des groupes inférieurs, chez qui les cellules sexuelles, une fois mûres, sont d'ordinaire directement expulsées. Tantôt ces cellules sont immédiatement expulsées à travers le tégument cutané, comme chez l'hydra et beaucoup d'hydroïdes; tantôt elles tombent dans la cavité viscérale et sont expulsées par un orifice particulier de la paroi abdominale (*porus genitalis*); tantôt elles tombent dans la cavité gastrique et sont rejetées par la bouche, comme chez d'autres polypes hydroïdes et les coraux. Le second procédé se rencontre chez nombre de vers et quelques vertébrés inférieurs (cyclostomes, quelques poissons); il nous apprend comment les choses se passaient chez nos antiques ancêtres. Mais, chez tous les vertébrés supérieurs, chez la plupart des vertébrés inférieurs et invertébrés supérieurs, il existe, dans les deux sexes, des canaux d'expulsion tubulés : ce sont les « conduits sexuels » (*gonophori*). Chez la femelle, ces canaux conduisent les cellules ovulaires, de l'ovaire à l'extérieur; aussi les appelle-t-on oviductes (*oviductus* ou *tubae fallopinae*). Chez le mâle, les mêmes tubes conduisent les cellules spermatiques des testicules au dehors et portent le nom de canaux déférents (*spermaductus* ou *vasa deferentia*).

Le mode d'origine de ces conduits est le même chez l'homme et chez les autres vertébrés; mais il diffère tout à fait chez la plupart des invertébrés. En effet, chez ces derniers, les conduits sexuels proviennent, d'ordinaire, soit directement des glandes génératrices, soit de la peau, soit du canal intestinal; mais, chez les vertébrés, l'expulsion des produits sexuels s'effectue par un système organique indépendant, qui, primitivement, avait un tout autre rôle, une tout autre fonction; je veux parler du système rénal ou des organes urinaires. La fonction primitive de ces organes est simplement d'expulser, sous une forme liquide, les matériaux inutiles. Leur produit de sécrétion, l'urine, est excrété soit directement par la peau externe, soit par la dernière section de l'intestin. C'est seulement secondairement que les « canaux urinifères » tubulaires charrient aussi au dehors les produits sexuels. Ils deviennent alors des conduits « urogénitaux » (*ductus urogenitales*). Cette curieuse confusion secondaire des conduits urinaires et des conduits sexuels en un système uro-génital est tout à fait caractéristique pour les vertébrés supérieurs. Ce système manque encore aux vertébrés les plus inférieurs, mais existe déjà chez les vers annelés supérieurs, chez les annélides. Mais, pour bien apprécier la valeur de ce fait, il faut d'abord embrasser d'un coup d'œil l'anatomie comparée des organes urinaires.

Le système rénal ou urinaire (*systema uropoeticum*) est un des plus anciens et des plus importants organes de l'animal différencié, comme nous l'avons déjà remarqué en passant. Nous le rencontrons presque entièrement développé, non-seulement dans les groupes zoologiques supérieurs, mais même dans le groupe si ancien des vers. Ce système existe même chez les plus imparfaits des vers, chez les *plathelminthes*. Quoique ces vers acœlomatiques n'aient encore ni cavité viscérale, ni sang, ni système circulatoire, ils possèdent déjà un système rénal. Ce système est composé d'une paire de canaux simples ou ramifiés, tapissés d'une couche de cellules et chargés de trier les matériaux inutiles et de les expulser par un orifice cutané. Non-seulement les turbellariés qui vivent librement, mais encore les vers à suçoir parasites ou trématodes, même les vers rubanés, plus dégénérés encore et qui, par suite de leur existence parasitique, ont perdu leur canal intestinal, tous ces animaux sont pourvus de canaux urinaires ou de reins primitifs. D'ordinaire, ces organes sont appelés chez les vers « organes d'excrétion »; plus anciennement on les appelait vaisseaux aqueux. On doit, phylogénétiquement, regarder ces organes comme des glandes cutanées sacciformes très-développées, analogues aux glandes sudoripares des mammifères et provenant, comme elles, du feuillet cutané-sensitif (fig. 132, *u*; fig. 135).

Tandis que, chez ces vers inférieurs, dont le corps tout entier, non articulé, n'est qu'une simple métamère, il n'y a qu'une paire de canaux rénaux, il en existe un plus grand nombre chez les vers articulés supérieurs. Chez les annélides (*annelides*), dont le corps est formé d'un grand nombre de segments ou métamères, chacun de ces segments possède une paire de reins primitifs, appelés, pour cette raison, « organes segmentaires ». Là encore, ces segments sont de simples tubes dénommés « canaux noueux », à cause de leur forme tortueuse et pleine de nodosités. Primitivement, il n'y avait qu'un orifice primaire, externe, épidermique ; mais maintenant il y a un second orifice, secondaire, interne, dans la cavité viscérale ou cœlom. Ce dernier orifice est muni de cils vibratiles et, grâce à eux, il peut charrier les liquides sécrétés existant dans la cavité intestinale et les chasser en dehors. Mais, chez ces vers, les cellules sexuelles provenant des glandes génératrices, de forme rudimentaire, situées à la surface interne de la paroi viscérale, tombent aussi dans le cœlom ; ces cellules sont aussi aspirées par les orifices infundibuliformes des canaux rénaux et expulsées avec l'urine. Par conséquent, les « reins primitifs » fonctionnent comme oviductes chez les annélides femelles, et comme canaux déférents chez les annélides mâles.

Il vous intéressera sûrement de savoir comment se comporte sous ce rapport l'amphioxus, qui, à cause de sa position intermédiaire aux vers et aux vertébrés, nous a fourni tant de données intéressantes. Par malheur, il nous fait faux bond cette fois. Ainsi nous ne savons rien de certain pour le moment des rapports entre les organes sexuels et urinaires chez l'amphioxus. D'ordinaire, on affirme que l'amphioxus n'a pas de reins. Mais déjà nous avons vu qu'il existe probablement, chez l'amphioxus, des reins au moins rudimentaires, dégénérés ; ce seraient les deux longs « canaux latéraux », situés de chaque côté de l'abdomen, entre la peau (h) et les glandes génératrices (e) (pl. VII ; fig. 13, u). D'après Rathke et Jean Müller, ces « canaux urinaires primitifs » s'ouvrent en avant dans la cavité buccale, et comme les cellules sexuelles, une fois mûres, peuvent tomber directement des glandes génératrices voisines dans les canaux, ceux-ci servent aux ovules et au sperme de canaux d'expulsion et les évacuent par la bouche. Il en doit être ainsi, d'après les faits observés par Kowalevsky ([64]). D'après d'autres observateurs, les cellules sexuelles tomberaient des glandes génératrices dans la cavité viscérale et seraient expulsées par un orifice de la paroi abdominale (porus abdominalis).

Le dernier mode d'expulsion, dont nous venons de parler, existe dans la classe vertébrée immédiatement supérieure à l'amphioxus, chez les cyclostomes. Quoique deux ordres de cette classe, les myxinoïdes et les pétromyzontes, aient des reins développés, pourtant, chez eux, le système rénal ne sert en rien à l'expulsion des cellules sexuelles. Chez ces animaux, les cellules sexuelles tombent directement des glandes génératrices dans le cœlom et sont évacuées par un orifice abdominal situé posté-

Fig. 201.

rieurement. Mais, dans ce cas, la disposition des reins primitifs est d'un haut intérêt et explique la structure complexe des reins chez les vertébrés supérieurs. Nous rencontrons d'abord, chez les myxinoïdes (*bdellostoma*), de chaque côté, un tube allongé, le « conduit urinaire primitif » (*protureter*, fig. 201, *a*). Ce tube s'ouvre, dans le cœlom, par un orifice infundibuliforme cilié, comme chez les annélides; il s'ouvre extérieurement par un orifice cutané.

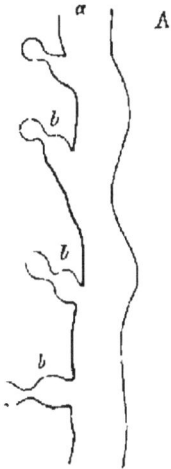

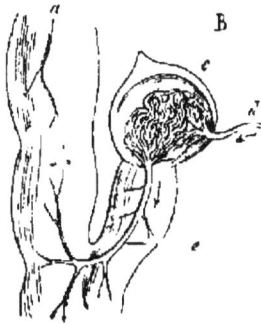

Sur le côté interne de ce tube débouchent un grand nombre de petits canalicules transversaux ou « canalicules urinaires » (fig. 201, *b*). Chacun de ces canalicules se termine en un cœcum renflé (*c*) en capsule et contenant un peloton vasculaire (*glomerulus*) artériel (fig. 201, *Bc*). Des ramuscules artériels afférents (*vasa afferentia*) amènent le sang artériel dans les vaisseaux enroulés du glomérule (*d*) et d'autres ramuscules artériels efférents (*vasa efferentia*) le charrient loin du peloton vasculaire (*e*).

Chez l'embryon de l'homme et de tous les autres crâniotes, le rein primitif revêt exactement la forme élémentaire qu'il a, chez les myxinoïdes, pendant toute la vie. Vous vous rappelez

Fig. 201. — A, *fragment d'un rein de bdellostoma. a*, conduit urinaire primitif (protureter). *b*, canalicules urinaires (*tubuli uriniferi*). *c*, vésicules rénales (*capsulae malpighianae*). — B, fragment du même, plus fortement grossi. *c*, vésicule rénale avec son *glomerulus. d*, artère afférente. *e*, artère efférente. (D'après Jean Muller.)

que nous avons rencontré ce rein primitif dès le début de l'évolution embryonnaire, chez l'homme, au moment où, dans le
feuillet fibro-sensitif, le tube médullaire se différencie de la
lamelle cornée, tandis que, dans le feuillet fibro-cutané, se différencient la chorda, la lamelle vertébrale primitive et la lamelle
musculo-cutanée. Les premiers rudiments des reins primitifs ou
« reins primordiaux » apparaissent, de chaque côté, immédiatement au-dessous de la lamelle cornée ; ce sont deux longs et
minces cordons cellulaires, qui se creusent bientôt en canaux ;
ils se dirigent, l'un à droite, l'autre à gauche, directement
d'avant en arrière, et sont visibles sur la section transversale
de l'embryon (fig. 202), entre la lamelle cornée (h), la vertèbre
primitive ($u w$) et la lamelle musculo-cutanée ($h p l$).

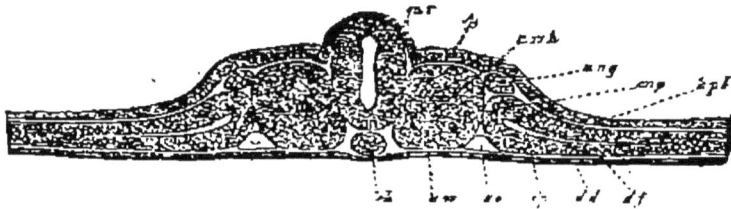

Fig. 202.

La question de l'origine du « conduit rénal primitif » est encore
débattue : pour certains ontogénistes, il provient de la lamelle
cornée ; pour d'autres, de la lamelle vertébrale primitive ; d'autres enfin le font dériver de la lamelle musculo-cutanée. Son antique origine phylogénétique doit probablement se rapporter au
feuillet cutané-sensitif. Mais bientôt le canal primitif cesse
d'être superficiel ; il émigre en dedans, entre les lamelles vertébrale et latérale, et va enfin se placer sur la surface interne de
la cavité viscérale (fig. 48 ; fig. 50-53 ; pl. II, 3-6, u). Pendant
cette migration du conduit rénal primitif, il se forme, à son
côté inféro-interne, un grand nombre de petits canalicules transverses (fig. 203, a) tout à fait analogues aux « canalicules uri-

Fig. 202. — *Section transversale à travers l'embryon d'un poulet*, au
deuxième jour de l'incubation. *h*, lamelle cornée. *mr*, tube médullaire.
ung, conduit rénal primitif. *ch*, chorda. *uw*, cordon vertébral primitif.
hpl, feuillet fibro-cutané. *df*, feuillet fibro-intestinal. *mp*, lamelle mésentérique ou lamelle moyenne (point d'union des deux feuillets fibreux). *sp*, cavité
cardiaque (cœlom). *ao*, aorte primitive. *dd*, feuillet intestino-glandulaire.
(D'après Kœlliker.)

naires » des myxinoïdes (fig. 201, *b*). Comme ces derniers, ce sont sans doute dans le principe des expansions du canal (fig. 200, *u*). A l'extrémité interne, en cœcum, de chacun de ces « canalicules rénaux primitifs » se forme un réseau artériel, qui se développe dans la cavité et devient un glomérule (*glomerulus*). Le glomérule refoule en quelque sorte l'extrémité cœcale du canalicule urinaire, comme le cristallin refoule le corps vitré. Les canalicules urinaires primitifs, d'abord très-courts, s'allongent et se

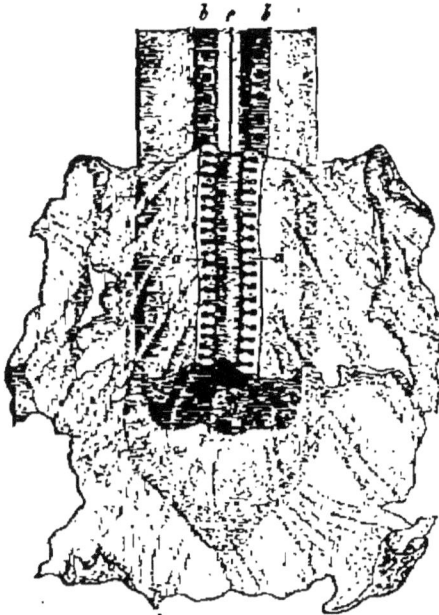

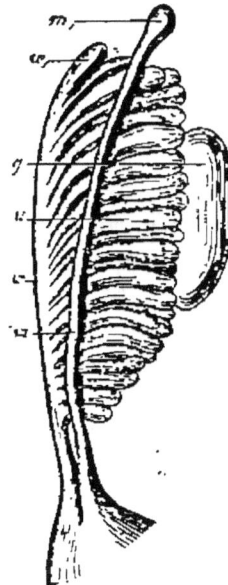

Fig. 203.   Fig. 204.

multiplient de telle sorte que les deux reins primitifs acquièrent la forme d'une feuille pennée d'un côté (fig. 204). Les côtes ou nervures des feuilles sont formées par les canalicules urinaires

Fig. 203. — *Rudiment du rein primitif, chez un embryon de chien.* L'extrémité postérieure de l'embryon est vue du côté abdominal et recouverte par le feuillet intestinal du sac vitellin, que l'on a coupé et rejeté en arrière pour montrer le conduit et les canalicules rénaux primitifs (*a*). *b*, vertèbre primitive. *c*, moelle épinière. *d*, orifice de la cavité intestinale iliaque. (D'après Bischoff.)

Fig. 204. — *Rein primitif d'un embryon humain. u*, canalicules urinaires du rein primitif. *w*, conduit de Wolff. *w'*, extrémité supérieure de ce conduit (hydatide de Morgagni). *m*, conduit de Müller. *m'*, son extrémité supérieure (hydatide de Fallope). *g*, glande hermaphrodite. (D'après Kobelt.)

(*u*) aboutissant au conduit rénal primitif (*w*) situé en dehors. Sur le bord interne du rein primitif, on voit déjà le rudiment de la glande sexuelle hermaphrodite (*g*). L'extrémité postérieure du conduit rénal primitif s'ouvre en arrière dans la dernière partie du rectum, transformé ainsi en cloaque. Mais il ne s'agit là que d'un fait phylogénétique secondaire. Le conduit du rein primitif, tout à fait indépendant du canal intestinal, s'ouvrait sur la peau de l'abdomen, témoignant par là que, dans le principe, le rein provenait phylogénétiquement de la lamelle cornée; c'était alors une glande cutanée. Ce fait est nettement établi par les cyclostomes.

Chez les myxinoïdes, les reins primitifs conservent toujours cette forme simple qui, chez tous les autres crâniotes, n'apparaît que passagèrement dans l'embryon et est la répétition ontogénétique d'un antique état phylogénétique. Bientôt, par suite d'une active hypertrophie des canalicules, qui s'allongent, se multiplient, s'enroulent sur eux-mêmes, le rein primitif devient une glande d'apparence compacte, de forme allongée, ovale, fusiforme, ayant presque la longueur de la cavité viscérale embryonnaire. Cet organe est situé près de la ligne moyenne, immédiatement au-dessous de la colonne vertébrale primitive, et s'étend de la région cardiaque au cloaque. Les reins primitifs droit et gauche sont situés parallèlement, séparés seulement par le mésentère, feuillet étroit et mince, qui fixe l'intestin moyen à la surface interne de la colonne vertébrale primitive (fig. 73, *m*, 74 *m*). Le canal d'expulsion de ces reins primitifs, le proturetère, situé sur la face inféro-externe de la glande, se dirige en arrière et s'ouvre dans le cloaque, tout auprès du point d'insertion de l'allantoïde; plus tard, il s'ouvre dans l'allantoïde (fig. 75).

De bonne heure, on donne au rein primitif ou primordial de l'embryon des amniotes le nom de « corps de Wolff » ou de « corps d'Oken ». Mais cet organe fonctionne comme un rein; il absorbe les substances inutiles de l'embryon, les excrète d'abord dans le cloaque, puis dans l'allantoïde. Ainsi se forme « l'urine primitive », et, chez l'embryon de l'homme et des autres amniotes, l'allantoïde joue réellement le rôle d'une vessie, d'un « sac urinaire primitif ». Pourtant, entre le rein primitif et l'allantoïde, il n'y a point de connexion génétique; vous savez même que l'allantoïde est une expansion sacciforme de la paroi

antérieure de l'extrémité intestinale (fig. 79, *u*; 80, *b*). L'allantoïde provient donc du feuillet intestinal, tandis que les reins
primitifs dérivent du feuillet cutané. On peut supposer que phylogénétiquement l'allantoïde est une expansion sacciforme de la
paroi cloacale, et que cette expansion est due à la pression de
l'urine accumulée dans le cloaque. Primitivement, l'allantoïde
est un cœcum de l'intestin rectal (pl. III, fig. 15, *hb*). Quant à
la véritable vessie urinaire des vertébrés, elle apparaît seulement chez les dipneustes (chez le lepidosiren), qui l'ont transmise aux amphibies, desquels elle a passé aux amniotes. Chez
l'embryon de ces derniers, elle fait fortement saillie hors de la
cavité abdominale encore ouverte. Pourtant beaucoup de pois- •
sons ont une prétendue « poche urinaire », mais cette poche n'est
qu'une simple dilatation locale, située sur la portion inférieure
du conduit rénal primitif, et par son origine et sa structure
elle diffère essentiellement de la vessie véritable. Physiologiquement, les deux organes sont *analogues*, puisqu'ils s'acquittent
de la même fonction; mais morphologiquement on ne peut les
rapprocher l'un de l'autre, car ils ne sont pas *homologues* (¹⁴²).
La fausse vessie des poissons se développe aux dépens du conduit rénal primitif; elle provient du feuillet cutané, tandis que
la vraie vessie des dipneustes, des amphibies et des amniotes
est un cœcum de l'extrémité intestinale; elle dérive du feuillet
intestinal.

Chez tous les crâniotes inférieurs sans amnios, chez les cylos-
tomes, les poissons, les dipneustes et les amphibies, les organes
urinaires ne prennent qu'un développement rudimentaire; les
reins primitifs ou primaires (*protonephra*) fonctionnent toute la
vie comme organes excrétoires, bien que diversement modifiés.
Mais dans les trois classes de vertébrés, que nous confondons
sous le nom d'amniotes, ces reins primitifs n'ont qu'une durée
passagère chez l'embryon; ils sont bientôt remplacés par les reins
secondaires (*renes* ou *metanephra*), les reins définitifs. On a
cru longtemps, d'après Remak, que ces reins définitifs étaient
des glandes, de formation tout à fait nouvelle, provenant du
tube intestinal; mais ils se développent aux dépens de la section
la plus postérieure du conduit rénal primitif ou proturetère.
Près de l'orifice de ce canal dans le cloaque, il se forme une
poche simple : c'est le conduit rénal secondaire, qui s'allonge considérablement en avant. Du cœcum antéro-supérieur de ce con-

duit provient le rein définitif, comme le rein primitif provient
du conduit rénal primitif. De nombreux petits tubes en cœcum
bourgeonnent sur le conduit rénal secondaire ; puis ces cœcums
deviennent des canalicules rénaux secondaires et leur extrémité
en capsule est refoulée par un peloton vasculaire (*glomeruli*).
De la multiplication et de l'hypertrophie de ces canalicules résulte le rein secondaire compacte, en forme de haricot, tel qu'il
existe chez l'homme et la plupart des mammifères supérieurs ;
chez les mammifères inférieurs, les oiseaux et les reptiles, ce
rein est d'ordinaire divisé en plusieurs lobes. La portion inféro-
postérieure du conduit rénal secondaire s'élargit en restant un
simple canal et forme ainsi le conduit rénal définitif, l'uretère
(*ureter*). D'abord ce canal s'ouvre, avec la dernière portion du
conduit rénal primitif, dans le cloaque ; plus tard, il s'en sépare
et finit par s'ouvrir dans la vessie définitive (*vesica urinaria*).
Ce dernier organe provient de l'extrémité postéro-inférieure du
pédicule allantoïdien (*urachus*), qui s'élargit en poche fusiforme en avant de son embouchure dans le cloaque. La portion
antérieure ou supérieure du pédicule allantoïdien, qui aboutit
au nombril et est située dans la cavité abdominale, s'oblitère plus
tard et devient un cordon inutile, un organe rudimentaire ; c'est
le ligament vésico-ombilical médian (*ligamentum vesico-um-
bilicale medium*). A droite et à gauche de ce ligament, il
existe chez l'homme adulte un organe rudimentaire : ce sont les
ligaments vésico-ombilicaux latéraux (*ligamenta vesico-um-
bilicalia lateralia*). Ces deux cordons solides sont les restes
des anciennes artères ombilicales (*arteriae umbilicales ;*
fig. 207, *a*).

Quoique, chez l'homme et les autres amniotes, les reins primitifs soient ainsi remplacés de bonne heure par les reins secondaires, organes définitifs de la sécrétion urinaire, cependant les
reins primaires ne disparaissent pas entièrement. Ils jouent
même un rôle physiologique important ; ils deviennent les conduits d'expulsion des glandes sexuelles. Chez tous les amphirhiniens ou gnathostomes, chez tous les vertébrés, du poisson à
l'homme, il se forme de bonne heure chez l'embryon, à côté du
conduit rénal primitif et de chaque côté, un deuxième canal analogue. D'ordinaire, ce dernier canal est appelé canal de Müller
(*ductus Mulleri*), du nom de l'anatomiste qui l'a découvert.
Par opposition, on a appelé le premier canal ou conduit rénal

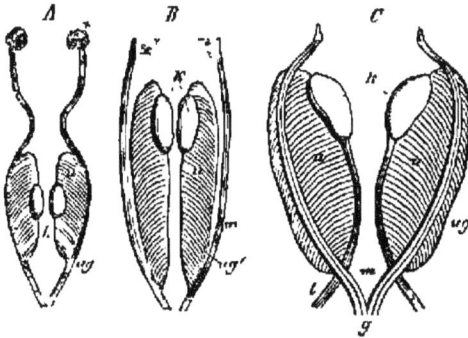

Fig. 205.

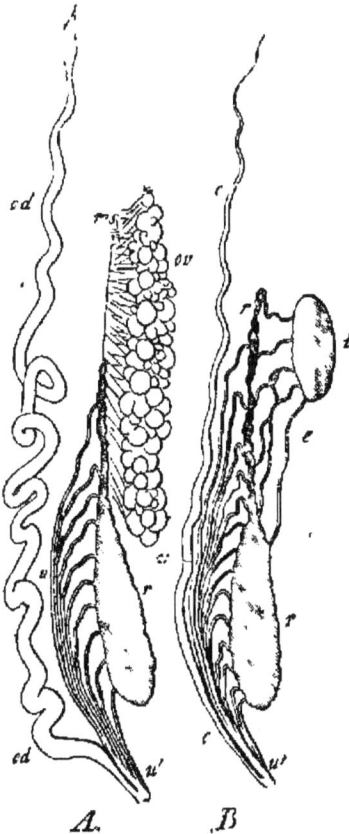

A.   *B.*

Fig. 206.

canal de Wolff (*ductus Wolffii*). L'origine du conduit de Müller est encore très-obscure; pourtant l'anatomie comparée semble nous apprendre qu'il provient, par dédoublement et différenciation, du canal de Wolff ou des tissus circonvoisins. Mais d'autres observateurs lui assignent une toute autre origine.

Peut-être serait-il plus juste de dire : le conduit rénal primitif se divise, par différenciation ou dédoublement, en deux conduits rénaux secondaires : le canal de Wolff et le canal de Müller. Le dernier de ces conduits (fig. 204, *w*) est situé tout

Fig. 205. — *Reins primitifs et rudiments des organes sexuels. A* et *B*, reins d'amphibies (larves de grenouille). *A*, état primitif; *B*, état ultérieur; *C*, reins d'un mammifère (embryon de bœuf). *u*, rein primitif. *k*, glandes génératrices (rudiment du testicule et de l'ovaire). Le conduit rénal primitif (*u g* dans la fig. *A*) se divise (en *B* et *C*) en deux conduits rénaux secondaires : le canal de Müller (*m*) et le canal de Wolff (*u g'*) qui se réunissent postérieurement pour former le cordon génital (*g*). *l*, ligament du rein primitif. (D'après Gegenbaur.)

Fig. 206. — *Organes urinaires et organes sexuels d'un amphibie* (triton). *A*, d'une femelle. *B*, d'un mâle. *r*, reins primitifs. *ov*, ovaire. *od*, oviducte et *c*, canal de Rathke, provenant tous deux du canal de Müller. *u*, canal urinaire primitif, (fonctionnant, chez le mâle, comme canal déférent (*v c*), s'ouvrant inférieurement dans le canal de Wolff (*u'*). *m s*, mésentère ovarien (*mesorarium*). (D'après Gegenbaur.)

à fait au côté interne de l'autre (fig. 204, *m*). Tous deux s'ouvrent en arrière dans le cloaque.

Le développement ultérieur des canaux de Müller et de Wolff est aussi clair que leur origine est obscure. Chez tous les vertébrés amphirhiniens et gnathostomes, du poisson primitif à l'homme, le canal de Wolff se métamorphose en canal déférent et le canal de Müller en oviducte. Ces deux canaux existent dans les deux sexes; mais, dans chaque sexe, un seul d'entre eux persiste, l'autre disparaît ou persiste atrophié, comme or-

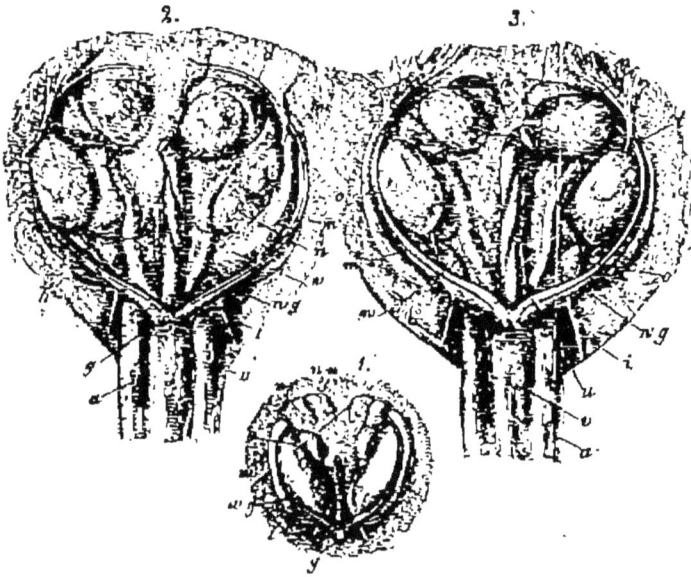

Fig. 207.

gane rudimentaire. Chez le mâle, où les deux canaux de Wolff deviennent des canaux déférents, on trouve souvent des restes

Fig. 207. — *Organes urinaires et organes sexuels d'un embryon de bœuf.* 1, embryon femelle, long d'un demi-pouce; 2, embryon mâle, long de deux pouces et demi; 3, embryon femelle, long de deux pouces et demi. *tc*, rein primitif. *wg*, canal de Wolff. *m*, canal de Müller. *m'*, extrémité supérieure de ce canal, s'ouvrant en *t*. *i*, portion inférieure épaissie du même canal (rudiment de l'utérus). *g*, cordon génital. *h*, testicule. *h'*, ligament testiculaire supérieur et *h"* ligament testiculaire inférieur. *o*, ovaire. *o'*, ligament ovarien inférieur. *t*, ligament du rein primitif. *d*, ligament diaphragmatique du rein primitif. *nn*, capsule surrénale. *n*, rein définitif; au-dessous le conduit urinaire en S, entre les deux, le rectum. *v*, vessie. *a*, artère ombilicale. (D'après Koelliker.)

des canaux de Müller, qui s'appellent alors « canal de Rathke »
(fig. 206, *B, c*). Chez la femelle, au contraire, où les deux canaux de Muller deviennent des oviductes, les restes des canaux
de Wolff persistent sous le nom de canaux de Gartner.

Les amphibies nous éclairent sur ce curieux développement
des conduits rénaux primitifs et sur leur connexion avec les
glandes sexuelles (fig. 205, *A B*). L'ébauche première des conduits rénaux primitifs et leur différenciation en conduits de
Müller et de Wolff est identique dans les deux sexes et semblable à ce qui existe chez l'embryon mammifère (fig. 205, *C*).
Chez l'amphibie femelle, le canal de Muller devient, de chaque
côté, un gros oviducte (fig. 205, *A, od*), tandis que le canal de
Wolff fonctionne durant toute la vie comme conduit urinaire (*u*).
Au contraire, chez l'amphibie mâle, le canal de Muller finit par
n'être plus qu'un organe rudimentaire sans fonction, le canal
de Rathke (fig. 206, *B, c*); le canal de Wolff fonctionne alors
à la fois comme conduit urinaire et conduit déférent; car les canalicules séminifères (*ve*) partant du testicule (*t*) pénètrent dans
la portion supérieure du rein primitif et s'y unissent aux canaux
urinaires.

Chez les mammifères, ces états embryonnaires, qui persistent
chez l'amphibie, disparaissent vite avec les progrès du développement (fig. 205, *C*). A la place du rein primitif qui, chez
les vertébrés amniotes, fonctionne toute la vie comme organe
d'excrétion urinaire, il se forme un rein définitif. Quant au rein
primitif, il disparaît de bonne heure en grande partie chez l'embryon; ses restes seuls persistent. Chez les mammifères mâles,
l'épididyme (*epididymis*) se forme aux dépens de la portion
supérieure du rein primitif; la même portion du rein forme, dans
le sexe féminin, un organe rudimentaire inutile, le parovaire
(*parovarium*).

Les canaux de Muller subissent, chez le mammifère femelle,
d'importantes modifications. Les oviductes se forment seulement
aux dépens de leur portion supérieure; la portion inférieure
s'élargit en une poche fusiforme, à épaisse paroi musculaire,
dans laquelle se développe l'œuf fécondé. Cette poche est la matrice (*uterus*). D'abord les deux matrices sont complétement
séparées et s'ouvrent isolément de chaque côté de la vessie dans
le cloaque, comme il arrive encore chez les mammifères inférieurs, chez les ornithorynques (*ornithostoma*). Mais déjà,

chez les ornithorynques, les deux canaux de Müller se soudent, et chez les placentaliens, ils se confondent inférieurement, avec les canaux rudimentaires de Wolff, en un cordon sexuel impair (*funiculus genitalis*). L'indépendance primitive des deux matrices et des vagins situés à leur extrémité inférieure persiste encore chez beaucoup de placentaliens inférieurs, tandis que, chez les placentaliens supérieurs, ils se confondent graduellement en un organe impair. La soudure commence en bas (ou en arrière) et s'étend de plus en plus en haut (ou en avant). Tandis que, chez beaucoup de rongeurs (par exemple, le lièvre et l'écureuil), deux utérus encore séparés s'ouvrent dans un vagin unique; chez d'autres rongeurs, ainsi que chez les carnassiers, les cétacés et les ongulés, les moitiés inférieures des deux utérus sont déjà soudées, tandis que les moitiés supérieures ou les « cornes » sont encore séparées (*uterus bicornis*). Chez les cheiroptères et les prosimiens, les « cornes » supérieures sont très-courtes, tandis que la portion unique et inférieure s'est allongée. Chez les singes enfin et chez l'homme, la fusion des deux moitiés est complète; il n'y a plus qu'une seule poche utérine, piriforme, dans laquelle les oviductes s'ouvrent de chaque côté.

Chez les mammifères mâles, la fusion des canaux de Müller et de Wolff dans leur portion inférieure s'effectue aussi. Là aussi ces canaux forment un « cordon sexuel » (fig. 207, *g*) impair s'ouvrant aussi dans la cavité uro-génitale (*sinus urogenitalis*), qui se forme aux dépens de la portion la plus inférieure de la vessie (fig. 207, *v*). Mais tandis que, chez les mammifères mâles, les canaux de Wolff se transforment en canaux déférents permanents, les canaux de Müller ne laissent derrière eux que des organes rudimentaires insignifiants. Le plus curieux de ces organes est l'utérus masculin (*uterus masculinus*), provenant de la portion la plus inférieure impaire et soudée des canaux de Müller et qui est homologue à l'utérus féminin. Cet organe est une petite poche en forme de bouteille, s'ouvrant, dans le conduit urinaire, entre les deux canaux déférents et les lobes prostatiques (*vesicula prostatica*).

La situation des organes sexuels internes change beaucoup chez les mammifères. D'abord les glandes génératrices des deux sexes sont situées profondément dans la cavité abdominale, sur le bord interne des reins primitifs (fig. 204, *g*, 207); elles sont fixées à la colonne vertébrale par un court mésentère, qui s'appelle *mesorchium* chez l'homme, *mesovarium* chez la femme. Mais cette situation primitive ne persiste que chez les monotrèmes et les vertébrés inférieurs. Chez tous les autres mammifères, aussi bien chez les marsupiaux que chez les placentaliens, ces glandes quittent leur lieu d'origine et émigrent plus ou moins loin en bas (ou en arrière), suivant la direction d'un ligament qui va du rein primitif à la région inguinale. Ce ligament est « le ligament du rein primitif », appelé chez l'homme « ligament conducteur de Hunter » (fig. 208 M, *gh*), et chez la femme « ligament rond » (fig. 208, W, *r*). Chez la femme, les ovaires plongent plus ou moins loin dans le petit bassin et s'y fixent. Chez l'homme, le testicule descend aussi dans la cavité abdo-

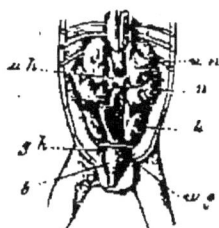 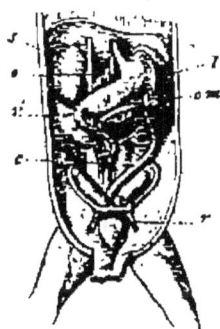

Fig. 208 M.   Fig. 208 W.

minale et, passant par le canal inguinal, arrive dans un large repli sacciforme du tégument cutané.

En se fermant, à droite et à gauche, les « replis sexuels » forment le sac testiculaire (*scrotum*). Les divers mammifères nous représentent les divers stades de cette migration. Chez les éléphants et les baleines, les testicules se déplacent peu et s'arrêtent un peu au-dessous des reins. Chez beaucoup de rongeurs et de carnassiers, ils ne vont pas plus loin que le canal inguinal. Chez la plupart des mammifères, ils franchissent ce canal et

Fig. 208. — *Situation primitive des glandes sexuelles dans la cavité abdominale de l'embryon humain* (à trois mois). — Fig. 208 M, mâle, de grandeur naturelle. *h*, testicule. *gh*, ligament conducteur du testicule. *vg*, canal déférent. *b*, vessie. *vh*, veine cave inférieure. *nn*, capsule surrénale. *n*, rein. *c*, cœcum intestinal. *o*, petit épiploon. *om*, grand épiploon (entre les deux épiploons de l'estomac). *l*, rate. (D'après Koelliker.)

passent dans le scrotum. D'ordinaire, le canal inguinal se ferme. S'il reste ouvert, alors les testicules peuvent émigrer périodiquement dans le scrotum au moment du rut, puis rentrer dans la cavité abdominale; c'est ce qui arrive chez beaucoup de marsupiaux, de rongeurs et de cheiroptères, etc.

Le mammifère possède, en outre, des organes sexuels externes ou organes de la copulation, chargés de transporter le sperme mâle dans l'organisme femelle pendant l'accouplement. Ces organes font entièrement défaut à la plupart des vertébrés inférieurs. Chez la plupart des animaux aquatiques, par exemple chez les acrâniens, les cyclostomes et la plupart des poissons, les œufs et la semence sont simplement évacués dans l'eau et le hasard se charge de la fécondation. Mais chez beaucoup de poissons et d'amphibies vivipares, il y a transport direct de la semence de l'organisme mâle à l'organisme femelle; c'est ce qui arrive chez tous les amniotes (reptiles, oiseaux et mammifères). Chez ces animaux, les organes génito-urinaires s'ouvrent à l'extrémité inférieure du rectum, qui devient ainsi un cloaque. Chez les mammifères, cette conformation n'existe que chez les ornithorynques, que l'on a appelés pour cette raison « animaux à cloaque » (*monotrema*). Chez tous les autres mammifères et chez l'homme, où cela arrive au troisième mois de la vie embryonnaire, une cloison divise le cloaque en deux cavités distinctes. La cavité antérieure prend le nom de canal génito-urinaire (*sinus urogenitalis*), et sert seulement au transport de l'urine et des produits sexuels; la cavité postérieure, l'anus, ne sert qu'à livrer passage aux excréments. Quand cette séparation s'effectue chez les marsupiaux et les placentaliens, on voit s'élever en avant, sur le pourtour de l'orifice cloacal, une papille conique: c'est le *phallus* (fig. 209, *A e*, *B e*). A son extrémité antérieure, ce phallus se renfle en massue; cette portion renflée est le gland (*glans*). Sur la face inférieure du phallus apparaît une gouttière, la gouttière sexuelle (*sulcus genitalis*, *f*), et de chaque côté de cette gouttière se forme un repli cutané; ce sont les « replis sexuels » (*h l*). Le phallus est le principal organe du sens génésique; c'est sur lui que s'étalent les nerfs sexuels (*nervi pudendi*), qui sont surtout le siège des sensations génésiques proprement dites. Chez l'homme, cet organe devient le *pénis* (fig. 209, *D e*); chez la femme, le pénis, beaucoup plus petit, prend le nom de *clitoris* (fig. 209, *C c*). Le clitoris n'atteint des dimensions considérables que chez quelques singes (*ateles*). Dans les deux sexes, un repli cutané ou prépuce (*praeputium*) recouvre antérieurement le phallus. Chez le mâle, le canal génito-urinaire aboutit à la gouttière sexuelle, qui, par la soudure de ses bords, se change en un canal, l'*urèthre* (*urethra*). Cette transformation de la gouttière en canal n'arrive que rarement chez la femelle (chez quelques prosimiens, rongeurs, taupe); d'ordinaire, la gouttière persiste et ses bords s'allongent pour former les petites lèvres. Les grosses lèvres proviennent de deux plis cutanés parallèles existant à droite et à gauche de la gouttière sexuelle. Chez le mâle,

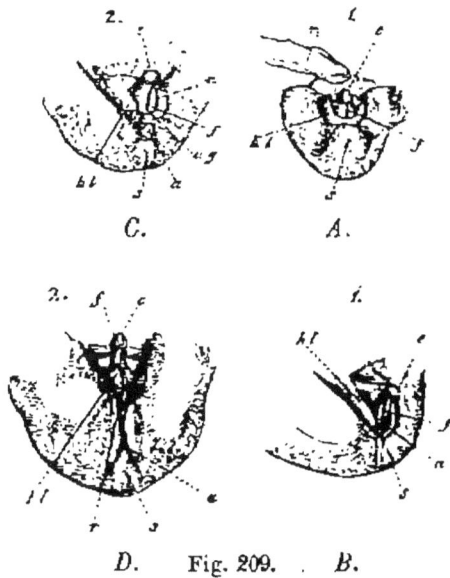

C.   A.

D.   Fig. 209.   B.

ces deux derniers replis se soudent en un sac fermé, le *scrotum*. Parfois cette soudure ne s'effectue point, alors la gouttière sexuelle reste ouverte; c'est ce qu'on appelle *hypospadias*. Dans ce cas, l'aspect extérieur des organes mâles ressemble à

Fig. 209. — *Les organes génitaux externes de l'embryon mâle. A*, embryon neutre de huit semaines (grossi deux fois; encore pourvu d'un cloaque). *B*, embryon neutre de deux semaines (grossi deux fois; anus séparé de l'orifice uro-génital). *C*, embryon femelle de onze semaines. *D*, embryon mâle de quatorze semaines. *c*, phallus. *f*, gouttière sexuelle. *h l*, replis sexuels. *r*, raphé (suture du pénis et du scrotum). *a*, anus. *u g*, orifice uro-génital. *n*, cordon ombilical. *s*, queue. (D'après Ecker; voir le XXXVI⁰ tableau.)

celui des organes femelles, et souvent on a cru voir là de l'hermaphrodisme: c'est le faux hermaphrodisme ([141]).

Il faut bien distinguer ces cas et quelques autres cas de faux
hermaphrodisme des cas beaucoup plus rares de véritable hermaphrodisme. Pour que ce dernier existe, il faut que les
glandes génératrices des deux sexes soient réunies sur le même
individu. Alors il s'est développé à droite un ovaire, à gauche
un testicule, ou inversement, ou bien ovaires et testicules se
sont développés des deux côtés, mais inégalement. Nous avons
vu que chez tous les vertébrés les organes sexuels rudimentaires sont réellement hermaphrodites et que la séparation des
sexes résulte seulement du développement unilatéral; par conséquent, les cas si curieux d'hermaphrodisme s'expliquent facilement en théorie. Ces cas sont fort rares chez l'homme et les
vertébrés supérieurs. L'hermaphrodisme est, au contraire, la
règle chez quelques vertébrés inférieurs, chez beaucoup de poissons du genre perche et chez quelques amphibies. Dans ces cas,
le mâle a d'ordinaire un ovaire rudimentaire à l'extrémité supérieure du testicule; au contraire, la femelle possède parfois un
testicule rudimentaire qui ne fonctionne pas. Chez la carpe et
chez quelques autres poissons, l'hermaphrodisme existe aussi
parfois. Nous avons déjà vu que l'hermaphrodisme primitif persiste, chez les amphibies, dans la conformation du canal d'expulsion.

L'homme nous retrace fidèlement aujourd'hui encore, dans
l'embryologie de ses organes génito-urinaires, les traits principaux de sa phylogénie. Nous pouvons suivre pas à pas, chez
l'embryon humain, le même développement progressif des organes génito-urinaires que nous montre la série des acrâniens,
des cyclostomes, des poissons, des amphibies; puis, chez les
mammifères, des animaux à cloaque, des marsupiaux et des divers placentaliens (voir le XXXV° tableau). Toutes les particularités anatomiques des organes génito-urinaires, par lesquelles
les mammifères se distinguent des autres vertébrés, l'homme les
possède aussi; par toutes les particularités spéciales, il ressemble
aux singes, et surtout à la plupart des singes anthropoïdes. Pour
bien montrer combien les particularités spéciales des mammifères se sont transmises à l'homme, je veux, en terminant, décrire le procédé commun par lequel l'œuf se développe dans
l'ovaire.

Chez tous les mammifères, les œufs parvenus à l'état de maturité sont logés dans une petite poche spéciale, appelée « folli-

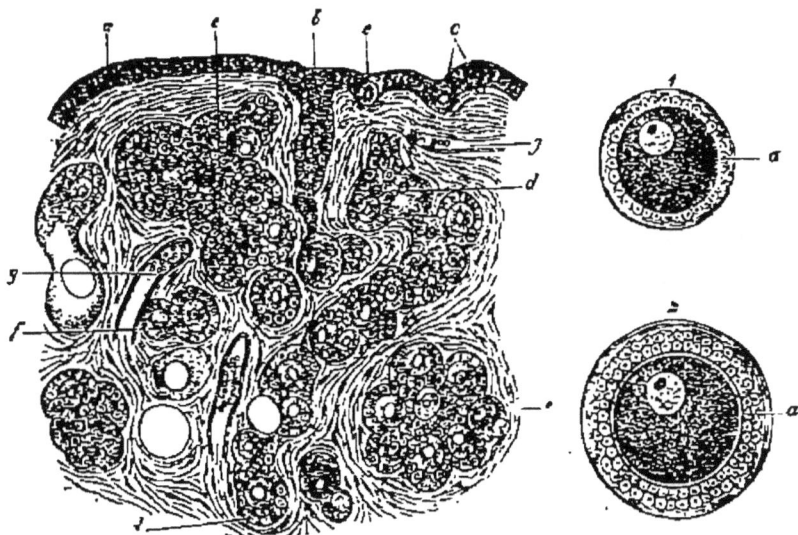

Fig. 210 *A.*

Fig. 210 *B.*

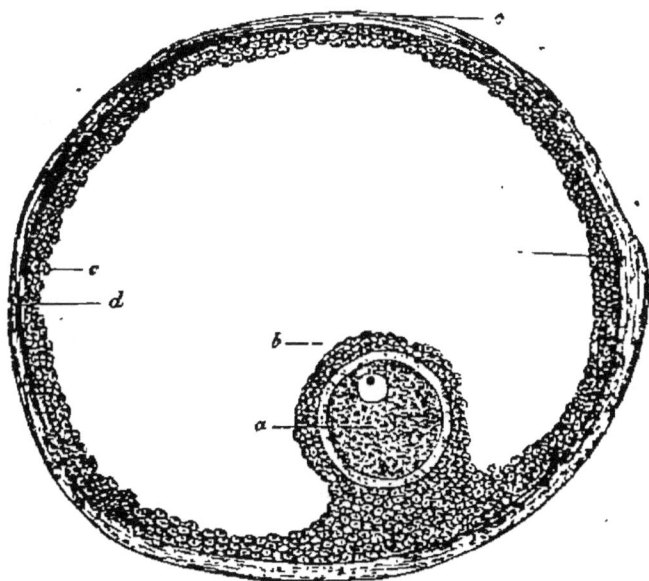

Fig. 210 *C.*

Fig. 210. — *Origine des œufs humains dans l'ovaire de la femme.* —
Fig. 210, *A*, section perpendiculaire à travers l'ovaire d'un nouveau-né du

cule de Graaf », du nom de Regner de Graaf, qui l'a découverte
(1677). Longtemps on a pris ce follicule pour l'œuf lui-même.
Chaque follicule (fig. 210, *C*) consiste en une capsule fibreuse,
sphérique, contenant un liquide et tapissée par plusieurs couches de cellules. En un point, ce revêtement cellulaire s'épaissit
en bourgeon (*C b*); cette portion épaissie loge l'œuf véritable
(*C a*). Le mode de formation de ce follicule n'a été découvert
qu'il y a peu d'années par Pflüger ([139]); puis Édouard van Beneden ([140]) et Waldmeyer ([139]) en ont fait une étude détaillée.
Primitivement, l'ovaire des mammifères est un petit corps
ellipsoïdal (fig. 204, *g*), formé de tissu conjonctif et de vaisseaux sanguins, recouvert d'une couche de cellules, « l'épithélium ovarien ». Aux dépens de cet épithélium se développent
des cordons cellulaires plongeant dans le tissu conjonctif ou
« stroma » de l'ovaire (*A b*). Quelques cellules de ces cordons
grossissent et deviennent des cellules ovulaires (œufs primitifs, *A c*); mais la plupart des cellules restent petites et forment
autour de chaque œuf une couche cellulaire protectrice et nutritive; c'est « l'épithélium folliculaire », d'abord en une seule
couche (fig. 210, *B₁*), plus tard à plusieurs couches (*B₂*). Chez
tous les autres crâniotes, les ovules sont entourés d'une enveloppe de petites cellules, d'un « follicule ovulaire »; mais chez
les seuls mammifères, un liquide s'accumule entre les cellules
folliculaires, et il en résulte l'extension, le développement du
follicule en une petite poche, sur la paroi de laquelle l'œuf est
situé excentriquement. Par là, comme par toute sa morphologie, l'homme prouve *qu'il descend des mammifères*.

sexe féminin. *a*, épithélium de l'ovaire. *b*, rudiment d'un cordon ovulaire.
c, œuf encore jeune dans l'épithélium. *d*, long cordon ovulaire avec formation
de follicule. *e*, groupe de jeunes follicules. *f*, quelques jeunes follicules.
g, vaisseaux sanguins dans le tissu conjonctif (*stroma*) de l'ovaire. Dans les
cordons, les jeunes cellules ovulaires se distinguent des cellules folliculaires
par un volume plus considérable. (D'après Waldmeyer.) — Fig. 210, *B*, deux
jeunes follicules isolés; en 1, les cellules folliculaires forment, autour du jeune,
une couche cellulaire simple; en 2, il y a déjà une couche double; 2, les mêmes
cellules commencent à former le chorion primaire (*a*) ou la *zona pellucida*.
— Fig. 210, *C*, un follicule de Graaf humain, à maturité. *a*, œuf mûr. *b*, enveloppe de cellules folliculaires. *c*, les cellules épithéliales du follicule. *d*, la
membrane fibreuse du follicule. *e*, sa surface extérieure.

TRENTE-CINQUIÈME TABLEAU.

Vue d'ensemble des principales périodes phylogéniques des organes génito-urinaires de l'homme.

XXXV*A*. **Première section : les organes sexuels (G) et les organes urinaires (U) restent séparés.**

Le système sexuel ou génital (G) et le système excrétoire ou urinaire (U) fonctionnent isolément.

I. Première période : *Organes sexuels et reins des gastréades.*

G. Quelques cellules éparses de l'entoderme se changent en cellules ovulaires et en cellules spermatiques.

U. Il n'y a point encore d'organes urinaires spéciaux. L'excrétion se fait par les cellules de l'exoderme.

II. Deuxième période : *Organes sexuels et reins des vers primitifs.*

G. Les cellules ovulaires de l'entoderme se rassemblent en groupes (lamelles ovariennes); les cellules spermatiques de l'exoderme font de même (lamelles testiculaires).

U. Deux glandes cutanées sacciformes, des plus simples (produits du feuillet cutané-sensitif), se changent en canaux rénaux rudimentaires (organes excrétoires des plathelminthes).

III. Troisième période : *Organes sexuels et reins des scolécides.*

G. Après différenciation des quatre feuillets germinatifs secondaires, les cellules ovulaires du feuillet cutané-sensitif émigrent dans le feuillet fibro-cutané; de même les cellules spermatiques émigrent du feuillet intestino-glandulaire dans le feuillet fibro-intestinal.

U. Après la formation du cœlom, les extrémités internes en cœcum des deux canaux rénaux (ou les « canaux rénaux primitifs ») s'ouvrent dans la cavité viscérale.

IV. Quatrième période : *Organes sexuels et reins des chordoniens.*

G. Les groupes de cellules ovulaires et les groupes de cellules spermatiques (lamelles ovariennes et lamelles testiculaires) forment des glandes hermaphrodites, alors qu'elles se rencontrent sur la limite de l'endocœlar (feuillet fibro-intestinal viscéral de l'épithélium cœlomatique) et de l'exocœlar (feuillet fibro-cutané pariétal de l'épithélium cœlomatique).

U. Les conduits rénaux primitifs se différencient en une portion évacuante et une portion glandulaire.

V. Cinquième période : *Organes sexuels et reins des acrâniens.*

G. Les deux sexes sont séparés. Chez la femelle, l'ovaire seul se développe; le testicule seul se développe chez le mâle.

U. Les conduits rénaux primitifs restent simples (ils rétrogradent chez l'amphioxus).

VI. Sixième période : *Organes sexuels et rénaux des cyclostomes.*

G. Chaque œuf est entouré d'un follicule ovulaire (une simple couche cellulaire de l'épithélium cœlomatique).

U. Les conduits rénaux primitifs émettent des bourgeons latéraux, qui logent des pelotons vasculaires (reins primitifs à demi pennés de la *bdellostoma*.

XXXV *B*. Deuxième section : les organes sexuels (G) et les organes urinaires (U) sont confondus.

Les systèmes sexuel et excrétoire sont confondus en un « système uro-génital ».

VII. Septième période : *Organes uro-genitaux des poissons primitifs.*

Le conduit primaire du rein primitif se différencie de chaque côté en deux canaux secondaires : le canal de Wolff, qui devient un canal déférent, et le canal de Muller, qui devient un canal oviducte. Les deux conduits sexuels s'ouvrent primitivement en arrière de l'anus (prosélaciens).

VIII. Huitième période : *Organes uro–génitaux des dipneustes.*

Un cloaque se forme par l'union de l'orifice uro-génital et de la cavité anale. De la paroi antérieure du rectum se forme une vessie impaire (lepidosiren).

IX. Neuvième période : *Organes uro-génitaux des amphibies.*

A l'extrémité supérieure du rein primitif en voie de rétrogradation, se forme chez le mâle, l'épididyme; chez la femelle, le *parovarium*. Dans les deux sexes, le canal de Wolff fonctionne encore comme conduit urinaire; chez le mâle, il sert aussi de canal déférent. Le canal de Muller fonctionne chez la femelle comme oviducte; chez le mâle ; c'est un organe rudimentaire (canal de Rathke).

X. Dixième période : *Organes uro-génitaux des protamniens.*

A la place du rein primitif dégénéré apparaît, comme organe urinaire, le rein secondaire définitif. La poche urinaire sort de l'orifice abdominal de l'embryon et forme l'allantoide. Sur la paroi antérieure du cloaque se forme le phallus, qui devient pénis, chez le mâle; clitoris, chez la femelle.

XI. Onzième période : *Organes uro-génitaux des monotrèmes.*

L'extrémité antérieure de l'oviducte s'élargit, de chaque côté, en une matrice musculeuse (uterus).

XII. Douzième période : *Organes uro-génitaux des marsupiaux.*

Le cloaque se divise par une cloison en un orifice uro-génital antérieur (apertura urogenitalis) et un orifice anal postérieur (anus). De la partie inférieure de l'utérus part, de chaque côté, un vagin. L'ovaire et le testicule commencent à émigrer de leur lieu d'origine.

XIII. Treizième période : *Organes uro-génitaux des prosimiens.*

Le canal de Muller et le canal de Wolff se soudent inférieurement en cordon sexuel. De la soudure des deux moitiés inférieures résulte un utérus bicorne. Une partie de l'allantoide devient le placenta.

XIV. Quatorzième période : *Organes uro–génitaliens des singes.*

Les deux matrices se soudent dans toute leur longueur, en un utérus piriforme, comme chez l'homme.

TRENTE-SIXIÈME TABLEAU.

Vue d'ensemble des homologies des organes sexuels, dans les deux sexes, chez les mammifères.

XXXVI*A*. Homologie des organes sexuels internes.

G. Rudiment commun des organes sexuels internes.	M. Portion mâle interne.	W. Portion femelle interne.
1. Glandes génératrices mâles (lamelle testiculaire chez l'embryon, produit du feuillet cutané?)	1. Testicule (*testis* ou *orchis*)	1. (Le rudiment testiculaire a disparu, mais persiste chez quelques amphibiens)
2. Glandes génératrices femelles (lamelles ovariennes, produit du feuillet intestinal?)	2. (Le rudiment ovarien a disparu; il persiste chez quelques amphibies)	2. Ovaire (*ovarium* ou *oophoron*)
3. Canal de Wolff (conduit latéral du rein primitif)	3. Canal déférent (*spermaductus*)	3. Canal de Gartner (canal rudimentaire)
4*a*. Canal de Muller (*ductus Mulleri,* conduit médian du rein primitif)	4*a*. Canal de Rathke (canal rudimentaire chez les amphibies)	4*a*. Oviducte (*oviductus* ou *tuba Fallopina*)
4*b*. Extrémité supérieure du canal de Muller	4*b*. Hydatide de Morgagni	4*b*. Hydatis Fallopina
4*c*. Extrémité inférieure du canal de Muller	4*c*. Uterus masculinus (*cesicula prostatica*)	4*c*. Uterus, vagina (matrice, vagin)
5. Debris des reins primitifs (*protonephron, corpus Wolffii*)	5. Epididyme	5. Parovaire (*parovarium*)
6. Ligament du rein primitif (*ligamentum protonephroinguinale*)	6. Ligament de Hunter (*gubernaculum Hunteri*)	6. Ligament rond (*ligamentum uteri rotundum*)
7. Mésentère sexuel (*mesenterium sexuale*)	7. Mésentère testiculaire (*mesorchium*)	7. Mésentère ovarien (*mesovarium*)

XXXVI*B*. Homologies des organes sexuels externes.

G. Rudiment commun des organes sexuels externes	M. Portion mâle externe.	W. Portion femelle externe.
8. *Phallus*	8. *Penis*	8. *Clitoris*
9. Prepuce	9. *Praeputium penis*	9. *Praeputium clitoridis*
10. *Plicae genitales*	10. *Scrotum*	10. Grandes lèvres (*labia pudendi majora*)
11. Fissures entre les deux replis sexuels	11. Suture du sac testiculaire (*raphe scroti*)	11. *Vulva*
12. Ligaments sexuels (bords de la gouttière sexuelle)	12. Les bords de la gouttière sexuelle se soudent	12. Petites lèvres (*labia pudendi minora*)
13. Canal genito-urinaire (*sinus urogenitalis*)	13. Urèthre	13. *Vestibulum vaginae*
14. Glandes annexes du canal génito-urinaire	14. Glandes de Cowper	14. Glandes de Bartholin

VINGT-SIXIÈME LEÇON.

RÉSULTAT DE L'ANTHROPOGÉNIE.

La théorie de la descendance est une loi d'induction générale, résultant avec une absolue nécessité de la synthèse comparative de tous les phénomènes de la nature organique et spécialement du triple parallèle des évolutions phylogénétique, ontogénétique et taxinomique. Que l'homme descende des vertébrés inférieurs et, en première ligne, des vrais singes, c'est là une conclusion déductive spéciale, résultant aussi avec une absolue nécessité de la théorie de la descendance. On ne saurait trop appuyer sur cette position de la question de « la place de l'homme dans la nature ». Si, d'une façon générale, la théorie de la descendance est fondée, alors la théorie de l'évolution de l'homme à partir des vertébrés inférieurs n'est rien de plus qu'une conclusion déductive et irréfutable de cette théorie. Par conséquent, toutes les découvertes ultérieures qui enrichiront, à l'avenir, nos connaissances sur l'évolution phylétique de l'homme, seront simplement des vérifications spéciales de cette déduction, qui repose sur la plus large base inductive.

MORPHOLOGIE GÉNÉRALE (1866)

Coup d'œil rétrospectif sur l'embryologie. — La loi biogénetique fondamentale élucide l'embryologie. — Sa connexion étiologique avec la phylogénie. — Les organes rudimentaires de l'homme. — Dysteléologie. — Legs des singes. — Place de l'homme dans la taxinomie du règne animal. — L'homme considéré comme vertébré et comme mammifère. — Parenté spéciale de l'homme et des singes. — Les témoignages invoqués dans la question simienne. — Les catarhiniens et les platyrhiniens. — L'origine divine de l'homme. — Adam et Ève. — Évolution de l'âme. — Différences psychiques importantes dans chaque classe zoologique. — Âmes des mammifères et âmes des insectes. — Âmes des fourmis et âmes des cochenilles. — Âme de l'homme et âme du singe. — Organes de l'activité psychique; système nerveux central. — Ontogénie et phylogénie de l'âme. — Importance de la loi biogénetique fondamentale pour la psychologie. — Importance de l'anthropogénie pour la victoire de la philosophie monistique et la défaite de la philosophie dualistique. — Nature et esprit. — Science de la nature et science de l'esprit. — Réforme de la conception du monde par l'anthropogénie.

Messieurs,

Nous avons maintenant exploré le domaine de l'évolution humaine; nous en connaissons les points les plus intéressants; nous voilà parvenus au terme de notre voyage: il sera donc opportun d'embrasser d'un coup d'œil la route parcourue et de tâcher d'entrevoir dans l'avenir le but scientifique où elle doit conduire. Nous sommes partis des faits les plus simples de l'embryologie humaine, de faits que nos procédés d'investigation anatomique et microscopique nous permettent de vérifier quand bon nous semble. Le premier et le plus important de ces faits ontogénétiques est celui qui nous montre, à l'origine de l'homme comme à celle de tout autre animal, une cellule simple. Cette cellule ovulaire est conformée comme un ovule quelconque de mammifère; elle se développe par les mêmes procédés. De cette cellule provient, par bipartition réitérée, un corps pluricellulaire, dont les éléments constituants, les cellules groupées en société, sont d'abord toutes semblables entre elles (*morula*). Par l'accumulation d'un liquide dans l'intérieur de la morula, il se forme une vésicule blastodermique sphérique (*blastosphaera*). La mince paroi de la blastosphère est constituée soit par une seule couche, soit par deux couches de cellules; dans ce dernier cas, les deux couches cellulaires sont les deux feuillets germinatifs ou blastodermiques primaires, l'exoderme ou feuillet cutané et l'entoderme ou feuillet intestinal. Or, la vésicule bifoliée, qui, à ce moment, représente le genre humain, est la répétition ontogénétique de la forme ancestrale et phylogénétique extrêmement importante de tous les métazoaires; nous avons donné à cette vésicule le nom de *gastraea*. La proposition précédente est démontrée vraie aujourd'hui encore par la réapparition du stade embryologique de la *gastrula* dans les groupes zoologiques les plus dissemblables et chez l'amphioxus. Seule, la théorie gastréenne peut rendre raison de l'existence si générale de ce stade gastrulaire. En suivant plus loin le développement du germe bifolié, nous avons vu quatre feuillets germinatifs secondaires provenir par dédoublement des deux feuillets primaires. Ces feuillets ont chez l'homme exactement la même texture et le même rôle génétique que chez tous les autres vertébrés. Du feuillet cutané-sensitif proviennent l'épiderme, le système nerveux central, et très-probablement le système rénal. Le feuillet fibro-cutané forme le derme et les organes du mouvement (squelette et système musculaire). Du feuillet fibro-intestinal proviennent le système vasculaire et la paroi musculeuse de l'intestin. Enfin du feuillet intestino-glandulaire dérivent seulement l'épithélium ou la couche cellulaire interne de la muqueuse intestinale et des glandes de l'intestin.

Quant aux procédés par lesquels ces divers systèmes organiques sortent des quatre feuillets germinatifs secondaires; ils sont exactement identiques chez l'homme et chez tous les autres vertébrés. L'embryologie de chaque organe isolément considéré nous prouve que le germe humain se différencie et se développe exactement selon le mode spécial aux vertébrés. Dans ce dernier embranchement, nous avons suivi pas à pas, degré par degré, l'évolution du corps en général et de chacune de ses parties. Chez l'homme, cette évolution supérieure s'effectue de la manière qui est spéciale aux mammifères. Enfin, dans les limites de cette dernière classe, nous avons vu les divers degrés d'évolution phylogénétique qui caractérisent les mammifères dans la taxinomie, correspondre aux degrés d'évolution ontogénétique que parcourt l'embryon humain. Cela nous permet de déterminer plus exactement la place de l'homme dans la classification de cette classe, et par suite d'établir son degré de parenté avec les divers ordres de mammifères.

La série de conséquences que nous a suggérée l'appréciation de ces faits ontogénétiques a été simplement le développement logique de la loi biogénétique fondamentale, d'où dépend l'intelligence tout entière de l'histoire du développement. Nous sommes là sur la limite de l'ancienne et de la nouvelle histoire naturelle, de l'ancienne et de la nouvelle conception du monde. Toute la morphologie moderne nous contraint irrésistiblement à reconnaitre la loi biogénétique fondamentale et ses conséquences fécondes. Sans doute tout cela est inconciliable avec la mythologique conception du monde, qui a cours encore, avec les préjugés dominants que nous a inoculés une éducation scolaire théosophique; mais, sans la loi biogénétique fondamentale et sans la théorie de la descendance, bases de toutes ces idées, il nous est absolument impossible de comprendre quoi que ce soit à l'évolution organique, d'éclairer en quoi que ce soit cette merveilleuse région du savoir. Si, au contraire, conformément à la loi biogénétique fondamentale, nous reconnaissons la connexité étiologique des évolutions embryologique et phylogénique, le rapport étiologique qui relie l'ontogénèse et la phylogénèse, aussitôt les faits les plus étonnants de l'ontogénèse s'expliquent tout simplement, les phénomènes embryologiques ne sont plus que les effets mécaniques et nécessaires de l'évolution phylétique, conformément aux lois d'hérédité et d'adaptation.

L'action réciproque de ces lois dans les influences toujours

39

présentes de la lutte pour vivre, ou, comme Darwin l'appelle, de la sélection naturelle, suffit très-bien à expliquer par la phylogénie tous les phénomènes embryologiques. C'est là le grand mérite de Darwin ; il a su, en invoquant l'action combinée de l'hérédité et de l'adaptation, trouver le vrai moyen d'expliquer étiologiquement toute l'histoire du développement.

Parmi les nombreux et puissants témoignages favorables à cette doctrine, je citerai des faits d'une toute autre nature, ceux de la dystéléologie ou science des organes rudimentaires. On ne saurait trop appuyer sur la haute valeur morphologique de ces curieux organes, qui, physiologiquement, sont absolument inutiles. Il n'est pas de système organique, chez l'homme et chez tous les vertébrés supérieurs, où l'on ne trouve quelques-uns de ces legs de nos antiques ancêtres vertébrés. Citons d'abord la toison pileuse rudimentaire, qui ne se développe plus avec quelque vigueur qu'à la tête, aux aisselles, etc. Les poils follets, qui recouvrent notre corps, sont absolument inutiles ; ils n'ont pas de rôle physiologique ; ce sont les derniers restes du pelage touffu qui protégeait nos ancêtres simiens. Les appareils sensitifs nous fournissent toute une série de curieux organes rudimentaires. Nous avons vu que toute l'oreille externe, avec son cartilage, ses muscles, sa peau, était chez l'homme un organe inutile, auquel on a voulu à tort attribuer jadis un rôle physiologique. C'est le reste atrophié de l'oreille pointue et mobile des mammifères supérieurs, qui nous ont légué des muscles auriculaires dont nous ne nous servons plus. A l'angle interne de notre œil, nous trouvons encore un curieux petit repli semilunaire parfaitement inutile, et qui nous intéresse uniquement parce qu'il est le dernier débris d'une membrane clignotante, d'une troisième paupière interne, jouant, aujourd'hui encore, un rôle physiologique important chez les requins et beaucoup d'amniotes. L'appareil du mouvement, aussi bien le squelette que les muscles, nous fournit encore quantité d'intéressantes preuves dystéléologiques. Je mentionnerai seulement la queue de l'embryon humain, les vertèbres caudales et les muscles rudimentaires de cette queue, organe absolument sans usage pour l'homme, mais néanmoins fort intéressant ; car c'est le reste atrophié de la longue queue, richement pourvue de vertèbres et de muscles, telle que la possédaient nos vieux ancêtres simiens. Ces ancêtres nous ont encore transmis diverses apo-

physes osseuses, divers muscles, qui leur servaient beaucoup
dans leur existence arboricole, mais qui pour nous sont sans
usage. Nous avons encore sous la peau, en diverses régions,
des muscles cutanés qui nous sont inutiles; ce sont les restes
d'une couche de muscles cutanés, puissamment développés, que
possédaient nos ancêtres mammifères inférieurs. Ce « panni-
culus carnosus » avait pour fonction de contracter, de rider la
peau, comme le font encore aujourd'hui les chevaux, alors
qu'ils veulent chasser les mouches. Nous possédons un reste
de ce muscle apte encore à fonctionner : c'est le muscle frontal, qui nous permet de rider notre front et de relever nos
paupières; mais il est un autre vestige, considérable encore, de
ce même muscle, que nous ne pouvons plus contracter volontai-
rement : c'est le muscle cutané du cou (*platysma myoides*).

Nos appareils de la vie végétative ne sont pas moins riches
en organes rudimentaires que ceux de la vie animale. Nous avons
déjà, chemin faisant, signalé la plupart d'entre eux. Je vous rappellerai seulement la curieuse glande thyroïde (*thyreoidea*), qui
s'hypertrophie dans le goitre et provient de la gouttière ciliée
existant chez les chordoniens, les ascidies, les acrâniens, au-dessous de la cage branchiale. Je mentionnerai aussi l'appendice
vermiculaire du cœcum. Dans le système circulatoire, nous trouvons beaucoup de cordons inutiles, restes de vaisseaux atrophiés
à l'âge adulte, mais qui ont primitivement fonctionné; ce sont :
le *ductus Botalli*, entre l'artère pulmonaire et l'aorte, et le
ductus venosus Arantii, entre la veine porte et la veine
cave, sans parler de beaucoup d'autres. Mais les nombreux organes rudimentaires de l'appareil génito-urinaire sont particulièrement intéressants. Ces organes sont d'ordinaire développés dans
un sexe et rudimentaires dans l'autre. Ainsi, chez l'homme,
les canaux de Wolff deviennent canaux déférents, tandis que,
chez la femme, il n'en reste que des rudiments connus sous le
nom de canaux de Gartner. Inversement, chez la femme, les
oviductes et la matrice se forment aux dépens des canaux de
Muller, tandis que, chez l'homme, c'est surtout la partie inférieure de ces canaux qui se développe en « matrice mâle » (*vesicula prostatica*). Enfin, les mamelons et les glandes mammaires de l'homme sont les rudiments d'organes qui régulièrement ne fonctionnent que chez la femme.

Un examen anatomique plus détaillé du corps humain nous

montrerait quantité d'autres organes rudimentaires, que la théorie de la descendance peut seule expliquer. Ces organes sont autant de preuves établissant la vérité de la conception mécanique de la nature, autant de foudroyantes réfutations de la conception téléologique. Si, comme le prétend cette dernière doctrine, l'homme ou tout autre être organisé avait été construit dès le principe en vue d'un but à atteindre; s'il avait été appelé à la vie par un acte créateur, alors l'existence de ces organes rudimentaires ne serait plus qu'une énigme inexplicable; on ne comprendrait pas pourquoi le créateur aurait imposé un fardeau inutile à sa créature, déjà fort embarrassée sur le chemin de la vie. Au contraire, la théorie de la descendance donne fort simplement la raison d'être de ces organes. Elle nous apprend que les organes rudimentaires sont des parties du corps qui, dans le cours des siècles, sont graduellement devenues hors de service. Ces organes avaient des fonctions déterminées chez nos ancêtres animaux, mais, chez nous, ils sont absolument sans valeur physiologique. De nouvelles adaptations les ont rendus inutiles, mais ils n'en ont pas moins été transmis de génération en génération et ont ainsi rétrogradé lentement.

Non-seulement les organes rudimentaires, mais tous les autres organes de notre corps, nous ont été légués par les mammifères, et en dernier lieu par nos ancêtres simiens. *Il n'y a pas, dans le corps humain, un seul organe qui ne nous vienne des singes.* Mais notre loi biogénétique fondamentale nous permet de poursuivre l'origine de nos systèmes organiques plus loin encore, jusqu'à nos divers degrés ancestraux inférieurs. Ainsi nous pouvons dire que nous tenons les plus anciens organes de notre corps, l'épiderme et le canal intestinal, des gastréades; le système nerveux et le système musculaire nous viennent des vers inférieurs (archelminthes); le système vasculaire, la cavité viscérale et le sang, des vers cœlomates (scolécides); la chorda et l'intestin branchial, des chordoniens; les organes des sens différenciés, des cyclostomes; les membres et les canaux de Muller, des poissons primitifs; les organes génitaux externes, des mammifères primitifs. En parlant de « la loi de connexion ontogénétique des formes taxinomiquement parentes » et en déterminant l'âge relatif des organes, nous avons vu comment on peut tirer des conclusions phylogénétiques de ce genre de la succession ontogénétique des systèmes organiques.

Appuyés sur cette grande loi et sur l'anatomie comparée, nous pourrons déterminer exactement « la place de l'homme dans la nature », ou, en d'autres termes, indiquer quelle est la place de l'homme dans la taxinomie du règne animal. La nouvelle taxinomie zoologique partage tout le règne animal dans les sept embranchements ou phyles que vous connaissez, et elle subdivise, *en gros*, ces sept phyles en quarante classes environ, puis ces classes environ en deux cents ordres. Par son organisation tout entière, l'homme appartient d'abord et indubitablement à un seul embranchement, celui des vertébrés; deuxièmement, à une seule classe, celle des mammifères; troisièmement, à un seul ordre, à l'ordre des singes. Toutes les particularités caractéristiques par lesquelles l'embranchement des vertébrés se distingue des six autres embranchements, les mammifères, des trente-neuf autres classes, l'ordre des singes, des cent quatre-vingt-dix-neuf autres ordres; toutes ces particularités l'homme les possède. On a beau se débattre, force est bien de reconnaître ces faits anatomiques et taxinomiques. Vous savez que, dans ces derniers temps, ces faits ont été passionnément discutés; que l'on a surtout disputé au sujet de la parenté anatomique spéciale de l'homme et des singes. Les plus étranges opinions ont été émises sur cette « question des singes » ou « théorie pithécoïde ». Pour trancher le débat, il nous faut donc séparer l'essentiel de l'accessoire.

Nous partons de ce fait incontestable que l'homme, indépendamment de sa consanguinité réelle ou supposée avec les singes, est un vrai mammifère et même un *mammifère placentalien*. Le fait fondamental est si facile à démontrer par l'anatomie comparée, qu'il est unanimement admis, depuis qu'on distingue les placentaliens des mammifères inférieurs (marsupiaux et monotrèmes). De ce fait il résulte, pour tout partisan conséquent de la doctrine de l'évolution, que l'homme et tous les autres placentaliens descendent d'une même forme ancestrale, de la souche des placentaliens, de même que tous les mammifères (placentaliens, marsupiaux et monotrèmes) doivent nécessairement dériver d'un même ancêtre mammifère. Mais par là la grande question de principe de la place de l'homme dans la nature, cette question qui agite le monde entier, est définitivement tranchée, quel que soit le degré de parenté de l'homme avec les singes. Qu'importe que l'homme appartienne phylogénétiquement à

l'ordre des singes, ou, si l'on aime mieux, des primates, sa consanguinité immédiate avec les autres mammifères et spécialement avec les placentaliens n'en persiste pas moins. Peut-être
les degrés de parenté entre les divers ordres de mammifères
sont-ils tout autres que nous ne les supposons aujourd'hui. Mais
il n'en reste pas moins incontestable que l'homme et les autres
mammifères descendent d'une même forme ancestrale. Cette
antique forme ancestrale, depuis longtemps éteinte, qui s'est
vraisemblablement développée pendant la période triasique, fut
l'ancêtre monotrème de tous les mammifères.

Si l'on prend pour base la proposition fondamentale qui précède, alors la « question simienne » prend un tout autre aspect. Avec un peu de réflexion, vous vous convaincrez sans
peine que cette question n'a pas l'importance qu'on lui a récemment donnée. En effet, le fait que le genre humain descend
d'une série de divers ancêtres mammifères et que ces derniers
proviennent d'une série plus ancienne de vertébrés inférieurs,
ce fait reste hors de doute. Qu'importe alors que les plus proches ancêtres animaux de l'homme aient été ou non de vrais
singes? Mais puisque l'on a pris l'habitude de ne voir, dans
toute la question de l'origne de l'homme, que la descendance
simienne, force m'est de revenir encore une fois sur ce point
et de vous rappeler fes faits d'anatomie comparée et d'ontogénèse qui tranchent le débat.

Le plus court chemin pour arriver au but est celui qu'a suivi
Huxley dans son remarquable ouvrage sur « La place de
l'homme dans la nature »; c'est le chemin que nous traçent
l'anatomie comparée et l'ontogénie. Il nous faut comparer objectivement tous les organes de l'homme avec les mêmes organes
du singe; puis nous aurons à voir si les différences entre les uns
et les autres sont plus grandes que celles qui existent entre les
singes supérieurs et les singes inférieurs. Le résultat incontestable de cette enquête d'anatomie comparée, faite avec toute
l'impartialité et toute l'exactitude possibles, est l'importante loi
que nous avons appelée loi « d'Huxley », du nom de celui qui
l'a formulée; la voici : Les différences anatomiques entre l'organisation humaine et celle des singes supérieurs que nous connaissons sont beaucoup plus faibles que les mêmes différences
entre les singes supérieurs et les singes inférieurs. Nous pouvons
même donner à cette loi une portée plus précise, en considérant

les platyrhiniens ou singes américains comme des parents éloignés, négligeables, et en faisant porter la comparaison seulement sur les catarhiniens ou singes de l'ancien monde. Même dans ce petit groupe, les différences anatomiques entre les singes inférieurs et les singes à narines étroites, entre le pavian et le gorille, sont bien plus grandes que les différences entre ce singe anthropoïde et l'homme. Si nous nous adressons maintenant à l'ontogénie, et si, conformément à notre « loi de connexion ontogénétique entre les formes taxinomiquement parentes », nous trouvons que les embryons des singes anthropoïdes et de l'homme sont plus longtemps semblables que les embryons des singes supérieurs et des singes inférieurs, force nous sera bien, bon gré mal gré, de reconnaître que nous descendons de l'ordre des singes.

Sans doute nous pouvons, d'après les faits précités d'anatomie comparée, nous figurer approximativement la conformation de nos ancêtres durant l'âge tertiaire; mais, quel que soit l'être que nous nous imaginions, ce sera sûrement un vrai singe et même un singe catarhinien ; car l'homme possède tous les caractères anatomiques qui distinguent les catarhiniens des platyrhiniens. Il nous faut donc faire descendre directement l'homme du groupe des catarhiniens et placer l'origine de l'homme dans l'ancien monde. Enfin les groupes des singes catarhiniens et platyrhiniens sont limités, le premier à l'ancien monde, le second au nouveau monde. Ils n'ont de commun que leur descendance d'une même et antique forme ancestrale ; vraisemblablement les uns et les autres sont issus des prosimiens de l'ancien monde.

En admettant qu'il soit maintenant objectivement établi, sans conteste, que le genre humain descend directement des singes de l'ancien monde, nous devons pourtant dire encore une fois que, toute importante que soit cette proposition, elle n'a point *en principe*, pour la question de l'origine humaine, la portée qu'on lui attribue d'ordinaire. Ne tenons nul compte de cette proposition, ou supposons qu'elle nous soit inconnue, nous n'en connaîtrons pas moins les faits zoologiques d'anatomie comparée et d'embryologie qui attestent la nature placentalienne de l'homme. Cela suffit pour établir la commune descendance de l'homme et des autres mammifères. Qu'importe à la question de principe que l'on dise : « Oui, l'homme est un mam-

mifère, mais il s'est détaché des autres mammifères à l'origine
de la classe, et entre lui et les mammifères actuels il n'y a point
de proche parenté. » Dans tous les cas, le degré de parenté est
assez proche, si on le met en regard des trente-neuf autres
classes du règne animal. Dans tous les cas, tous les mammifères, y compris l'homme, ont une commune origine, et leurs
communs ancêtres forment une longue série de vertébrés inférieurs lentement développés.

L'horreur qu'éprouvent la plupart des hommes à l'idée d'une
origine simienne blesse évidemment à la fois la raison et le
sentiment. C'est justement parce que l'organisme simien est la
caricature, l'image altérée et peu attrayante de l'homme, que
nos préjugés esthétiques et notre amour-propre en sont désagréa-
blement affectés et que la plupart des hommes répugnent à l'idée
d'une origine simienne. Il est bien plus flatteur de descendre
d'un être divin, supérieur; aussi, dès les temps les plus reculés,
la vanité humaine s'est complu à faire remonter son origine à
des dieux ou des demi-dieux. L'Église l'a bien compris, et, avec
son habileté d'interprétation ordinaire, elle a glorifié ce ridicule
orgueil comme un sentiment « d'humilité chrétienne »; aussi ces
mêmes hommes, qui repoussent, avec un présomptueux dédain,
toute idée d'une origine animale et se regardent comme « les
enfants de Dieu », nous les voyons se vanter, avec une « plati-
tude servile », de leur haute extraction, Dans la plupart des
sermons que la chaire et l'autel décochent contre la marche en-
vahissante de la doctrine évolutive, l'amour-propre et la vanité
dominent; ce sont là des faiblesses de caractère que nous ont
léguées les singes; pourtant il faut bien avouer qu'elles se sont
développées chez l'homme à un degré que le naïf préjugé de la
« chute de l'homme » met dans tout son jour. Nous nous moquons
des sottises puériles que le ridicule orgueil nobiliaire a entretenues
depuis les beaux jours du moyen âge jusqu'à notre époque, et
pourtant la plupart des hommes ont encore leur bonne part de
cette folle vanité. Comme la plupart des hommes aiment mieux
faire remonter leur généalogie à des barons déchus et, si possible,
à des princes fameux qu'à d'obscurs paysans, ainsi ils préfèrent
donner pour premier ancêtre au genre humain un Adam déchu
par le péché plutôt qu'un singe actif et perfectible. C'est là une
affaire de goût et il ne sert à rien de discuter sur de telles pré-
férences généalogiques. Pour moi personnellement, j'avoue que

je suis aussi fier de mon grand-père paternel, simple paysan silésien, que de mon grand-père maternel, jurisconsulte rhénan, qui finit par occuper une haute charge administrative. Quant à moi, je préfère être la postérité perfectionnée d'un ancêtre simien, sorti, par concurrence vitale, des mammifères inférieurs, issus eux-mêmes et progressivement des vertébrés inférieurs, plutôt que le rejeton dégénéré d'un Adam, semblable à Dieu, mais dégradé par le péché, d'un « bloc d'argile », et d'une Ève « créée » avec l'une des côtes de cet Adam. Au sujet de cette célèbre « côte », je dois déclarer expressément ici, et cela complétera l'histoire évolutive du squelette, que le nombre des côtes est exactement le même chez l'homme et chez la femme. Chez l'un et l'autre, les côtes proviennent du feuillet fibro-cutané et sont, phylogénétiquement, des arcs vertébraux inférieurs ou abdominaux.

N'entends-je pas dire maintenant : tout cela est bel et bon; après tout ce qui précède, on ne peut plus contester que le corps humain ne soit sorti graduellement et lentement d'une longue série d'ancêtres vertébrés. Mais il en va tout autrement de « l'esprit de l'homme », de son âme, qui ne peut pas être issue de l'âme des vertébrés. Voyons si les faits tirés de l'anatomie comparée, de la physiologie et de l'embryologie ne nous permettront pas de réfuter cette grave objection. Dans les classes, les ordres, les genres et les espèces des vertébrés, il y a une telle quantité et une telle diversité d'âmes vertébrées, qu'au premier abord, on a peine à croire que toutes ces âmes aient pu provenir d'une seule et même âme de vertébré. Songez d'abord au petit amphioxus, qui n'a point encore de cerveau, mais seulement un simple tube médullaire, et dont l'activité psychique est au dernier rang dans le groupe des vertébrés. Les cyclostomes, voisins de l'amphioxus, n'ont guère plus de vie intellectuelle, quoiqu'ils aient déjà un cerveau. Élevons-nous des cyclostomes aux poissons, nous trouverons une intelligence aussi bien peu développée, comme tout le monde le sait; il nous faut arriver aux amphibies pour rencontrer un progrès intellectuel qui compte. Le développement s'accuse davantage encore chez les mammifères, quoique là aussi, chez les monotrèmes et leurs stupides voisins, les marsupiaux, les activités intellectuelles soient encore bien peu accusées. Montons jusqu'aux placentaliens; dans ce groupe si varié, nous rencontrons tant d'importants degrés de différenciation et de perfectionnement, que les différences psychiques entre les placentaliens les plus stupides (par exemple le paresseux et le tatou) et les placentaliens les plus intelligents (par exemple les chiens et les singes) semblent énormes. Sûrement elles sont beaucoup plus grandes que les mêmes différences entre le chien, le singe et l'homme. Pourtant tous ces animaux sont des membres consanguins d'une même classe ([142]).

Nous constatons les mêmes faits, plus frappants encore, dans la psychologie comparée d'une autre classe zoologique, intéressante pour tant de raisons ; je veux parler de la classe des insectes. On sait que beaucoup d'insectes sont doués d'une telle activité intellectuelle, que, dans le groupe des vertébrés, l'homme seul peut rivaliser avec eux sous ce rapport. Vous connaissez tous les célèbres associations des abeilles et des fourmis ; vous savez tous qu'on y trouve une organisation sociale si curieuse, que, pour voir quelque chose de pareil, il faut remonter jusqu'aux races humaines supérieures. Je me contenterai de vous rappeler l'organisation sociale et le gouvernement des abeilles monarchiques et des fourmis républicaines, leur distribution en diverses classes : la reine, les abeilles mâles, les ouvrières, les éducatrices, les soldats, etc. Parmi les détails les plus intéressants de cet état social, il faut noter l'élevage du bétail par les fourmis, qui font des pucerons leurs vaches de lait et savent traire régulièrement le liquide sucré que ces derniers sécrètent. Plus curieux encore est l'esclavage que les grosses fourmis rouges imposent aux jeunes des petites fourmis noires, qu'elles volent à cet effet. Que toutes les institutions politiques et sociales des fourmis résultent du concours des individus, des citoyens, que ceux-ci puissent s'entendre entre eux ; ce sont des faits depuis longtemps connus. De nombreuses observations ont mis hors de doute la haute activité intellectuelle de ces petits articulés. Rapprochons maintenant de ces faits l'état intellectuel de beaucoup d'insectes inférieurs et surtout des insectes parasites. Songeons, par exemple, au *coccus*, qui, à l'état adulte, n'est qu'un corps clypéiforme, parfaitement immobile et fixé sur les feuilles des plantes. Ses pattes sont atrophiées. Sa trompe plonge dans les tissus de la plante, dont il suce les sucs. Toute la vie intellectuelle de ces parasites femelles se borne au plaisir que leur procurent la succion des sucs végétaux et les rapports sexuels avec les mâles mobiles. On en peut dire autant de la femelle vermiforme des strésiptères (*stresiptera*), qui, dépourvue d'ailes et de pieds, vit immobile, en parasite, dans le segment postérieur des guêpes. Chez de tels animaux, il ne saurait être question d'un degré notable d'activité intellectuelle. Comparez maintenant ces stupides parasites avec les fourmis si intelligentes et si alertes, et vous m'accorderez sans peine et vous conviendrez sûrement qu'entre ces animaux les différences psychiques sont plus grandes qu'entre les derniers et les premiers des mammifères, qu'entre les ornithorynques, les marsupiaux et les tatous, d'une part ; les chiens, les singes et l'homme, d'autre part. Pourtant tous ces insectes appartiennent incontestablement à une seule et même classe d'articulés, comme tous ces mammifères à une seule et même classe de mammifères. Aussi, pour être conséquent, tout partisan de la doctrine de l'évolution doit admettre une forme ancestrale commune à tous ces insectes et une autre forme ancestrale commune à tous ces mammifères.

Si, laissant la psychologie comparée de tous ces animaux, nous nous occupons des organes psychiques, nous voyons que toujours, chez les animaux supérieurs, les fonctions intellectuelles sont indissolublement unies à un groupe déterminé de cellules, aux cellules du système nerveux central. Tous les naturalistes reconnaissent que *le système nerveux central est l'organe de la vie psychique*, et c'est là une proposition que l'on peut, à volonté, vérifier expérimentalement. Détruisons tout ou partie du système nerveux, du même coup, nous aurons détruit en totalité ou en partie « l'âme » ou l'activité psychique de l'animal. Demandons-nous maintenant ce qu'il en est des organes psychiques chez l'homme. La réponse à cette question est sans réplique et vous la connaissez déjà. Par son origine et par sa structure, l'organe psychique de l'homme ne diffère pas essentiellement de celui des autres vertébrés. Cet organe provient, sous la forme d'un simple tube médullaire, de la peau de l'embryon, c'est-à-dire du feuillet cutané-sensitif ou du premier feuillet germinatif secondaire. Dans son développement graduel, chez l'embryon humain, le système nerveux central parcourt les mêmes degrés que chez les autres mammifères, et, comme homme et mammifères ont indubitablement une commune origine, il en doit être de même pour leur cerveau et leur moelle épinière.

En outre, la physiologie nous enseigne, par l'observation et l'expérience, que la relation entre l'âme et ses organes, le cerveau et la moelle épinière, est la même chez l'homme et chez les autres mammifères. Point d'organes psychiques, point d'activité psychique, de même qu'il n'y a pas de mouvement musculaire sans muscles. Par conséquent l'activité intellectuelle ne se peut développer qu'avec ses organes. Si donc nous admettons la théorie de la descendance, si nous reconnaissons qu'il y a un rapport étiologique entre la phylogénèse et l'ontogénèse, il nous faudra nécessairement acquiescer à la proposition suivante : L'âme humaine s'est développée avec le tube médullaire, dont elle est la fonction, et de même qu'aujourd'hui encore le cerveau et la moelle épinière de chaque homme dérivent du tube médullaire simple, ainsi « l'esprit humain », l'activité psychique du genre humain tout entier s'est développée peu à peu, graduellement, à partir de l'âme des vertébrés inférieurs. Aujourd'hui encore, chez tout individu humain, la structure si admirablement compliquée du cerveau se développe graduellement des mêmes organes rudimentaires, des mêmes cinq ampoules cérébrales existant chez tous les autres crâniotes; par conséquent il faut que l'âme humaine se soit développée graduellement de l'âme des crâniotes, dans le cours de millions d'années. En outre, comme, aujourd'hui encore, le cerveau de tout embryon humain se différencie selon le type spécial du cerveau simien, il a fallu de même que la « psyché » humaine se soit différenciée historiquement de l'âme simienne.

Sans doute cette conception monistique est repoussée avec indignation par la plupart des hommes, et l'on adopte l'opinion dualistique, qui nie la connexion indissoluble de l'âme et du cerveau et prétend faire du « corps et de l'esprit » deux choses entièrement distinctes. C'est là une manière de voir généralement admise, mais comment la concilier avec les faits que vous connaissez? Elle offre d'ailleurs d'insurmontables difficultés tant en ontogénèse qu'en phylogénèse. Si, avec la plupart des hommes, on considère l'âme comme un être indépendant qui, dans le principe, n'a rien de commun avec le corps, qui n'y a établi sa demeure que temporairement et qui manifeste sa sensibilité au moyen du cerveau comme le pianiste se sert du clavier, force est d'admettre, dans l'embryologie de l'homme, un moment où l'âme est entrée dans le corps et dans le cerveau; il faut aussi qu'il y ait, au moment de la mort, un instant où l'âme quitte le corps. En outre, comme chaque homme reçoit héréditairement de ses parents certaines propriétés psychiques, il faut admettre que, dans l'acte de la reproduction, des portions d'âme des parents se sont transmises aux enfants. Un fragment de l'âme paternelle accompagnerait les cellules spermatiques, un fragment de l'âme maternelle résiderait dans la cellule ovulaire. Dans cette manière de voir dualistique, les phénomènes du développement sont parfaitement inintelligibles. Tout le monde sait que le nouveau-né n'a nulle conscience, nulle connaissance de lui-même ou du monde ambiant. Quiconque a des enfants et en suit le développement intellectuel ne saurait, s'il observe avec impartialité, nier qu'il n'y ait là un procédé d'évolution biologique. De même que toutes nos fonctions se développent avec leurs organes, ainsi le développement de l'âme est corrélatif à celui du cerveau. Le développement de l'âme de l'enfant est même un phénomène si admirable, si frappant, que chaque mère et chaque père capables d'observer ne se lassent pas de le suivre. Seuls les traités de psychologie ne se doutent pas de ce développement, et l'on est porté à croire que les auteurs de ces traités n'ont jamais eu d'enfants. L'âme humaine, telle que la décrivent la plupart des ouvrages de psychologie, est une âme développée d'un seul côté, l'âme d'un philosophe lettré, qui a beaucoup lu, mais ne se doute pas de l'histoire de l'évolution et ne songe même pas que sa propre âme s'est aussi développée.

Pour être conséquents, les mêmes philosophes doivent aussi naturellement admettre, pour la phylogénie de l'âme humaine, un moment où cette âme a pénétré pour la première fois dans le corps vertébré de l'homme. Au moment où le corps humain s'est différencié de celui des singes anthropoïdes, vraisemblablement, dans l'âge tertiaire récent, un élément psychique spécial, humain, ou, comme on dit d'ordinaire, une « étincelle divine » a dû pénétrer ou être insufflée dans le cerveau des singes anthropoïdes et s'y associer à l'âme préexistante des singes. Je n'ai pas besoin de vous signaler les difficultés théorétiques que soulève une telle manière de voir. Je dirai seulement, en passant, que cette même « étincelle divine », par laquelle la psyché humaine se serait différenciée de toutes les âmes animales, devait être aussi susceptible de développement, puisqu'en fait, dans le cours de l'histoire humaine, elle a progressé. D'ordinaire, c'est la « raison » que l'on désigne par cette expression « d'étincelle divine », et l'on entend ainsi doter l'homme d'une fonction psychique qui le distinguerait de tous les animaux « non raison-

nables ». Mais la psychologie comparée nous démontre que cette
prétendue frontière entre l'homme et l'animal n'existe pas ([142]).
Ou l'on prend l'idée de la raison dans son sens le plus large, et
alors on trouve cette raison aussi bien chez les mammifères supérieurs (singes, chiens, éléphants, chevaux) que chez l'homme;
ou l'on conçoit l'idée de raison dans un sens étroit, et alors il
n'y a pas plus de raison chez la plupart des hommes que chez la
plupart des bêtes. En résumé, on peut dire aujourd'hui encore
de la raison humaine ce qu'en disait le Méphistophélès de
Goethe :

« Il vivrait un peu mieux, — si tu ne lui avais pas donné l'apparence d'un
rayon celeste; — il appelle cela « raison », mais il s'en sert — uniquement
pour être bestial comme toutes les bêtes. »

Si donc la théorie dualistique de l'âme, généralement acceptée
et séduisante à beaucoup d'égards, nous semble absolument in-
soutenable, il ne nous reste plus que la thèse monistique, suivant laquelle l'âme humaine est, comme toutes les autres âmes
animales, simplement une fonction du système nerveux central,
auquel elle est indissolublement unie et avec lequel elle s'est
développée. C'est là un fait que prouve l'ontogénie de chaque
enfant, et la loi biogénétique fondamentale établit phylogénétiquement la même vérité. Dans chaque embryon humain, le
feuillet cutané sensitif produit le tube médullaire, qui, à sa partie antérieure, donne naissance aux cinq ampoules cérébrales
des crâniotes, d'où provient le cerveau des mammifères, qui revêt
d'abord les caractères inférieurs du groupe, puis les supérieurs;
c'est là un procédé ontogénétique, une répétition héréditaire et
abrégée de ce qui s'est passé dans la phylogénie du vertébré.
Mais c'est tout à fait de la même manière que l'admirable activité intellectuelle de l'homme est sortie graduellement, à travers
des milliers d'années, de la grossière intelligence des vertébrés
inférieurs, et le développement psychique de chaque enfant n'est
qu'une brève répétition de cette évolution phylogénétique.

Vous comprendrez maintenant sans peine de quelle extrême
importance l'anthropogénie éclairée par la loi biogénétique fondamentale est pour la philosophie. Les philosophes spéculatifs
qui se rendront maîtres des faits ontogénétiques et les interpré-
teront phylogénétiquement, conformément à la loi biogénétique,
auront réalisé en philosophie un progrès inconnu aux plus

grands penseurs de tous les siècles. Certainement tout penseur
conséquent et lucide saura tirer des faits d'anatomie comparée
et d'ontogénie, que nous avons passés en revue, toute une
moisson d'idées et de considérations fécondes, qui influeront sur
le développement futur de la conception philosophique du
monde. On ne saurait douter que l'impartiale interprétation de
ces faits ne décide la victoire en faveur de la philosophie que
nous appelons monistique ou mécanique, par opposition à la philosophie duälistique ou téléologique, qui a inspiré la plupart des
systèmes philosophiques de l'antiquité, du moyen âge et des
temps modernes. La philosophie monistique ou mécanique prétend que partout les phénomènes de la vie humaine sont, comme
ceux du reste de la nature, régis par des lois fixes et immuables; que partout il y a entre les phénomènes un lien étiologique, et que par suite tout l'univers, accessible à nos moyens
d'investigation, forme un tout unitaire, un *monon*. Cette philosophie prétend encore que tous les phénomènes sont dus à des
causes mécaniques (*causæ efficientes*) et nullement à des
causes visant un but (*causæ finales*). Il ne saurait être question d'une volonté libre dans le sens habituel du mot. A la lumière de cette conception monistique du monde, les phénomènes
qui nous semblent les plus libres, les plus indépendants, les
manifestations extérieures de la volonté humaine, obéissent à
des lois fixes exactement comme tous les autres phénomènes naturels. En thèse générale, il nous est donc impossible d'accepter
la distinction ordinairement admise entre la nature et l'esprit. Il
y a un esprit dans toute la nature et un esprit hors de la nature est inconcevable. Par conséquent, on ne saurait absolument
pas accepter la distinction ordinaire entre les sciences naturelles
et les sciences de l'esprit. Toute science est foncièrement naturelle et spirituelle. L'homme n'est pas au-dessus de la nature; il
en fait partie.

Les adversaires de la théorie évolutive, qui répudient la philosophie monistique en la flétrissant du nom de « matérialisme »,
confondent sous ce nom le matérialisme scientifique et le matérialisme moral, tout à fait condamnable, mais n'ayant avec
l'autre rien de commun. Mais, à vrai dire, notre monisme a autant de droit au nom de spiritualisme qu'à celui de matérialisme. La philosophie matérialiste proprement dite prétend que
les mouvements vitaux sont, comme tous les autres phénomènes

de mouvement, des effets ou des produits de la matière. Au contraire, la philosophie spiritualiste affirme que la matière est le produit de la force motrice, et que toutes les formes matérielles sont dues à des forces libres et indépendantes. Dans la conception matérialiste du monde, la matière est antérieure au mouvement, à la force vive; *le mouvement a créé la force*. Dans la conception spiritualiste, au contraire, la force ou le mouvement est antérieur à la matière qu'elle a suscitée; *la force a créé la matière*. Ces deux manières de voir sont dualistiques et, pour nous, également fausses. Bien différente est la philosophie monistique, qui n'admet ni force sans matière, ni matière sans force. Que l'on examine la question, en se mettant au point de vue strict de l'histoire, et l'on verra, après examen, que l'on ne peut concevoir clairement ni l'une ni l'autre de ces manières de voir. Comme l'a dit Goethe : « La matière sans l'esprit, l'esprit sans la matière ne sauraient ni exister, ni agir. »

« L'esprit, l'âme » sont des expressions supérieures, complexes ou différenciées d'une même fonction que nous appelons « force », en nous servant d'un mot extrêmement général, et la force est une fonction générale de toute matière. Nous ne connaissons absolument aucune matière dénuée de force et aucune force qui ne soit inhérente à la matière. Si les forces se manifestent par des mouvements, nous les appelons forces actives; si elles sont à l'état de repos ou d'équilibre, nous les appelons forces latentes ([149]). Cela est vrai pour les corps de la nature organique et pour ceux de la nature anorganique. L'aimant, qui attire la limaille de fer, la poudre, qui fait explosion, la vapeur d'eau, qui pousse la locomotive, sont des anorganes actifs; ils agissent par des forces vives aussi bien que la mimosa sensible, repliant ses folioles au moindre contact, que le vénérable amphioxus, alors qu'il s'enfouit dans le sable de la mer, aussi bien que l'homme qui pense.

Il résulte de notre anthropogénie que, dans tout le développement humain, aussi bien en embryologie qu'en phylogénie, il n'y a pas en jeu d'autres forces que celle de toute la nature organique et anorganique. Toutes ces forces, nous les pouvons ramener, en dernière analyse, à la croissance, à cette fonction fondamentale du développement, d'où proviennent aussi bien les formes des anorganes que celles des organismes. Mais, à son tour, la croissance résulte de l'attraction et de la répulsion de particules homogènes ou hétérogènes ([138]). Ainsi sont nés aussi bien l'homme que le singe, aussi bien le palmier que l'algue, aussi bien le cristal que l'eau. Le développement de l'homme résulte donc des mêmes lois « éternelles », des mêmes lois « d'airain », que l'évolution de tout autre corps de la nature. En établissant scientifiquement et définitivement cette notion monistique, notre époque a fait faire à la conception unitaire du monde un immense progrès. Une seule autre conquête intellectuelle peut rivaliser avec celle-là, c'est celle que fit, il y a quatre siècles, Copernic, en ruinant le système du monde de Ptolémée. En démontrant que, contrairement à l'opinion reçue jusqu'alors, la terre n'était point le centre du monde, mais bien un grain de poussière dans l'univers, un astre parmi des astres sans nombre, Copernic anéantit l'antique conception géocentrique et il créa un nouveau système du monde, auquel Newton donna, par sa théorie de la gravitation, une base mathématique. De même, au commencement de notre siècle, Jean Lamark ruina, par sa théorie de la descendance, la conception anthropocentrique du monde, alors dominante et suivant laquelle l'homme était le centre, le but de la création; il était réservé à Charles Darwin de donner, cinquante ans plus tard, à cette théorie une base physiologique ([144]).

Sans doute, les préjugés qui s'opposent à l'admission de cette « anthropogénie naturelle » sont, aujourd'hui encore, très-puissants; sans cela, la vieille lutte entre les divers systèmes philosophiques serait déjà terminée en faveur du monisme. Mais on peut prédire à coup sûr que la diffusion des faits génétiques triomphera peu à peu de ces préjugés et décidera la victoire de la conception naturelle de « la place de l'homme dans la nature ». Souvent on entend exprimer la crainte que le triomphe de cette doctrine ne soit le signal d'un recul intellectuel et moral de l'humanité; ma conviction profonde est, au contraire, qu'il ouvrira à l'esprit humain une ère d'immense progrès. Quoi qu'il en soit, je désire et j'espère vous avoir convaincus par ces leçons que, pour arriver à la connaissance vraiment scientifique de l'organisme humain, il n'y a qu'une seule route sûre, ainsi que le proclame toute l'histoire organique; cette route est l'*Histoire de l'évolution*.

NOTES

ET INDICATIONS BIBLIOGRAPHIQUES.

N B — Les ouvrages etrangers, dont la traduction française n'est pas indiquée, sont publies en langues etrangères.

---

1 (p. 4). — Ontogénie, Histoire du développement des individus, Γένεα τῶν ὄντων. L'Ontogenie comprend aussi bien l'Embryologie que la Metamorphologie. Voir Ernest Haeckel, *Morphologie générale*. Berlin, 1866. Vol. II, p. 30.

2 (p. 4). — Phylogénie, Histoire du developpement des espèces, Γένεα τῶν φιλῶν. La Phylogenie comprend la Paleontologie et la Genealogie. *Morphologie generale*. Berlin. Vol. II, p. 305.

3 (p. 5). — Biogénie, Histoire du developpement des organismes ou des êtres vivants, dans le sens le plus large du mot (Γένεα τοῦ βίου).

4 (p. 11). — Sur l'identite de formes de l'embryon de l'homme et de celui des autres mammifères, voir Ernest Haeckel, *Histoire de la création naturelle*, trad. en français par Ch. Letourneau. 2ᵉ edition. Paris, 1877.

5 (p. 12). — Morphologie (science des formes) et Physiologie (science des fonctions). Voir *Morphologie générale*, vol. Iᵉʳ, pp. 17-21.

6 (p. 12). — Morphogenie et Physiogenie. L'Histoire du developpement des fonctions, que nous nommons ici *physiogénie,* n'existait pas jusqu'ici, même de nom. Elle est appelee à un avenir des plus feconds. Voir p. 130.

7 (p. 17). — Aristote, cinq livres sur la generation et le developpement des animaux (Περί ζώων γενεσεως). Grec et latin, ed. F. Didot.

8 (p. 22). — Théorie de la preformation. En Allemagne, cette théorie est ordinairement designee sous le nom de « theorie de l'evolution », comme opposition à la « theorie de l'epigenese ». Comme le plus souvent, en Angleterre, en France et en Italie, cette dernière, au contraire, est appelee « théorie de l'evolution », et qu'en outre evolution et epigenese sont employees l'une pour l'autre, il nous parait meilleur de nommer la premiere « theorie de la preformation ».

9 (p. 24). — Alfred Kirchhoff, Vie de Gaspar-Frederic Wolff, et importance de ses travaux pour la theorie du developpement organique. *Revue d'histoire naturelle.* Iena, 1868. Vol. IV, p. 193.

10 (p. 33). — Christian Pander, Historia metamorphoseos, quam ovum incubatum prioribus quinque diebus subit. Wirceburgi, 1817. (*Dissertatio inauguralis.*) — Recherches sur l'embryologie du poulet dans l'œuf. Wurzbourg, 1817.

11 (p. 34). — Charles-Ernest Baer, De l'embryologie des animaux. 2 vol. Kœnigsberg, 1828-1837. Outre cet ouvrage capital, voir : Documents sur la vie et les travaux du docteur Charles-Ernest Baer, fournis par lui-même.

12 (p. 40). — Albert Koelliker, Embryologie humaine. Ce manuel des plus intéressants sur le développement de l'embryon chez l'homme, contient, dans ses quatre premières leçons, les indications les plus importantes sur la littérature ontogénétique. Voir pour les documents les plus récents, la Revue annuelle des travaux et des progrès de la médecine, par Virchow et Hirsch. (Embryologie, par Waldeyer.) Berlin.

13 (p. 45). — Ernest Haeckel, Théorie gastréenne, Classification phylogénétique du règne animal et Homologie des feuillets de l'embryon. Iéna, *Revue d'histoire naturelle*, 1874. Vol. VIII, pp. 1-56.

14 (p. 54). — Emmanuel Kant, Critique du raisonnement téléologique, 1790. § 74 et § 79. Voir également mon *Histoire de la création naturelle,* 2ᵉ édition, pp. 90-94. Paris.

15 (p. 55). — Jean Lamarck, Philosophie zoologique ou Exposition des considérations relatives à l'histoire naturelle des animaux, etc. 2 vol. Paris, 1809. Nouvelle édition, revue et précédée d'une introduction biographique, par Charles Martins. Paris, 1873.

16 (p. 60). — Wolfgang Goethe, Morphologie. Formation et transformation de la nature organique. Pour les études de Goethe en morphologie, voir surtout Oscar Schmidt, *Goethe et les sciences naturelles*. Iéna, 1853; et Virchow, *Goethe naturaliste*. Berlin, 1861.

17 (p. 64). — Sur la vie et les écrits de Charles Darwin. Voir Prager, Charles Darwin (*Ausland*, n° 14, 1870). L'œuvre fondamentale de Darwin reste son livre sur l'Origine des espèces par sélection naturelle (ou *The origin of species by mean's of natural selection*, 1859), traduction française par E. Barbier. 1873.

18 (p. 67). — Aux ouvrages cités de Thomas Huxley, ajoutons les travaux de vulgarisation qui suivent : Sur notre connaissance des causes des phénomènes dans la nature organique, et : Eléments de physiologie en leçons populaires, traduit par le Dʳ Dally. Paris, 1871.

19 (p. 68). — Ernest Haeckel, Morphologie générale des organismes. Principes généraux de la science des formes organiques, mécaniquement déduits de la théorie de la descendance, réformée par Darwin. 1ᵉʳ vol. : Anatomie générale; 2ᵉ vol. : Embryologie. Berlin, 1866.

20 (p. 69). — Charles Darwin, The descent of man and selection in relation to sex. 2 vol. London, 1871. (Traduit en français par Ed. Barbier sous le titre : La Descendance de l'homme et la sélection sexuelle. 2ᵉ édition. 2 vol. 1874.)

21 (p. 72). — Charles Gegenbaur, Principes d'anatomie comparée, trad. en français sous la direction de C. Vogt. Paris, 1874.

22 (p. 78). — Ernest Haeckel, Les Éponges calcaires (Calcispongien oder Grantien), monographie et essai d'une solution analytique du problème de la formation des espèces. 1ᵉʳ vol. : Biologie des éponges calcaires; 2ᵉ vol. : Classification des éponges calcaires; 3ᵉ vol. : Atlas des éponges calcaires (60 planches). Berlin, 1872.

23 (p. 83). — Sur l'individualité des cellules et les réformes récentes de la théorie cellulaire, voir ma Théorie de l'individualité ou Tectologie. (Morphologie générale, vol. 1, pp. 249-274.) Rudolf Virchow, Pathologie cellulaire, 4ᵉ édition. Berlin, 1871.

24 (p. 86). — Théorie des plastides et Théorie cellulaire. Iéna, *Revue d'histoire naturelle,* 1870. Vol. V, p. 492.

25 (p. 92). — Gegenbaur, Structure et développement des œufs des vertèbres, avec bipartition partielle. Archives d'anatomie et de physiologie, p. 491. Leipzig, 1861.

26 (p. 103). — Ernest Haeckel, La division du travail dans la nature et dans l'humanite. Recueil des leçons de Virchow et d'Holtzendorf, fascicule 78. 2ᵉ edition. Berlin.

27 (p. 106). — Corps organiques et anorganiques. Unité de la nature organique et anorganique, *Morphologie générale*. Vol. 1, pp. 111-166.

28 (p. 107). — Monogonie ou generation asexuee. *Morph. gén.* Vol. II, pp. 36-58, 70.

29 (p. 107). — Amphigonie ou genération sexuee. *Morph. gén.* Vol. II, pp. 58-71.

30 (p. 112). — Edouard Hartmann, Philosophie de l'inconscient. 5ᵉ edit. Berlin, 1873. On prepare une traduction française de M. le Prof. Nolen. L'apparition de la conscience, p. 389. — Emile Dubois-Reymond, Les limites de l'histoire naturelle. 2ᵉ edit. Leipzig, 1872.

31 (p. 114). — L'Immaculee conception ou Parthénogénèse ne se rencontre que chez les invertebres, surtout chez les insectes et les crustaces. Voir C. Th. Siebold, Traite sur la parthenogenese des arthropodes. Leipzig, 1871.

32 (p. 118). — Il est impossible de se rendre compte du fait de l'heredite, autrement que par la comparaison des differents modes de generation. *Morph. gén.* Vol. II, pp. 34-190.

33 (121). — L'explication de la « monerule », que j'ai donnee dans ma *Biologie des éponges calcaires* comme etant une retrogradation, est la premiere qu'on ait jusqu'ici tente de donner de cette disparition de la vesicule germinative. Berlin.

34 (p. 126). — Bischoff, Embryologie du chien. Gossen, 1845.

35 (p. 130). — Sur l'unite de la cellule de tous les œufs, voir Hubert Ludwig, La formation de l'œuf dans le regne animal. Wurzbourg, 1874.

36 (p. 131). — Sur la difference essentielle entre la « scission » et le « bourgeonnement », voir *Morph. gén.* Vol. II, pp. 37-51.

37 (p. 133). — Les observations récentes et d'extrême importance faites par Alexandre Goette (note 133), ont ecarté la difference fondamentale qu'on croyait exister entre le sillonnement partiel et le sillonnement total, et prouve que dans les deux cas il y a division de l'œuf tout entier.

38 (134). — Edouard van Beneden, Recherches sur la composition et la signification de l'œuf. Bruxelles, 1870.

39 (p. 140). — La theorie des quatre feuillets que nous exposons ici a ete etablie clairement pour la première fois par C. E. Baer : Embryologie des animaux. Vol. II, pp. 46, 68. Leipzig.

40 (p. 142). — C. F. Wolff, *De formatione intestinorum*, 1768. En allemand par Meckel, De la Formation des intestins, 1812, pp. 141, 157.

41 (p. 146). — D'apres la Théorie régnante des types, ces types sont paralleles et completement dependants; d'après ma Theorie gastreenne, au contraire, il sont divergents et puisent leur racine dans un tronc commun. Beaucoup d'adversaires de cette derniere théorie pretendent qu'il n'y a pas là de difference essentielle.

42 (p. 147). — Ernest Haeckel, Morphologie des infusoires. Iena, *Revue d'histoire naturelle*. Vol. VII, pp. 516-568.

43 (p. 153). — Promorphologie ou Théorie des formes fondamentales (stereometrie des organismes). *Morph. gén.* Vol. 1, pp. 374-574. Parite de formes fondamentales *(dipleura)*, p. 519.

44 (p. 166). — La *zona pellucida* des œufs des mammiferes est un « chorion » et non une *membrana vitellina*, parce qu'elle est le produit, non du jaune de la cellule, mais des cellules enveloppantes (p. 603).

45 (p. 170). — Waldeyer, Ovaire et œuf. Leipzig, 1870. — Sur la fusion et le dédoublement des feuillets primaires dans le cordon axial, p. 111.

46 (p. 174). — Robert Remak, Recherches sur le developpement des vertebres, Berlin, 1855, p. 29, fig. 21, C, etc.

47 (p. 212). — Metamères ou segments successifs. (Zonites.) *Morph. gén.*, vol. I p. 312.

48 (p. 214). — Une vue exacte de « l'individualite » des métameres est indispensable à l'intelligence des animaux articules.

49 (p. 215). — Le bourgeonnement terminal n'est peut-être pas l'unique mode de formation des metameres, mais il est le plus habituel.

50 (p. 224). — Les embryons humains representes par la planche V (I, de trois semaines, II, de cinq, III, de sept semaines) ont ete dessines d'apres des preparations à l'alcool parfaitement conservees. La plupart des representations d'embryons humains du premier mois sont faites d'apres des preparations gâtees ou deteriorees.

51 (p. 228). — La loi de la concordance ontogenetique chez les animaux taxinomiquement parents souffre de nombreuses exceptions plus ou moins importantes, soit par suite de l'adaptation embryonnaire, soit par suite de l'heredite abregee ou deviee. Voir Fritz Muller, pour Darwin (note 26).

52 (p. 229). — La vesicule blastodermique des mammiferes doit être regardee comme la vesicule abdominale, formee de la vesicule abdominale beaucoup plus considerable dont etaient pourvus leurs ancêtres phylogenetiques, et qui s'est transformee par adaptation.

53 (p. 234). — Le developpement exterieur du nez de l'homme et du singe nasique doit être regarde comme un effet du sentiment esthetique, produit par « selection sexuelle ».

54 (p. 253). — Pour une intelligence plus complète de la circulation du sang dans l'embryon de l'homme, voir Koelliker, *Embryologie humaine*, pp. 87-92 et 394-430, Leipzig, 1861.

55 (p. 253). — L'heredite abregée se fait plus sentir chez les mammiferes que chez les vertebres inferieurs.

56 (p. 259). — Fritz Muller. Pour Darwin : Petit écrit très-remarquable, dans lequel les modifications des principes biogenetiques sont exposees clairement pour la première fois dans la phylogenie des crustaces.

57 (p. 262). — La methode de la phylogenie a la même valeur logique que la methode generalement adoptee par la geologie, et a droit de pretendre par consequent à la même certitude scientifique. Voir l'excellent discours de Edouard Strasburger, *Sur l'importance de la méthode phylogénétique pour la connaissance des êtres vivants.* Voir *Revue d'histoire naturelle.* Iena, 1874, vol. VIII, p. 56.

58 (p. 262). — Jean Muller, La structure et la physiologie de « l'*amphioxus lanceolatus* ». *Mémoires de l'Académie de Berlin*, 1844.

59 (p. 264). — Acrâniens et crâniotes. Cette division des vertebrés en acrâniens et en crâniotes, que j'ai formulee en 1866 dans ma Morphologie generale, me semble indispensable pour l'intelligence du developpement phylogenetique des vertebres.

60 (p. 270). — Ces « canaux lateraux de l'amphioxus », consideres comme les reins primitifs, méritent les recherches les plus attentives. Voir XXVe leçon.

61 (p. 272). — Max Schulze, Embryologie des petromyzontes. Harlem, 1856.

62 (p. 273). — Savigny, Memoire sur les animaux sans vertèbres. Vol. II, *Ascidies*, 1816. — Giard, Recherches sur les synascidies. *Archives de zoologie expérimentale.* Vol. I. Paris, 1872.

63 (p. 276). — Ma theorie des echinodermes, formulee en 1866 (*Morph. gén.* Vol. II, p. 63) est la premiere tentative pour expliquer la genèse de ce remarquable groupe zoologique.

64 (p. 283). — Kowalevsky, Embryologie de l'« amphioxus » et des ascidies simples. *Mémoires de l'Acad. de Saint-Pétersbourg.* Serie VII, vol. X et XII, 1867-1868.

65 (p. 287). — Ray-Lankester, Couches cellulaires de l'embryon, etc. *Annales et Magasin d'histoire naturelle*, 1873. Vol. XI, p. 321. Voir surtout p. 330.

66 (p. 290). — L'amphioxus prouve d'une façon indubitable que la chorda des vertebres preexiste à la formation des metameres, par consequent derive par heredite des inarticules pourvus de chorda.

67 (p. 296). — Kupffer, Parenté des ascidies et des vertebres. *Archives d'anatomie microsc.* Bonn, 1870. — Vol. VI, pp. 115-170. — Oscar Hertwig, Recherches sur la structure et le developpement du manteau de cellulose des tuniciers. — Richard Hertwig, Contribution à la connaissance de la structure des ascidies. *Revue d'histoire naturelle.* Iena, 1873. Vol. VII.

68 (p. 303). — Milne Edwards, Leçons sur la physiologie comparee. Vol. IX.

69 (p. 303). F. A. Lange, Histoire du materialisme, 2ᵉ edition, 1873. La traduction française de cet ouvrage, par MM. Pommerol et Nolen, est sous presse.

70 (p. 304). — Dans ses idees sur la creation et le developpement des organismes (1873), Fechner a exposé des « fantaisies organiques » contradictoires, qui ne s'accordent nullement avec les faits de l'ontogenie relates ici.

71 (p. 305). Le corps humain adulte ne contient que 50 pour cent d'eau; l'embryon, au contraire, en contient 90 pour cent et au-dessus.

72 (p. 307). — Quelques restes d'organismes « terrestres » qui paraissent appartenir à la periode silurienne, ont ete reconnus être de formation posterieure (devonienne).

73 (p. 312). — Bernhard Cotta, La Geologie du present (Leipzig, 1866, 4ᵉ édition, 1874) contient d'excellentes observations generales sur l'âge comparatif de la vie organique sur la terre.

74 (p. 315). — Auguste Schleicher, la Theorie darwinienne et la linguistique. Weimar, 1863.

75 (p. 318). — Les hypothèses « polyphyletiques » paraissent au premier abord plus simples et plus faciles que les hypotheses « monophyletiques »; mais un examen approfondi y reconnaît de plus en plus de difficultes.

76 (p. 318). — Les physiologistes qui demandent une confirmation « experimentale » de la theorie de la descendance, ne prouvent par là que leur ignorance des questions morphologiques correspondantes.

77 (p. 321). — Generation spontanee. Voir *Morph. gén.* Vol. I, pp. 167-190. Les moneres et la generation spontanee : *Revue d'histoire naturelle.* Iena, 1871. Vol. VII, pp. 37-42.

78 (p. 325). — Induction et deduction dans l'anthropogenie. *Morph. gén.* Vol. I, pp. 79-88; vol. II, p. 427.

79 (p. 325). — Les espèces (plus exactement les etapes zoologiques, que l'on a coutume de designer comme « species ») qui composent la serie des aieux de l'homme (pendant des millions d'annees), doivent former un total de plusieurs millions; les genres (*genera*) qui furent nos ancetres, doivent se compter par centaines.

80 (p. 335). — Bathybius, La vie dans les plus grandes profondeurs de la mer. Recueil de Virchow et Holtzendorff. Berlin. Nᵒ 110.

81 (p. 335). — On ne peut trop insister sur l'importance philosophique des « monères » pour l'explication des questions biologiques les plus obscures. Monographies des monères. *Revue d'histoire naturelle.* Iena, 1868. Vol. IV, p. 64.

82 (337). — La methode phylogénétique seule peut faire apprécier la nature et l'importance philosophique des cellules de l'œuf.

83 (p. 339). — Cienkowski, Structure et developpement des labyrinthulees. *Archives d'anat. microsc.* Bonn, 1870. Vol. III, p. 274.

84 (p. 341). — Les catallactes, nouveau groupe de protozoaires (*Magosphaera planula*). *Revue d'hist. nat.* Iena, 1871. Vol. VI. p. 1.

85 (346). — La division en « métazoaires » et « protozoaires » est de la plus grande importance pour l'anatomie comparee ; car c'est seulement chez les metazoaires que l'homologie des organes existe et que leur comparaison est possible. Entre les protozoaires et les metazoaires aucune comparaison morphologique n'est possible.

86 (p. 353). — Sur la forme bilaterale et sur la forme géometrique du corps animal, consulter la « promorphologie ». *Morph. gén.* Vol. I. pp. 374-474.

87 (p. 360). — L'hermaphrodisme s'est probablement continue jusqu'à quelques-uns de nos aieux, vertebres inferieurs. Voir la XXV⁰ leçon.

88 (p. 363). — Comme chordoniens actuellement vivants, je pourrais citer les appendiculariés, qui s'eloignent par là, comme par beaucoup d'autres caracteres, des tuniciers.

89 (p. 371). — Par maint rapport (par exemple, le defaut de cœur centralise, l'existence rudimentaire des organes des sens, la diminution des reins primitifs), l'amphioxus doit être considere comme de forme acrânienne abregee par adaptation regressive.

90 (p. 366). — Le pecheur strasbourgeois Leonhard Baldner savait deja, il y a deux siecles (1660), que les amnocetes aveugles se transforment en petromizontes. Mais son observation resta ignoree, et c'est seulement en 1854 que cette metamorphose fut de nouveau decouverte par Auguste Muller, *Archives d'anat.*, 1856, p. 325. Voir Siebold, les Poissons d'eau douce de l'Europe moyenne. Leipzig, 1863.

91 (p. 381). — Les anciennes disputes sur la place et la parente des selaciens n'ont cesse qu'apres la publication de l'introduction du traite devenu classique de Gegenbaur sur le Squelette de la tête chez les selaciens.

92 (p. 386). — Gerard Krefft, Description d'un amphibie gigantesque, etc. ; et Albert Gunther, Le ceratodus, sa place. *Archives d'hist. nat.*, 37ᵉ annee, 1871, Vol. I, p. 321, etc. — Voir aussi *Mémoires de la Société royale de Londres*, 1871. Part. II, p. 511, etc.

93 (p. 392). — Les differentes espèces de grenouilles et de crapauds ont leurs metamorphoses de duree fort differente, et forment toute une serie phylogenetique dans les phenomenes d'heredite complete à l'origine, puis de plus en plus abregee.

94 (p. 392). — Par leur place entre les dipneustes et les amphibies superieurs, les sozobranches forment un groupe vertebre des plus importants.

95 (p. 393). — Par sa constitution histologique, la salamandre terrestre (*salamandra maculata*) fait supposer qu'elle appartient à une autre epoque geologique que le triton, avec lequel elle a une ressemblance exterieure si complete. Robert Remak, *l. c.*, note 46, p. 117.

96 (p. 395). — Andre Scheuchzer. *Homo diluvii testis*, fragments du squelette d'un vieux pecheur, etc., Quenstedt. Autrefois et maintenant, p. 239. Tubingue, 1866

97 (p. 396). — La formation amniotique des trois classes superieures des vertebrés, qui manque aux vertebres inferieurs, n'a aucune connexion avec la formation amniotique (analogue mais non homologue) des articules superieurs.

98 (p. 399). — Qu'un protamnien, forme ancestrale commune de tous les amniotes, ait existé jadis, cela est prouvé par l'anatomie comparée et l'ontogénie des reptiles, des oiseaux et des mammifères.

99 (p. 407). — On peut reconstituer hypothetiquement les promammaliens disparus au moyen de l'anatomie comparée des salamandres, des lézards et des ornithorynques.

100 (p. 410). — Les didelphiens, aïeux de l'homme. peuvent avoir été très-différents, par les caractères extérieurs, des animaux actuellement pourvus de poche, que nous connaissons ; mais ils ont possédé tous les caractères (essentiels) internes des marsupiaux.

101 (p. 418). — Le fait que nous ne connaissons aucun prosimien fossile ne peut diminuer l'importance de ces demi-singes, comme groupe ancestral des placentaliens. La paléontologie ne peut fournir que des arguments « positifs ». jamais des arguments « négatifs ».

102 (p. 420). — Des Théories très-diverses se sont produites sur la formation de ces membranes « caduques ». Voir Koelliker, Embryologie de l'homme, 1861, pp. 137-183.—Huxley, Leçons sur les éléments d'anatomie comparée, pp. 101-112. Londres, 1864.

103 (p. 422). — Huxley, Manuel de l'anatomie des vertébrés, p. 382. Londres, 1873. Antérieurement, Huxley divisa les primates en sept familles d'importance taxinomique à peu près égale. (De la place de l'homme, etc., traduit en français par le Dr Dally.)

104 (p. 428). — Darwin, la Sélection sexuelle des singes et de l'homme ; Descendance de l'homme. Paris. Vol. II.

105 (p. 429). — Entre tous les singes, quelques semnopitheques se distinguent par une ressemblance particulière avec l'homme, sous le rapport de la forme du nez et des poils (aussi bien du crâne supérieur que du visage). Darwin, Descendance de l'homme. Paris.

106 (p. 434). — Sur la parenté de l'homme et du singe, voir Huxley, De la place de l'homme, et Manuel de l'anatomie des vertèbres.

107 (p. 434). — Frédéric Muller, Ethnographie générale. Vienne, 1873. Sur l'âge probable de l'homme, p. 29. Langue primitive. pp. 5, 15, etc.

108 (p. 435). — Le tableau des Migrations (XV), dans l'Histoire de la création naturelle, n'a d'autre prétention que d'être un premier essai d'une esquisse hypothétique, comme je l'ai dit expressément, et comme je le répète eu réponse à de nombreuses attaques.

109 (p. 444). — La distinction phylogénétique d'une lamelle dermique, comme lamelle externe du feuillet fibro-cutané, est justifiée par l'anatomie comparée.

110 (p. 446). — Huss, Contribution à l'histoire des glandes lactées, et Gegenbaur, Remarques sur les papilles des glandes lactées. *Revue d'hist. nat.* Iena, 1873. Vol. VII, pp. 176, 204.

111 (p. 449). — A propos du revêtement pileux de l'homme et du singe, voir Darwin, Descendance de l'homme.

112 (p. 455). — Le côté dorsal et le côté abdominal sont homologues chez les vertèbres, les articulés, les mollusques et les vers; dès lors les chaînes nerveuses, dorsale et ventrale, ne sont pas comparables.

113 (p. 464). — Des raisons phylogenetiques nous disent qu'il faut chercher l'origine ontogénétique du « système nerveux sympathique » dans le feuillet fibro-intestinal.

114 (p. 464). — Les vaisseaux sanguins qui se trouvent dans les nerfs centraux croissent dans le sens de l'enveloppe vers les centres.

115 (p. 470). — L'anatomie comparée, la physiologie et l'embryologie du système nerveux, seront la base la plus importante de la « psychologie de l'avenir ».

116 (p. 477). — Sur le bec de lièvre et sur d'autres arrêts de développement, voir les Traités d'anatomie comparée de Rokitansky, de Poester, etc.; aussi Koelliker, *Embryologie de l'homme*. Leipzig.

117 (p. 478). — Sur les cavités nasales, voir Gegenbaur, *Manuel d'anatomie*, traduction de C. Vogt.

118 (p. 488). — Émile Huschke communiqua à Iena (1830) les premières notions précises sur l'embryologie si difficile des organes des sens, et principalement de l'œil et de l'ouïe.

119 (p. 491). — Hasse, Études d'anatomie (en grande partie sur l'organe de l'ouïe). Leipzig, 1873.

120 (p. 495). — Jean Rathke, Sur l'appareil branchial et l'os hyoïde, 1832. Gegenbaur, Le squelette de la tête des sélaciens.

121 (p. 496). — Sur le pavillon de l'oreille rudimentaire chez l'homme, voir Darwin, *Descendance de l'homme*. Traduction française de E. Barbier.

122 (p. 505). — Sur le nombre des vertèbres chez les divers mammifères, voir Cuvier, *Leçons d'anatomie comparée*. 2ᵉ édition, vol. I, 1835, p. 177.

123 (p. 512). — Sur la théorie crânienne de Goethe et de Oken, voir Virchow, *Goethe naturaliste*, p. 103. Berlin, 1861.

124 (p. 513). — Ch. Gegenbaur, Le squelette de la tête des sélaciens servant à rendre compte de la genèse du squelette de la tête des vertèbres.

125 (p. 517). — Charles Gegenbaur, Sur l'archiptérygium. *Revue d'hist. nat.* Iena. Vol. VII, 1873, p. 131.

126 (p. 519). — Charles Martins, Nouvelle comparaison des membres pelviens et thoraciques chez l'homme et chez les mammifères. *Mémoires de l'Académie de Montpellier*. Vol. III, 1857.

127 (p. 522). — Tous les os de l'homme ne proviennent pas des cartilages. Voir Gegenbaur, Formation primaire et secondaire des os, et considérations spéciales sur la théorie du crâne primordial. *Revue d'hist. nat.* Iena, 1867. Vol. III, p. 54.

128 (p. 522). — Jean Muller, Anatomie comparée des myxinoïdes. *Mémoires de l'Académie de Berlin*, 1834-1842.

129 (p. 526). — L'homologie de l'intestin primitif et des deux feuillets primaires est la condition de toute comparaison morphologique des groupes de métazoaires.

130 (p. 530). — Les amphibies ont conservé les caractères héréditaires du développement intestinal chez les crâniotes, plus fidèlement que les poissons.

131 (p. 538). — Sur l'homologie des écailles et des dents, voir Gegenbaur, Manuel d'anatomie comparée, 1874, pp. 426 et 582; en outre, Oscar Hertwig, *Revue d'hist. nat.* Iena, 1874. Vol. VIII. Sur la grande différence entre l'Homologie (caractères morphologiques comparables) et l'Analogie (caractères physiologiques comparables), voir Gegenbaur, *l. c.*, p. 63; aussi *Morph. gén.* Vol. I, p. 313.

132 (p. 541). — Wilhelm Muller, De la gouttière hypo-branchiale des tuniciers et de son existence chez l'amphioxus et les cyclostomes. *Revue d'hist. nat.* Iena, 1873. Vol. VII, p. 327.

133 (p. 554). — Alexandre Goette, Embryologie du crapaud, et contribution à l'embryologie des vertèbres. *Archives d'anatomie microsc.* Bonn, 1873. Vol. IX, pp. 396, 679, et vol. X, p. 145.

134 (p. 556). — Les cellules « névro-musculaires de l'hydre » jettent la première lumière sur la formation simultanée du tissu nerveux et du tissu musculaire. Voir Kleinenberg, Hydra. Leipzig, 1872.

135 (p. 558). — Les heterochronies ontogenetiques, qui sont produites par les perturbations de la succession phylogenetique, ne sont pas moins importantes que les heterotopies, qui sont produites par le passage phylogenetique premature des cellules d'un feuillet secondaire dans l'autre, ce qui, pour le premier, fausse la succession des phenomenes dans le temps, et pour le second, la succession des phenomenes dans l'espace.

136 (p. 569). — Sur l'embryologie spéciale du systeme vasculaire humain, voir Koelliker, *Embryologie de l'homme*, Leipzig, 1861, pp. 394-430 ; en outre, la remarquable ontogenie de Rathke.

137 (p. 573). — Les homologies des organes primitifs, telles qu'elles sont indiquees par ma theorie gastreenne (n. 13), ne peuvent être completement etablies que par l'anatomie comparee et l'ontogenie. Voir Gegenbaur, *Manuel d'anatomie comparée*, edition française par C. Vogt.

138 (p. 575). — Les fonctions de reproduction et d'heredite, qui dependent l'une de l'autre, se ramenent à une question de croissance, et s'expliquent par une attraction ou une repulsion des molecules.

139 (p. 579). — A propos de l'hermaphrodisme primitif des vertebres, voir Waldeyer, *Ovaire et œuf*, 1870, p. 152 ; aussi Gegenbaur, *Manuel*, etc., 1874, Sur la production de l'œuf par l'epithelium de l'ovaire, voir Pfluger, *les Ovaires des mammifères et de l'homme*. Leipzig, 1863.

140 (p. 581). Edouard van Beneden, De la distinction originaire du testicule et de l'ovaire. Bruxelles, 1874.

141 (p. 601). — Pour l'embryologie plus speciale des organes genito-urinaires, voir Koelliker, *Embryologie de l'homme*, 1861, pp. 431-462. Sur les homologies de ces organes, Gegenbaur, *Manuel d'anat. comp.*, 1874.

142 (p. 618). — Wilhelm Wundt, Leçons sur l'âme des hommes et des animaux, 1863. Wilhelm Wundt, Fondements de la psychologie physiologique. Leipzig, 1874. Noel, Les Bases materielles de la vie de l'âme.

143 (p. 624). — Sur les forces actives (actuelles) et les forces latentes (potentielles), voir Hermann Helmholtz. *Actions réciproques des forces* (Leçons de science populaire, fascicule 2). Berlin, 1871.

144 (p. 625). — Morphologie generale. Vol. II, p. 432. « L'Anthropologie partie de la Zoologie. » *Histoire de la création naturelle*, trad. par C. Letourneau. 2ᵉ edition.

INDEX ALPHABÉTIQUE.

CATALOGUE

DES LIVRES DE FONDS

DE

C. REINWALD & Cie

LIBRAIRES-ÉDITEURS

ET COMMISSIONNAIRES POUR L'ÉTRANGER

●

15, rue des Saints-Pères, 15

——— —

DIVISION DU CATALOGUE

——— —

PARIS

1ᵉʳ Octobre 1876

—

PUBLICATIONS PÉRIODIQUES

Archives de Zoologie expérimentale et générale. Histoire naturelle — Morphologie — Histologie — Évolution des animaux. Publiées sous la direction de HENRI DE LACAZE-DUTHIERS, membre de l'Institut, professeur d'anatomie et de physiologie comparée et de zoologie à la Sorbonne. Première année, 1872, Deuxième année, 1873, Troisième année, 1874, Quatrième année, 1875, formant chacune un volume grand in-8 avec planches noires et coloriées. Prix du volume, cartonné toile. . . . . 32 fr.

> Le prix de l'abonnement, par volume ou année de quatre cahiers, avec 24 planches est : Pour Paris, 30 fr.; — les Départements, 32 fr.; — l'Étranger, le port en sus.
> Le premier cahier de la cinquième année est en vente.

Revue d'Anthropologie. Publiée sous la direction de M. PAUL BROCA, secrétaire général de la Société d'anthropologie, directeur du laboratoire d'anthropologie de l'École des hautes études, professeur à la Faculté de médecine. 1872, 1873 et 1874. — 1ʳᵉ, 2ᵉ et 3ᵉ années ou vol. I, II et III. Prix de chaque volume. . . . . 20 fr.

> Pour la 4ᵉ année et les suivantes, s'adresser à M. Leroux, 28, rue Bonaparte.

Matériaux pour l'histoire primitive et naturelle de l'Homme. Revue mensuelle illustrée, fondée par M. G. DE MORTILLET, 1865 à 1868, dirigée par M. ÉMILE CARTAILHAC, avec le concours de MM. P. CAZALIS DE FONDOUCE (Montpellier) et E. CHANTRE (Lyon). Douzième année (2ᵉ série, tome VII, 1876) formant le 11ᵉ volume de la collection entière. Format in-8°, avec de nombreuses gravures. Prix de l'abonnement pour la France. . . . . 12 fr.
Pour l'étranger. . . . . 15 fr.

> Prix de la Collection : Tomes I à IV (années 1865-1868), à 15 fr le volume; tome V (ou 2ᵉ série, tome I, 1869), 12 fr.; tome VI (ou 2ᵉ série, tome II, 1870-1871), 12 fr.; tome VII (ou 2ᵉ série, tome III, 1872), 12 fr.; tome VIII (ou 2ᵉ série, tome IV, 1873), 12 fr.; tome IX (ou 2ᵉ série, tome V, 1874), 12 fr.; tome X (ou 2ᵉ série, tome VI, 1875), 12 fr.
> Huit livraisons de la 12ᵉ année (2ᵉ série, tome VII, 1876), formant le 11ᵉ volume de la Collection, viennent de paraître.

Bulletin mensuel de la librairie française, publié par C. REINWALD ET Cⁱᵉ, 1876. Dix-huitième année. 8 pages par mois du format in-8. Prix de l'abonnement : Paris et la France, 2 fr. 50. Pour l'étranger, le port en sus.

> Ce Bulletin paraît au commencement de chaque mois, et donne les titres et les prix des principales nouvelles publications de France, ainsi que de celles en langue française éditées en Belgique, en Suisse, en Allemagne, etc.

LE MONDE TERRESTRE

AU POINT ACTUEL DE LA CIVILISATION. Nouveau Précis de géographie comparée, descriptive, politique et commerciale, avec une introduction, l'indication des sources et cartes, et un répertoire alphabétique, par CHARLES VOGEL, conseiller, ancien chef de Cabinet de S. A. le prince Charles de Roumanie, membre des Sociétés de Géographie et d'Économie politique de Paris, membre correspondant de l'Académie royale des Sciences de Lisbonne, etc., etc. L'ouvrage entier, dont la publication sera terminée dans trois ou quatre années, au plus tard, formera trois volumes d'environ 60 feuilles grand in-8°, du prix de 15 fr. chacun; chaque volume, 12 livraisons du prix de 1 fr. 25. Il en paraît une livraison par mois. Les six premières livraisons formant un demi-volume sont en vente. 7 fr. 50.

BIBLIOTHÈQUE
DES SCIENCES CONTEMPORAINES

PUBLIÉE AVEC LE CONCOURS

(DES SAVANTS ET DES LITTÉRATEURS LES PLUS DISTINGUÉS

PAR LA LIBRAIRIE CH. REINWALD ET Cie

Depuis le siècle dernier, les sciences ont pris un énergique essor en s'inspirant de la féconde méthode de l'observation et de l'expérience. On s'est mis à recueillir, dans toutes les directions, les faits positifs, à les comparer, à les classer et à en tirer les conséquences légitimes. Les résultats déjà obtenus sont merveilleux. Des problèmes qui sembleraient devoir à jamais échapper à la connaissance de l'homme ont été abordés et en partie résolus. Mais jusqu'à présent ces magnifiques acquisitions de la libre recherche n'ont pas été mises à la portée des gens du monde : elles sont éparses dans une multitude de recueils, mémoires et ouvrages spéciaux. Et cependant il n'est plus permis de rester étranger à ces conquêtes de l'esprit scientifique moderne, de quelque œil qu'on les envisage.

De ces réflexions est née la présente entreprise. Chaque traité formera un seul volume, avec gravures quand ce sera nécessaire, et de prix modeste. Jamais la vraie science, la science consciencieuse et de bon aloi, ne se sera faite ainsi toute à tous.

Un plan uniforme, fermement maintenu par un comité de rédaction, présidera à la distribution des matières, aux proportions de l'œuvre et à l'esprit général de la collection.

CONDITIONS DE LA SOUSCRIPTION

Cette collection paraîtra par volumes in-12 format anglais, aussi agréable pour la lecture que pour la bibliothèque ; chaque volume aura de 10 à 15 feuilles, ou de 350 à 500 pages. Les prix varieront, suivant la nécessité, de 3 à 5 francs.

COLLABORATEURS · MM. P BROCA, professeur à la Faculté de médecine de Paris et secrétaire général de la Société d'anthropologie, général FAIDHERBE; Charles MARTINS, professeur à la Faculté des sciences de Montpellier, Carl VOGT, professeur à l'Université de Genève ; Ed GRIMAUX, professeur agrégé à la Faculté de médecine de Paris; Georges POUCHET, préparateur du laboratoire d'histologie à l'École des hautes études, G. de MORTILLET, directeur adjoint du musée de Saint-Germain, docteur TOPINARD, conservateur des collections de la Société d'anthropologie, docteur JOULIE, pharmacien en chef de la Maison de santé, André LEFÈVRE; Amédée GUILLEMIN, auteur du Ciel et des Phénomènes de la physique; docteur THULIÉ, membre du Conseil municipal de Paris, Abel HOVELACQUE, directeur de la Revue de linguistique ; GIRARD DE RIALLE ; docteur DALLY; docteur LETOURNEAU ; Louis ROUSSELET; J. ASSEZAT ; Louis ASSELINE ; docteur COUDEREAU ; GIRY, paléographe-archiviste ; Yves GUYOT ; GELLION-DANGLARS; ISSAURAT; Armand ADAM; Edmond BARBIER, traducteur de Lubbock et de Darwin.

EN VENTE

La Biologie, par le dr CH. LETOURNEAU. 1 vol. de 556 pages avec 112 gravures sur bois. Broché, 4 fr. 50 ; relié, 5 fr.

La Linguistique, par Abel HOVELACQUE. 1 vol. de 378 pages, broché, 3 fr. 50; relié, toile anglaise, 4 fr.

L'Anthropologie, par le dr TOPINARD, avec préface du professeur PAUL BROCA. 1 volume de 590 pages avec 52 gravures sur bois. Broché, 5 fr.; relié, toile anglaise, 5 fr. 75

Les ouvrages en cours d'exécution ou projetés comprendront : la Mythologie comparée, l'Astronomie, l'Archéologie préhistorique, l'Ethnographie, la Géologie, l'Hygiène, l'Économie politique, la Géographie physique et commerciale, la Philosophie, l'Architecture, la Chimie, la Pédagogie, l'Anatomie générale, la Zoologie, la Botanique, la Météorologie, l'Histoire, les Finances, la Mécanique, la Statistique, etc.

I. — DICTIONNAIRES

NOUVEAU DICTIONNAIRE UNIVERSEL

DE LA

LANGUE FRANÇAISE

Rédigé d'après les travaux et les mémoires des membres

DES CINQ CLASSES DE L'INSTITUT

ACADÉMIE FRANÇAISE

ACADÉMIE DES INSCRIPTIONS ET BELLES-LETTRES, ACADÉMIE DES SCIENCES, ACADÉMIE
DES BEAUX-ARTS, ACADÉMIE DES SCIENCES MORALES ET POLITIQUES

CONTENANT

la dernière forme orthographique,
les étymologies, la prononciation et la conjugaison de tous les verbes irréguliers et défectifs
les définitions, les acceptions propres et figurées, l'explication des expressions familières,
des formes poétiques, des locutions populaires et des proverbes;
les termes particuliers aux sciences, aux arts et à l'industrie, une étude
sur les principaux synonymes, et la solution de toutes les difficultés grammaticales
que présentent l'orthographe des participes et les règles
de concordance et de construction

ENRICHI D'EXEMPLES

EMPRUNTÉS AUX ÉCRIVAINS, AUX PHILOLOGUES ET AUX SAVANTS LES PLUS CÉLÈBRES
DEPUIS LE XVIe SIÈCLE JUSQU'A NOS JOURS

PAR M. P. POITEVIN

Auteur du *Cours théorique et pratique de langue française*, adopté par l'Université

NOUVELLE ÉDITION, REVUE ET CORRIGÉE

Cet ouvrage forme 2 volumes in-4°, imprimés sur papier grand raisin, en caractères
neufs, par MM. Firmin Didot frères, imprimeurs de l'Institut

Prix de l'ouvrage complet : 40 francs

RELIÉ EN DEMI-MAROQUIN TRÈS-SOLIDE : 50 FRANCS

DICTIONNAIRE GÉNÉRAL

DES TERMES D'ARCHITECTURE

EN FRANÇAIS, ALLEMAND, ANGLAIS ET ITALIEN

PAR DANIEL RAMÉE

Architecte, auteur de *l'Histoire générale de l'architecture*

Un volume grand in-8 (1868). Prix . . . . . 8 fr.

DICTIONNAIRES DE TAUCHNITZ-EDITION

DICTIONNAIRE TECHNOLOGIQUE

DANS LES LANGUES

FRANÇAISE, ANGLAISE ET ALLEMANDE

RENFERMANT LES TERMES TECHNIQUES USITÉS DANS LES ARTS ET MÉTIERS
ET DANS L'INDUSTRIE EN GÉNÉRAL

RÉDIGÉ

Par M. Alexandre TOLHAUSEN

Traducteur près la Chancellerie des brevets à Londres

REVU ET AUGMENTÉ

Par M. Louis TOLHAUSEN

Consul de France à Leipzig.

Iʳᵉ PARTIE : **Français-allemand-anglais.** 1 vol. de 825 pages et xɪɪ pages (1875). Format in-16
Prix, broché. . . . . 10 fr.

IIᵉ PARTIE : **Anglais-allemand-français.** 1 vol. de 848 pages et xɪv pages (1874). Format in-16.
Prix, broché. . . . . 10 fr.

IIIᵉ PARTIE : **Allemand-français-anglais.** 1 vol. de 948 pages et xɪɪ pages (1876). Format in-16.
Prix broché. . . . . 10 fr.

A COMPLETE DICTIONARY OF THE ENGLISH AND FRENCH LANGUAGES

for general use, with the Accentuation and a litteral Pronunciation of every word in
both languages. Compiled from the best and most approved English and French autho-
rities, by W. JAMES and A. MOLÉ. In-12. Broché. . . . . 7 fr.

A COMPLETE DICTIONARY OF THE ENGLISH AND ITALIAN LANGUAGES

for general use, with the Italian Pronunciation and the Accentuation of every word in
both languages and the Terms of Sciences and Art, Mechanics, Railways, Marine, etc.
Compiled from the best and most recent English and Italian Dictionaries, by W. JAMES
and GIUS. GRASSI. In-12. Broché. . . . . 6 fr.

A COMPLETE DICTIONARY OF THE ENGLISH AND GERMAN LANGUAGES

for general use. Compiled with special regard to the elucidation of modern litterature, the
Pronunciation and Accentuation after the principles of Walker and Heinsius, by
W. JAMES In-12. Broché . . . . 5 fr.

DICTIONNAIRE FRANÇAIS-ANGLAIS ET ANGLAIS-FRANÇAIS

Par WESSELY. 1 vol. in-16. . . . . 2 fr.

DICTIONNAIRE ANGLAIS-ALLEMAND ET ALLEMAND-ANGLAIS

Par WESSELY. 1 vol. in-16. . . . . 2 fr.

DICTIONNAIRE ANGLAIS-ITALIEN ET ITALIEN-ANGLAIS

Par WESSELY. 1 vol. in-16. . . . . 2 fr.

DICTIONNAIRE ANGLAIS-ESPAGNOL ET ESPAGNOL-ANGLAIS

Par WESSELY et GIRONÈS. 1 vol. in-16. . . . . 2 fr.

DICTIONNAIRE ALLEMAND-FRANÇAIS ET FRANÇAIS-ALLEMAND

Par WESSELY. 1 vol. in-16, cartonné toile. . . . . 2 fr.

LE

DICTIONNAIRE ALLEMAND-FRANÇAIS

ET

FRANÇAIS-ALLEMAND

DE J. E. WESSELY

FORME UN VOLUME IN-16 DE 466 PAGES, QUI SE VEND RELIÉ EN TOILE ANGLAISE
AU PRIX DE 2 FR.

Ce dictionnaire est rédigé et imprimé avec le plus grand soin. C'est pour la première fois qu'on puisse offrir un Dictionnaire allemand complet et si parfaitement approprié à l'usage des Établissements d'Instruction primaire et secondaire à un prix aussi modique.

Pour faciliter l'approvisionnement des Écoles et Établissements d'Instruction publique, tous les Libraires de France sont mis en état de fournir ce livre au même prix.

II. — BIBLIOGRAPHIE

CATALOGUE ANNUEL

DE LA

LIBRAIRIE FRANÇAISE

Années 1858 à 1869

PUBLIÉ PAR C. REINWALD ET Cⁱᵉ

PRIX DE CHAQUE ANNÉE, FORMANT UN BEAU VOLUME IN-8, CARTONNÉ A L'ANGLAISE : 8 FR.

BULLETIN MENSUEL DE LA LIBRAIRIE FRANÇAISE

PUBLIÉ PAR C. REINWALD ET Cⁱᵉ

1876 — 18ᵉ ANNÉE. FORMAT IN-8. — 8 PAGES PAR MOIS

Prix de l'abonnement : Paris et la France, 2 fr. 50. Étranger, le port en sus.

Ce Bulletin paraît au commencement de chaque mois, et donne les titres et les prix des principales nouvelles publications de France, ainsi que de celles en langue française éditées en Belgique, en Suisse, en Allemagne, etc.

BIBLIOTHECA AMERICANA VETUSTISSIMA, a description of works relating to America, published between the years 1492 and 1551, publiée par H. HARRISSE. 1 volume grand in-8 (New-York, 1866.). . . . . 100 fr.

OUVRAGES DE CH. DARWIN

L'ORIGINE DES ESPÈCES au moyen de la sélection naturelle ou la lutte pour l'existence dans la nature, traduit sur la 6ᵉ édition anglaise par EDMOND BARBIER. 1 volume in-8 (1876). Prix, cartonné à l'anglaise. . . . . .   8 fr.

DE LA VARIATION DES ANIMAUX ET DES PLANTES sous l'action de la domestication, traduit de l'anglais, par J.-J MOULINIÉ, préface par CARL VOGT. 2 vol. in-8, avec 43 grav. sur bois (1868). Prix, cart. à l'anglaise. .   20 fr.

LA DESCENDANCE DE L'HOMME ET LA SELECTION SEXUELLE. Traduit de l'anglais par J.-J. MOULINIÉ, préface de CARL VOGT. Deuxième édition, revue par M. EDM. BARBIER. 2 vol. in-8 avec gravures sur bois (1874). Prix cartonné à l'anglaise. . . . .   16 fr.

DE LA FÉCONDATION DES ORCHIDÉES par les insectes et du bon résultat du croisement. Traduit de l'anglais, par L RÉROLLE. 1 vol. in-8 avec 34 grav. sur bois (1870). Cart. à l'anglaise, PRIX : . . . .   8 fr.

L'EXPRESSION DES ÉMOTIONS chez l'homme et les animaux. Traduit par SAMUEL POZZI et RENÉ BENOIT. 1 vol in-8, avec 21 grav. sur bois et 7 photographies (1874). Cartonné à l'anglaise. . . . .   10 fr.

VOYAGE D UN NATURALISTE AUTOUR DU MONDE, fait à bord du navire *Beagle*, de 1831 à 1836. Traduit de l'anglais par E. BARBIER. 1 vol. in-8 avec gravures sur bois (1875). Prix, cart. à l'anglaise. . . . .   10 fr.

Sous presse, pour paraître incessamment :

DEUX NOUVEAUX OUVRAGES DE M. CHARLES DARWIN

SAVOIR :

SUR LES PLANTES GRIMPANTES

Traduit par le docteur RICHARD GORDON. Un volume in-8 avec gravures sur bois.

Paraîtra en octobre 1876.

SUR LES PLANTES INSECTIVORES

Traduit par M. EDM. BARBIER, avec notes de M. CHARLES MARTINS de la Faculté de Montpellier.

Un gros volume in-8, avec de nombreuses gravures sur bois.

Paraîtra avant la fin de décembre 1876.

HISTOIRE DE LA CRÉATION DES ÊTRES ORGANISÉS
D'APRÈS LES LOIS NATURELLES
PAR ERNEST HÆCKEL
Professeur de zoologie à l'Université de Iéna

Conférences scientifiques sur la doctrine de l'évolution en général et celle de Darwin, Gœthe et Lamarck en particulier

Traduites de l'allemand par le Dʳ LETOURNEAU

ET PRÉCÉDÉES D'UNE INTRODUCTION BIOGRAPHIQUE PAR LE PROFESSEUR CH. MARTINS

1 vol. in-8 avec 15 planches, 19 gravures sur bois, 18 tableaux généalogiques et une carte chromolithographique. Prix : 15 fr.

La seconde édition est sous presse pour paraître fin octobre 1876.

LA BIOLOGIE
PAR LE DOCTEUR CH. LETOURNEAU

volume in-12 de 566 pages, avec 112 gravures sur bois. Prix broché, 4 fr. 50 ; relié toile anglaise, 5 fr.

(Fait partie de la *Bibliothèque des sciences contemporaines*. — V. p 3)

Sous presse, pour paraître fin décembre :

ANTHROPOGÉNIE

HISTOIRE DU DÉVELOPPEMENT DE L'HOMME
PAR LE PROFESSEUR ERNEST HÆCKEL — TRADUIT PAR LE Dʳ LETOURNEAU

OUVRAGES DE CARL VOGT
Professeur à l'Académie de Genève, président de l'Institut genevois

---

LETTRES PHYSIOLOGIQUES
PREMIÈRE ÉDITION FRANÇAISE DE L'AUTEUR

1 vol. in-8 de 754 pages (1875), avec 110 grav. sur bois intercalées dans le texte. Prix, cartonné toile. . . . . 12 fr. 50.

LEÇONS SUR LES ANIMAUX UTILES ET NUISIBLES
LES BÊTES CALOMNIÉES ET MAL JUGÉES
Traduction de G. BAYVET

Un vol. in-12 avec gravures Prix broché, 2 fr. 50 ; cartonné.   3 fr. 50

LEÇONS SUR L'HOMME
SA PLACE DANS LA CRÉATION ET DANS L'HISTOIRE DE LA TERRE
Nouvelle édition. (Sous presse — Pour paraître en 1877)

MANUEL D'ANATOMIE COMPARÉE

PAR CARL GEGENBAUR

Professeur à l'Université de Heidelberg

AVEC 319 GRAVURES SUR BOIS INTERCALÉES DANS LE TEXTE

TRADUIT EN FRANÇAIS SOUS LA DIRECTION DE

CARL VOGT

Professeur à l'Académie de Genève, Président de l'Institut genevois

1 vol. grand in-8 (1874). Prix : broché, 18 fr.; cartonné à l'anglaise, 20 fr,

LA SÉLECTION NATURELLE

ESSAIS

Par Alfred-Russel WALLACE

TRADUITS SUR LA DEUXIÈME ÉDITION ANGLAISE, AVEC L'AUTORISATION DE L'AUTEUR

PAR LUCIEN DE CANDOLLE

1 vol. in-8º cartonné à l'anglaise. Prix. . . . 8 fr.

OUVRAGES DU Dʳ LOUIS BUCHNER

L'HOMME SELON LA SCIENCE

SON PASSÉ, SON PRÉSENT, SON AVENIR

ou

D'où venons-nous? Qui sommes-nous? — Où allons-nous?

Exposé très-simple suivi d'un grand nombre d'éclaircissements et remarques scientifiques

TRADUIT DE L'ALLEMAND PAR LE Dʳ LETOURNEAU

ORNÉ DE NOMBREUSES GRAVURES SUR BOIS

DEUXIÈME ÉDITION

1 vol. in-8º (1874). Prix. . . . . 7 fr.

FORCE ET MATIÈRE

ÉTUDES POPULAIRES

D'HISTOIRE ET DE PHILOSOPHIE NATURELLES

Ouvrage traduit de l'allemand avec l'approbation de l'auteur

CINQUIÈME ÉDITION

REVUE ET AUGMENTÉE DU PORTRAIT ET DE LA BIOGRAPHIE DE L'AUTEUR

1 vol. in-8º (1876). . . . 5 fr.

CONFÉRENCES SUR LA THÉORIE DARWINIENNE

DE LA TRANSMUTATION DES ESPÈCES

ET DE L'APPARITION DU MONDE ORGANIQUE

APPLICATION DE CETTE THÉORIE A L'HOMME

SES RAPPORTS AVEC LA DOCTRINE DU PROGRÈS ET AVEC LA PHILOSOPHIE MATÉRIALISTE

DU PASSÉ ET DU PRÉSENT

Traduit de l'allemand avec l'approbation de l'auteur

D'APRÈS LA SECONDE ÉDITION

PAR AUGUSTE JACQUOT

1 vol. in-8º (1869) . . . . 5 fr.

LE DARWINISME ET LES GÉNÉRATIONS SPONTANÉES

ou Réponse aux réfutations

DE MM. P. FLOURENS, DE QUATREFAGES, LÉON SIMON, CHAUVEL, ETC.

SUIVIE D'UNE LETTRE DE M. LE DOCTEUR F. POUCHET

PAR D. C. ROSSI

1 vol. in-12. Prix. . . . . 2 fr. 50

ORIGINE DE L'HOMME, D'APRÈS ERNEST HÆCKEL

PAR D. C. ROSSI

Brochure in-8. . . . . 1 fr.

RECHERCHES SUR LES RACES HUMAINES

DE LA FRANCE

PAR ANATOLE ROUJOU

Docteur ès-sciences

1 vol. in-8 de 196 pages. Prix, broché. . . . 2 fr. 50

ÉTUDES SUR LES TERRAINS QUATERNAIRES

DU BASSIN DE LA SEINE ET DE QUELQUES AUTRES BASSINS

PAR ANATOLE ROUJOU

Docteur ès-sciences

Brochure de 100 pages in-8. Prix, broché. . . 1 fr. 50

MÉMOIRES D'ANTHROPOLOGIE

DE PAUL BROCA

TOME I et II

2 vol. in-8, avec gravures sur bois. Prix de chaque volume cartonné à l'anglaise 7 fr. 50

CONGRÈS INTERNATIONAL

D'ANTHROPOLOGIE ET D'ARCHÉOLOGIE

PRÉHISTORIQUES

Compte rendu de la 2ᵉ Session. — Paris, 1867

1 vol. gr. in-8°, avec 91 grav. sur bois intercalées dans le texte. 12 fr.

L'ANTHROPOLOGIE

PAR LE DOCTEUR PAUL TOPINARD

AVEC UNE PRÉFACE DU PROFESSEUR PAUL BROCA

1 volume in-12 de 590 pages, avec 52 figures intercalées dans le texte. Prix broché. 5 fr.
Relié, toile anglaise. 5 fr. 75

(Fait partie de la Bibliothèque des Sciences contemporaines. — V. p 3)

LE

LIVRE DE LA NATURE

ou

LEÇONS ÉLÉMENTAIRES

de Physique, d'Astronomie, de Chimie, de Minéralogie, de Géologie, de Botanique,
de Physiologie et de Zoologie.

PAR LE DOCTEUR FRÉDÉRIC SCHOEDLER

Directeur de l'École industrielle, à Mayence

TOME PREMIER

CONTENANT LA PHYSIQUE, L'ASTRONOMIE ET LA CHIMIE

Un vol. in-8 avec 557 gravures sur bois intercalées dans le texte et 2 cartes astrono-
miques, traduit de l'allemand, par Adolphe SCHELER, professeur à l'École agricole, à
Gembloux. Prix du tome premier, broché, 5 fr.

TOME SECOND, première partie.

ÉLÉMENTS DE MINÉRALOGIE, GÉOGNOSIE ET GÉOLOGIE

Traduit de l'allemand sur la 13ᵉ édition, par HENRI WELTER

1 vol. in-8 avec 206 gravures sur bois et 2 planches coloriées . . . 2 fr. 50

La deuxième partie du tome second contenant la Botanique est sous presse et paraîtra
en octobre 1876.

LEÇONS DE PHYSIOLOGIE ÉLÉMENTAIRE

Par le professeur HUXLEY

TRADUITES DE L'ANGLAIS PAR LE D' DALLY

1 vol. in-12 avec de nombreuses figures intercalées dans le texte. — Prix, broché, 3 fr. 50
Relié toile, 4 fr.

TRAITÉ D'ANALYSE ZOOCHIMIQUE

QUALITATIVE ET QUANTITATIVE

GUIDE PRATIQUE POUR LES RECHERCHES PHYSIOLOGIQUES ET CLINIQUES

PAR E. GORUP-BESANEZ

Professeur de chimie à l'Université d'Erlangen

TRADUIT SUR LA TROISIÈME ÉDITION ALLEMANDE ET AUGMENTÉ
Par le D' L. GAUTIER

1 vol. grand in-8, avec 138 figures dans le texte (1875). Cart. à l'anglaise. 12 fr. 50

INSTRUCTION

SUR L'ANALYSE CHIMIQUE QUALITATIVE DES SUBSTANCES MINÉRALES

PAR G. STAEDELER

Revue par HERMANN KOLBE

Traduite sur la 6ᵉ édition allemande par le D' L. GAUTIER

AVEC UNE GRAVURE DANS LE TEXTE ET UN TABLEAU COLORIÉ D'ANALYSE SPECTRALE

In-12, cartonné à l'anglaise. Prix. . . 2 fr. 50

GUIDE POUR L'ANALYSE DE L'URINE

DES SÉDIMENTS ET DES CONCRÉTIONS URINAIRES

AU POINT DE VUE PHYSIOLOGIQUE ET PATHOLOGIQUE

PAR LE D' ARTHUR CASSELMANN

Traduit de l'allemand avec l'autorisation de l'auteur, par G. E. STROHL

Brochure in-8 avec 2 planches. Prix. . . . . 2 fr.

GUIDE POUR L'ANALYSE DE L'EAU
AU POINT DE VUE DE L'HYGIÈNE ET DE L'INDUSTRIE
Précédé de l'examen des principes sur lesquels on doit s'appuyer dans l'appréciation de l'eau potable

Par le D' **E. REICHARDT**, professeur à l'Université d'Iéna

Traduit de l'allemand par le D' G.-E. STROHL, professeur agrégé à l'École de pharmacie de Nancy

In-8 avec 31 fig. dans le texte. Prix, broché   4 fr. 50

ÉCHINOLOGIE HELVÉTIQUE
MONOGRAPHIE DES ECHINIDES FOSSILES DE LA SUISSE
Par E. DESOR et P. DE LORIOL
ÉCHINIDES DE LA PÉRIODE JURASSIQUE
1 vol. in-4, avec atlas in-folio de 61 pl. (1868 à 1872). Prix, cartonné.   160 fr.

(L'ouvrage a été publié en 16 livraisons à 10 fr.)

LE PAYSAGE MORAINIQUE
SON ORIGINE GLACIAIRE ET SES RAPPORTS AVEC LES FORMATIONS PLIOCÈNES D'ITALIE
Par E. DESOR

1 vol. in-8 avec 2 cartes. Prix, broché : 5 fr.

TOXICOLOGIE CHIMIQUE
GUIDE PRATIQUE POUR LA DÉTERMINATION CHIMIQUE DES POISONS
Par le D' FRÉDÉRIC MOHR, professeur à l'Université de Bonn
TRADUIT DE L'ALLEMAND PAR LE D' L. GAUTIER

1 vol. in-8 avec 56 fig. dans le texte. Prix, broché · 5 fr.

EXAMEN MICROSCOPIQUE ET MICROCHIMIQUE
DES FIBRES TEXTILES
Tant naturelles que teintes, suivi d'un essai sur la caractérisation de la laine régénérée shoddy

PAR LE D' **Robert SCHLESINGER**. PRÉFACE DU D' **Emile KOPP**

TRADUIT DE L'ALLEMAND PAR LE D' L. GAUTIER

In-8 avec 32 figures dans le texte. Prix, broché ; 4 fr.

L'ASTRONOMIE, LA MÉTÉOROLOGIE ET LA GEOLOGIE mises à la portée de tous, par H. Le Hox. Sixième édition, revue, corrigée et augmentée, ornée de 80 gravures. 1 vol in-12. Prix. . . . .   5 fr.

PRÉCIS ELEMENTAIRE DE GÉOLOGIE, par J.-J. D'OMALIUS D'HALLOY. Huitième édition (y compris celles publiées sous les titres d'*Éléments* ou *Abrégés de géologie*). 1 vol. in-8 avec cartes et gravures sur bois. Bruxelles, 1868. Prix. .   10 fr.

LE LIVRE DE L'HOMME SAIN ET DE L'HOMME MALADE, par le professeur CH. BOCK de Leipzig, traduit de l'allemand sur la sixième édition, et annoté par le docteur VICTOR DESGUIN et M. CAMILLE VAN STRAELEN. — Ouvrage enrichi de planches et de gravures intercalées dans le texte, et précédé d'une introduction sur la nécessité de faire de l'étude de l'homme la base de tout système rationnel d'éducation, par le docteur DESGUIN 2 vol. in-8 (1866-1868). Prix. .   10 fr.

LES EAUX MINÉRALES ET LES BAINS DE MER DE LA FRANCE, nouveau guide pratique du médecin et du baigneur, par le docteur PAUL LABARTHE. Précédés d'une Introduction par le professeur A. GUBLER. 1 vol. in-12. Prix broché, 4 fr. Relié toile. . . . .   5 fr.

IV. — HISTOIRE, POLITIQUE, GÉOGRAPHIE, ETC.

MŒURS ROMAINES DU RÈGNE D'AUGUSTE
A LA FIN DES ANTONINS

PAR L. FRIEDLÆNDER
PROFESSEUR A L'UNIVERSITÉ DE KŒNIGSBERG

TRADUCTION LIBRE FAITE SUR LE TEXTE DE LA DEUXIÈME ÉDITION ALLEMANDE

Avec des considérations générales et des remarques
PAR CH. VOGEL

Tome Iᵉʳ (1865), comprenant la ville et la cour, les trois ordres, la société et les femmes.
Tome II (1867), comprenant les spectacles et les voyages des Romains.
Tome III (1874), comprenant le luxe et les beaux-arts, avec un supplément au tome premier.
Tome IV et dernier (1874), comprenant les belles-lettres, la situation religieuse et l'état de la philosophie, avec un supplément au tome deuxième.

4 VOL. IN-8. PRIX DE CHAQUE VOL. BROCHÉ . . . 7 FR.

(Les tomes III et IV portent le titre : *Civilisation et mœurs romaines*, du règne d'Auguste à la fin des Antonins).

LA CONSTITUTION D'ANGLETERRE
EXPOSÉ HISTORIQUE ET CRITIQUE
DES ORIGINES, DU DÉVELOPPEMENT SUCCESSIF ET DE L'ÉTAT ACTUEL DES INSTITUTIONS ANGLAISES

PAR EDOUARD FISCHEL

Traduit sur la seconde édition allemande comparée avec l'édition anglaise de R. JENERY SHEE
Par CH. VOGEL

2 volumes in-8 (1864). Prix de l'ouvrage : **10** fr.

ETUDES POLITIQUES SUR L'HISTOIRE ANCIENNE ET MODERNE et sur l'influence de l'état de guerre et de l'état de paix, par PAUL DEVAUX, membre de l'Académie des Sciences, des Lettres et des Beaux-Arts de Belgique. 1 vol. grand in-8 (Bruxelles, 1875) . . . . 8 fr. »

DE LA SCIENCE EN FRANCE, par JULES MARCOU. 1 vol. in-8 (1869). Prix. . 5 fr.

LETTRES SUR LES ROCHES DU JURA et leur distribution géographique dans les deux hémisphères, par JULES MARCOU. 1 vol. in-8 avec 2 cartes (1860). Prix. 7 fr. 50

ETUDES SUR LES FACULTÉS MENTALES DES ANIMAUX comparées à celles de l'homme, par J.-C. HOUZEAU, membre de l'Ac. de Belgique. 2 v. in 8 (Mons, 1872). 12 fr. »

LA CINESIOLOGIE, OU LA SCIENCE DU MOUVEMENT dans ses rapports avec l'éducation, l'hygiène et la thérapie. Etudes historiques, théoriques et pratiques, par N. DALLY. In-8 avec 6 planches (1857) . . . . 10 fr. »

PROJET D UNE FONDATION MUNICIPALE pour l'élevage de la première enfance. Moyens pratiques de prévenir la mortalité excessive des nourrissons, par le docteur C.-A. COUDEREAU, avec plans et devis par J.-B. SCHACRE, archit. Broch in-8 . . 1 fr.

LE
MONDE TERRESTRE

AU POINT ACTUEL DE LA CIVILISATION

NOUVEAU PRÉCIS

DE GÉOGRAPHIE COMPARÉE

DESCRIPTIVE, POLITIQUE ET COMMERCIALE

AVEC UNE INTRODUCTION, L'INDICATION DES SOURCES ET CARTES, ET UN RÉPERTOIRE
ALPHABÉTIQUE

Par CHARLES VOGEL

Conseiller, ancien chef de Cabinet de S A le prince Charles de Roumanie
Membre des Sociétés de Géographie et d Économie politique de Paris, Membre correspondant
de l'Académie royale des Sciences de Lisbonne, etc , etc,

L'ouvrage entier, dont la publication sera terminée dans trois années, formera trois volumes d'environ 60 feuilles grand in-8°, du prix de 15 fr. chacun : chaque volume, 12 livraisons mensuelles du prix de 1 fr. 25.

Les six premières livraisons sont en vente formant un demi-volume, prix 7 fr. 50.

ESSAI SUR TALLEYRAND, par sir Henry Lytton Bulwer, G. C. B, ancien ambassadeur. Traduit de l'anglais avec l'autorisation de l'auteur par M. Georges Perrot. 1 vol. in-8. Prix . . . . 5 fr. »

ESSAI SUR LES ŒUVRES ET LA DOCTRINE DE MACHIAVEL, avec la traduction littérale du Prince, et de quelques fragments historiques et littéraires, par Paul Deltuf. 1 vol. in-8 (1867). Prix . . . . 7 fr. 50

TERRE SAINTE, par Constantin Tischendorf, avec les souvenirs du pèlerinage de S. A. I. le grand duc Constantin. 1 vol. in-8 avec 3 gravures (1868). 5 fr.

THEODORE PARKER, SA VIE ET SES ŒUVRES. Un chapitre de l'histoire de l'Abolition de l'esclavage aux États-Unis, par Alb. Réville. 1 vol in-12 (1865). 3 fr. 50

ÉTAT ÉCONOMIQUE ET SOCIAL DE LA FRANCE DEPUIS HENRI IV JUSQU'A LOUIS XIV (1589-1715), par A. Moreau de Jonnès, membre de l'Institut. 1 vol. in-8°. (1867.) Prix . . . . 7 fr.

V. — ARCHÉOLOGIE ET SCIENCES PRÉHISTORIQUES

LA CIVILISATION PRIMITIVE
PAR M. EDWARD B. TAYLOR, F. R. S., L. L. D.
TRADUIT DE L'ANGLAIS SUR LA DEUXIÈME ÉDITION
PAR Mᵐᵉ PAULINE BRUNET
TOME PREMIER
Un volume in-8. — Prix cartonné. . . . . 10 fr. .

Le second volume pour lequel les travaux préparatoires sont très-avancés, pourra paraître avant la fin de la présente année.

LES HABITANTS PRIMITIFS DE LA SCANDINAVIE
ESSAI D'ETHNOGRAPHIE COMPARÉE
MATÉRIAUX POUR SERVIR A L'HISTOIRE DU DÉVELOPPEMENT DE L'HOMME
Par **SVEN NILSSON**, professeur à l'Université de Lund
1ʳᵉ Partie : **L'AGE DE PIERRE**, traduit du suédois sur le manuscrit de la 3ᵉ édition préparée par l'auteur
Un vol. grand in-8 (1868) avec 16 planches. — Prix : 12 fr. cartonné

LES PALAFITTES
OU CONSTRUCTIONS LACUSTRES DU LAC DE NEUCHATEL
Par E. DESOR
ORNÉ DE 95 GRAVURES SUR BOIS INTERCALÉES DANS LE TEXTE
In-8 (1865). Prix. . . . . 6 fr.

LE BEL AGE DU BRONZE LACUSTRE EN SUISSE orné de cinq planches chromolithographiées, de deux planches lithographiées et de cinquante gravures sur bois, par E. DESOR et L. FAVRE. Grand in-folio (Neuchâtel, 1874). Prix, cartonné. 25 fr.

LES ARMES ET LES OUTILS PRÉHISTORIQUES reconstitués. Texte et gravures par le vicomte LEPIC Grand in-4 de vingt-quatre planches à l'eau forte, avec texte descriptif. Prix. 12 fr.

LETTRE SUR L'HOMME PRÉHISTORIQUE du type le plus ancien, sur la structure de ses restes et sur ses origines, par A. HOVELACQUE, Brochure in-8, avec 3 figures dans le texte. Prix. . . . . 1 fr.

ÉTUDES D'ARCHÉOLOGIE PRÉHISTORIQUE. La chronologie préhistorique, d'après l'étude des berges de la Saône; — les Silex de Volgu; — la Question préhistorique de Solutré, par ADRIEN ARCELIN. Brochure in-8. Prix. . . . . . 2 fr. 50

LE MACONNAIS PRÉHISTORIQUE. Mémoire sur les âges primitifs de la pierre, du bronze et du fer en Mâconnais et dans quelques contrées limitrophes. Ouvrage posthume, par H DE FERRY, membre de la Société géologique de France, etc., avec notes, additions et appendice, par A ARCELIN, accompagné d'un Supplément anthropologique, par le docteur PRUNER-BEY. Un vol. in-4 et atlas de 42 planches (1870). Prix, ... 12 fr. »

LES TEMPS PRÉHISTORIQUES DANS LA NIÈVRE. — I. Époque paléolithèque, par le docteur H. JACQUINOI. Brochure in-8, avec 16 planches. Prix. . . . . 3 fr.

ÉTUDE PRÉHISTORIQUE SUR LA SAVOIE spécialement à l'époque lacustre (âge du bronze), par ANDRÉ PERRIN. In-8 avec atlas grand in-4 de 20 planches lithographiées. Prix. . . . . 12 fr.

LE SIGNE DE LA CROIX AVANT LE CHRISTIANISME

Avec 117 gravures sur bois

PAR M. GABRIEL DE MORTILLET

In-8° (1866). Prix . . . . 6 fr.

PROMENADES PRÉHISTORIQUES A L'EXPOSITION UNIVERSELLE

PAR LE MÊME

In-8° (1867), avec 62 figures. Prix . . . . . . 3 fr. 50

ORIGINE DE LA NAVIGATION ET DE LA PÊCHE

PAR LE MÊME

1 vol. in-8° (1867), orné de 38 figures. Prix . . . 2 fr.

⚹ REVUE

D'ANTHROPOLOGIE

PUBLIÉE

SOUS LA DIRECTION DE M. PAUL BROCA

Secrétaire général de la Société d'anthropologie
Directeur du laboratoire d'anthropologie de l'Ecole des hautes études
Professeur à la Faculté de médecine

1872, 1873, 1874, ou VOL. I, II, III

Chaque vol. grand in-8 de 48 feuilles, avec planches et gravures. . 20 fr.

Pour les abonnements, au 4ᵉ volume et les suivants s'adresser à M. E. LEROUX, 28, rue Bonaparte.

ARCHIVES

DE

ZOOLOGIE EXPÉRIMENTALE ET GÉNÉRALE

HISTOIRE NATURELLE — MORPHOLOGIE — HISTOLOGIE — ÉVOLUTION DES ANIMAUX

PUBLIÉES SOUS LA DIRECTION DE

HENRI DE LACAZE-DUTHIERS

Membre de l'Institut, professeur d'anatomie et de physiologie comparée
et de zoologie à la Sorbonne.

Iʳᵉ année, 1872. — IIᵉ année, 1873. — IIIᵉ année, 1874. — IVᵉ année, 1875.

Formant chacune un volume grand in-8 avec planches noires et coloriées

Prix du volume, cartonné toile. 32 fr.

Prix de l'abonnement, par volume ou année de quatre cahiers, avec 24 planches

POUR PARIS, 30 FR. — LES DEPARTEMENTS, 32 FR. — L'ETRANGER, LE PORT EN SUS

Le premier cahier de la cinquième année, 1876, est en vente.

STATIONS PRÉHISTORIQUES

De la vallée du Rhône, en Vivarais, Châteaubourg et Soyons. Notes présentées au Congrès de Bruxelles dans la session de 1872, par MM. le vicomte LEPIC et JULES DE LUBAC. In-folio, avec 9 planches. (Chambéry, 1872). . . . . . 9 fr.

GROTTES DE SAVIGNY

Communes de la Biolle, canton d'Albens (Savoie), par M. le vicomte LEPIC. In-4, avec 6 planches lithographiées. 1874. Prix. . . . . 9 fr.

MATÉRIAUX POUR L'HISTOIRE PRIMITIVE ET NATURELLE DE L'HOMME

Revue mensuelle illustrée, fondée par M. G. de MORTILLET en 1865, dirigée depuis 1869 par M. EMILE CARTAILHAC, avec le concours de MM. P. CAZALIS DE FONDOUCE (Montpellier) et E. CHANTRE (Lyon). 12ᵉ année (2ᵉ série, tome VII, 1876), formant le 11ᵉ volume de la collection entière. Format in-8, avec de nombreuses gravures. Prix de l'abonnement pour la France. . . . . 12 fr.
Pour l'étranger. . . . . 15 fr.

L'HOMME ET LES ANIMAUX DES CAVERNES DES BASSES-CÉVENNES

Par M. ADRIEN JEANJEAN. In-8, avec planches. (Nimes, 1871.). . . . 2 fr. 50

LE DANEMARK A L'EXPOSITION UNIVERSELLE DE 1867

Étudié principalement au point de vue de l'archéologie, par VALDEMAR SCHMIDT. In-8. (1868.) Prix. . . . . 4 fr.

L'AGE DE PIERRE ET LA CLASSIFICATION PRÉHISTORIQUE

D'après les sources égyptiennes. Réponse à MM. Chabas et Lepsius, par ADRIEN ARCELIN. Brochure grand in-8. Prix . . . . 1 fr. 50
(Extrait des *Annales de l'Académie de Mâcon*.)

ITHAQUE — LE PÉLOPONÈSE — TROIE

Recherches archéologiques, par HENRY SCHLIEMANN. 1 vol. in-8, 4 gravures lithographiées et 2 cartes. Prix. . . . . 5 fr.

TOMBES CELTIQUES DE L'ALSACE

Résumé historique sur ces monuments, suivi d'un mémoire sur les tombes et les établissements celtiques du sud-ouest de l'Allemagne, par MAXIMILIEN DE RING. In-folio, avec une carte et 2 planches lithogr. (Strasbourg, 1870.). . . 12 fr.

LA NÉCROPOLE DE VILLANOVA

Découverte et décrite par le comte-sénateur JEAN GOZZADINI. Grand in-8, avec gravures. (Bologne, 1870) . . . . 2 fr.

RENSEIGNEMENTS SUR UNE ANCIENNE NÉCROPOLE A MARZABOTTO

(Près Bologne). Par LE MÊME. Grand in-8, avec gravures. (Bologne, 1871). 1 fr.

DISCOURS D'OUVERTURE DU CONGRÈS D'ARCHÉOLOGIE ET D'ANTHROPOLOGIE PRÉHISTORIQUES

Session de Bologne 1871. Par LE MÊME. Grand in-8. (Bologne, 1871) . 50 c.

VI. — LITTERATURE

VOLTAIRE

SIX CONFÉRENCES DE DAVID-FRÉDÉRIC STRAUSS

OUVRAGE TRADUIT DE L'ALLEMAND SUR LA TROISIÈME ÉDITION

PAR LOUIS NARVAL

et précédé d'une lettre-préface du traducteur à

M. É. LITTRÉ

1 volume in-8. — Prix broché : 7 francs.

SCÈNES DE LA VIE CALIFORNIENNE

ET ESQUISSES DE MŒURS TRANSATLANTIQUES

PAR BRET-HARTE

Traduites par M. AMÉDÉE PICHOT et ses Collaborateurs
de la REVUE BRITANNIQUE

1 volume in-12. Prix . . . . 2 fr.

LA PSYCHOLOGIE DANS LES DRAMES DE SHAKSPEARE

PAR LE Dʳ ONIMUS

Brochure de 24 pages. Prix. . . . . 1 fr. 50

COMME UNE FLEUR

Autobiographie traduite de l'anglais par AUGUSTE DE VIGUERIE

Un volume in-12. (1869.). Prix . . . . 2 fr.

LES TRAGÉDIES DU FOYER

Par PAUL DELTUF

Un volume in-12. (1868.). Prix. . . . . 2 fr.

LA VIE DES DEUX COTÉS DE L'ATLANTIQUE, autrefois et aujourd'hui, traduit de l'anglais, par Mᵐᵉ DE WITT. 1 vol. in-12. Prix. . . . . . .   2 fr.

LA RABBIATA ET D'AUTRES NOUVELLES, par PAUL HEYSE, traduites de
l'allemand, par MM. GUSTAVE BAYVET et ÉMILE JONVEAUX, 1 vol. in-12.   2 fr.

CHOIX DE NOUVELLES RUSSES, de LERMONTOFF, de POUSCHKINE, VON WIE-
SEN, etc. Traduit du russe, par M. J.-N. CHOPIN, auteur d'une *Histoire de Russie*, de l'*Histoire des révolutions des peuples du Nord*. etc. 1 volume in-12
(1874). . . . .   2 fr.

MÉMOIRES D'UN PRÊTRE RUSSE, ou la Russie religieuse, par M. IVAN GOLO-
VINE. 1 vol. in-8.   7 fr.

HISTOIRE DE LA POÉSIE PROVENÇALE

COURS FAIT A LA FACULTÉ DES LETTRES DE PARIS PAR M. C. FAURIEL
Membre de l'Institut.

3 vol. in-8. (1847). Prix. . . 21 fr.

DANTE

ET LES ORIGINES DE LA LANGUE ET DE LA LITTÉRATURE ITALIENNES

COURS A LA FACULTÉ DE PARIS

PAR M. C. FAURIEL

2 vol. in-8 (1854). . . . . 14 fr.

LA MÈRE L'OIE

POÉSIES, ÉNIGMES, CHANSONS ET RONDES ENFANTINES

Illustrations et vignettes par L. RICHTER et F. POCCI

IN-8, CARTONNÉ (1868). PRIX. . . . . 2 FR.

LE DEMON

LÉGENDE ORIENTALE, PAR LERMONTOFF, TRADUCTION (EN VERS) DE T. ANOSSOW

1 vol. in-8. . . 3 fr.

IMPRESSIONS DE VOYAGE D'UN RUSSE EN EUROPE

1 vol. in-12. . . . . 2 fr. 50

ÉTUDE SUR LORD BYRON

PAR ALEXANDRE BUCHNER

Brochure in-8. . . . . 75 c.

EMILIA WYNDHAM

Par l'auteur de « Two old men's tales ; Mount Sorel, etc. » (Mrs Marsh.) Traduit librement de l'anglais par l'auteur des *Réalités de la vie domestique, Veuvage et Célibat*. 2 volumes in-12 réunis en un seul. (1853.). . . . . . . 5 fr.

HERTHA, OU L'HISTOIRE D'UNE AME

Par FRÉDÉRIKA BRÉMER. Traduit du suédois avec l'autorisation de l'auteur et des éditeurs, par M. A. GEFFROY. 1 vol. in-12. (1856). . . . . . . 3 fr. 50

CHARLOTTE ACKERMANN

Souvenirs de la vie d'une actrice de Hambourg au xviiiᵉ siècle, par M. OTTO MULLER, traduction de J.-JACQUES PORCHAT. 1 vol. in-8°. . . . . 2 fr.

VII. — *THÉOLOGIE ET PHILOSOPHIE*

DE LA VÉRITÉ DANS L'HISTOIRE

DU CHRISTIANISME

LETTRES D'UN LAÏQUE SUR JÉSUS

Par Ch. RUELLE

Auteur de la *Science populaire de Claudius*

LA THÉOLOGIE ET LA SCIENCE — M. RENAN ET LES THÉOLOGIENS
LA RÉSURRECTION DE JÉSUS D'APRÈS LES TEXTES — LECTURE DE L'ENCYCLIQUE

1 vol. in-8 (1866). Prix. 6 fr.

JÉSUS — PORTRAIT HISTORIQUE

Par le professeur Dʳ SCHENKEL

TRADUIT DE L'ALLEMAND SUR LA TROISIÈME ÉDITION, AVEC L'AUTORISATION DE L'AUTEUR

1 vol. in-8 (1865). Prix. 6 fr.

ESSAI DE PHILOSOPHIE POSITIVE AU XIXᴱ SIÈCLE

LE CIEL — LA TERRE — L'HOMME

PAR Adolphe D'ASSIER

PREMIÈRE PARTIE : LE CIEL — 1 VOL. IN-12 (1870)

Prix. . . . . 2 fr. 50

DECRETALES PSEUDO-ISIDORIANÆ ET CAPITULA ANGILRAMNI

AD FIDEM LIBRORUM MANUSCRIPTORUM RECENSUIT
FONTES INDICAVIT, COMMENTATIONEM DE COLLECTIONE PSEUDO-ISIDORI PRÆMISIT

PAULUS HINSCHIUS

2 volumes grand in-8 (Leipzig, B. Tauchnitz, 1863). 21 fr.

ÉTUDE

SUR

L'IDÉE DE DIEU DANS LE SPIRITUALISME MODERNE

Par P.-M. BÉRAUD

1 vol. in-12. Prix, broché. . . . 4 fr.

L'ANCIENNE ET LA NOUVELLE FOI

CONFESSION PAR DAVID-FRÉDÉRIC STRAUSS

Ouvrage traduit de l'allemand sur la huitième édition par LOUIS NARVAL et augmenté d'une préface
par E. LITTRÉ

1 volume in-8 (1876). Prix, broché. 7 fr.

VIII. — *LINGUISTIQUE — LIVRES CLASSIQUES*

LA LINGUISTIQUE
PAR M. ABEL HOVELACQUE

1 volume in-12 de 378 pages. — Broché, 3 fr. 50 ; relié toile anglaise, 4 fr

(Fait partie de la *Bibliothèque des sciences contemporaines.* — V p. 3)

CORRESPONDANCE COMMERCIALE
EN NEUF LANGUES

en Français, Allemand, Anglais, Espagnol, Hollandais, Italien, Portugais Russe et Suédois

Divisée en neuf parties contenant chacune les mêmes lettres, de manière que la partie
française donne la traduction exacte
de la partie anglaise ou allemande, et ainsi de suite

Chaque partie se vend séparément au prix de. . . . . 2 fr. 50

.TRAITÉ DE PRONONCIATION FRANÇAISE
ET
MANUEL DE LECTURE A HAUTE VOIX
GUIDE THÉORIQUE ET PRATIQUE DES FRANÇAIS ET DES ÉTRANGERS
PAR M. JULES MAIGNE
Professeur de littérature française

Un vol. in-12 (1868). — Prix, broché, 2 fr. 50, cartonné : 3 fr.

SYLLABAIRE ALLEMAND
PREMIÈRES LEÇONS DE LANGUE ALLEMANDE
avec un nouveau traité de prononciation et un nouveau système d'apprendre les lettres manuscrites

PAR F.-H. AHN

Troisième édition. In-12 (1875). . . . . 1 fr.

LECTURES ALLEMANDES A L'USAGE DES COMMENÇANTS
PAR E.-H. SANDER
Professeur de langue allemande à l'Ecole d'application d'état-major

Un vol. in-18, cartonné. . . 1 fr. 25

NOUVEAU MANUEL DE LOGARITHMES à sept décimales, pour les nombres
et les fonctions trigonométriques, rédigé par C. BRUHNS, docteur en philosophie,
directeur de l'Observatoire et professeur d'astronomie à Leipzig. — 1 vol. grand
in-8, édition stéréotype. (Leipzig, B. Tauchnitz). Prix. . . . . 5 fr.

IX. — DIVERS

LES ÉCRIVAINS MILITAIRES DE LA FRANCE
PAR THÉODORE KARCHER

Un vol. gr. in-8, avec grav. sur bois intercalées dans le texte. Prix : 6 fr.

CAMPAGNE DES RUSSES DANS LA TURQUIE D'EUROPE
En 1828 et 1829

TRADUIT DE L'ALLEMAND DU COLONEL BARON DE MOLTKE

PAR A. DEMMLER
Professeur à l'École impériale d'état-major

2 vol. in-8 et atlas (1854). Prix. . . . . . 12 fr.

MANUEL DE FORTIFICATION PERMANENTE

Par A. TÉLIAKOFFSKY, colonel du génie. — Traduit du russe par A. GOUREAU

Un vol. in-8 avec un atlas de 40 planches (1849). 20 fr.

INSTRUCTIONS AUX CAPITAINES DE LA MARINE MARCHANDE naviguant sur les côtes du Royaume-Uni, en cas de naufrage ou d'avaries. In-8 (1871). Prix. . . . . 2 fr. 50

ESSAI SUR L'HISTOIRE DU CAFÉ, par Henri Welter. 1 vol. in-12 (1868). Prix . . . . 3 fr. 50

J. DE LIEBIG. — SUR UN NOUVEL ALIMENT POUR NOURRISSONS (La Bouillie de Liebig), avec Instruction pour sa préparation et pour son emploi. Brochure in-12 (1867). — Prix. . . . . 1 fr. »

NOUVEAU GUIDE EN SUISSE, par Berlepsch. — Deuxième édition illustrée. 1 vol. in-12, avec cartes et plans, panoramas, gravures sur acier, etc. Cartonné à l'anglaise. . . . . 5 fr.

GUIDE A LONDRES, avec tableau synoptique des itinéraires des principales villes de l'Europe à Londres. (Guide Jeffs.) In-12, publié par W. Jeffs, à Londres. . . . . 3 fr.

VIENNE-MIGNON. Pérégrinations dans Vienne et ses environs, par Bucher et K. Weiss. Traduit de l'allemand par le professeur B. Pellichet de Givisiez. Orné d'un plan de la ville, du palais de l'Exposition universelle, de 6 plans de théâtres et de 50 gravures sur bois. 1 vol. in-32 cartonné à l'anglaise. (Vienne, Faesy et Frick, 1873.) . . . . 4 fr.

TABLE ALPHABÉTIQUE DES NOMS D'AUTEURS

Typographie Lahure, rue de Fleurus, 9, à Paris.

www.ingramcontent.com/pod-product-compliance
Lightning Source LLC
Chambersburg PA
CBHW031441210326
41599CB00016B/2073